Mathematik für Naturwissenschaftler

Wolfgang Pavel
Ralf Winkler

Mathematik für Naturwissenschaftler

ein Imprint von Pearson Education
München • Boston • San Francisco • Harlow, England
Don Mills, Ontario • Sydney • Mexico City
Madrid • Amsterdam

Bibliografische Information Der Deutschen Bibliothek

Die Deutsche Bibliothek verzeichnet diese Publikation in der Deutschen Nationalbibliografie; detaillierte bibliografische Daten sind im Internet über http://dnb.ddb.de abrufbar.

Umwelthinweis:
Dieses Buch wurde auf chlorfrei gebleichten Papier gedruckt.

10 9 8 7 6 5 4 3 2 1

09 08 07

ISBN 978-3-8273-7232-1

ein Imprint der Pearson Education Deutschland GmbH,
Martin-Kollar-Straße 10-12, D-81829 München

www.pearson-studium.de

Lektorat: Dr. Stephan Dietrich, sdietrich@pearson.de
Korrektorat: Dunja Reulein, München
Herstellung: Philipp Burkart, pburkart@pearson.de
Satz mit LaTeX: PTP-Berlin Protago TeX-Production GmbH (www.ptp-berlin.eu)
Einbandgestaltung: Thomas Arlt, tarlt@adesso21.net
Druck und Verarbeitung: Kösel Druck, Krugzell (www.KoeselBuch.de)
Printed in Germany

Inhaltsübersicht

Inhaltsverzeichnis

Vorwort

Das vorliegende Buch basiert auf einer zweisemestrigen, jeweils zweistündigen Vorlesung „Mathematik für Naturwissenschaftler“, gehalten an der Universität Würzburg. Wie schon die Vorlesung, so spricht auch dieses Buch den weitgefassten Kreis der Studienanfänger in den naturwissenschaftlichen Disziplinen Chemie, Biologie und Geowissenschaften an. Aus diesem Grund kann und will es keine Abhandlung über fachspezifische mathematische Problemstellungen der oben genannten Gruppen sein. Eine vertiefte mathematische Behandlung etwa speziell chemischer Fragestellungen würde einen fachspezifischen Hintergrund verlangen, welcher dem angehenden Biologen oder Geowissenschaftler nur schwerlich abzuverlangen wäre. Vielmehr versteht sich dieses Buch als

- Hilfestellung beim Übergang von der Schule zur Hochschule: Gerade auf mathematischem Gebiet wird der Weg von der allgemeinen Schulmathematik hin zur problemorientierten Hochschulmathematik von zahlreichen Unebenheiten erschwert. Diesen harten Übergang abzumildern ist die wesentliche Zielsetzung dieses Buches. Es holt den Leser bei bereits Bekanntem ab und geleitet ihn hin zu einer vertieften mathematischen Behandlung naturwissenschaftlicher Phänomene.
- Einführung in (vorwiegend) analytische Methoden zur Untersuchung naturwissenschaftlicher Fragestellungen. Kernstück des Buches ist die Analysis einer (Teil I) und mehrerer (Teil III) Variablen und die Beschreibung funktionaler Zusammenhänge mit den Mitteln der Differentiation und Integration. Hierauf aufbauend behandeln wir in Teil IV den Themenkomplex gewöhnlicher Differentialgleichungen, mit deren Hilfe zahlreiche naturwissenschaftliche Zusammenhänge beschrieben werden können. Außerhalb der Analysis steht der Themenkomplex „Lineare Algebra“ (Teil II), welcher allgemeine mathematische Hilfsmittel zur Verfügung stellt und seine Anwendung vor allem im Lösen linearer Gleichungssysteme findet.

Beim didaktischen Aufbau dieses Buches haben wir uns von folgenden Grundprinzipien leiten lassen:

- Weitgehende Trennung von Theorie und Praxis: Das Buch versteht sich als Basis-Lehrbuch mit vorwiegend pragmatischem Charakter. Zentraler Gegenstand ist zu jedem Zeitpunkt weniger der formalmathematische Zugang (wie er beispielsweise in den Diplom-, Bachelor- und Masterstudiengängen Mathematik betrieben wird), sondern vielmehr die einfache Handhabbarkeit mathematischer Methoden im naturwissenschaftlichen Alltag. Die Trennung in Praxis und Theorie ist dabei auch optisch nachzuvollziehen: Die zahlreichen Beispiele und Praxishinweise erscheinen in orangefarbenen Kästen, während theoretische Anmerkungen mit einem vertikalen Balken am Seitenrand versehen sind. Situationsabhängig beinhalten die Vertreter der letzten Kategorie Beweise oder weiterführende Aspekte, die der eilige oder ausschließlich praxisorientierte Leser zunächst übergehen kann, ohne dadurch Nachteile in Kauf nehmen zu müssen.

- Benutzbarkeit als Lehrbuch und als Nachschlagewerk: Einerseits soll es möglich sein, das Buch in chronologischer Kapitelabfolge zum Selbststudium oder vorlesungsbegleitend einzusetzen. Andererseits ermöglicht der modulare Aufbau des Buches, auch einzelne Verfahren oder Rechentechniken rezeptartig und losgelöst vom theoretischen Überbau nachschlagen zu können.
- Der Anhang dieses Buches enthält Elemente, auf die an verschiedenen Stellen des Buches Bezug genommen wird. Lesern, denen diese Begriffe nicht grundsätzlich bekannt sind, sei daher die Vorablektüre des Anhangs empfohlen.

Auf der buchbegleitenden Website finden Dozenten unter *www.pearson-studium.de* alle Abbildungen aus dem Buch elektronisch zum Download. Für Studenten werden hier ausführliche Lösungen zu den Übungen aus dem Buch sowie weitere Übungsaufgaben angeboten.

An dieser Stelle sei den Verantwortlichen des Verlags Pearson Studium, insbesondere Herrn Dr. Stephan Dietrich, für die Ermöglichung dieses Projekts und die vertrauensvolle Zusammenarbeit gedankt.

Verbunden mit dem Wunsch, dass das vorliegende Werk einen wertvollen Beitrag für das Studium seiner Leserschaft leisten kann, sind wir dankbar für kritische Anmerkungen, Verbesserungsvorschläge oder Kommentare jeder Art.

Wolfgang Pavel und Ralf Winkler

TEIL I

Analysis einer Veränderlichen

Funktionen in expliziter Darstellung

1

ÜBERBLICK

Dieses Kapitel erklärt:

- Wie man den Zusammenhang zweier (Mess-)Größen in mathematischer Form als Funktion definiert.
- Welche Eigenschaften der beteiligten Größen man aus dieser Darstellung erkennt.
- Wie man dem funktionalen Zusammenhang beider Größen bestimmte Stellen von besonderer Bedeutung entnimmt.
- Wie man Nullstellen einer Funktion auch dann, wenn dies nicht mehr exakt möglich ist, in einer (für die Praxis) ausreichend guten Näherung bestimmt.

Grundlegend für jeden quantitativen Zusammenhang in den Naturwissenschaften ist die gegenseitige Abhängigkeit reeller Größen: Ob der Physiker den Aufenthaltsort s *einer Rakete zum Zeitpunkt* t *berechnet oder der Chemiker versucht, das Volumen* V *einer Gasportion mit Hilfe des herrschenden Drucks* p *zu bestimmen: Um reelle (Mess-)Größen gegenseitig in Beziehung zu setzen, bedarf es in jedem Fall einer dem konkreten Fall angepassten mathematischen Modellierung. In diesem Kapitel beschäftigen wir uns mit dem wohl einfachsten und gebräuchlichsten Modell, den Zusammenhang zweier reeller Größen darzustellen: der Funktion.*

Explizite Funktionen 1.1

1.1.1 Der Funktionsbegriff

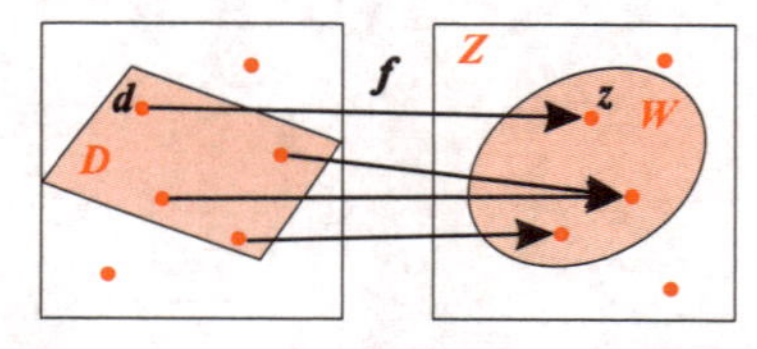

Abbildung 1.1: Der Funktionsbegriff.

Von einer **Funktion** oder einer **Abbildung** in expliziter Darstellung sprechen wir, wenn folgendes Szenario vorliegt: Betrachten wir zwei beliebige Mengen D und Z (▶ Abbildung 1.1). Jedem Element d aus der **Definitionsmenge** oder dem **Definitionsbereich** D werde **genau ein** Element z aus Z zugeordnet. Eine solche Zuordnung wird **Funktion** oder auch **Abbildung** genannt und mit $f: D \to Z$ notiert. Der **Funktionswert** oder das **Bild** z eines $d \in D$ wird mit

$$z = f(d)$$

bezeichnet. Die Menge Z, welche die Funktionswerte von f beinhaltet, wird als **Zielmenge** bezeichnet. Dabei muss nicht jedes z aus der Zielmenge Z auch notwendigerweise angenommen werden. Um diejenigen Elemente $z \in Z$ zusammenzufassen, die das Bild eines $d \in D$ sind, bezeichnet man diese Menge als den **Wertebereich** oder die **Wertemenge** W von f. Somit lässt sich der Wertebereich einer Funktion f auch charakterisieren als die Menge aller $z \in Z$, für welche die Gleichung

$$f(x) = z$$

mindestens eine Lösung $x \in D$ besitzt.

Im einfachsten Fall ist der Definitionsbereich D der auftretenden Funktionen eine Teilmenge der reellen Zahlen. Sämtliche Funktionen in diesem einführenden Teil sollen ebenfalls reelle Zahlen als Werte annehmen, d. h. wir können immer $Z = \mathbb{R}$ setzen.

Häufig ist es das Schaubild oder der **Graph** der Abbildung f, welcher zahlreiche Eigenschaften expliziter Funktionen, die wir in den folgenden Kapiteln vorstellen möchten, auf anschauliche Weise darstellt. Idealerweise besteht der Graph aus allen Punkten

$$(x, f(x))$$

mit $x \in D$. Um den Graphen zu skizzieren, beschränkt man sich bei der Berechnung der Funktionswerte $f(x)$ in der Praxis auf endlich viele, aber möglichst aussagefähige Stellen x des Definitionsbereichs D.

Nach diesen fundamentalen Definitionen wollen wir den Funktionsbegriff anhand zweier Beispiele mit Leben füllen und daran weitere Gesichtspunkte deutlich machen.

Beispiel 1.1

Wählen wir als Mengen D und Z jeweils die Menge aller reellen Zahlen $\mathbb{R}$, so definieren und notieren wir hier eine Funktion f wie folgt (▶ Abbildung 1.2):

$$f : \mathbb{R} \to \mathbb{R} \quad , \quad f(x) = x^2 .$$

Wir stellen fest, dass die so definierte Funktion f, die – einer Maschine gleich – zu einem Input x des Definitionsbereichs $\mathbb{R}$ den Output $f(x) = x^2$ liefert, aufgrund des Quadrats nur nichtnegative Werte annimmt. Der Wertebereich von f ist folglich

$$W = \mathbb{R}_0^+ .$$

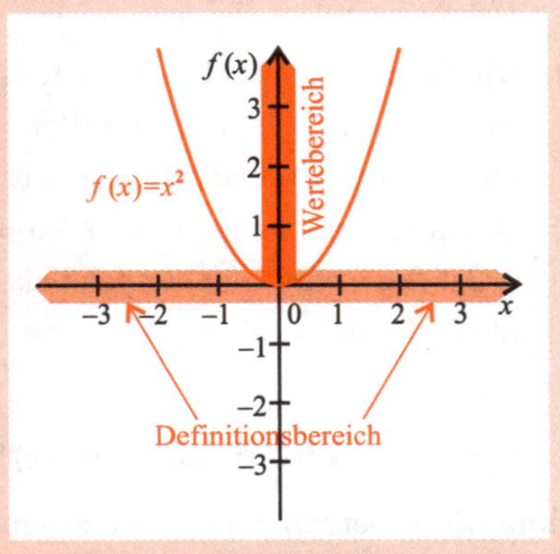

Abbildung 1.2: Wertebereich der Funktion $f : \mathbb{R} \to \mathbb{R}, f(x) = x^2$.

Beispiel 1.2

Bei der Wurzelfunktion g mit $g(x) = \sqrt{x^2 - 3}$ haben wir den Definitionsbereich D so zu wählen, dass der **Radikand** $x^2 - 3$ keine negativen Werte annimmt (▶ Abbildung 1.3). Dies ist gleichbedeutend mit

$$x^2 - 3 \geq 0 \Leftrightarrow x^2 \geq 3 \Leftrightarrow |x| \geq \sqrt{3}$$
$$\Leftrightarrow x \leq -\sqrt{3} \text{ oder } x \geq \sqrt{3},$$

woraus sich für die Funktion g der maximale Definitionsbereich

$$D = \mathbb{R} \backslash] - \sqrt{3}, \sqrt{3}[$$

ergibt.

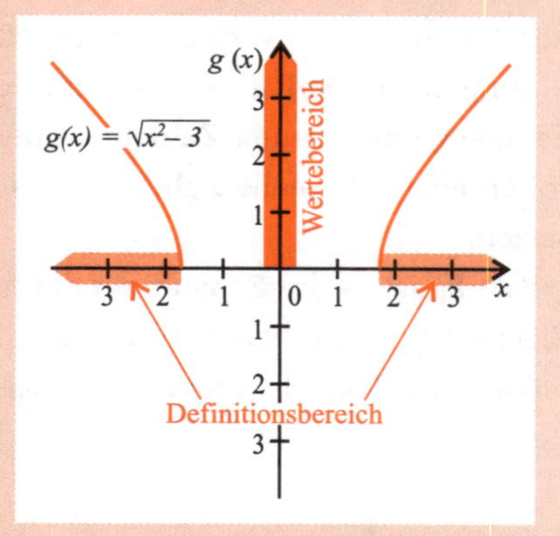

Abbildung 1.3: Definitions- und Wertebereich von g.

Es bleibt festzuhalten, dass zur vollständigen Definition einer Funktion f immer zwei Dinge gehören:

- Der Definitionsbereich, der festlegt, für welche Werte die Funktion definiert werden kann oder soll, in den vorliegenden Beispielen die Mengen $D = \mathbb{R}$ bzw. $D = \mathbb{R} \backslash] - \sqrt{3}, \sqrt{3}[$.
- Die Funktionsvorschrift selbst, die festlegt, was mit den Größen x aus D geschieht. Im Fall von Beispiel 1.1 sollen diese quadriert werden, d. h. $f(x) = x^2$. Hätten wir keine Schreibarbeit gescheut, hätten wir die Funktion statt mit „f“ auch als „Quadrat von“ bezeichnen können.

  Ist der Definitionsbereich bekannt, wird der funktionale Zusammenhang auch in der Schreibweise

  $$x \mapsto f(x)$$

  (sprich: „x wird **zugeordnet** $f(x)$“) notiert.

Ohne diese beiden Kennzeichen einer Funktion ist eine solche nur unzureichend charakterisiert. Wir werden später sehen, wie die Wahl des Definitionsbereichs einen wesentlichen Einfluss auf die Eigenschaften einer Funktion hat.

Praxis-Hinweis

Nicht selten ist es die Natur selbst, deren Problemstellungen einen angebrachten und sinnvollen Definitionsbereich fordern. Denken wir etwa beispielsweise an den Zusammenhang, der einer gegebenen Zahl r das Volumen $V(r)$ der Kugel mit Radius r zuordnet, und durch die Formel

$$V(r) = \frac{4}{3}\pi \cdot r^3$$

beschrieben wird. Vom mathematischen Standpunkt aus spricht wenig dagegen, die Funktion V als eine Funktion auf ganz $\mathbb{R}$ zu erklären. Aber was dürften wir uns unter einem negativen Radius r mit einem damit verbundenen negativen Volumen $V(r)$ vorstellen? Angepasst an diesen Umstand sollten wir also sinnvollerweise die Funktion V nur auf dem Teilbereich $D = \mathbb{R}_0^+$ festsetzen (▶ Abbildung 1.4). Bestimmt fallen Ihnen zahllose weitere Beispiele ein, für welche die Einschränkung des Definitionsbereichs auf einen kleineren Teil des mathematisch Erlaubten aus praktischen Erwägungen heraus geboten sein könnte.

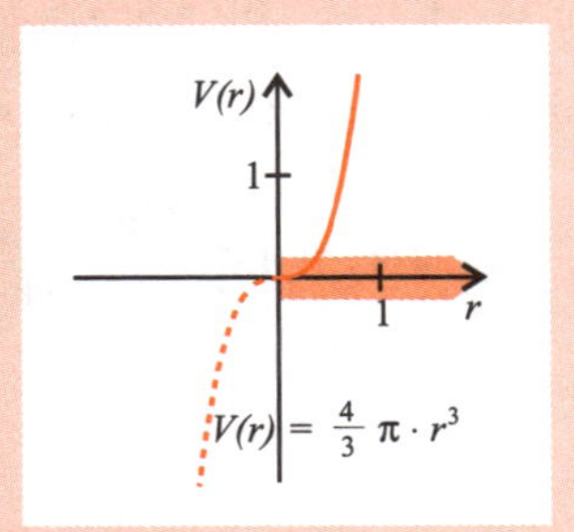

Abbildung 1.4: Sinnvolle Einschränkung des Definitionsbereichs.

Zukünftig wollen wir uns nicht mehr ausschließlich und sklavisch der etwas umständlichen Schreibweise

$$f\colon D \to \mathbb{R}, \quad f(x) = \ldots$$

bedienen, um eine Funktion zu beschreiben. Falls der Definitionsbereich bekannt ist, so schreiben wir stattdessen schlicht

Die Funktion $f(x) = \ldots$

1.1.2 Abschnittsweise definierte Funktionen

Obwohl bei vielen in der Praxis auftretenden Funktionen die Funktionsvorschrift durch einen geschlossenen Ausdruck $f(x)$ repräsentiert wird, schreibt der von uns eingeführte Funktionsbegriff dies keinesfalls vor. Betrachten wir beispielsweise die Aufgabe, die ▶ Abbildung 1.5 als den Graphen einer Funktion $f\colon [-2, 2] \to \mathbb{R}$ zu interpretieren: Bei dem Versuch, für die Funktion f eine geschlossene Darstellung zu finden, dürften wir des Scheiterns gewiss sein. Stattdessen scheint es angebracht, eine Funktion f zu erklären, welche das Verhalten des Graphen auf den Teilintervallen $[-2, -1]$ bzw. $]-1, 2]$ abschnittsweise wiedergibt. In der Tat ist die abgebildete Kurve der Graph der **abschnittsweise definierten Funktion**

$$f(x) = \begin{cases} \frac{1}{2}x^2 & \text{für alle } x \in \mathbb{R} \text{ mit } -2 \leq x \leq -1 \\ x & \text{für alle } x \in \mathbb{R} \text{ mit } -1 < x \leq 2 \end{cases}$$

oder in kompakter Schreibweise

$$f(x) = \begin{cases} \frac{1}{2}x^2 : & -2 \leq x \leq -1 \\ x : & -1 < x \leq 2 . \end{cases}$$

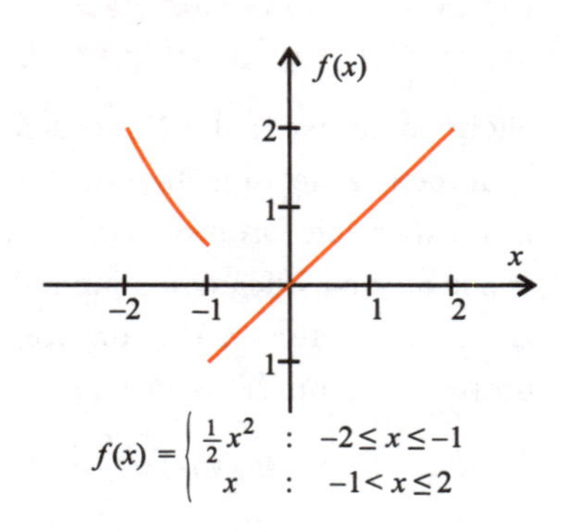

Abbildung 1.5: Abschnittsweise definierte Funktion.

1.1.3 Elementare Transformationen

Betrachten wir eine Funktion $f(x)$ und ihren Graphen. Welche Funktion steckt hinter dem Graphen, der im Vergleich zum Graphen von f um das Dreifache in y-Richtung gestreckt wurde? Wie sieht umgekehrt der Graph der Funktion $g(x)$ aus, wenn diese zu $f(x)$ über die Gleichung $g(x) = f(x + 2)$ in Beziehung steht? Die folgende Zusammenstellung will diese Fragen beantworten:

- **Streckung in y-Richtung**: Ist

  $$g(x) = c \cdot f(x) ,$$

  so ist der Graph von $g(x)$ gegenüber dem Graphen von $f(x)$ um den Faktor c in y-Richtung gestreckt. Eine Vervielfachung um einen Faktor $c < 0$ entspricht dabei zusätzlich einer Spiegelung an der x-Achse.

- **Streckung in x-Richtung**: Ist

  $$g(x) = f(c \cdot x) \qquad (c \neq 0)$$

  und liegt auch $c \cdot x$ im Definitionsbereich von f, so geht der Graph von $g(x)$ aus dem Graphen von $f(x)$ durch Streckung um den Faktor $\frac{1}{c}$ in x-Richtung hervor. Auch hier entspricht ein negatives c einer zusätzlichen Spiegelung, diesmal an der y-Achse. Ist $0 < |c| < 1$, so wird der Graph von $f(x)$ gedehnt, während er für $|c| > 1$ gestaucht wird.

- **Verschiebung in y-Richtung**: Ist

  $$g(x) = f(x) + c ,$$

so ist der Graph von $g(x)$ verglichen mit dem Graphen von $f(x)$ um den Wert c in y-Richtung verschoben. Eine Verschiebungskonstante $c \leq 0$ bewirkt eine Verschiebung nach **unten**, wohingegen ein Wert $c \geq 0$ eine Verschiebung nach **oben** zur Folge hat.

- **Verschiebung in x-Richtung**: Ist

$$g(x) = f(x + c)$$

  und liegt auch die Stelle $x + c$ im Definitionsbereich von f, so entspricht eine Konstante $c \leq 0$ einer Verschiebung des Graphen von f um $|c|$ Einheiten nach **rechts (!)**. Hingegen wird der Graph von f um c Einheiten nach **links (!)** verschoben, wenn $c \geq 0$.

Nicht selten gehen in der Natur Vorgänge aus elementaren Einzelvorgängen durch Kombinationen dieser Transformationen hervor (siehe auch Aufgabe 7 in Kapitel 2).

Elementare Eigenschaften von Funktionen 1.2

1.2.1 Beschränktheit

Eine in der Praxis häufig anzutreffende Eigenschaft von Funktionen in expliziter Darstellung ist deren **Beschränktheit**.

Praxis-Hinweis

Die Beschränktheit einer Funktion liefert zu einem naturwissenschaftlichen Vorgang gewissermaßen den kontrollierenden Rahmen. Beispielsweise lassen sich durch sie Aussagen etwa darüber treffen, mit welcher elektrischen Spannung innerhalb eines physikalischen Experiments der Naturwissenschaftler mindestens bzw. höchstens rechnen muss. Diese Information kann er dann etwa dazu verwenden, den Messbereich seines Messgerätes geeignet zu justieren.

Sinnvollerweise unterscheidet man zwischen der Beschränkheit nach oben bzw. nach unten, was wir in der folgenden Definition erklären wollen.

Definition **Beschränktheit**

- Eine Funktion f mit Definitionsbereich D heißt **nach oben beschränkt**, falls es eine Zahl $M \in \mathbb{R}$ gibt, so dass für **alle** $x \in D$ gilt:
$$f(x) \leq M .$$
- Eine Funktion f mit Definitionsbereich D heißt **nach unten beschränkt**, falls es eine Zahl $m \in \mathbb{R}$ gibt, so dass für **alle** $x \in D$ gilt:
$$f(x) \geq m .$$

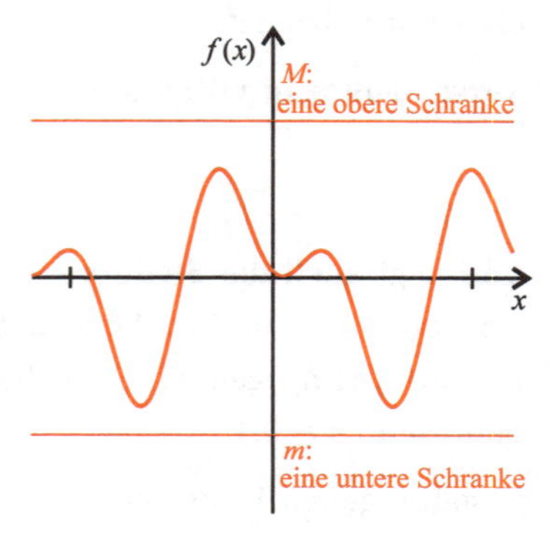

Abbildung 1.6: Beschränkte Funktionen.

- Eine Funktion f mit Definitionsbereich D heißt **beschränkt**, falls f nach oben und nach unten beschränkt ist (▶ Abbildung 1.6).

Falls solche Zahlen M und m existieren, nennt man diese **obere** bzw. **untere Schranken** für die Funktion f.

Beispiel 1.3

Es sei die Funktion f definiert auf
$$D = \{x \in \mathbb{R} : x > 0\}$$
durch die Funktionsvorschrift
$$f(x) = x^2 + \frac{1}{x} .$$

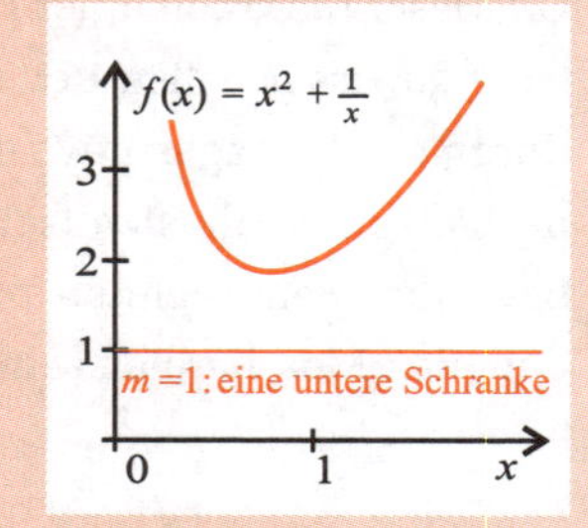

Abbildung 1.7: Untere Schranken.

Wir zeigen zunächst, dass der Wert $m = 0$ eine untere Schranke für die Funktion f darstellt: Denn sowohl der erste Summand x^2 als auch der zweite Summand $\frac{1}{x}$ nehmen auf ganz D nichtnegative Werte an, was folglich auch für die Summe beider Ausdrücke gilt.

Auch eine zweite, „bessere“ untere Schranke lässt sich verhältnismäßig leicht mit Hilfe einer Fallunterscheidung ermitteln: Für die x-Werte mit $0 < x < 1$ ist der erste Ausdruck x^2 größer als Null und der zweite Term $\frac{1}{x}$ größer als 1. Damit gilt für $0 < x < 1$:

$$f(x) = \underbrace{x^2}_{>0} + \underbrace{\frac{1}{x}}_{>1} > 1 .$$

Betrachten wir nun die übrigen x-Werte mit $x \geq 1$, so gilt hingegen auf diesem Bereich

$$f(x) = \underbrace{x^2}_{\geq 1} + \underbrace{\frac{1}{x}}_{>0} > 1 .$$

Zusammen genommen gilt damit $f(x) > 1$ für **alle** $x \in D$, woraus wir folgern, dass der Wert $m = 1$ ebenfalls eine untere Schranke für f darstellt (▶ Abbildung 1.7).

Wichtig ist die Erkenntnis, dass es sich bei den Schranken m bzw. M in der Definition (Seite 10) nicht zwangsläufig um scharfe Abschätzungen handeln muss. Auch handelt es sich bei oberen und unteren Schranken keinesfalls um eindeutige Werte. Für die Funktion $f : \mathbb{R}^+ \to \mathbb{R}, f(x) = x^2 + \frac{1}{x}$ aus dem letzten Beispiel 1.3 waren sowohl $m_1 = 0$ als auch $m_2 = 1$ untere Schranken. Betrachten wir den Graphen dieser Funktion in Abbildung 1.7, dürfen wir dies wohl auch von den Werten

$$m_3 = 1.2, \quad m_4 = 1.4 \quad \text{und} \quad m_5 = 1.7$$

behaupten. Wichtig ist nur, dass es kein $x \in D$ gibt, für welches der zugehörige Funktionswert $f(x)$ diese Schrankenwerte unterschreitet. Damit stellt sich zwangsläufig die Frage nach einer optimalen (größten) unteren Schranke m. Diese ist dadurch charakterisiert, dass für jedes noch so winzige $\epsilon > 0$ gilt, dass der modifizierte Wert

$$\tilde{m} = m + \epsilon$$

keine untere Schranke für f mehr ist. Anders ausgedrückt: Bei jeder noch so kleinen Verschiebung der größten unteren Schranke m nach oben verliert diese ihre Eigenschaft, eine untere Schranke zu sein. Die folgende Definition präzisiert diesen Sachverhalt.

Definition Kleinste obere und größte untere Schranke

- Es sei die Funktion $f: D \to \mathbb{R}$ nach oben beschränkt. Die obere Schranke M heißt **kleinste obere Schranke**, wenn für **jedes noch so kleine** $\epsilon > 0$ der Wert $M-\epsilon$ **keine** obere Schranke mehr ist.
- Es sei die Funktion $f: D \to \mathbb{R}$ nach unten beschränkt. Die untere Schranke m heißt **größte untere Schranke**, wenn für **jedes noch so kleine** $\epsilon > 0$ der Wert $m+\epsilon$ **keine** untere Schranke mehr ist (▶ Abbildung 1.8).

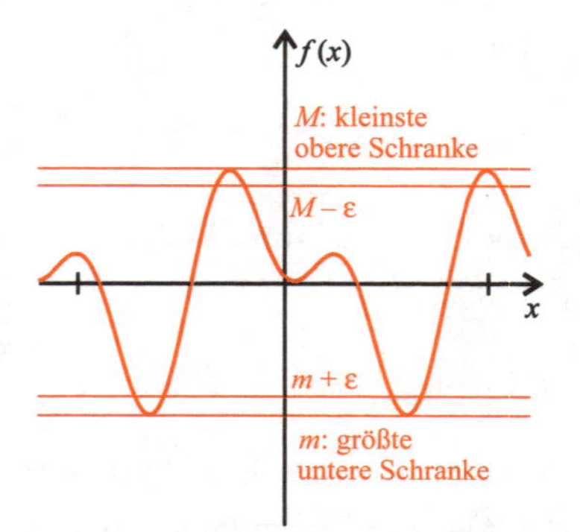

Abbildung 1.8: Kleinste obere und größte untere Schranke.

Beispiel 1.4

Betrachten wir die auf $D = \mathbb{R}$ definierte Funktion f mit $f(x) = \sqrt{|x|} - 1$. Wegen $\sqrt{|x|} \geq 0$ für alle $x \in D$, ist $f(x) \geq -1$ für alle $x \in D$.

Damit ist der Wert $m = -1$ eine untere Schranke für die Funktion f. Wie an dem Graphen von f sichtbar wird, handelt es sich bei $m = -1$ auch um die größte untere Schranke (▶ Abbildung 1.9).

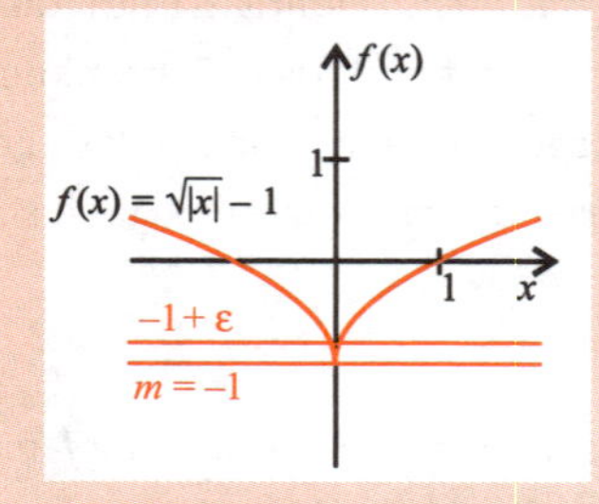

Abbildung 1.9: $m = -1$ als größte untere Schranke.

Mathematisch lässt sich dies mit Hilfe der vorangegangenen Definition folgendermaßen begründen: Wir müssen zeigen, dass selbst für jede noch so kleine Zahl $\epsilon > 0$ der Wert

$$\tilde{m} := m + \epsilon = -1 + \epsilon$$

keine untere Schranke mehr darstellt. Dazu versuchen wir, einen speziellen Wert $x_0 \in D$ zu finden, für welchen der zugehörige Funktionswert $f(x_0)$ den Wert $\tilde{m}$ noch unterschreitet. Betrachten wir zu diesem Zweck den Wert $x_0 = \frac{\epsilon^2}{4}$: Tatsächlich gilt dann

$$f(x_0) = \sqrt{\left|\frac{\epsilon^2}{4}\right|} - 1 = \sqrt{\frac{\epsilon^2}{4}} - 1 = \left|\frac{\epsilon}{2}\right| - 1 = \frac{\epsilon}{2} - 1 < \epsilon - 1 = \tilde{m},$$

also kurz $f(x_0) < \tilde{m}$. Damit kann die Funktion f die mutmaßliche untere Schranke $\tilde{m}$ an der Stelle x_0 noch „unterbieten". Folglich kann $\tilde{m}$ keine untere Schranke mehr sein und m ist die größte untere Schranke für f.

Beispiel 1.5

Was die Existenz einer größten unteren Schranke anbelangt, so stellt die Funktion $x \mapsto \sqrt{|x|} - 1$ aus Beispiel 1.4 in folgender Hinsicht einen Spezialfall dar: In diesem Fall nämlich wird die größte untere Schranke auch tatsächlich von einem $x \in D$ **angenommen**. Dass dies im Allgemeinen und auch beim Gegenstück, der kleinsten oberen Schranke, keinesfalls zwingend der Fall sein muss, sei an der Funktion

$$f(x) = -\frac{1}{x^2} + 2 \qquad (x \neq 0)$$

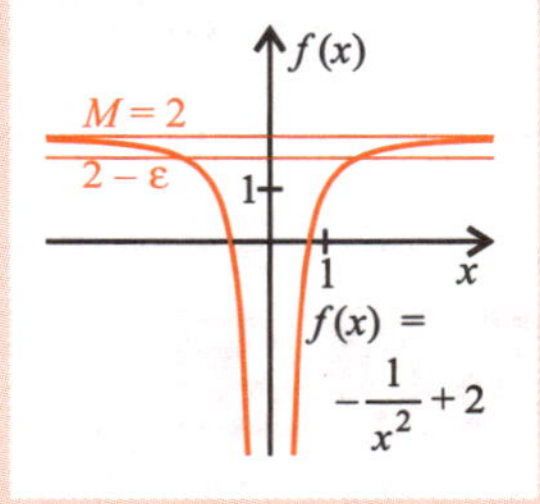

Abbildung 1.10: $M = 2$ als kleinste obere Schranke.

erläutert (▶ Abbildung 1.10): Die kleinste obere Schranke ist hier $M = 2$, was sich mit demselben Vorgehen wie in Beispiel 1.4 beweisen lässt. Jedoch wird der Wert 2 von keinem $x \in \mathbb{R}\setminus\{0\}$ angenommen, denn es ist für alle $x \in \mathbb{R}\setminus\{0\}$

$$f(x) = \underbrace{-\frac{1}{x^2}}_{<0} + 2 < 2.$$

1.2.2 Symmetrie

In diesem Abschnitt wollen wir stets davon ausgehen, dass der Definitionsbereich der Funktion f symmetrisch um den Wert 0 angeordnet ist, oder präziser ausgedrückt:

Für jedes x aus dem Definitionsbereich D liege auch $-x$ in D. (S)

Beispielsweise erfüllen sämtliche Intervalle $D = [-a, a]$ wie auch $D = \mathbb{R}$ diese Forderung. Unter dieser Voraussetzung an den Definitionsbereich wollen wir erklären, wann wir eine Funktion als **gerade** oder **ungerade** bezeichnen wollen:

Definition **Gerade und ungerade Funktionen**

- Eine Funktion f, deren Definitionsbereich D die obige Eigenschaft (S) erfüllt, heißt **gerade**, falls für **alle** x aus dem Definitionsbereich D gilt:

$$f(-x) = f(x)\,.$$

Der Graph von f ist dann **achsensymmetrisch** zur y-Achse.

- Eine Funktion f, deren Definitionsbereich D die obige Eigenschaft (S) erfüllt, heißt **ungerade**, falls für **alle** x aus dem Definitionsbereich D gilt:

$$f(-x) = -f(x)\,.$$

Der Graph von f ist dann **punktsymmetrisch** zum Ursprung (0, 0).

Beispiel 1.6

Wir betrachten die beiden auf $\mathbb{R}$ definierten Funktionen f_1 und f_2, definiert durch

$$f_1(x) = x^2 + 1 \qquad \text{sowie} \qquad f_2(x) = \frac{1}{2}x^3 - x\,.$$

Um die Funktionen auf ihre Symmetrien hin zu untersuchen, berechnen wir in beiden Fällen den Funktionswert an der „gespiegelten" Stelle $-x$. Es ist

$$f_1(-x) = (-x)^2 + 1 = x^2 + 1 = f_1(x) \quad \text{sowie}$$
$$f_2(-x) = \frac{1}{2}(-x)^3 - (-x) = -\frac{1}{2}x^3 + x = -(\frac{1}{2}x^3 - x) = -f_2(x)\,,$$

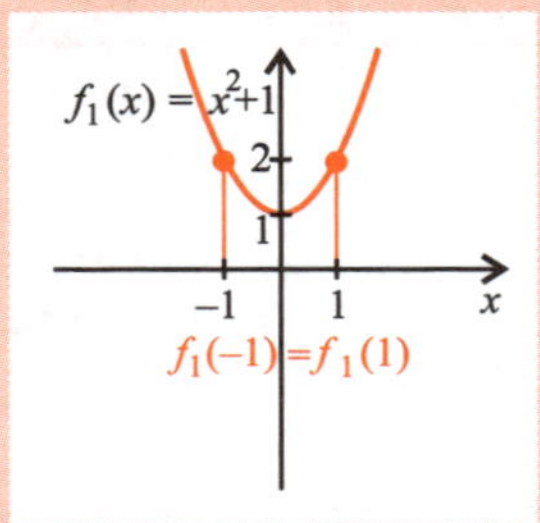

Abbildung 1.11: Gerade Funktion f_1.

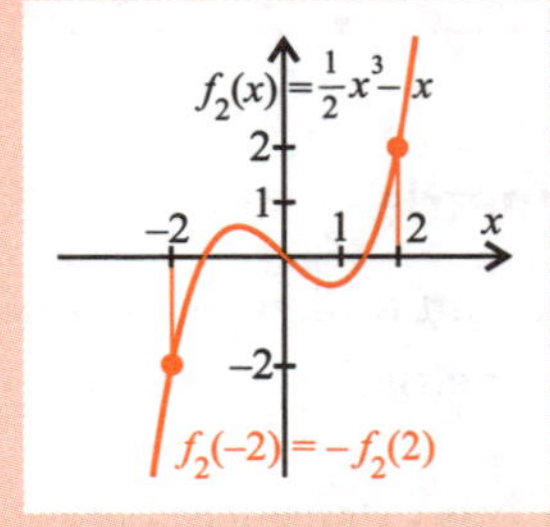

Abbildung 1.12: Ungerade Funktion f_2.

d. h. bei f_1 handelt es sich um eine gerade, bei f_2 hingegen um eine ungerade Funktion (▶ Abbildung 1.11 und 1.12).

Man beachte, dass die Bedingungen

$$f(x) = f(-x) \qquad \text{bzw.} \qquad f(x) = -f(-x)$$

für **alle** $x \in D$ erfüllt sein müssen. Es genügt **nicht**, diesen Test nur für eine einzige Stelle $x_0 \in D$ durchzuführen.

Praxis-Hinweis

Weist eine Funktion eine gerade oder ungerade Symmetrie auf, so kann dies für die Untersuchung der Funktion auf zahlreiche Eigenschaften von Vorteil sein: Ist beispielsweise f eine gerade oder ungerade Funktion und $a \in D$ eine Nullstelle von f, so liegt auch beim Wert $-a$ eine Nullstelle vor, was wir aus der Definition von Seite 14 schließen können. Genauso machen wir uns klar, wie im Fall einer geraden oder ungeraden Funktion $f: \mathbb{R} \to \mathbb{R}$ aus der Beschränktheit etwa auf $\mathbb{R}_0^+$ auch die Beschränktheit auf $\mathbb{R}_0^-$ und somit die Beschränktheit auf **ganz** $\mathbb{R}$ folgt.

Prinzipiell ist es möglich, weitere Symmetrie-Formen von Funktionen zu erklären. Ausgehend vom Graphen einer Funktion kann es beispielsweise sinnvoll sein, von einer Symmetrie bezüglich eines Punktes oder der Symmetrie bezüglich einer zur y-Achse parallelen Achse zu sprechen. Da aber diese Symmetrien in der Praxis nur eine untergeordnete Rolle spielen, verzichten wir auf deren Behandlung.

1.2.3 Periodizität

Im letzten Abschnitt haben wir gesehen, wie Funktionen mit Symmetrieeigenschaften Rückschlüsse von einem Teil des Definitionsbereichs auf ganz D erlauben. Wir wollen dieses Phänomen im Folgenden noch weiter unter die Lupe nehmen. In diesem Abschnitt lernen wir zu diesem Zweck eine Klasse von Funktionen kennen, deren Definition auf einem beschränkten Teilintervall von D bereits ausreicht, um sie auf ganz D vollständig festzulegen und zu charakterisieren. Die Rede ist von den so genannten **periodischen** Funktionen. Eine prominente Vertreterin ist dabei die elementar-trigonometrische Funktion $f: \mathbb{R} \to \mathbb{R}$, $f(x) = \sin(x)$. (Für ausführlichere Informationen zu trigonometrischen Funktionen siehe Abschnitt 2.4.)

Betrachten wir den Graphen der auf ganz $\mathbb{R}$ definierten Funktion

$$f(x) = \sin(x)$$

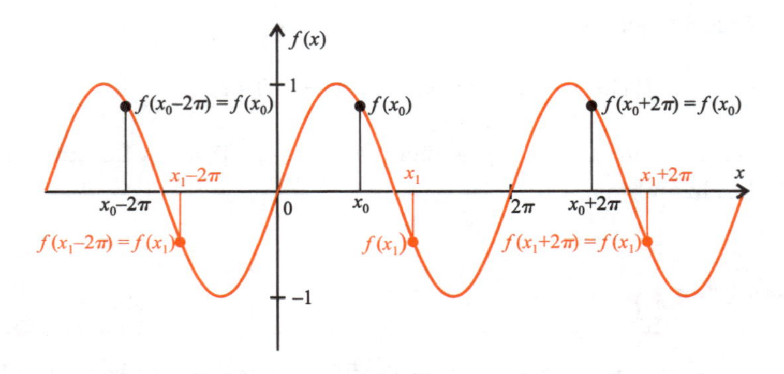

Abbildung 1.13: Sinusfunktion als Prototyp einer periodischen Funktion.

in ▶ Abbildung 1.13 genauer: Wählen wir eine beliebige Stelle x_0 im Intervall $[0, 2\pi]$ mit $f(x_0) = \sin(x_0)$ und betrachten wir nun die um 2π nach rechts verschobene Stelle $x_0 + 2\pi$. Wir stellen fest, dass

$$f(x_0 + 2\pi) = \sin(x_0) = f(x_0)\,.$$

Ebenso verhält es sich mit der Stelle x_1: Ein Marsch auf der x-Achse, dieses Mal um den Wert 2π nach links, bringt uns zum x-Wert $x_1 - 2\pi$ und liefert wieder

$$f(x_1 - 2\pi) = \sin(x_1) = f(x_1)\,.$$

Offenbar ändert sich der Wert der Sinusfunktion nicht, wenn wir statt $f(x)$ den Funktionswert an einer genau um 2π entfernten Stelle $x + 2\pi$ oder $x - 2\pi$ betrachten. Bei der Zahl 2π spricht man in diesem Zusammenhang auch von der **Periode *p*** der Sinus-Funktion. Die Periodizität einer Funktion f erklärt man wie folgt.

Definition **Periodizität**

Eine Funktion $f\colon D \to \mathbb{R}$ heißt **periodisch** mit einer Konstanten $p > 0$, wenn für **alle** $x \in \mathbb{R}$ auch $x + p$ in D liegt mit

$$f(x) = f(x + p)\,.$$

Die kleinste positive Zahl p, für welche diese Bedingung gilt, heißt **Periode** von f (▶ Abbildung 1.14).

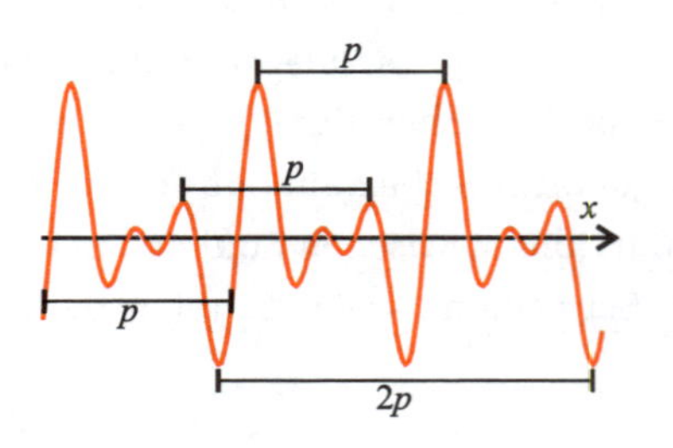

Abbildung 1.14: Periodizität.

Die Tatsache, dass wir $p > 0$ vorausgesetzt hatten, soll keine Einschränkung darstellen: Denn besitzt eine Funktion die Periode p, so ist nach Definition auch

$$f(x-p) = f((x-p)+p) = f(x)$$

für alle $x \in \mathbb{R}$. Der Eindruck, die obige Definition erkläre nur eine Periodizität in „positive Richtung", erweist sich somit als falsch. Des Weiteren gilt für jedes $x \in D$ und jede ganze Zahl $k \in \mathbb{Z}$:

$$\begin{aligned} f(x+k\cdot p) &= f(x+k\cdot p-p) = f(x+k\cdot p-p-p) = \ldots \\ &= f(x+k\cdot p\underbrace{-p-p-\ldots-p}_{-k\cdot p}) = f(x) . \end{aligned}$$

Ferner ist leicht einzusehen, warum wir im Zuge der Definition der Periode den Fall $p = 0$ ausgeschlossen hatten. Wegen $f(x) = f(x+0)$ wäre trivialerweise jede Funktion periodisch, was die Definition der Periodizität ad absurdum führen würde.

Ausgehend von der Definition der Periodizität, ergänzt durch etwas Schulwissen, sind wir in der Lage, die Nullstellen der Sinus-Funktion zu bestimmen (▶ Abbildung 1.15). Denn bekanntlich besitzt diese im halboffenen Intervall $[0, 2\pi[$ die Nullstellen

$$a = 0 \quad \text{und} \quad b = \pi .$$

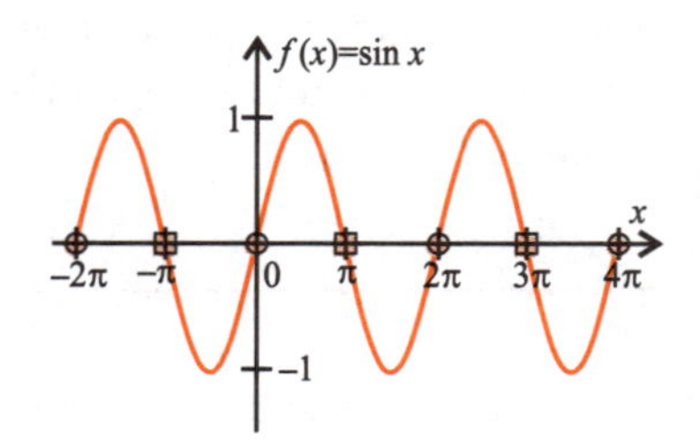

Abbildung 1.15: Nullstellen des Sinus.

Da die Sinus-Funktion 2π-periodisch ist, finden wir diese Nullstellen auch wieder an den jeweils um 2π verschobenen Stellen

$$0, \pm 2\pi, \pm 4\pi, \pm 6\pi, \pm 8\pi, \ldots \qquad \text{und} \qquad \pm\pi, \pm 3\pi, \pm 5\pi, \pm 7\pi, \ldots .$$

Zusammengenommen ist also $\sin(x) = 0$ an allen Stellen

$$x_k = k\pi \qquad \text{mit } k \in \mathbb{Z} .$$

1.2.4 Monotonie

Ebenso wie Beschränktheit, Symmetrie und Periodizität gehört auch das Wachstumsverhalten einer Funktion zu deren charakteristischen Merkmalen. Betrachten wir beispielsweise einen Draht mit gegebenem Widerstand R, an den wir eine Spannung U anlegen. Das Ohm'sche Gesetz sagt uns hierfür eine mit wachsender Spannung U im gleichen Maße steigende Stromstärke $I(U)$ voraus. Ungeachtet des genauen (in diesem Fall linearen) Zusammenhangs ist das Charakteristische dieses Naturgesetzes sein **Monotonie**verhalten. Wir erklären in diesem Sinne:

Definition **Monotonie**

- Eine Funktion $f: D \to \mathbb{R}$ heißt **monoton steigend**, falls für alle $a, b \in D$ mit $a < b$ gilt (► Abbildung 1.16):

$$f(a) \leq f(b).$$

- Eine Funktion $f: D \to \mathbb{R}$ heißt **monoton fallend**, falls für alle $a, b \in D$ mit $a < b$ gilt (► Abbildung 1.17):

$$f(a) \geq f(b).$$

Gilt in beiden Definitionen statt $\leq$ bzw. $\geq$ sogar „<“ bzw. „>“, dann heißt die Funktion f **streng** monoton steigend bzw. **streng** monoton fallend.

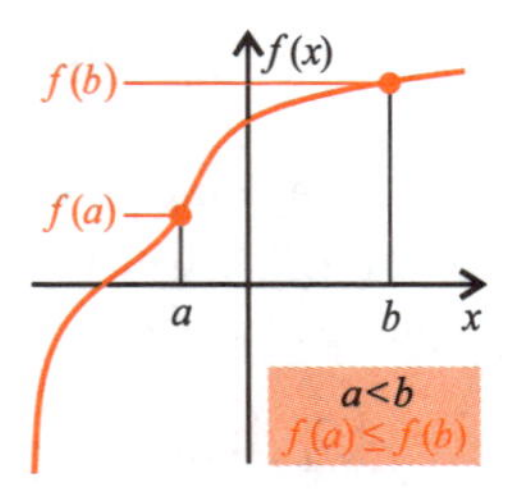

Abbildung 1.16: Monoton steigende Funktion.

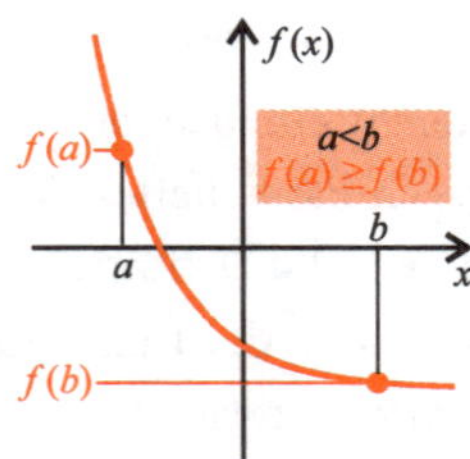

Abbildung 1.17: Monoton fallende Funktion.

Wir wollen diese Definition wieder an einem Beispiel verdeutlichen.

Beispiel 1.7

Es seien zwei Funktionen $f, g: \mathbb{R}_0^+ \to \mathbb{R}$ definiert durch

$$f(x) = x^2 \quad \text{und} \quad g(x) = (x-1)^2.$$

Untersuchen wir zunächst die Funktion f und betrachten hierzu zwei beliebige Zahlen $a, b \in \mathbb{R}_0^+$ mit $a < b$ (► Abbildung 1.18). Wegen $a, b \geq 0$ ist dann auch $a^2 < b^2$, und wir können folgern:

$$f(a) = a^2 < b^2 = f(b).$$

Nach obiger Definition haben wir damit die strenge Monotonie von f gezeigt. Wesentlich war dabei die Einschränkung des Definitionsbereichs der ursprünglich auf ganz $\mathbb{R}$ definierten Funktion f auf $\mathbb{R}_0^+$. Ohne diese Einschränkung hätte keine Monotonie vorgelegen.

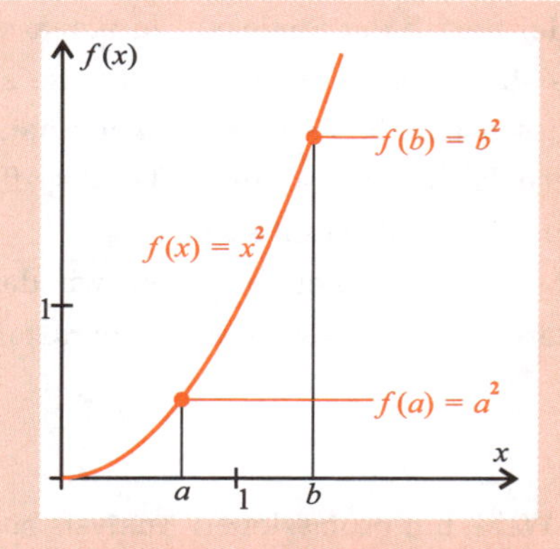

Abbildung 1.18: Monoton steigend auf $\mathbb{R}_0^+$.

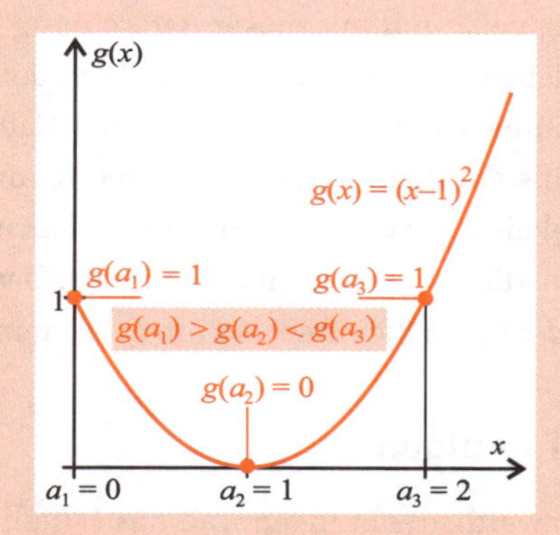

Abbildung 1.19: Nicht monoton auf $\mathbb{R}_0^+$.

Untersuchen wir nun die Funktion g: Wie ▶ Abbildung 1.19 vermuten lässt, weist diese Funktion auf dem Definitionsbereich $\mathbb{R}_0^+$ kein Monotonieverhalten auf. Tatsächlich gilt beispielsweise für $a_1 = 0$, $a_2 = 1$ und $a_3 = 2$:

$$\begin{aligned} g(a_1) &= g(0) = (-1)^2 = 1, \\ g(a_2) &= g(1) = (1-1)^2 = 0 \quad \text{und} \\ g(a_3) &= g(2) = (2-1)^2 = 1\,. \end{aligned}$$

Damit ist also gleichzeitig

$$a_1 < a_2 \quad \text{und} \quad g(a_1) > g(a_2)$$

sowie

$$a_2 < a_3 \quad \text{und} \quad g(a_2) < g(a_3)$$

erfüllt. Demzufolge ist g weder monoton steigend noch monoton fallend.

1.3 Folgen, Stetigkeit, Grenzwert

Nicht selten sieht sich der Mathematiker wie auch der Naturwissenschaftler vor die Aufgabe gestellt, das Verhalten einer Funktion bei Annäherung an eine Stelle $x_0 \in \mathbb{R}$ mathematisch zu beschreiben. Interessant wird dies beispielsweise dann, wenn die betrachtete Stelle x_0 gar nicht im Definitionsbereich der Funktion liegt, sondern lediglich an diesen angrenzt. Eine weitere Aufgabe in diesem Zusammenhang könnte es sein, das Verhalten der Funktion $f(x)$ für sehr große x zu beschreiben.

Eng verwandt mit dieser Betrachtung ist der Begriff der Stetigkeit. In einem winzig kleinen Bereich um eine Stelle x_0 sollte sich am Funktionswert $f(x_0)$ nicht allzu viel ändern: Eine Erwartung, die der Naturwissenschaftler an eine Funktion hat, die auf eine sinnvolle Weise (elementare) Vorgänge der Natur beschreibt. Den Begriff der Stetigkeit zu präzisieren soll ebenfalls Aufgabe dieses Abschnitts sein.

Um diese Zusammenhänge besser beschreiben zu können, beginnen wir damit, grundlegende Begriffe rund um Folgen und deren Konvergenzverhalten vorzustellen.

1.3.1 Folgen

Grenzwertbetrachtungen sind **das** Mittel der Wahl, um professionell Analysis betreiben zu können. Von zentraler Bedeutung ist dabei der Begriff der **Folge**. Prinzipiell handelt es sich hierbei lediglich um einen Spezialfall des von uns eingeführten Funktionsbegriffes: Legen wir als Definitionsbereich D im Folgenden die natürlichen Zahlen $\mathbb{N} = \{1, 2, \ldots\}$ zugrunde, so stellt eine Folge nichts anderes dar als eine Funktion

$$a : \mathbb{N} \to \mathbb{R} .$$

Die zugehörigen Funktionswerte notiert man in der Regel statt durch

$$a(1), a(2), a(3) \ldots$$

in der einfacheren Schreibweise

$$a_1, a_2, a_3 \ldots .$$

Es bezeichnet somit a_n das n-te **Glied** der Folge a (▶ Abbildung 1.20). Die Zahl n bezeichnet man in dieser Schreibweise als den **Index** von a. Oft wird auch (zugegebenermaßen etwas ungenau) die Notation a_n synonym für die Folge a verwendet – eine Schreibweise, der auch wir uns nicht verwehren wollen.

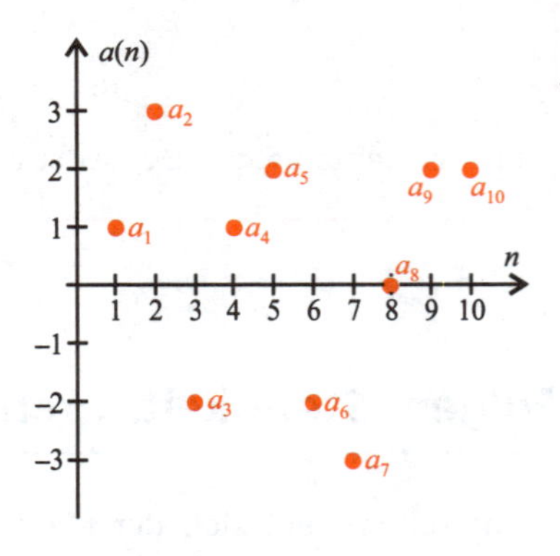

Abbildung 1.20: Darstellung einer Folge a_n.

Dadurch, dass es sich bei Folgen um eine spezielle Art von Funktionen handelt, bleiben die Begriffe und Definitionen aus den vorigen Abschnitten wie beispielsweise Monotonie oder Periodizität unverändert bestehen, was uns angenehmerweise von der Pflicht entbindet, diese Begriffe hier nochmals speziell für Folgen neu definieren zu müssen.

Wir betrachten zunächst zwei Beispiele von Folgen.

Beispiel 1.8

Es seien die beiden Folgen a_n und b_n gegeben durch

$$a_n := (-1)^n$$

sowie

$$b_n := 1 + (-1)^n \cdot \frac{1}{n}.$$

Setzen wir in beide Zuordnungsvorschriften a_n und b_n nacheinander die natürlichen Zahlen $\mathbb{N} = \{1, 2, 3 \ldots\}$ ein und berechnen die zugehörigen Folgenwerte

$$a_1,\ a_2,\ a_3 \ldots \quad \text{sowie} \quad b_1,\ b_2,\ b_3 \ldots,$$

so erhalten wir die beiden in ▶ Abbildung 1.21 und 1.22 dargestellten Schaubilder. Der Ausdruck $(-1)^n$ nimmt dabei wechselweise die Werte +1 und −1 an. Dies sorgt im Fall der Folge b_n dafür, dass ausgehend vom Wert 1 der (mit wachsendem $n \in \mathbb{N}$ betragsmäßig immer kleiner werdende) Ausdruck $\frac{1}{n}$ abwechselnd addiert bzw. subtrahiert wird.

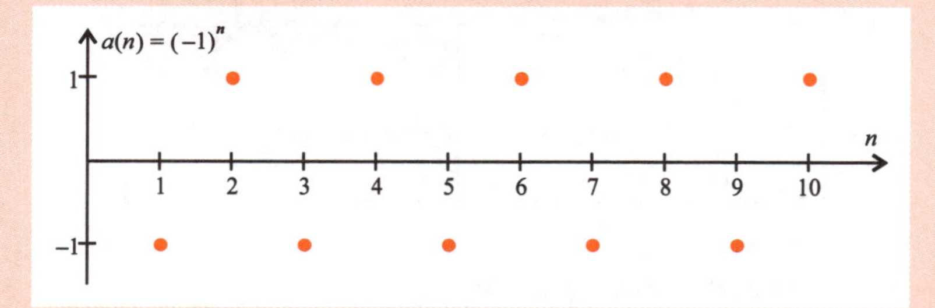

Abbildung 1.21: Darstellung der Folge a_n.

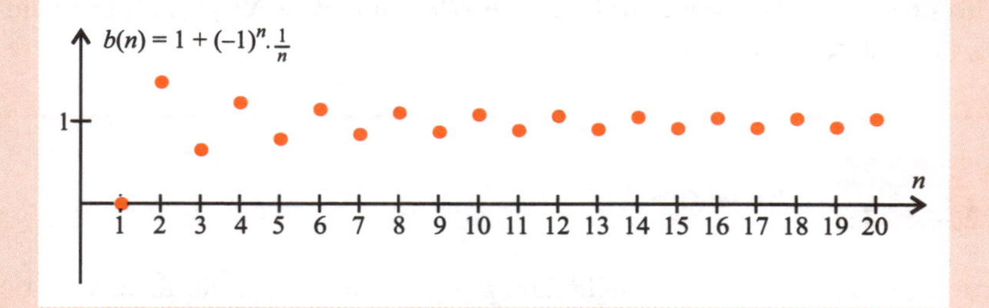

Abbildung 1.22: Darstellung der Folge b_n.

1.3.2 Konvergenz von Folgen

Werfen wir nochmals einen Blick auf die Folge b_n des vorangegangenen Beispiels in Abbildung 1.22, so ist das Charakteristische dieser Folge ihr Verhalten für große Indizes n. Interpretiert man diese als eine Abfolge von Zeitpunkten, so scheinen sich die Folgenwerte b_n im Lauf der Zeit immer mehr um den Wert 1 herum zu stabilisieren. Die Folge b_n „geht" oder **konvergiert** gegen den Wert 1, was uns dahingehend motiviert, diesen Wert als **Grenzwert** zu bezeichnen. Wir können diesen Tatbestand auch folgendermaßen formalisieren:

Wählen wir eine beliebige kleine Zahl $\epsilon > 0$ fest aus, so wollen wir unter dem so genannten

ϵ-Schlauch

um den Wert 1 das Intervall $[1-\epsilon, 1+\epsilon]$ verstehen. Ab einem (von dem gewählten ϵ abhängigen) Index $\boldsymbol{N(\epsilon)}$ treten die Folgenglieder b_n in den „ϵ-Schlauch" um den Wert 1 ein (▶ Abbildung 1.23) und verlassen ihn von diesem Zeitpunkt an auch nicht mehr.

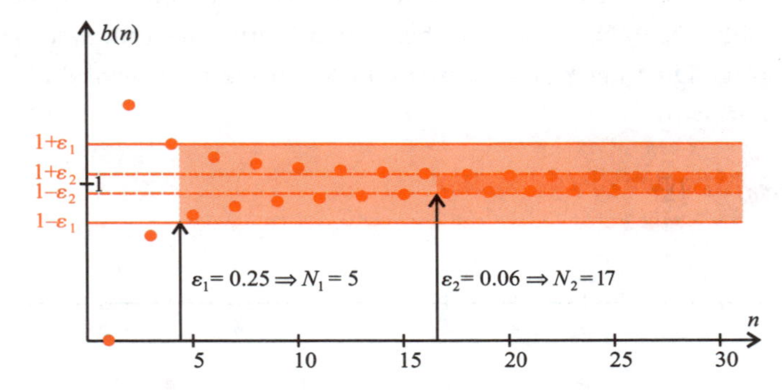

Abbildung 1.23: „ε-Schläuche" einer konvergenten Folge.

Offenbar ist diese Beobachtung für jeden noch so kleinen ϵ-Schlauch richtig. Abbildung 1.23 legt diesen Sachverhalt für zwei ϵ-Werte $\epsilon_1 = 0.25$ und $\epsilon_2 = 0.06$ dar und gibt die entsprechenden Grenz-Indizes $N_1 := N(\epsilon_1)$ und $N_2 := N(\epsilon_2)$ an. Ergänzend dazu wollen wir präzise definieren:

Definition **Konvergenz**

Es sei eine Folge a_n und eine reelle Zahl g gegeben mit folgender Eigenschaft: Für jeden vorgegebenen Wert $\epsilon > 0$ gebe es eine (von ϵ abhängige) Zahl $N(\epsilon) \in \mathbb{N}$ mit der Eigenschaft

$$|a_n - g| < \epsilon \quad \text{für alle } n \geq N(\epsilon).$$

Dann sagt man, die Folge a_n **konvergiert gegen** g für $n \to \infty$ und schreibt kurz

$$a_n \to g \quad \text{für } n \to \infty$$

oder auch

$$\lim_{n\to\infty} a_n = g$$

und bezeichnet g als den **Grenzwert** der Folge a_n.

Handelt es sich bei einer Folge a_n um keine konvergente Folge, so wird diese als **divergent** bezeichnet. Beispielsweise war die Folge

$$a_n = (-1)^n$$

aus Beispiel 1.8 divergent.

Als ein kleines Beispiel für eine konvergente Folge betrachten wir die Folge

$$a_n := \left(1 + \frac{1}{n}\right)^n .$$

Ohne Beweis sei verraten, dass diese Folge für $n \to \infty$ tatsächlich konvergiert. Ihr Grenzwert wird als **Euler'sche Zahl** oder kurz als

‚e'

bezeichnet. Näherungsweise ist

$$e = 2.71828\ldots .$$

Besonders die durch sie definierbare Exponentialfunktion

$$x \mapsto e^x$$

spielt in allen Teilgebieten der Analysis eine herausragende Rolle (siehe auch Abschnitt 2.3).

Die im nächsten Beispiel vorgestellte Folge mit Grenzwert 0 findet ihre Anwendung vor allem in theoretischen Untersuchungen; sie ist gleichwohl auch für sich genommen nicht uninteressant.

Beispiel 1.9

Von großer Bedeutung in der Mathematik sind Folgen, die gegen den Wert 0 konvergieren und als **Nullfolgen** bezeichnet werden. Erinnern wir uns dazu an die Fakultät

$$n! := n \cdot (n-1) \ldots 2 \cdot 1$$

und betrachten die Folge

$$c_n := \frac{q^n}{n!}$$

mit einem beliebigen $q \in \mathbb{R}$. Der Nenner geht gegen unendlich, der Betrag des Zählers zumindest für $|q| > 1$ ebenfalls. Man kann zeigen, dass sich unabhängig von der Wahl von $q \in \mathbb{R}$ die Nennerfolge $a_n = n!$ stets „durchsetzt". Sie geht schneller gegen unendlich als die Folge $b_n = q^n$ im Zähler, d. h. es gilt

$$\lim_{n\to\infty} \frac{q^n}{n!} = 0 .$$

1.3.3 Stetigkeit

Stetigkeit ist eine Eigenschaft von Funktionen, welche den meisten naturwissenschaftlichen Formeln in nahezu selbstverständlicher Weise innewohnt. Ein Chemiker berechnet beispielsweise ausgehend von einer Messung des Volumens V_0 einer Gasportion den dazu nach der Formel

$$p = \frac{c}{V}$$

(mit einer Konstanten $c > 0$) korrespondierenden Druck p_0. Zu Recht erwartet er, dass sich das Ergebnis dieser Rechnung nur wenig ändert, falls er den Druck p für ein geringfügig von V_0 verschiedenes Volumen V_1 berechnet. Ohnehin kann er das Volumen V_0 des Gases auch mit den besten Messmethoden nur bis auf einen kleinen Fehler bestimmen. Sollte sich der Druck innerhalb dieser Messungenauigkeit vollkommen chaotisch verhalten, hätte dies fatale Konsequenzen für die Vorhersagbarkeit seiner quantitativen naturwissenschaftlichen Ergebnisse. An dieser Stelle wollen wir den Begriff der **Stetigkeit** einer Funktion einführen:

Definition **Stetigkeit an einer Stelle**

Eine Funktion $f: D \to \mathbb{R}$ heißt **stetig an der Stelle** $x_0 \in D$, falls für **alle** Folgen x_n, die gegen x_0 konvergieren, gilt, dass auch die Funktionswerte $f(x_n)$ gegen $f(x_0)$ konvergieren. Kurz: f ist stetig, wenn gilt:

$$x_n \to x_0 \qquad \Rightarrow \qquad f(x_n) \to f(x_0)\,.$$

Beispiel 1.10

Als Beispiel einer **unstetigen** Funktion betrachten wir die abschnittsweise definierte Funktion $f: \mathbb{R} \to \mathbb{R}$, definiert durch

$$f(x) = \begin{cases} x - 1 & \text{falls } x \leq 0 \\ x^2 + \frac{1}{2} & \text{falls } x > 0\,. \end{cases}$$

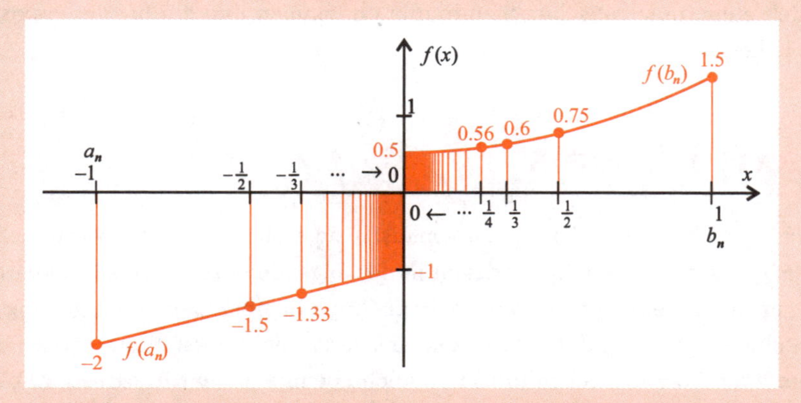

Abbildung 1.24: Funktion mit Unstetigkeitsstelle bei $x = 0$.

Die Funktion besitzt an der Stelle $x = 0$ eine Sprungstelle (▶ Abbildung 1.24), was die Unstetigkeit von f an dieser Stelle zur Folge hat: Betrachten wir nämlich die Folge $b_n := \frac{1}{n}$, so gilt

$$b_n \to 0$$

für $n \to \infty$. Betrachten wir aber die dazugehörigen Funktionswerte $f(b_n)$ für $n \in \mathbb{N}$, so erhalten wir wegen $b_n = \frac{1}{n} > 0$

$$f(b_n) = \underbrace{\frac{1}{n^2}}_{\to 0 \text{ für } n\to\infty} + \frac{1}{2} \to \frac{1}{2}.$$

Die Funktionswerte $f(b_n)$ konvergieren somit nicht gegen den Funktionswert $f(0) = -1$, sondern gegen den Wert $\frac{1}{2}$, was der Definition von Seite 25 widerspricht. Die Funktion f ist daher **unstetig** an der Stelle $x_0 = 0$.

Das letzte Beispiel verdeutlicht, wie die Behauptung, eine Funktion f besitze eine gewisse Eigenschaft, im Allgemeinen durch die Angabe eines Gegenbeispiels widerlegt werden kann. Im Fall des letzten Beispiels genügte die Angabe einer einzigen Folge b_n, um die **Un**stetigkeit der Funktion nachzuweisen. Selbstverständlich ist dabei nicht auszuschließen, dass es andere Folgen a_n gibt, welche die Bedingung

$$a_n \to 0 \qquad \text{und} \qquad f(a_n) \to f(0)$$

erfüllen. (Man betrachte beispielsweise die Folge a_n mit $a_n = -\frac{1}{n}$, siehe nochmals Abbildung 1.24). An der Unstetigkeit der Funktion ändert dies jedoch nichts.

Für einen konstruktiven Nachweis der Stetigkeit einer Funktion bedarf es im Allgemeinen mehr Übung und mathematischer Argumentation. Wir wollen jedoch diesbezüglich einen pragmatischen Standpunkt einnehmen und ein für die Praxis relevantes Kriterium angeben.

Praxis-Hinweis

Anschaulich (und eben darum mathematisch zugegebenermaßen etwas unbefriedigend) präsentiert sich die Stetigkeit in der folgenden Weise: Eine Funktion ist stetig an einer Stelle $x_0 \in D$, wenn sich ihr Graph in einer kleinen Umgebung um die Stelle x_0 „in einem Zug“ durchzeichnen lässt. Diese Vorstellung ist bei Funktionen einer Veränderlichen (und nur solche betrachten wir in diesem Kapitel) durchaus gerechtfertigt und mag im Zuge eines anschaulichen Stetigkeitsnachweises verwendet werden.

In der vorangegangenen Definition (Seite 25) hatten wir den Begriff der Stetigkeit von $f: D \to \mathbb{R}$ an einer **einzigen** Stelle $x_0 \in D$ eingeführt. Die folgende Definition erklärt die Stetigkeit „im Ganzen“:

Definition **Stetigkeit auf D**

Eine Funktion $f: D \to \mathbb{R}$ heißt **stetig** auf (ganz) D, wenn sie stetig an **jeder** Stelle $x_0 \in D$ ist. Im Fall der Existenz von mindestens einer Stelle $x_0 \in D$, an welcher die Funktion nicht stetig ist, heißt die Funktion f **unstetig**.

Auffallend sowohl bei der lokalen Definition als auch der globalen Erweiterung in obiger Definition ist, dass wir uns auf Punkte im Definitionsbereich D zurückziehen, wenn von Stetigkeit die Rede ist. Dass dieser Sachverhalt zwar selbstverständlich anmutet, dennoch aber für einige Fußangeln gut ist, sei nachfolgend demonstriert.

Beispiel 1.11

a) Wir betrachten die Funktion $f(x) := \frac{1}{x}$ zunächst auf dem Definitionsbereich $D := \mathbb{R}\setminus\{0\}$.

Da die Stelle $x_0 = 0$ explizit ausgenommen ist, besteht keinerlei Veranlassung, die Funktion auf Stetigkeit in diesem kritischen Nullpunkt zu untersuchen. Mehr noch: Die Funktion f ist in jeder beliebigen, durchaus in der Nähe des Nullpunktes angesiedelten Stelle x des Definitionsbereichs stetig. Denn die Funktion f verhält sich in einem kleinen Bereich um die betrachtete Stelle $x \in D$ vollkommen harmlos und wir sind dort in der Lage, den Graphen der Funktion f in einem Zug durchzuzeichnen. Bei der Funktion $f: \mathbb{R}\setminus\{0\} \to \mathbb{R}$ handelt es sich also um eine stetige Funktion (▶ Abbildung 1.25).

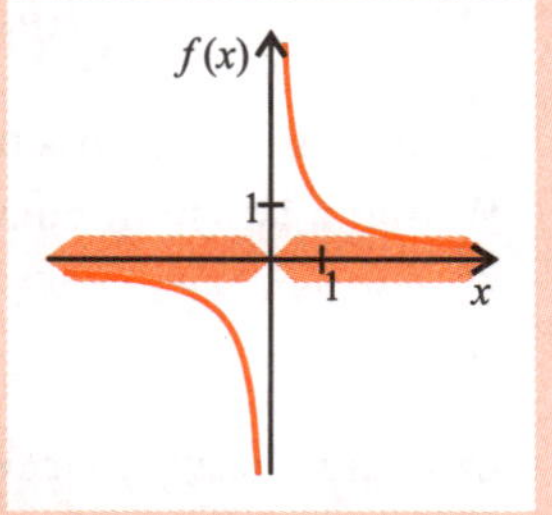

Abbildung 1.25: Stetige Funktion f.

b) Durch eine „künstliche", von uns willkürlich vorzunehmende separate Definition an der Stelle $x_0 = 0$ wollen wir die obige Funktion auf **ganz** $\mathbb{R}$ fortsetzen.

Wir werden dieses Prinzip der (evtl. stetigen) Fortsetzbarkeit von Funktionen in späteren Kapiteln näher kennen lernen. Für den Moment begnügen wir uns damit, die Definitionslücke der Funktion f aus Teil a) dieses Beispiels zu schließen, indem wir die nun zusätzlich im Ursprung definierte Funktion $\tilde{f}: \mathbb{R} \to \mathbb{R}$ erklären durch

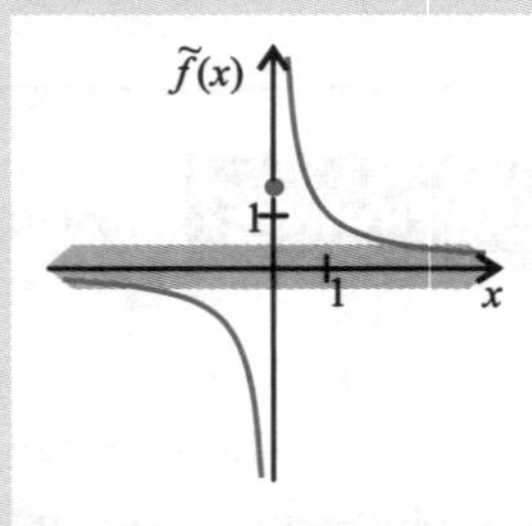

Abbildung 1.26: Funktion $\tilde{f}$ mit Unstetigkeitsstelle $x_0 = 0$.

$$\tilde{f}(x) = \begin{cases} f(x) = \frac{1}{x} & \text{falls } x \neq 0 \\ \frac{3}{2} & \text{falls } x = 0\,. \end{cases}$$

Der Funktionswert $\tilde{f}(0) := \frac{3}{2}$ wurde dabei vollkommen willkürlich gesetzt. Die Funktion $\tilde{f}$ ist nun an der Stelle $x_0 = 0$ erklärt, was somit die Frage nach der Stetigkeit von $\tilde{f}$ an dieser Stelle rechtfertigt. Aus ► Abbildung 1.26 ist ersichtlich, dass die Funktion $\tilde{f}$ an der Stelle 0 unstetig ist.

Formal lässt sich dies wieder mit Hilfe des Folgenkriteriums aus der Definition von Seite 25 erklären. Die Folge

$$a_n := \frac{1}{n}$$

konvergiert gegen die Stelle $x_0 = 0$. Wegen

$$\lim_{n\to\infty} \tilde{f}(a_n) = \lim_{n\to\infty} f\left(\frac{1}{n}\right) = \lim_{n\to\infty} n = \infty \neq \frac{3}{2} = \tilde{f}(0)$$

ist die Funktion jedoch an der Stelle $x_0 = 0$ und damit im Ganzen unstetig. Des Weiteren ist leicht einzusehen, dass sich die Funktion

$$f: \mathbb{R}\backslash\{0\} \to \mathbb{R},\ f(x) = \frac{1}{x}\,,$$

ganz gleich, welchen Wert a wir benutzen, um sie im Ursprung zu ergänzen, in keinem Fall auf ganz $\mathbb{R}$ stetig fortsetzen lässt. Anders ausgedrückt: Für kein $a \in \mathbb{R}$ ist die Funktion

$$\tilde{f}(x) = \begin{cases} f(x) = \frac{1}{x} & \text{falls } x \neq 0 \\ a & \text{falls } x = 0\,. \end{cases}$$

stetig auf ganz $\mathbb{R}$.

1.3.4 Grenzwerte von Funktionen

Grenzwerte von Funktionen kommen (grob gesagt) überall dort ins Spiel, wo das Verhalten einer Funktion $f(x)$ bei Annäherung an eine Stelle $x_0 \in \mathbb{R}$ bzw. an $\pm\infty$ genauer zu untersuchen ist. (Das Verhalten einer Funktion bei Annäherung an $\pm\infty$ wird auch als **Asymptotik** bezeichnet.) Eine solche Stelle x_0 muss dabei nicht zwingend im Definitionsbereich von f liegen, der Wert $f(x_0)$ muss folglich nicht notwendigerweise existieren.

Stellvertretend verfolgen wir daher die Funktionswerte $f(x_n)$ entlang einer Folge x_n, die im Definitionsbereich von f verläuft und gegen die Stelle x_0 konvergiert: Konvergiert die Folge der Funktionswerte $f(x_n)$ **unabhängig von der Wahl der Folge x_n** gegen ein und denselben Wert c, so sagt man, die Funktion besitzt den **Grenzwert c „für x gegen x_0"** und notiert diesen kurz als

$$\lim_{x \to x_0} f(x) .$$

Mathematisch präzise wollen wir obigen Sachverhalt in der folgenden Definition festhalten:

Definition **Grenzwert**

Gegeben sei eine Funktion $f: D \to \mathbb{R}$. Zu einer Stelle $x_0 \in \mathbb{R}$ (oder $x_0 = \pm\infty$) gebe es (mindestens) eine Folge $x_n \in D \backslash \{x_0\}$ mit $x_n \to x_0$. Gibt es ein $c \in [-\infty, \infty]$, so dass für **jede** Folge x_n mit $x_n \to x_0$ für die zugehörigen Funktionswerte gilt

$$\lim_{n \to \infty} f(x_n) = c ,$$

so bezeichnet man diesen Wert c als **Grenzwert von f für x gegen x_0** und notiert ihn als

$$\lim_{x \to x_0} f(x) .$$

Schränken wir uns bei der Folge x_n auf Werte ein, die links von x_0 liegen (d. h. $x_n < x_0$), so liefert uns dies u. U. den so genannten **linksseitigen Grenzwert**, den wir mit

$$\lim_{x \to x_0^-} f(x)$$

bezeichnen. Analog existiert ein **rechtsseitiger Grenzwert**

$$\lim_{x \to x_0^+} f(x)\,,$$

wenn für alle Folgen x_n mit $x_n \to x_0$ und $x_n > x_0$ die zugehörige Folge der Funktionswerte $f(x_n)$ gegen diesen Wert konvergiert.

Die Voraussetzung, dass es eine Folge in D geben muss, die gegen die Stelle x_0 konvergiert, wurde getroffen, um isolierte Punkte x_0 auszuschließen: In einer ganzen Umgebung einer solchen Stelle wäre sonst f undefiniert und eine Annäherung an x_0 mit einer Folge $x_n \in D$ daher gar nicht möglich.

Gemäß der Definition des Grenzwerts existiert dieser **nicht**, wenn beispielsweise eines der drei Kriterien erfüllt ist:

- Es gibt zwei Folgen $a_n \in D \setminus \{x_0\}$ und $b_n \in D \setminus \{x_0\}$ mit $a_n \to x_0$ und $b_n \to x_0$, so dass die Grenzwerte der zugehörigen Funktionswerte

  $$\lim_{n \to \infty} f(a_n) \qquad \text{und} \qquad \lim_{n \to \infty} f(b_n)$$

  verschieden voneinander sind.
- Für eine Folge $x_n \in D \setminus \{x_0\}$ divergiert die Folge der zugehörigen Funktionswerte $f(x_n)$; diese besitzt also keinen Grenzwert.
- Rechtsseitiger und linksseitiger Grenzwert stimmen nicht überein.

Beispiel 1.12

Gegeben (▶ Abbildung 1.27) sei die Funktion

$$f(x) = \frac{1}{x} \qquad (x > 0)\,.$$

Wir wählen eine beliebige Folge $x_n \to \infty$ und stellen fest, dass damit unabhängig von der Wahl unserer Folge der Nenner gegen ∞ geht. Es ist somit

$$\lim_{x \to \infty} \frac{1}{x} = \lim_{n \to \infty} \frac{1}{x_n} = 0\,.$$

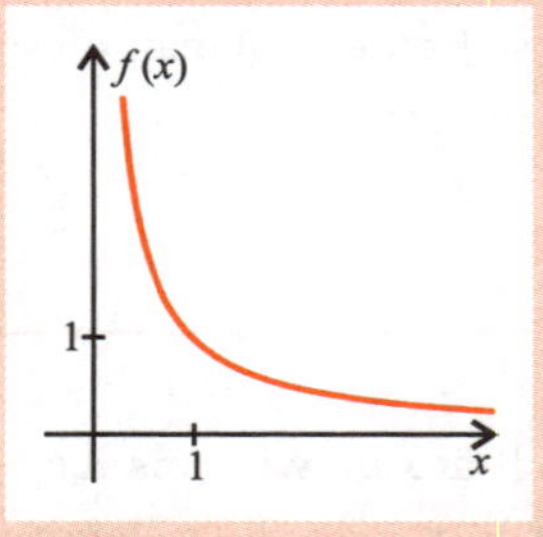

Abbildung 1.27: $x \mapsto \frac{1}{x}$.

Beispiel 1.13

Wir betrachten die Funktion

$$f(x) = 1 + x \cdot \sin \frac{1}{x} \qquad (x \neq 0)\,.$$

Die Funktion ist für $x = 0$ nicht definiert. Um den Grenzwert

$$\lim_{x \to 0} f(x)$$

zu berechnen, betrachten wir gedanklich wieder eine beliebige Folge $x_n \to 0$ mit $x_n \neq 0$. Zwar beobachten wir (▶ Abbildung 1.28), dass der Ausdruck

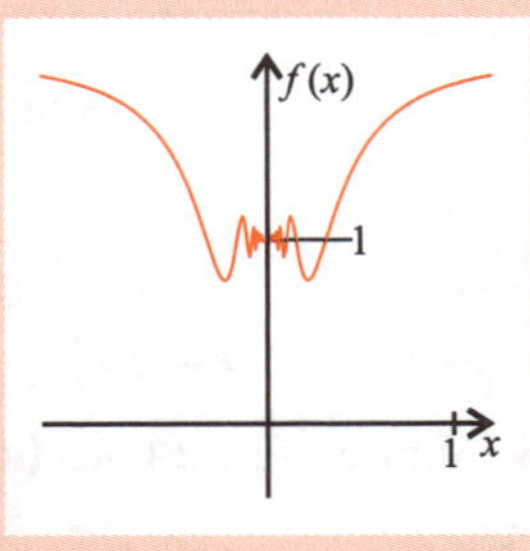

Abbildung 1.28: $x \mapsto 1 + x \cdot \sin \frac{1}{x}$.

$$\sin \frac{1}{x}$$

entlang dieser Folge stark oszilliert, doch ist er aufgrund des Sinusausdrucks durch $M = 1$ nach oben und durch $m = -1$ nach unten beschränkt. Hingegen geht der Faktor x gegen null und sorgt dafür, dass

$$\lim_{x \to 0} f(x) = \lim_{x \to 0} \left(1 + \underbrace{x}_{\to 0} \cdot \underbrace{\sin \frac{1}{x}}_{\text{beschränkt}} \right) = 1\,.$$

Als ein Prototyp für einen nicht-existierenden Grenzwert

$$\lim_{x \to x_0} f(x)$$

bietet sich prinzipiell jede Funktion f an, die bei x_0 eine Unstetigkeitsstelle besitzt. Ein sehr schönes andersgeartetes Beispiel (in Abwandlung des letzten Beispiels 1.13) sei im Folgenden vorgestellt:

Beispiel 1.14

Für $x \neq 0$ sei die Funktion

$$f(x) = \sin \frac{1}{x}$$

gegeben. (Gegenüber der Funktion in Beispiel 1.13 fehlt im Wesentlichen der Faktor x; der Summand 1 besitzt hingegen keine Bedeutung).

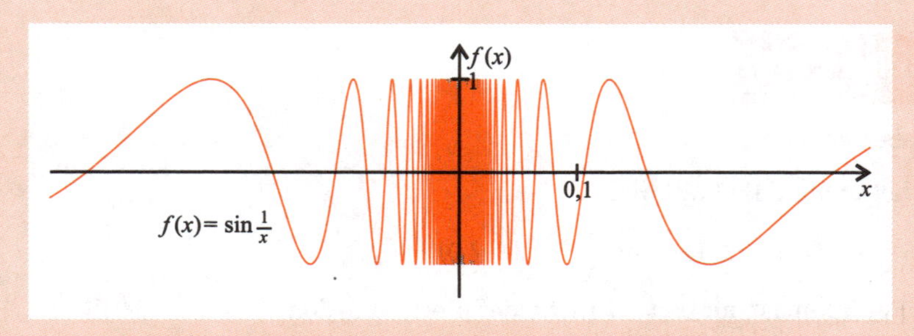

Abbildung 1.29: $x \mapsto \sin \frac{1}{x}$.

► Abbildung 1.29 macht deutlich, dass

$$\lim_{x \to 0} f(x)$$

nicht existiert. Selbst in unmittelbarer Nähe des Nullpunkts oszilliert die Funktion zwischen den Grenzen ± 1 und macht keine Anstalten, sich auf einen Grenzwert zuzubewegen.

Mathematisch lässt sich die Nicht-Existenz dieses Grenzwertes mit Hilfe einer einzigen Folge x_n zeigen, die gegen null konvergiert, für welche aber die Folge

$$f(x_n)$$

der entsprechenden Funktionswerte keinen Grenzwert besitzt. Wir betrachten dazu die Folge

$$x_n := \frac{1}{\frac{\pi}{2} + n\pi}.$$

Für sie gilt $x_n \to 0$, denn der Nenner $\frac{\pi}{2} + n\pi$ strebt gegen unendlich. Aber es ist:

$$f(x_n) = \sin\left(\frac{1}{\frac{1}{\frac{\pi}{2}+n\pi}}\right) = \sin(\frac{\pi}{2} + n\pi) = \begin{cases} +1 & \text{falls } n \text{ gerade} \\ -1 & \text{falls } n \text{ ungerade.} \end{cases}$$

Die folgenden Rechengesetze, die uns im praktischen Umgang mit Grenzwerten helfen werden, wollen wir nicht beweisen. Sie sind jedoch intuitiv unmittelbar einsichtig, was uns über diesen Mangel hinwegsehen lässt.

Satz **Rechengesetze**

Gegeben seien die Funktionen $f, g: D \to \mathbb{R}$ und $x_0 \in \mathbb{R}$. Existieren die Grenzwerte

$$\lim_{x \to x_0} f(x) \qquad \text{und} \qquad \lim_{x \to x_0} g(x)\,,$$

so ist:

- $\lim_{x \to x_0} [f(x) + g(x)] = \lim_{x \to x_0} f(x) + \lim_{x \to x_0} g(x)$
- $\lim_{x \to x_0} [a \cdot f(x)] = a \cdot \lim_{x \to x_0} f(x)$ für $a \in \mathbb{R}$.

Ist $\lim_{x \to x_0} g(x) \neq 0$, so gilt zudem:

- $\lim_{x \to x_0} \frac{f(x)}{g(x)} = \frac{\lim_{x \to x_0} f(x)}{\lim_{x \to x_0} g(x)}$.

1.4 Charakteristische Stellen einer Funktion

1.4.1 Nullstellen

Eine zentrale Aufgabe, die sich wie ein roter Faden durch alle Teilgebiete der Mathematik und der Naturwissenschaften zieht, ist das Lösen von Gleichungen: Ausgehend von (im Allgemeinen) zwei Funktionen $g_1, g_2: D \to \mathbb{R}$ suchen wir all diejenigen x-Werte aus D, welche der Gleichung

$$g_1(x) = g_2(x) \tag{1.1}$$

genügen. Indem wir setzen

$$f: D \to \mathbb{R}, \quad f(x) := g_1(x) - g_2(x)$$

entspricht Aufgabe (1.1) in äquivalenter Weise dem Problem, alle $x \in D$ zu finden, für welche

$$f(x) = 0 \tag{1.2}$$

erfüllt ist. Die Stellen $x \in D$, an denen eine gegebene Funktion f den Wert Null annimmt, für welche also

$$f(x) = 0$$

gilt, werden als **Nullstellen** der Funktion in D bezeichnet. Das Lösen von Gleichungen der Form (1.1) lässt sich auf diese Weise also immer auf eine Nullstellenbestimmung zurückführen.

Es mag desillusionierend sein zu hören, dass die explizite Berechnung von Nullstellen im Allgemeinen eine unlösbare Aufgabe darstellt. Beispielsweise ist es nicht möglich, die Lösungen der Gleichung

$$x = \cos x \qquad \Leftrightarrow \qquad x - \cos x = 0 \tag{1.3}$$

exakt anzugeben. Nur für eine verhältnismäßig kleine Klasse von Gleichungen existieren explizite Lösungsformeln. Aus der Schule ist Ihnen beispielsweise die Formel

$$x_{1,2} = \frac{-b \pm \sqrt{b^2 - 4ac}}{2a}$$

bekannt, welche die (maximal zwei) reellen Lösungen der quadratischen Gleichung

$$ax^2 + bx + c = 0$$

liefert.

Die Regula falsi zur näherungsweisen Nullstellenberechnung

Um Gleichungen wie (1.3) wenigstens näherungsweise zu lösen, wurden die verschiedensten numerischen Verfahren ersonnen. Die Wahl eines der Situation angepassten Verfahrens ist dabei vom konkreten Problem abhängig. Ist die Funktion f beispielsweise differenzierbar (siehe dazu Kapitel 3), so werden wir in Abschnitt 3.7 das so genannte Newton-Verfahren kennnenlernen, welches uns schon nach wenigen Rechenschritten ein brauchbares Näherungsergebnis des Problems

$$f(x) = 0$$

liefern wird. Allgemeiner, weil auch auf nicht-differenzierbare Funktionen anwendbar, ist das folgende Verfahren, welches unter dem Namen **Regula falsi** bekannt ist. Um die Nullstellen einer Funktion $f\colon [a, b] \to \mathbb{R}$ mit der Regula falsi näherungsweise zu berechnen, benötigen wir zwei entscheidende Voraussetzungen:

- Die Funktion f muss **stetig** sein auf $[a, b]$.
- Es muss sich um eine Nullstelle mit **Vorzeichenwechsel** handeln.

Ist die zweite Eigenschaft erfüllt, so finden wir zwei Stellen

$$x_l \qquad \text{und} \qquad x_r$$

in $[a, b]$ mit der Eigenschaft, **dass die Funktionswerte $f(x_l)$ und $f(x_r)$ an diesen Stellen verschiedene Vorzeichen besitzen.** Wegen der vorausgesetzten Stetigkeit von f ist dann die Existenz einer Nullstelle in $[x_l, x_r]$ gewährleistet. Darüber hinaus wollen wir sicherstellen, dass sich im Intervall $[x_l, x_r]$ nur eine einzige Nullstelle von f befindet. Die Stellen x_l und x_r haben wir also hinreichend dicht an der anvisierten Nullstelle zu wählen (► Abbildung 1.30).

In einem ersten Schritt legen wir eine Gerade durch die beiden Punkte

$$(x_l, f(x_l)) \qquad \text{und} \qquad (x_r, f(x_r)) .$$

Ausgehend von der allgemeinen Geradengleichung

$$y = mx + c \tag{1.4}$$

berechnen wir die unbekannten Paramter m und c dieser Geraden: Die Steigung m berechnet sich mit Hilfe eines Steigungsdreiecks zu

$$m = \frac{f(x_r) - f(x_l)}{x_r - x_l} ,$$

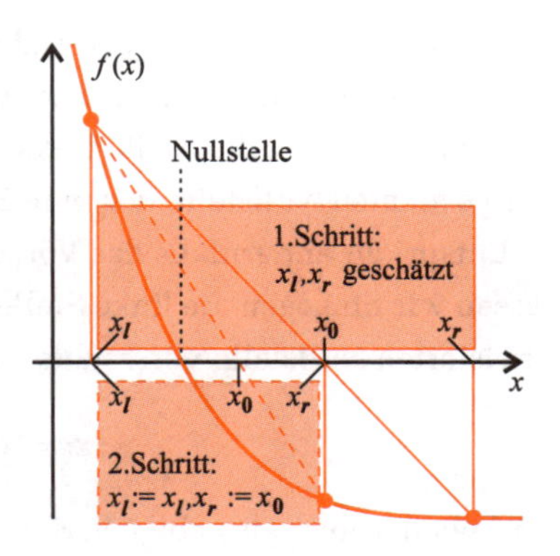

Abbildung 1.30: Regula falsi zur näherungsweisen Bestimmung von Nullstellen.

so dass wir den noch fehlenden Parameter c etwa mit $y = f(x_l)$ und $x = x_l$ aus (1.4) bestimmen können zu

$$c = f(x_l) - \frac{f(x_r) - f(x_l)}{x_r - x_l} x_l .$$

Wir berechnen nun die Nullstelle dieser Geraden, deren Gleichung wir nach den letzten Rechnungen zu

$$y = mx + c = \left(\frac{f(x_r) - f(x_l)}{x_r - x_l} \right) \cdot x + f(x_l) - \frac{f(x_r) - f(x_l)}{x_r - x_l} x_l$$

bestimmt haben. Nullsetzen und anschließendes Auflösen nach x führt auf die Nullstelle

$$\begin{aligned} x_0 &= -\frac{c}{m} = -\frac{f(x_l) - \frac{f(x_r)-f(x_l)}{x_r-x_l} x_l}{\frac{f(x_r)-f(x_l)}{x_r-x_l}} = -\frac{f(x_l)(x_r - x_l) - (f(x_r) - f(x_l))x_l}{f(x_r) - f(x_l)} \\ &= -\frac{f(x_l)\, x_r - f(x_r)\, x_l}{f(x_r) - f(x_l)} = \frac{f(x_r)\, x_l - f(x_l)\, x_r}{f(x_r) - f(x_l)} . \end{aligned} \tag{1.5}$$

Mit Hilfe von Formel (1.5) haben wir somit die Berechnung der „wahren" Nullstelle von f im Rahmen einer Näherung ersetzt durch die Berechnung der Nullstelle einer so genannten interpolierenden Geraden.

Wir wollen dieses Verfahren wiederholen (**iterieren**) und aus diesem Grund zunächst bessere Näherungswerte x_r und x_l ermitteln: Wir berechnen dazu $f(x_0)$. Entspricht das Vorzeichen dieser Größe dem Vorzeichen von $f(x_l)$, so setzen wir als neue Ausgangsstellen

$$x_l := x_0 \qquad \text{und} \qquad x_r := x_r$$

und wiederholen das obige Verfahren mit diesen neuen Werten. De facto haben wir durch diese Neudefinition von x_l und x_r die Stelle rechts von der Nullstelle unverändert belassen und die Stelle links von der Nullstelle durch eine „bessere“, näher an der gesuchten Nullstelle liegende Stelle ersetzt.

Entspricht andernfalls das Vorzeichen von $f(x_0)$ dem Vorzeichen von $f(x_r)$, so belassen wir hingegen die linke Stelle x_l und ersetzen x_r durch die Stelle x_0, welche der anvisierten Nullstelle von rechts näher kommt. Wir setzen also in diesem Fall

$$x_l := x_l \qquad \text{und} \qquad x_r := x_0$$

und wiederholen das obige Verfahren.

Die wiederholte Ausführung dieser Rechenschritte führt uns zu einem konvergenten Verfahren: Nach jedem Rechenschritt ermitteln wir, je nach Vorzeichen von $f(x_0)$, in der oben beschriebenen Weise zwei Stellen x_l und x_r links und rechts der gesuchten Nullstelle von f. Beobachten wir die Folge der in jedem Schritt durch (1.5) ermittelten Stellen x_0, so liefern diese eine Näherung für die wahre Nullstelle der Funktion f von immer besserer Genauigkeit.

Erhalten wir während eines Schrittes zufälligerweise die Beziehung $f(x_0) = 0$, so haben wir die gesuchte Nullstelle gefunden. Andernfalls brechen wir das Verfahren ab, wenn die Größe $|f(x_0)|$ „genügend klein“ ist. Ein weiteres mögliches Kriterium zur Beendigung des Verfahrens ist dann erfüllt, wenn sich die x_0-Werte zweier aufeinanderfolgender Schritte nur noch sehr wenig voneinander unterscheiden.

Beispiel 1.15

Wir betrachten nochmals das Problem, die Nullstellen der Funktion

$$f(x) = x - \cos x$$

(näherungsweise) zu bestimmen. Graphisch ist dies zu der Aufgabe äquivalent, die Schnittpunkte der Graphen von

$$g(x) = x \qquad \text{und} \qquad h(x) = \cos x$$

zu bestimmen.

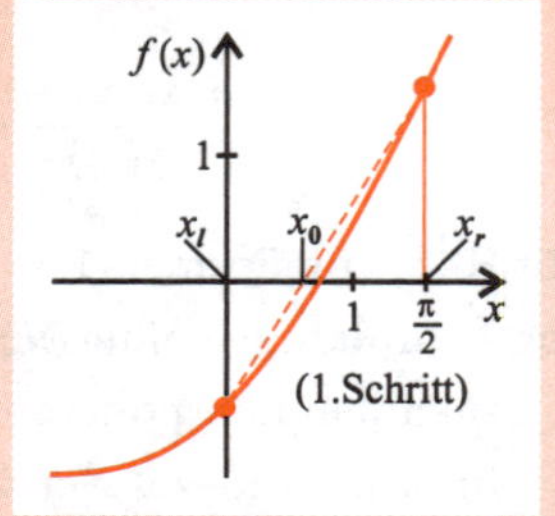

Abbildung 1.31: Die Funktion $x \mapsto x - \cos x$.

Mit Hilfe von ▶ Abbildung 1.31 erkennen wir, dass sich im Intervall $[0, \frac{\pi}{2}]$ ein solcher Schnittpunkt bzw. eine Nullstelle von f befinden. Wegen

$$f(0) = 0 - 1 = -1 < 0 \quad \text{und} \quad f\left(\frac{\pi}{2}\right) = \frac{\pi}{2} - \cos\frac{\pi}{2} = \frac{\pi}{2} > 0$$

dürfen wir als Startwerte

$$x_l = 0 \quad \text{und} \quad x_r = \frac{\pi}{2}$$

setzen und berechnen mit Hilfe von Formel (1.5)

$$x_0 = \frac{f(x_r)\,x_l - f(x_l)\,x_r}{f(x_r) - f(x_l)} = \frac{\frac{\pi}{2}\cdot 0 - (-1)\cdot\frac{\pi}{2}}{\frac{\pi}{2} - (-1)} = \frac{\frac{\pi}{2}}{\frac{\pi}{2} + 1} = 0.611\,.$$

Es ist nun $f(x_0) = f(0.611) = -0.208 < 0$. Da das (negative) Vorzeichen von $f(x_0)$ somit dem (negativen) Vorzeichen von $f(x_l) = f(0)$ entspricht, setzen wir neu an

$$x_l := x_0 = 0.611 \quad \text{und} \quad x_r := \frac{\pi}{2}$$

und berechnen wieder

$$x_0 = \frac{f(x_r)\,x_l - f(x_l)\,x_r}{f(x_r) - f(x_l)} = \frac{\frac{\pi}{2}\cdot 0.611 - (-0.208)\cdot\frac{\pi}{2}}{\frac{\pi}{2} - (-0.208)} = 0.723\,.$$

Wegen $f(x_0) = f(0.723) = -0.026 < 0$ entspricht das Vorzeichen von $f(x_0)$ wieder dem Vorzeichen von $f(x_l)$. Wir können daher für einen dritten Rechenschritt ansetzen

$$x_l := x_0 = 0.723 \quad \text{und} \quad x_r := \frac{\pi}{2}$$

und erhalten durch eine neuerliche Berechnung

$$x_0 = \frac{f(x_r)\,x_l - f(x_l)\,x_r}{f(x_r) - f(x_l)} = \frac{\frac{\pi}{2}\cdot 0.723 - (-0.026)\cdot\frac{\pi}{2}}{\frac{\pi}{2} - (-0.026)} = 0.736\,.$$

Wegen $f(x_0) = f(0.736) = -0.0052$ wollen wir es bei dem Näherungswert

$$x_0 = 0.736$$

für die gesuchte Nullstelle von f in $[0, \frac{\pi}{2}]$ belassen.

1.4.2 Lokale und globale Extrema

An welcher Position x besitzt eine an einem Federpendel schwingende Masse ihre geringste Geschwindigkeit? Zu welchem Zeitpunkt t ist die Populationsdichte einer Tierart am größten? Dies sind zwei Beispiele für Fragen, die sich damit beschäftigen, an welchen Stellen des Definitionsbereichs eine Funktion extremale Werte annimmt. Wir unterscheiden dabei zwischen lokalen und globalen Extrema.

Definition **Globale und lokale Extrema**

Gegeben sei eine Funktion $f: D \to \mathbb{R}$.

- Die Funktion besitzt an der Stelle $x_0 \in D$ ein **globales Maximum** $f(x_0)$, wenn für **alle** $x \in D$ gilt
$$f(x_0) \geq f(x)\,.$$
- Die Funktion besitzt an der Stelle $x_0 \in D$ ein **globales Minimum** $f(x_0)$, wenn für **alle** $x \in D$ gilt
$$f(x_0) \leq f(x)\,.$$
- Die Funktion besitzt an der Stelle $x_0 \in D$ ein **lokales Maximum** $f(x_0)$, wenn **für alle x aus einer genügend kleinen Umgebung von x_0** gilt
$$f(x_0) \geq f(x)\,.$$
- Die Funktion besitzt an der Stelle $x_0 \in D$ ein **lokales Minimum** $f(x_0)$, wenn **für alle x aus einer genügend kleinen Umgebung von x_0** gilt
$$f(x_0) \leq f(x)\,.$$

Ein globales Extremum ist nach dieser Definition auch automatisch ein lokales Extremum. Die Umkehrung ist im Allgemeinen jedoch nicht richtig. ▶ Abbildung 1.32 zeigt den Graph einer Funktion, welche die verschiedensten Typen von lokalen und globalen Extrema aufweist.

Weitere Fakten zur Existenz von globalen und lokalen Extrema seien nachfolgend zusammengefasst:

- Eine auf einem abgeschlossenen Intervall $[a, b]$ definierte stetige Funktion besitzt in $[a, b]$ sowohl ein globales Maximum als auch ein globales Minimum.
- Es gibt (sogar stetige) Funktionen, die auf ihrem Definitionsbereich weder lokale noch globale Extrema aufweisen. Als ein einfaches Beispiel sei hier die auf ganz $\mathbb{R}$ definierte Gerade
$$f(x) = x$$
genannt.

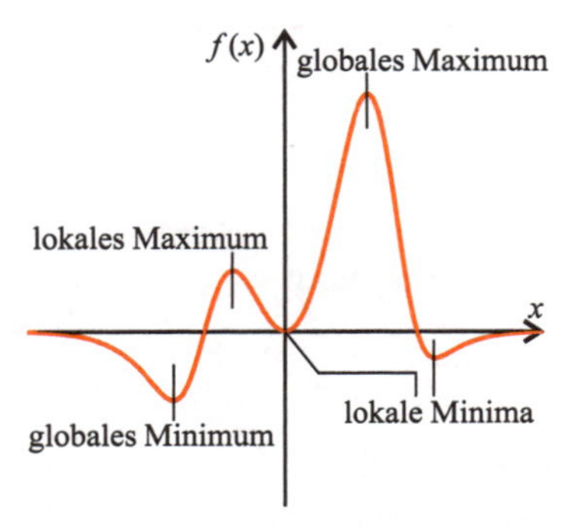

Abbildung 1.32: Lokale und globale Extrema.

- Vielen Modellen in den Naturwissenschaften liegen differenzierbare Funktionen zugrunde (siehe Kapitel 3). In diesem Fall werden uns die in Abschnitt 3.8 beschriebenen Methoden der Differentialrechnung helfen, lokale Extrema ausfindig zu machen.

Umkehrbarkeit 1.5

Rufen wir uns für einen kurzen Moment die Definition einer Funktion f mit Definitionsbereich D und Wertebereich W in Erinnerung: Jedem x aus D wird auf eindeutige Weise ein y aus W zugeordnet. Im Zuge dessen drängt sich die Frage auf, inwieweit dieser Vorgang umkehrbar ist: Inwieweit können wir also ausgehend von einem $y \in W$ einen **eindeutig bestimmten** x-Wert aus D rekonstruieren, welcher von der Funktion f auf y abgebildet wird? Man spricht dabei von x als dem **Urbild** von y unter f.

Ist dieser Vorgang des Umkehrens für alle Werte y des Wertebereichs von f möglich, so heißt f auf D **umkehrbar**. Die Abbildung, die jedem $y \in W$ sein eindeutig bestimmtes Urbild $x \in D$ zuordnet, für welches $f(x) = y$ gilt, bezeichnen wir als die **Umkehrfunktion von f** und notieren diese mit

$$f^{-1}\,.$$

(Vor Verwechslungen mit der Funktion $\frac{1}{f}$ sei bei dieser Schreibweise gewarnt.) Über die (Un-)Möglichkeit einer solchen Umkehrung gibt uns das nachfolgende Beispiel Auskunft.

Beispiel 1.16

a) Betrachten wir zunächst die Funktion

$$f: \mathbb{R} \to \mathbb{R}, \quad f(x) = x^2$$

mit dem Wertebereich $W = \mathbb{R}^+0$ (▶ Abbildung 1.33). Wählen wir beispielsweise $y = 4 \in W$, so erkennen wir, dass sowohl für $x_1 = 2$ als auch für $x_2 = -2$ gilt

$$f(x_1) = 4 = f(x_2) .$$

Es existieren somit für den Wert $y = 4$ zwei Urbilder x_1 und x_2. Folglich ist f auf dem Definitionsbereich $D = \mathbb{R}$ nicht umkehrbar.

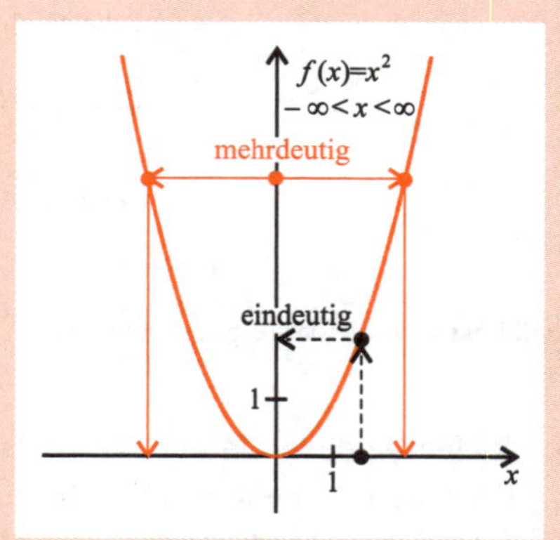

Abbildung 1.33: Eine nicht umkehrbare Funktion.

b) Untersuchen wir nun die Funktion

$$f: \mathbb{R} \to \mathbb{R}, \quad f(x) = x^3 .$$

Ihr Wertebereich besteht aus allen reellen Zahlen. Aus ▶ Abbildung 1.34 ist ersichtlich, dass es zu jedem $y \in W = \mathbb{R}$ genau ein x aus dem Definitionsbereich $D = \mathbb{R}$ gibt mit

$$x^3 = y \qquad \text{bzw.} \qquad x = \sqrt[3]{y} .$$

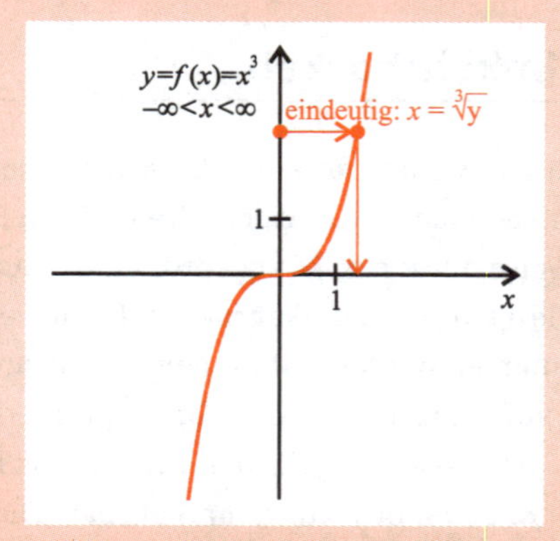

Abbildung 1.34: Umkehrbare Funktion.

Damit ist f umkehrbar und die Zuordnung $y \mapsto \sqrt[3]{y}$ stellt die Umkehrfunktion f^{-1} von f dar.

Ist f umkehrbar, so bedarf es zur korrekten Formulierung der Umkehrfunktion f^{-1} neben ihres Funktionsausdrucks auch der Angabe ihres Definitionsbereichs. Dieser entspricht dabei dem Wertebereich der Ausgangsfunktion f. Umgekehrt finden sich im Wertebereich von f^{-1} genau die x–Elemente aus D wieder, d. h. der Wertbereich von f^{-1} ist gleich D. Kurz gesagt:

$$D_{f^{-1}} = W_f \qquad \text{und} \qquad W_{f^{-1}} = D_f \,.$$

Beim vorangegangenen Beispiel hatten wir die Umkehrbarkeit der Funktion $f: \mathbb{R} \to \mathbb{R}$, $f(x) = x^3$ anhand ihres Graphen veranschaulicht. Da diese Vorgehensweise nur in sehr elementaren Fällen möglich ist, geben wir im Folgenden nützliche Kriterien an, welche uns helfen sollen, die (Nicht-)Umkehrbarkeit einer gegebenen Funktion $f: D \to \mathbb{R}$ festzustellen.

1 Eine Funktion $f: D \to \mathbb{R}$ ist umkehrbar, wenn wir die Gleichung $y = f(x)$ eindeutig nach x auflösen können. Im Fall von Beispiel 1.16b war dies möglich: Aus $y = x^3$ folgte eindeutig

$$x = \sqrt[3]{y}\,.$$

Anzumerken ist hier unbedingt, dass die Umkehrung dieses Kriteriums nicht gilt; d. h. eine Funktion f kann sehr wohl umkehrbar sein, ohne dass wir (rein technisch) in der Lage sind, die Gleichung $y = f(x)$ explizit nach x aufzulösen. Beispielsweise ist die Funktion

$$f: \mathbb{R} \to \mathbb{R}, \quad f(x) = x + \sin(x)$$

umkehrbar (!) (siehe Kriterium 3), obwohl es Ihnen nicht gelingen wird, die Gleichung $y = x + \sin x$ nach x aufzulösen (▶ Abbildung 1.35).

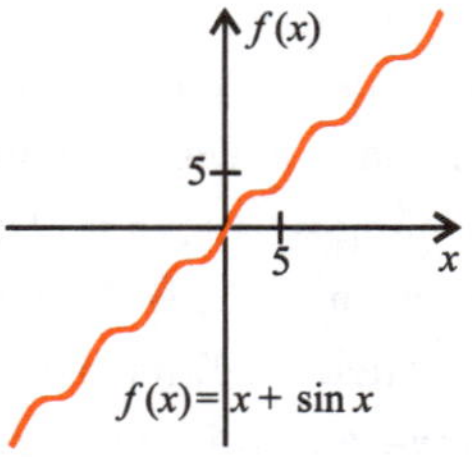

Abbildung 1.35: Umkehrbar, aber nicht nach x auflösbar.

2 Eine Funktion $f: D \to \mathbb{R}$ ist schon dann **nicht** umkehrbar, wenn für ein einziges $y \in W_f$ die Gleichung $y = f(x)$ zwei oder mehrere Lösungen in D besitzt. In Beispiel 1.16a ergaben sich ausgehend von $y = x^2$ sogar für jedes $y \in W \backslash \{0\}$ die beiden Lösungen $x_{1,2} = \pm\sqrt{y}$.

3 Eine Funktion $f: D \to \mathbb{R}$ ist umkehrbar, wenn sie streng monoton steigend oder fallend ist. Betrachten wir zwei verschiedene x-Werte $a, b \in D$ mit etwa $a < b$. Wegen der strengen Monotonie können diese unmöglich auf denselben y-Wert abgebildet werden, da entweder

$$f(a) < f(b) \qquad \text{oder} \qquad f(a) > f(b)$$

gilt. Somit gibt es zu gegebenem $y \in W$ nur ein Urbild $x \in D$ mit $f(x) = y$, und die Funktion ist umkehrbar. Auch hier ist der Umkehrschluss falsch: Eine Funktion f kann durchaus umkehrbar sein, obwohl sie auf ihrem Definitionsbereich **nicht** monoton steigt oder fällt. (Siehe auch Aufgabe 8 am Ende des Kapitels.)

Bei der Beantwortung der Frage, inwieweit eine Funktion f umkehrbar ist, kommt dem Definitionsbereich von f eine wesentliche Bedeutung zu. Wie in Beispiel 1.16a aufgezeigt, lässt sich die Funktion

$$f: \mathbb{R} \to \mathbb{R}, \quad f(x) = x^2$$

nicht umkehren. Verzichtet man allerdings auf die Definition der Funktion auf ganz $\mathbb{R}$ und erklärt die Zuordnung $x \mapsto x^2$ nur (beispielsweise) für nichtnegative $x \in \mathbb{R}$, so ist die Funktion $x \mapsto x^2$ auf dem eingeschränkten Definitionsbereich

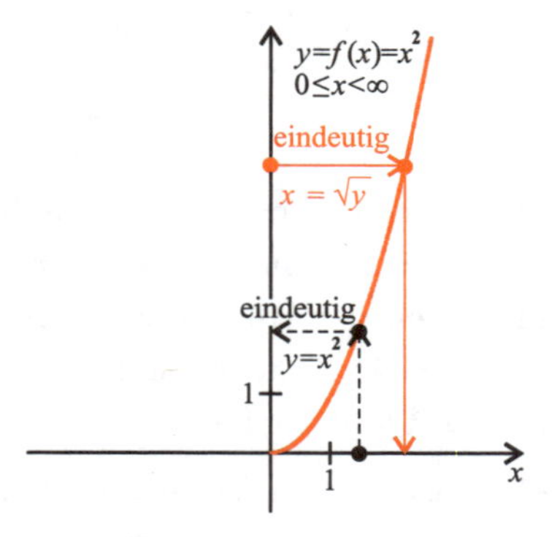

Abbildung 1.36: Umkehrbarkeit bei Einschränkung des Definitionsbereichs.

$$\tilde{D} = \mathbb{R}_0^+$$

nun umkehrbar (▶ Abbildung 1.36). Nachprüfen lässt sich dies durch formales Auflösen nach x: Die Gleichung $y = x^2$ liefert nun zu gegebenem $y \in W = \mathbb{R}_0^+$ eine eindeutige Lösung $x_1 = +\sqrt{y} \in \tilde{D}$, denn die formal zweite Lösung $x_2 = -\sqrt{y}$ liegt im Fall von $y \neq 0$ nicht mehr in $\tilde{D}$. (Für $y = 0$ fallen die beiden Lösungen $x_1 = x_2 = 0$ zusammen.)

Auch die Einschränkung von $f(x) = x^2$ auf $\mathbb{R}_0^-$ wäre eine gleichwertige Möglichkeit gewesen, die Umkehrbarkeit von f mittels einer Einschränkung des Definitionsbereichs zu erzwingen. In einigen Fällen beschränkt man sich trotz einer prinzipiell vorhandenen Vielfalt von Möglichkeiten, den Definitionsbereich einzuschränken, auf einen kanonischen Teilbereich von D. In einigen Fällen kann dies praktisch motiviert sein; man denke etwa an die Nichtnegativität mancher physikalischer Größen. Oder aber der kanonische Bereich wird seitens der Mathematik eindeutig (wenn auch willkürlich) festgelegt.

Beispiel 1.17

Wir betrachten die Funktion

$$f: \mathbb{R} \to \mathbb{R}, \quad f(x) = \sin(x)\,.$$

Die Nicht-Umkehrbarkeit resultiert daraus, dass bedingt durch die Periodizität von f beispielsweise der Wert $y = 1 \in W_f$ unendlich oft angenommen wird. Mit anderen Worten: Die Gleichung

$$1 = \sin(x)$$

besitzt die unendlich vielen Lösungen

$$x = \frac{\pi}{2} + 2k\pi \qquad (k \in \mathbb{Z}).$$

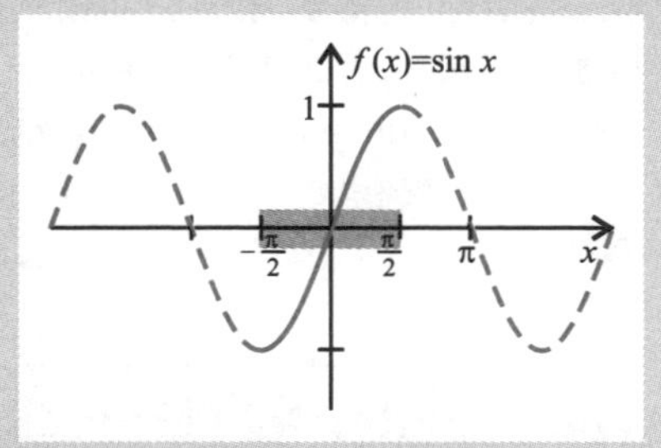

Abbildung 1.37: Umkehrung des Sinus auf dem Intervall $[-\frac{\pi}{2}, \frac{\pi}{2}]$.

Unser Ziel soll es sein, die Umkehrbarkeit der Sinus-Funktion durch eine geeignete Einschränkung des Definitionsbereichs zu erzwingen, diesen aber möglichst groß zu belassen. Zu diesem Zweck haben wir einen Bereich $\tilde{D}$ zu wählen, dessen Bild uns den gesamten Wertebereich $W = [-1, 1]$ des Sinus liefert. Neben einer Vielzahl von Bereichen erfüllen beispielsweise die Intervalle

$$\left[\frac{\pi}{2}, \frac{3\pi}{2}\right] \qquad \text{oder} \qquad \left[-\frac{19\pi}{2}, -\frac{17\pi}{2}\right]$$

diese Forderung. Die kanonische Wahl hierbei fällt jedoch auf das Intervall $\tilde{D} := [-\frac{\pi}{2}, \frac{\pi}{2}]$ (▶ Abbildung 1.37). Die auf $\tilde{D}$ definierte Funktion

$$f\colon \left[-\frac{\pi}{2}, \frac{\pi}{2}\right] \to \mathbb{R}, \qquad f(x) = \sin(x)$$

ist nun umkehrbar. Ihre Umkehrfunktion f^{-1} ist definiert auf $[-1, 1]$ und nimmt als Funktionswerte die Menge

$$W_{f^{-1}} = D_f = \left[-\frac{\pi}{2}, \frac{\pi}{2}\right]$$

an. Sie wird (neben der vor allem bei Taschenrechnern gebräuchlichen Bezeichnung $\sin^{-1}$) als **Arcussinus** bezeichnet und mit **arcsin** notiert.

Praxis-Hinweis

Eine wichtige Anwendung der Theorie umkehrbarer Funktionen findet sich im Umformen reeller Gleichungen mit Hilfe von **Äquivalenzumformungen**. Darunter versteht man das Prinzip, eine Gleichung

$$\text{linke Seite} \quad = \quad \text{rechte Seite} \tag{1.6}$$

durch beidseitiges Anwenden einer **umkehrbaren** Operation f auf die äquivalente Gestalt

$$f(\text{linke Seite}) \quad = \quad f(\text{rechte Seite}) \tag{1.7}$$

zu bringen. „Äquivalent" bedeutet in diesem Zusammenhang, dass aus Gleichung (1.6) Gleichung (1.7) folgt **und umgekehrt** (▶ Abbildung 1.38). Die Äquivalenz beider Gleichungen ist dabei durch die Umkehrbarkeit von f gewährleistet.

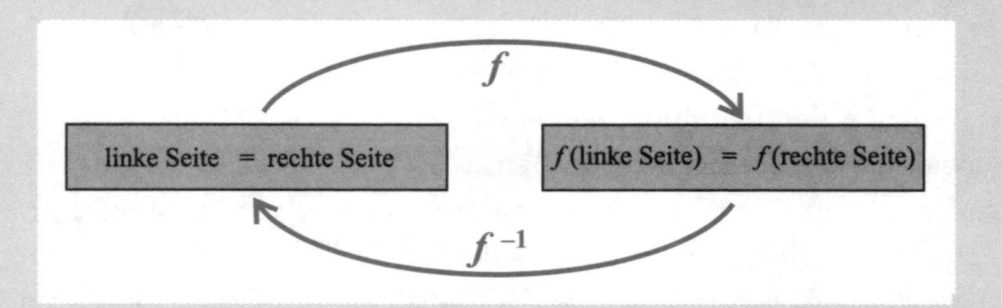

Abbildung 1.38: Äquivalenz von Gleichungen.

Dass die Umkehrbarkeit von f in diesem Zusammenhang mehr ist als ein theoretisches Konstrukt, sondern dass vielmehr ihr Nicht-Vorhandensein den Boden bereitet für einen weitverbreiteten Fehler, sei nachfolgend an einem einfachen Beispiel demonstriert. Für die Operation des Quadrierens folgt ausgehend von

$$a = b$$

mit reellen a, b in jedem Fall die Gleichung

$$a^2 = b^2 .$$

Jedoch ist die Umkehrung, dass aus $a^2 = b^2$ auch $a = b$ folgt, im Allgemeinen falsch. Man betrachte hier etwa die offensichtlich falsche Implikation

$$(-3)^2 = 3^2 \quad \not\Rightarrow \quad -3 = 3 .$$

Der Grund hierfür liegt in der fehlenden Umkehrbarkeit der Funktion

$$f : \mathbb{R} \to \mathbb{R}, \quad f(x) = x^2$$

auf ganz $\mathbb{R}$. Verschwiegen sei hierbei nicht, wie die Äquivalenzrelation richtig lauten muss. Für $a, b \in \mathbb{R}$ ist

$$|a| = |b| \quad \Leftrightarrow \quad a^2 = b^2 . \tag{1.8}$$

Die Richtung „⇒" ist in jedem Fall unstrittig. Da die Operation „Quadrat von" auf die nichtnegativen Ausdrücke $|a|$ und $|b|$ angewandt wird und

$$f : \mathbb{R}_0^+ \to \mathbb{R}, \quad f(x) = x^2$$

auf ihrem Definitionsbereich $\mathbb{R}_0^+$ umkehrbar ist, folgt die Richtigkeit der Äquivalenz (1.8). Für den Fall, dass die Ausdrücke a und b, etwa bedingt durch einen naturwissenschaftlichen Zusammenhang, ausschließlich nichtnegative Zahlen darstellen, ist $|a| = a$ und $|b| = b$. Unter diesen Umständen besteht dann tatsächlich die Äquivalenz

$$a = b \Leftrightarrow a^2 = b^2 .$$

Es sei noch erwähnt, dass das genannte Problem ganz allgemein bei Operationen der Form $f(x) = x^k$ mit **geradem** $k \in \mathbb{N}$ auftritt. Hingegen ist die Äquivalenz

$$a = b \quad \Leftrightarrow \quad a^k = b^k$$

für ungerades $k \in \mathbb{N}$ wegen der eindeutigen Umkehrbarkeit der Funktion

$$f\colon \mathbb{R} \to \mathbb{R}, \quad f(x) = x^k \qquad (k \text{ ungerade})$$

stets richtig.

Selbstverständlich stellt sich die Frage nach Umkehrbarkeit auch im Fall von abschnittsweise definierten Funktionen. Eine solche Funktion ist genau dann umkehrbar, wenn die Funktion f auf den einzelnen Abschnitten umkehrbar ist **und** die einzelnen Wertebereiche keinen Wert gemeinsam haben. Unter diesen Umständen lässt sich f^{-1} auf den einzelnen Teilabschnitten des Wertebereichs von f definieren durch die einzeln umgekehrten Funktionsterme. Das folgende Beispiel verdeutlicht dies.

Beispiel 1.18

Es sei $f\colon \mathbb{R} \to \mathbb{R}, f(x) = \begin{cases} \frac{x^2}{2} & \text{für } -\infty < x < -1 \\ -\frac{x}{2} & \text{für } -1 \le x < \infty . \end{cases}$

Der Graph von f setzt sich nach ► Abbildung 1.39 zusammen aus einem streng monoton fallenden Parabelast und einem ebenfalls streng monoton fallenden Geradenabschnitt. Auf den beiden Bereichen

$$]-\infty, -1[\qquad \text{und} \qquad [-1, \infty[$$

ist f somit jeweils einzeln umkehrbar und die beiden Wertebereiche

$$\left]\frac{1}{2}, \infty\right[\qquad \text{sowie} \qquad \left]-\infty, \frac{1}{2}\right]$$

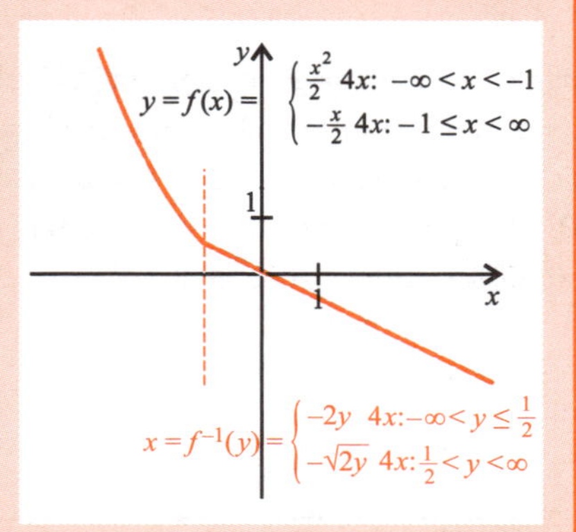

Abbildung 1.39: Umkehrung einer abschnittsweise definierten Funktion.

besitzen keine gemeinsamen Punkte. Die Funktion ist folglich umkehrbar auf ganz $\mathbb{R}$ und die Umkehrfunktion lässt sich auf den Teilbereichen von W_f abschnittsweise definieren. Die Funktionsterme der Umkehrfunktion gewinnen wir dabei, indem wir die Funktionsterme

$$y = -\frac{x}{2} \qquad \text{bzw.} \qquad y = \frac{x^2}{2}$$

von f einzeln nach x auflösen. Wir erhalten

$$f^{-1}(y) = \begin{cases} -2y & : y \in]-\infty, \frac{1}{2}] \\ -\sqrt{2y} & : y \in]\frac{1}{2}, \infty) . \end{cases}$$

Beim Auflösen von $y = \frac{x^2}{2}$ nach x hatten wir darauf Acht zu geben, wegen $x \leq -1$ die passende Lösung $x = -\sqrt{2y}$ zu wählen.

Was die Visualisierung der Umkehrfunktion f^{-1} anbelangt, so ist die folgende Bemerkung angebracht: Lässt sich eine Größe y als eine umkehrbare Funktion

$$y = f(x)$$

einer anderen Größe x darstellen, so lässt sich zu gegebenem y unter Verwendung der Umkehrfunktion die Größe x durch

$$x = f^{-1}(y)$$

wiedergewinnen. Ist hierbei vor allem der graphische Verlauf von f^{-1} interessant, so stellt man den Zusammenhang $x = f^{-1}(y)$ einer allgemeinen Konvention folgend wieder umgekehrt als

$$y = f^{-1}(x)$$

dar, was einer Vertauschung der Variablen x und y entspricht. In gewohnter Weise wird dann der Definitionsbereich von f^{-1} auf der waagrechten und der Wertebereich von f^{-1} auf der senkrechten Achse eines kartesischen Koordinatensystems aufgetragen. Die Graphen der Umkehrfunktionen f^{-1} der Beispiele 1.16a, 1.16b und 1.17 sehen somit folgendermaßen aus:

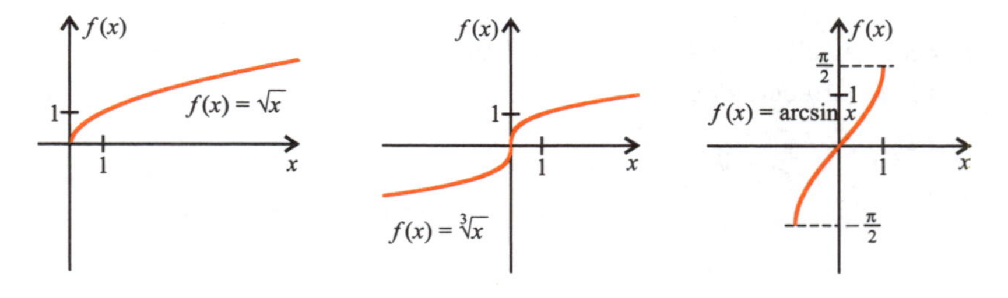

Abbildung 1.40: Graphen der Umkehrfunktionen aus den Beispielen 1.16 und 1.17.

Die Graphen der Umkehrfunktionen f^{-1} gehen dabei aus den Graphen der Funktionen f durch Spiegeln an der ersten Winkelhalbierenden $y = f(x) = x$ hervor. Die Spiegelung des Graphen ist somit nicht primär auf den Vorgang des Umkehrens, sondern vielmehr auf den formalen Variablentausch zurückzuführen.

Aufgaben

1 Welche der folgenden Zeichnungen spiegeln das Verhalten einer Funktion wider? Welche davon sind auf keinen Fall umkehrbar?

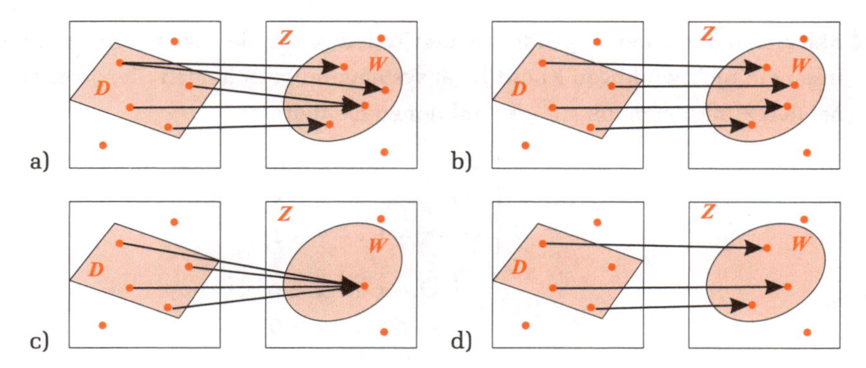

2 Skizzieren Sie in den folgenden Teilaufgaben die zugehörige Funktion in einem rechtwinkligen Koordinatensystem und geben Sie den (maximal möglichen) Definitionsbereich sowie (außer für Teilaufgabe d) den Wertebereich an:

a) $f(x) = \frac{3}{4x^2+8x-2}$,

b) $f(x) = -1$,

c) $f(x) = \sqrt{x^2 - 1}$,

d) $f(x) = -\frac{2}{|x|} + \sqrt{-x+2}$.

3 Bestimmen Sie den maximalen Definitionsbereich der folgenden Funktionen. Skizzieren Sie die jeweiligen Graphen in einem rechtwinkligen Koordinatensystem und geben Sie, falls vorhanden, obere und untere Schranken der Funktionen an:

a) $f(x) = \frac{1}{2}\sqrt{-x} + 1$,

b) $f(x) = x^3 - 2x + 1$,

c) $f(x) = -\sqrt{|x-2|}$,

d) $f(x) = \begin{cases} 0 : & x < 0 \\ 1 : & x \geq 0 \end{cases}$.

4 Geben Sie eine Funktion $f\colon \mathbb{R} \to \mathbb{R}$ an, welche jeweils die angegebenen Eigenschaften erfüllt:

a) Nach unten beschränkt, nach oben unbeschränkt, monoton steigend, unstetig bei $x = 0$, $f(1) = 2$.

b) Symmetrisch, monoton fallend.

5 Beweisen Sie oder widerlegen Sie durch ein Gegenbeispiel:

a) Für jede auf ganz $\mathbb{R}$ definierte ungerade Funktion gilt $f(0) = 0$.

b) Ist $f\colon \mathbb{R} \to \mathbb{R}$ streng monoton steigend auf den Teilintervallen $]-\infty, 0]$ und $]0, \infty[$, so ist sie auch streng monoton steigend auf ganz $\mathbb{R}$.

6 Skizzieren Sie in den folgenden beiden Teilaufgaben die zugehörige Funktion in einem rechtwinkligen Koordinatensystem und entscheiden Sie, ob es sich bei den Funktionen um stetige Funktionen handelt:

a) $$f(x) = \begin{cases} 0 & : \quad x \leq 0 \\ \sqrt{x} & : \quad 0 < x \leq 1 \\ x^2 + x - 1 & : \quad x > 1 \end{cases},$$

b) $$f(x) = \begin{cases} x^4 - x & : \quad x < 0 \\ x^2 + 1 & : \quad x \geq 0 \end{cases}.$$

7 Wählen Sie einen möglichst großen Definitionsbereich $D \subset \mathbb{R}$, auf welchem die Funktion $f(x) = \sqrt{x^2 - 1}$ umkehrbar ist, und geben Sie die Umkehrfunktion an.

8 Entscheiden Sie, ob die Funktion f, definiert durch

$$f(x) = \begin{cases} -x^2 & : -\infty < x \leq 0 \\ -x + 1 & : 0 < x < 1 \\ \sqrt{x} & : x \geq 1 \end{cases}$$

auf ganz $\mathbb{R}$ umkehrbar ist und bestimmen Sie ggf. ihre Umkehrfunktion.

9 Wie in Beispiel 1.17 dargestellt, hat die Funktion

$$f\colon D = \left[-\frac{\pi}{2}, \frac{\pi}{2}\right] \to \mathbb{R}, \quad f(x) = \sin(x)$$

eine Umkehrfunktion, genannt Arcussinus (arcsin). Wir betrachten die Funktionen

a) $$f_1\colon \left[\frac{\pi}{2}, \frac{3\pi}{2}\right] \to \mathbb{R}, \quad f(x) = \sin(x),$$

b) $$f_2\colon \left[\frac{3\pi}{2}, \frac{5\pi}{2}\right] \to \mathbb{R}, \quad f(x) = \sin(x).$$

Untersuchen Sie f_1 und f_2 auf Umkehrbarkeit. Geben Sie ggf. die Umkehrfunktionen unter Verwendung der Funktion arcsin an. Berechnen Sie hierzu für beide Funktionen f_1 und f_2 die Werte $f_1^{-1}(\frac{1}{2})$ sowie $f_2^{-1}(\frac{1}{2})$ und machen Sie sich klar, dass in beiden Fällen dieser Wert nicht mit dem Ergebnis $\arcsin(\frac{1}{2})$ Ihres Taschenrechners übereinstimmt.

Ausführliche Lösungen und weitere Aufgaben finden Sie auf der Companion Website des Buches unter
http://www.pearson-studium.de

Spezielle Funktionen und ihre Darstellung

2

ÜBERBLICK

Dieses Kapitel erklärt:

- Die in der naturwissenschaftlichen Praxis am häufigsten gebrauchten Funktionen.
- Zu jeder dieser Funktionen die für sie besonders wichtigen Eigenschaften aus Kapitel 1.
- Wie das Wissen um bestimmte Eigenschaften einer Funktion den Umgang mit dieser vereinfacht.

Zahlreiche Funktionen in den Naturwissenschaften sind aus elementaren Einzelfunktionen aufgebaut. Die Kenntnis der Eigenschaften dieser Elementarfunktionen ist unumgänglich, wenn es darum geht, auch komplexere Zusammenhänge zu analysieren. Vor allem in der qualitativen Analyse von Funktionen ist das Wissen um das Verhalten ihrer Einzelbausteine ein wichtiges Werkzeug.

Potenz- und Wurzelfunktionen 2.1

Wir untersuchen in diesem Abschnitt die wesentlichen Eigenschaften der **Potenzfunktionen**. Darunter verstehen wir Funktionen der Form

$$f(x) = x^z$$

mit einem dem Exponenten z angepassten Definitionsbereich. Wir beschränken uns hier auf den Fall ganzzahliger Exponenten.

Die Umkehrfunktionen der Potenzfunktionen sind gegeben durch die **Wurzelfunktionen**, die wir ebenfalls in diesem Abschnitt behandeln wollen.

Um die Potenzfunktionen geeignet klassifizieren zu können, teilen wir diese in verschiedene Typen ein. Zunächst wollen wir uns auf den Spezialfall $z = n \in \mathbb{N}$ einschränken. Prominente Vertreter dieser Klasse von Funktionen sind (▶ Abbildung 2.1)

$(n = 1)$: $f\colon \mathbb{R} \to \mathbb{R},\ f(x) = x$, „Erste Winkelhalbierende“

$(n = 2)$: $f\colon \mathbb{R} \to \mathbb{R},\ f(x) = x^2$, „Normalparabel“.

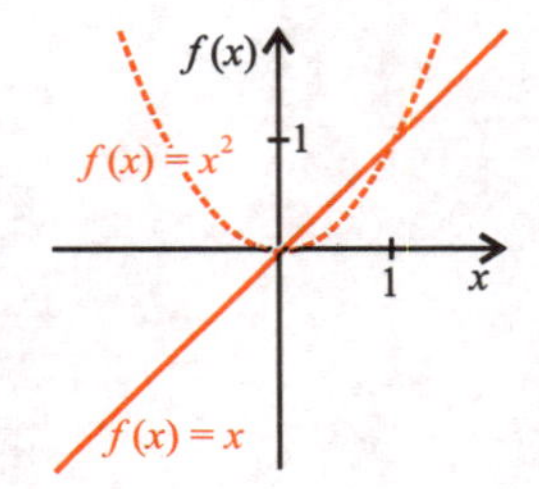

Abbildung 2.1: Beispiele von Potenzfunktionen.

Im Folgenden wollen wir einige Eigenschaften zusammenstellen, die diesen Funktionen gemeinsam sind (▶ Abbildung 2.2 und 2.3). Wir unterscheiden hierbei innerhalb der Einschränkung $n \in \mathbb{N}$ nochmals zwischen geradzahligen und ungeradzahligen Exponenten:

Die Funktionen $f_n(x) = x^n$, $n \in \mathbb{N}$ gerade

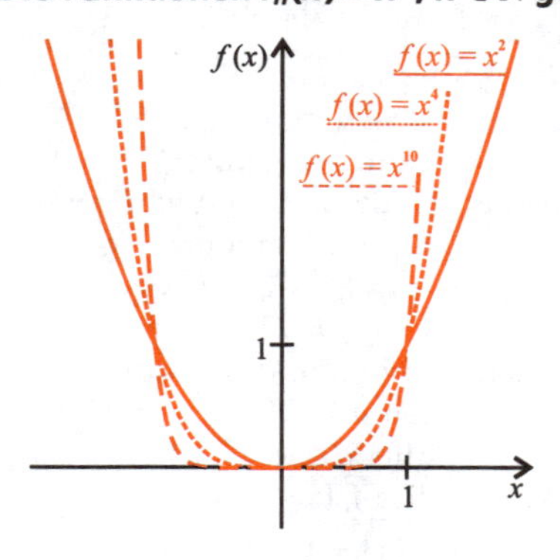

Abbildung 2.2: $x \mapsto x^n$, $n \in \mathbb{N}$ gerade.

Def.-Bereich:	$\mathbb{R}$
Wertebereich:	$\mathbb{R}_0^+$
Monotonie:	streng monoton fallend auf $\mathbb{R}_0^-$, streng monoton steigend auf $\mathbb{R}_0^+$
Umkehrbarkeit:	umkehrbar auf $\mathbb{R}_0^-$ oder auf $\mathbb{R}_0^+$
Beschränktheit:	beschränkt nach unten mit $f_n(x) \geq 0$ für alle $x \in \mathbb{R}$
Asymptotik:	$\lim\limits_{x \to \pm\infty} f_n(x) = +\infty$
Sonstiges:	$f_n(1) = f_n(-1) = 1$, $f_n(0) = 0$

Die Funktionen $f_n(x) = x^n$, $n \in \mathbb{N}$ ungerade

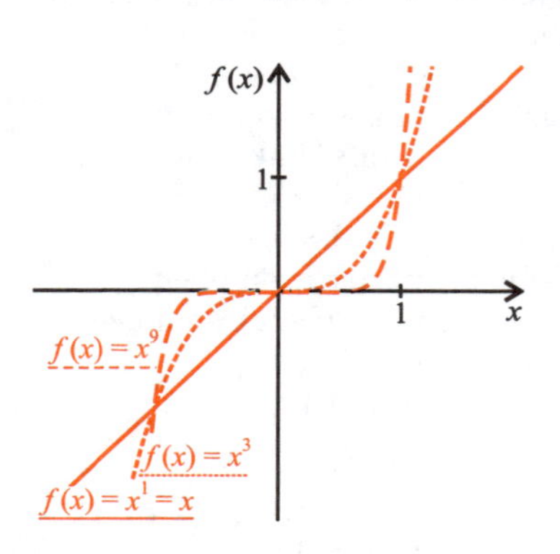

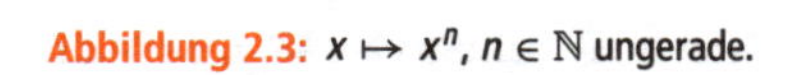

Abbildung 2.3: $x \mapsto x^n$, $n \in \mathbb{N}$ ungerade.

Def.-Bereich:	$\mathbb{R}$
Wertebereich:	$\mathbb{R}$
Monotonie:	streng monoton steigend auf ganz $\mathbb{R}$
Umkehrbarkeit:	umkehrbar auf $\mathbb{R}$ mit Umkehrfunktion $f_n^{-1}: \mathbb{R} \to \mathbb{R}$, $f_n^{-1}(y) = \sqrt[n]{y}$
Beschränktheit:	weder nach oben noch nach unten beschränkt
Asymptotik:	$\lim\limits_{x \to -\infty} f_n(x) = -\infty$, $\lim\limits_{x \to \infty} f_n(x) = \infty$
Sonstiges:	$f_n(1) = 1$, $f_n(-1) = -1$, $f_n(0) = 0$

Im Gegensatz zum Fall ungeradzahliger Exponenten lässt sich im geradzahligen Fall die Funktion $x \mapsto x^n$ nur entweder auf den nichtnegativen oder den nichtpositiven Zahlen umkehren. Kanonischerweise geschieht dies dabei auf $\mathbb{R}_0^+$. Die Umkehrfunktion, welche man als ***n*-te Wurzel** bezeichnet, ist in beiden Fällen auf dem Wertebereich von $x \mapsto x^n$ erklärt (▶ Abbildungen 2.4 und 2.5). Dieser entspricht ganz $\mathbb{R}$ im ungeradzahligen Fall und dem Teilbereich $\mathbb{R}_0^+$ im Fall geradzahliger Exponenten.

Die Funktionen $f_n(x) = \sqrt[n]{x}$, $n \in \mathbb{N}$ gerade

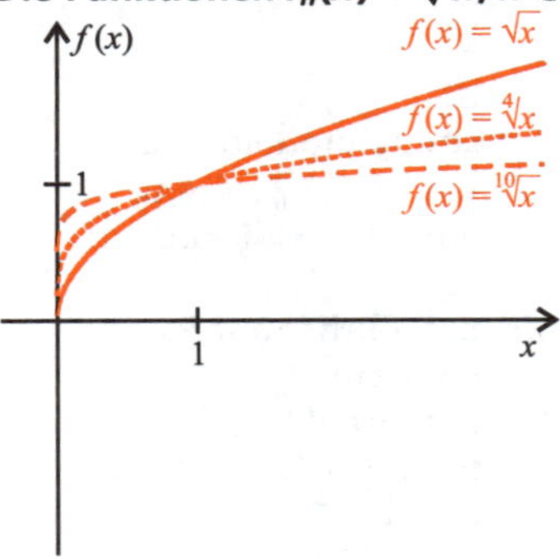

Abbildung 2.4: $x \mapsto \sqrt[n]{x}$, $n \in \mathbb{N}$ gerade.

Def.-Bereich:	$\mathbb{R}_0^+$
Wertebereich:	$\mathbb{R}_0^+$
Monotonie:	streng monoton steigend auf ganz $\mathbb{R}_0^+$
Umkehrbarkeit:	umkehrbar auf ganz $\mathbb{R}_0^+$ mit Umkehrfunktion $f_n^{-1}: \mathbb{R}_0^+ \to \mathbb{R}$, $f_n^{-1}(y) = y^n$
Beschränktheit:	beschränkt nach unten mit $f_n(x) \geq 0$ für alle $x \in \mathbb{R}$
Asymptotik:	$\lim\limits_{x\to\infty} f_n(x) = \infty$
Sonstiges:	$f_n(1) = 1$, $f_n(0) = 0$

Die Funktionen $f_n(x) = \sqrt[n]{x}$, $n \in \mathbb{N}$ ungerade

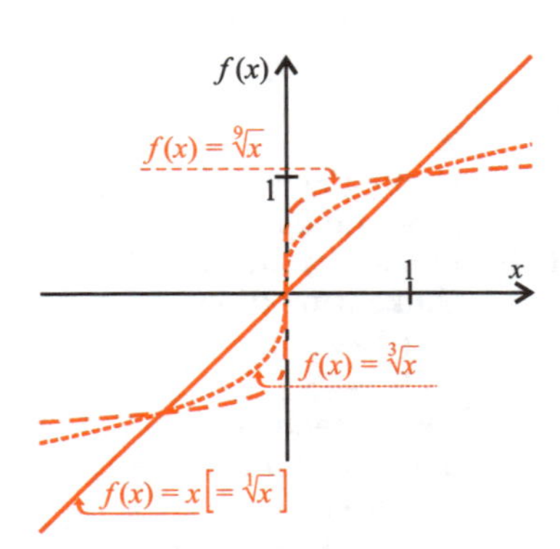

Abbildung 2.5: $x \mapsto \sqrt[n]{x}$, $n \in \mathbb{N}$ ungerade.

Def.-Bereich:	$\mathbb{R}$
Wertebereich:	$\mathbb{R}$
Monotonie:	streng monoton steigend auf ganz $\mathbb{R}$
Umkehrbarkeit:	umkehrbar auf ganz $\mathbb{R}$ mit Umkehrfunktion $f_n^{-1}: \mathbb{R} \to \mathbb{R}$, $f_n^{-1}(y) = y^n$
Beschränktheit:	weder nach oben noch nach unten beschränkt
Asymptotik:	$\lim\limits_{x\to-\infty} f_n(x) = -\infty$ $\lim\limits_{x\to\infty} f_n(x) = \infty$
Sonstiges:	$f_n(1) = 1$, $f_n(-1) = -1$, $f_n(0) = 0$

Wir gehen einen Schritt weiter und definieren die Potenzfunktionen $x \mapsto x^z$ nun auch für negative Exponenten z (▶ Abbildungen 2.6 und 2.7). Für $n \in \mathbb{N}$ und $x \neq 0$ erklären wir

$$x^{-n} := \frac{1}{x^n}\,.$$

Charakteristisch ist dabei das Verhalten der Funktion in der Umgebung der so genannten **Polstelle** $x = 0$. Um eine nicht-definierte Division durch Null zu vermeiden, müssen wir den Wert $x = 0$ aus dem Definitionsbereich herausnehmen. Der Betrag der Funktionswerte in der Umgebung dieser Stelle nimmt beliebig große Werte an, d. h.

$$\lim_{x\to 0} |x^{-n}| = \infty\,.$$

Um zwischen dem Polstellenverhalten der Funktionen $x \mapsto x^{-n}$ ($n \in \mathbb{N}$) genauer differenzieren zu können, müssen wir wieder zwischen gerad- und ungeradzahligen negativen Exponenten unterscheiden:

Die Funktionen $f_n(x) = x^{-n} = \frac{1}{x^n}$, $n \in \mathbb{N}$ gerade

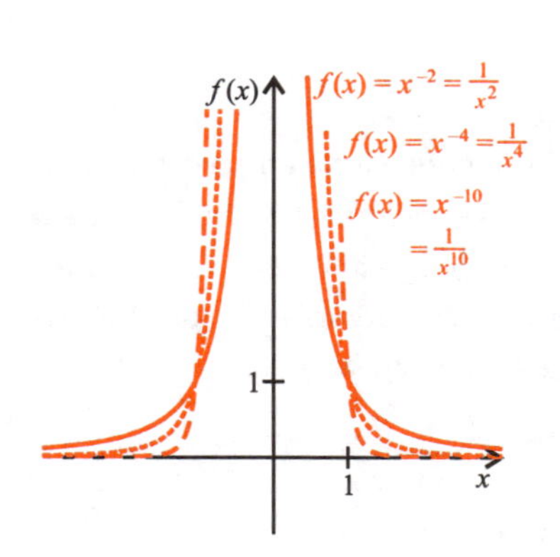

Abbildung 2.6: $x \mapsto x^{-n}$, $n \in \mathbb{N}$ gerade.

Def.-Bereich: $\mathbb{R}\setminus\{0\}$
Wertebereich: $\mathbb{R}^+$
Monotonie: streng monoton steigend auf $\mathbb{R}^-$, streng monoton fallend auf $\mathbb{R}^+$
Symmetrie: gerade Funktion bzw. Symmetrie des Graphen zur y-Achse
Umkehrbarkeit: umkehrbar auf $\mathbb{R}^-$ oder auf $\mathbb{R}^+$
Beschränktheit: beschränkt nach unten mit $f_n(x) > 0$ für alle $x \in \mathbb{R}$
Polverhalten: $\lim_{x\to 0} f_n(x) = \infty$
Asymptotik: $\lim_{x\to \pm\infty} f_n(x) = 0$
Sonstiges: $f_n(1) = 1$, $f_n(-1) = 1$

Die Funktionen $f_n(x) = x^{-n} = \frac{1}{x^n}$, $n \in \mathbb{N}$ ungerade

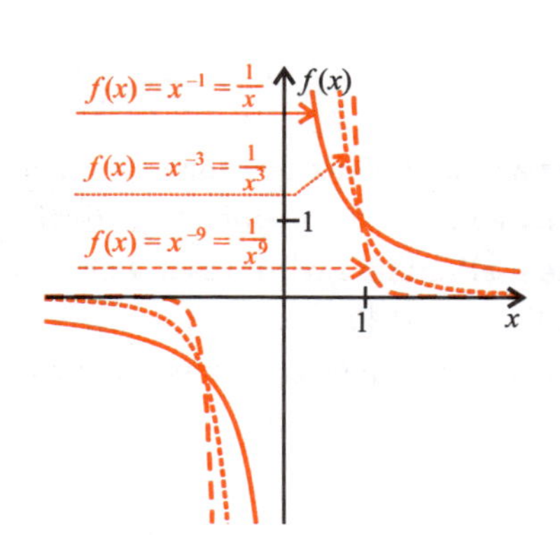

Abbildung 2.7: $x \mapsto x^{-n}$, $n \in \mathbb{N}$ ungerade.

Def.-Bereich: $\mathbb{R}\setminus\{0\}$
Wertebereich: $\mathbb{R}\setminus\{0\}$
Monotonie: streng monoton fallend auf $\mathbb{R}^-$, streng monoton fallend auf $\mathbb{R}^+$, aber **keine** Monotonie auf ganz $\mathbb{R}\setminus\{0\}$
Symmetrie: ungerade Funktion bzw. Punktsymmetrie des Graphen zum Ursprung
Umkehrbarkeit: umkehrbar auf ganz $\mathbb{R}\setminus\{0\}$ mit Umkehrfunktion $f_n^{-1}: \mathbb{R}\setminus\{0\} \to \mathbb{R}$, $f_n^{-1}(y) = \sqrt[n]{\frac{1}{y}}$
Beschränktheit: weder nach oben noch nach unten beschränkt
Polverhalten: $\lim_{x\to 0^-} f_n(x) = -\infty$, $\lim_{x\to 0^+} f_n(x) = \infty$
Asymptotik: $\lim_{x\to \pm\infty} f_n(x) = 0$
Sonstiges: $f_n(1) = 1$, $f_n(-1) = -1$

Beispiel 2.1

Vertreter von Funktionen der Gestalt $f(x) = c\,x^{-n}$ mit einer Konstanten $c \in \mathbb{R}$ sind in der Natur weit verbreitet. Beispielsweise üben zwei beliebige Körper mit den Massen m_1 und m_2 wechselseitig gleich große, entgegengerichtete Kräfte aufeinander aus. Haben ihre Schwerpunkte den Abstand x voneinander, ist der Betrag dieser Kraft nach dem Gravitationsgesetz der Mechanik gegeben durch

$$F_G(x) = \frac{G\,m_1\,m_2}{x^2}\,.$$

$G = 6.67 \cdot 10^{-11}\,\frac{Nm^2}{kg^2}$ ist dabei die Gravitationskonstante.

2.2 Die allgemeinen Exponential- und Logarithmusfunktionen

Von einer (allgemeinen) **Exponentialfunktion** sprechen wir dann, wenn wir es mit einem funktionalen Zusammenhang der Gestalt

$$f(x) = a^x$$

mit einer Zahl $a \in \mathbb{R}^+$ zu tun haben. Im Gegensatz zu den Potenzfunktionen aus Abschnitt 2.1 ist nun die **Basis** $a \in \mathbb{R}^+$ fest und der **Exponent** x die unabhängige Größe der Funktion. Das Verhalten einer solchen Exponentialfunktion wird wesentlich von der Basis $a \in \mathbb{R}^+$ bestimmt. Wir unterscheiden deshalb die Fälle $0 < a < 1$ und $a > 1$. Der Fall $a = 1$ lässt sich von unseren Betrachtungen guten Gewissens ausschließen, da es sich bei der Funktion

$$f(x) = 1^x \equiv 1$$

um die konstante Funktion mit Wert 1 handelt, deren Untersuchung wenig Aufregendes zu bieten hat und die auch nicht die im Folgenden angegebenen Eigenschaften der Exponentialfunktion besitzt.

Streng genommen bedarf es einer mathematischen Definition, um den Wert

$$a^x$$

für $a > 0$ und reelle $x \in \mathbb{R}$ zu erklären. Für ganzzahliges x ist der Fall klar. Es ist beispielsweise

$$a^6 = \underbrace{a \cdot a \cdot \ldots \cdot a}_{6\,\text{Mal}}\,.$$

Was dürfen wir uns jedoch etwa unter der Zahl

$$2^\pi$$

vorstellen? Die Tatsache, dass zumindest unser Taschenrechner einen Vorschlag für diesen Wert liefert, mag uns dabei nicht so ganz zufriedenstellen. Der Mathematiker geht daher folgendermaßen vor: Wie auf Seite 62 beschrieben, definiert er $e^x = \exp(x)$ als die Reihe

$$e^x = \exp(x) = 1 + x + \frac{x^2}{2!} + \frac{x^3}{3!} + \frac{x^4}{4!} + \ldots$$

und erklärt dann für allgemeines $a > 0$ den Ausdruck a^x als

$$a^x := e^{x \ln a}, \qquad (2.1)$$

in unserem speziellen Fall also

$$2^\pi = e^{\pi \ln 2} \approx 8.824\,.$$

Die Funktion $\ln x$ – der natürliche Logarithmus – stellt dabei die Umkehrung der e-Funktion dar (siehe Abschnitt 2.3.) Damit ist auch das Geheimnis gelüftet, warum die Funktion $x \mapsto a^x$ nur für $a > 0$ definiert ist, denn a muss nach (2.1) im Definitionsbereich des natürlichen Logarithmus liegen. Für ganzzahliges x stimmt diese Definition mit der bekannten Defintion $2^x = \underbrace{2 \cdot \ldots \cdot 2}_{x\,\text{Mal}}$ überein und erweitert diese somit auf den Fall beliebiger reeller Exponenten x.

Die allgemeine Exponentialfunktion $f_a(x) = a^x$, $0 < a < 1$

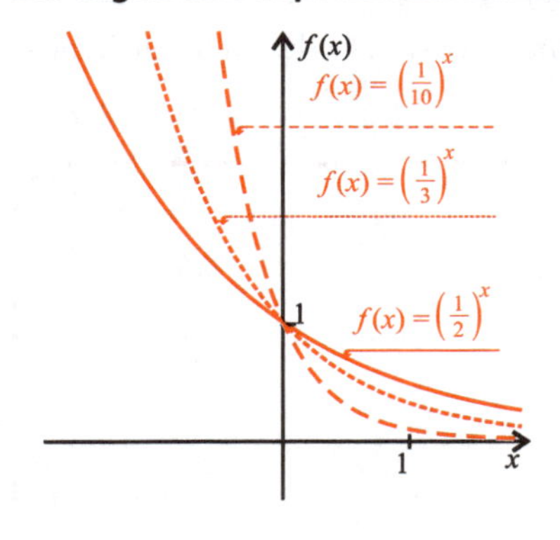

Abbildung 2.8: $x \mapsto a^x, 0 < a < 1$.

Def.-Bereich:	$\mathbb{R}$
Wertebereich:	$\mathbb{R}^+$
Monotonie:	streng monoton fallend auf ganz $\mathbb{R}$
Umkehrbarkeit:	umkehrbar auf ganz $\mathbb{R}$ mit Umkehrfunktion $f_a^{-1}: \mathbb{R}^+ \to \mathbb{R}$, $f_a^{-1}(y) = \log_a y$
Beschränktheit:	nach unten beschränkt mit $f_a(x) > 0$ für alle $x \in \mathbb{R}$
Asymptotik:	$\lim\limits_{x\to-\infty} f_a(x) = \infty$, $\lim\limits_{x\to\infty} f_a(x) = 0$
Sonstiges:	$f_a(0) = 1$

Die allgemeine Exponentialfunktion $f_a(x) = a^x$, $a > 1$

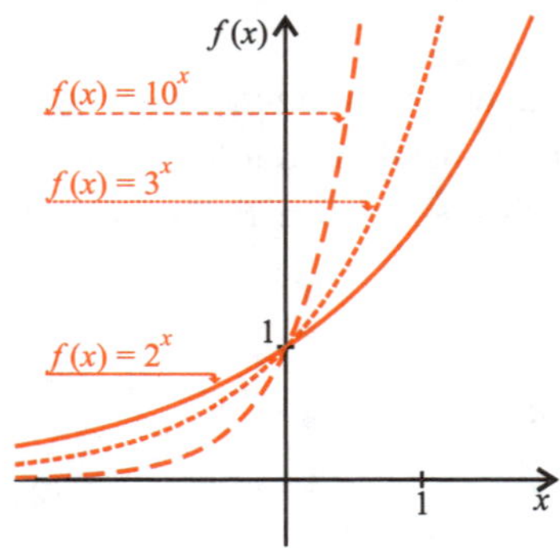

Abbildung 2.9: $x \mapsto a^x$, $a > 1$.

Def.-Bereich: $\mathbb{R}$
Wertebereich: $\mathbb{R}^+$
Monotonie: streng monoton steigend auf ganz $\mathbb{R}$
Umkehrbarkeit: umkehrbar auf ganz $\mathbb{R}$ mit Umkehrfunktion $f_a^{-1}: \mathbb{R}^+ \to \mathbb{R}$, $f_a^{-1}(y) = \log_a y$
Beschränktheit: nach unten beschränkt mit $f_a(x) > 0$ für alle $x \in \mathbb{R}$
Asymptotik: $\lim_{x\to-\infty} f_a(x) = 0$, $\lim_{x\to\infty} f_a(x) = \infty$
Sonstiges: $f_a(0) = 1$

Wie man den ▶ Abbildungen 2.8 und 2.9 entnimmt, geht für $a \in \mathbb{R}^+$ der Graph der Funktion

$$g(x) = \left(\frac{1}{a}\right)^x$$

aus dem Graph von

$$f(x) = a^x$$

durch Spiegelung an der y-Achse hervor. Dies ergibt sich aus der Rechnung

$$g(x) = \left(\frac{1}{a}\right)^x = (a^{-1})^x = a^{-x} = f(-x)\,.$$

Wichtig im Umgang mit Exponentialfunktionen sind ferner die folgenden Rechengesetze:

Satz **Rechenregeln**

Es seien $a > 0$ und $x, y \in \mathbb{R}$. Dann gilt:

- $a^x \cdot a^y = a^{x+y}$,
- $\dfrac{a^x}{a^y} = a^{x-y}$,
- $(a^x)^y = a^{x \cdot y}$.

Charakteristisch für die Familie der Exponentialfunktionen ist ferner ihre Monotonie auf ganz $\mathbb{R}$, aus welcher sich auch ihre globale Umkehrbarkeit ergibt. Somit ist die Aufgabe, zu fest vorgegebenem $y \in \mathbb{R}^+$ und $a \in \mathbb{R}^+$ denjenigen x-Wert zu finden, der die Gleichung

$$y = a^x$$

erfüllt, eindeutig lösbar. Man bezeichnet diese Lösung x als den **Logarithmus von y zur Basis a** und notiert ihn als

$$x = \log_a y .$$

Lässt man nun bei festem a das Argument y den gesamten Bereich $\mathbb{R}^+$ durchlaufen, so erhalten wir als Ergebnis die so genannte **Logarithmusfunktion zur Basis a**. Die wesentlichen Eigenschaften dieser auf $\mathbb{R}^+$ definierten Funktionenschar werden wieder von den unterschiedlichen Werten für $a > 0$ geprägt (▶ Abbildungen 2.10 und 2.11).

Die Logarithmusfunktion zur Basis a, $0 < a < 1$

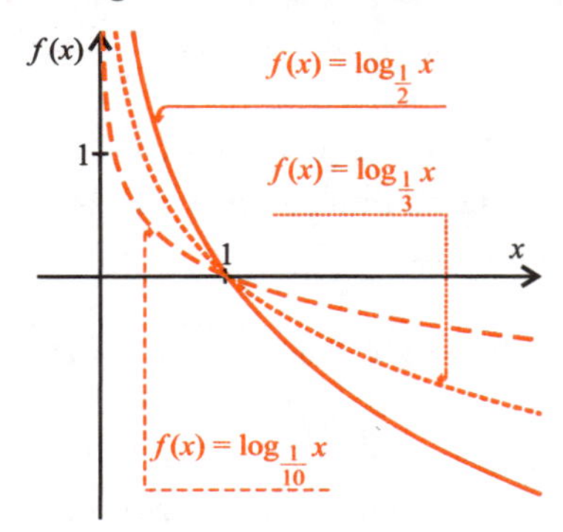

Abbildung 2.10: $x \mapsto \log_a x$, $0 < a < 1$.

Def.-Bereich:	$\mathbb{R}^+$
Wertebereich:	$\mathbb{R}$
Monotonie:	streng monoton fallend auf ganz $\mathbb{R}^+$
Umkehrbarkeit:	umkehrbar auf ganz $\mathbb{R}^+$ mit Umkehrfunktion $f_a^{-1}: \mathbb{R} \to \mathbb{R}$, $f_a^{-1}(y) = a^y$
Beschränktheit:	nach oben und unten unbeschränkt
Asymptotik:	$\lim\limits_{x\to 0} f_a(x) = \infty$, $\lim\limits_{x\to\infty} f_a(x) = -\infty$
Sonstiges:	$f_a(1) = 0$

Die Logarithmusfunktion zur Basis a, $a > 1$

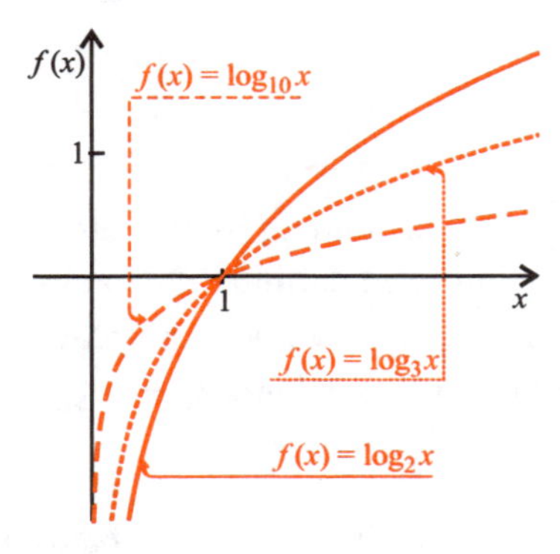

Abbildung 2.11: $x \mapsto \log_a x$, $a > 1$.

Def.-Bereich:	$\mathbb{R}^+$
Wertebereich:	$\mathbb{R}$
Monotonie:	streng monoton steigend auf ganz $\mathbb{R}^+$
Umkehrbarkeit:	umkehrbar auf ganz $\mathbb{R}^+$ mit Umkehrfunktion $f_a^{-1}: \mathbb{R} \to \mathbb{R}$, $f_a^{-1}(y) = a^y$
Beschränktheit:	nach oben und unten unbeschränkt
Asymptotik:	$\lim\limits_{x\to 0} f_a(x) = -\infty$, $\lim\limits_{x\to\infty} f_a(x) = \infty$
Sonstiges:	$f_a(1) = 0$

Beispiel 2.2

Eine bekannte Größe der Chemie, mit deren Hilfe sich der Säuregehalt einer Lösung in Zahlen fassen lässt, ist der **pH-Wert**. Seine Definition greift auf den Logarithmus zur Basis 10 zurück: Ist c die Konzentration an H_3O^+-Ionen in einer Flüssigkeit in mol/l, so definiert man den pH-Wert dieser Flüssigkeit als

$$\text{pH} = -\log_{10} c\,.$$

Aus der Vielzahl der Logarithmusfunktionen zu einer Basis $a > 0$ wollen wir einige häufig verwendete Logarithmen herausstellen, welche durch ihre besondere Bezeichnung auf eine explizite Basisangabe verzichten. Es sind dies:

$\ln x := \log_e x$	„Logarithmus naturalis" = Logarithmus zur Basis e. Hierbei ist $$e := \lim_{n\to\infty}(1 + \frac{1}{n})^n \approx 2.718$$ die Euler'sche Zahl (siehe Seite 23). Zur Bedeutung dieses Logarithmus sei auf Abschnitt 2.3 verwiesen.
$\lg x := \log_{10} x$	Logarithmus zur Basis 10.
$\text{ld}\ x := \log_2 x$	„Logarithmus dualis" = Logarithmus zur Basis 2.

Praxis-Hinweis

Auch die Bezeichnung **log** x ist häufiger zu finden; ihre Bedeutung ist aber nicht einheitlich. Vor allem in der mathematischen Literatur wird darunter der natürliche Logarithmus **ln** verstanden. Hingegen verbirgt sich insbesondere in technischen Zusammenhängen hinter der Bezeichnung log der Logarithmus **lg** = $\log_{10}$.

Für das Rechnen mit Logarithmen sind vor allem die folgenden Rechengesetze von Bedeutung. Hinter den ersten beiden Gleichungen steckt lediglich die Hintereinanderausführung von Exponentialfunktion und ihrer Umkehrfunktion, dem Logarithmus, welche wieder das Argument zurückliefert. Die anderen Gesetze lassen sich aus den Rechenregeln für Potenzen verifizieren.

Satz **Rechenregeln für den Logarithmus**

Es seien $a, x, y \in \mathbb{R}^+$ und $r, z \in \mathbb{R}$. Dann gilt

1. $a^{\log_a x} = x$,
2. $\log_a a^z = z$,
3. $\log_a(x \cdot y) = \log_a x + \log_a y$,
4. $\log_a\left(\frac{x}{y}\right) = \log_a x - \log_a y$,
5. $\log_a(x^r) = r \log_a x$.

Von besonderer Bedeutung ist in der Praxis auch das Rechengesetz

$$\log_b x = \frac{\log_a x}{\log_a b} \tag{2.2}$$

mit einem $b \in \mathbb{R}^+ \setminus \{1\}$.

Zum Beweis berechnen wir mit Hilfe des 1. Rechengesetzes aus dem obigen Satz:

$$a^{\log_b x \cdot \log_a b} = \left(a^{\log_a b}\right)^{\log_b x} = b^{\log_b x} = x\,.$$

Damit ist der Ausdruck $\log_b x \cdot \log_a b$ diejenige Zahl, mit welcher man a potenzieren muss, um x zu erhalten, also kurz

$$\log_b x \cdot \log_a b = \log_a x\,,$$

womit nach Division durch $\log_a b$ die obige Formel gezeigt ist.

Praxis-Hinweis

Die Bedeutung von Formel (2.2) liegt darin, dass sich Logarithmen zu einer beliebigen Basis b stets auf Logarithmen bezüglich einer anderen Basis a zurückführen lassen. Wollen wir beispielsweise für ein $x \in \mathbb{R}^+$ den Logarithmus zur Basis 10 berechnen, haben aber auf dem Taschenrechner nur den Logarithmus zur Basis e (natürlicher Logarithmus, siehe Abschnitt 2.3) zur Verfügung, so berechnen wir mit Hilfe von Formel (2.2):

$$\log_{10} x = \frac{\log_e x}{\log_e 10} = \frac{\ln x}{\ln 10} = 0.43429 \cdot \ln x.$$

Die Exponentialfunktion und der natürliche Logarithmus 2.3

Aus der Vielzahl von Basen sämtlicher Exponentialfunktionen wollen wir in diesem Abschnitt eine spezielle herausstellen: Wie auf Seite 23 dargestellt, definiert der Grenzwert

$$\lim_{n\to\infty}\left(1+\frac{1}{n}\right)^n$$

eine Zahl, die wir als „e" bezeichnet und Euler'sche Zahl genannt hatten. Die zugeordnete Exponentialfunktion

$$x \mapsto e^x$$

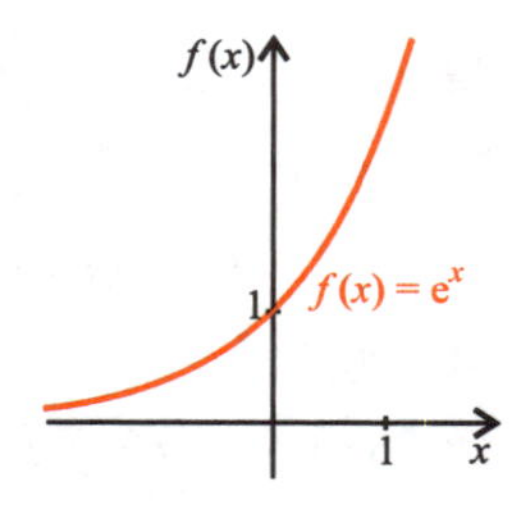

Abbildung 2.12: $x \mapsto e^x$.

wird als **Exponentialfunktion** oder auch schlicht als **e-Funktion** bezeichnet (▶ Abbildung 2.12).

Als ein spezieller Vertreter der Familie der allgemeinen Exponentialfunktionen besitzt diese selbstverständlich sämtliche im letzten Abschnitt aufgezeigten Eigenschaften einer Exponentialfunktion. Insbesondere nimmt sie nur positive Werte an und geht asymptotisch gegen null für $x \to -\infty$ sowie gegen $+\infty$ für $x \to \infty$. Sie ist monoton steigend auf ganz $\mathbb{R}$ und folglich eindeutig umkehrbar.

Ihre Umkehrfunktion ist gegeben durch

$$x \mapsto \log_e x =: \ln x\,,$$

der **natürliche Logarithmus** von x (▶ Abbildung 2.13).

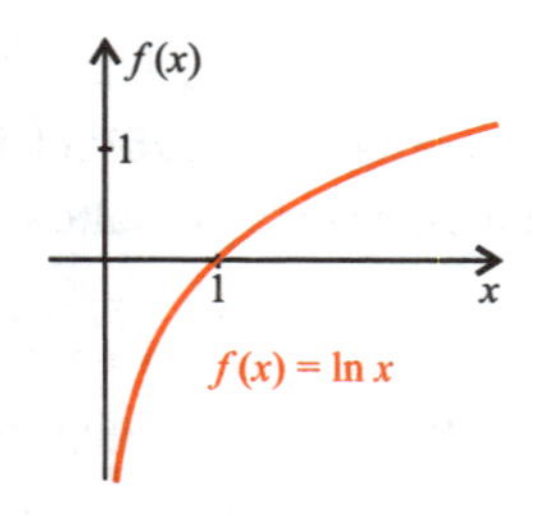

Abbildung 2.13: $x \mapsto \ln x$.

Was zeichnet nun die e-Funktion besonders aus? Dem mit dem Begriff der Ableitung vertrauten Leser sei dazu bereits im Vorgriff auf Kapitel 3 gesagt, dass die Funktion $x \mapsto e^x$ die (bis auf Vielfache) einzige Funktion ist, die mit ihrer Ableitung übereinstimmt. Dieser Sachverhalt ist beispielsweise beim Lösen von Differentialgleichungen (siehe Teil IV) von zentraler Bedeutung.

Nicht selten ist in der mathematischen oder naturwissenschaftlichen Literatur auch die Bezeichnung $\exp(x)$ anstelle von e^x zu finden. Dies resultiert aus dem folgenden Umstand:

Zu jedem vorgegebenen $x \in \mathbb{R}$ lässt sich der Ausdruck

$$\exp(x) := \sum_{k=0}^{\infty}\frac{x^k}{k!} := 1 + x + \frac{x^2}{2!} + \frac{x^3}{3!} + \frac{x^4}{4!} + \ldots$$

berechnen. Hieraus ergibt sich tatsächlich für jedes $x \in \mathbb{R}$ ein endlicher Wert. Die Zuordnung

$$x \mapsto \exp(x)$$

definiert somit eine auf ganz $\mathbb{R}$ definierte Funktion. Es lässt sich zeigen, dass es sich bei dieser Zuordnung und der e-Funktion um ein und dieselbe Funktion handelt, d. h. es ist

$$e^x = \exp(x) \qquad \text{für alle } x \in \mathbb{R}\,.$$

Diese Darstellung der e-Funktion, bei der es sich streng genommen um die ursprünglichste Definition der Exponentialfunktion handelt, eröffnet zahlreiche, vor allem theoretische Möglichkeiten.

Trigonometrische Funktionen und ihre Arcusfunktionen 2.4

2.4.1 Die Sinus- und Cosinusfunktion

In sämtlichen naturwissenschaftlichen Disziplinen finden sich Beispiele rotierender oder sich kreisförmig bewegender Objekte. Untrennbar damit verbunden sind funktionale Zusammenhänge, welche sich elementarer **trigonometrischer Funktionen** (Kreisfunktionen) bedienen. Diese wollen wir in diesem Abschnitt vorstellen und die beiden grundlegenden Funktionen Sinus und Cosinus auf geometrische Weise einführen.

Wir betrachten den so genannten **Einheitskreis**, also den Kreis mit Radius $R = 1$ um den Ursprung eines zweidimensionalen kartesischen Koordinatensystems (▶ Abbildung 2.14). Gegenüber der positiven waagerechten Koordinatenachse tragen wir einen Winkel x auf (zu den möglichen Winkeleinheiten von x siehe den nachfolgenden Praxishinweis). Die dazugehörige Gerade schneide den Einheitskreis in einem Punkt

$$S(x) = (s_1(x), s_2(x))\,,$$

den wir auf den Punkt $P(x) = (s_1(x), 0)$ auf der waagrechten Achse projezieren wollen. Wir definieren nun den Sinus bzw. den Cosinus von x durch

$$\cos(x) := s_1(x) \qquad \text{und} \qquad \sin(x) := s_2(x)\,.$$

Abbildung 2.14: Zur Definition von Sinus und Cosinus.

Mit anderen Worten: Wir erklären Cosinus und Sinus durch die orientierten (vorzeichenbehafteten) Längen der in Abbildung 2.14 dargestellten Strecken $\overline{OP(x)}$ und $\overline{P(x)S(x)}$. Tatsächlich entspricht dies der Ihnen möglicherweise aus der Schule bekannten Definition von Sinus und Cosinus: Für den Winkel x ist Letzterer beispielsweise in obigem Dreieck gegeben durch

$$\cos(x) = \frac{\text{orientierte Länge der Kathete } \overline{OP(x)}}{\text{Länge der Hypothenuse } \overline{OS(x)}} = \frac{\text{orientierte Länge der Kathete } \overline{OP(x)}}{1} = s_1(x)\,.$$

Wie in Abbildung 2.14 exemplarisch dargestellt, lassen sich zu jeder reellen Zahl $x \in \mathbb{R}$ die Werte $\sin(x)$ und $\cos(x)$ bestimmen. Einer Berechnung für sämtliche Winkel $x \in [0, 2\pi[$ entspricht dabei gerade ein Umlauf des Punktes $S(x)$ auf dem Einheitskreis. Für alle weiteren Umläufe, d. h. für die Winkel in den Bereichen

$$[2\pi, 4\pi[, \ [4\pi, 6\pi[\ldots$$

oder auch

$$[-2\pi, 0[, \ [-4\pi, -2\pi[, \ [-6\pi, -4\pi[\ldots$$

ist die in Abbildung 2.14 aufgezeigte geometrische Situation dieselbe. Daraus ergibt sich die 2π-Periodizität der beiden Funktionen, d. h. für alle $x \in \mathbb{R}$ gilt

$$\sin(x + 2\pi) = \sin(x) \qquad \text{und} \qquad \cos(x + 2\pi) = \cos(x)\,.$$

Ebenfalls unmittelbar aus Abbildung 2.14 abzulesen ist die Eigenschaft, dass sowohl die Sinus- als auch die Cosinusfunktion Werte zwischen +1 und −1 annehmen. Weitere charakteristische Werte beider Funktionen, ergänzende Eigenschaften sowie eine graphische Darstellung der Funktionen $x \mapsto \sin(x)$ und $x \mapsto \cos(x)$ sind in ► Abbildung 2.15 bzw. in ► Tabelle 2.1 zusammengestellt. Sie lassen sich vollständig aus der Definition beider Funktionen in Abbildung 2.14 ablesen:

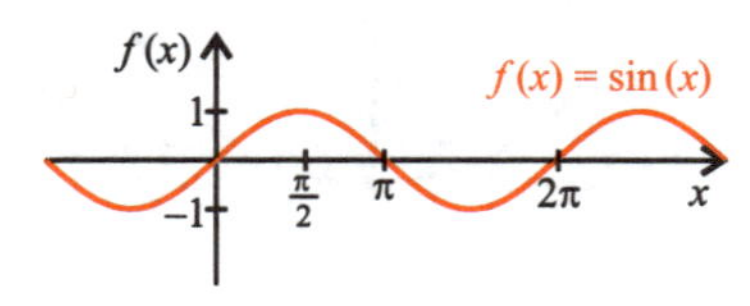

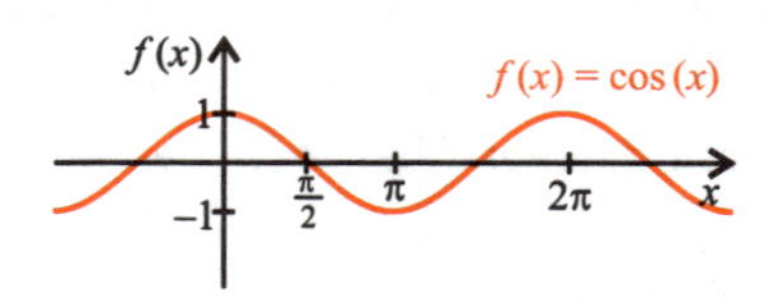

Abbildung 2.15: $x \mapsto \sin(x)$ und $x \mapsto \cos(x)$.

Def.-Bereich:	$\mathbb{R}$
Wertebereich:	$[-1, 1]$
Symmetrie:	Sinus: ungerade Cosinus: gerade
Periodizität:	2π-periodisch
Umkehrbarkeit:	umkehrbar nur auf Teilintervallen: Sinus: kanonischer Umkehrbereich: $[-\frac{\pi}{2}, \frac{\pi}{2}]$ Cosinus: kanonischer Umkehrbereich: $[0, \pi]$
Beschränktheit:	beschränkt durch größte untere Schranke $m = -1$ und kleinste obere Schranke $M = 1$

Tabelle 2.1

Charakteristische Werte der Sinus- und Cosinusfunktion

x	0	$\frac{\pi}{4}$	$\frac{\pi}{2}$	π	$\frac{3\pi}{2}$	2π
$\sin x$	0	$\frac{1}{\sqrt{2}}$	1	0	−1	0
$\cos x$	1	$\frac{1}{\sqrt{2}}$	0	−1	0	1

Exemplarisch seien im Folgenden die Begriffe vorgestellt, die im Zusammenhang mit trigonometrischen Funktionen und Schwingungen eine Rolle spielen. Das Prinzip der **Schwingung** ist dabei in einer großen Anzahl naturwissenschaftlicher Vorgänge anzutreffen. Es reicht vom mechanischen Feder-Masse-Modell über den elektrischen Schwingkreis bis hin zu Atomschwingungen innerhalb eines Moleküls. In einem solchen zeitlichen Vorgang der Form

$$s(t) = A \cdot \sin(\omega t + \phi) \qquad \text{oder auch} \qquad \tilde{s}(t) = A \cdot \cos(\omega t + \phi)$$

nennen wir

A die **Amplitude**,

ϕ die **Phasenverschiebung** bzw. die **Anfangsphase** und

ω die **Kreisfrequenz**

der Schwingung.

Die Periodenlänge des Sinus beträgt 2π. Gegenüber der Sinus-Funktion $f(t) = \sin t$ ist die Funktion $s(t)$ um den Faktor $\frac{1}{\omega}$ in t-Richtung verzerrt (siehe Abschnitt 1.1.3). Die Periodenlänge oder auch **Schwingungsdauer** T verändert sich somit um den Faktor $\frac{1}{\omega}$, d. h. es ist

$$T = 2\pi \cdot \frac{1}{\omega} = \frac{2\pi}{\omega}\,.$$

Die **Frequenz** f der Schwingung wird definiert als der Kehrwert dieser Schwingungsdauer T, d. h.

$$f = \frac{1}{T} = \frac{\omega}{2\pi}\,.$$

Praxis-Hinweis

Das Argument der trigonometrischen Funktionen ist eine Winkelgröße. Die Angabe eines Winkels kann dabei in unterschiedlichen Einheiten erfolgen:

- Die landläufig gebräuchlichste Winkeleinheit ist das **Gradmaß**, auf Taschenrechnern durch den Modus „**deg**“ repräsentiert. Dem Vollkreis entspricht dabei die Gradzahl 360°. Die Zahl 360 wurde deshalb gewählt, um den Kreis rechnerisch mühelos in viele gleich große Segmente teilen zu können. Dies wird durch die zahlreichen Teiler der Zahl 360 wie beispielsweise 2, 3, 4, 5, 6, 8, 9, 10, 12 sichergestellt.
- Mathematisch am weitesten verbreitet ist die Angabe des Winkels in **Bogenmaß**, wofür uns der Modus „**rad**“ des Taschenrechners die richtigen Werte liefert. Unter der Größe x eines Winkels verstehen wir in diesem Kontext die Länge des zugehörigen Bogens auf dem Einheitskreis in Abbildung 2.14 , der von den Punkten $S(x)$ und $(1, 0)$ begrenzt wird. Zur Umrechnung von Grad- in Bogenmaß bemerken wir Folgendes: Ein Winkel x im Bogenmaß verhält sich zu 2π (Vollkreis) genauso wie der zugehörige Winkel α im Gradmaß zu 360°, oder kurz
$$\frac{x}{2\pi} = \frac{\alpha}{360^\circ} .$$
Ein Auflösen nach x oder α ermöglicht uns so die gegenseitige Umrechnung beider Einheiten.
- Eher unbedeutend ist die Angabe des Winkels in der Einheit „**grad**“. Dem Vollkreis wird dabei in Anlehnung an das Dezimalsystem die Größe 400° zugewiesen.

Eine wichtige Rolle spielen die folgenden Rechengesetze, welche die beiden Funktionen $x \mapsto \sin x$ und $x \mapsto \cos x$ zueinander in Beziehung setzen. Wir wollen diese Regeln nicht beweisen, werden aber das ein oder andere Mal von ihnen Gebrauch machen.

Satz **Additionstheoreme und Rechengesetze**

Für alle $x, y \in \mathbb{R}$ gilt

- $\sin(x + y) = \sin x \cos y + \cos x \sin y$,
- $\cos(x \pm y) = \cos x \cos y \mp \sin x \sin y$,
- $\sin^2 x + \cos^2 x = 1$,
- $2 \sin(x) \cos(x) = \sin(2x)$.

Die dritte Gleichung folgt aus dem Satz von Pythagoras: Im rechtwinkligen Dreieck aus Abbildung 2.14 gilt nämlich

$$|1.\ \text{Kathetete}|^2 + |2.\ \text{Kathete}|^2 = |\text{Hypothenuse}|^2$$
$$\Leftrightarrow (\sin x)^2 + (\cos x)^2 = 1^2 = 1\,.$$

Aus den ersten beiden Rechengesetzen, den so genannten **Additionstheoremen**, lassen sich weitere wichtige Folgerungen ziehen. Setzen wir etwa in der ersten Gleichung von obigem Satz speziell $y = \frac{\pi}{2}$, so erhalten wir für beliebiges $x \in \mathbb{R}$:

$$\sin(x + \frac{\pi}{2}) = \sin x \underbrace{\cos \frac{\pi}{2}}_{=0} + \cos x \underbrace{\sin \frac{\pi}{2}}_{=1} = \cos x\,,$$

d. h. die Cosinusfunktion geht aus der Sinusfunktion durch eine „Verschiebung" derselben um $\frac{\pi}{2}$ nach links hervor.

Die Umkehrung der Sinusfunktion

Wie bereits Abbildung 2.15 zeigt, besitzt jedes $y \in \mathbb{R}$ mit $-1 \leq y \leq 1$ unendlich viele Urbilder x_i mit $\sin(x_i) = y$. Die Sinus-Funktion ist somit nicht global umkehrbar, so dass wir zum Zwecke der Umkehrbarkeit den Definitionsbereich entsprechend einzuschränken haben. Kanonischerweise erklärt man dabei die Menge

$$\left[-\frac{\pi}{2}, \frac{\pi}{2}\right]$$

als den Bereich, auf welchem die Sinus-Funktion umgekehrt werden soll. Die auf diesen Bereich eingeschränkte Sinus-Funktion wird auch als **Hauptzweig des Sinus** bezeichnet. Die auf $[-1, 1]$ definierte Umkehrfunktion des Hauptzweiges, welche ihre Werte konstruktionsgemäß in $[-\frac{\pi}{2}, \frac{\pi}{2}]$ annimmt, wird **Arcussinus** genannt und mit

$$\mathbf{arcsin}$$

notiert (siehe auch Beispiel 1.17 und ▶ Abbildung 2.16).

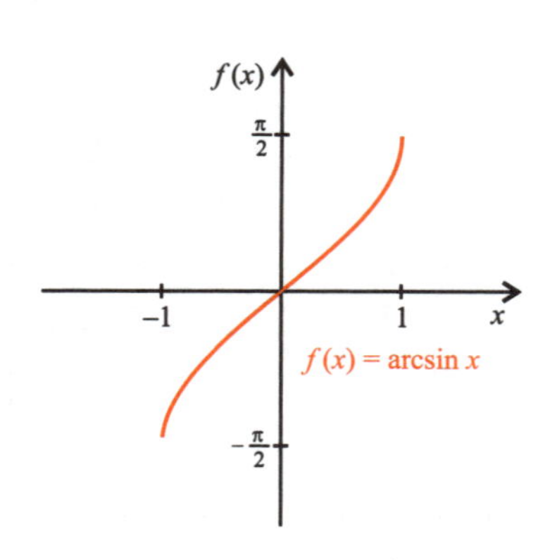

Abbildung 2.16: $x \mapsto \arcsin(x)$.

Def.-Bereich:	$[-1, 1]$
Wertebereich:	$[-\frac{\pi}{2}, \frac{\pi}{2}]$
Umkehrbarkeit:	umkehrbar mit Umkehrfunktion $f^{-1}: [\frac{\pi}{2}, \frac{\pi}{2}] \to \mathbb{R}$, $f^{-1}(y) = \sin y$ (Hauptzweig des Sinus)
Symmetrie:	ungerade Funktion, d. h. Punktsymmetrie des Graphen zum Ursprung
Beschränktheit:	beschränkt durch größte untere Schranke $m = -\frac{\pi}{2}$ und kleinste obere Schranke $M = \frac{\pi}{2}$

Unter Zuhilfenahme von Symmetrieargumenten lassen sich mit Hilfe der arcsin-Funktion alle Lösungen der Gleichung

$$\sin x = y$$

für gegebenes $y \in [-1, 1]$ berechnen:

Beispiel 2.3

Gesucht sind sämtliche Lösungen der Gleichung

$$\sin x = \frac{1}{2}.$$

Im Hauptintervall $[-\frac{\pi}{2}, \frac{\pi}{2}]$ ist diese Gleichung eindeutig lösbar durch

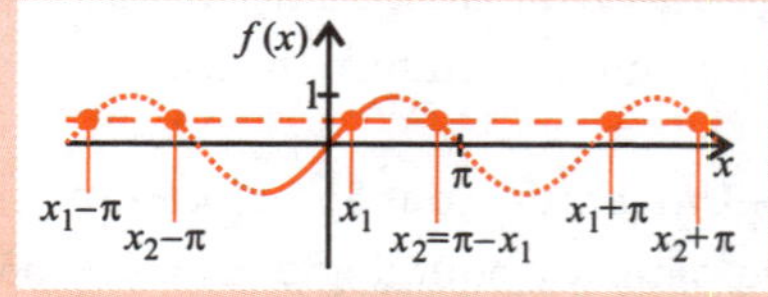

Abbildung 2.17: Lösung trigonometrischer Gleichungen.

$$x_1 = \arcsin\frac{1}{2} \approx 0.5236.$$

Aufgrund der Achsensymmetrie des Sinus-Graphen zur Geraden $x = \frac{\pi}{2}$ finden wir bei

$$x_2 = \pi - x_1 \approx 2.6180$$

eine weitere Stelle mit $\sin(x_2) = \frac{1}{2}$. Wegen der 2π-Periodizität der Sinus-Funktion sind daher durch

$$a_k = x_1 + 2k\pi = 0.5236 + 2k\pi \qquad (k \in \mathbb{Z})$$

und

$$b_k = x_2 + 2k\pi = 2.6180 + 2k\pi \qquad (k \in \mathbb{Z})$$

alle reellen Lösungen des Problems $\sin x = \frac{1}{2}$ gefunden (▶ Abbildung 2.17).

Die Umkehrung der Cosinus-Funktion

Bei der Umkehrung des Cosinus bedient man sich ähnlicher Argumente. Auch dieser ist global nicht umkehrbar, so dass wir uns auf einen Teil des Definitionsbereichs beschränken müssen. Der Bereich, dessen sich in Übereinstimmung mit der mathematischen Konvention auch Ihr Taschenrechner bedient, wurde festgelegt als

$$[0, \pi] .$$

Die auf $[0, \pi]$ eingeschränkte Cosinus-Funktion wird als **Hauptzweig des Cosinus** bezeichnet und ist umkehrbar mit Umkehrfunktion

$$\arccos : [-1, 1] \to [0, \pi] .$$

Die Eigenschaften der **Arcuscosinus**-Funktion sind in ▶ Abbildung 2.18 zusammengestellt:

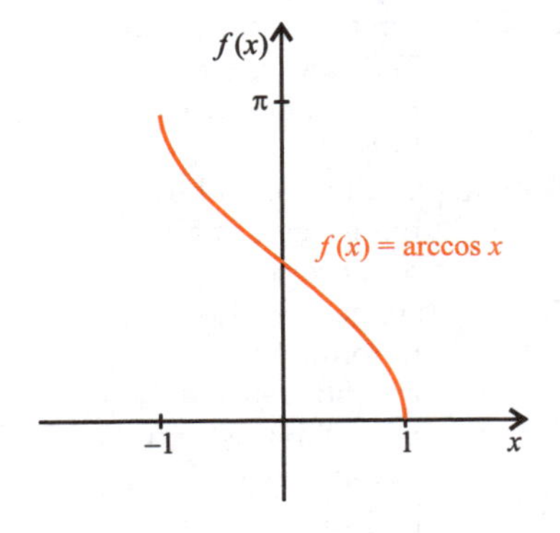

Abbildung 2.18: $x \mapsto \arccos x$.

Def.-Bereich:	$[-1, 1]$
Wertebereich:	$[0, \pi]$
Umkehrbarkeit:	umkehrbar mit Umkehrfunktion $f^{-1}: [0, \pi] \to \mathbb{R}$, $f^{-1}(y) = \cos y$ (Hauptzweig des Cosinus)
Beschränktheit:	beschränkt durch größte untere Schranke $m = 0$ und kleinste obere Schranke $m = \pi$
Sonstiges:	$\arccos(-x) = \pi - \arccos x$

2.4.2 Die Tangensfunktion

Als eine weitere trigonometrische Funktion definieren wir den **Tangens** durch

$$\tan : \mathbb{R} \backslash \left\{ \frac{\pi}{2} + k\pi : k \in \mathbb{Z} \right\} \to \mathbb{R} \quad , \quad \tan x := \frac{\sin x}{\cos x} .$$

Für die Werte $\frac{\pi}{2}+k\pi$ mit $k \in \mathbb{Z}$ ist der Tangens nicht definiert, da der Cosinus-Ausdruck im Nenner dort seine Nullstellen besitzt. Da dieser dort auch sein Vorzeichen wechselt und der Sinus dort keine Nullstellen besitzt, liegt an diesen Stellen eine Polstelle mit Vorzeichenwechsel vor. Genaueres verrät ▸ Abbildung 2.19.

Im Gegensatz zu Sinus und Cosinus weist die Tangensfunktion die Periode π auf. Denn aus der Definition des Tangens sowie den Additionstheoremen aus dem Satz von Seite 67 erhalten wir für beliebiges $x \in \mathbb{R}\backslash\{\frac{\pi}{2}+k\pi : k \in \mathbb{Z}\}$:

$$\tan(x+\pi) = \frac{\sin(x+\pi)}{\cos(x+\pi)} = \frac{\sin x \overbrace{\cos\pi}^{=-1} + \cos x \overbrace{\sin\pi}^{=0}}{\cos x \underbrace{\cos\pi}_{=-1} - \sin x \underbrace{\sin\pi}_{=0}} = \frac{-\sin x}{-\cos x} = \tan x\,.$$

Da es sich bei der Cosinus-Funktion um eine gerade und bei der Sinus-Funktion um eine ungerade Funktion handelt, folgt auch

$$\tan(-x) = \frac{\sin(-x)}{\cos(-x)} = \frac{-\sin x}{\cos x} = -\tan x\,.$$

Somit ist der Tangens auf seinem Definitionsbereich eine ungerade Funktion.

Die charakteristischen Eigenschaften des Tangens seien hier nochmals zusammenfassend dargestellt:

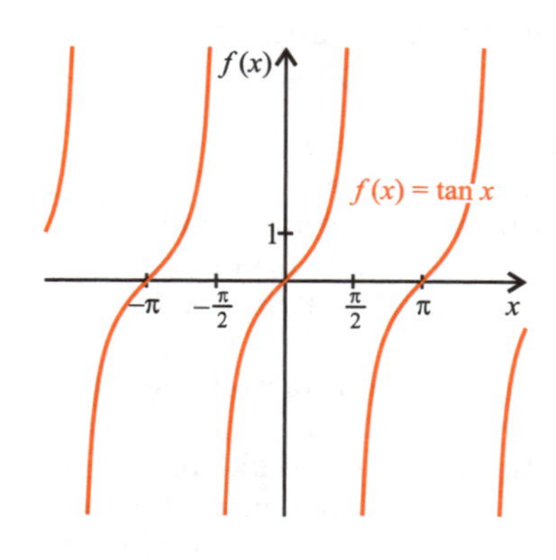

Abbildung 2.19: $x \mapsto \tan(x)$.

Def.-Bereich:	$\mathbb{R}\backslash\{\frac{\pi}{2}+k\pi : k \in \mathbb{Z}\}$
Wertebereich:	$\mathbb{R}$
Symmetrie:	ungerade Funktion
Periodizität:	π-periodisch
Umkehrbarkeit:	umkehrbar nur auf Teilintervallen, kanonischerweise auf $[-\frac{\pi}{2}, \frac{\pi}{2}]$
Beschränktheit:	weder nach oben noch nach unten beschränkt
Monotonie	steigende Monotonie des Hauptzweigs, d. h. $x \mapsto \tan x$ ist monoton steigend auf $[-\frac{\pi}{2}, \frac{\pi}{2}]$

Als periodische Funktion ist auch der Tangens nicht auf seinem gesamten Definitionsbereich umkehrbar. Eine Einschränkung auf das Intervall

$$\left[-\frac{\pi}{2}, \frac{\pi}{2}\right]$$

bietet hier Abhilfe. Die auf diesem Intervall definierte Tangensfunktion wird als **Hauptzweig des Tangens** bezeichnet. Wegen der Monotonie ist der Tangens auf diesem

Intervall umkehrbar mit Umkehrfunktion

$$\arctan : [-\infty, \infty[\to \left]-\frac{\pi}{2}, \frac{\pi}{2}\right[,$$

die als **Arcustangens** bezeichnet wird (▶ Abbildung 2.20).

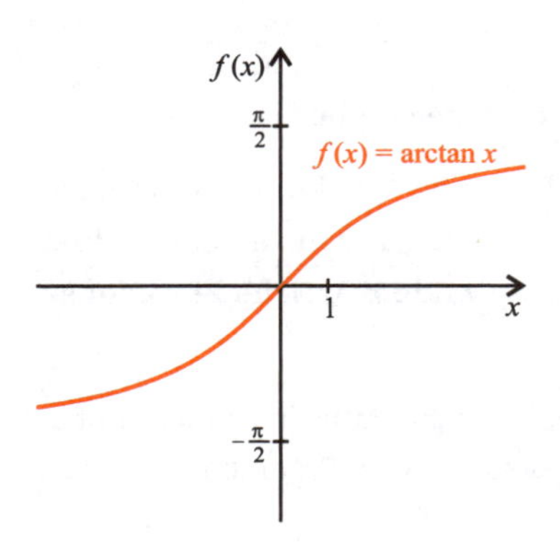

Abbildung 2.20: $x \mapsto \arctan x$.

Def.-Bereich:	$\mathbb{R}$
Wertebereich:	$]-\frac{\pi}{2}, \frac{\pi}{2}[$
Umkehrbarkeit:	umkehrbar mit Umkehrfunktion $f^{-1}: [-\frac{\pi}{2}, \frac{\pi}{2}] \to \mathbb{R}$, $f^{-1}(y) = \tan y$ (Hauptzweig des Tangens)
Beschränktheit:	beschränkt durch größte untere Schranke $m = -\frac{\pi}{2}$ und kleinste obere Schranke $M = \frac{\pi}{2}$
Symmetrie:	ungerade Funktion, d. h. Punktsymmetrie des Graphen zum Ursprung
Monotonie:	monoton steigend auf $\mathbb{R}$
Asymptotik:	$\lim\limits_{x \to -\infty} \arctan(x) = -\frac{\pi}{2}$ $\lim\limits_{x \to \infty} \arctan(x) = \frac{\pi}{2}$

Die Lösungen der Gleichung

$$\tan x = y$$

für ein gegebenes $y \in \mathbb{R}$ erhält man nach Abbildung 2.19 wie folgt: Man ermittele zunächst

$$x_1 = \arctan(y) .$$

Durch $x_k := x_1 + k\pi$ $(k \in \mathbb{Z})$ sind dann **alle** Lösungen gegeben. (Die Situation ist somit einfacher als beim Lösen einer Gleichung

$$\sin x = y \qquad \text{bzw.} \qquad \cos x = y \qquad\qquad (y \in [-1, 1]) ,$$

wie beispielsweise in Beispiel 2.3 geschehen, da im Gegensatz hierzu der Hauptzweig des Tangens eine **ganze Periode** [der Länge π] abdeckt.)

Praxis-Hinweis

Folgendes ist zu den trigonometrischen Funktionen noch ergänzend anzumerken:

- Der Vollständigkeit halber sei im Zusammenhang mit den trigonometrischen Funktionen auch die **Cotangens**-Funktion erwähnt. Sie ist definiert durch

$$\text{cotan}: \mathbb{R}\backslash\{k\pi : k \in \mathbb{Z}\} \to \mathbb{R}, \quad \text{cotan}(x) = \frac{1}{\tan x} = \frac{\cos x}{\sin x}$$

  und spielt in der Praxis lediglich eine untergeordnete Rolle.

- Die Funktionen sin, cos, tan, cotan werden auch als **Winkelfunktionen** bezeichnet. Die Umkehrfunktionen arcsin, arccos, arctan, arccotan ihrer Hauptzweige sind auch unter der Bezeichnung **zyklometrische Funktionen** bekannt.

- Vor allem auf Taschenrechnern bzw. innerhalb mathematischer Software haben sich auch die Bezeichnungen asin für arcsin, acos für arccos, atan für arctan, tg für tan sowie ctg für cotan etabliert.

- Ebenfalls auf Taschenrechnern haben sich die Bezeichnungen $\sin^{-1}$ (anstelle von arcsin), $\cos^{-1}$ (anstelle von arccos) usw. durchgesetzt. Vor einer Verwechslung mit den Funktionen $\frac{1}{\sin}$, $\frac{1}{\cos}$ usw. sei gewarnt.

2.4.3 Hyperbolische Funktionen

Bei den **hyperbolischen** Funktionen handelt es sich um keine elementaren Abbildungen, sondern vielmehr um Funktionen, die sich aus Termen der Exponentialfunktion zusammensetzen. Wir wollen es hier bei einer verhältnismäßig kurzen Behandlung belassen und definieren den **Sinus hyperbolicus**, den **Cosinus hyperbolicus** sowie den **Tangens hyperbolicus** durch

$$\begin{aligned}
\sinh x &:= \frac{e^x - e^{-x}}{2}, \\
\cosh x &:= \frac{e^x + e^{-x}}{2} \quad \text{sowie} \\
\tanh x &:= \frac{\sinh x}{\cosh x} = \frac{e^x - e^{-x}}{e^x + e^{-x}}.
\end{aligned}$$

Erwähnenswert ist in diesem Zusammenhang das Rechengesetz

$$\cosh^2 x - \sinh^2 x = 1\,, \tag{2.3}$$

welches wir direkt aus der Definition herleiten können (siehe Aufgabe 5 am Ende des Kapitels). Im Gegensatz zur Rechenregel über die Quadrate von Sinus und Cosinus (Satz Seite 67) beachte man das Minuszeichen!

Die wichtigsten Eigenschaften der hyperbolischen Funktionen zeigen ▸ Abbildungen 2.21 bis 2.23 kurz im Überblick.

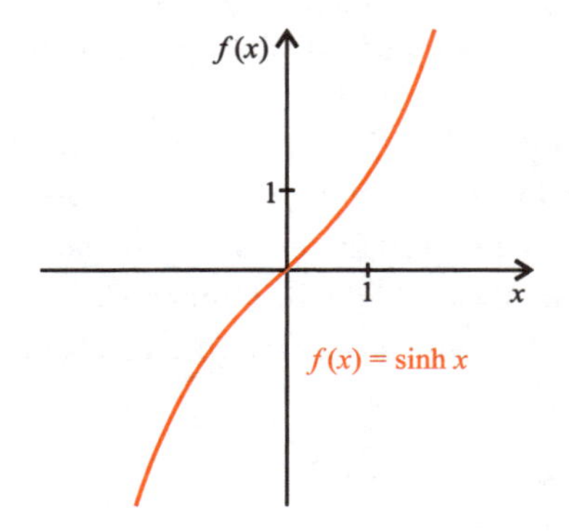

Def.-Bereich: $\mathbb{R}$
Wertebereich: $\mathbb{R}$
Symmetrie: ungerade Funktion
Umkehrbarkeit: global umkehrbar
Beschränktheit: weder nach oben noch nach unten beschränkt
Monotonie: streng monoton steigend auf $\mathbb{R}$

Abbildung 2.21: $x \mapsto \sinh x$.

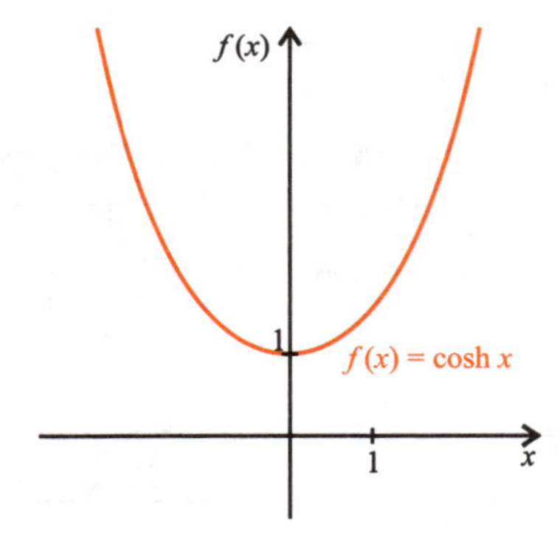

Def.-Bereich: $\mathbb{R}$
Wertebereich: $[1, \infty[$
Symmetrie: gerade Funktion
Umkehrbarkeit: umkehrbar auf $]-\infty, 0]$ oder auf $[0, \infty[$
Beschränktheit: nach unten beschränkt mit $\cosh x \geq 1$
Monotonie: streng monoton fallend auf $]-\infty, 0]$; streng monoton steigend auf $[0, \infty[$

Abbildung 2.22: $x \mapsto \cosh x$.

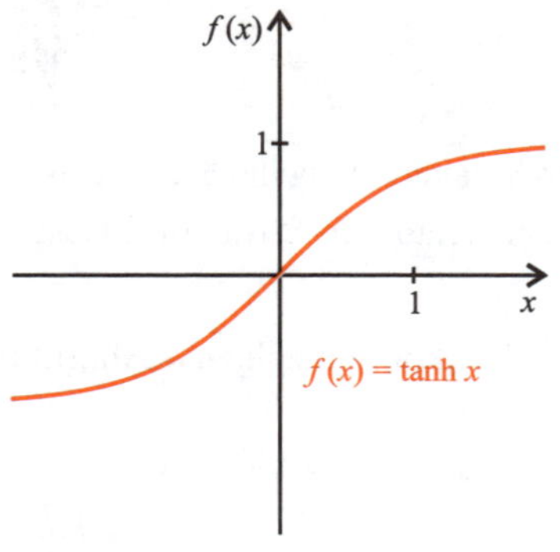

Def.-Bereich:	$\mathbb{R}$
Wertebereich:	$]-1,1[$
Symmetrie:	ungerade Funktion
Umkehrbarkeit:	umkehrbar auf ganz $\mathbb{R}$
Beschränktheit:	beschränkt durch größte untere Schranke $m = -1$ und kleinste obere Schranke $M = 1$
Monotonie:	streng monoton steigend auf $\mathbb{R}$

Abbildung 2.23: $x \mapsto \tanh x$.

Die Symmetrien der beiden hyperbolischen Funktionen $x \mapsto \sinh x$ und $x \mapsto \cosh x$ können Sie im Rahmen einer kleinen Übung leicht selbst verifizieren (siehe Aufgabe 8 am Ende des Kapitels). Exemplarisch wollen wir an dieser Stelle die strenge Monotonie des Sinus hyperbolicus nachweisen: Da die e-Funktion streng monoton steigend ist, gilt für zwei reelle Zahlen $a, b \in \mathbb{R}$ mit $a < b$:

$$e^b > e^a \qquad \text{und} \qquad e^{-b} < e^{-a} \Leftrightarrow -e^{-b} > -e^{-a}$$

und somit

$$\sinh b = \frac{e^b - e^{-b}}{2} > \frac{e^a - e^{-a}}{2} = \sinh a\,.$$

Die Umkehrfunktionen der hyperbolischen Funktionen werden **Area**-Funktionen genannt und mit

$$\text{Arsinh, Arcosh} \quad \text{und} \quad \text{Artanh}$$

(sprich: „Area-Sinus hyperbolicus", „Area-Cosinus hyperbolicus" und „Area-Tangens hyperbolicus") bezeichnet. Während sinh und tanh aufgrund ihrer strengen Monotonie auf ganz $\mathbb{R}$ umkehrbar sind, wird der umkehrbare Hauptzweig des Cosinus hyperbolicus auf $\mathbb{R}_0^+$ definiert.

2.5 Rationale Funktionen

2.5.1 Ganzrationale Funktionen (Polynome)

Unter einer ganzrationalen Funktion, auch **Polynom** genannt, versteht man eine Funktion der Form

$$p(x) = a_n x^n + a_{n-1} x^{n-1} + \ldots + a_1 x_1 + a_0 \qquad (x \in \mathbb{R})$$

Tabelle 2.2

Eigenschaften von Polynomen abhängig von Grad und Leitkoeffizient

Grad	Leitkoeffizient	Verhalten für $x \to -\infty$	Verhalten für $x \to \infty$	Beschränktheit von p
n gerade	$a_n < 0$	$p(x) \to -\infty$	$p(x) \to -\infty$	beschränkt nach oben
n gerade	$a_n > 0$	$p(x) \to \infty$	$p(x) \to \infty$	beschränkt nach unten
n ungerade	$a_n < 0$	$p(x) \to \infty$	$p(x) \to -\infty$	weder nach oben noch nach unten beschränkt
n ungerade	$a_n > 0$	$p(x) \to -\infty$	$p(x) \to \infty$	weder nach oben noch nach unten beschränkt

mit **Koeffizienten** $a_0, a_1, \dots, a_n \in \mathbb{R}$. Der Koeffizient der höchsten auftretenden Potenz, der so genannte **Leitkoeffizient** a_n sei von null verschieden. Unter dem **Grad** des Polynoms wollen wir dann die Zahl n als die im Polynom $p(x)$ höchste auftretende Potenz verstehen.

Als eine Summe aus Potenzfunktionen ist ein Polynom ebenfalls auf ganz $\mathbb{R}$ erklärt und dort stetig. Was den Wertebereich eines Polynoms anbelangt, so muss dieser individuell berechnet werden. Erst Kapitel 3 gibt uns dazu mit der Differentialrechnung ein wirksames Werkzeug an die Hand.

Für jedes Polynom $p(x)$ gilt

$$\lim_{x \to \pm\infty} |p(x)| = \infty .$$

Abhängig vom Grad n und dem Vorzeichen des Leitkoeffizienten a_n des Polynoms lassen sich genauere Aussagen über sein Verhalten für $x \to \pm\infty$ sowie seine Beschränktheit treffen: Denn es lässt sich zeigen, dass für betragsgroße $x \in \mathbb{R}$ sich ein Polynom p vom Grad n qualitativ so verhält wie das Polynom

$$x \mapsto a_n x^n .$$

Beispielsweise besitzt ein Polynom p vom Grad n mit **geradem** $n \in \mathbb{N}$ und Leitkoeffizient $a_n < 0$ die Asymptotik

$$\lim_{x \to \pm\infty} p(x) = -\infty .$$

Als stetige Funktion besitzt p dann zwangsläufig ein globales Maximum in $\mathbb{R}$. Die Funktion ist folglich nach oben beschränkt. Eine Katalogisierung aller möglichen Fälle liefert ▶ Tabelle 2.2.

Beispiel 2.4

Das Polynom

$$p(x) = -\frac{1}{2}x^5 + 2x^3 - \frac{1}{3}x^2 + 1$$

besitzt den Grad $n = 5$. Es verhält sich für betragsgroße x so wie das Polynom $x \mapsto -\frac{1}{2}x^5$. Nach Tabelle 2.2 ist

$$\lim_{x\to-\infty} p(x) = \infty \qquad \text{und} \qquad \lim_{x\to\infty} p(x) = -\infty\,.$$

Da $p(x)$ (wie jedes Polynom) stetig ist, besteht der Wertebereich von $p(x)$ aus allen reellen Zahlen (▶ Abbildung 2.24).

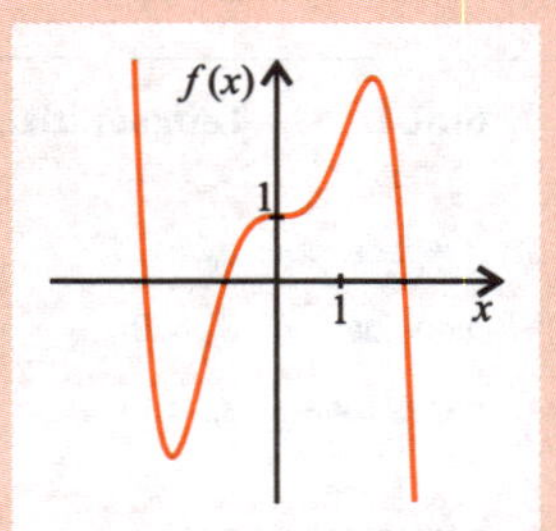

Abbildung 2.24: Polynom fünften Grades.

Aus Tabelle 2.2 lässt sich insbesondere schließen, dass **kein** Polynom gleichzeitig nach oben und nach unten beschränkt ist. Darüber hinaus besitzen Polynome **ungeraden** Grades den Wertebereich $W = \mathbb{R}$. Dies hat unter anderem zur Folge, dass die Gleichung

$$p(x) = y$$

zu gegebenem $y \in \mathbb{R}$ im Fall eines Polynoms ungeraden Grades mindestens eine reelle Lösung besitzt. Insbesondere hat ein solches Polynom mindestens eine reelle Nullstelle. Auf Polynome $p(x)$ von geradem Grad trifft dieser Sachverhalt nicht zu. Beispielsweise besitzt das Polynom

$$p(x) = x^2 + 1$$

keine reellen Nullstellen, da $x^2 \neq -1$ für alle $x \in \mathbb{R}$.

Nullstellen von Polynomen

Wie bereits oben angemerkt, muss nicht jedes Polynom zwingend reelle Nullstellen besitzen. Selbst wenn dies der Fall sein sollte, ist im Allgemeinen auch die Bestimmung derselben nicht unkompliziert. Befriedigend gelingt dies nur für Polynome zweiten Grades, beispielsweise mit der so genannten Mitternachtsformel: Gilt für die **Diskriminante**

$$D = b^2 - 4ac > 0 \qquad \text{bzw.} \qquad D = b^2 - 4ac = 0\,,$$

so besitzt die Gleichung

$$p(x) = ax^2 + bx + c = 0$$

die beiden bzw. die eine Lösung

$$x_{1,(2)} = \frac{-b \pm \sqrt{b^2 - 4ac}}{2}.$$

Eine alternative Lösungsmethode besteht in der Anwendung des Prinzips der quadratischen Ergänzung.

Eine direkte allgemeine Lösungsformel für Polynome dritten und vierten Grades ist zwar bekannt, aber in aller Regel äußerst unpraktikabel. Für Polynome fünften und höheren Grades wurde erst im 20. Jahrhundert die Unmöglichkeit der Existenz einer allgemeinen Lösungsformel nachgewiesen.

Jedes Polynom

$$p(x) = a_n x^n + a_{n-1} x^{n-1} + \ldots + a_1 x + a_0$$

mit $a_n \neq 0$ lässt sich in der folgenden Weise **faktorisieren**, d. h. darstellen in der Form

$$p(x) = a(x - n_1)(x - n_2)\ldots(x - n_k) \cdot (x^2 - b_1 x - c_1) \cdot \ldots \cdot (x^2 - b_l x - c_l) \qquad (2.4)$$

mit einem Faktor $a \in \mathbb{R}$, den aus den Nullstellen $n_1, n_2, \ldots, n_k$ gebildeten **Linearfaktoren**

$$(x - n_1),\ (x - n_2), \ldots, (x - n_k)$$

sowie den quadratischen Ausdrücken

$$(x^2 - b_1 x - c_1), \ldots, (x^2 - b_l x - c_l),$$

welche **keine** reellen Nullstellen mehr besitzen und somit nicht weiter in Linearfaktoren zelegbar sind.

Anhand der Faktordarstellung (2.4) eines Polynoms wird zudem ersichtlich, dass ein Polynom vom Grad n höchstens n reelle Nullstellen (unter Umständen höherer Ordnung) besitzen kann. Unter der **Ordnung** einer Nullstelle x_n wollen wir dabei diejenige (natürliche) Zahl verstehen, die angibt, wie oft der Linearfaktor

$$(x - x_n)$$

in der obigen Darstellung (2.4) auftritt.

Die Darstellung eines Polynoms in der faktorisierten Form (2.4) ist erstrebenswert, da beispielsweise aus ihr sämtliche Nullstellen des Polynoms explizit abgelesen werden können. Die Faktorisierung eines gegebenen Polynoms ist jedoch in nur sehr wenigen Fällen problemlos durchzuführen. Der Grund hierfür ist, dass der Faktorisierung eines Polynoms zwangsläufig die Bestimmung seiner Nullstellen vorauszugehen hat. Die Schwierigkeiten, welche im Fall von Polynomen höherer Ordnung hierbei auftreten, hatten wir oben bereits angedeutet.

Zumindest in einigen Fällen aber sind (aus den verschiedensten Gründen, beispielsweise auch durch „Raten“) eine oder mehrere Nullstellen des Polynoms bereits bekannt. In diesem Fall können durch **Polynomdivison** weitere Linearfaktoren bzw. quadratische Ausdrücke der Faktorisierung gewonnen werden.

Beispiel 2.5

Gegeben sei das Polynom vierten Grades

$$p(x) = x^4 - \frac{1}{2}x^3 - 2x^2 + \frac{3}{2}x\,.$$

Da der Koeffizient a_0 dieses Polynoms verschwindet, erkennt man in $x_1 = 0$ mühelos die erste Nullstelle von $p(x)$. Als Konsequenz hieraus erhalten wir, dass das Polynom $p(x)$ eine Darstellung der Form

$$p(x) = (x - 0)\,q(x) = x \cdot q(x)$$

besitzt mit einem weiteren Polynom q vom Grad $4 - 1 = 3$, und zwar (mittels Ausklammern von x)

$$p(x) = x\,(x^3 - \frac{1}{2}x^2 - 2x + \frac{3}{2})\,.$$

Eine weitere Nullstelle lässt sich erraten: Es ist $p(1) = 0$, so dass wir eine Faktorisierung von $p(x)$ der Form

$$p(x) = x\,(x - 1) \cdot r(x)$$

mit einem Polynom $r(x)$ vom Grad 2 erhalten. Wir setzen im Folgenden voraus, dass der Leser mit dem Prinzip der Polynomdivision vertraut ist: Denn um das Polynom $r(x)$ zu berechnen, müssen wir wegen

$$q(x) = (x - 1) \cdot r(x)$$

das Polynom q durch $(x - 1)$ teilen:

$$\begin{array}{rrrrrcccc}
(x^3 & - & \frac{1}{2}x^2 & - & 2x & + & \frac{3}{2}) & : & (x-1) \quad = \quad x^2 + \frac{1}{2}x - \frac{3}{2} \\
-\;(x^3 & - & x^2) & & & & & & \\
\hline
 & & \frac{1}{2}x^2 & - & 2x & + & \frac{3}{2} & & \\
 & -(& \frac{1}{2}x^2 & - & \frac{1}{2}x) & & & & \\
\hline
 & & & & -\frac{3}{2}x & + & \frac{3}{2} & & \\
 & & & -(& -\frac{3}{2}x & + & \frac{3}{2}) & & \\
\hline
 & & & & & & 0 & &
\end{array}$$

In diesem Fall können wir auch den verbleibenden quadratischen Ausdruck $r(x) = x^2 + \frac{1}{2}x - \frac{3}{2}$ weiter in Linearfaktoren zerlegen: Wir berechnen seine Nullstellen:

$$x_{3,4} = \frac{-\frac{1}{2} \pm \sqrt{\frac{1}{4} + 4 \cdot \frac{3}{2}}}{2} = \frac{-\frac{1}{2} \pm \frac{5}{2}}{2},$$

also $x_3 = 1$ und $x_4 = -\frac{3}{2}$. Wir erhalten somit die folgende Darstellung von $p(x)$:

$$p(x) = x\,(x-1)^2\,(x+\frac{3}{2}).$$

Insbesondere handelt es sich bei der Stelle $x_1 = 1$ um eine doppelte Nullstelle (Nullstelle der Ordnung 2) von $p(x)$.

2.5.2 Gebrochen-rationale Funktionen

Unter einer **gebrochen-rationalen Funktion** verstehen wir eine Zuordnung der Form

$$f(x) := \frac{p(x)}{q(x)}$$

mit zwei Polynomen $p(x)$ bzw. $q(x)$. Charakteristisch für gebrochen-rationale Funktionen ist die Struktur ihres Definitionsbereichs. Um einer nicht erklärten Divison durch Null vorzubeugen, müssen wir bei der Definition von f all die (endlich vielen) Stellen ausnehmen, die Nullstellen des Nennerpolynoms $q(x)$ sind. Für den Definitionsbereich D von f bedeutet dies also

$$D := \{x \in \mathbb{R} : q(x) \neq 0\}.$$

In diesem Abschnitt werden wir das Verhalten einer gebrochen-rationalen Funktion f in der Umgebung dieser Stellen untersuchen, für welche die Funktion nicht definiert ist. Wir teilen diese Stellen in drei Klassen ein, die wir getrennt studieren wollen.

Es sei x_0 eine Nennernullstelle, also $q(x_0) = 0$. Ihre Ordnung im Nennerpolynom $q(x)$ sei $\boldsymbol{n}$. Wir betrachten den allgemeinen Fall, wonach x_0 auch eine Zählernullstelle der Ordnung $\boldsymbol{m}$ ist. (In dem Fall, dass $p(x_0) \neq 0$ gilt, also x_0 keine Zählernullstelle darstellt, ist die Ordnung von x_0 im Zählerpolynom gleich 0.) Die gebrochen-rationale Funktion f besitzt dann die Darstellung

$$f(x) = \frac{p(x)}{q(x)} = \frac{(x-x_0)^m\,\tilde{p}(x)}{(x-x_0)^n\,\tilde{q}(x)} \tag{2.5}$$

mit zwei Restpolynomen $\tilde{p}$ und $\tilde{q}$, aus denen sich keine Potenzen des Linearfaktors $(x - x_0)$ mehr herausziehen lassen. Für diese gilt somit:

$$\tilde{p}(x_0), \tilde{q}(x_0) \neq 0.$$

Wir betrachten die folgenden drei Fälle, welche die Nullstellenordnungen m und n zueinander in Beziehung setzen:

Fall 1: $n > m$

Im Definitionsbereich von f dürfen wir obigen Bruch (2.5) durch $(x - x_0)^m$ kürzen und erhalten eine gleichwertige Darstellung der Funktion f in der Form

$$f(x) = \frac{\tilde{p}(x)}{(x - x_0)^{n-m}\,\tilde{q}(x)},$$

wobei in diesem Fall $n - m > 0$ ist. Da bei Annäherung von x an die Stelle x_0 der Nenner gegen 0 geht, während der Zähler gegen den von null verschiedenen Wert $\tilde{p}(x_0)$ strebt, können wir für den Betrag der Funktionswerte festhalten:

$$\lim_{x \to x_0} |f(x)| = \lim_{x \to x_0} \left| \frac{\overbrace{\tilde{p}(x)}^{\to \tilde{p}(x_0) \neq 0}}{\underbrace{(x - x_0)^{n-m}}_{\to 0}\;\underbrace{\tilde{q}(x)}_{\to \tilde{q}(x_0) \neq 0}} \right| = \infty .$$

Eine solche Stelle x_0 wird als

Pol der Ordnung $n - m$

bezeichnet. Ob beim Übergang vom Bereich $x < x_0$ zum Bereich $x > x_0$ ein Vorzeichenwechsel von f stattfindet, hängt von der Ordnung $n - m$ ab. Bei ungeradem $n - m$ ist dies der Fall, wohingegen bei gerader Ordnung $n - m$ das Vorzeichen von f beim Übergang erhalten bleibt.

Beispiel 2.6

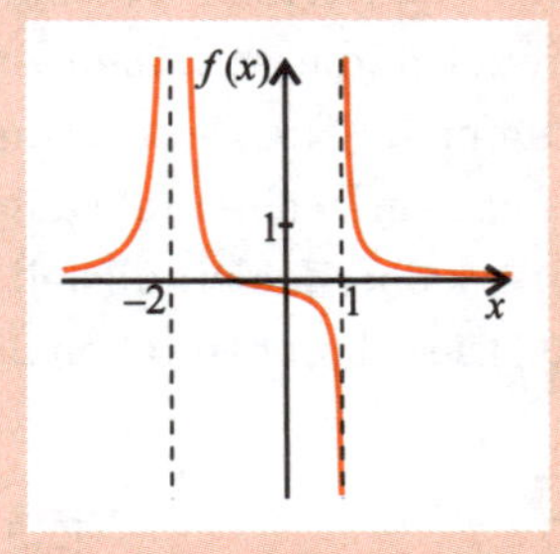

Abbildung 2.25: Polstellen gebrochen-rationaler Funktionen.

Wir betrachten die gebrochen-rationale Funktion

$$f(x) = \frac{x^2 - 1}{(x - 1)^2\,(x + 2)^2}.$$

Da der Nenner bereits in faktorisierter Form vorliegt, sind die Nullstellen des Nenners und damit die Definitionslücken von f leicht zu ermitteln durch

$$x_1 = 1 \qquad \text{und} \qquad x_2 = -2 .$$

Wir müssen somit nur noch den Zähler in Linearfaktoren zerlegen. Wegen

$$x^2 - 1 = (x-1)(x+1)$$

wird f in $\mathbb{R}\backslash\{1, 2\}$ dargestellt durch

$$f(x) = \frac{x^2 - 1}{(x-1)^2 (x+2)^2} = \frac{(x-1)(x+1)}{(x-1)^2 (x+2)^2} \overset{\text{Kürzen}}{=} \frac{x+1}{(x-1)(x+2)^2} .$$

An der Stelle $x_1 = 1$ liegt somit ein Pol der Ordnung 1 vor, folglich verbunden mit einem Vorzeichenwechsel von f. Im Gegensatz dazu besitzt die Funktion an der Stelle $x_2 = -2$ eine Polstelle der Ordnung 2. Das Vorzeichen der Funktion ändert sich demzufolge in einer Umgebung der Polstelle x_2 nicht.

Bei einer Annäherung an die Stelle $x_1 = 1$ geht der Zähler gegen den Wert 2. Der gegen null strebende Nenner nimmt links von der Polstelle $x_1 = 1$ negative Werte an. Folglich wechselt die Funktion f beim Übergang über die Polstelle ihr Vorzeichen von $-$ nach $+$.

Nähern wir uns von links oder rechts der zweiten Polstelle $x_2 = -2$, so ist

$$(x+1) \to -1 > 0, \quad (x-1) \to -3 > 0 \quad \text{und} \quad \underbrace{(x+2)^2}_{>0} \to 0 .$$

Die Funktion nimmt also in einer Umgebung der Polstelle $x_2 = -2$ ausschließlich positive Werte an (▶ Abbildung 2.25).

Fall 2: $n = m$

Im Fall $n = m$ können wir die Darstellung (2.5) mit

$$\tilde{p}(x_0) \neq 0 \quad \text{und} \quad \tilde{q}(x_0) \neq 0 .$$

durch Kürzen vereinfachen zu

$$f(x) = \frac{\tilde{p}(x)}{\tilde{q}(x)} .$$

Wieder analysieren wir das Verhalten von f in der Nähe der Stelle x_0: Im Unterschied zu Fall 1 besitzt nun der Nenner den von Null verschiedenen Grenzwert

$$\lim_{x \to x_0} \tilde{q}(x) = \tilde{q}(x_0)$$

Wir können daher den Grenzwert von f bei Annäherung an x_0 berechnen zu

$$\lim_{x \to x_0} f(x) = \lim_{x \to x_0} \frac{p(x)}{q(x)} = \lim_{x \to x_0} \frac{\tilde{p}(x)}{\tilde{q}(x)} = \frac{\tilde{p}(x_0)}{\tilde{q}(x_0)} .$$

Da wir im Grenzübergang keine Division durch Null vornehmen mussten, ergibt sich als Grenzwert in diesem Fall ein **endlicher** Wert. Nach wie vor ist die Funktion f an der Stelle x_0 undefiniert, doch weist der Graph von f an dieser Stelle lediglich eine

Lücke von gänzlich „ungefährlichem“ Verhalten auf. Diese Lücke lässt sich schließen, indem wir dem Graphen den Punkt

$$\left(x_0, \frac{\tilde{p}(x_0)}{\tilde{q}(x_0)}\right)$$

hinzufügen. Der um diesen Punkt erweiterte Graph lässt sich nun in einer Umgebung von x_0 in einem Zug durchzeichnen. De facto wird dadurch eine neue Funktion $\tilde{f}$ definiert, die zum einen an allen Stellen des Definitonsbereiches D_f von f mit der Funktion f übereinstimmt. Zum anderen ist sie an der Stelle x_0 separat erklärt durch

$$\tilde{f}(x_0) = \frac{\tilde{p}(x_0)}{\tilde{q}(x_0)},$$

zusammen also

$$\tilde{f}(x) = \begin{cases} f(x) & \text{für alle } x \in D_f \\ \frac{\tilde{p}(x_0)}{\tilde{q}(x_0)} & \text{für } x = x_0 \,. \end{cases}$$

Die neue Funktion $\tilde{f}$ ist an der Stelle x_0 nun nicht nur definiert, sondern dort auch stetig. Man spricht davon, die Funktion f an der Stelle x_0 **stetig ergänzt** zu haben. Die Funktion $\tilde{f}$ wird in diesem Sinne auch als **stetige Fortsetzung** von f an der Stelle x_0 bezeichnet. Die Stelle x_0 selbst nennt man eine **stetig (be-)hebbare** Definitionslücke von f.

Beispiel 2.7

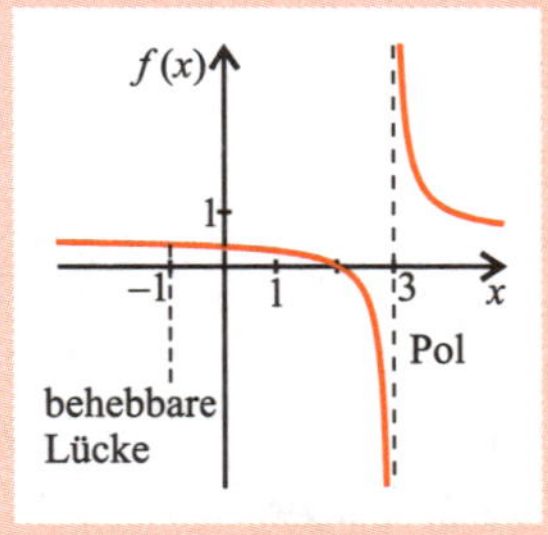

Abbildung 2.26: Beispiel für eine stetig hebbare Definitionslücke.

Wir betrachten die gebrochen-rationale Funktion

$$f(x) = \frac{p(x)}{q(x)} = \frac{x^2 - x - 2}{2x^2 - 4x - 6}.$$

Wir faktorisieren das Zähler- und das Nennerpolynom, indem wir jeweils die Nullstellen berechnen. Mit der „Mitternachtsformel“ ermitteln wir die Nullstellen von $p(x)$ zu

$$x_{1,2} = \frac{1 \pm \sqrt{1 - 4 \cdot (-2)}}{2}, \qquad \text{also} \quad x_1 = 2\,; x_2 = -1,$$

und die Nullstellen von $q(x)$ zu

$$x_{3,4} = \frac{4 \pm \sqrt{16+4\cdot 2\cdot 6}}{4}, \qquad \text{also} \quad x_3 = 3\,; x_4 = -1\,.$$

Unter Beachtung des Vorfaktors 2 vor der Potenz x^2 im Polynom $q(x)$ haben wir also die Faktorisierung

$$f(x) = \frac{(x+1)(x-2)}{2(x+1)(x-3)}\,.$$

Die Definitionslücken von f sind somit gegeben durch die Nennernullstellen $x_3 = 3$ und $x_4 = -1$. Da die Ordnung des Linearfaktors $(x+1)$ im Zähler wie im Nenner gleich $m = n = 1$ ist, handelt es sich bei $x_4 = -1$ um eine stetig behebbare Definitionslücke von f. Somit lässt sich f zu einer bei $x_4 = -1$ stetigen Funktion $\tilde{f}$ erweitern durch

$$\tilde{f}(x) = \begin{cases} \frac{x^2-x-2}{2x^2-4x-6} & \text{für alle } x \in \mathbb{R}\backslash\{-1,3\} \\ \frac{\tilde{p}(x_4)}{\tilde{q}(x_4)} = \frac{-1-2}{2(-1-3)} = \frac{3}{8} & \text{für } x = x_4 = -1\,. \end{cases}$$

Ergänzend sei noch angemerkt, dass an der Stelle $x_3 = 3$ (gemäß Fall 1) ein Pol erster Ordnung vorliegt (▶ Abbildung 2.26).

Fall 3: $n < m$

Wie in Fall 2 kürzen wir den Faktor $(x - x_0)^m$ in der Darstellung

$$f(x) = \frac{p(x)}{q(x)} = \frac{(x-x_0)^m\,\tilde{p}(x)}{(x-x_0)^n\,\tilde{q}(x)}$$

mit

$$\tilde{p}(x_0) \neq 0 \qquad \text{und} \qquad \tilde{q}(x_0) \neq 0\,.$$

Wir erhalten die äquivalente Darstellung

$$f(x) = \frac{(x-x_0)^{m-n}\,\tilde{p}(x)}{\tilde{q}(x)},$$

wobei der Exponent $m - n$ in diesem Fall ≥ 1 ist. Deshalb gilt

$$\lim_{x\to x_0} f(x) = \lim_{x\to x_0} \frac{\overbrace{(x-x_0)^{m-n}}^{\to 0}\,\overbrace{\tilde{p}(x)}^{\to \tilde{p}(x_0)}}{\underbrace{\tilde{q}(x)}_{\to \tilde{q}(x_0)}} = 0\,.$$

Wieder handelt es sich bei x_0 um eine stetig hebbare Definitionslücke. Die Funktion $\tilde{f}$, definiert durch

$$\tilde{f}(x) = \begin{cases} f(x) & \text{für alle } x \in D_f \\ 0 & \text{für } x = x_0 \end{cases},$$

ist die stetige Fortsetzung von f an der Stelle x_0. Ausdrücklich sei erwähnt, dass es sich bei x_0 nicht um eine Nullstelle von f handelt (denn f ist in x_0 nicht definiert), sondern lediglich um eine Nullstelle der Funktion $\tilde{f}$, die gegenüber f um die zusätzliche Definition $\tilde{f}(x_0) := 0$ ergänzt wurde.

2.5.3 Asymptotik gebrochen-rationaler Funktionen

Wie verhält sich eine gebrochen-rationale Funktion

$$f(x) = \frac{p(x)}{q(x)}$$

für $x \to \pm\infty$? Eine Antwort hierauf hängt vom Grad der beteiligten Polynome $p(x)$ und $q(x)$ ab. Es sei dazu $\boldsymbol{k}$ der Grad des Zählerpolynoms $p(x)$ und $\boldsymbol{l}$ der Grad des Nennerpolynoms $q(x)$.

Fall 1: $k < l$

Sowohl den Zähler wie auch den Nenner von

$$f(x) = \frac{p(x)}{q(x)} = \frac{a_k x^k + a_{k-1}x^{k-1} + \ldots + a_1 x + a_0}{b_l x^l + \ldots + b_1 x + b_0}$$

teilen wir durch die höchste auftretende Zählerpotenz x^k und erhalten

$$\lim_{x\to\pm\infty} f(x) = \lim_{x\to\pm\infty} \frac{a_k + \overbrace{a_{k-1}\frac{x^{k-1}}{x^k} \ldots + a_1\frac{x}{x^k} + a_0\frac{1}{x^k}}^{\to 0}}{\underbrace{b_l x^{l-k} + \ldots b_k}_{\substack{\to+\infty \\ \text{oder } -\infty}\text{, da Polynom}} + \underbrace{\frac{b_{k-1}}{x^k} + \ldots + b_1\frac{x}{x^k} + b_0\frac{1}{x^k}}_{\to 0}} = \mathbf{0}\,.$$

Die Funktionswerte der Funktion f nähern sich also für betragsgroße x der x-Achse an. Dies entspricht auch der Intuition: Nach Annahme ist $l > k$ und der Betrag des Nenners wächst in der l-ten Potenz, während der Zähler nur in der k-ten Potenz zunimmt.

Fall 2: $k = l$

Wieder teilen wir sowohl den Zähler als auch den Nenner von

$$f(x) = \frac{a_k x^k + a_{k-1}x^{k-1} + \ldots + a_1 x + a_0}{b_k x^k + b_{k-1}x^{k-1} \ldots + b_1 x + b_0}$$

durch den Ausdruck x^k und erhalten

$$f(x) = \frac{a_k + \frac{a_{k-1}x^{k-1} + \ldots + a_1 x + a_0}{x^k}}{b_k + \frac{b_{k-1}x^{k-1} + \ldots + b_1 x + b_0}{x^k}} \to \frac{a_k}{b_k}\,,$$

denn gemäß Fall 1 gehen die hervorgehobenen Ausdrücke für $|x| \to \infty$ gegen null.

Beispiel 2.8

Gegeben sei die gebrochen-rationale Funktion

$$f(x) = \frac{3x^4 - 2x^3 + 14x - 3}{5x^4 + 3x^2 - 2x + 1}.$$

Es ist

$$\text{Zählergrad} = \text{Nennergrad} = 4.$$

Mit $a_4 = 3$ und $b_4 = 5$ ist also (▶ Abbildung 2.27)

$$\lim_{x \to \pm\infty} f(x) = \frac{a_4}{b_4} = \frac{3}{5}.$$

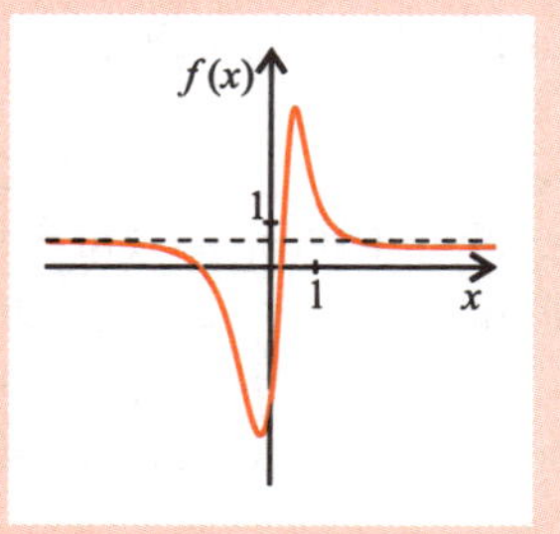

Abbildung 2.27: Zählergrad = Nennergrad.

Fall 3: $k > l$

Wie sieht das Verhalten einer gebrochen-rationalen Funktion f für betragsgroße $x \in \mathbb{R}$ aus, wenn der Zählergrad den Nennergrad übertrifft? Wächst der Zähler schneller als der Nenner, so sollte auch $|f(x)|$ gegen unendlich gehen. Dies ist auch der Fall, doch wollen wir dieses Verhalten differenzierter untersuchen. Wir suchen in diesem Abschnitt eine Funktion $g: \mathbb{R} \to \mathbb{R}$, an deren Graph sich der Graph von f für betragsgroße x anschmiegt. Formal lässt sich dies formulieren zu

$$\lim_{x \to \pm\infty} (f(x) - g(x)) = 0.$$

Eine solche Funktion g bzw. ihr Graph wird auch als **asymptotische Näherungskurve** bezeichnet. Falls g linear ist (ihr Graph also eine Gerade darstellt), wird diese auch kurz **Asymptote** von f genannt.

Eine asymptotische Näherungskurve ist im Allgemeinen nicht eindeutig bestimmt. Wir sind daher bestrebt, möglichst einfache Näherungskurven ausfindig zu machen. Im Fall von gebrochen-rationalen Funktionen mit höherem Zähler- als Nennergrad können wir stets ein Polynom als asymptotische Näherungskurve gewinnen. Diese kann durch das folgende Verfahren ermittelt werden: Mittels Polynomdivision teilen wir das Zählerpolynom $p(x)$ durch den Nennerausdruck $q(x)$ und erhalten zunächst eine Darstellung der Form

$$p(x) : q(x) = g(x) + \frac{r(x)}{q(x)}. \tag{2.6}$$

Dabei ist $g(x)$ ein Polynom vom Grad $k - l$ und $r(x)$ ein Restpolynom, welches bei der Polynomdivision „abfällt". Wegen

$$\text{Grad von } r < \text{Grad von } q$$

kann außerdem r nicht mehr durch q geteilt werden. In Gleichung (2.6) können wir auf beiden Seiten $g(x)$ subtrahieren, was auf

$$\frac{p(x)}{q(x)} - g(x) = \frac{r(x)}{q(x)}$$

führt. Da gemäß Fall 1

$$\lim_{x\to\pm\infty} \frac{r(x)}{q(x)} = 0$$

gilt, handelt es sich bei der Funktion g definitionsgemäß um eine asymptotische Näherungskurve von $f = \frac{p}{q}$. Die eben erläuterte Zerlegung der Funktion f in einen ganzrationalen und einen gebrochen-rationalen Anteil gemäß (2.6) wollen wir anhand eines Beispiels näher erläutern.

Beispiel 2.9

Zu der gebrochen-rationalen Funktion f (▶ Abbildung 2.28), gegeben durch

$$f(x) = \frac{p(x)}{q(x)} = \frac{2x^4 + x^3 - x^2 - 3x + 3}{2x^2 + 1},$$

wollen wir eine asymptotische Näherungskurve g bestimmen. Die Funktion g ist dabei quadratisch, denn wie oben beschrieben ist ihr Grad gegeben durch die Differenz der Grade von p und q, also $4 - 2 = 2$. Im Rahmen einer Polynomdivision teilen wir $p(x)$ durch $q(x)$ und brechen ab, sobald der Grad des Restpolynoms erstmalig kleiner ist als der Grad des Divisors $q(x)$:

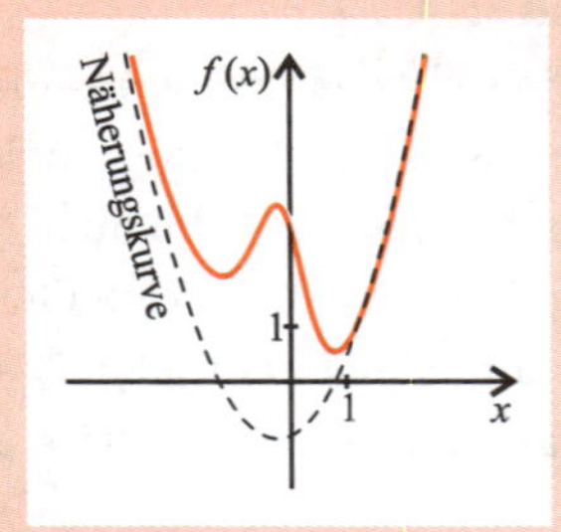

Abbildung 2.28: Parabel als asymptotische Näherungskurve.

$$\begin{array}{rrrrrrl}
(2x^4 & + x^3 & - x^2 & - 3x & + 3) & : (2x^2+1) & = x^2 + \frac{1}{2}x - 1 \\
-(2x^4 & & + x^2) & & & & \\
\hline
& x^3 & - 2x^2 & - 3x & + 3 & & \\
& -(x^3 & & + \frac{1}{2}x) & & & \\
\hline
& & - 2x^2 & - \frac{7}{2}x & + 3 & & \\
& & -(-2x^2 & & - 1 & & \\
\hline
& & & - \frac{7}{2}x & + 4 & \text{(Divisions-Rest)} &
\end{array}$$

Der Restausdruck

$$r(x) = -\frac{7}{2}x + 4$$

besitzt einen kleineren Grad als der Divisor $q(x)$, so dass wir aus

$$\frac{r(x)}{q(x)} = \frac{-\frac{7}{2}x + 4}{2x^2 + 1}$$

keinen ganzrationalen Anteil mehr herausziehen können. Wir erhalten als Ergebnis der Polynomdivision also

$$f(x) = \frac{p(x)}{q(x)} = x^2 + \frac{1}{2}x - 1 + \underbrace{\frac{-\frac{7}{2}x+4}{2x^2+1}}_{\to 0 \text{ für } |x| \to \infty} .$$

Somit handelt es sich bei

$$g(x) = x^2 + \frac{1}{2}x - 1$$

um eine asymptotische Näherungskurve von f.

Aufgaben

1 Vereinfachen Sie die folgenden Terme so weit wie möglich, d. h. stellen Sie die Ausdrücke mit möglichst wenigen elementaren Funktionen und darüber hinaus mit möglichst wenigen arithmetischen Operationen dar.

a) $\frac{26 \cdot 5^m - 5^m}{5^{m+2}}$ b) $\sqrt{x} \cdot \sqrt{y}$ c) $\sqrt{x} + \sqrt{y}$ d) $\frac{\sqrt[6]{a^5}}{\sqrt{a} \cdot \sqrt[3]{a}}$

e) $\sqrt{a^2 + 2a^2} + \sqrt{a}$ f) $e^x \cdot e^y$ g) $e^x + e^y$ h) $(e^a)^b$

i) e^{a^b} j) $\ln(x) \cdot \ln(y)$ k) $\ln(x) + \ln(y)$ l) $\ln(a^b)$

m) $\log(\sqrt{a}^3) - \log(\sqrt{a}) + \log(b)$ n) $\log_6(\sqrt[3]{6})$ o) $\ln\left(\frac{e^x}{e^y}\right)$ p) $\ln(e^x + e^y)$

2 Es sei $a > 0$. Wie die Graphen der Logarithmen in Abbildung 2.10 und 2.11 vermuten lassen, geht der Graph der Funktion

$$f(x) = \log_a x$$

aus dem Graphen der Funktion

$$g(x) = \log_{\frac{1}{a}} x$$

durch Spiegelung an der x-Achse hervor. Beweisen Sie diesen Sachverhalt.

3 Von einer radioaktiven Substanz sei anfangs ($t = 0$) eine Menge $m(0) = m_0 =$ 10 Masseneinheiten vorhanden. Nach t Tagen ist ihr Bestand auf

$$m(t) = m_0 \cdot e^{-\beta t}$$

zerfallen mit der Zerfallskonstanten $\beta = 0.02$.

- Wann wird nur noch die Hälfte der Substanz vorhanden sein?
- Welche Menge zerfällt im Verlauf des ersten Tages, welche im Lauf des 30. Tages?
- Wie viel Prozent der jeweils vorhandenen Substanz zerfällt im Lauf des ersten bzw. des 30. Tages?
- Welche der Ergebnisse der vorangegangenen Teilaufgaben sind von der konkreten Wahl für m_0 unabhängig?

4 Wir betrachten die Funktion

$$f(x) = \sinh(x) = \frac{e^x - e^{-x}}{2}.$$

Zeigen Sie, dass es sich bei der Funktion

$$f^{-1}(x) = \ln(x + \sqrt{x^2 + 1})$$

um die Umkehrfunktion von $f(x) = \sinh(x)$ handelt, d. h. es ist

$$\operatorname{arsinh}(x) = \ln(x + \sqrt{x^2 + 1}).$$

5 Zeigen Sie mit Hilfe der Definitionen von $\sinh x$ und $\cosh x$ das Rechengesetz

$$\cosh^2 x - \sinh^2 x = 1.$$

6 (Eine „Scherz"-Aufgabe.) Finden Sie den Fehler in der folgenden Argumentation: Bekanntlich handelt es sich bei der Umkehrfunktion von $f(x) = x^3$ um die Funktion

$$f^{-1}(x) = \sqrt[3]{x}.$$

Beispielsweise ist wegen $(-2)^3 = -8$ folglich

$$\sqrt[3]{-8} = -2.$$

Andererseits ist aber $\sqrt[3]{x} = x^{\frac{1}{3}}$ und damit (man beachte noch das Potenzgesetz $a^{bc} = (a^b)^c$)

$$\sqrt[3]{-8} = (-8)^{\frac{1}{3}} = (-8)^{\frac{2}{6}} = [(-8)^2]^{\frac{1}{6}} = 64^{\frac{1}{6}} = \sqrt[6]{64} = +2.$$

Welches Ergebnis ist nun das Richtige?

7 Auf einem Oszilloskop beobachten Sie den in ▶ Abbildung 2.29 skizzierten Schwingungsvorgang. Schätzen Sie die ganzzahligen Parameter a, b und c, so dass die skizzierte Kurve den Graphen der Funktion

$$f(x) = a \cdot \sin(bx + c)$$

darstellt.

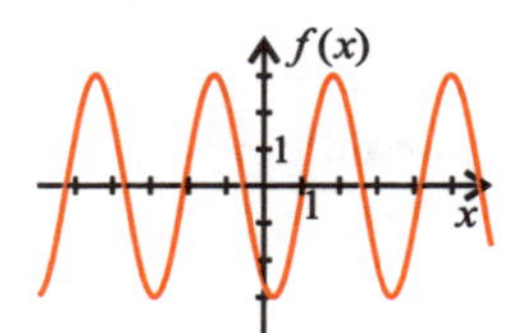

Abbildung 2.29: Schwingungsvorgang.

8 Untersuchen Sie die Funktionen

$$\cosh(x) = \frac{e^x + e^{-x}}{2} \qquad \text{und} \qquad \sinh(x) = \frac{e^x - e^{-x}}{2}$$

auf ihre Symmetrieeigenschaften.

9 Gegeben sei die Funktion

$$f(x) = \frac{2x^2 + 3x - 2}{6x^2 + 14x + 4}.$$

- Bestimmen Sie die Nullstellen des Nenners und geben Sie den maximalen Definitionsbereich von $f(x)$ an.
- Bestimmen Sie die Nullstellen der Funktion $f(x)$.
- Geben Sie die Polstellen der Funktion $f(x)$ an.
- Bestimmen Sie behebbare Definitionslücken von $f(x)$ und formulieren Sie eine stetige Funktion $\tilde{f}(x)$, die aus $f(x)$ durch eine stetige Fortsetzung an diesen Stellen hervorgeht.

10 Bestimmen Sie zur Funktion

$$f(x) = \frac{2x^3 + 5x^2 - 4x + 3}{x + 3} \qquad (x \neq -3)$$

eine asymptotische Näherungskurve $g(x)$ für $x \to \pm\infty$, indem Sie $f(x)$ als Summe einer ganzrationalen und einer gebrochen-rationalen Funktion darstellen. Für welche Werte von x unterscheiden sich $f(x)$ und ihre asymptotische Näherungskurve $g(x)$ nur noch um höchstens 0.1?

11 Bestimmen Sie die Polstellen der Funktion

$$f(x) = \frac{x^2 - 4x + 4}{(x-2)^3 \cdot (x^2 - 3x + 2)}$$

sowie deren Ordnung.

Ausführliche Lösungen und weitere Aufgaben finden Sie auf der Companion Website des Buches unter **http://www.pearson-studium.de**

Differentialrechnung einer Veränderlichen

3

ÜBERBLICK

Dieses Kapitel erklärt:

- Was man unter den Ableitungen einer Funktion versteht.
- Wie man die Ableitungen einer Funktion herleitet.
- Wie man weitergehend als in Kapitel 1 charakteristische Stellen einer Funktion mit Hilfe ihrer Ableitungen bestimmt.
- Wie man allgemeine, unter Umständen kompliziert strukturierte Funktionen durch mathematisch einfache Funktionen annähert.

„Wie stark ist eine Funktion gekrümmt? Auf welche Weise lässt sich eine gegebene Funktion durch Polynome annähern? Wie lassen sich Nullstellen von Funktionen numerisch schnell und effizient berechnen? Der Anwendungsbereich der Differentialrechnung ist unmöglich in nur wenigen Worten zusammenzufassen. Mit den Begriffen und den Zusammenhängen rund um die „Steigung" einer Funktion steht ein Apparat von Hilfsmitteln zur Verfügung, um viele Untersuchungen erheblich zu erleichtern. Wir präsentieren zunächst die grundlegende Idee der Differentialrechnung, um später auf ihre unterschiedlichen Anwendungen einzugehen."

Der Begriff der Ableitung 3.1

Stellt sich die Frage nach der „Steigung" einer Funktion bzw. einer Kurve, so ist die Antwort im Fall einer linearen Funktion

$$f(x) = mx + c$$

klar. Ihr Graph stellt eine Gerade dar (▶ Abbildung 3.1) und ihre Steigung ist durch den Parameter m gegeben. Geometrisch finden wir diese Größe wieder in einem so genannten Steigungsdreieck: Betrachten wir zwei x-Werte x_0 und x_1 und ihre zugehörigen Funktionswerte $f(x_0)$ und $f(x_1)$, so besteht für m der Zusammenhang

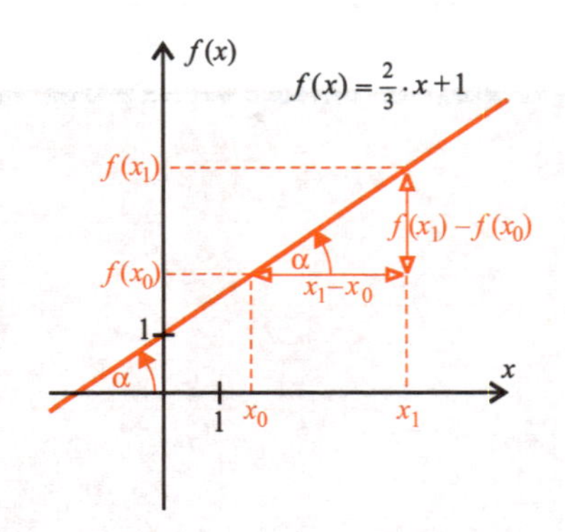

Abbildung 3.1: Gerade mit Steigungsdreieck.

$$m = \frac{f(x_1) - f(x_0)}{x_1 - x_0} .$$

Somit entspricht m dem Quotienten der beiden Katheten des Steigungsdreiecks mit den Längen $f(x_1) - f(x_0)$ und $x_1 - x_0$. Negative Längen können und müssen dabei nicht ausgeschlossen werden. Charakteristisch für eine lineare Funktion ist ferner, dass die Wahl der Stützstellen x_0 und x_1 vollkommen beliebig sein darf, ohne dass sich der Quotient $\frac{f(x_1)-f(x_0)}{x_1-x_0}$ ändert. Dieser Sachverhalt wird beispielsweise mit dem Strahlensatz einsichtig. Insbesondere lässt sich x_0 festhalten und x_1 variieren. Der obige Quotient bzw. die Steigung m ändert sich bei diesem Vorgang nicht.

Praxis-Hinweis

Ein anschauliches Maß für die Steigung einer Geraden liefert der Winkel α, den die Gerade zusammen mit der x-Achse einschließt. Dieser findet sich im Steigungsdreieck von Abbildung 3.1 wieder. Mit elementarer Trigonometrie erkennen wir

$$\tan(\alpha) = \frac{f(x_1) - f(x_0)}{x_1 - x_0} = m \qquad \text{bzw.} \qquad \alpha = \arctan(m)\,.$$

Wie aus Abschnitt 2.4.2 bekannt, ist die Arcustangensfunktion gegeben als die Umkehrfunktion der auf das kanonische Intervall $]-\frac{\pi}{2}, \frac{\pi}{2}[$ eingeschränkten Tangensfunktion. Die Steigung m einer Geraden zwischen $-\infty$ und ∞ entspricht nach der Formel $\alpha = \arctan(m)$ somit einem Winkel α zwischen $-\frac{\pi}{2}$ und $+\frac{\pi}{2}$. Dies ist auch der Winkel, welcher Ihnen die arctan-Funktion Ihres Taschenrechners liefert. Auch ohne technische Hilfmittel sollten Sie aber in der Lage sein, charakteristische Geradensteigungen durch Winkel zu interpretieren. Es sind dies beispielsweise:

Steigung m	Winkel (Bogenmaß)	Winkel (Gradmaß)	Intepretation
0	0	0	Waagrechte, keine Steigung
± 1	$\pm\frac{\pi}{4}$	$\pm 45°$	die beiden Winkelhalbierenden der Koordinatenachsen
$\pm\infty$ (Grenzfälle)	$\pm\frac{\pi}{2}$	$\pm 90°$	Senkrechte (kein funktionaler Zusammenhang $y(x)$)
< 0	$\alpha \in]-\frac{\pi}{2}, 0[$	$-90° < \alpha < 0°$	fallende Gerade
> 0	$\alpha \in]0, \frac{\pi}{2}[$	$0° < \alpha < 90°$	steigende Gerade

Es ist ein naheliegender Wunsch, den Begriff der „Steigung“ auf eine allgemeinere Klasse von Funktionen auszudehnen. Im Zuge dessen betrachten wir eine auf einem Intervall $]a, b[$ definierte stetige Funktion f, deren Graph in ► Abbildung 3.2 dargestellt ist.

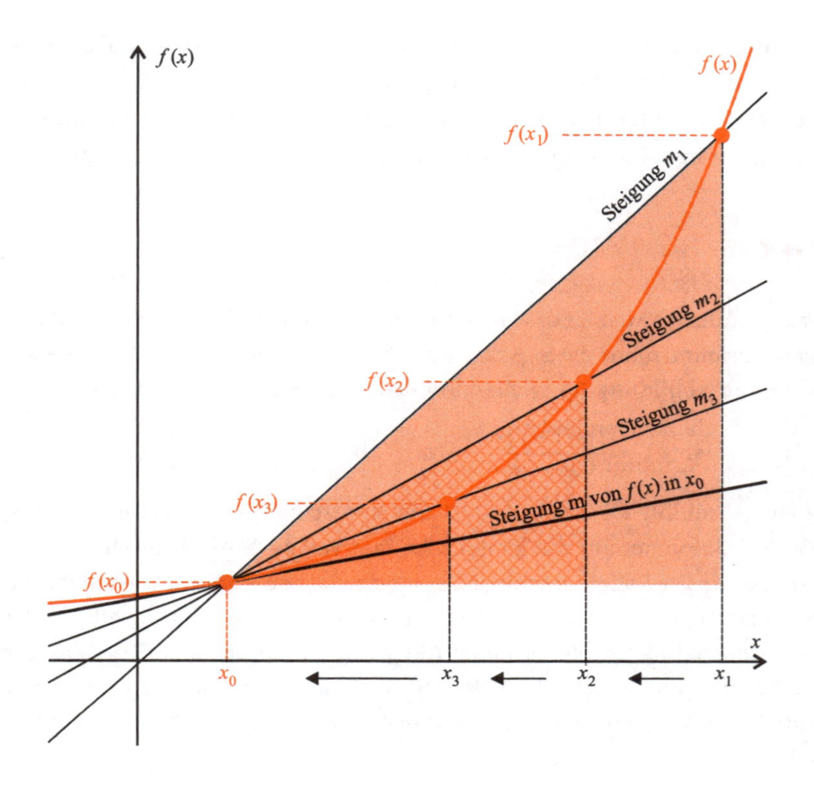

Abbildung 3.2: Zur Bedeutung der Ableitung.

Ausgehen wollen wir von einer **festen** Stelle x_0 sowie einer weiteren Stelle x_1 innerhalb des Intervalls $]a, b[$. Wir ziehen eine Gerade durch die beiden Punkte $(x_0, f(x_0))$ und $(x_1, f(x_1))$ und betrachten wie oben das Steigungsdreieck mit den beiden Kathetenlängen $f(x_1) - f(x_0)$ und $x_1 - x_0$. Wie aus Abbildung 3.2 deutlich wird, gibt diese Gerade die ursprüngliche Kurve nur in leidlich guter Näherung wieder. Andererseits aber bereitet es keine Schwierigkeiten, die Steigung dieser Ersatzgeraden oder **Sekanten** zu

$$m_1 := \frac{f(x_1) - f(x_0)}{x_1 - x_0}$$

zu berechnen. Ersetzen wir x_1 durch einen näher an x_0 angesiedelten Wert x_2, so beschreibt die Sekante durch die Punkte $(x_0, f(x_0))$ und $(x_2, f(x_2))$ die Ausgangskurve wieder nur näherungsweise. Die Qualität der Näherung an die Funktion im Intervall $]x_0, x_2[$ wird jedoch ersichtlich besser. Auch hier können wir eine Steigung

$$m_2 := \frac{f(x_2) - f(x_0)}{x_2 - x_0}$$

berechnen. Das weitere Vorgehen ist klar: Ausgehend von einer Folge von x-Werten x_k mit $x_k \to x_0$ gibt die Sekante durch $(x_0, f(x_0))$ und $(x_k, f(x_k))$ immer genauer den wahren Verlauf von f im Teilintervall $]x_0, x_k[$ wieder. Parallel dazu geschieht Folgendes: Der Quotient der Differenzen $f(x_k) - f(x_0)$ und $x_k - x_0$, den man auch kurz als **Differenzenquotient** bezeichnet, stabilisiert sich mit wachsendem Index k der Folge. Diesen Grenzwert

$$\lim_{x \to x_0} \frac{f(x) - f(x_0)}{x - x_0} = \lim_{h \to 0} \frac{f(x_0 + h) - f(x_0)}{h}$$

bezeichnen wir (aufgrund seiner Abhängigkeit von der Funktion f und dem festen Wert x_0) mit $f'(x_0)$. Die Sekante wird dabei nach einem Grenzübergang zu einer **Tangente** an den Graphen von f an der Stelle x_0. Dies liefert auch eine geometrische Interpretation der Größe $f'(x_0)$: Als Grenzwert der Steigungen von Sekanten stellt sie im Punkt $(x_0, f(x_0))$ die **Steigung der Tangenten** an den Graphen von f dar.

Das obige Gedankenspiel lässt sich bei gegebener Funktion f für jede beliebige feste Stelle $x \in]a, b[$ durchführen: Jedem x-Wert wird in der oben beschriebenen Weise genau ein Wert $f'(x)$ zugeordnet, welcher der Steigung der Tangenten an den Graphen im Punkt $(x, f(x))$ entspricht. Die Zuordnung

$$x \mapsto f'(x)$$

ist somit selbst wieder eine Funktion von $]a, b[$ nach $\mathbb{R}$. Sie wird mit f' bezeichnet und **Ableitung von f** genannt.

Mit dem eben beschriebenen Verfahren lässt sich im Fall einiger einfacher Funktionen direkt deren Ableitung berechnen.

Beispiel 3.1

Es sei $f(x) = x^2$ und $x_0 \in \mathbb{R}$ beliebig. Dann ist

$$\begin{aligned} f'(x_0) &= \lim_{x \to x_0} \frac{f(x) - f(x_0)}{x - x_0} = \lim_{x \to x_0} \frac{x^2 - x_0^2}{x - x_0} \\ &= \lim_{x \to x_0} \frac{(x - x_0)(x + x_0)}{x - x_0} = \lim_{x \to x_0} (x + x_0) = 2x_0 . \end{aligned}$$

Wenn wir x_0 wieder als eine beliebige Stelle betrachten, handelt es sich also bei der Abbildung

$$f'(x) = 2x$$

um die Ableitung der Funktion f.

Bevor wir uns weiter um die praktische Berechnung der Ableitung einer gegebenen Funktion f kümmern, wollen wir einige Begriffe einführen.

Definition **Differenzierbarkeit**

Es sei $]a, b[\subset \mathbb{R}$ ein Intervall.

a) Eine Funktion $f\colon\,]a, b[\to \mathbb{R}$ heißt **differenzierbar** im Punkt $x_0 \in]a, b[$, falls der Grenzwert

$$f'(x_0) := \lim_{x \to x_0} \frac{f(x) - f(x_0)}{x - x_0}$$

existiert.

b) Eine Funktion $f\colon\,]a, b[\to \mathbb{R}$ heißt **differenzierbar** im Intervall $]a, b[$, falls sie in **jedem** Punkt $x_0 \in]a, b[$ differenzierbar ist.

Bei der Einführung des Ableitungsbegriffs hatten wir eine Folge $x_1, x_2, x_3, \ldots$ von Punkten betrachtet, die gegen die Stelle x_0 konvergierte. Führen wir dazu die Abkürzungen

$$\Delta x = x_0 - x \qquad \text{und} \qquad \Delta f(x) := f(x_0) - f(x)$$

ein, so verbirgt sich hinter der Ableitung von f im Punkt x_0 in dieser Schreibweise der Grenzwert

$$\lim_{x \to x_0} \frac{\Delta f(x)}{\Delta x},$$

den wir auch als

$$\frac{df(x_0)}{dx} \qquad \text{bzw.} \qquad \frac{df}{dx}(x_0)$$

bezeichnen. Obwohl die Differenzen $\Delta f(x)$ und Δx jeweils gegen null konvergieren, besitzt der **Differenzenquotient** $\frac{\Delta f(x)}{\Delta x}$ im Fall der Differenzierbarkeit einen endlichen Grenzwert $\frac{df}{dx}(x_0)$. Die erste Ableitung von f an der Stelle x_0 wird daher auch als **Differentialquotient** bezeichnet. Falls die Variablen des Bildbereiches von f mit y bezeichnet werden, lässt sich die erste Ableitung von f an der Stelle x_0 auch als

$$\frac{dy}{dx}(x_0)$$

notieren. Hinter den verschiedenen Schreibweisen

$$f'(x_0) = \frac{df}{dx}(x_0) = \frac{df(x_0)}{dx} = \frac{dy(x_0)}{dx} = \frac{dy}{dx}(x_0) = y'(x_0)$$

verbirgt sich also in jedem Fall die gleiche Größe: die Ableitung von f an der Stelle $x_0 \in]a, b[$.

Falls es sich darüber hinaus (oftmals in physikalischem Zusammenhang) bei der unabhängigen Variable um eine zeitliche Größe t handelt, wird die Ableitung von f zum Zeitpunkt t_0 auch mit $\dot{f}(t_0)$ bzw. $\dot{y}(t_0)$ notiert.

Ähnlich wie in Beispiel 3.1 lässt sich für zahlreiche Funktionen auf elementarem Wege die Differenzierbarkeit zeigen und die zugehörigen Ableitungen bestimmen. In ▶ Tabelle 3.1 sind die Ableitungen elementarer Funktionen zusammengestellt. Darüber hinaus seien in ▶ Tabelle 3.2 bereits an dieser Stelle aus praktischen Gründen die Ableitungen weiterer Funktionen angegeben, die sich mit Hilfe gewisser Rechenregeln aus den Ableitungen der elementaren Funktionen aus ▶ Tabelle 3.1 gewinnen lassen. Dies zu begründen, wird der Gegenstand der Abschnitte 3.2 und 3.3 sein.

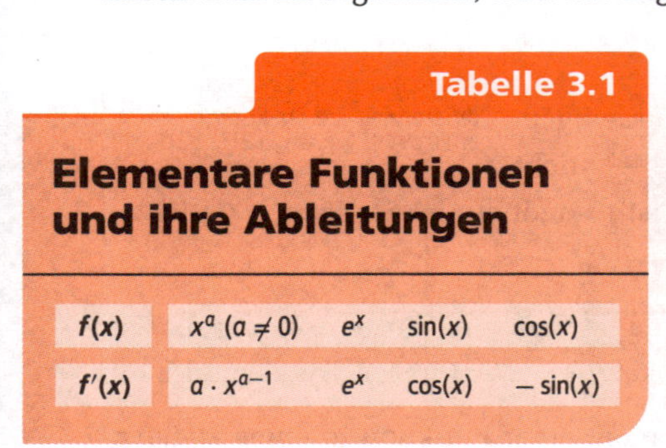

Tabelle 3.1

Elementare Funktionen und ihre Ableitungen

$f(x)$	$x^a\ (a \neq 0)$	e^x	$\sin(x)$	$\cos(x)$
$f'(x)$	$a \cdot x^{a-1}$	e^x	$\cos(x)$	$-\sin(x)$

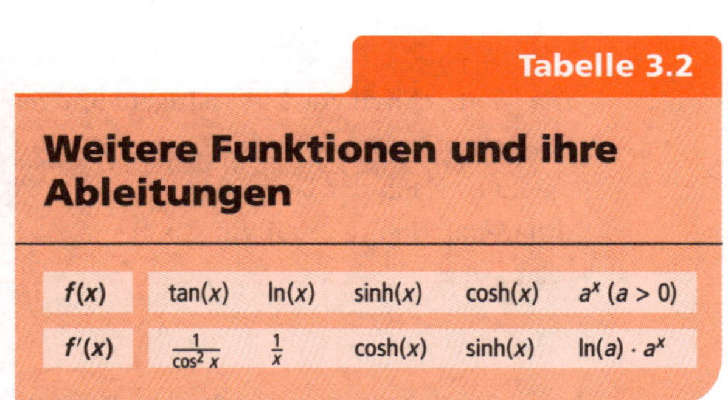

Tabelle 3.2

Weitere Funktionen und ihre Ableitungen

$f(x)$	$\tan(x)$	$\ln(x)$	$\sinh(x)$	$\cosh(x)$	$a^x\ (a > 0)$
$f'(x)$	$\frac{1}{\cos^2 x}$	$\frac{1}{x}$	$\cosh(x)$	$\sinh(x)$	$\ln(a) \cdot a^x$

Auffallend hierbei ist die Ableitung der Exponentialfunktion $x \mapsto e^x$: Sie ist (bis auf Vielfache) die einzige Funktion, deren Ableitung mit sich selbst übereinstimmt.

Nichtdifferenzierbare Funktionen zu finden bereitet keine großen Schwierigkeiten. Bereits im Fall von Funktionen, deren Graphen einen „Knick“ aufweisen, existiert der maßgebliche Grenzwert aus Definition a) von Seite 96 nicht mehr:

Beispiel 3.2

Die stetige Funktion

$$f(x) = |x| \qquad (x \in \mathbb{R})$$

ist **nicht** differenzierbar auf $\mathbb{R}$, da sie an der Stelle $x_0 = 0$ nicht differenzierbar ist. Wir zeigen die Nicht-Existenz des Grenzwertes

$$\lim_{x \to 0} \frac{f(x) - f(0)}{x - 0}$$

und betrachten dazu den linksseitigen und den rechtsseitigen Grenzwert. Für $x < 0$ ist $|x| = -x$ und

$$\lim_{x\to 0^-} \frac{|x| - |0|}{x - 0} = \lim_{x\to 0^-} \frac{-x}{x} = \lim_{x\to 0^-} -1 = -1\,.$$

Analog zeigt man, dass für den rechtsseitigen Grenzwert gilt:

$$\lim_{x\to 0^+} \frac{|x|}{x} = +1\,.$$

Die Ungleichheit von linksseitigem und rechtsseitigem Grenzwert zeigt, dass der Grenzwert $\lim_{x\to 0} \frac{|x|-|0|}{x-0}$ nicht existiert. Nach der Definition von Seite 96 ist f somit an der Stelle $x_0 = 0$ nicht differenzierbar (▶ Abbildung 3.3).

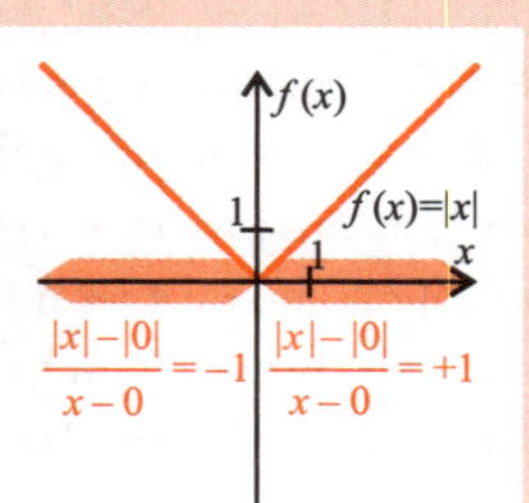

Abbildung 3.3: Eine nicht-differenzierbare Funktion.

Man kann zeigen, dass aus der Differenzierbarkeit einer Funktion in einer Stelle x_0 bereits automatisch auch die Stetigkeit in dieser Stelle folgt. Machen Sie sich im Rahmen einer kleinen Übung an einem Beispiel klar, wie eine an einer Stelle unstetige Funktion dort auch nicht differenzierbar ist. Beispielsweise nimmt bei einer Funktion, die eine Sprungstelle x_0 aufweist, einer der beiden einseitigen Grenzwerte

$$\lim_{x\to 0^+} \frac{f(x) - f(x_0)}{x - x_0} \quad \text{bzw.} \quad \lim_{x\to 0^-} \frac{f(x) - f(x_0)}{x - x_0}$$

den Wert $+\infty$ oder $-\infty$ an.

Grundlegende Differentiationsregeln 3.2

Die meisten der in der Praxis auftretenden Funktionen sind in der Gestalt von Summen, Produkten, Quotienten, Vielfachen und Hintereinanderausführungen aus mehreren elementaren Einzelfunktionen zusammengesetzt. In diesem Abschnitt wollen wir daher die folgende Frage klären: Wie geht die Ableitung einer aus mehreren Einzelfunktionen zusammengesetzten Funktion aus den (bekannten) Ableitungen der Einzelfunktionen hervor?

Satz **Additivität, Homogenität und Produktregel**

Es seien differenzierbare Funktionen $f, g\colon]a, b[\to \mathbb{R}$ sowie $\alpha \in \mathbb{R}$ gegeben. Dann gilt:

a) **Additivität:** $(f+g)' = f' + g'$

b) **Homogenität:** $(\alpha \cdot f)' = \alpha \cdot f'$

c) **Produktregel:** $(f \cdot g)' = f \cdot g' + f' \cdot g$

Die beiden ersten Aussagen sind einfache Folgerungen aus der Definition der Ableitung. Wir beweisen deshalb nur die Produktregel: Zu zwei Stellen x_0 und x aus dem Intervall $]a, b[$ berechnen wir

$$\begin{aligned}\frac{(f\cdot g)(x_0) - (f\cdot g)(x)}{x_0 - x} &= \frac{f(x_0)\cdot g(x_0) - f(x)\cdot g(x)}{x_0 - x} \\ &= \frac{f(x_0)g(x_0) - \boldsymbol{f(x)g(x_0)} + \boldsymbol{f(x)g(x_0)} - f(x)g(x)}{x_0 - x} \\ &= g(x_0)\cdot\left(\frac{f(x_0)-f(x)}{x_0 - x}\right) + f(x)\cdot\left(\frac{g(x_0)-g(x)}{x_0-x}\right).\end{aligned}$$

Wenn wir nun x gegen x_0 gehen lassen, erhalten wir aus dieser Darstellung:

$$\begin{aligned}(f\cdot g)'(x_0) &= \lim_{x\to x_0} \frac{(f\cdot g)(x_0) - (f\cdot g)(x)}{x_0 - x} \\ &= \lim_{x\to x_0}\left[g(x_0)\cdot\left(\frac{f(x_0)-f(x)}{x_0-x}\right)\right] + \lim_{x\to x_0}\left[f(x)\cdot\left(\frac{g(x_0)-g(x)}{x_0-x}\right)\right] \\ &= g(x_0)\cdot f'(x_0) + f(x_0)\cdot g'(x_0).\end{aligned}$$

Beispiel 3.3

Wir betrachten die Funktion

$$h(x) = x^2 \ln x \qquad (x > 0).$$

Die beteiligten Einzelfunktionen sind

$$f(x) = x^2 \qquad \text{und} \qquad g(x) = \ln x .$$

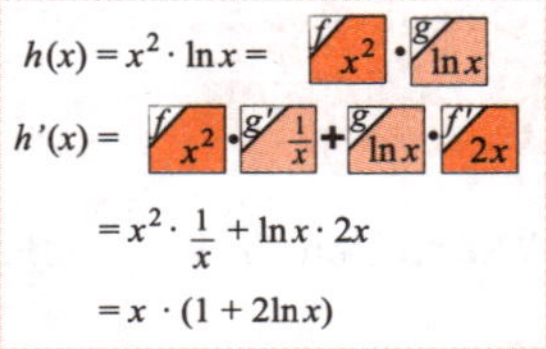

$h(x) = x^2 \cdot \ln x = [f: x^2] \cdot [g: \ln x]$

$h'(x) = [f: x^2] \cdot [g': \frac{1}{x}] + [g: \ln x] \cdot [f': 2x]$

$= x^2 \cdot \frac{1}{x} + \ln x \cdot 2x$

$= x \cdot (1 + 2\ln x)$

Abbildung 3.4: Zur Produktregel.

Nach der obigen Produktregel und mit Tabelle 3.1 ist dann (▸ Abbildung 3.4)

$$\begin{aligned} h'(x) &= f(x) \cdot g'(x) + g(x) \cdot f'(x) \\ &= x^2 \cdot \tfrac{1}{x} + \ln x \cdot 2x = x(1 + 2\ln x) . \end{aligned}$$

Satz **Quotientenregel**

Es seien zwei differenzierbare Funktionen $f, g\colon]a, b[\to \mathbb{R}$ gegeben mit $g(x) \neq 0$ im Intervall $]a, b[$. Dann gilt für alle $x \in]a, b[$:

$$\left(\frac{f(x)}{g(x)}\right)' = \frac{g(x) \cdot f'(x) - f(x) \cdot g'(x)}{g^2(x)} .$$

Beweis: Wieder betrachten wir zwei verschiedene Stellen x_0 und x aus dem Definitionsbereich $]a, b[$. Es ist

$$\begin{aligned} \frac{\frac{f(x_0)}{g(x_0)} - \frac{f(x)}{g(x)}}{x_0 - x} &= \frac{\frac{f(x_0)g(x) - f(x)g(x_0)}{g(x_0) \cdot g(x)}}{x_0 - x} \\ &= \frac{f(x_0)g(x) - \boldsymbol{f(x_0)g(x_0)} + \boldsymbol{f(x_0)g(x_0)} - f(x)g(x_0)}{(x_0 - x) \cdot g(x_0) \cdot g(x)} \\ &= \frac{1}{g(x_0)g(x)} \left(g(x_0) \cdot \frac{f(x_0) - f(x)}{x_0 - x} - f(x_0) \cdot \frac{g(x_0) - g(x)}{x_0 - x} \right) . \end{aligned}$$

Indem wir auf beiden Seiten der Gleichung wieder zum Grenzwert $x \to x_0$ übergehen, erhalten wir die Gleichung

$$\left(\frac{f}{g}\right)'(x_0) = \frac{1}{g(x_0)^2} \cdot \left(g(x_0) \cdot f'(x_0) - f(x_0) \cdot g'(x_0)\right) ,$$

woraus die Behauptung folgt.

Beispiel 3.4

Wir wollen in diesem Beispiel die Ableitung der Funktion

$$h(x) = \frac{f(x)}{g(x)} = \frac{x}{e^x} \qquad (x \in \mathbb{R})$$

untersuchen (▸ Abbildung 3.5) . Die Nennerfunktion $g(x) = e^x$ ist dabei nullstellenfrei auf $\mathbb{R}$. Nach der Quotientenregel gilt dann für alle $x \in \mathbb{R}$:

$$h'(x) = \frac{g(x)f'(x) - f(x)g'(x)}{g^2(x)}$$

$$= \frac{e^x \cdot 1 - x \cdot e^x}{e^{2x}} = \frac{e^x(1-x)}{e^{2x}} = \frac{1-x}{e^x}.$$

Abbildung 3.5: Zur Quotientenregel.

Um die Ableitung einer **Verkettung** (oder **Komposition**) von Funktionen zu berechnen, sei an dieser Stelle bemerkt, dass eine Verkettung zweier Funktionen

$$f\colon]a,b[\to \mathbb{R} \quad \text{und} \quad g\colon D_g \to \mathbb{R}$$

in der Form $x \mapsto g(f(x))$ nur dann sinnvoll ist, wenn der Wertebereich der inneren Funktion f im Definitionsbereich D_g der äußeren Funktion g liegt. Unter diesen Voraussetzungen gilt dann:

Satz **Kettenregel**

Es seien $f\colon]a,b[\to \mathbb{R}$ und $g\colon D_g \to \mathbb{R}$ zwei differenzierbare Funktionen, wobei der Wertebereich von f in D_g liege. Dann ist auch die Verkettung $g \circ f$ differenzierbar und es gilt für die Ableitung von $g \circ f$ an einer Stelle $x_0 \in]a,b[$:

$$(g \circ f)'(x_0) = g'(f(x_0)) \cdot f'(x_0). \qquad (3.1)$$

Wir wollen die Kettenregel nicht in der allerletzten mathematischen Präzision beweisen (der interessierte Leser sei diesbezüglich auf [Bru] oder [Vog] verwiesen). Vielmehr wollen wir Formel (3.1) durch (eher formale) Überlegungen plausibel machen: Ist

$$h(x) := g(f(x)) \qquad (x \in]a,b[),$$

so gilt mit einer formalen „Brucherweiterung"

$$h'(x_0) = \frac{dh(x_0)}{dx} = \frac{dg(f(x_0))}{dx} = \frac{dg(f(x_0))}{\boldsymbol{df(x_0)}} \cdot \frac{\boldsymbol{df(x_0)}}{dx} = g'(f(x_0)) \cdot f'(x_0).$$

Beispiel 3.5

Für einen Neuling in der Analysis ist es nicht immer leicht zu erkennen, inwieweit eine Verkettung von Funktionen vorliegt bzw. wie die daran beteiligten Funktionen beschaffen sind. Betrachten wir die Funktion

$$h(x) = (x^2 - 4)^5 \qquad (x \in \mathbb{R}).$$

Abbildung 3.6: Zur Kettenregel.

Die x-Werte werden in einer ersten Prozedur quadriert und das Ergebnis um 4 verringert. Dieses Ergebnis bildet den Input für einen zweiten Vorgang, in welchem der Output des ersten Schritts in die fünfte Potenz erhoben wird (▶ Abbildung 3.6).

Es sind hier also zwei Funktionen am Werk: Die Funktion

$$f(x) = x^2 - 4$$

wird zuerst ausgeführt; danach erst wird das Ergebnis $y = f(x)$ einer zweiten Funktion

$$g(y) = y^5$$

zugeführt. Mit anderen Worten: Es ist $h = g \circ f$ und der Wertebereich von f ist in jedem Fall in $\mathbb{R}$, dem Definitionsbereich von g, enthalten. Mit der Kettenregel sind wir nun in der Lage, die Ableitung von $h = g \circ f$ an einer Stelle $x_0 \in \mathbb{R}$ zu berechnen:

- Die Ableitung der äußeren Funktion g ist

  $$g'(y) = 5y^4 .$$

  Zunächst müssen wir diese an der Stelle $y = f(x_0)$ auswerten. Dies entspricht dem Ausdruck

  $$5 \cdot [f(x_0)]^4 = 5(x_0^2 - 4)^4 .$$

- Die Ableitung der inneren (zuerst ausgeführten) Funktion f ist

  $$f'(x) = 2x - 0 = 2x .$$

  Diese ist an der Stelle x_0 zu berechnen, also

  $$f'(x_0) = 2x_0 .$$

- In einem letzten Schritt müssen wir noch $g'(f(x_0))$ mit $f'(x_0)$ multiplizieren und wir erhalten insgesamt

$$h'(x_0) = (g \circ f)'(x_0) = g'(f(x_0)) \cdot f'(x_0) = 5(x_0^2 - 4)^4 \cdot 2x_0 .$$

Die Ableitung der Umkehrfunktion 3.3

Ausgehend von einer differenzierbaren Funktion $f\colon]a, b[\to \mathbb{R}$, von der wir annehmen, dass sie auf ihrem Definitionsintervall $]a, b[$ umkehrbar ist, wollen wir die Ableitung der Umkehrfunktion f^{-1} berechnen.

Erinnert sei dabei nochmals an die Tatsache, dass der Definitionsbereich von f^{-1} dem Wertebereich von f entspricht. Betrachten wir also eine Stelle y_0 aus dem Definitionsbereich von f^{-1}, so gibt es dazu eine Stelle $x_0 \in]a, b[$ mit $f(x_0) = y_0$ bzw. $x_0 = f^{-1}(y_0)$. Wir betrachten eine beliebige Folge $y_k \to y_0$. Man kann zeigen, dass aus der Stetigkeit von f auch die Stetigkeit der Umkehrfunktion f^{-1} folgt. Damit konvergiert die Folge der Urbilder $x_k := f^{-1}(y_k)$ gegen den Grenzwert

$$f^{-1}(\lim_{k\to\infty} y_k) = f^{-1}(y_0) = x_0$$

kurz: $x_k \to x_0$. In der Gleichung

$$\frac{f^{-1}(y_0) - f^{-1}(y_k)}{y_0 - y_k} = \frac{x_0 - x_k}{f(x_0) - f(x_k)} = \frac{1}{\frac{f(x_0)-f(x_k)}{x_0 - x_k}} \tag{3.2}$$

gehen wir im ersten und letzten Ausdruck dieser Gleichung mit $k \to \infty$ zum Grenzwert über. Der Nenner des Bruches auf der rechten Seite konvergiert dabei gegen $f'(x_0) = f'(f^{-1}(y_0))$. Die linke Seite stellt im Grenzfall gerade die Ableitung von f^{-1} an der Stelle y_0 dar. Wir haben somit bewiesen:

Satz **Ableitung der Umkehrfunktion**

Es sei die Funktion f auf $]a, b[$ differenzierbar und umkehrbar. Dann ist auch f^{-1} differenzierbar auf dem Wertebereich von f und die Ableitung an einer beliebigen Stelle $y \in W_f$ ist gegeben durch

$$(f^{-1})'(y) = \frac{1}{f'(f^{-1}(y))} .$$

Wir betrachten dazu ein Beispiel.

Beispiel 3.6

Für die differenzierbare und umkehrbare Funktion

$$f(x) = e^x$$

berechnen wir die Ableitung der Umkehrfunktion

$$f^{-1}(y) = \ln y \qquad (y > 0).$$

Von der Funktion f ist die Ableitung bekannt: Es ist

$$f'(x) = f(x) = e^x$$

für alle $x \in \mathbb{R}$. Nach dem vorangegangenen Satz über die Ableitung der Umkehrfunktion (Seite 103) berechnet sich damit die Ableitung des Logarithmus zu

$$\ln'(y) = \frac{1}{f'(f^{-1}(y))} = \frac{1}{e^{\ln y}} = \frac{1}{y},$$

bzw., wenn wir das Argument der Logarithmusfunktion wieder in x umbenennen:

$$\ln'(x) = \frac{1}{x} \qquad \text{für alle } x \in \mathbb{R}^+.$$

Diese Sätze versetzen uns in die Lage, unseren Fundus von Ableitungen häufig auftretender Funktionen zu erweitern. Nehmen Sie sich die Zeit und vergewissern Sie sich als kleine Übung selbst beispielsweise der Richtigkeit von Tabelle 3.2. Die Sätze und Regeln dieses Abschnitts sowie die Tabelle 3.1 der elementaren Funktionen reichen dazu aus!

Höhere Ableitungen 3.4

In Abschnitt 3.1 hatten wir die erste Ableitung einer differenzierbaren Funktion eingeführt. Diese ist ihrerseits eine Funktion auf $]a, b[$. Somit beantwortet sich die Frage, inwieweit das Verfahren zur Gewinnung der Ableitung einer Funktion auch auf f' angewandt werden kann, von selbst: Ist f' differenzierbar, existiert also für alle $x_0 \in]a, b[$

der Grenzwert

$$\lim_{x \to x_0} \frac{f'(x_0) - f'(x)}{x_0 - x},$$

so erhalten wir durch

$$x_0 \mapsto f''(x_0) := \lim_{x \to x_0} \frac{f'(x_0) - f'(x)}{x_0 - x}$$

eine weitere, auf $]a, b[$ definierte Funktion f''. Sie stellt die Ableitung der Ableitung oder einfacher die **zweite Ableitung** von f dar. Es ist einsichtig, wie ausgehend von der zweiten die dritte Ableitung, von dieser die vierte Ableitung usw. gebildet werden kann. Die ersten drei Ableitungen werden üblicherweise mit

$$f', f'', f'''$$

bezeichnet. Ab der vierten Ableitung einer Funktion f hat sich dagegen die Schreibweise

$$f^{(4)}, f^{(5)}, f^{(6)} \ldots$$

eingebürgert. Darüber hinaus spricht man bei $f^{(k)}$ auch von der Ableitung k-ter Ordnung. Eine verbreitete Schreibweise für die k-te Ableitung ist auch

$$\frac{d^k f}{dx^k}.$$

Nicht jede Funktion $f\colon\ ]a, b[\to \mathbb{R}$ lässt sich beliebig oft ableiten. So gibt es Funktionen, deren k-te Ableitung $f^{(k)}$ noch existiert, aber selbst nicht mehr differenzierbar ist, da es mindestens eine Stelle x_0 innerhalb ihres Definitonsbereichs gibt, für welche der Grenzwert

$$\lim_{x \to x_0} \frac{f^{(k)}(x_0) - f^{(k)}(x)}{x_0 - x}$$

nicht existiert. Eine solche Funktion ist also nur k Mal differenzierbar.

Dennoch wartet vor allem die naturwissenschaftliche Praxis mit einer Vielzahl von Funktionen auf, bei denen jede Ableitung der Funktion ein weiteres Mal differenziert werden kann. Solche Funktionen heißen naheliegenderweise **unendlich oft differenzierbar**. Dazu zählen beispielsweise all die Funktionen, die aus Summen, Vielfachen und Produkten unendlich oft differenzierbarer Einzelfunktionen aufgebaut sind. Beispielsweise sind alle Funktionen der Tabellen 3.1 und 3.2 auf ihrem Definitionsbereich unendlich oft differenzierbar.

Beispiel 3.7

Es sei

$$f(x) := e^x + 4\sin(x) - 5x^2 \qquad (x \in \mathbb{R}).$$

Da jede der drei Einzelfunktionen

$$x \mapsto e^x, x \mapsto 4\sin(x) \quad \text{und} \quad x \mapsto -5x^2$$

unendlich oft differenzierbar ist, besitzt auch f als deren Summe Ableitungen beliebiger Ordnung. Es ist

$$\begin{aligned} f'(x) &= e^x + 4\cos(x) - 10x\,, \\ f''(x) &= (f')'(x) = e^x - 4\sin(x) - 10\,, \\ f'''(x) &= (f'')'(x) = e^x - 4\cos(x)\,, \\ f^{(4)}(x) &= (f''')'(x) = e^x + 4\sin(x)\,, \\ &\vdots \end{aligned}$$

Zumindest die erste und zweite Ableitung einer zwei Mal differenzierbaren Funktion f besitzen eine naheliegende geometrische Interpretation. Wir betrachten ein x_0 aus dem Definitionsbereich $]a, b[$. Wie in Abschnitt 3.1 beschrieben, entspricht im Punkt $(x_0, f(x_0))$ die Steigung der Funktion f (genauer die Steigung der Tangenten an den Graphen von f) gerade dem Wert $f'(x_0)$.

Rufen wir uns kurz ins Gedächtnis zurück, dass die zweite Ableitung die Ableitung der ersten Ableitung darstellt. Somit beschreibt die zweite Ableitung nichts anderes als die Steigung der ersten Ableitung. Was eine geometrische Interpretation der zweiten Ableitung anbelangt, so ist hier hauptsächlich das Vorzeichen von $f''(x_0)$ von Interesse.

Betrachten wir beispielsweise ▶ Abbildung 3.7a mit der Funktion

$$f(x) = \frac{1}{10}e^x\,.$$

Es ist $f''(2) = \frac{e^2}{10} > 0$. Dies bedeutet, dass der Wert der ersten Ableitung an der Stelle $x_0 = 2$ ansteigt. Anders ausgedrückt: Verfolgt man die Steigung von f, dargestellt durch die Steigung ihrer Tangenten an einer Folge von Stellen um $x_0 = 2$ herum, so nimmt diese stetig zu. Ein kleiner Modell-Fahrradfahrer, der auf diesem Papier den Graphen von f abfährt, sieht sich in einem Bereich um den Punkt $(2, f(2))$ herum mit einem Drang nach links konfrontiert: Sein Lenker ist nach links ausgerichtet, der Graph von f ist linksgekrümmt. Man sagt auch: f ist **konvex**.

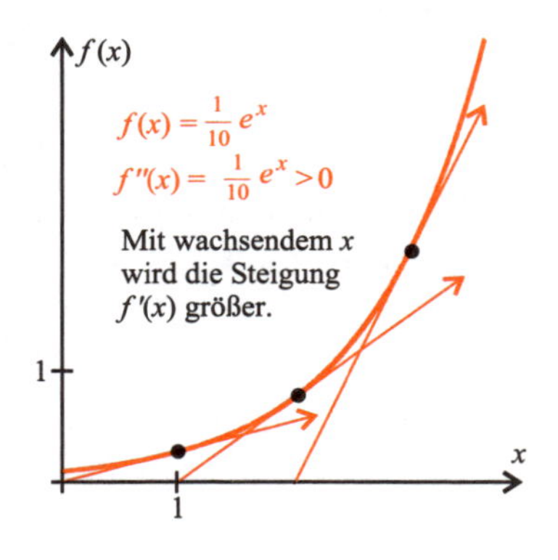

(a) Linkskrümmung bei $x_0 = 2$, d. h. $f''(2) > 0$

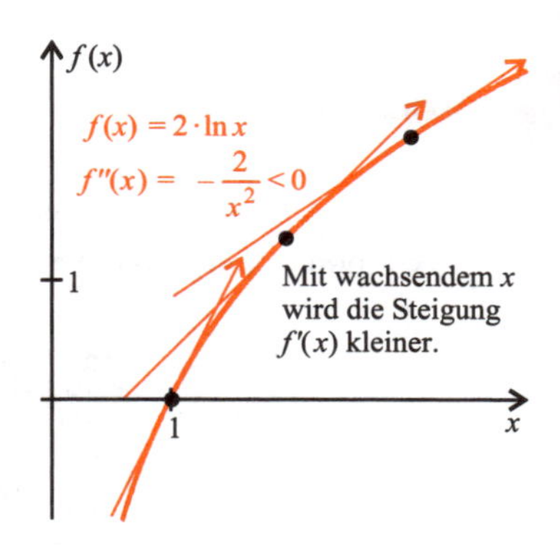

(b) Rechtskrümmung bei $x_0 = 2$, d. h. $f''(2) < 0$

Abbildung 3.7: Krümmungsverhalten und zweite Ableitung.

Im Gegensatz dazu ist der Graph einer zwei Mal differenzierbaren Funktion f lokal rechtsgekrümmt, bzw. f ist **konkav**, wenn der Wert von f' (d. h. die Steigung der Tangenten) um die Stelle x_0 herum kontinuierlich abnimmt. Dies ist genau dann der Fall, wenn für die zweite Ableitung gilt: $f''(x_0) = (f')'(x_0) < 0$. Ein Beispiel hierfür liefert etwa ▶ Abbildung 3.7b.

Der Satz von Bernoulli-de l'Hospital 3.5

In diesem Abschnitt stellen wir eine wichtige und durchaus nicht offensichtliche Anwendung des Ableitungskalküls vor: Nicht selten stellt sich die Aufgabe, bei gegebenen Funktionen f, g, die bis auf höchstens einen Punkt $x_0 \in [a, b]$ auf einem Intervall $[a, b]$ definiert sind, einen Grenzwert

$$\lim_{x \to x_0} \frac{f(x)}{g(x)} \tag{3.3}$$

zu bestimmen. Falls es sich bei f und g um Polynome niederer Ordnung handelt, so können uns die Überlegungen in Abschnitt 2.5.2 helfen, den Grenzwert in (3.3) zu berechnen. Für Polynome höherer Ordnung und erst recht für allgemeinere Funktionen schlagen diese Methoden jedoch fehl. Falls f und g aber differenzierbar sind, so stellt der folgende Satz von Bernoulli-de l'Hospital diesbezüglich ein verblüffend einfaches Werkzeug zur Verfügung.

Satz **Bernoulli-de l'Hospital**

Auf dem Intervall $[a, b]$ seien mit Ausnahme einer Stelle $x_0 \in [a, b]$ zwei differenzierbare Funktionen f, g gegeben. Falls einer der beiden Fälle

$$\lim_{x \to x_0} \frac{f(x)}{g(x)} = \text{„}\frac{\pm\infty}{\pm\infty}\text{“}$$

oder

$$\lim_{x \to x_0} \frac{f(x)}{g(x)} = \text{„}\frac{0}{0}\text{“}$$

vorliegt, so gilt

$$\lim_{x \to x_0} \frac{f(x)}{g(x)} = \lim_{x \to x_0} \frac{f'(x)}{g'(x)}.$$

Dass dabei der zu untersuchende Grenzwert vom Typ „$\frac{\pm\infty}{\pm\infty}$“ oder „$\frac{0}{0}$“ sein soll, stellt keine wesentliche Einschränkung dar: Gilt nämlich sowohl

$$\lim_{x \to x_0} f(x) = c_1 \quad \text{als auch} \quad \lim_{x \to x_0} g(x) = c_2$$

mit zwei reellen Zahlen $c_1, c_2 \in \mathbb{R}$, so ist dieser Fall von vornehinein unproblematisch und damit keine Notwendigkeit gegeben, den obigen Satz anzuwenden. Die Typen „$\frac{c}{0}$“ mit einer rellen Zahl c bzw. „$\frac{\pm\infty}{0}$“ hingegen repräsentieren Polstellen.

Wir machen den Satz von Bernoulli-de l'Hospital an einem Beispiel klar.

Beispiel 3.8

Gesucht ist der Grenzwert

$$\lim_{x \to 1} \frac{\sin(2x-2)}{2(x^2-1)}.$$

Wegen

$$\lim_{x \to 1} \sin(2x-2) = \lim_{x \to 1} 2(x^2-1) = 0$$

liegt der Fall „$\frac{0}{0}$“ vor und wir können obigen Satz anwenden. Es ist somit (unter Verwendung der Kettenregel)

$$\lim_{x \to 1} \frac{\sin(2x-2)}{2(x^2-1)} = \lim_{x \to 1} \frac{2\cos(2x-2)}{4x} = \frac{2\cos(0)}{4} = \frac{1}{2}.$$

Oftmals liegt der Reiz des Satzes von Bernoulli-de l'Hospital in der mehrfachen Anwendung: Einzige Bedingung ist hierbei, dass die bei diesem Vorgang auftretenden Funktionen genügend oft differenzierbar sind.

Beispiel 3.9

In diesem Beispiel wollen wir

$$\lim_{x\to 0} \frac{\sin^2 x}{x^3}$$

berechnen. Wieder ist dieses Problem vom Typ „$\frac{0}{0}$". Die beteiligten Funktionen sind unendlich oft differenzierbar und wir können bei Bedarf den Satz von Bernoulli-de l'Hospital mehrfach anwenden. Es ist nämlich

$$\begin{aligned}\lim_{x\to 0} \frac{\sin^2 x}{x^3} &= \lim_{x\to 0} \frac{2\sin x \cos x}{3x^2} \quad (= \text{„}\tfrac{0}{0}\text{"}) \\ &= \lim_{x\to 0} \frac{2\sin x \cdot (-\sin x) + 2\cos x \cdot \cos x}{6x} \\ &= \lim_{x\to 0} \frac{2(\cos^2 x - \sin^2 x)}{6x} = \frac{1}{3} \cdot \text{„}\tfrac{1}{0}\text{"} = \infty .\end{aligned}$$

Wir schließen diesen Abschnitt mit zwei Bemerkungen ab:

- Sind die beteiligten Funktionen f, g etwa auf ganz $\mathbb{R}^+$ bzw. $\mathbb{R}^-$ erklärt, so können wir den Satz von Bernoulli-de l'Hospital (gegebenenfalls wieder mehrfach) auch für Grenzwerte der Form

$$\lim_{x\to\infty} \frac{f(x)}{g(x)} \qquad \text{bzw.} \qquad \lim_{x\to-\infty} \frac{f(x)}{g(x)}$$

anwenden. Voraussetzung hierfür ist wieder das Vorliegen einer der beiden Fälle „$\frac{0}{0}$" bzw. „$\frac{\pm\infty}{\pm\infty}$".

- Nicht selten stellt sich in der Praxis das folgende Problem: Für zwei Funktionen f, g, die bis auf höchstens einen Punkt $x_0 \in [a, b]$ auf einem Intervall $[a, b]$ definiert sind, liegt ein Grenzwert der Form

$$\lim_{x\to x_0} f(x) \cdot g(x) = \text{„}0 \cdot \pm\infty\text{"}$$

vor. In diesem Fall kann das Problem durch

$$\lim_{x\to x_0} f(x) \cdot g(x) = \lim_{x\to x_0} \frac{f(x)}{\frac{1}{g(x)}}$$

auf den Fall „$\frac{0}{0}$" zurückgeführt und der Satz von Bernoulli-de l'Hospital angewendet werden.

Beispiel 3.10

Zu berechnen ist der Grenzwert

$$\lim_{x\to\infty} e^{-x} \cdot x\,.$$

Wegen $\lim_{x\to\infty} x = \infty$ und $\lim_{x\to\infty} e^{-x} = 0$ liegt hier der eben genannte Fall „$0 \cdot \infty$“ vor. Wir formulieren daher zunächst

$$\lim_{x\to\infty} x \cdot e^{-x} = \lim_{x\to\infty} \frac{x}{e^x}$$

und können nun hierauf den Satz von Bernoulli-de l'Hospital anwenden. Es ist

$$\lim_{x\to\infty} \frac{x}{e^x} = \lim_{x\to\infty} \frac{1}{e^x} = 0.$$

Der Satz von Taylor 3.6

3.6.1 Näherung durch Taylorpolynome

Häufig ist es der Wunsch des praxisorientierten Anwenders, eine gegebene, „komplizierte“ Funktion f durch andere, einfacher strukturierte Funktionen anzunähern. Zu Letzteren gehört zweifellos die Klasse der Polynome (ganzrationale Funktionen). Sie sind unendlich oft differenzierbar und darüber hinaus analytisch leicht zu handhaben.

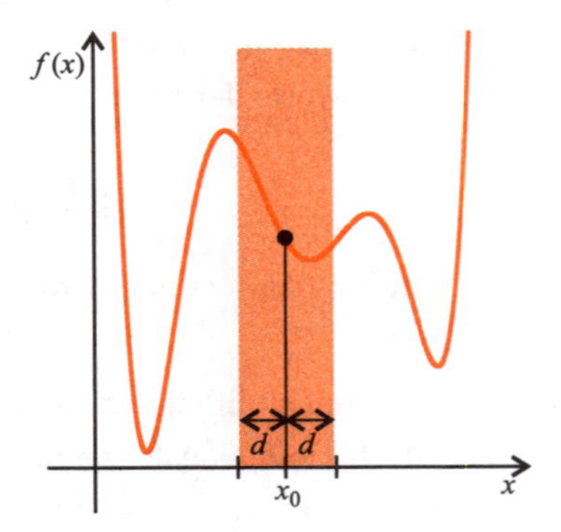

Abbildung 3.8: Zu approximierende Funktion f.

In der Regel kann eine solche Annäherung nur lokaler Natur sein. Betrachten wir als Ausgangspunkt unserer folgenden Überlegungen die ▸ Abbildung 3.8: Dargestellt ist eine Funktion f sowie eine feste Stelle x_0 innerhalb ihres Definitionsbereichs. Wir werden in diesem Abschnitt eine systematische Methode kennen lernen, um genügend oft differenzierbare Funktionen **lokal**, d. h. in einem kleinen Intervall $]x_0 - d, x_0 + d[$, „hinreichend gut“ durch Polynome zu approximieren.

Eine äußerst unbefriedigende Möglichkeit wäre es, die Funktion f in der Stelle x_0 durch die konstante Funktion

$$T_0(x) \equiv f(x_0)$$

anzunähern. Nach Konstruktion würde dann $T_0(x)$ zwar an der Stelle x_0 mit der Ausgangsfunktion f übereinstimmen. Doch die Verläufe der beiden Funktionen $f(x)$ und $T_0(x)$ würden sich selbst in einer kleinen Umgebung um x_0 herum erheblich voneinander unterscheiden.

Eine bessere Strategie ist es hingegen, die Funktion f in einer Umgebung von x_0 durch ein Polynom erster Ordnung anzunähern. Geometrisch entspricht dies einer Approximation von f an der Stelle x_0 durch eine Gerade (▶ Abbildung 3.9). Die zu suchende Funktion besitzt als Gerade die Funktionsgleichung

$$T_1(x) = ax + b\,. \tag{3.4}$$

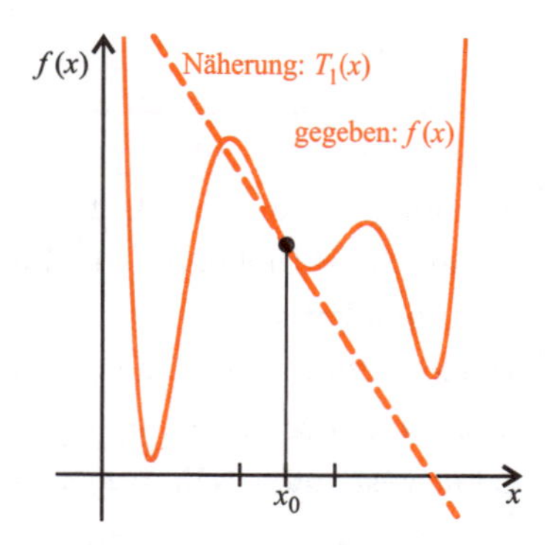

Abbildung 3.9: Funktion f mit Näherungsgerade.

Wieder wollen wir

$$T_1(x_0) \stackrel{!}{=} f(x_0) \quad \Leftrightarrow \quad ax_0 + b = f(x_0)$$

verlangen. Zusätzlich dazu wollen wir von der Geraden $T_1(x)$ nun fordern, dass auch ihre erste Ableitung (d. h. ihre Steigung a) an der Stelle x_0 mit $f'(x_0)$ übereinstimmt, also

$$T_1'(x_0) = f'(x_0) \quad \Leftrightarrow \quad a = f'(x_0)\,. \tag{3.5}$$

Damit ist der Parameter a bereits eindeutig bestimmt. Mit

$$T_1(x_0) \stackrel{!}{=} f(x_0) \;\Leftrightarrow\; ax_0 + b = f(x_0)$$

können wir auch den Parameter b berechnen zu

$$b = f(x_0) - ax_0 = f(x_0) - f'(x_0)x_0\,.$$

Wir haben damit die beiden Parameter des Polynoms T_1 bestimmt, welches den beiden obigen Forderungen genügt. Setzen wir a und b in (3.4) ein, so erhalten wir nach einer kurzen Umformung

$$T_1(x) = f(x_0) + f'(x_0)\cdot(x - x_0)\,. \tag{3.6}$$

Die geometrische Bedeutung dieser Funktion ist so zentral, dass wir ihr sogar einen kleinen Merksatz widmen:

Satz **Tangentenformel**

Es sei $f\colon]a,b[\to \mathbb{R}$ differenzierbar. Diejenige Gerade, die an der Stelle $x_0 \in]a,b[$ in Funktionswert und erster Ableitung mit der Ausgangsfunktion übereinstimmt, ist die **Tangente** an den Graphen von f an der Stelle x_0 und besitzt die Gleichung

$$T_1(x) = f(x_0) + f'(x_0) \cdot (x - x_0)\,.$$

Wir wollen nun einen Schritt weiter gehen: Wir versuchen, die Funktion f in einem nächsten Schritt lokal um die Stelle x_0 herum noch besser zu approximieren, indem wir ein quadratisches Polynom T_2 (Polynom zweiter Ordnung, Parabelfunktion) zur Approximation heranziehen (▶ Abbildung 3.10).

Konsequenterweise verlangen wir jetzt von unserer gesuchten Näherungsparabel, dass neben Funktionswert und erster Ableitung die Funktionen f und T_2 auch in der **zweiten Ableitung** an der Stelle x_0 übereinstimmen. Indem wir die gesuchte Näherungsparabel in der Form

$$T_2(x) = ax^2 + bx + c$$

ansetzen, können wir diese Forderungen formulieren durch

$$\begin{aligned} T_2(x_0) &= ax_0^2 + bx_0 + c \overset{!}{=} f(x_0)\,, \\ T_2'(x_0) &= 2ax_0 + b \overset{!}{=} f'(x_0)\,, \\ T_2''(x_0) &= 2a \overset{!}{=} f''(x_0)\,. \end{aligned}$$

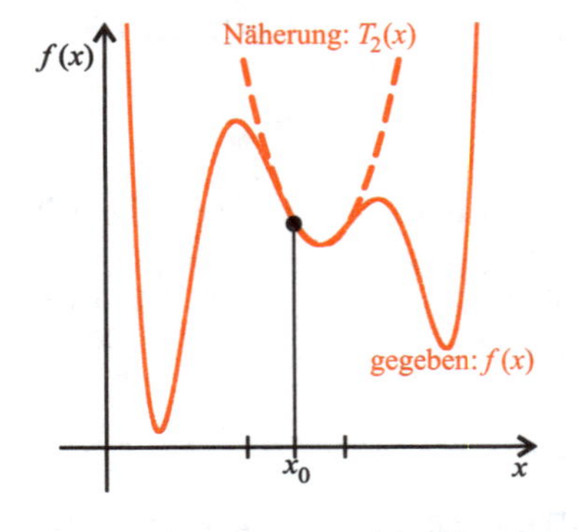

Abbildung 3.10: Funktion f mit Näherungsparabel.

Wieder müssen wir ein lineares Gleichungssystem (mit drei Gleichungen und drei Unbekannten) lösen, um die unbekannten Parameter a, b und c der Näherungsparabel $T_2(x)$ zu bestimmen. Nachdem wir die ermittelten Lösungen a, b und c in den Ansatz $T_2(x) = ax^2 + bx + c$ eingesetzt haben, stellen wir das Ergebnis in Potenzen von $(x - x_0)$ dar und erhalten letztlich die Formel:

$$T_2(x) = f(x_0) + f'(x_0) \cdot (x - x_0) + \frac{1}{2} \cdot f''(x_0)(x - x_0)^2\,. \tag{3.7}$$

Wir können unser Bestreben, die Funktion f mit Polynomen von immer höherer Ordnung zu approximieren, so lange weiterverfolgen, wie es die Differenzierbarkeit von

f zulässt – bei einer k Mal differenzierbaren Funktion also mindestens k Mal. Allgemein erhalten wir dann mit $T_k(x)$ dasjenige Polynom der Ordnung k, dessen Funktionswert $f(x_0)$ mitsamt sämtlichen Ableitungen $f'(x_0), \ldots, f^{(k)}(x_0)$ mit $T_k(x_0)$ bzw. $T_k'(x_0), \ldots, T_k^{(k)}(x_0)$ übereinstimmt. Dieses Polynom ist eindeutig bestimmt und kann explizit angegeben werden.

Satz **Taylorpolynom**

Es sei $f\colon]a, b[\to \mathbb{R}$ eine k Mal differenzierbare Funktion und $x_0 \in]a, b[$. Dann gibt es ein eindeutig bestimmtes Polynom $T_k(x)$ der Ordnung k mit der Eigenschaft

$$T_k(x_0) = f(x_0)\,,\ T_k'(x_0) = f'(x_0)\,,\ \ldots\,,\ T_k^{(k)}(x_0) = f^{(k)}(x_0)\,.$$

Es besitzt die Gestalt

$$T_k(x) = f(x_0) + \frac{1}{1!}f'(x_0)\cdot(x-x_0)^1 + \frac{1}{2!}\cdot f''(x_0)\cdot(x-x_0)^2 + \ldots$$
$$+ \ldots + \frac{1}{k!}f^{(k)}(x_0)\cdot(x-x_0)^k = \sum_{i=0}^{k}\frac{f^{(i)}(x_0)}{i!}(x-x_0)^i \qquad (3.8)$$

und wird als **Taylorpolynom der Ordnung k (bzw. k-tes Taylorpolynom) der Funktion f zur Stelle x_0** bezeichnet.

Wir erinnern in diesem Zusammenhang an die Fakultät

$$n! = n\cdot(n-1)\cdot(n-2)\cdot\ldots\cdot 2\cdot 1\,.$$

Wir wollen diesen Satz nicht beweisen, sondern begnügen uns damit, dieses Resultat durch die obigen Überlegungen für $k = 0, 1, 2$ plausibel gemacht zu haben. Ein Beispiel soll uns den dargestellten Sachverhalt verdeutlichen.

Beispiel 3.11

Zugrundegelegt sei die Funktion

$$f(x) = \cos x \qquad (x \in \mathbb{R}).$$

Wir wollen diese (▶ Abbildung 3.11) um die Stelle $x_0 = 0$ herum entwickeln, d. h. den Cosinus in der Umgebung des Ursprungs durch ein Taylorpolynom annähern.

Die Funktion f ist ersichtlich unendlich oft differenzierbar. Es gilt

$$f'(x) = -\sin x, \quad f''(x) = -\cos x, \quad f'''(x) = \sin x, \quad f^{(4)}(x) = \cos x$$

und somit

$$\begin{aligned} f(x_0) &= f(0) &&= \cos(0) = 1, \\ f'(x_0) &= f'(0) &&= -\sin(0) = 0, \\ f''(x_0) &= f''(0) &&= -\cos(0) = -1, \\ f'''(x_0) &= f'''(0) &&= \sin(0) = 0, \\ f^{(4)}(x_0) &= f^{(4)}(0) &&= \cos(0) = 1. \end{aligned}$$

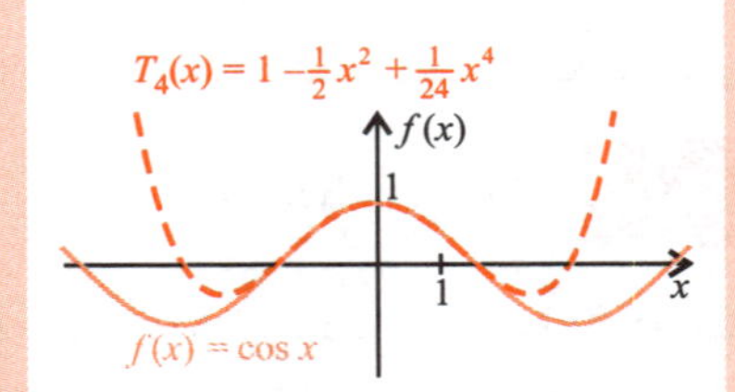

Abbildung 3.11: $x \mapsto \cos x$ mit Taylorpolynom vierter Ordnung.

Daraus ergibt sich nach dem vorangegangenen Satz von Seite 113 das vierte Taylorpolynom der Funktion f um die Stelle $x_0 = 0$ zu

$$\begin{aligned} T_4(x) &= f(0) + \frac{1}{1!}f'(0)(x-0) + \frac{1}{2!}f''(0)(x-0)^2 \\ &\quad + \frac{1}{3!}f'''(0)(x-0)^3 + \frac{1}{4!}f^{(4)}(0)(x-0)^4 \\ &= 1 - \frac{1}{2}x^2 + \frac{1}{24}x^4 . \end{aligned}$$

Selbstverständlich hätten wir im letzten Beispiel 3.11 auch ein Taylorpolynom höherer Ordnung zur Approximation von f konstruieren können. Unsere Herleitung der Taylorformel suggeriert dabei, dass in einer Umgebung um die Entwicklungsstelle x_0 die Approximationsgüte mit zunehmender Ordnung k zunimmt. Im folgenden Abschnitt wollen wir dies genauer analysieren.

3.6.2 Fehlerabschätzungen und Taylorreihe

Wir suchen im Folgenden nach Aussagen darüber, welchen Fehler wir machen, wenn wir statt des wahren Funktionswertes $f(x)$ den Ersatzwert $T_k(x)$ des k-ten Taylorpolynoms berechnen. Mit anderen Worten: An einer Stelle $x \in]a, b[$ suchen wir nach Abschätzungen des **Fehlers**

$$r_k(x) := f(x) - T_k(x) .$$

Der folgende Satz, den wir nicht beweisen werden, gibt hierauf eine Antwort. Dabei wird verlangt, dass die Funktion f sogar $k + 1$ Mal differenzierbar ist.

Satz **Fehlerdarstellung**

Es sei $f\colon]a, b[\to \mathbb{R}$ eine $k+1$ Mal differenzierbare Funktion. Ferner sei $T_k(x)$ das Taylorpolynom der Ordnung k um die Entwicklungsstelle $x_0 \in]a, b[$. Es sei

$$r_k(x) := f(x) - T_k(x)$$

die Differenz zwischen dem Funktionswert $f(x)$ und der Näherung $T_k(x)$. Dann gibt es zu jeder Stelle $x \in]a, b[$ eine Stelle $\xi = \xi(x)$, die von x abhängt und zwischen x und x_0 liegt (x und x_0 selbst ausgenommen) mit der Eigenschaft

$$r_k(x) = \frac{f^{(k+1)}(\xi)}{(k+1)!} \cdot (x - x_0)^{k+1} .$$

Bevor wir diesen Satz an einem Beispiel verdeutlichen wollen, bedarf es einer kurzen Anmerkung: Über die Stelle $\xi(x)$, die von der Stelle x, an welcher wir den Fehler betrachten, abhängt, ist so gut wie nichts bekannt. Allenfalls wissen wir, dass sie irgendwo zwischen der betrachteten Stelle x und dem Entwicklungspunkt x_0 angesiedelt ist. Diese Ungewissheit lässt die obige Fehlerdarstellung auf den ersten Blick wertlos erscheinen. Das folgende Beispiel nimmt uns jedoch diese Befürchtung.

Beispiel 3.12

Es sei

$$f(x) = e^x .$$

Es ist f unendlich oft differenzierbar und alle Ableitungen $f^{(k)}$ sind gegeben durch $f^{(k)}(x) = e^x$. Wir entwickeln um die Stelle $x_0 = 0$ und berechnen wegen $f^{(k)}(x_0) = f^{(k)}(0) = 1$ das Taylorpolynom der Ordnung 2 gemäß der Formel (3.8) zu

$$T_2(x) = \sum_{i=0}^{2} \frac{1}{i!} \cdot (x-0)^i = 1 + x + \frac{1}{2!} x^2 = 1 + x + \frac{x^2}{2} .$$

Vergleichen wir nun für ein beliebiges, aber im Folgenden festes $x \in]-1,1[$ (▶ Abbildung 3.12) die Werte

$$T_2(x) \quad \text{und} \quad f(x).$$

Der Fehler, den wir in Kauf nehmen müssen, wenn wir den Funktionswert $f(x) = e^x$ an der Stelle x durch den Näherungswert $T_2(x)$ ersetzen, ist nach dem Satz von Seite 115 gegeben durch

$$r_2(x) = \frac{f^{(3)}(\xi)}{3!}(x-0)^3 = \frac{e^{\xi}x^3}{6} \qquad (3.9)$$

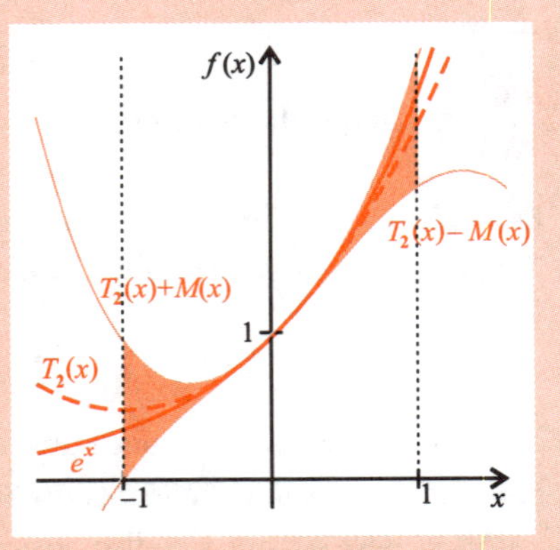

Abbildung 3.12: $x \mapsto e^x$ mit Taylorpolynom zweiter Ordnung.

mit einer unbekannten Stelle $\xi = \xi(x)$, von der wir nur wissen, dass sie zwischen 0 und x liegt. Wegen $x \in]-1,1[$ ist diese also insbesondere zwischen -1 und 1 angesiedelt. Gehen wir in Gleichung (3.9) auf beiden Seiten zum Betrag über, so erhalten wir:

$$|r_2(x)| = \frac{e^{\xi}|x^3|}{6}.$$

Da die Exponentialfunktion monoton steigt, ist der Ausdruck e^{ξ} wegen $-1 \leq \xi \leq 1$ bestimmt kleiner als $e^1 = e$. Somit erhalten wir für ein $x \in [-1,1]$ die Abschätzung

$$|r_2(x)| \leq \frac{e\,|x|^3}{6}$$

Somit ist

$$M(x) := \frac{e\,|x|^3}{6} = 0.453|x|^3$$

eine obere Schranke für den Fehler, den wir in Kauf nehmen, wenn wir auf dem Intervall $[-1,1]$ die Funktion $f(x) = e^x$ durch das Taylorpolynom $T_2(x)$ annähern.

Die Taylorreihe

Bereits zu Beginn dieses Abschnitts hatten wir deutlich gemacht, wie sich die Qualität der Approximation verbessert, wenn wir etwa die Tangente an einer Stelle x_0 an den Graphen von f durch seine Berührparabel ersetzen. Die Graphiken in ▶ Abbildung 3.13 veranschaulichen im Fall der Funktion $f(x) = e^x$ die immer bessere Annäherung an die e-Funktion in einer Umgebung des Ursprungs, wenn wir Polynome höherer Ordnung zur Approximation heranziehen.

Ganz allgemein lässt dies vermuten, dass (genügend hohe Differenzierbarkeit vorausgesetzt) mit wachsendem k auch der **Approximationsfehler**

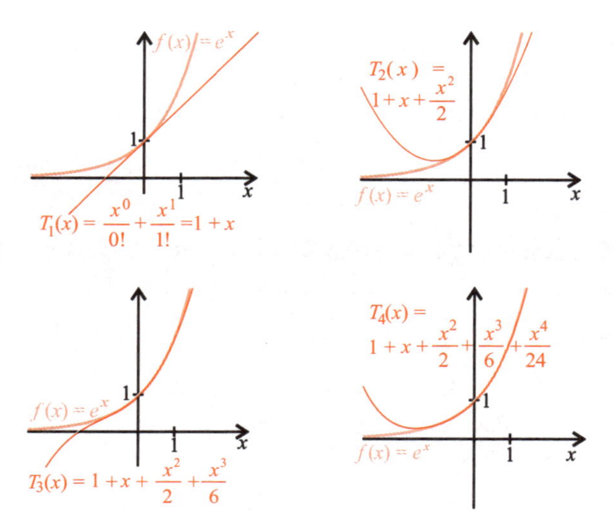

Abbildung 3.13: Taylorpolynome der Ordnung 1 bis 4.

$$r_k(x) = f(x) - T_k(x)$$

immer mehr verschwindet. Diese Überlegungen legen die folgende Vermutung nahe: Lassen wir ausgehend vom k-ten Taylorpolynom einer **unendlich oft differenzierbaren** Funktion f um die Entwicklungsstelle x_0 die Ordnung k gegen ∞ gehen, so sollte die unendliche **Taylorreihe**

$$\begin{aligned} & f(x_0) + f'(x_0)(x - x_0) + \frac{1}{2!}f''(x_0)(x - x_0)^2 + \frac{1}{3!}f'''(x_0)(x - x_0)^3 + \ldots \\ = & \sum_{n=0}^{\infty} \frac{1}{n!} f^{(n)}(x_0) \cdot (x - x_0)^n \end{aligned}$$

an jeder Stelle x aus einer Umgebung der Entwicklungsstelle x_0 gerade den **exakten** Wert $f(x)$ wiedergeben.

Dazu ist Folgendes anzumerken: Für einige (nicht alle) in der Praxis verwendete Standardfunktionen ist dies tatsächlich der Fall. Ein Wermutstropfen dabei ist, dass selbst manche dieser gutartigen Funktionen nicht auf ihrem gesamten Definitionsbereich durch die Taylorreihe dargestellt werden, sondern nur auf einem Intervall der Form $]x_0 - R, x_0 + R[$. Anders ausgedrückt: Die Gleichheit

$$f(x) = \sum_{n=0}^{\infty} \frac{1}{n!} f^{(n)}(x_0) \cdot (x - x_0)^n$$

gilt nur in einer symmetrischen Umgebung

$$]x_0 - R, x_0 + R[= U$$

um x_0 mit einer positiven Zahl R. ▶ Tabelle 3.3 gibt die Taylorreihe einiger gebräuchlicher Funktionen, ihre kanonische Entwicklungsstelle x_0 sowie das Intervall U an, auf welchem die Funktion $f(x)$ und ihre Taylorreihe $T(x)$ übereinstimmen.

Tabelle 3.3

Taylorentwicklungen gebräuchlicher Funktionen

$f(x)$	x_0	$T(x)$	U
e^x	0	$\sum_{k=0}^{\infty} \frac{x^k}{k!} = 1 + x + \frac{x^2}{2} + \frac{x^3}{6} + \frac{x^4}{24} + \ldots$	$\mathbb{R}$
$\sin x$	0	$\sum_{k=0}^{\infty} \frac{(-1)^k x^{2k+1}}{(2k+1)!} = x - \frac{x^3}{6} + \frac{x^5}{120} \mp \ldots$	$\mathbb{R}$
$\cos x$	0	$\sum_{k=0}^{\infty} \frac{(-1)^k x^{2k}}{(2k)!} = 1 - \frac{x^2}{2} + \frac{x^4}{24} \mp \ldots$	$\mathbb{R}$
$\ln x$	1	$\sum_{k=1}^{\infty} \frac{(-1)^{k-1}}{k}(x-1)^k = (x-1) - \frac{1}{2}(x-1)^2 + \frac{1}{3}(x-1)^3 \mp \ldots$	$]0,2[$

Was jedoch ganz allgemein die Konvergenz der Taylorreihe und ihre Übereinstimmung mit der zugrunde liegenden Funktion f betrifft, so ist die Realität zumindest teilweise ernüchternd: Denn es sind unendlich oft differenzierbare Funktionen f bekannt, deren Taylorreihe um den Entwicklungspunkt x_0 für alle x in der Nähe von x_0 zwar konvergiert. Doch mit den Funktionswerten $f(x)$ muss diese Darstellung überraschenderweise nicht zwingend etwas zu tun haben, d. h. es gibt x-Werte aus der Umgebung von x_0 mit

$$f(x) \neq \sum_{k=0}^{\infty} \frac{f^{(k)}(x_0)}{k!}(x - x_0)^k .$$

Doch es kann noch schlimmer kommen: Neben dem oben genannten Typ von Funktionen sind auch solche Funktionen f bekannt, deren Taylorreihe für **kein** x ihres Definitionsbereichs bis auf die Entwicklungsstelle x_0 konvergiert.

Dem Mathematiker bleibt somit oftmals nur das Folgende: Für jede Stelle x, an der er sich die Konvergenz der Taylorreihe und ihre Übereinstimmung mit f erhofft, hat er das Verschwinden des Fehlers, also

$$\lim_{k \to \infty} r_k(x) \to 0$$

nachzuweisen. Gelingt dies, so sind die eben erwähnten pathologischen Fälle ausgeschlossen: Denn ein mit wachsendem k immer kleiner werdender Fehler zeigt für festes x nicht nur die Konvergenz der Taylorreihe als solche, sondern auch die Konvergenz der Taylorreihe an der Stelle x gegen den Funktionswert $f(x)$.

Das Newton-Verfahren zur Nullstellenbestimmung 3.7

Nur in wenigen Fällen sind wir in der Lage, die Nullstellen einer gegebenen Funktion f exakt zu berechnen. In den meisten Fällen müssen uns mit numerischen Näherungsverfahren begnügen. Vorgestellt hatten wir zu diesem Zweck in Abschnitt 1.4.1 die Regula falsi, welche eine Nullstellenbestimmung für stetige Funktionen darstellt. In diesem Abschnitt wollen wir ein weiteres Verfahren kennen lernen: Ist f zusätzlich auch differenzierbar, so liefert uns das im Folgenden beschriebene, in der Praxis weit verbreitete Verfahren eine schnelle und damit effiziente Methode zur numerischen Bestimmung der Nullstellen von f. Die Rede ist vom so genannten **Newton-Verfahren**.

Betrachten wir ▶ Abbildung 3.14: Gegeben ist eine differenzierbare Funktion f mit einer Nullstelle x_0. Über die Nullstelle sei nur so viel bekannt, dass sie existiert. (Da f stetig ist, liegt beispielsweise in jedem Intervall $]c, d[$ mit

$$f(c) > 0 \quad \text{und} \quad f(d) < 0,$$

oder umgekehrt, eine Nullstelle x_0). Ferner wollen wir einen Startwert x_1 betrachten, welcher der anvisierten Nullstelle x_0 hinreichend nahe kommt. Auch dies ist in der Praxis durch „Probieren" verhältnismäßig leicht zu bewerkstelligen. Wichtig ist jedoch, dass an der Startstelle x_1 kein lokales Extremum von f vorliegt.

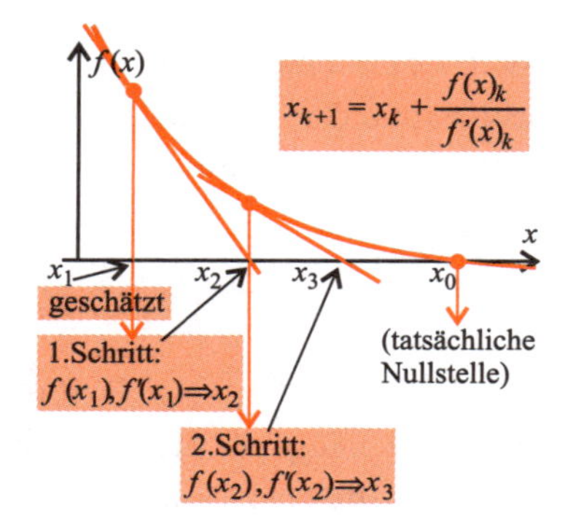

Abbildung 3.14: Zum Newton-Verfahren.

Gehen wir nun in Gedanken geometrisch vor: Im Punkt $(x_1, f(x_1))$ des Graphen zeichnen wir eine Tangente an das Schaubild von f. Nach der Tangentenformel von Seite 112 besitzt diese die Gestalt

$$T(x) = f(x_1) + f'(x_1) \cdot (x - x_1).$$

Im nächsten Schritt ermitteln wir den Schnittpunkt dieser Tangenten mit der x-Achse und bezeichnen diesen mit x_2; wir berechnen also die Nullstelle von $T(x)$, indem wir $T(x_2) = 0$ setzen und nach x_2 auflösen, d. h.

$$f(x_1) + f'(x_1)(x_2 - x_1) \stackrel{!}{=} 0 \qquad \Leftrightarrow \qquad x_2 = x_1 - \frac{f(x_1)}{f'(x_1)}.$$

Da an der Stelle x_1 nach Annahme kein lokales Extremum von f vorliegt, ist $f'(x_1) \neq 0$ und wir stoßen auf keine Probleme.

Wir wiederholen diesen Schritt: Im Punkt $(x_2, f(x_2))$ legen wir die Tangente an den Graphen und schneiden diese mit der x-Achse. Die Tangente besitzt nun die Gleichung

$$T(x) = f(x_2) + f'(x_2) \cdot (x - x_2) .$$

Deren Nullstelle berechnet sich wie oben zu

$$x_3 = x_2 - \frac{f(x_2)}{f'(x_2)} .$$

Falls jedoch $f'(x_2) = 0$, so bricht das Verfahren ab (wenn wir nicht gerade in der zufälligen, glücklichen Situation sind, dass $f(x_2) = 0$ gilt). Denn dann liegt in x_2 eine Stelle mit waagrechter Tangente vor und das Verfahren verliert seine Funktionsfähigkeit.

Es liegt nahe, dieses Vorgehen zumindest theoretisch unendlich oft zu wiederholen, was uns eine Folge x_k von x-Werten liefert: Zu bereits konstruiertem x_k lässt sich durch Schneiden der Tangente an den Graphen in $(x_k, f(x_k))$ mit der x-Achse immer ein Nachfolger x_{k+1} durch

$$x_{k+1} = x_k - \frac{f(x_k)}{f'(x_k)} \tag{3.10}$$

ermitteln. Solange für die Iterationswerte x_k immer die Bedingung $f'(x_k) \neq 0$ gewährleistet ist, behält das Verfahren seine prinzipielle Funktionsfähigkeit (siehe dazu auch den nachfolgenden Praxishinweis). Die Folge x_k der Iterationswerte nähert sich im Lauf des Verfahrens immer weiter der gesuchten Nullstelle x_0 an, d. h. sie konvergiert gegen x_0. Wir können dieses Verfahren abbrechen, wenn wir mit der Näherung zufrieden sind, d. h. wenn für ein $k \in \mathbb{N}$ der Funktionswert $f(x_k)$ „sehr klein" ist. Ein weiteres Indiz für eine sehr gute Näherung an die wahre Nullstelle x_0 ist auch die Stabilisierung der Folgenglieder x_k in einer hinreichend hohen Nachkommastelle. Stimmen beispielsweise die Werte x_k und x_{k+1} in der dritten Nachkommastelle überein, so liegt in der Praxis bereits eine ordentliche Näherung x_{k+1} an die tatsächliche Nullstelle x_0 vor.

Praxis-Hinweis

Das Verfahren hat jedoch seine Tücken: Zumindest lässt sich zeigen, dass das Newton-Verfahren in jedem Fall funktioniert, wenn der gewählte Start- bzw. Schätzwert x_1 nur dicht genug bei der anvisierten Nullstelle x_0 liegt. Insbesondere kann dann auch der folgenschwere Fall $f'(x_k) = 0$, $f(x_k) \neq 0$ nicht auftreten, der zum Abbruch des Verfahrens führen würde.

Liegt hingegen der Schätzwert x_1 weit entfernt von der unbekannten Nullstelle x_0, so kann es passieren, dass das Verfahren nicht konvergiert (d. h. es **divergiert**). Zwar lässt sich unter Umständen nach wie vor die Folge der x_k korrekt berechnen. Doch hat diese Folge x_k keinerlei Bezug mehr zur Nullstelle x_0. Unter Umständen bewegt sie sich stetig von ihr weg (siehe dazu Beispiel 3.14).

Es ist also unter Umständen geboten, bereits im Vorfeld des Verfahrens den gesuchten Schätzwert x_1 hinreichend gut zu bestimmen: Dabei bietet sich beispielsweise die bezüglich der genannten Problematik völlig unbedenkliche Regula falsi an. Erst wenn wir der anvisierten Nullstelle genügend nahe gekommen sind, wechseln wir zu dem lokal leistungsfähigeren, schnelleren Newton-Verfahren.

Wir wollen das Newton-Verfahren anhand eines Beispiels illustrieren.

Beispiel 3.13

Bei der Nullstellenbestimmung der Funktion

$$f(x) = e^x + \frac{x}{2}$$

stoßen wir schnell an unsere Grenzen, wenn wir versuchen, dieses Problem exakt lösen zu wollen. ▶ Abbildung 3.15 verrät uns jedoch die Existenz einer Nullstelle im Intervall

$$]-1, 0[\,.$$

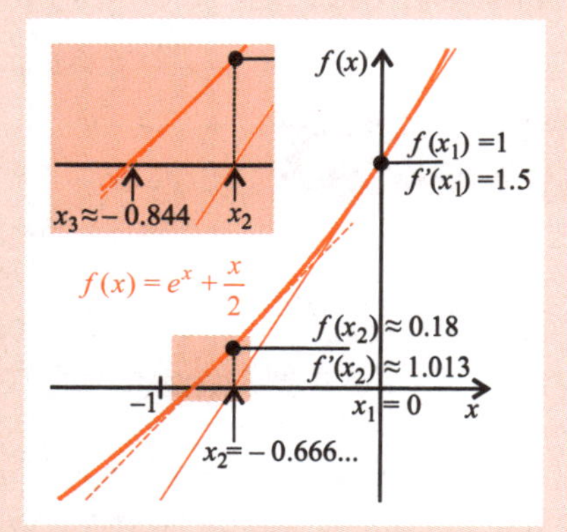

Abbildung 3.15: Newton-Verfahren.

Wir wählen als Startwert x_1 die Schätzung $x_1 = 0$ und halten fest, dass sich die Ableitung von f berechnet zu

$$f'(x) = e^x + \frac{1}{2}\,.$$

Im ersten Schritt des Newton-Verfahrens berechnen wir

$$x_2 = x_1 - \frac{f(x_1)}{f'(x_1)} = 0 - \frac{1+0}{1+\frac{1}{2}} = -\frac{2}{3}\,.$$

Wir wollen einen weiteren Näherungsschritt durchführen und berechnen

$$x_3 = x_2 - \frac{f(x_2)}{f'(x_2)} = -\frac{2}{3} - \frac{e^{-\frac{2}{3}} - \frac{1}{3}}{e^{-\frac{2}{3}} + \frac{1}{2}} = -0.8443 .$$

Da $f(-0.8443) = 7.646 \cdot 10^{-3}$ könnten wir bereits das Verfahren beenden, wenn uns der Fehler von $7.646 \cdot 10^{-3}$ als annehmbar gering erscheint. Haben wir jedoch den Ehrgeiz, die Nullstelle noch genauer zu bestimmen, so berechnen wir in einem weiteren Schritt

$$x_4 = x_3 - \frac{f(x_3)}{f'(x_3)} = -0.8443 - \frac{e^{-0.8443} - \frac{0.8443}{2}}{e^{-0.8443} + \frac{1}{2}} = -0.8526 .$$

Es ist nun $f(x_4) = 1.449 \cdot 10^{-5}$. Wir können es also guten Gewissens mit dem damit erreichten Näherungswert -0.8526 für die gesuchte Nullstelle x_0 von f bewenden lassen.

Ein Paradebeispiel dafür, was passiert, wenn der Startwert x_1 nicht nahe genug an der wahren Nullstelle x_0 liegt, wollen wir im Folgenden untersuchen.

Beispiel 3.14

Wir betrachten die Funktion

$$f(x) = \arctan(x) \qquad (x \in \mathbb{R}).$$

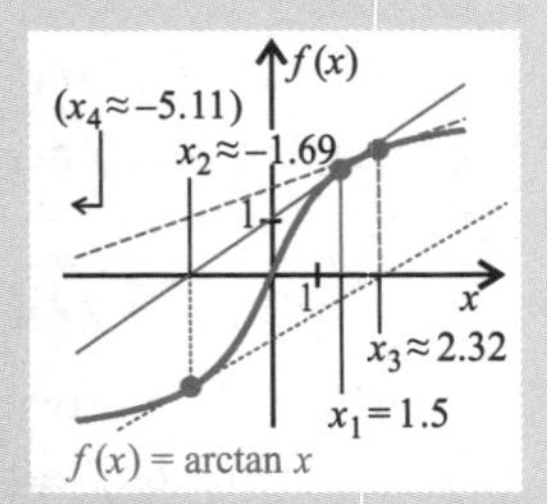

Abbildung 3.16: Divergentes Newton-Verfahren.

Es ist $f'(x) = \frac{1}{1+x^2}$. (Als kleine Übung verifiziere man dies mit Hilfe des Satzes von der Ableitung der Umkehrfunktion, Seite 103.) Selbstverständlich ist uns die einzige Nullstelle der arctan-Funktion bekannt, es ist nämlich $\arctan(x) = 0 \Leftrightarrow x = 0$ (▶ Abbildung 3.16). Wäre uns dies jedoch entfallen, so hätten wir auch mit dem Newton-Verfahren versuchen können, diese näherungsweise zu bestimmen. Beispielsweise erweist sich der Startwert $x_1 = 1.5$ hier als eine verhängnisvolle Wahl. Es ist nämlich

$$x - \frac{f(x)}{f'(x)} = x - \frac{\arctan(x)}{\frac{1}{1+x^2}} = x - (1 + x^2) \cdot \arctan(x)$$

und daher

$$x_2 = x_1 - (1 + x_1^2)\arctan(x_1) = 1.5 - 3.25\arctan(1.5) = -1.6941$$

sowie

$$\begin{aligned} x_3 &= x_2 - (1 + x_2^2)\arctan(x_2) \\ &= -1.6941 - (1 + 1.6941^2)\arctan(-1.6941) = 2.3211 \end{aligned}$$

und

$$\begin{aligned} x_4 &= x_3 - (1 + x_3^2)\arctan(x_3) \\ &= 2.3211 - (1 + 2.3211^2)\arctan(2.3211) = -5.1139 . \end{aligned}$$

Die Näherungswerte x_k wechseln somit zum einen ständig ihr Vorzeichen; zum anderen entfernen sie sich immer weiter von der wahren Nullstelle $x_0 = 0$. Das Verfahren scheitert also und liefert uns keinerlei Aussage über die Nullstelle x_0.

3.8 Lokale Extrema

Die Analyse einer gegebenen Funktion f auf Maxima und Minima ist in allen Naturwissenschaften von herausragender Bedeutung. Ein **lokales** Maximum liegt an der Stelle x_0 des Definitionsbereichs nach der Definition von Seite 38 genau dann vor, wenn für alle x-Werte aus einer kleinen Umgebung von x_0 die Beziehung

$$f(x) < f(x_0)$$

gilt. Umgekehrt besteht genau dann der Zusammenhang

$$f(x) > f(x_0)$$

für alle x aus einer kleinen Umgebung von x_0, wenn an der Stelle x_0 ein lokales Minimum vorliegt.

Ist die zu untersuchende Funktion f differenzierbar, so liefert die Differentialrechnung ein effizientes Mittel zur Analyse einer Funktion auf lokale Extrema. Wir beginnen mit einem **notwendigen** Kriterium für das Vorliegen eines lokalen Extremums.

Betrachten wir dazu ▶ Abbildung 3.17. Offensichtlich liegen an den Stellen x_1 und x_2 lokale Extrema vor. Charakteristisch dafür ist, dass die Tangenten in x_1 und x_2 an den Graphen von f **parallel zur x-Achse** verlaufen. Sie besitzen demzufolge die Steigung 0. Da sich hinter der Steigung der Tangenten gerade der Wert der ersten Ableitung von f verbirgt, entspricht dieser Sachverhalt somit der Bedingung $f'(x_1) = 0$ und $f'(x_2) = 0$.

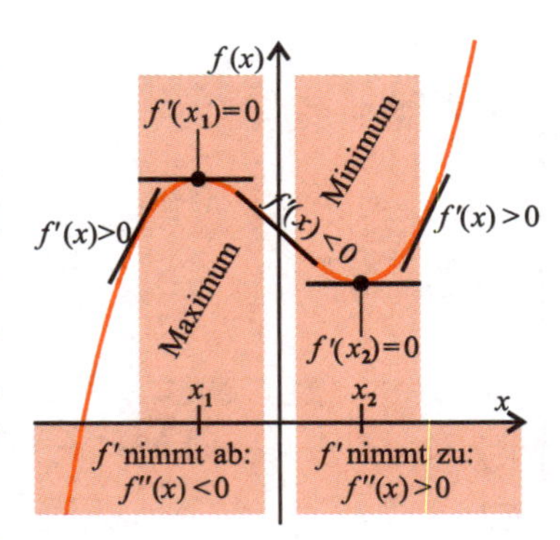

Abbildung 3.17: Lokale Extrema bei x_1 und x_2.

Halten wir fest: Aus dem Vorliegen eines lokalen Extremums an der Stelle x_0 folgt also im Fall einer differenzierbaren Funktion notwendigerweise

$$f'(x_0) = 0.$$

Dies ist gleichbedeutend mit dem Vorliegen einer waagrechten Tangente an der Stelle x_0.

Dieses Kriterium ist alleine aber noch **nicht hinreichend**. Um dies zu verdeutlichen, betrachten wir die Funktion

$$f(x) = x^3$$

und ▶ Abbildung 3.18. Es ist $f'(x) = 3x^2$ und insbesondere $f'(0) = 0$. Wie diese Rechnung und auch der Graph von f zeigen, liegt an der Stelle $x_0 = 0$ zwar eine Stelle mit waagrechter Tangente, aber kein Extremum vor. Offensichtlich reicht also die Bedingung $f'(x_0) = 0$ alleine nicht aus, um an der Stelle x_0 ein Extremum nachzuweisen.

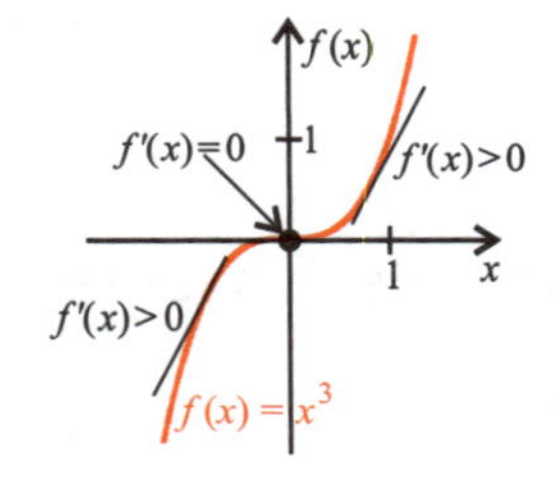

Abbildung 3.18: Waagrechte Tangente – aber kein Extremum.

Welche Eigenschaft könnte also zusammen mit der Bedingung $f'(x_0) = 0$ das Vorliegen eines Extremums sichern? Ein nochmaliger Blick auf Abbildung 3.17 zeigt, dass der Graph von f in einer Umgebung um x_1 rechtsgekrümmt ist. Die Steigung der Tangente, also der Wert der ersten Ableitung, nimmt ab, denn sie wechselt beim Durchgang durch das Maximum bei x_1 von positiven zu negativen Werten. Analytisch wird dies beschrieben durch die Forderung

$$f''(x_1) < 0$$

(siehe Seite 106). Zusammen mit $f'(x_1) = 0$ ist dies ein hinreichendes Kriterium für ein lokales Extremum. Analog überlegt man sich, dass die Bedingungen $f'(x_2) = 0$ und

$$f''(x_2) > 0$$

auf ein lokales Minimum an der Stelle x_2 hinweisen. Wir haben somit den folgenden Satz plausibel gemacht:

Satz **Hinreichendes Kriterium für lokale Extrema**

Es sei $f\colon]a,b[\to\mathbb{R}$ zwei Mal differenzierbar mit stetiger zweiter Ableitung. Gilt für eine Stelle $x_0 \in]a,b[$, dass

$$f'(x_0) = 0 \quad \textbf{und} \quad f''(x_0) < 0\,,$$

so besitzt f an der Stelle x_0 ein lokales Maximum. Gilt hingegen

$$f'(x_0) = 0 \quad \textbf{und} \quad f''(x_0) > 0\,,$$

so besitzt f an der Stelle x_0 ein lokales Minimum.

Die Forderung nach Stetigkeit der zweiten Ableitung hat beweistechnische Gründe. Im Beweis des Satzes von Seite 126, welcher den obigen Satz verallgemeinert, lässt sich diese zusätzliche Forderung nachvollziehen.

Beispiel 3.15

Gegeben sei die Funktion

$$f(x) = x^3 - 2x + 4\,.$$

Als Polynom (3. Grades) ist f unendlich oft differenzierbar und es gilt

$$f'(x) = 3x^2 - 2 \qquad \text{und} \qquad f''(x) = 6x\,.$$

Auf der Suche nach lokalen Extrema suchen wir nach Punkten mit waagrechter Tangente, also nach Stellen $x \in \mathbb{R}$ mit $f'(x) = 0$. Es ist

$$f'(x) = 0 \quad \Leftrightarrow \quad 3x^2 - 2 = 0 \quad \Leftrightarrow \quad x^2 = \frac{2}{3} \quad \Leftrightarrow \quad x_{1,2} = \pm\sqrt{\frac{2}{3}}.$$

An beiden Stellen $x_1 = \sqrt{\frac{2}{3}}$ und $x_2 = -\sqrt{\frac{2}{3}}$ liegen somit waagrechte Tangenten vor. Da

$$f''(x_1) = 6x_1 = 6\sqrt{\frac{2}{3}} > 0\,,$$

handelt es sich im Fall von x_1 nach dem Kriterium des letzten Satzes auch um ein lokales Extremum und speziell um ein Minimum. Auch an der Stelle x_2 haben wir es wegen

$$f''(x_2) = 6x_2 = -6\sqrt{\frac{2}{3}} < 0$$

mit einem lokalen Extremum zu tun. Da der Wert der zweiten Ableitung negativ ist, liegt insbesondere ein Maximum vor.

Obiger Satz liefert uns ein **hinreichendes** Kriterium für das Vorliegen eines Extremums an einer Stelle x_0. Besagtes Kriterium ist jedoch umgekehrt **nicht notwendig**: Eine zwei Mal differenzierbare Funktion f kann nämlich an einer Stelle x_0 durchaus ein lokales Extremum besitzen, ohne dass eine Bedingung $f''(x_0) > 0$ oder $f''(x_0) < 0$ erfüllt ist. Untersuchen wir hierzu beispielsweise die Funktion

$$f(x) := x^4 .$$

Unbestritten besitzt die Funktion an der Stelle $x = 0$ ein lokales Minimum. Tatsächlich ist $f'(x) = 4x^3$ und folgerichtig $f'(0) = 0$. Es ist jedoch $f''(x) = 12x^2$, also speziell auch $f''(0) = 0$. Damit wäre das Kriterium aus obigem Satz nicht anwendbar.

Wir suchen daher ein allgemeineres Kriterium, welches auch für die eben betrachtete Funktion $f(x) = x^4$ anwendbar sein sollte. Der folgende Satz gibt uns ein solches an die Hand.

Satz **Kriterium für ein Extremum**

Es sei $f\colon]a, b[\to \mathbb{R}$ eine k Mal differenzierbare Funktion mit stetiger k-ter Ableitung und $k \geq 2$. Gilt für eine Stelle $x_0 \in]a, b[$, dass

$$f'(x_0) = f''(x_0) = \ldots = f^{(k-1)}(x_0) = 0 \quad \text{und} \quad f^{(k)}(x_0) \neq 0 , \tag{3.11}$$

so besitzt die Funktion f an der Stelle x_0 genau dann ein Extremum, falls k eine **gerade** Zahl ist. In diesem Fall liegt ein Maximum vor, falls $f^{(k)}(x_0) < 0$ ist, und ein Minimum, falls $f^{(k)}(x_0) > 0$.

Nach dem Satz von Taylor besitzt die Funktion f bei einer Entwicklung um die Extremalstelle x_0 die Darstellung

$$\begin{aligned} f(x) &= f(x_0) + f'(x_0)(x - x_0) + \frac{1}{2}f''(x_0)(x - x_0)^2 + \ldots \\ &\quad + \frac{1}{(k-1)!}f^{(k-1)}(x_0)(x - x_0)^{k-1} + \frac{1}{k!}f^{(k)}(\xi)(x - x_0)^k \end{aligned}$$

mit einem ξ, welches zwischen x_0 und x liegt. Nach Annahme (3.11) vereinfacht sich dies erheblich zu

$$f(x) = f(x_0) + \frac{1}{k!} f^{(k)}(\xi)(x - x_0)^k . \tag{3.12}$$

Ist nun etwa $f^{(k)}(x_0) > 0$, so gilt wegen der Stetigkeit von $f^{(k)}$ auch noch $f^{(k)}(x) > 0$ für alle x in einer kleinen Umgebung $]x_0-d, x_0+d[$ um x_0. Indem wir also Beziehung (3.12) nur noch für besagte x aus $]x_0-d, x_0+d[$ betrachten, liegt damit auch ξ zwischen einem solchen x und x_0. Somit gilt auch $f^{(k)}(\xi) > 0$. Wir erhalten also mit einer positiven Zahl c:

$$f(x) = f(x_0) + c \cdot (x - x_0)^k \tag{3.13}$$

in der Umgebung $]x_0-d, x_0+d[$. Ein lokales Minimum liegt nun genau dann vor, wenn

$$f(x) \geq f(x_0)$$

für alle $x \in]x_0 - d, x_0 + d[$ gilt. Wie wir aus Formel (3.13) erkennen, ist dies wegen $c > 0$ dann (und nur dann) möglich, wenn der Ausdruck $(x - x_0)^k$ stets positiv ist. Dies ist genau dann der Fall, wenn k eine gerade Zahl ist. Analog zeigt man, dass bei x_0 ein Maximum vorliegt, falls $f^{(k)}(x_0) < 0$.

Das eben bewiesene Kriterium des obigen Satzes ist allgemeiner als das Kriterium des Satzes von Seite 125. Dies bedeutet, positiv ausgedrückt, dass Letzterer durch den „besseren", weil allgemeingültigeren obigen Satz vollständig ersetzt werden kann. Dennoch ist es in der Praxis in einem Großteil der Fälle möglich, bereits allein aus $f'(x_0) = 0$ und $f''(x_0) \neq 0$ auf das Vorhandensein eines Extremums zu schließen. Da Ihnen der Satz von Seite 125 auch aus Schulzeiten geläufiger sein dürfte als die allgemeinere Version von obigem Satz, haben wir auf seine Erwähnung auch nicht verzichtet.

Beispiel 3.16

Wir greifen nochmals das Beispiel

$$f(x) = x^4$$

von oben auf. Mit dem Kriterium aus obigem Satz sind wir nun in der Lage, das Minimum an der Stelle $x_0 = 0$ nachzuweisen. Mit

$$f'(x) = 4x^3, \quad f''(x) = 12x^2, \quad f'''(x) = 24x \quad \text{und} \quad f^{(4)}(x) = 24$$

ist nämlich

$$f'(0) = f''(0) = f'''(0) = 0 \quad \text{und} \quad f^{(4)}(0) = 24 > 0\,.$$

Da $k = 4$ eine gerade Zahl ist und $f^{(4)}(0) > 0$, liegt an der Stelle $x_0 = 0$ tatsächlich ein Minimum vor.

Wendepunkte 3.9

Neben Stellen mit lokalen Extrema besitzt eine differenzierbare Funktion f unter Umständen weitere Stellen mit charakteristischen Eigenschaften, die sich an ihrem Graphen geometrisch interpretieren lassen: Betrachten wir dazu ► Abbildung 3.19:

Unser imaginärer Fahrradfahrer (Seite 106) muss beim Passieren der Stelle

$$x_0 = 1$$

seinen vorher nach rechts orientierten Lenker in nunmehr die linke Richtung einschlagen. Geometrisch bedeutet dies, dass das Krümmungsverhalten des Graphen von f von einer Rechtskrümmung ($f''(x) < 0$) vor der Stelle $x_0 = 1$ auf eine Linkskrümmung ($f''(x) > 0$) nach der Stelle x_0 wechselt. Eine solche Stelle x_0, an der die zweite Ableitung $f''(x)$ ihr Vorzeichen wechselt, wird auch **Wendepunkt** genannt. Ist die zweite Ableitung stetig (wovon wir in der Praxis in vielen Fällen ausgehen können), muss die zweite Ableitung dort einen Nulldurchgang besitzen, d. h. es muss

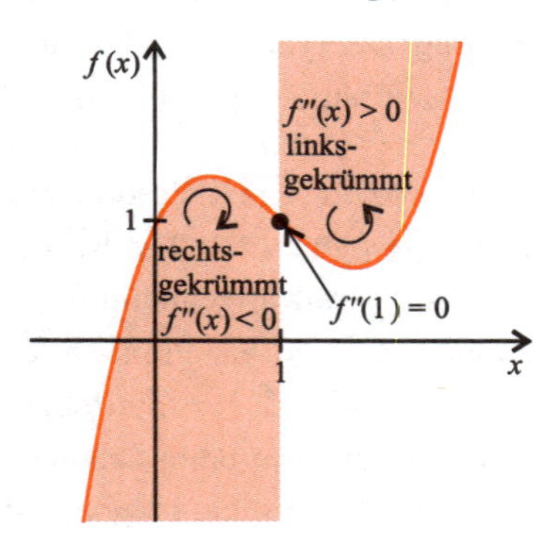

Abbildung 3.19: Wendepunkt bei $x = 1$: Wechsel der Krümmung.

$$f''(x_0) = 0$$

gelten.

Wie im eben geschilderten Fall lokaler Extrema ist die Bedingung $f''(x_0) = 0$ jedoch allein noch nicht hinreichend für das Vorliegen eines Wendepunkts an der Stelle x_0: Betrachten wir ein weiteres Mal die Funktion $f(x) = x^4$ und ihren Graphen.

Zwar errechnen wir $f''(0) = 0$, aber der Graph von f ist durchweg linksgekrümmt. Das Vorzeichen der zweiten Ableitung ist konstant größer oder gleich null. Da kein Vorzeichenwechsel der zweiten Ableitung stattfindet, liegt folglich auch kein Wendepunkt vor (▶ Abbildung 3.20).

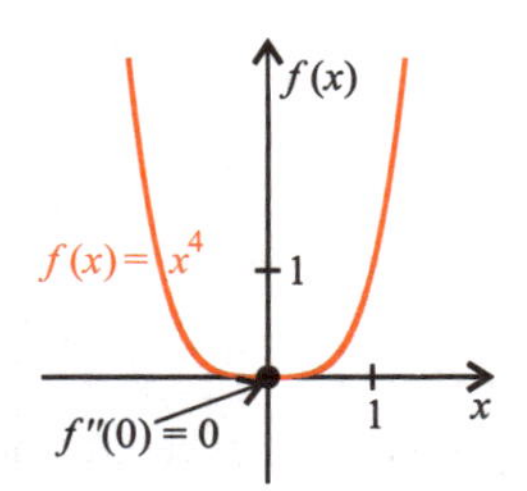

Abbildung 3.20: $f''(0) = 0$, aber kein Wendepunkt.

Die Bedingung $f''(x_0) = 0$ weist also nur dann zweifelsfrei auf einen Wendepunkt an der Stelle x_0 hin, wenn dort zusätzlich der Vorzeichenwechsel der zweiten Ableitung gewährleistet ist. Einen möglichen Hinweis hierfür liefern wieder die höheren Ableitungen. Wir formulieren das hierzu passende Kriterium gleich in der allgemeinsten Form.

Satz **Kriterium für Wendepunkte**

Es sei $f\colon\,]a, b[\, \to \mathbb{R}$ eine k Mal differenzierbare Funktion mit stetiger k-ter Ableitung und $k \geq 3$. Gilt für eine Stelle $x_0 \in\,]a, b[$, dass

$$f''(x_0) = \ldots = f^{(k-1)}(x_0) = 0 \quad \text{und} \quad f^{(k)}(x_0) \neq 0\,, \tag{3.14}$$

so besitzt die Funktion f genau dann an der Stelle x_0 einen Wendepunkt, wenn k eine **ungerade** Zahl ist.

Auf einen Beweis dieses Satzes, der sich ähnlicher Argumente wie der Satz von Seite 126 bedient, sei hier verzichtet. Stattdessen wollen wir den Satz mit Hilfe eines Beispiels näher erläutern.

Beispiel 3.17

a) Für $x > 0$ sei die Funktion

$$f(x) = \frac{1}{6}\ln x + e^{x-1} - \frac{2}{9}x^3 + \frac{1}{4}x^2 - \frac{1}{36}$$

gegeben. An der Stelle $x_0 = 1$ wollen wir einen Wendepunkt nachweisen (▶ Abbildung 3.21). Wir berechnen die Ableitungen von f und werten sie jeweils an der Stelle $x_0 = 1$ aus:

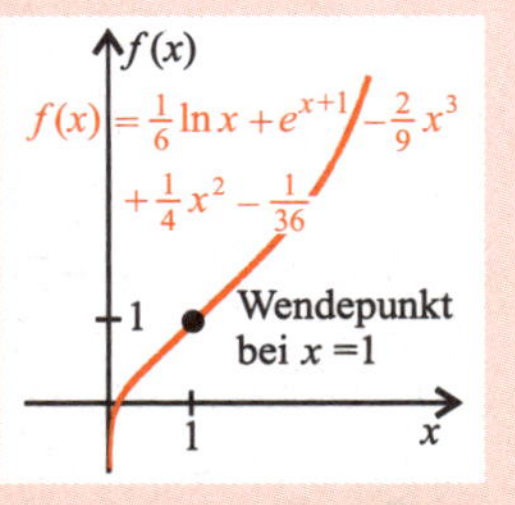

Abbildung 3.21: Wendepunkt bei $x_0 = 1$.

$$
\begin{aligned}
f'(x) &= \tfrac{1}{6x} + e^{x-1} - \tfrac{2}{3}x^2 + \tfrac{x}{2} \\
f''(x) &= -\tfrac{1}{6x^2} + e^{x-1} - \tfrac{4}{3}x + \tfrac{1}{2} \quad \Rightarrow \quad f''(1) = 0 \\
f'''(x) &= \tfrac{1}{3x^3} + e^{x-1} - \tfrac{4}{3} \quad \Rightarrow \quad f'''(1) = 0 \\
f^{(4)}(x) &= -\tfrac{1}{x^4} + e^{x-1} \quad \Rightarrow \quad f^{(4)}(1) = 0 \\
f^{(5)}(x) &= \tfrac{4}{x^5} + e^{x-1} \quad \Rightarrow \quad f^{(5)}(1) = 5 \neq 0
\end{aligned}
$$

Es ist also $f''(1) = 0$ und

$$f'''(1) = f^{(4)}(1) = 0 \quad \text{sowie} \quad f^{(5)}(1) = 5 \neq 0\,.$$

Da die Ordnung der ersten nicht-verschwindenden Ableitung $f^{(k)}(x_0)$ $(k \geq 2)$ an der Stelle $x_0 = 1$ gleich fünf, also ungerade ist, liegt nach dem Satz von Seite 129 an der Stelle $x_0 = 1$ ein Wendepunkt vor.

b) Wir überprüfen, ob die Funktion

$$f(x) = \frac{1}{2}\ln x - e^{x-1} + \frac{3}{4}x^2 + \frac{5}{4} \quad (x > 0)$$

an der Stelle $x_0 = 1$ einen Wendepunkt besitzt (▶ Abbildung 3.22). Wieder berechnen wir:

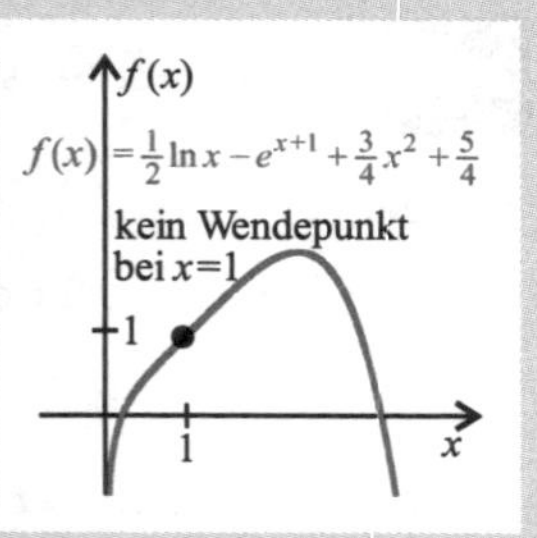

Abbildung 3.22: $f''(1) = 0$, aber **kein** Wendepunkt.

$$
\begin{aligned}
f'(x) &= \tfrac{1}{2x} - e^{x-1} + \tfrac{3}{2}x \\
f''(x) &= -\tfrac{1}{2x^2} - e^{x-1} + \tfrac{3}{2} \quad \Rightarrow f''(1) = 0 \\
f'''(x) &= \tfrac{1}{x^3} - e^{x-1} \quad \Rightarrow f'''(1) = 0 \\
f^{(4)}(x) &= -\tfrac{3}{x^4} - e^{x-1} \quad \Rightarrow f^{(4)}(1) = -4 \neq 0
\end{aligned}
$$

Auch hier ist $f''(1) = 0$. Da jedoch die Ordnung der ersten nicht-verschwindenden Ableitung $f^{(4)}(1)$ eine gerade Zahl ist, liegt (wiederum nach dem Satz von Seite 129) an der Stelle $x_0 = 1$ **kein** Wendepunkt vor.

c) Eine besondere Situation liegt vor, wenn für die Steigung in einem Wendepunkt

$$f'(x_0) = 0$$

gilt. Ein solcher Wendepunkt x_0 mit waagrechter Tangente wird als **Sattelpunkt** bezeichnet (▶ Abbildung 3.23). Am Beispiel der Funktion

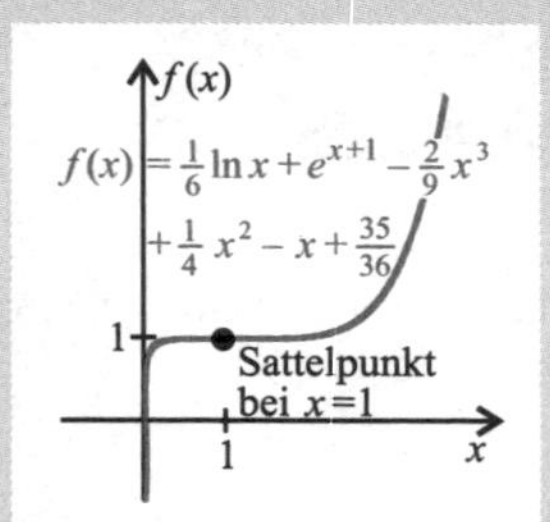

Abbildung 3.23: Sattelpunkt.

$$f(x) = \frac{1}{6}\ln x + e^{x-1} - \frac{2}{9}x^3 + \frac{1}{4}x^2 - x + \frac{35}{36} \quad (x > 0)$$

verifiziere der Leser das Vorliegen eines Sattelpunktes an der Stelle $x_0 = 1$ (siehe Aufgabe 5 am Ende des Kapitels).

Wir beschließen dieses Kapitel mit einem Beispiel aus der naturwissenschaftlichen Praxis.

Beispiel 3.18

Der Zusammenhang zwischen dem Druck p (in bar), der Temperatur T (in Kelvin) und Molvolumen V_m (in l/mol) einer Gasportion wird mathematisch durch die Van-der-Waals'sche Gleichung beschrieben:

$$(p + \frac{a}{V_m^2})(V_m - b) = R \cdot T\,. \tag{3.15}$$

$R = 8.31441 \frac{\mathrm{J}}{\mathrm{K{\cdot}mol}}$ ist dabei die allgemeine Gaskonstante. Hingegen sind a und b stoffspezifische Konstanten. Im Fall von CO_2 sind dies beispielsweise

$$a = 3.64 \frac{l^2 \cdot \mathrm{bar}}{(\mathrm{mol})^2} \quad \text{und} \quad b = 0.04267 \frac{l}{\mathrm{mol}}\,.$$

Somit verbleiben die drei variablen Größen T, p und V_m. Da wir uns in diesem Teil bisher nur auf den Zusammenhang **zweier** reeller Größen konzentriert haben, müssen wir die Variabilität von T auf andere Weise realisieren. In Teil III werden wir Funktionen mehrerer unabhängiger Variablen kennen lernen. Für den Moment begnügen wir uns jedoch damit, eine Variable festzuhalten, um dann einen funktionalen Zusammenhang zwischen den zwei übrigen Variablen formulieren zu können.

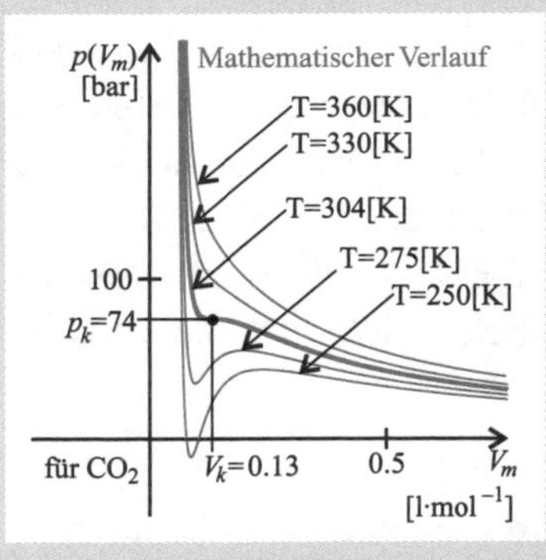

Abbildung 3.24: Mathematischer $p(V)$-Verlauf bei ausgewählten Temperaturen.

In unserem konkreten Fall sei dabei T als Parameter zu betrachten und jeweils fest gewählt, d. h. die Veränderungen des Volumens und des Drucks geschehen **isotherm**, alo bei konstanter Temperatur. Der Druck in Abhängigkeit des Volumens wird unter diesen Umständen beschrieben durch

$$p(V_m) = \frac{RT}{V_m - b} - \frac{a}{V_m^2} \quad (T\,\text{konst.}) \tag{3.16}$$

Für CO_2 sind zu den Temperaturen $T = 250\,\mathrm{K}$, $275\,\mathrm{K}$, $304\,\mathrm{K}$, $330\,\mathrm{K}$, $360\,\mathrm{K}$ in ▶ Abbildung 3.24 jeweils die entsprechenden Graphen gezeichnet.

Bekanntermaßen geht eine Verringerung des Volumens in der Regel mit einem Druckanstieg einher. Betrachten wir aber ▶ Abbildung 3.24, so entsprechen nur die oberen drei Kurven für $T = 304\,\text{K}$, $T = 330\,\text{K}$ und $T = 360\,\text{K}$ diesem Sachverhalt. (Unabhängig davon ähnelt der Verlauf dieser Kurven mit wachsendem T immer mehr dem Graphen der idealen Gasgleichung

$$\frac{p \cdot V_m}{T} = \text{konst.})$$

Die unteren Kurven stellen sich dagegen als physikalisch unsinnig heraus: Denn ein Druck p, der trotz Volumenverringerung abnimmt und dem mathematischen Modell zufolge für $T = 250\,\text{K}$ sogar ins Negative abdriftet, entspricht keinesfalls der physikalischen Wirklichkeit.

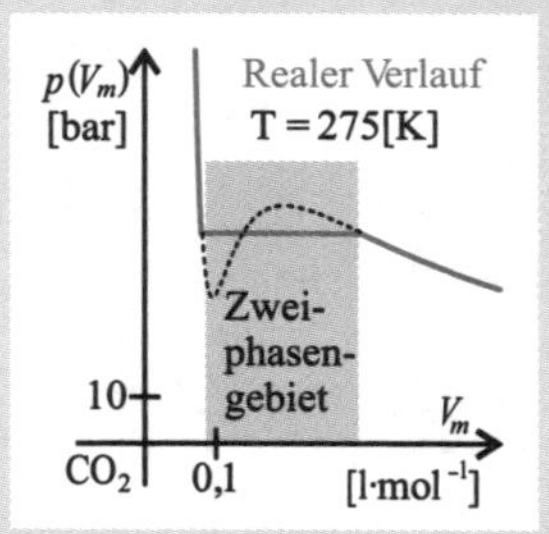

Abbildung 3.25: Realer $p(V)$-Verlauf bei $T = 275\,\text{K}$.

Wir haben es hier also mit einem Beispiel zu tun, bei welchem die mathematische Modellierung bei gewissen Parametern (hier den niedrigen Temperaturen) die naturwissenschaftliche Realität nicht korrekt zu modellieren vermag. Diese nämlich zeichnet (speziell für $T = 275\,\text{K}$) das folgende, in ▶ Abbildung 3.25 dargestellte Bild.

In dem als „Zweiphasengebiet" bezeichneten Volumenbereich findet bei Volumenverringerung eine Verflüssigung des Gases statt – d. h. der Stoff liegt hier teils in gasförmigem, teils in flüssigem Zustand vor. Eine Volumenverringerung geht hier mit einem höheren Flüssigkeitsanteil einher, ohne dass eine Druckerhöhung erfolgt. Am linken Ende des Zweiphasengebiets ist der gesamte Stoff verflüssigt. Eine Volumenverringerung zieht nun einen rapiden Druckanstieg nach sich.

Dem Chemiker oder Physiker ist ferner der folgende, aus Abbildung 3.24 abzulesende Sachverhalt bekannt: Oberhalb einer bestimmten, so genannten **kritischen Temperatur** T_k existiert kein Zweiphasengebiet und es erfolgt auch bei starker Kompression des Gases keine Verflüssigung. Unterhalb der kritischen Temperatur ist hingegen eine Verflüssigung möglich. Wie Abbildung 3.24 deutlich macht, verbirgt sich hinter dieser kritischen Temperatur derjenige Wert T_k, für welchen die zugehörige Funktion

$$p(V_m) \qquad (T = T_k)$$

kein lokales Maximum und Minimum mehr aufweist, sondern beide in einem Wendepunkt mit waagrechter Tangente zusammenfallen. Die Wendestelle

$$V_{m;\text{krit.}} \qquad \text{oder kurz} \qquad V_k$$

wird als **„kritisches Molvolumen"**, der zugehörige Druck $p_k := p(V_k)$ als **„kriti-**

scher Druck“ bezeichnet. Ein Wendepunkt mit waagrechter Tangente liegt nach dem Satz von Seite 129 genau dann vor, wenn in der Wendestelle die ersten beiden Ableitungen den Wert Null annehmen und die erste nicht-verschwindende Ableitung an dieser Stelle von ungerader Ordnung ist. Zur Ermitlung dieser Stelle berechnen wir die ersten drei Ableitungen zu

$$p'(V_m) = -\frac{RT}{(V_m - b)^2} + \frac{2a}{V_m^3}, \quad p''(V_m) = \frac{2 \cdot RT}{(V_m - b)^3} - \frac{6a}{V_m^4}$$

$$p'''(V_m) = -\frac{6 \cdot RT}{(V_m - b)^4} + \frac{24a}{V_m^5}.$$

Wir setzen die ersten beiden Ableitungen gleich null:

$$-\frac{RT}{(V_m - b)^2} + \frac{2a}{V_m^3} = 0 \quad \text{und} \quad \frac{2 \cdot RT}{(V_m - b)^3} - \frac{6a}{V_m^4} = 0.$$

Aus diesem (nichtlinearen) Gleichungssystem in den Unbekannten V_m und T berechnen sich die Lösungen T_k und V_k zu

$$T_k = \frac{8a}{27bR} \quad \text{und} \quad V_k = 3b.$$

Setzen wir das Ergebnis V_k in die dritte Ableitung p''' ein, so ergibt sich

$$p'''(V_k) = -\frac{a}{81b^5} \neq 0,$$

womit tatsächlich ein Wendepunkt vorliegt. Den kritischen Druck erhalten wir durch Einsetzen in die Funktionsgleichung (3.16) mit $T = T_k$ und $V_m = V_k$ zu:

$$p_k = p(V_k) = \frac{a}{27b^2}.$$

Mit den spezifischen Werten für das Gas CO_2 ergibt dies:

$$T_k = 304\,\mathrm{K}, \quad V_k = 0.13\frac{l}{\mathrm{mol}} \quad \text{und} \quad p_k = 74\,\mathrm{bar}.$$

Aufgaben

1 Bilden Sie mit den Rechenregeln für Ableitungen und den als bekannt vorausgesetzten Ableitungen der Standardfunktionen die erste Ableitung der folgenden Funktionen:

a) $f(t) = \cos(t^2)$

b) $f(t) = \cos^2 t$

c) $f(x) = x^3 \cdot e^{2x}$

d) $f(x) = \sinh x = \frac{e^x - e^{-x}}{2}$

e) $p(T) = \frac{RT}{V-b} - \frac{a}{V^2}$ [R, V, a, b konst.]

f) $p(V) = \frac{RT}{V-b} - \frac{a}{V^2}$ [R, T, a, b konst.].

2 Berechnen Sie die Ableitung von

$$f(x) = \tan x = \frac{\sin x}{\cos x} \qquad (x \neq \frac{\pi}{2} + k\pi;\ k \in \mathbb{Z}).$$

3 Bestimmen Sie für die Funktion

$$f(x) = 3 \cdot \frac{x^2 - 1}{x^2 + 1}$$

die Schnittpunkte mit den Koordinatenachsen sowie den Winkel, welchen ihre Tangenten dort jeweils gegenüber der positiv orientierten x-Achse einschließen.

4 Stellen Sie fest, ob die folgenden Funktionen an der Stelle $x_0 = 0$ ein lokales Extremum (wenn ja, Minimum oder Maximum?) oder einen Wendepunkt besitzen. Ist Letzteres der Fall, geben Sie zudem die Steigung der Kurve im Wendepunkt an:

a) $f(x) = x^4 - 2x^3 + 2x^2 - 1$

b) $f(x) = x^4 - 2x^3 + 1$

c) $f(x) = x^4 - 2x^3 + 3x + 1$

d) $f(x) = x^4 - 1$

e) $f(x) = x^4 - 2x + 1$.

5 Zeigen Sie, dass die Funktion

$$f(x) = \frac{1}{6}\ln x + e^{x-1} - \frac{2}{9}x^3 + \frac{1}{4}x^2 - x + \frac{35}{36} \qquad (x > 0)$$

an der Stelle $x_0 = 1$ einen Sattelpunkt besitzt.

6 Bestimmen Sie für die Funktion

$$f(x) = e^{-x}(1 - x^2)$$

- Nullstellen sowie den Schnittpunkt mit der y-Achse,
- lokale und absolute Maxima und Minima (soweit vorhanden),

- Wendepunkte und die Steigung der Tangenten in diesen Wendepunkten,
- das Verhalten für $x \to \pm\infty$.

7 Bestimmen Sie für die Funktion

$$f(x) = \ln\left(x + \frac{1}{2}\right)^2 - x + \frac{1}{2} \qquad (x \neq -\frac{1}{2})$$

(ggf. numerisch) die in ▶ Abbildung 3.26 ersichtlichen Nullstellen.

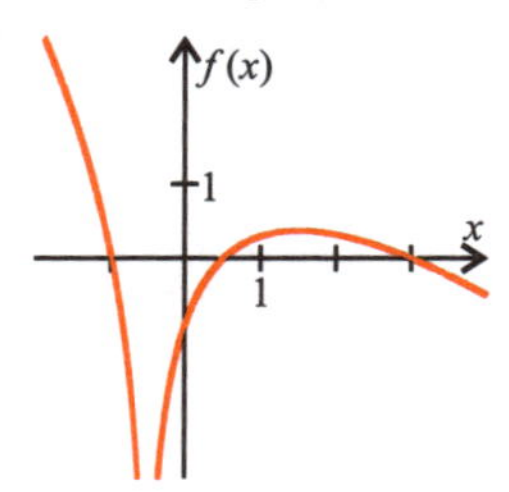

Abbildung 3.26: $f(x) = \ln\left(x + \frac{1}{2}\right)^2 - x + \frac{1}{2}$.

8 Bestimmen Sie jeweils das dritte Taylorpolynom $T_3(x)$ der Funktionen

- $f(x) = e^{2x} + x^4 + xe^{-x}$ um die Stelle $x_0 = 0$
- $g(x) = x^3 + x^2 + x + 1$ um die Stelle $x_0 = 1$.

9 Entwickeln Sie die Funktion

$$f(x) = \frac{1}{(1 - x^2)} \qquad (|x| < 1)$$

um die Stelle $x_0 = 0$ in eine Taylorreihe; bestimmen Sie so viele Glieder, bis Sie das Bildungsgesetz der Reihe „erkennen" können, und formulieren Sie die Reihe dann mit Hilfe des Summenzeichens.

10 Zeigen Sie: Wenn man die Taylorreihe für $\sin x$ differenziert, erhält man die Taylorreihe für $\cos x$. Dabei dürfen Sie (ohne Beweis) die Ableitung der Sinus-Reihe der Reihe über die Ableitungen der einzelnen Summanden gleichsetzen.

Ausführliche Lösungen und weitere Aufgaben finden Sie auf der Companion Website des Buches unter
http://www.pearson-studium.de

Integralrechnung

4

ÜBERBLICK

Dieses Kapitel erklärt:

- Die Bildung der Stammfunktion als Umkehrung der Differentiation und den Begriff des unbestimmten Integrals.
- Die Berechnung von Flächen unter dem Graphen einer Funktion und den Begriff des bestimmten Integrals.
- Rechenregeln für den Umgang mit Integralen.
- Wie man die Berechnung des bestimmten Integrals in der Praxis näherungsweise durchführen kann, wenn theoretische Hilfsmittel versagen.
- Wie man unter Umständen auch dann die Fläche unter einem Graphen berechnen kann, wenn sich diese bis ins Unendliche erstreckt.

„Der Begriff der Integration beinhaltet zweierlei: Zum einen beschreibt er die Umkehrung der Differentiation: Zu einer gegebenen Funktion f soll eine Funktion F gefunden werden, welche gerade die Funktion f zur Ableitung hat. Zum anderen formalisiert er mathematisch die Berechnung der Fläche unter einem Graphen. Es ist eines der zentralen Resultate der Analysis, wie im Hauptsatz der Differential- und Integralrechnung diese beiden scheinbar unterschiedlichen Aspekte gleichsam zu einem mächtigen Werkzeug zur Flächenberechnung verschmelzen.“

Stammfunktionen: Das unbestimmte Integral 4.1

In Kapitel 3 hatten wir zu einer gegebenen Funktion $f: I \to \mathbb{R}$ die Ableitung bestimmt. (I war dabei ein reelles Intervall der Form $I =]a, b[$). In diesem Kapitel wollen wir den Spieß gewissermaßen umdrehen: Ausgehend von einer Funktion $f: I \to \mathbb{R}$ suchen wir eine differenzierbare Funktion $F: I \to \mathbb{R}$, deren Ableitung F' gerade f sein soll. Eine solche Funktion F mit

$$F'(x) = f(x)$$

für alle $x \in I$ nennt man auch (eine) **Stammfunktion** von f. Dass diese in keinem Fall eindeutig bestimmt ist, soll uns ein einführendes Beispiel zeigen.

Beispiel 4.1

Es sei $f(x) := x^2$. Dann sind beispielsweise die Funktionen F_1, F_2, gegeben durch

$$F_1(x) = \frac{1}{3}x^3 + \frac{1}{4}$$

und

$$F_2(x) = \frac{1}{3}x^3 + \frac{5}{2}$$

Stammfunktionen von f, denn durch Ableiten erkennen wir

$$F_1'(x) = f(x) \qquad \text{und} \qquad F_2'(x) = f(x)$$

für alle $x \in \mathbb{R}$ (▶ Abbildung 4.1).

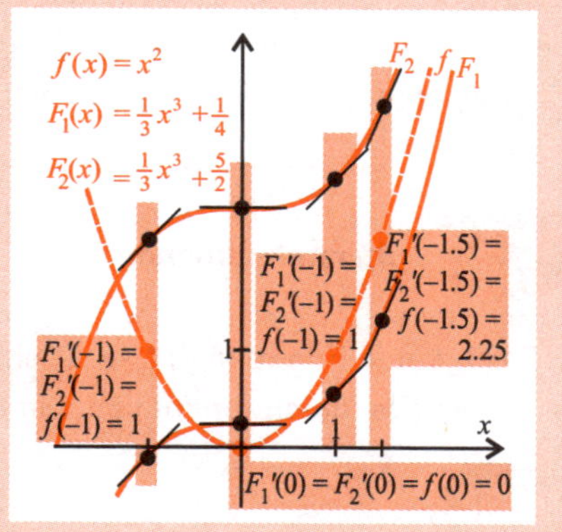

Abbildung 4.1: Funktion f mit Stammfunktionen F_1 und F_2.

Wie das Beispiel zeigt, spielen die auftretenden Konstanten $c_1 = \frac{1}{4}$ oder $c_2 = \frac{5}{2}$ beim Nachweis, dass es sich bei F_1 und F_2 um Stammfunktionen von f handelt, keine Rolle. Dies ist darauf zurückzuführen, dass sie als Konstanten beim Ableiten verschwinden. Allgemeiner können wir festhalten:

Ist $F(x)$ eine Stammfunktion von $f(x)$, so ist auch $F(x) + c$ mit einer beliebigen Konstanten $c \in \mathbb{R}$ eine Stammfunktion von $f(x)$.

Damit bleibt jedoch eine Frage noch ungeklärt: Betrachten wir nochmals die Situation, dass wir zu einer gegebenen Funktion $f(x)$ eine Stammfunktion $F(x)$ gefunden haben. Sind dann mit der Funktionenschar $F(x) + c$ bereits **alle** Stammfunktionen von $f(x)$ ermittelt? Bezogen auf Beispiel 4.1 lautet diese Frage: Gibt es eine weitere differenzierbare Funktion $G(x)$ mit $G'(x) = x^2$, die sich **nicht** in der Form

$$G(x) = \frac{1}{3}x^3 + c$$

mit einer Konstanten c darstellen lässt? Die Antwort, die dies verneint, wollen wir wieder in der allgemeinsten Form beweisen: Zu einer gegebenen Funktion f betrachten wir nämlich zwei beliebige Stammfunktionen $F(x)$ und $G(x)$ mit $F'(x) = f(x)$ und $G'(x) = f(x)$. Dann ist für alle $x \in I$

$$(F - G)'(x) = F'(x) - G'(x) = f(x) - f(x) = 0 .$$

Damit kann es sich bei der Funktion $F - G$ nur um eine Konstante c handeln. Mit anderen Worten:

$$F(x) = G(x) + c$$

für alle $x \in I$ mit einer Konstanten $c \in \mathbb{R}$. Zwei beliebige Stammfunktionen von f unterscheiden sich also tatsächlich nur um eine Konstante. Zusammen mit den obigen Überlegungen haben wir also gezeigt:

Satz **Stammfunktionen**

Besitzt eine Funktion $f: I \to \mathbb{R}$ eine Stammfunktion $F(x)$, so sind mit $F(x) + c$ $(c \in \mathbb{R})$ **alle** Stammfunktionen von f gegeben.

Für die Stammfunktionen von f wollen wir ein abkürzendes Symbol einführen: Besitzt eine gegebene Funktion $f: I \to \mathbb{R}$ eine Stammfunktion F, so bezeichne

$$\int f(x)\,dx$$

die Kurvenschar $F_c := F + c$ $(c \in \mathbb{R})$, also die Gesamtheit aller Stammfunktionen von f.

Es wird als das **unbestimmte Integral** von f bezüglich der Variablen x bezeichnet. Unter dem Begriff **Integration** verstehen wir demzufolge den Vorgang, zu einer gegebenen Funktion f das unbestimmte Integral

$$\int f(x)\,dx$$

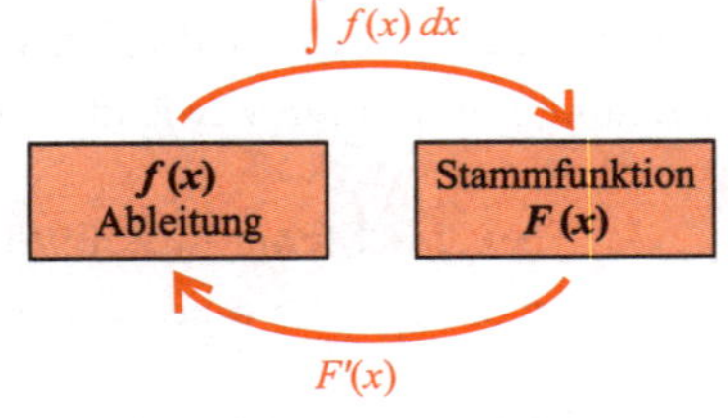

Abbildung 4.2: Integration als Umkehrung der Differentiation.

zu bestimmen. Als die Ermittlung aller Funktionen F, für welche $F' = f$ gilt, stellt die Integration somit in Bezug auf die Differentiation den Umkehrvorgang dar (▶ Abbildung 4.2).

Beispiel 4.1 lässt sich mit dieser Notation also formulieren zu

$$\int x^2\,dx = \frac{1}{3}x^3 + c \qquad (c \in \mathbb{R}).$$

Welche Funktionen f besitzen nun eine Stammfunktion F und wie sehen diese aus? Während wir uns der ersten Frage später widmen werden, ist in ▶ Tabelle 4.1 zu einigen elementaren Funktionen f das unbestimmte Integral $\int f(x)\,dx$ angegeben. Zum Beweis leite man einfach $\int f(x)\,dx$ ab und stelle fest, dass das Ergebnis der Funktion f entspricht.

Tabelle 4.1

Elementare Funktionen und ihre Stammfunktionen

$f(x)$	a	$x^a\ (a \neq -1)$	$\frac{1}{x}$	e^x
$\int f(x)\,dx$	$ax + c$	$\frac{1}{a+1} x^{a+1} + c$	$\ln\lvert x\rvert + c$	$e^x + c$

$f(x)$	$\sin(ax)\ (a \neq 0)$	$\cos(ax)\ (a \neq 0)$	$\ln x$
$\int f(x)\,dx$	$-\frac{1}{a}\cos(ax) + c$	$\frac{1}{a}\sin(ax) + c$	$x(\ln x - 1) + c$

Bemerkung

Für alle Funktionen in Tabelle 4.1 stimmen (wie nach Definition gefordert) der Definitionsbereich der Ausgangsfunktion f und des unbestimmten Integrals $\int f(x)\,dx$ überein. Im Fall von

$$f\colon \mathbb{R}\backslash\{0\} \to \mathbb{R},\ f(x) = \frac{1}{x}$$

und des unbestimmten Integrals

$$\int \frac{1}{x}\,dx = \ln|x| + c$$

ist jedoch eine Bemerkung angebracht: Wäre die Funktion $x \mapsto \frac{1}{x}$ nur auf $\mathbb{R}^+$ erklärt (was in vielen Anwendungen auch der Fall ist), so wäre das unbestimmte Integral ebenfalls nur auf $\mathbb{R}^+$ zu definieren und dort gegeben durch die Kurvenschar

$$F_c(x) = \ln x + c\,.$$

Tatsächlich aber lässt sich im Gegensatz zur Funktion $x \mapsto \ln x$ deren Ableitung $x \mapsto \frac{1}{x}$ auf ganz $\mathbb{R}\backslash\{0\}$ definieren. Das unbestimmte Integral von $x \mapsto \frac{1}{x}$ muss in diesem Fall ebenfalls für alle $x \in \mathbb{R}\backslash\{0\}$ erklärt werden. Die in Tabelle 4.1 angegebene Funktionenschar

$$F_c\colon \mathbb{R}\backslash\{0\} \to \mathbb{R},\ F_c(x) = \ln|x| + c$$

ist hierbei die richtige Wahl, denn durch Auflösen des Betrags erkennen wir

$$\frac{d}{dx}\ln|x| = \begin{cases} \frac{d}{dx}\ln x & \text{falls } x > 0 \\ \frac{d}{dx}\ln(-x) & \text{falls } x < 0 \end{cases} = \begin{cases} \frac{1}{x} & \text{falls } x > 0 \\ \frac{1}{-x}(-1) & \text{falls } x < 0 \end{cases} = \frac{1}{x}$$

für $x \in \mathbb{R}\backslash\{0\}$.

Obwohl es sich beim unbestimmten Integral $\int f(x)\,dx$ um eine Funktionenschar handelt, bleibt in der Literatur der Scharparameter c, die so genannte **Integrationskonstante**, häufig unberücksichtigt. Nach dem Satz von Seite 140 ist dies ein verzeihlicher Mangel, denn ausgehend von einer beliebigen Stammfunktion F von f geht jede andere Stammfunktion von f einfach durch Addition einer Konstanten aus F hervor.

Wie sieht das unbestimmte Integral der Summe zweier Funktionen f und g aus? Sind F bzw. G Stammfunktionen von f bzw. g, so stellen wir fest, dass

$$(F+G)'(x) = F'(x) + G'(x) = f(x) + g(x) = (f+g)(x) \qquad \text{für alle } x \in I\,.$$

Damit ist die Funktion $F + G$ und mit ihr auch jede Funktion

$$F + G + c = (F + c_1) + (G + c_2)$$

mit beliebigen $c_1, c_2 \in \mathbb{R}$ eine Stammfunktion von $f + g$, oder kurz:

$$\int (f(x) + g(x))\,dx = \int f(x)\,dx + \int g(x)\,dx\,. \tag{4.1}$$

Ebenfalls durch direktes Ableiten verifiziert man die Rechenregel

$$\int (\alpha\, f(x))\,dx = \alpha \int f(x)\,dx\,. \tag{4.2}$$

Beide Rechengesetze wollen wir an einem Beispiel verdeutlichen.

Beispiel 4.2

Gesucht ist das unbestimmte Integral der Funktion

$$f(x) = 3x^2 + 4\sin(2x)\,.$$

Mit den Rechengesetzen (4.1) und (4.2) berechnen wir mit Hilfe von Tabelle 4.1:

$$\begin{aligned}\int (3x^2 + 4\sin(2x))\,dx &= 3\int x^2\,dx + 4\int \sin(2x)\,dx\\ &= 3\left(\frac{1}{3}x^3 + c_1\right) + 4\left(-\frac{1}{2}\cos(2x) + c_2\right)\\ &= x^3 - 2\cos(2x) + \underbrace{3c_1 + 4c_2}_{=:c}\\ &= x^3 - 2\cos(2x) + c\,.\end{aligned}$$

Nicht selten lässt sich eine Stammfunktion F (und damit auch das unbestimmte Integral) einer Funktion f durch simples Raten ermitteln. Ein nachträgliches Ableiten von F zum Beweis von $F' = f$ rechtfertigt dieses Vorgehen. In zahlreichen Fällen jedoch führt auch intensives Raten nicht zum Ziel und wir sind auf andere Hilfsmittel angewiesen. Neben Verzeichnissen von Stammfunktionen in Formelsammlungen, Lehrbüchern etc. (siehe etwa [Bro] oder auch [Hoh], Band 2) sind es Rechenregeln, die eine Ermittlung des unbestimmten Integrals erlauben. Als eine der wichtigsten sei hier die so genannte **partielle Integration** oder auch **Produktintegration** genannt. Sie erlaubt die Berechnung des unbestimmten Integrals eines Produkts $u \cdot v$ zweier Funktionen $u, v\colon I \to \mathbb{R}$.

Satz **Produktintegration, partielle Integration**

Gegeben seien die Funktionen $u, v\colon I \to \mathbb{R}$. Es sei u stetig und v differenzierbar. Es sei ferner U eine Stammfunktion von u. Dann berechnet sich das unbestimmte Integral der Funktion $u \cdot v$ zu

$$\int u(x)v(x)\,dx = -\int U(x)v'(x)\,dx + U(x)\,v(x)\,. \tag{4.3}$$

Zum Beweis müssen wir wieder nur zeigen, dass die rechte Seite der Gleichung eine Stammfunktion von $u \cdot v$ ist. Mit anderen Worten: Hinter der Ableitung der rechten Seite muss sich die Funktion $u \cdot v$ wiederfinden. Tatsächlich berechnen wir mit Hilfe der Produktregel sowie mit dem Wissen, dass Integration die Umkehrung der Differentiation darstellt:

$$\begin{aligned}\left(-\int U(x)v'(x)\,dx + U\,v\right)' &= \left(-\int U(x)v'(x)\,dx\right)' + (U\,v)' \\ &= -U\,v' + U'\,v + U\,v' = U'\,v = u\,v\,.\end{aligned}$$

Auf den ersten Blick scheint sich der Aufwand, der zu betreiben ist, um das Integral

$$\int u(x)v(x)\,dx$$

zu berechnen, vermehrt zu haben. Nicht nur, dass zur Funktion u eine Stammfunktion U gefunden werden muss. Vielmehr muss auch das unbestimmte Integral

$$\int U(x)v'(x)\,dx$$

mühelos zu berechnen sein. Dass Formel (4.3) dennoch in vielen Situationen eine wertvolle Hilfe bieten kann, wollen wir an einem Beispiel verdeutlichen.

Beispiel 4.3

Gegeben ist die Funktion

$$f(x) = e^x x\,.$$

Bei der Bestimmung von

$$\int f(x)\,dx$$

erweist sich Raten als schlechte Strategie. Setzen wir jedoch $u(x) := e^x$ und $v(x) := x$, so erkennen wir zum einen, dass $v'(x) \equiv 1$. Zum anderen ist

$$U : \mathbb{R} \to \mathbb{R}, \quad U(x) = e^x$$

eine Stammfunktion von u, denn $U' = u$. Nach Formel (4.3) können wir somit das unbestimmte Integral von $e^x x$ berechnen zu

$$\int e^x x\,dx = -\int e^x \cdot 1\,dx + e^x x = -(e^x + c) + e^x x = e^x(x-1) - c\,.$$

Nicht selten bedarf es etwas Erfahrung, um im Fall eines Produkts zweier Funktionen die Benennungen für u und v richtig vorzunehmen. Nur in wenigen Situationen gelingt die partielle Integration in beiden Fällen. Meistens wird eine der beiden Benennungen $u(x)v(x)$ bzw. $v(x)u(x)$ Schwierigkeiten hervorrufen, falls es beispielsweise nicht gelingt, die Stammfunktion U oder das unbestimmte Integral $\int U(x)\,v'(x)\,dx$ zu ermitteln.

Wenn der Fall eintritt, dass bei Anwendung der partiellen Integration das Integral

$$\int U(x)\,v'(x)\,dx$$

nicht ohne Weiteres lösbar ist, hilft es in manchen Fällen, dieses erneut einer partiellen Integration zu unterziehen.

4.2 Das Riemann'sche Integral

Unsere Ausgangssituation in diesem Abschnitt ist die folgende: Wie in ▶ Abbildung 4.3 dargestellt, seien ein reelles Intervall $[a, b]$ und eine **beschränkte** Funktion f gegeben.

Betrachten wir in Abbildung 4.3 die Fläche F, welche vom Graphen von f, der x-Achse sowie den beiden Parallelen zur y-Achse bei $x = a$ und $x = b$ begrenzt wird. Um diesen Flächeninhalt F zumindest näherungsweise zu bestimmen, können wir folgendermaßen vorgehen:

Wir unterteilen das Intervall $[a, b]$ in n kleinere Teilstücke, indem wir

$$x_0 := a \quad , \quad x_n := b$$

setzen und weitere $n - 1$ beliebige Stellen

$$x_1, \ldots, x_{n-1} \in]a, b[$$

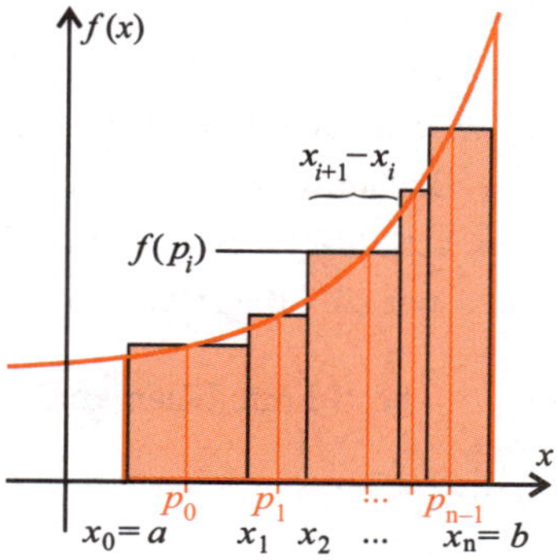

Abbildung 4.3: Näherungsweise Berechnung von F durch Riemann'sche Zwischensummen.

wählen, die voneinander verschieden und nach aufsteigender Größe angeordnet sein sollen. In jedem der n Teilabschnitte $[x_i, x_{i+1}]$ wählen wir nun eine **beliebige** Zwischenstelle

$$p_i \in [x_i, x_{i+1}]$$

aus.

Als nächsten Schritt betrachten wir auf jedem Intervall $[x_i, x_{i+1}]$ das Rechteck mit Grundseite $[x_i, x_{i+1}]$ und Höhe $f(p_i)$. Es besitzt den Flächeninhalt

$$A_i := f(p_i) \cdot (x_{i+1} - x_i)$$

und gibt den Flächeninhalt unter dem Graphen von f zwischen den Grenzen $x = x_i$ und $x = x_{i+1}$ näherungsweise wieder. Es liegt nun nahe, den gesuchten Gesamt-Flächeninhalt F durch die Summe dieser kleinen Ersatz-Flächeninhalte A_i anzunähern, d. h. wir können durch

$$A := \sum_{i=0}^{n-1} A_i = \sum_{i=0}^{n-1} f(p_i) \cdot (x_{i+1} - x_i)$$

den wahren Flächeninhalt F leidlich gut approximieren. Die so berechnete Näherung für den Flächeninhalt F bezeichnet man als **Riemann'sche Zwischensumme**.

Wie lässt sich diese Approximation verbessern? Es erscheint intuitiv klar, dass sich die Qualität der Approximation dadurch verbessert, dass man die Größe der Teilabschnitte $[x_i, x_{i+1}]$ reduziert, indem man die Anzahl n der Unterteilungsstellen $x_1, \ldots, x_{n-1}$ heraufsetzt. Ein Maß für die Feinheit einer Unterteilung ist dabei die Breite d des größten der n Teilabschnitte $[x_i, x_{i+1}]$.

Wünschenswert wäre nun die folgende Eigenschaft einer Funktion: Egal, welche Folge von immer feineren Zerlegungen des Intervalls $[a, b]$ mit $d \to 0$ und beliebigen Zwischenstellen p_i wir auch betrachten: In jedem Fall sollte der oben berechnete Ersatz-Flächeninhalt A gegen denselben Wert, nämlich den Flächeninhalt F, konvergieren. Erfüllt eine beschränkte Funktion auf dem Intervall $[a, b]$ diese Bedingung, so nennen wir sie **integrierbar auf $[a, b]$**. Den Grenzwert F nennen wir das

bestimmte (Riemann'sche) Integral von f bezüglich x von a bis b

und notieren ihn mit

$$\int_a^b f(x)\,dx\,.$$

Geometrisch entspricht er dem Flächeninhalt F zwischen dem Graphen von f, der x-Achse sowie den beiden Senkrechten $x = a$ und $x = b$.

Bemerkung

Es sei darauf hingewiesen, dass durch das Integralzeichen $\int$ bis dato lediglich ein rein formaler Bezug zum unbestimmten Integral aus Abschnitt 4.1 besteht. Eine inhaltliche Beziehung zwischen diesen beiden wohl voneinander zu unterscheidenden Objekten wollen wir erst im nächsten Abschnitt herausarbeiten.

Mit Hilfe der geometrischen Interpretation des bestimmten Integrals können wir uns die folgenden Rechenregeln plausibel machen. Aus diesem Grund wollen wir auch auf einen strengen mathematischen Beweis verzichten.

- Sind $f\colon [a, b] \to \mathbb{R}$ und $g\colon [a, b] \to \mathbb{R}$ integrierbar, so ist auch $f + g$ integrierbar auf $[a, b]$ und es gilt

$$\int_a^b (f(x) + g(x))\,dx = \int_a^b f(x)\,dx + \int_a^b g(x)\,dx\,.$$

- Ist $f\colon [a, b] \to \mathbb{R}$ integrierbar auf $[a, b]$ und $\alpha \in \mathbb{R}$, so ist auch (αf) integrierbar auf $[a, b]$ und es gilt

$$\int_a^b (\alpha f(x))\,dx = \alpha \int_a^b f(x)\,dx\,.$$

- Es seien $a < b < c$ und $f\colon [a, c] \to \mathbb{R}$. Ist f integrierbar auf $[a, b]$ und integrierbar auf $[b, c]$, so ist f auf $[a, c]$ integrierbar und es gilt

$$\int_a^c f(x)\,dx = \int_a^b f(x)\,dx + \int_b^c f(x)\,dx\,.$$

Berechnung von Integralen 4.3

4.3.1 Flächeninhaltsfunktionen

Vor dem eigentlichen Gegenstand dieses Abschnitts ist eine kurze Vorbemerkung angebracht: Bekanntlich handelt es sich bei der unabhängigen Größe x als Argument einer Funktion $f = f(x)$ lediglich um einen Platzhalter. Genauso gut könnten wir die Punkte des Definitionsbereichs von f mit „u" oder „t" bezeichnen und die Funktion f dann als Funktion $f = f(u)$ bzw. $f = f(t)$ notieren. Von dieser Warte aus sind also die Schreibweisen

$$\int_a^b f(x)\,dx\,, \qquad \int_a^b f(t)\,dt \qquad \text{oder} \qquad \int_a^b f(u)\,du$$

vollkommen gleichwertig. In diesem Abschnitt wollen wir die unabhängige Variable mit t bezeichnen.

In den Überlegungen des letzten Abschnitts hatten wir, geometrisch gesprochen, den Flächeninhalt zwischen dem Graphen einer Funktion $f = f(t)$ und der t-Achse zwischen den Grenzen $t_1 = a$ und $t_2 = b$ berechnet. Halten wir nun die untere Grenze a fest und lassen die obere Grenze $x < b$ variabel, so ergibt sich daraus ein von x abhängiger Wert des bestimmten Integrals

$$F_a(x) := \int_a^x f(t)\,dt\,.$$

Anders ausgedrückt: Die Zuordnung

$$x \mapsto F_a(x)$$

ist eine Funktion, die jedem $x \in [a, b]$ den Flächeninhalt unter dem Graphen von f, der t-Achse sowie den Grenzen a und x zuordnet. Wir bezeichnen F_a als die **Flächeninhaltsfunktion** von f zur Stelle a.

Für einfache Funktionen f können wir mit elementaren Mitteln eine Flächeninhaltsfunktion F_a von f explizit berechnen.

Beispiel 4.4

Gegeben sei die Funktion

$$f(t) = t\,.$$

Wir berechnen die Flächeninhaltsfunktion F_0 (▶ Abbildung 4.4). Jedem $x > 0$ wird dabei das bestimmte Integral

$$F_0(x) = \int_0^x f(t)\,dt$$

zugeordnet. Geometrisch entspricht $F_0(x)$ dem Flächeninhalt zwischen der ersten Winkelhalbierenden, der t-Achse sowie den Parallelen zur y-Achse bei $t = 0$ und $t = x$. Nach der Dreiecksformel berechnet sich dieser elementargeometrisch zu

$$F_0(x) = \int_0^x f(t)\,dt = \frac{1}{2}\,x\,f(x) = \frac{x^2}{2}\,.$$

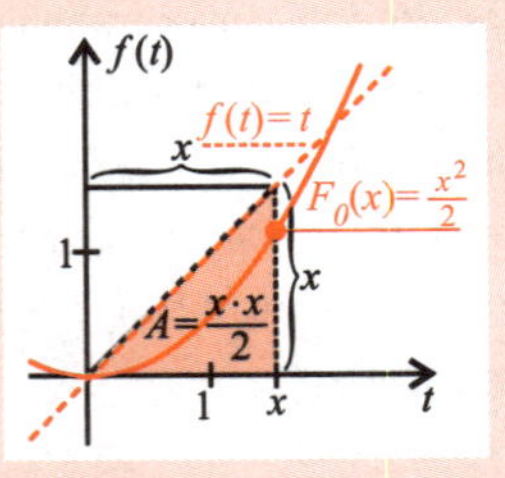

Abbildung 4.4: Flächeninhaltsfunktion mit variabler rechter Grenze x.

4.3.2 Die Hauptsätze der Differential- und Integralrechnung

Dass die Einführung der Flächeninhaltsfunktionen einer höheren Absicht dient als nur dem mathematischen Selbstzweck, wollen wir im nun folgenden 1. Hauptsatz der Differential- und Integralrechnung deutlich machen. Dieser besagt, dass es sich im Fall einer **stetigen** Funktion f bei **jeder** Flächeninhaltsfunktion $F_c(x)$ von $f(x)$ um eine Stammfunktion von $f(x)$ handelt.

Satz **1. Hauptsatz der Differential- und Integralrechnung**

Es sei $f\colon [a, b] \to \mathbb{R}$ stetig. Dann ist für jede beliebige linke Grenze $c \in [a, b]$ die zugehörige Flächeninhaltsfunktion $F_c : [c, b] \to \mathbb{R}$ mit

$$F_c(x) := \int_c^x f(t)\,dt$$

eine Stammfunktion von f, d. h. für alle $x \in [c, b]$ gilt

$$F_c'(x) = f(x)\,.$$

Neben einer festen Stelle $x \in [c, b]$ betrachten wir für $h > 0$ eine zweite Stelle $x+h$ aus dem Intervall $[c, b]$. Da f stetig ist, besitzt f auf dem Intervall $[x, x+h]$ ein Maximum $f_{\max}$ und ein Minimum $f_{\min}$.

Wir interpretieren die Größe

$$F_c(x+h) - F_c(x)$$

als den Zuwachs der Fläche unter dem Graphen von f auf dem Intervall $[x, x+h]$ (▶ Abbildung 4.5). Für diesen Flächeninhalt gilt

$$f_{min} \cdot h \leq F_c(x+h) - F_c(x) \leq f_{max} \cdot h .$$

Teilen wir diese Ungleichung durch $h > 0$, so erhalten wir

$$f_{min} \leq \frac{F_c(x+h) - F_c(x)}{h} \leq f_{max} .$$

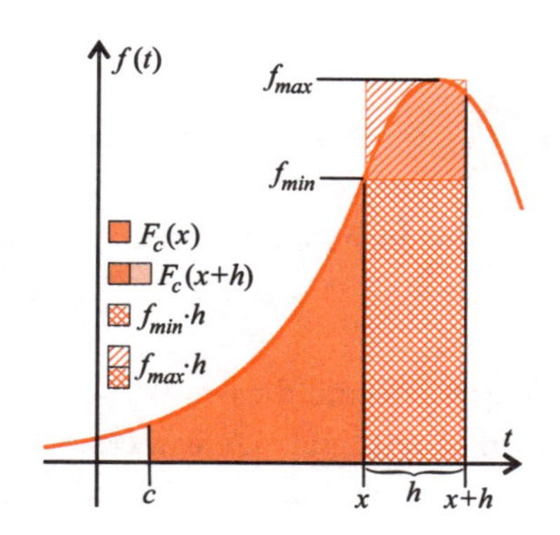

Abbildung 4.5: Zum 1. Hauptsatz der Differential- und Integralrechnung.

In der Mitte der Ungleichungskette steht nun der Differenzenquotient von F_c an der Stelle x.

Da f stetig ist, bewegen sich mit kleiner werdendem h auch die Extrema f_{min} und f_{max} auf den gemeinsamen Grenzwert $f(x)$ zu. Gehen wir also in der letzten Ungleichung überall zum Grenzwert $h \to 0$ über, so erhalten wir

$$f(x) \leq F_c'(x) \leq f(x)$$

und daraus letztlich $F_c'(x) = f(x)$, was zu zeigen war.

Beispiel 4.5

In Beispiel 4.4 hatten wir für

$$f(x) = x$$

eine Flächeninhaltsfunktion $F_0(x)$ berechnet zu

$$F_0(x) = \frac{1}{2}x^2 .$$

Tatsächlich ist $F_0(x)$ eine Stammfunktion von $f(x)$, denn es gilt

$$F_0'(x) = \frac{1}{2} \cdot 2x = x = f(x) .$$

Bereits in früherem Zusammenhang hatten wir die Frage aufgeworfen, welche Funktionen f eine Stammfunktion F mit $F' = f$ besitzen. Der 1. Hauptsatz der Differential- und Integralrechnung liefert uns nun hierfür zumindest teilweise eine Antwort:

Satz **Stetigkeit und Sammfunktion**

Jede stetige Funktion $f\colon [a, b] \to \mathbb{R}$ besitzt eine Stammfunktion F.

Ausgerüstet mit diesem Wissen können wir nun eine Beziehung herstellen zwischen dem unbestimmten Integral (der Menge aller Stammfunktionen) und dem bestimmten Integral einer Funktion $f\colon [a, b] \to \mathbb{R}$. Ist nämlich für f eine Stammfunktion bekannt, so lässt sich mit dem folgenden Satz in vielen Fällen leicht das bestimmte Integral von f zwischen den Grenzen a und b berechnen.

Satz **2. Hauptsatz der Differential- und Integralrechnung**

Die Funktion $f\colon [a, b] \to \mathbb{R}$ sei stetig auf $[a, b]$. Dann gilt **für jede beliebige** Stammfunktion F mit $F' = f$:

$$\int_a^b f(x)\,dx = F(b) - F(a)$$

(Der Ausdruck $F(b)-F(a)$ wird dabei häufig in der Schreibweise $F(x)\big|_a^b$ abgekürzt.)

Beweis: Es sei F eine beliebige Stammfunktion von f. Da f stetig ist, ist nach dem 1. Hauptsatz der Differential- und Integralrechnung die Flächeninhaltsfunktion

$$x \mapsto F_a(x) := \int_a^x f(t)\,dt$$

eine Stammfunktion von f. Nach unseren Überlegungen zum unbestimmten Integral kann sich diese von der Stammfunktion F nur um eine Konstante unterscheiden, also

$$F_a(x) = F(x) + c \qquad \text{für alle } x \in [a, b]$$

mit einem $c \in \mathbb{R}$. Damit berechnet sich das bestimmte Integral von f bezüglich x von a bis b wegen

$$F_a(a) = \int_a^a f(t)\,dt = 0$$

zu

$$\int_a^b f(x)\,dx = F_a(b) = F_a(b) - F_a(a) = F(b) + c - (F(a) + c) = F(b) - F(a)\,,$$

was zu zeigen war.

Die Bedeutung dieses mächtigen Werkzeugs zur Berechnung bestimmter Integrale wollen wir an einem Beispiel herausstellen.

Beispiel 4.6

Wieder betrachten wir die Funktion

$$f(x) = e^x x\,.$$

In Beispiel 4.3 hatten wir durch partielle Integration berechnet, dass

$$\int f(x)\,dx = e^x(x-1) - c\,.$$

Insbesondere ist für $c = 0$ die Funktion

$$F(x) := e^x(x-1)$$

eine Stammfunktion von f. Damit können wir mit dem 2. Hauptsatz der Differential- und Integralrechnung von Seite 150 das bestimmte Integral von f bezüglich x zwischen den Grenzen $a = 0$ und $b = 2$ berechnen zu

$$\int_0^2 e^x x\,dx = F(2) - F(0) = e^2(2-1) - e^0(0-1) = e^2 + 1 \approx 8.39\,.$$

In den Naturwissenschaften finden sich zahlreiche Beispiele, bei denen die Berechnung bestimmter Integrale nötig wird. Das folgende Beispiel 4.7 gibt Auskunft über die in einem Experiment geleistete **Arbeit**.

Auf einen Körper wirke abhängig von einer eindimensionalen Ortskoordinate x eine Kraft $F(x)$. Nachdem sich der Körper von einer Ausgangsposition a zu einem anderen Ort b bewegt hat, erklärt der Physiker die Arbeit W, welche von der Kraft an diesem Körper verrichtet wurde, durch

$$W := \int_a^b F(x)\,dx\,.$$

Inbesondere ist $W < 0$, falls die Kraft $F(x)$ der Bewegung entgegengerichtet ist.

Man beachte hier auch den Spezialfall einer konstanten Kraft F. In diesem Fall erhalten wir

$$W = \int_a^b F\,dx = F \cdot \int_a^b dx = F(b-a),$$

wohinter sich der elementare Lehrsatz

„Arbeit = Kraft mal Weg“

verbirgt.

Beispiel 4.7

Wie in ▶ Abbildung 4.6 dargestellt, betrachten wir einen Hohlzylinder mit einem eingeschobenen, dicht abschließenden beweglichen Kolben der Querschnittsfläche A. Der Kolben befinde sich anfangs an Startposition $x = 0$, während das geschlossene Ende des Hohlzylinders fest an Position $x = H$ verharre. Im Zwischenraum der beiden Körper befinde sich eine Gasportion der Stoffmenge ν.

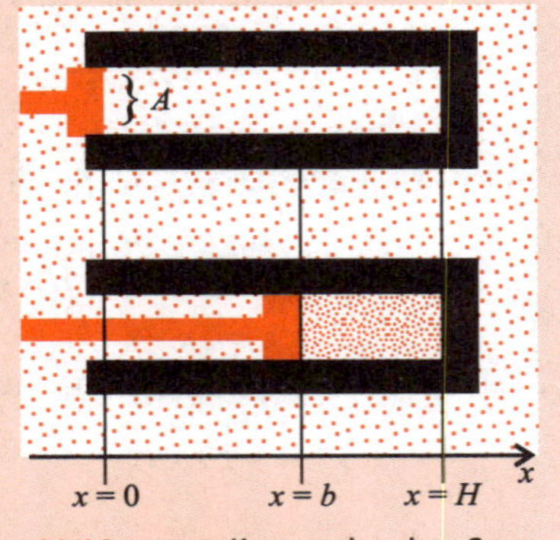

Abbildung 4.6: Kompression eines Gases.

Die gesamte Apparatur befinde sich anfangs im Gleichgewicht. Dies bedeutet, dass der Druck p_0, der von außen auf den Kolben ausgeübt wird, dem Druck der Gasportion im Hohlraum entspricht.

Im Folgenden soll durch eine Bewegung des inneren Kolbens nach rechts das Gas komprimiert werden. Dabei wirkt dem inneren Kolben eine Kraft entgegen, die umso stärker wird, je weiter wir im Zuge der Kompression den inneren Kolben nach rechts verschieben. Die rücktreibende Kraft ist demnach eine Funktion $x \mapsto F(x)$ auf dem Intervall $[0, H[$. Die Arbeit W, die an dem Kolben bei einer Verschiebung des Kolbens von der Startposition 0 auf die Position $b < H$ geleistet wird, ist gegeben durch das bestimmte Integral

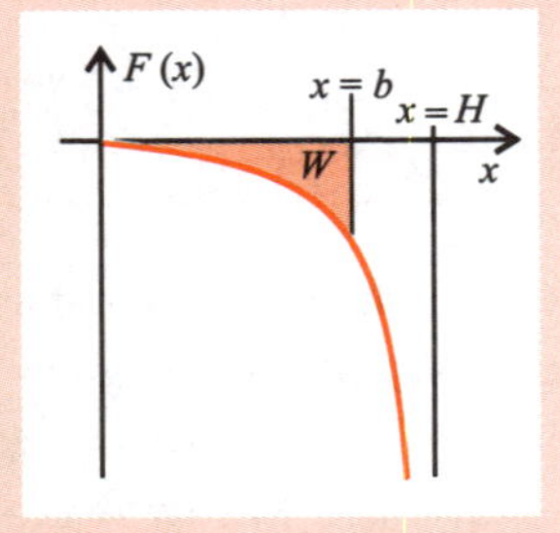

Abbildung 4.7: Bei der Kompression geleistete Arbeit.

$$W = \int_0^b F(x)\,dx$$

(▶ Abbildung 4.7).

Die ortsabhängige Kraft $F = F(x)$ berechnet sich dabei in der folgenden Weise: Befindet sich der Kolben an Position $x \in [0, H[$, so nimmt die Gasportion das Volumen

$$V(x) = (H - x) \cdot A$$

ein und übt nach der allgemeinen Gasgleichung (bei idealerweise konstanter Temperatur T und mit der allgemeinen Gaskonstante R) den Druck

$$p(x) = -\frac{R\,T\,\nu}{V(x)} = -\frac{R\,T\,\nu}{(H-x)\,A}$$

auf den Kolben aus. Da auf diesen auch der Außendruck p_0 wirkt, erfährt der Kolben eine Gesamtkraft $F(x)$, die gegeben ist durch

$$F(x) = (p_0 + p(x))\,A = p_0\,A - \frac{R\,T\,\nu\,A}{(H-x)\,A} = p_0\,A - \frac{R\,T\,\nu}{(H-x)}.$$

Wir suchen nun eine Stammfunktion $V(x)$ von $F(x)$: Es ist mit Tabelle 4.1 und

$$\int \frac{-1}{H-x}\,dx = \ln|H-x| + c \overset{(H \geq x)}{=} \ln(H-x) + c:$$

$$\begin{aligned}\int F(x)\,dx &= \int (p_0\,A - \frac{R\,T\,\nu}{(H-x)})\,dx = p_0 Ax + c_1 + R\,T\,\nu \int \frac{-1}{H-x}\,dx \\ &= p_0 Ax + c_1 + (R\,T\,\nu)\ln(H-x) + c_2.\end{aligned}$$

Also ist beispielsweise

$$V(x) = p_0\,A\,x + (R\,T\,\nu)\ln(H-x) \qquad (x \in [0, H[)$$

eine Stammfunktion von F und das gesuchte Integral ist gegeben durch

$$\begin{aligned}W &= \int_0^b F(x)\,dx = V(b) - V(0) \\ &= p_0\,A\,b + R\,T\,\nu \cdot \ln(H-b) - R\,T\,\nu \cdot \ln(H) \\ &= p_0\,A\,b + R\,T\,\nu \cdot \ln\frac{H-b}{H}.\end{aligned}$$

4.3.3 Numerische Integration

Nach dem 2. Hauptsatz der Differential- und Integralrechnung von Seite 150 lässt sich die Berechnung eines bestimmten Integrals im Fall einer stetigen Funktion f zurückführen auf das Auffinden des unbestimmten Integrals von f. Damit ist gleichzeitig die Schwachstelle dieses Verfahrens offengelegt: Denn das Auffinden von Stammfunktionen ist eine komplizierte Kunst, der man in vielen Fällen nicht gewachsen ist.

Zur Berechnung bestimmter Integrale mit konkreten numerischen Werten für die Grenzen a und b haben sich aus diesem Grund in der Praxis numerische Näherungsverfahren eingebürgert. Sie versetzen uns in der Lage, auch ohne Kenntnis einer Stammfunktion den wahren Wert für

$$\int_a^b f(x)\,dx$$

beliebig genau zu approximieren. Exemplarisch wollen wir in diesem Zusammenhang das wohl einfachste Verfahren vorstellen, welches unter dem Namen **Trapezregel** bekannt ist. Gegeben sei ein Intervall $I := [a, b]$ mit einer darauf definierten stetigen Funktion f. Wir teilen das Intervall I auf in n gleich große Teilabschnitte der Breite h, indem wir setzen

$$h := \frac{b-a}{n}$$

und

$$x_i := a + i \cdot h \qquad (i = 0, \ldots, n)$$

(▶ Abbildung 4.8). Wir berechnen zu den Stellen $x_0, \ldots, x_n$ die entsprechenden Funktionswerte

$$f(x_0), \ldots, f(x_n)\,.$$

Den Flächeninhalt unter dem Graphen von f zwischen zwei benachbarten Stellen x_i und x_{i+1} wollen wir dadurch berechnen, dass wir zunächst näherungsweise den Flächeninhalt F_i des in Abbildung 4.8 hervorgehobenen Trapezes heranziehen. Dieser ist gegeben durch das Produkt aus der Grundseitenlänge mal dem Mittelwert der Längen der beiden parallelen Seiten; in diesem Fall heißt das konkret:

$$F_i = h\,\frac{f(x_i) + f(x_{i+1})}{2}\,.$$

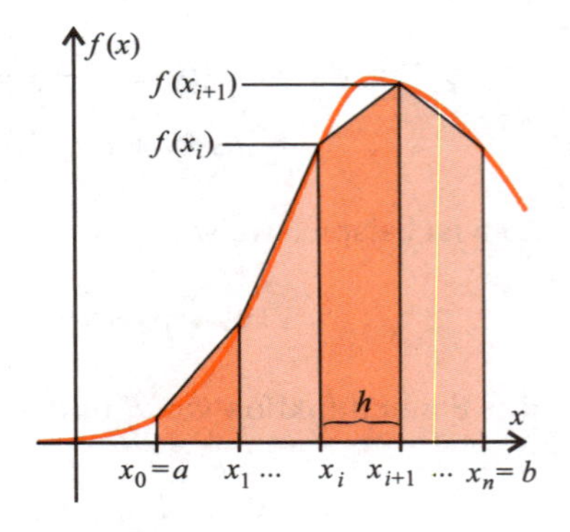

Abbildung 4.8: Trapezregel.

Summieren wir die Flächeninhalte aller Einzeltrapeze auf, so errechnet sich ein Näherungswert A für das bestimmte Integral $\int_a^b f(x)\,dx$ in Abhängigkeit von h zu

$$\begin{aligned} A(h) &= \frac{h}{2}\big(f(x_0) + f(x_1)\big) + \frac{h}{2}\big(f(x_1) + f(x_2)\big) + \ldots + \frac{h}{2}\big(f(x_{n-1}) + f(x_n)\big) \\ &= \frac{h}{2}\big(f(x_0) + 2f(x_1) + 2f(x_2) + \ldots + 2f(x_{n-1}) + f(x_n)\big)\,. \end{aligned} \tag{4.4}$$

Man kann nun zeigen, dass durch eine Verfeinerung der Intervallbreite h der wahre Integralwert beliebig gut approximiert werden kann, d. h. es ist

$$\lim_{h \to 0} A(h) = \int_a^b f(x)\, dx .$$

Für ein genügend kleines h (bzw. ein genügend großes n) erhalten wir einen guten Näherungswert $A(h)$ für das gesuchte Integral. Theoretisch lässt sich somit der wahre Wert des bestimmten Integrals bis auf jede beliebige Nachkommastelle genau approximieren. Obwohl das Verfahren wegen seiner geometrisch motivierten Herangehensweise sehr simpel erscheint, wird es doch in vielen Computeralgebrasystemen (mit gewissen Variationen) angewendet. Ein Vorteil des Verfahrens ist mit Sicherheit seine einfache Handhabbarkeit. Außer elementaren Operationen wie der Berechnung von Funktionswerten sowie Additionen und Multiplikationen sind keine weiteren Operationen nötig.

Beispiel 4.8

Zu der Funktion

$$f(x) = e^{x^2}$$

wird es uns nicht gelingen, eine Stammfunktion in expliziter Form anzugeben. Somit können wir nur versuchen, das Integral

$$\int_0^2 e^{x^2}\, dx$$

näherungsweise zu lösen. Wir zerlegen das Intervall $I = [0, 2]$ in 8 Teilintervalle, d. h. wir setzen

$$n := 8 \qquad \Longrightarrow \qquad h := \frac{2-0}{8} = \frac{1}{4}$$

und berechnen

i	0	1	2	3	4	5	6	7	8
x_i	0	$\frac{1}{4}$	$\frac{1}{2}$	$\frac{3}{4}$	1	$\frac{5}{4}$	$\frac{3}{2}$	$\frac{7}{4}$	2
$f(x_i)$	1	1.065	1.284	1.755	2.718	4.771	9.488	21.381	54.598

was uns gemäß Formel (4.4) den Näherungswert

$$\int_0^2 e^{x^2}\, dx \approx A\left(\frac{1}{4}\right) = \frac{1}{8}\,(1 + 2 \cdot 1.065 + 2 \cdot 1.284 + 2 \cdot 1.755 + 2 \cdot 2.718$$
$$+\; 2 \cdot 4.771 + 2 \cdot 9.488 + 2 \cdot 21.381 + 54.598) = 17.565$$

für das gesuchte Integral liefert. Durch eine Verkleinerung von h bzw. durch eine Vergrößerung von n lässt sich dieser Näherungswert noch weiter verbessern.

4.3.4 Uneigentliche Integrale

Bei der Definition des bestimmten Integrals in Abschnitt 4.2 hatten wir uns auf Funktionen zurückgezogen, die auf einem beschränkten Intervall definiert und dort beschränkt waren. Verzichtet man auf eine dieser Eigenschaften, so stößt man auf Schwierigkeiten. Die Strategie der Berechnung des Integrals durch Riemann'sche Zwischensummen wie in Abschnitt 4.2 lässt sich dann nicht mehr ohne Weiteres durchführen. Im Folgenden wollen wir erläutern, wie wir auch für unbeschränkte Intervalle und unbeschränkte Funktionen ein Integral definieren können.

Einseitig unbeschränkter Definitionsbereich

Gegeben sei das Definitionsintervall $I := [a, \infty[$ und eine beschränkte Funktion $f: I \to \mathbb{R}$. Der Fall $I =]-\infty, a]$ wird genauso behandelt.

Wie oben erläutert, ist das Integral

$$\int_a^\infty f(x)\,dx$$

keineswegs von sich aus bereits erklärt. Vielmehr bedarf es hierzu einer eigenen mathematischen Definition: Wir erklären das **uneigentliche** Integral von f bezüglich x von a bis ∞ durch

$$\int_a^\infty f(x)\,dx := \lim_{b\to\infty} \int_a^b f(x)\,dx\,, \tag{4.5}$$

sofern dieser Grenzwert existiert. Wir berechnen also stets nur Integrale auf dem endlichen Abschnitt $[a, b]$ und lassen **danach** die obere Grenze b gegen unendlich gehen. Anhand eines Beispiels sei dies verdeutlicht.

Beispiel 4.9

Gegeben sei die Funktion

$$f(x) = \frac{1}{x^2} \qquad (x > 0)\,.$$

Es ist

$$F(x) = -\frac{1}{x}$$

eine Stammfunktion von f und damit (▶ Abbildung 4.9)

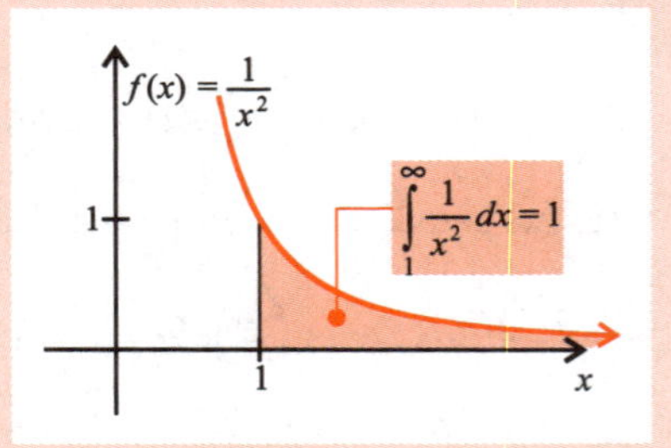

Abbildung 4.9: Einseitig unbeschränkter Definitionsbereich.

$$\int_1^\infty f(x)\,dx = \lim_{b\to\infty} \int_1^b \frac{1}{x^2}$$
$$= \lim_{b\to\infty} \left(-\frac{1}{x}\Big|_1^b \right)$$
$$= \lim_{b\to\infty} (-\frac{1}{b} + \frac{1}{1}) = 1\,.$$

Damit das Integral in (4.5) existiert, genügt es **nicht**, dass die Funktion für betragsgroße $x \in \mathbb{R}$ nur gegen null geht, wie das folgende Beispiel zeigt.

Beispiel 4.10

Wir betrachten die Funktion

$$f(x) = \frac{1}{x} \qquad (x > 0)\,.$$

Mit der Stammfunktion $F(x) = \ln x$ berechnen wir

$$\int_1^\infty \frac{1}{x}\,dx = \lim_{b\to\infty} \left(\ln x\,|_1^b\right) = \lim_{b\to\infty} (\ln b - \ln 1) = \lim_{b\to\infty} (\ln b) = \infty\,,$$

d. h. das uneigentliche Integral existiert in diesem Fall nicht, obwohl

$$\lim_{x\to\infty} f(x) = 0\,.$$

Beidseitig unbeschränkter Definitionsbereich

Für eine Funktion f, die auf ganz $\mathbb{R}$ definiert und beschränkt ist, wollen wir das uneigentliche Integral

$$\int_{-\infty}^\infty f(x)\,dx$$

erklären: Sofern es eine Zahl $a \in \mathbb{R}$ gibt, so dass die beiden einseitig uneigentlichen Integrale

$$\int_{-\infty}^a f(x)\,dx \qquad \text{und} \qquad \int_a^\infty f(x)\,dx \tag{4.6}$$

existieren, können wir das beidseitig uneigentliche Integral definieren als

$$\int_{-\infty}^\infty f(x)\,dx := \int_{-\infty}^a f(x)\,dx + \int_a^\infty f(x)\,dx\,. \tag{4.7}$$

Die Wahl von a spielt hierbei keine Rolle. Existieren die beiden Integrale in (4.6) für ein $a_0 \in \mathbb{R}$, so existieren sie auch für jedes weitere beliebige $a \in \mathbb{R}$.

Beispiel 4.11

Es sei

$$f(x) = |x|\, e^{-x^2} \quad (x \in \mathbb{R}).$$

Die Funktion ist stetig auf ganz $\mathbb{R}$. Mit dem Satz von Bernoulli-de L'Hospital (Seite 108) erkennen wir zudem, dass

$$\begin{aligned} \lim_{x\to\infty} |x|\, e^{-x^2} &= \lim_{x\to\infty} \frac{x}{e^{x^2}} \\ &= \lim_{x\to\infty} \frac{1}{2x\, e^{x^2}} = 0 \end{aligned}$$

und analog

$$\lim_{x\to-\infty} |x|\, e^{-x^2} = \lim_{x\to-\infty} \frac{-x}{e^{x^2}} = \lim_{x\to-\infty} \frac{-1}{2x\, e^{x^2}} = 0.$$

Zusammen mit der Stetigkeit folgt also die Beschränktheit von f auf ganz $\mathbb{R}$.

Wie wir einer Integralformelsammlung entnehmen oder durch Ableiten bestätigen, ist

$$F(x) = -\frac{1}{2}\, e^{-x^2} \qquad (x > 0)$$

eine Stammfunktion von f auf $\mathbb{R}_0^+$. Damit existiert beispielsweise für $\boldsymbol{a = 0}$ das einseitig uneigentliche Integral

$$\int_0^\infty |x|\, e^{-x^2}\, dx,$$

denn es ist

$$\begin{aligned} \int_0^\infty |x|\, e^{-x^2}\, dx &= \lim_{b\to\infty} \left(\int_0^b x\, e^{-x^2}\, dx \right) = \lim_{b\to\infty} \left(-\frac{1}{2}\, e^{-x^2} \Big|_0^b \right) \\ &= \lim_{b\to\infty} \left(-\frac{1}{2} e^{-b^2} + \frac{1}{2} \right) = \frac{1}{2}. \end{aligned}$$

Zudem gilt auch

$$\int_{-\infty}^0 |x|\, e^{-x^2}\, dx = \frac{1}{2},$$

was sich leicht aus der Tatsache ergibt, dass es sich bei f um eine gerade und folglich um eine zur y-Achse symmetrische Funktion handelt. Also folgt

$$\int_{-\infty}^\infty |x|\, e^{-x^2}\, dx = \int_{-\infty}^0 |x|\, e^{-x^2}\, dx + \int_0^\infty |x|\, e^{-x^2}\, dx = \frac{1}{2} + \frac{1}{2} = 1.$$

Man beachte, dass wir das beidseitig uneigentliche Integral **nicht** durch

$$\int_{-\infty}^{\infty} f(x)\,dx = \lim_{R\to\infty} \int_{-R}^{R} f(x)\,dx \tag{4.8}$$

definiert hatten. Eine solche Definition nämlich hätte unschöne Konsequenzen. Beispielsweise würde sich in diesem Fall für die Funktion $f(x) = x$ ergeben:

$$\int_{-\infty}^{\infty} x\,dx = \lim_{R\to\infty} \int_{-R}^{R} x\,dx = \lim_{R\to\infty} 0 = 0\,,$$

da wegen der Punktsymmetrie der ersten Winkelhalbierenden zum Ursprung

$$\int_{-R}^{R} x\,dx = 0$$

für jedes $R \geq 0$ gilt. Dieser oder anderen Funktionen auf diese Weise ein Integral zuzuordnen erscheint somit nicht sehr sinnvoll. Umgekehrt aber lässt sich sagen: Ist die beidseitig uneigentliche Integrierbarkeit einer Funktion f (aus welchen Gründen auch immer) im Sinne der „wahren" Definition (4.7) bereits bekannt, so stimmt der Wert

$$\int_{-\infty}^{\infty} f(x) = \int_{-\infty}^{a} f(x)\,dx + \int_{a}^{\infty} f(x)\,dx$$

auch mit dem Wert in (4.8) überein. Nur unter diesen Umständen können wir ihn dann mit Hilfe der Formel (4.8) berechnen.

Unbeschränkte Funktionen

Es sei $f\colon]a, b] \to \mathbb{R}$ eine stetige Funktion mit

$$\lim_{x\to a} f(x) = \infty$$

oder

$$\lim_{x\to a} f(x) = -\infty\,.$$

Auch hierfür lässt sich in manchen Fällen ein endliches Integral bzw. geometrisch gesprochen ein endlicher Flächeninhalt unter dem Graphen von f definieren. Wir setzen

$$\int_{a}^{b} f(x)\,dx := \lim_{c\to a^+} \int_{c}^{b} f(x)\,dx\,.$$

Analog lassen sich die Fälle $\lim_{x\to b} f(x) = \pm\infty$ für eine stetige Funktion $f\colon [a, b[\to \mathbb{R}$ behandeln.

Beispiel 4.12

Es sei $f\colon]0,1] \to \mathbb{R}$, $f(x) = \ln x$. Es ist

$$\lim_{x\to 0} \ln x = -\infty .$$

Nach Tabelle 4.1 auf Seite 141 ist für $x > 0$ die Funktion

$$F(x) = x(\ln x - 1)$$

eine Stammfunktion von f. Damit ist

$$\begin{aligned}\int_0^1 \ln x\,dx &= \lim_{c\to 0^+} \int_c^1 \ln x\,dx \\ &= \lim_{c\to 0^+} \left(x(\ln x - 1)\Big|_c^1\right) \\ &= \lim_{c\to 0^+} (-1 - c(\ln c - 1)) \\ &= \lim_{c\to 0^+} (c - 1 - \underbrace{c\ln c}_{\to 0}) = -1\end{aligned}$$

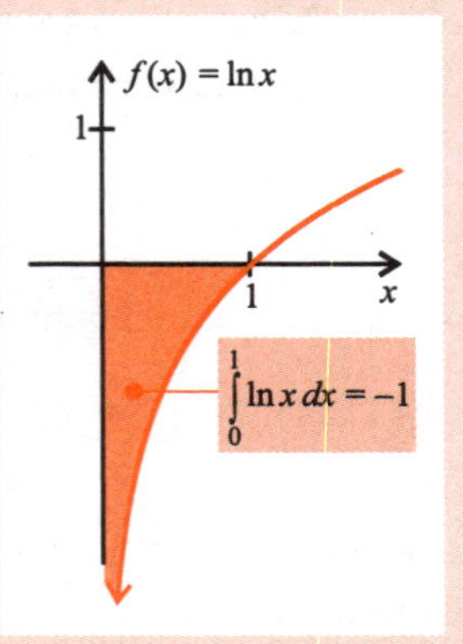

Abbildung 4.10: Integration bei unbeschränkter Funktion f.

(▶ Abbildung 4.10), denn es gilt mit der Regel von Bernoulli-de l'Hospital

$$\lim_{c\to 0^+} (c\ln c) = \lim_{c\to 0^+} \left(\frac{\ln c}{\frac{1}{c}}\right) = \lim_{c\to 0^+} \left(-\frac{\frac{1}{c}}{\frac{1}{c^2}}\right) = -\lim_{c\to 0^+} c = 0 .$$

Aufgaben

1 Berechnen Sie die folgenden unbestimmten Integrale:

a) $\int x \cdot e^{x^2}\,dx$, b) $\int \frac{1}{x\sqrt{4x}}$ $(x > 0)$, c) $\int \sin(3x)\cos(3x)\,dx$.

2 Berechnen Sie die folgenden bestimmten Riemann'schen Integrale:

a) $\int\limits_{\frac{1}{2}}^{1} x(2x-1)^3\,dx$ b) $\int\limits_{1}^{2} x^2 \cdot e^x\,dx$

c) $\int\limits_{-1}^{1} |x|\,dx$ d) $\int\limits_{8}^{20} \frac{1}{x\sqrt{x-4}}\,dx$

Hinweis zu d): Man verifiziere unter Verwendung von $\frac{d}{dx} \arctan x = \frac{1}{1+x^2}$, dass für $x > 4$ die Funktion

$$F(x) = \arctan \sqrt{\frac{x}{4} - 1}$$

eine Stammfunktion des Integranden ist.

3 Zeigen Sie, dass es sich bei der Funktion

$$F(x) = \frac{1}{2}x^2 + 1$$

um eine Stammfunktion einer Funktion $f(x)$ handelt, dass es aber kein $a \in \mathbb{R}$ gibt, so dass $F(x)$ die Flächeninhaltsfunktion $F_a(x)$ von $f(x)$ zur Stelle a darstellt, also $F_a(x) = F(x)$ mit einem $a \in \mathbb{R}$.

4 In einer Formelsammlung wird das unbestimmte Integral der Funktion

$$f(x) = \sin x \cos x$$

angegeben zu

$$\int \sin x \cdot \cos x \, dx = F(x) + C \qquad \text{mit} \qquad F(x) = \frac{1}{2} \sin^2 x\,;$$

in einer anderen ist zu lesen

$$\int \sin x \cdot \cos x \, dx = G(x) + C \qquad \text{mit} \qquad G(x) = -\frac{1}{4} \cos(2x)\,.$$

Sind die beiden Funktionen $F(x)$ und $G(x)$ gleich? Oder ist dann diesbezüglich eine der beiden Formelsammlungen fehlerhaft?

5 Gegeben sei die Funktion

$$f(x) = x \cdot \cos x\,.$$

a) Berechnen Sie (mit Hilfe partieller Integration) das Integral

$$\int_0^{\frac{\pi}{2}} f(x)\, dx\,.$$

b) Berechnen Sie das Integral aus a) numerisch unter Benutzung der Trapezregel mit $n = 8$, also $h = \frac{\frac{\pi}{2} - 0}{8} = \frac{\pi}{16}$. Vergleichen Sie diesen Näherungswert mit dem exakten Ergebnis aus a).

6 Bestimmen Sie die folgenden uneigentlichen Integrale, sofern diese existieren:

a) $\displaystyle\int_1^\infty \frac{x}{1+x^2}\,dx$ b) $\displaystyle\int_{-\infty}^\infty \frac{1}{1+x^2}\,dx$

c) $\displaystyle\int_0^1 \frac{x}{\sqrt{1-x}}\,dx$ d) $\displaystyle\int_{-1}^1 \frac{1}{\sqrt{|x|}}\,dx\,.$

Ausführliche Lösungen und weitere Aufgaben finden Sie auf der Companion Website des Buches unter
http://www.pearson-studium.de

TEIL II

Lineare Algebra

Vektoren

5

ÜBERBLICK

Dieses Kapitel erklärt:

- Was man unter einem Vektor versteht und wie man diesen geometrisch deutet.
- Rechenoperationen für Vektoren sowie Eigenschaften, die Vektoren dadurch verliehen werden.
- Den Begriff der linearen (Un-)Abhängigkeit und eine Analyse endlich vieler Vektoren auf diese Eigenschaft.
- Wie lineare Unterräume von Vektoren aufgespannt werden sowie den Begriff einer Basis dieser Unterräume.
- Den formalen Bezug von Vektoren zur Lösung linearer Gleichungssysteme.

Bei vielen Größen, die in den Naturwissenschaften auftreten, handelt es sich um Skalare, d. h. um einfache „Zahlen“. Dazu zählen beispielsweise Zeit, Temperatur, Stoffmenge usw. Dem gegenüber stehen Größen, die etwa durch ihre Lage, ihre Orientierung oder ihre Ausdehnung einen räumlichen Bezug aufweisen. Kräfte, die an einem Körper angreifen, oder Positionsangaben im Raum fallen in diese Kategorie, bei deren Beschreibung es mit der Angabe einer einzigen Zahl nicht getan ist. Davon motiviert führen wir in diesem Abschnit den Begriff des Vektors ein.

5.1 Der geometrische Vektorbegriff

Bei unserer hauptsächlich geometrisch motivierten Einführung des Vektorbegriffs wollen wir zwischen **Orts-** und **Richtungsvektoren** unterscheiden. In beiden Fällen sei ein kartesisches (rechtwinkliges) Koordinatensystem zugrunde gelegt. Für die folgenden Überlegungen beschränken wir uns auf die Ebene, wohl wissend, dass sich die geometrischen Sachverhalte auch auf den dreidimensionalen Raum übertragen lassen.

Unter einem **Ortsvektor**

$$\overrightarrow{OP} = \begin{pmatrix} a \\ b \end{pmatrix}$$

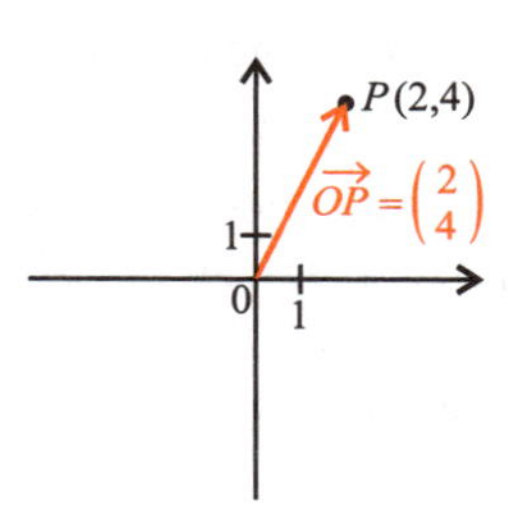

Abbildung 5.1: Ortsvektor.

können wir uns einen Pfeil vorstellen, welcher ortsfest im Nullpunkt (0, 0) des Koordinatensystems entspringt und dessen Pfeilspitze auf den Punkt $P = (a, b)$ zeigt. In diesem Sinne kann der Punkt $P = (a, b)$ der Ebene mit dem zugehörigen Pfeil identifiziert werden. ▶ Abbildung 5.1 zeigt beispielsweise den Ortsvektor

$$\overrightarrow{OP} = \begin{pmatrix} 2 \\ 4 \end{pmatrix}.$$

Auch unter einem **Richtungsvektor**

$$\vec{p} = \begin{pmatrix} a \\ b \end{pmatrix}$$

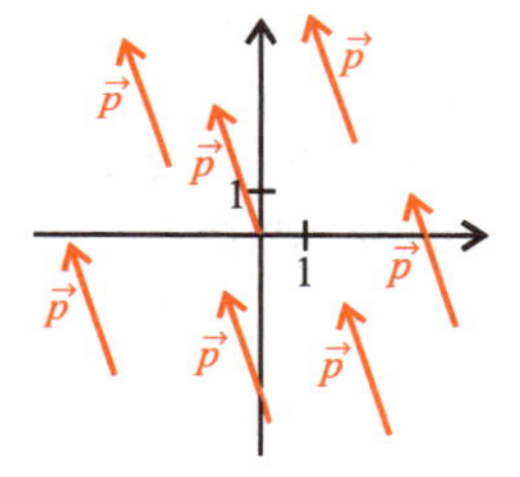

Abbildung 5.2: Jeweils der gleiche Richtungsvektor.

wollen wir einen gerichteten Pfeil verstehen, der einem Punkt entspringt und dessen Spitze auf einen weiteren Punkt zeigt. Die absolute Position dieses Pfeils ist dabei jedoch nicht von Belang. Einzig relevant ist, wie man vom Ausgangspunkt zur Pfeilspitze gelangt: An einem beliebigen Ausgangspunkt startend, müssen wir a Einheiten parallel zur ersten Koordinatenachse marschieren, bevor wir uns b Einheiten in Richtung der zweiten Koordinatenachse zu bewegen haben. Der Pfeil repräsentiert also ein Objekt, welches in der Ebene frei parallel verschiebbar ist und dennoch stets denselben Vektor darstellt. In ▶ Abbildung 5.2 ist somit ein einziges mathematisches Gebilde dargestellt, nämlich der Richtungsvektor

$$\vec{p} = \begin{pmatrix} -1 \\ 3 \end{pmatrix}.$$

Im nächsten Schritt wollen wir einen Vektor

$$\vec{p} = \begin{pmatrix} a \\ b \end{pmatrix} \quad \text{zu einem zweiten Vektor} \quad \vec{q} = \begin{pmatrix} c \\ d \end{pmatrix}$$

addieren. ▶ Abbildung 5.3 zeigt exemplarisch am Beispiel zweier Richtungsvektoren, wie wir uns dies geometrisch vorzustellen haben, nämlich als „Anheften“ eines Vektors an einen anderen:

Eine Bewegung um 5 Einheiten nach rechts und 1 Einheit nach oben, gefolgt von weiteren 2 Einheiten nach rechts und 4 Einheiten nach oben bringt uns von einem Ausgangspunkt zur Pfeilspitze. Insgesamt haben wir uns damit in horizontale Richtung um $5+2=7$ Einheiten nach rechts und in vertikale Richtung um $1+4=5$ Einheiten nach oben bewegt, was insgesamt dem Vektor

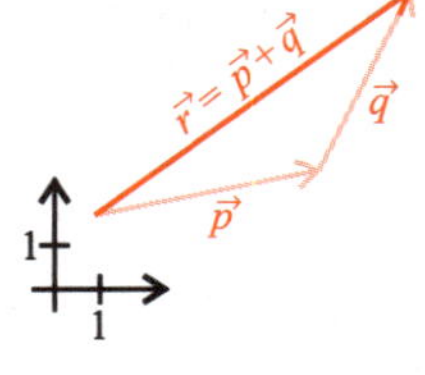

Abbildung 5.3: Vektoraddition.

$$\vec{r}=\begin{pmatrix}7\\5\end{pmatrix}$$

entspricht. In diesem Sinne spricht man von der **Addition** zweier Vektoren und notiert diese durch

$$\vec{r}=\vec{p}+\vec{q}=\begin{pmatrix}5\\1\end{pmatrix}+\begin{pmatrix}2\\4\end{pmatrix}=\begin{pmatrix}7\\5\end{pmatrix}.$$

Die Berechnung des Summenvektors wird also dadurch bewerkstelligt, dass die einzelnen Komponenten der beiden beteiligten Vektoren addiert werden.

Neben der Addition von Vektoren wollen wir im Folgenden die **Vervielfachung** von Vektoren erklären.

Betrachten wir etwa den Richtungsvektor

$$\vec{q}=\begin{pmatrix}1\\2\end{pmatrix}.$$

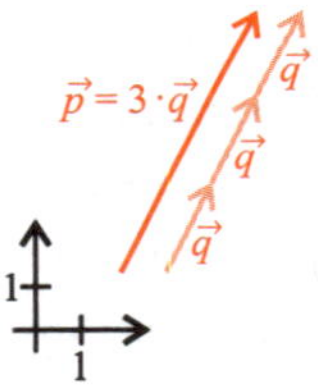

Der Vektor

$$\vec{p}=3\cdot\vec{q}=3\cdot\begin{pmatrix}1\\2\end{pmatrix}$$

Abbildung 5.4: Vervielfachung von Vektoren.

entspreche nun demjenigen Vektor, welcher dieselbe Richtung wie $\vec{q}$ besitzt, gegenüber diesem jedoch um den Faktor 3 verlängert werden soll. ▶ Abbildung 5.4 zeigt, dass der so verlängerte Vektor gegeben ist durch

$$\vec{p}=3\cdot\begin{pmatrix}1\\2\end{pmatrix}=\begin{pmatrix}3\\6\end{pmatrix}.$$

Die Komponenten von $\vec{q}$ wurden also einzeln jeweils mit dem Faktor 3 multipliziert.

Interessant ist es zu beobachten, was mit einem gegebenen Vektor $\vec{q}$ geschieht, wenn wir ihn mit einer **negativen** Zahl multiplizieren. Nach dem eben Gezeigten würden wir beispielsweise rechnen

$$\vec{p} = -2 \cdot \begin{pmatrix} 2 \\ 3 \end{pmatrix} = \begin{pmatrix} -4 \\ -6 \end{pmatrix} .$$

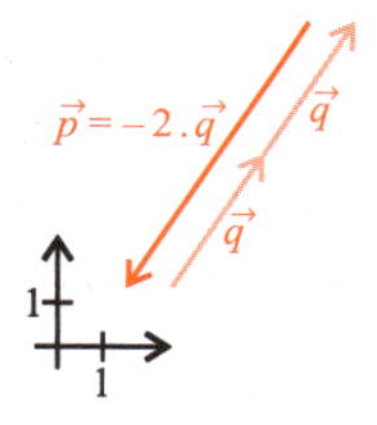

Abbildung 5.5: Vervielfachung durch negative Zahlen.

► Abbildung 5.5 zeigt, was dabei passiert: Neben einer Streckung des Ausgangsvektors um den Faktor 2 erhalten wir $\vec{p}$, indem wir zusätzlich noch die **Orientierung** des ursprünglichen Vektors umkehren.

Die eben beschriebenen Vektoroperationen Addition und Vervielfachung sind dabei nicht auf Richtungsvektoren beschränkt. Geometrisch vernünftig ist auch die Vervielfachung von Ortsvektoren bzw. die Addition eines Richtungsvektors an einen Ortsvektor.

Im Zusammenhang mit Vektoren haben sich im Lauf der Zeit zahlreiche Schreibweisen eingebürgert. Beispielsweise sind

$$\overline{p}, \quad \underline{p}, \quad \mathbf{p}$$

alternative Schreibweisen für den Vektor $\vec{p}$. Handelt es sich um einen Ortsvektor, so ist auch die Notation

$$\overrightarrow{OP}$$

verbreitet. Wir werden in diesem Buch hauptsächlich die Pfeilschreibweise $\vec{p}$ gebrauchen. Zudem wollen wir zukünftig eine Unterscheidung in Orts- und Richtungsvektoren nur noch dort vornehmen, wo sie geometrisch geboten erscheint.

Abstraktion des Vektorbegriffs 5.2

Wir wollen im Folgenden den Vektorbegriff in zweierlei Hinsicht verallgemeinern. Zum einen wollen wir die strikte Trennung zwischen Orts- und Richtungsvektoren auflösen, zumal die Gesetze der Addition und Vervielfachung für beide Klassen (und zwischen ihnen) dieselben sind. Zum anderen wollen wir den Begriff des Vektors aus der Ebene oder dem dreidimensionalen Raum heraus verallgemeinern. Beides lässt sich abstrakt, aber vergleichweise einfach bewerkstelligen: Wir erklären das Objekt

$$\begin{pmatrix} x_1 \\ x_2 \\ \vdots \\ x_n \end{pmatrix}$$

mit den **n Komponenten** $x_1, x_2, \ldots, x_n \in \mathbb{R}$ als einen **n-dimensionalen reellen Vektor**. Für $n \geq 4$ verliert dieses Objekt zwar seinen geometrischen Bezug, doch kommt es uns hier nur auf die formalen Vektoroperationen an. Wir erklären die Addition zweier n-dimensionaler Vektoren $\vec{x}$ und $\vec{y}$ durch

$$\vec{x} + \vec{y} = \begin{pmatrix} x_1 \\ x_2 \\ \vdots \\ x_n \end{pmatrix} + \begin{pmatrix} y_1 \\ y_2 \\ \vdots \\ y_n \end{pmatrix} := \begin{pmatrix} x_1 + y_1 \\ x_2 + y_2 \\ \vdots \\ x_n + y_n \end{pmatrix} . \tag{5.1}$$

Wie im Spezialfall $n = 2$ weiter oben veranschaulicht, werden bei der Vektoraddition die einzelnen Komponenten addiert. Entsprechend erklären wir in Analogie zum anschaulichen ebenen oder dreidimensionalen Fall allgemein die Vervielfachung eines n-dimensionalen Vektors mit einer Zahl $c \in \mathbb{R}$ durch

$$c \cdot \begin{pmatrix} x_1 \\ x_2 \\ \vdots \\ x_n \end{pmatrix} := \begin{pmatrix} c \cdot x_1 \\ c \cdot x_2 \\ \vdots \\ c \cdot x_n \end{pmatrix} . \tag{5.2}$$

Was die Subtraktion zweier Vektoren $\vec{p}$ und $\vec{q}$ betrifft, so lässt sich diese (rein formal) zu

$$\vec{p} - \vec{q} := \vec{p} + (-1)\vec{q}$$

einführen. Wir subtrahieren also $\vec{q}$ von $\vec{p}$, indem wir den mit (-1) multiplizierten Vektor $\vec{q}$ nach obigem Schema (5.1) an $\vec{p}$ heranaddieren. Es ist klar, dass damit auch die Subtraktion pragmatisch komponentenweise berechnet werden kann, d. h.

$$\vec{x} - \vec{y} = \begin{pmatrix} x_1 \\ x_2 \\ \vdots \\ x_n \end{pmatrix} - \begin{pmatrix} y_1 \\ y_2 \\ \vdots \\ y_n \end{pmatrix} = \begin{pmatrix} x_1 - y_1 \\ x_2 - y_2 \\ \vdots \\ x_n - y_n \end{pmatrix} .$$

Die Gesamtheit aller n-dimensionalen Vektoren bildet zusammen mit den so definierten Rechenoperationen einen **Vektorraum**, den wir als $\mathbb{R}^n$ bezeichnen. Als Spezialfälle sind uns vor allem die Zahlengerade $\mathbb{R} = \mathbb{R}^1$, die Ebene $\mathbb{R}^2$ sowie der dreidimensionale Raum $\mathbb{R}^3$ bereits begegnet bzw. bekannt.

Für die in (5.1) und (5.2) beschriebenen Operationen lassen sich unmittelbar die folgenden Rechengesetze verifizieren, die wir stillschweigend des Öfteren benutzen werden.

Satz **Rechengesetze**

Es seien $\vec{p}$, $\vec{q}$, $\vec{r} \in \mathbb{R}^n$ und $c \in \mathbb{R}$. Dann gilt:

a) $(\vec{p} + \vec{q}) + \vec{r} = \vec{p} + (\vec{q} + \vec{r})$ (**Assoziativgesetz**)

b) $\vec{p} + \vec{q} = \vec{q} + \vec{p}$ (**Kommutativgesetz**)

c) $c \cdot (\vec{q} + \vec{p}) = c \cdot \vec{q} + c \cdot \vec{p}$ (**Distributivgesetz**)

Beispielsweise besagt das Assoziativgesetz a), dass die Addition dreier Vektoren beliebig gruppiert vorgenommen werden kann. Auch die Reihenfolge spielt dabei keine Rolle, was gerade der Aussage b) entspricht. Beides wird zum einen durch die Definition von Addition und Vervielfachung in (5.1) und (5.2) deutlich; zum anderen decken sich diese Gesetze mit der geometrischen Anschauung im $\mathbb{R}^2$ oder im $\mathbb{R}^3$.

Wichtige prominente Vertreter von Vektoren des $\mathbb{R}^n$ sind die so genannten **kanonischen Einheitsvektoren** (die Bezeichnung sowie wesentliche Eigenschaften werden wir in den kommenden Abschnitten erörtern):

$$\vec{e}_1 := \begin{pmatrix} 1 \\ 0 \\ 0 \\ \vdots \\ 0 \end{pmatrix}, \ \vec{e}_2 := \begin{pmatrix} 0 \\ 1 \\ 0 \\ \vdots \\ 0 \end{pmatrix}, \ \ldots, \ \vec{e}_n := \begin{pmatrix} 0 \\ 0 \\ 0 \\ \vdots \\ 1 \end{pmatrix}.$$

Eine wesentliche Rolle spielt auch der **Nullvektor**

$$\vec{0} = \begin{pmatrix} 0 \\ 0 \\ 0 \\ \vdots \\ 0 \end{pmatrix}.$$

5.3 Betrag und Skalarprodukt

5.3.1 Die Länge eines Vektors

Aus der anschaulichen Interpretation eines Vektors als einen gerichteten Pfeil ergibt sich auch die Möglichkeit, diesem eine **Länge** oder einen **Betrag** zuzuordnen.

Betrachten wir den Vektor

$$\vec{p} = \begin{pmatrix} a \\ b \end{pmatrix}$$

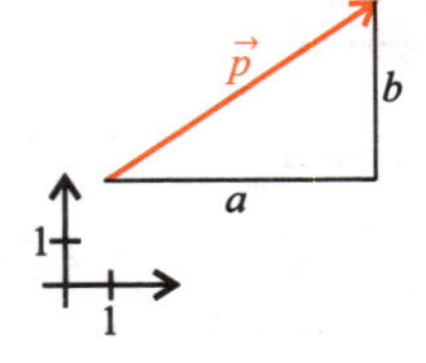

Abbildung 5.6: Länge oder Betrag eines Vektors.

in ► Abbildung 5.6. Wie wir mit Hilfe des dort dargestellten rechtwinkligen Dreiecks erkennen, ist seine Länge $|\vec{p}|$ nach dem Satz des Pythagoras gegeben durch

$$|\vec{p}| = \sqrt{a^2 + b^2}\,.$$

Wieder wollen wir dies auf Vektoren des $\mathbb{R}^n$ verallgemeinern: Wir definieren den Betrag, die Länge oder die euklidische **Norm** eines Vektors

$$\vec{x} = \begin{pmatrix} x_1 \\ x_2 \\ \vdots \\ x_n \end{pmatrix} \in \mathbb{R}^n$$

durch die Zahl

$$|\vec{x}| := \sqrt{x_1^2 + \ldots + x_n^2}\,. \tag{5.3}$$

Definitionsgemäß ist der Betrag eines Vektors somit immer größer oder gleich null. Nur im Fall $\vec{x} = \vec{0}$ nimmt der Betrag den Wert Null an. Darüber hinaus gilt für jede Zahl $c \in \mathbb{R}$ und jeden Vektor $\vec{v} \in \mathbb{R}^n$, dass

$$|c \cdot \vec{v}| = |c| \cdot |\vec{v}|\,, \tag{5.4}$$

was sich aus der kurzen Rechnung

$$|c \cdot \vec{v}| = \sqrt{(cv_1)^2 + \ldots + (cv_n)^2} = \sqrt{c^2(v_1^2 + \ldots + v_n^2)} = |c| \cdot |\vec{v}|$$

ergibt.

Beispiel 5.1

Es sei der Vektor $\vec{x} \in \mathbb{R}^4$ gegeben durch

$$\vec{x} = \begin{pmatrix} 2 \\ 3 \\ -3 \\ 5 \end{pmatrix}.$$

Seinen Betrag berechnen wir gemäß (5.3) zu

$$|\vec{x}| = \sqrt{2^2 + 3^2 + (-3)^2 + 5^2} = \sqrt{4 + 9 + 9 + 25} = \sqrt{47}.$$

Dividieren wir einen Vektor $\vec{x}$ der Länge $l = |\vec{x}|$ durch seine eigene Länge, so besitzt der durch $|\vec{x}|$ dividierte Vektor

$$\frac{\vec{x}}{|\vec{x}|} = \frac{1}{\sqrt{x_1^2 + \ldots + x_n^2}} \cdot \begin{pmatrix} x_1 \\ \vdots \\ x_n \end{pmatrix}$$

nach (5.4) die Länge 1. Ein solcher Vektor wird auch als **Einheitsvektor** oder als ein **auf die Länge 1 normierter** Vektor bezeichnet.

Beispiel 5.2

Gegeben sei der Vektor

$$\vec{x} = \begin{pmatrix} 3 \\ 4 \end{pmatrix} \in \mathbb{R}^2.$$

Seine Länge ist

$$|\vec{x}| = \sqrt{3^2 + 4^2} = 5.$$

Damit ist der Vektor

$$\frac{\vec{x}}{|\vec{x}|} = \frac{1}{5} \cdot \begin{pmatrix} 3 \\ 4 \end{pmatrix} = \begin{pmatrix} \frac{3}{5} \\ \frac{4}{5} \end{pmatrix}$$

ein Einheitsvektor des $\mathbb{R}^2$.

5.3.2 Das Skalarprodukt

Unter dem (kanonischen, euklidischen) **Skalarprodukt** zweier Vektoren des $\mathbb{R}^n$ verstehen wir die Operation, welche zwei Vektoren

$$\vec{x} = \begin{pmatrix} x_1 \\ \vdots \\ x_n \end{pmatrix}, \vec{y} = \begin{pmatrix} y_1 \\ \vdots \\ y_n \end{pmatrix} \in \mathbb{R}^n$$

eine reelle Zahl zuordnet und durch

$$\vec{x} \bullet \vec{y} := \sum_{i=1}^{n} x_i y_i = x_1 y_1 + \ldots + x_n y_n \tag{5.5}$$

definiert ist. Auch die Bezeichnung „inneres Produkt“ ist hier geläufig. Das $\bullet$-Zeichen wird bisweilen auch durch ein schlichtes $\cdot$ ersetzt. Man halte sich aber in jedem Fall stets vor Augen, dass durch (5.5) eine neue Art der Multiplikation definiert wird. Das Ergebnis dieser Skalarmultiplikation ist eine reelle Zahl, ein Skalar (daher der Name). Mit der bereits bekannten Vervielfachung von Vektoren hat dies nichts zu tun.

Beispiel 5.3

Gegeben seien die Vektoren

$$\vec{x} = \begin{pmatrix} 1 \\ \frac{1}{2} \\ -3 \\ 0 \end{pmatrix}, \vec{y} = \begin{pmatrix} 3 \\ -4 \\ 2 \\ 6 \end{pmatrix} \in \mathbb{R}^4 .$$

Damit ist

$$\vec{x} \bullet \vec{y} = 1 \cdot 3 + \frac{1}{2} \cdot (-4) + (-3) \cdot 2 + 0 \cdot 6 = 3 - 2 - 6 + 0 = -5 .$$

Wir stellen einige wichtige Eigenschaften und Rechengesetze rund um das Skalarprodukt zusammen.

Satz **Skalarprodukt**

Es seien $\vec{x}, \vec{y}, \vec{z} \in \mathbb{R}^n$ und $c \in \mathbb{R}$. Dann gilt:

a) $\vec{x} \bullet (\vec{y} + \vec{z}) = \vec{x} \bullet \vec{y} + \vec{x} \bullet \vec{z}$,

b) $(\vec{x} + \vec{y}) \bullet \vec{z} = \vec{x} \bullet \vec{z} + \vec{y} \bullet \vec{z}$,

c) $(c \cdot \vec{x}) \bullet \vec{y} = c \cdot (\vec{x} \bullet \vec{y})$,

d) $\vec{x} \bullet (c \cdot \vec{y}) = c \cdot (\vec{x} \bullet \vec{y})$,

e) $\vec{x} \bullet \vec{y} = \vec{y} \bullet \vec{x}$ (Symmetrie),

f) $\vec{x} \bullet \vec{x} = |x|^2$.

Die Beweise hierzu sind unmittelbare Folgerungen aus der Definition in (5.5) und seien dem Leser überlassen.

Im $\mathbb{R}^2$ und im $\mathbb{R}^3$ lässt sich das Skalarprodukt dazu verwenden, um den **Winkel** α zwischen zwei Vektoren zu berechnen (für $n > 3$ lässt sich die folgende Aussage als **Definition** eines „Winkels“ interpretieren).

Satz **Winkelberechnung**

Es seien $\vec{x}$ und $\vec{y}$ zwei Vektoren des $\mathbb{R}^n$ mit $\vec{x}, \vec{y} \neq \vec{0}$, wobei $n = 2$ oder $n = 3$. Der Cosinus des Winkels α, den die beiden Vektoren einschließen, ist gegeben durch

$$\cos\alpha = \frac{\vec{x} \bullet \vec{y}}{|\vec{x}| \cdot |\vec{y}|}.$$

Beweis: Wir zeigen den Satz nur für $n = 2$. Im $\mathbb{R}^3$ verläuft der Beweis analog.

Zu den gegebenen Vektoren $\vec{x}$ und $\vec{y}$ seien

$$\vec{v} := \frac{\vec{x}}{|\vec{x}|} \qquad \text{und} \qquad \vec{w} := \frac{\vec{y}}{|\vec{y}|}$$

die auf Länge 1 normierten Vektoren. (Der Winkel α zwischen $\vec{x}$ und $\vec{y}$ bzw. zwischen $\vec{v}$ und $\vec{w}$ ist dabei der gleiche). Die Vektoren $\vec{v} = \begin{pmatrix} v_1 \\ v_2 \end{pmatrix}$ und $\vec{w} = \begin{pmatrix} w_1 \\ w_2 \end{pmatrix}$ sind in ► Abbildung 5.7 dargestellt.

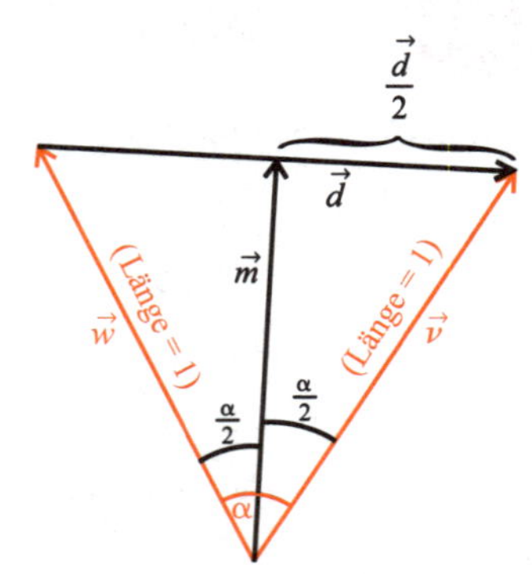

Abbildung 5.7: Gleichschenkliges Dreieck mit eingeschlossenem Winkel α.

Wir berechnen den in der Abbildung dargestellten Mittelvektor $\vec{m}$ und den Differenzvektor $\vec{d}$ zu

$$\begin{aligned} \vec{d} &= \vec{v} - \vec{w} = \begin{pmatrix} v_1 - w_1 \\ v_2 - w_2 \end{pmatrix}, \\ \vec{m} &= \vec{w} + \tfrac{1}{2} \cdot \vec{d} = \begin{pmatrix} w_1 \\ w_2 \end{pmatrix} + \tfrac{1}{2} \cdot \begin{pmatrix} v_1 - w_1 \\ v_2 - w_2 \end{pmatrix} \\ &= \tfrac{1}{2} \cdot \begin{pmatrix} v_1 + w_1 \\ v_2 + w_2 \end{pmatrix}. \end{aligned}$$

Deren Längen berechnen sich folglich zu

$$|\vec{d}| = \sqrt{(v_1 - w_1)^2 + (v_2 - w_2)^2} \qquad \text{und} \qquad |\vec{m}| = \frac{1}{2}\sqrt{(v_1 + w_1)^2 + (v_2 + w_2)^2}.$$

Damit berechnen wir gemäß Abbildung 5.7 (man beachte $|\vec{v}| = 1$ und die Tatsache, dass $\frac{\vec{d}}{2}$ zusammen mit $\vec{m}$ ein rechtwinkliges Dreieck aufspannt):

$$\begin{aligned} \sin\frac{\alpha}{2} &= \frac{\frac{|\vec{d}|}{2}}{|\vec{v}|} = \frac{\frac{|\vec{d}|}{2}}{1} = \frac{1}{2}\sqrt{(v_1 - w_1)^2 + (v_2 - w_2)^2}, \\ \cos\frac{\alpha}{2} &= \frac{|\vec{m}|}{|\vec{v}|} = \frac{|\vec{m}|}{1} = \frac{1}{2}\sqrt{(v_1 + w_1)^2 + (v_2 + w_2)^2}. \end{aligned}$$

Nach den Additionstheoremen (Seite 67) berechnet sich $\cos\alpha$ zu

$$\begin{aligned} \cos\alpha &= \cos\left(\frac{\alpha}{2} + \frac{\alpha}{2}\right) = \cos\left(\frac{\alpha}{2}\right) \cdot \cos\left(\frac{\alpha}{2}\right) - \sin\left(\frac{\alpha}{2}\right) \cdot \sin\left(\frac{\alpha}{2}\right) \\ &= \frac{(v_1 + w_1)^2 + (v_2 + w_2)^2}{4} - \frac{(v_1 - w_1)^2 + (v_2 - w_2)^2}{4} \\ &= \frac{1}{4} \cdot \big(v_1^2 + 2v_1w_1 + w_1^2 + v_2^2 + 2v_2w_2 + w_2^2 \\ &\qquad -v_1^2 + 2v_1w_1 - w_1^2 - v_2^2 + 2v_2w_2 - w_2^2\big) = v_1w_1 + v_2w_2 = \vec{v} \bullet \vec{w}. \end{aligned}$$

Ersetzen wir in dieser Gleichung wieder $\vec{v}$ durch $\frac{\vec{x}}{|\vec{x}|}$ bzw. $\vec{w}$ durch $\frac{\vec{y}}{|\vec{y}|}$, so erhalten wir

$$\cos\alpha = \frac{\vec{x} \bullet \vec{y}}{|\vec{x}| \cdot |\vec{y}|},$$

was zu zeigen war.

Um den Winkel α selbst zu berechnen, können wir in dieser Formel zum Arccuscosinus übergehen, also

$$\alpha = \arccos(\cos\alpha) = \arccos\frac{\vec{x} \bullet \vec{y}}{|\vec{x}| \cdot |\vec{y}|}.$$

Wir erhalten damit für α einen Winkel zwischen 0 und π bzw. zwischen 0° und 180°.

Beispiel 5.4

Gegeben seien die Vektoren

$$\vec{x} = \begin{pmatrix} 2 \\ 3 \end{pmatrix} \quad \text{und} \quad \vec{y} = \begin{pmatrix} -1 \\ 2 \end{pmatrix}.$$

Für den Winkel α (▶ Abbildung 5.8), welchen die Vektoren $\vec{x}$ und $\vec{y}$ miteinander einschließen, gilt

$$\begin{aligned} \cos\alpha &= \frac{\vec{x} \bullet \vec{y}}{|\vec{x}| \cdot |\vec{y}|} \\ &= \frac{2 \cdot (-1) + 3 \cdot 2}{\sqrt{2^2+3^2} \cdot \sqrt{(-1)^2+2^2}} = \frac{4}{\sqrt{13} \cdot \sqrt{5}} \\ &= \frac{4}{\sqrt{65}}. \end{aligned}$$

Damit ist also

$$\alpha = \arccos\frac{4}{\sqrt{65}} \approx 60.25°.$$

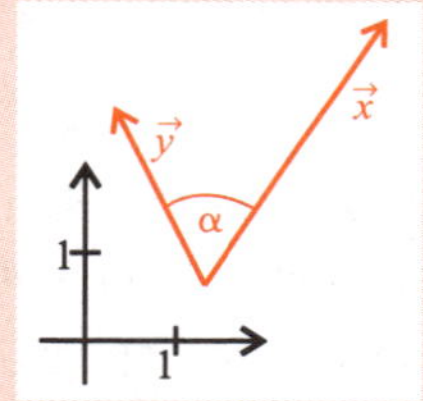

Abbildung 5.8: Beispiel zur Winkelberechnung.

5.3.3 Orthogonalität

Ein Spezialfall liegt dann vor, wenn für das Skalarprodukt zweier Vektoren $\vec{x}$ und $\vec{y}$ des $\mathbb{R}^2$ oder $\mathbb{R}^3$ gilt

$$\vec{x} \bullet \vec{y} = 0.$$

Unter diesen Umständen gilt für den Winkel α zwischen $\vec{x}$ und $\vec{y}$ nach dem Satz von Seite 175, dass $\cos\alpha = \frac{\vec{x} \bullet \vec{y}}{|\vec{x}| \cdot |\vec{y}|} = 0$ und damit

$$\alpha = \frac{\pi}{2} \qquad (90°).$$

Die Vektoren $\vec{x}$ und $\vec{y}$ stehen in diesem Fall also senkrecht aufeinander und bilden miteinander einen rechten Winkel.

Beispiel 5.5

Gegeben seien die Vektoren (▶ Abbildung 5.9)

$$\vec{x} = \begin{pmatrix} 1 \\ 2 \\ -1 \end{pmatrix}, \vec{y} = \begin{pmatrix} 4 \\ -3 \\ -2 \end{pmatrix}.$$

Dann ist

$$\vec{x} \bullet \vec{y} = 1 \cdot 4 + 2 \cdot (-3) + (-1) \cdot (-2) = 0,$$

die Vektoren stehen also senkrecht aufeinander.

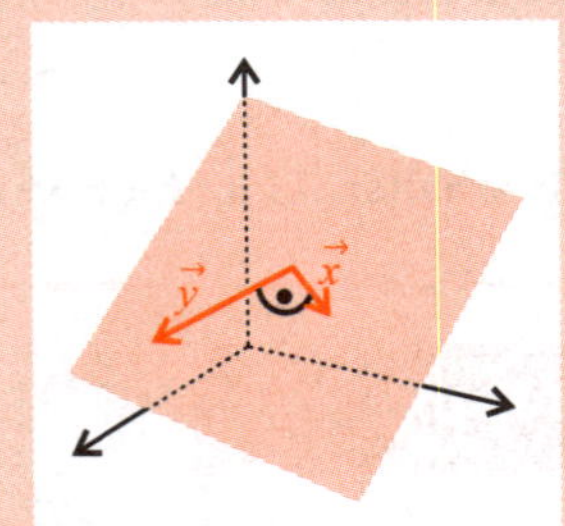

Abbildung 5.9: Orthogonale Vektoren.

Dieser Sachverhalt lässt sich auch auf höhere Raumdimensionen verallgemeinern: Wir nennen zwei Vektoren $\vec{x}, \vec{y} \in \mathbb{R}^n$ senkrecht aufeinanderstehend bzw. **orthogonal**, wenn

$$\vec{x} \bullet \vec{y} = 0$$

gilt. Dass dies für Raumdimensionen ≥ 4 keine geometrische Bedeutung mehr besitzt, spielt dabei keine Rolle.

In der Orthogonalitätsbeziehung $\vec{x} \bullet \vec{y} = 0$ hatten wir den Nullvektor nicht ausdrücklich ausgenommen. Per Definition ist der Nullvektor somit orthogonal zu jedem Vektor des $\mathbb{R}^n$.

Die kanonischen Einheitsvektoren $\vec{e}_1, \ldots, \vec{e}_n$ (siehe Seite 171) sind ein weiteres prominentes Beispiel gegenseitig orthogonaler Vektoren.

Der $\mathbb{R}^n$ und seine Unterräume 5.4

5.4.1 Linearkombinationen und Unterräume

In Abschitt 5.2 hatten wir erläutert, was es heißt, Vektoren zu addieren und zu vervielfachen. Betrachten wir eine beliebige endliche Anzahl von Vektoren

$$\vec{v}_1, \vec{v}_2, \ldots, \vec{v}_m$$

des $\mathbb{R}^n$, so können wir mit Hilfe von m Zahlen

$$c_1,\ c_2, \ldots,\ c_m\ \in\ \mathbb{R}$$

den Vektor

$$c_1\vec{v}_1\ +\ c_2\vec{v}_2\ +\ \ldots\ +\ c_m\vec{v}_m$$

bilden. Man spricht in diesem Zusammenhang von einer **Linearkombination** der Vektoren $\vec{v}_1, \ldots, \vec{v}_m$. Lassen wir die **Koeffizienten** $c_1, \ldots, c_m$ unabhängig voneinander jeweils ganz $\mathbb{R}$ durchlaufen, so erhalten wir eine Menge aus unendlich vielen Vektoren des $\mathbb{R}^n$. Formal ausgedrückt bilden wir also zu den gegebenen Vektoren $\vec{v}_1, \ldots, \vec{v}_m$ die Menge

$$\left\{c_1\vec{v}_1\ +\ c_2\vec{v}_2\ +\ \ldots\ +\ c_m\vec{v}_m\ \mid\ c_1, \ldots, c_m \in \mathbb{R}\right\} \tag{5.6}$$

aller Linearkombinationen dieser Vektoren. Wir bezeichnen diese als den **von den Vektoren $\vec{v}_1, \ldots, \vec{v}_m$ aufgespannten Unterraum** des $\mathbb{R}^n$ (bzw. die **lineare Hülle** der Vektoren $\vec{v}_1, \ldots, \vec{v}_m$) und notieren diesen Raum als

$$\mathrm{span}\{\vec{v}_1, \ldots, \vec{v}_m\}\,.$$

Die Menge der Vektoren $\{\vec{v}_1, \ldots, \vec{v}_m\}$, welche den Unterraum **aufspannen**, wird in diesem Zusammenhang als **Erzeugendensystem** bezeichnet.

Wie der Begriff „Unterraum“ suggeriert, handelt es sich bei

$$\mathrm{span}\{\vec{v}_1, \ldots, \vec{v}_m\}$$

im Allgemeinen nur um eine Teilmenge des gesamten $\mathbb{R}^n$.

Interpretieren wir die Vektoren in $\mathrm{span}\{\vec{v}_1, \ldots, \vec{v}_m\}$ als Ortsvektoren und beschränken wir uns auf die niederen Dimensionen $n = 2$ und $n = 3$, so besitzen diese Unterräume eine anschauliche geometrische Interpretation:

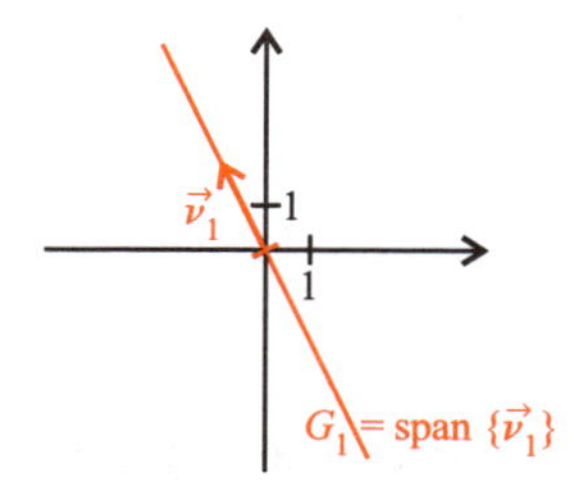

Abbildung 5.10: Erzeugte Gerade im $\mathbb{R}^2$.

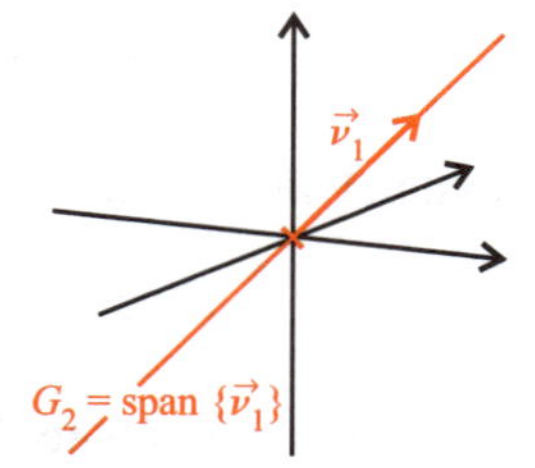

Abbildung 5.11: Erzeugte Gerade im $\mathbb{R}^3$.

Wir betrachten den Unterraum

$$G\ =\ \mathrm{span}\{\vec{v}_1\}\ =\ \{c \cdot \vec{v}_1 \mid c \in \mathbb{R}\}$$

mit einem einzigen Vektor $\vec{v}_1$ aus dem $\mathbb{R}^2$ bzw. $\mathbb{R}^3$. Als Vielfache des erzeugenden Vektors $\vec{v}_1$ liegen alle Vektoren des von $\vec{v}_1$ aufgespannten Unterraums G (interpretiert als Ortsvektoren bzw. Punkte) auf einer **Geraden**. Die ▶ Abbildungen 5.10 bzw. 5.11 zeigen die Unterräume (Geraden)

$$G_1 = \operatorname{span}\left\{\begin{pmatrix}-1\\2\end{pmatrix}\right\} \qquad \text{bzw.} \qquad G_2 = \operatorname{span}\left\{\begin{pmatrix}2\\3\\3\end{pmatrix}\right\}.$$

Beide Geraden G_1 und G_2 beinhalten den Ursprung. Dies ist ein typisches Merkmal eines jeden Unterraums. Wählen wir nämlich in (5.6) als Koeffizienten speziell die Werte $c_1 = \ldots = c_m = 0$, so erhalten wir als Ergebnis den Nullvektor $\vec{0}$.

Bemerkung

Im Fall $n = 2$ lässt sich die Gerade

$$G = \operatorname{span}\left\{\begin{pmatrix}a\\b\end{pmatrix}\right\} = \left\{\begin{pmatrix}x\\y\end{pmatrix} \in \mathbb{R}^2 : \begin{pmatrix}x\\y\end{pmatrix} = c \cdot \begin{pmatrix}a\\b\end{pmatrix} \middle| \; c \in \mathbb{R}\right\}$$

im Fall $a \neq 0$ auf die aus der Analysis bekannte Form $y = f(x) = mx + c$ bringen: Zu gegebenem x nämlich gibt es ein $c \in \mathbb{R}$ mit

$$x = ca \qquad \Leftrightarrow \qquad c = \frac{x}{a}$$

und somit

$$y = cb = \frac{x}{a} \cdot b = \frac{b}{a} x .$$

Betrachten wir nun den Fall $n = 3$ und den Unterraum

$$E = \operatorname{span}\{\vec{v}_1, \vec{v}_2\}$$

mit zwei Vektoren $\vec{v}_1 \neq \vec{0}$ und $\vec{v}_2 \neq \vec{0}$ des $\mathbb{R}^3$. Bei $\vec{v}_1$ und $\vec{v}_2$ soll es sich dabei um keine Vielfache voneinander handeln, d. h. es gelte

$$\vec{v}_2 \neq c \cdot \vec{v}_1 \quad \text{für alle } c \in \mathbb{R} .$$

Als Beispiel betrachten wir den in ▶ Abbildung 5.12 dargestellten Unterraum

$$E = \operatorname{span}\left\{\underbrace{\begin{pmatrix}2\\4\\-1\end{pmatrix}}_{=:\vec{v}_1}, \underbrace{\begin{pmatrix}2\\1\\4\end{pmatrix}}_{=:\vec{v}_2}\right\} = \left\{c_1 \cdot \begin{pmatrix}2\\4\\-1\end{pmatrix} + c_2 \cdot \begin{pmatrix}2\\1\\4\end{pmatrix} \mid c_1, c_2 \in \mathbb{R}\right\},$$

welcher eine **Ebene** im $\mathbb{R}^3$ repräsentiert.

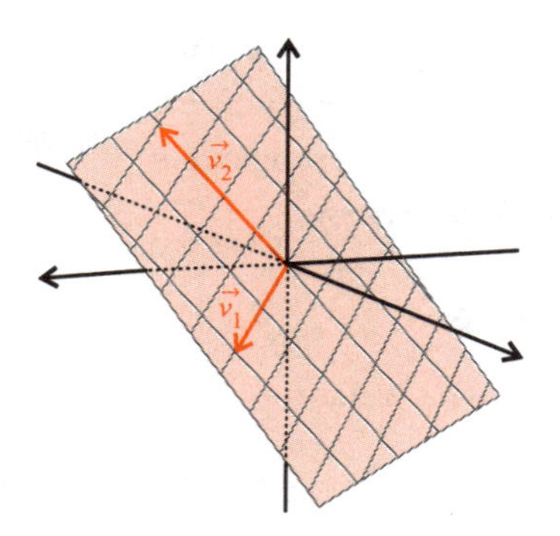

Abbildung 5.12: Von $\vec{v}_1$ und $\vec{v}_2$ aufgespannte Ebene.

Jeden Ortsvektor $\vec{v}$ der Ebene E erhalten wir anschaulich dadurch, dass wir ausgehend vom Ursprung „ein Stückchen", nämlich c_1 Einheiten in Richtung des ersten Vektors

$$\begin{pmatrix}2\\4\\-1\end{pmatrix}$$

und daraufhin um c_2 Einheiten in Richtung des zweiten Vektors

$$\begin{pmatrix}2\\1\\4\end{pmatrix}$$

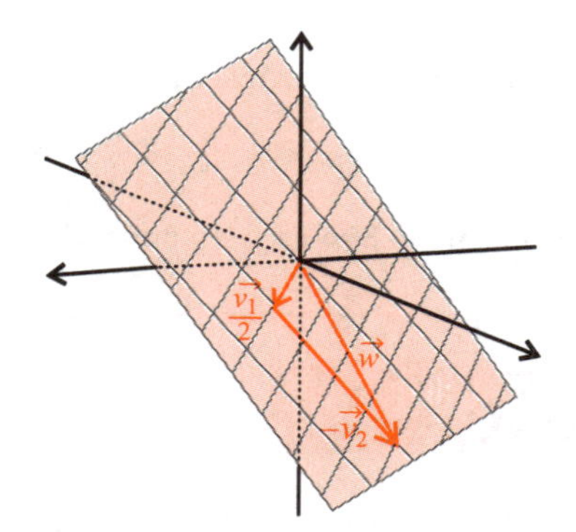

Abbildung 5.13: Von zwei Vektoren. erzeugte Ebene im $\mathbb{R}^3$

vorangehen. Als Beispiel ist in ▶ Abbildung 5.13 für $c_1 = \frac{1}{2}$ und $c_2 = -1$ der Vektor

$$\vec{w} = \frac{1}{2} \cdot \vec{v}_1 - 1 \cdot \vec{v}_2 = \frac{1}{2} \cdot \begin{pmatrix}2\\4\\-1\end{pmatrix} - \begin{pmatrix}2\\1\\4\end{pmatrix} = \begin{pmatrix}-1\\1\\-\frac{9}{2}\end{pmatrix}$$

dargestellt. Die Menge sämtlicher so gewonnener Ortsvektoren repräsentiert eine (den Ursprung beinhaltende) Ebene im $\mathbb{R}^3$.

Es ist wichtig zu erkennen, dass das Erzeugendensystem (also die Vektoren, welche einen Unterraum erzeugen bzw. aufspannen) keinesfalls eindeutig bestimmt ist. Wie ▶ Abbildung 5.14 verrät, kann ein und derselbe Unterraum (in diesem Fall die Ebene E aus Abbildung 5.13) auch von einem andersartigen Vektorpaar

$$\{\vec{z}_1, \vec{z}_2\}$$

mit Vektoren $\vec{z}_1, \vec{z}_2$ der Ebene E aufgespannt werden. Wir werden in Abschnitt 5.4.5 lernen, wie wir feststellen können, ob unterschiedliche Erzeugendensysteme den gleichen Unterraum erzeugen.

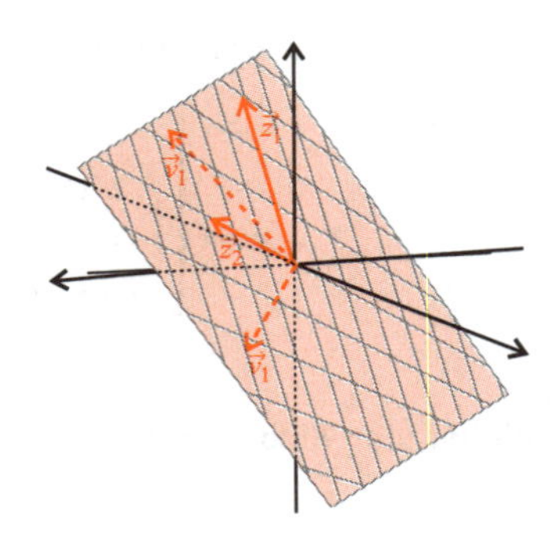

Abbildung 5.14: Anderes Erzeugendensystem – gleicher Unterraum.

5.4.2 Affine Unterräume

Als eine Gemeinsamkeit der aus m Vektoren $\vec{v}_1, \ldots, \vec{v}_m$ des $\mathbb{R}^n$ erzeugten Unterräume

$$\operatorname{span}\{\vec{v}_1, \ldots, \vec{v}_m\} = \{c_1 \cdot \vec{v}_1 + \ldots + c_m \cdot \vec{v}_m \mid c_1, \ldots, c_m \in \mathbb{R}\} \subset \mathbb{R}^n$$

stellte sich heraus, dass der Nullvektor $\vec{0}$ in ihnen liegt. Geometrisch betrachtet ist dies jedoch ein Spezialfall. Um auch anders lokalisierte Geraden und Ebenen darstellen zu können, geben wir uns einen festen Ortsvektor $\vec{s}$, genannt **Stützvektor**, vor und heften an diesen den gewünschten Unterraum an, d. h. wir bilden

$$\vec{s} + \operatorname{span}\{\vec{v}_1, \ldots, \vec{v}_m\} = \{\vec{s} + c_1 \cdot \vec{v}_1 + \ldots + c_m \cdot \vec{v}_m \mid c_1, \ldots, c_m \in \mathbb{R}\}.$$

Eine solche Menge wird auch **affiner Unterraum** genannt.

Beispiel 5.6

Wir bewegen uns im $\mathbb{R}^3$, setzen

$$\vec{s} := \begin{pmatrix} 1 \\ 2 \\ 3 \end{pmatrix}$$

und betrachten den Unterraum

$$U = \operatorname{span}\left\{\begin{pmatrix} -2 \\ 4 \\ 3 \end{pmatrix}, \begin{pmatrix} 1 \\ -1 \\ 0 \end{pmatrix}\right\}.$$

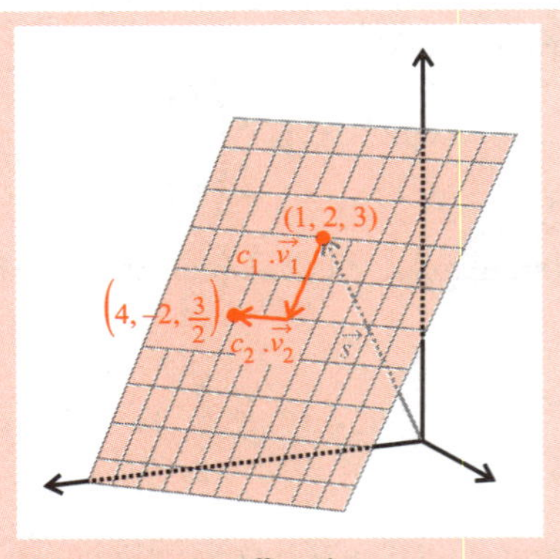

Abbildung 5.15: Affine Ebene.

Der affine Unterraum (▶ Abbildung 5.15)

$$E = \vec{s} + U$$

besteht nun aus der Menge

$$E = \left\{ \begin{pmatrix} 1 \\ 2 \\ 3 \end{pmatrix} + c_1 \cdot \begin{pmatrix} -2 \\ 4 \\ 3 \end{pmatrix} + c_2 \cdot \begin{pmatrix} 1 \\ -1 \\ 0 \end{pmatrix} \middle| \; c_1, c_2 \in \mathbb{R} \right\} .$$

Wählen wir beispielsweise $c_1 = -\frac{1}{2}$ und $c_2 = 2$, so erkennen wir, dass der Punkt

$$\begin{pmatrix} 1 \\ 2 \\ 3 \end{pmatrix} - \frac{1}{2} \cdot \begin{pmatrix} -2 \\ 4 \\ 3 \end{pmatrix} + 2 \cdot \begin{pmatrix} 1 \\ -1 \\ 0 \end{pmatrix} = \begin{pmatrix} 4 \\ -2 \\ \frac{3}{2} \end{pmatrix}$$

in dieser affinen Ebene liegt.

Bemerkung

Die in Beispiel 5.6 verwendete Darstellung

$$E = \left\{ \begin{pmatrix} s_1 \\ s_2 \\ s_3 \end{pmatrix} + c_1 \cdot \begin{pmatrix} v_1 \\ v_2 \\ v_3 \end{pmatrix} + c_2 \cdot \begin{pmatrix} w_1 \\ w_2 \\ w_3 \end{pmatrix} \middle| \; c_1, c_2 \in \mathbb{R} \right\}$$

einer affinen Ebene mit Hilfe eines Stützvektors und zweier Richtungsvektoren ist nicht die einzige Möglichkeit, eine solche mathematisch darzustellen:

Betrachten wir dazu ▶ Abbildung 5.16. Die Positionierung einer Ebene im Raum lässt sich u.a. durch die Angabe eines **Normalenvektors** festlegen. Darunter versteht man einen Vektor

$$\vec{n} = \begin{pmatrix} n_1 \\ n_2 \\ n_3 \end{pmatrix} ,$$

der senkrecht auf der Ebene steht. Eine bloße Angabe des Normalenvektors jedoch würde die Ebene noch nicht eindeutig festlegen,

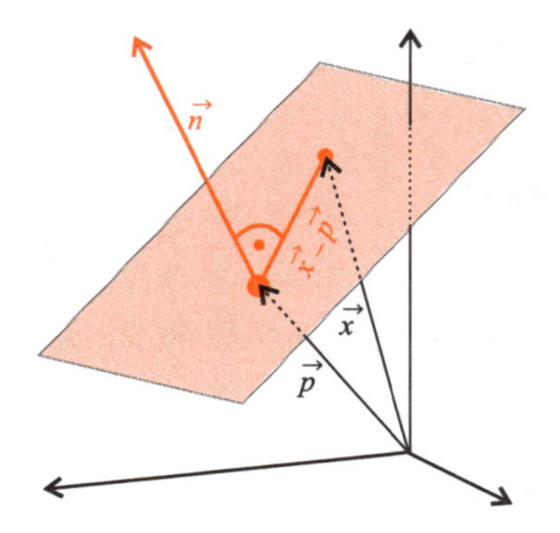

Abbildung 5.16: Bestimmung einer Ebene mit Normale $\vec{n}$ und Punkt $\vec{p}$.

denn zueinander parallele Ebenen besitzen den gleichen Normalenvektor. Wir benötigen noch einen Punkt

$$\vec{p} = \begin{pmatrix} p_1 \\ p_2 \\ p_3 \end{pmatrix},$$

der auf der Ebene zu liegen hat. Wie aus Abbildung 5.16 ersichtlich wird, beinhaltet die affine Ebene genau die Punkte $\vec{x} = \begin{pmatrix} x_1 \\ x_2 \\ x_3 \end{pmatrix} \in \mathbb{R}^3$, für welche die Differenz der Vektoren $\vec{x}$ und $\vec{p}$ im rechten Winkel auf $\vec{n}$ steht, für welche also

$$(\vec{x} - \vec{p}) \bullet \vec{n} = 0$$

gilt. Ausgeschrieben formuliert sich dies zu

$$\begin{aligned} & \begin{pmatrix} x_1 - p_1 \\ x_2 - p_2 \\ x_3 - p_3 \end{pmatrix} \bullet \begin{pmatrix} n_1 \\ n_2 \\ n_3 \end{pmatrix} = 0 \\ \Leftrightarrow \quad & (x_1 - p_1) \cdot n_1 + (x_2 - p_2) \cdot n_2 + (x_3 - p_3) \cdot n_3 = 0 \\ \Leftrightarrow \quad & n_1 \cdot x_1 + n_2 \cdot x_2 + n_3 \cdot x_3 = n_1 p_1 + n_2 p_2 + n_3 p_3. \end{aligned}$$

Umgekehrt zeigt diese Rechnung, dass jede Gleichung der Form

$$n_1 \cdot x_1 + n_2 \cdot x_2 + n_3 \cdot x_3 = b$$

eine Ebene im Raum darstellt mit einem Normalenvektor

$$\vec{n} = \begin{pmatrix} n_1 \\ n_2 \\ n_3 \end{pmatrix},$$

wobei die Ebene durch jeden Punkt $\vec{p}$ geht, welcher die Gleichung

$$n_1 p_1 + n_2 p_2 + n_3 p_3 = b$$

erfüllt.

Wichtig ist auch im Fall affiner Unterräume der folgende Umstand: Die Darstellung

$$U = \vec{\mathbf{s}}_1 + \operatorname{span}\{\vec{v}_1, \ldots, \vec{v}_m\}$$

eines affinen Unterraums U des $\mathbb{R}^n$ mittels der Richtungsvektoren $\vec{v}_1, \ldots, \vec{v}_m \in \mathbb{R}^n$ und des Stützvektors $\vec{s}_1 \in \mathbb{R}^n$ ist keinesfalls eindeutig. Für jeden Vektor $\vec{s}_2 \in \mathbb{R}^n$, welcher ebenfalls in U liegt, lässt sich U auch gleichwertig durch

$$U = \vec{s}_2 + \text{span}\{\vec{v}_1, \ldots, \vec{v}_m\}$$

darstellen. Darüber hinaus lässt sich auch der an $\vec{s}_1$ bzw. $\vec{s}_2$ angeheftete Unterraum

$$\text{span}\{\vec{v}_1, \ldots, \vec{v}_m\}$$

nach der Erläuterung auf Seite 182 mit Hilfe eines anderen Erzeugendensystems aufspannen.

5.4.3 Vorläufiges zu linearen Gleichungssystemen

Lineare Gleichungssysteme in Verbindung mit den Verfahren zu ihrer Lösung sind ein zentraler Gegenstand der linearen Algebra. Aus diesem Grund wollen wir ihnen das eigene Kapitel 7 widmen. Für den Moment wollen wir lediglich erklären, was es damit auf sich hat und auf elementare Schulkenntnisse zur Lösung dieser Systeme zurückgreifen. Unter einem linearen Gleichungssystem (LGS) mit m Zeilen und n Unbekannten verstehen wir die m Gleichungen

$$\begin{aligned}
a_{11}x_1 + a_{12}x_2 + \ldots + a_{1n}x_n &= b_1 \\
a_{21}x_1 + a_{22}x_2 + \ldots + a_{2n}x_n &= b_2 \\
\vdots \qquad\qquad\qquad &\vdots \\
a_{m1}x_1 + a_{m2}x_2 + \ldots + a_{mn}x_n &= b_m .
\end{aligned} \tag{5.7}$$

Bei den **Koeffizienten** a_{ij} ($i = 1, \ldots, m; j = 1, \ldots, n$) handelt es sich um vorgegebene reelle Zahlen mit zwei Indizes i und j: Der Index i, welcher innerhalb einer Gleichungszeile konstant bleibt, wird als **Zeilenindex** bezeichnet und bewegt sich zwischen den natürlichen Zahlen von 1 bis m. Dem gegenüber steht der zweite Index j, der so genannte **Spaltenindex**, welcher alle natürlichen Zahlen von 1 bis n durchläuft.

Die so genannte **rechte Seite** des linearen Gleichungssystems besteht aus m vorgegebenen reellen Zahlen $b_1, \ldots, b_m$. Gilt speziell

$$b_1 = \ldots = b_m = 0 ,$$

so heißt das LGS **homogen**, andernfalls **inhomogen**.

Die Bezeichnung **linear** rührt daher, dass die n Unbekannten $x_1, \ldots, x_n$ nicht etwa in den Formen x_j^2, $\sqrt{x_j}$, ... etc., sondern nur in erster Potenz $x_j = x_j^1$, eben linear, auftreten.

Unter einer Lösung eines linearen Gleichungssystems verstehen wir n Zahlen

$$x_1, \ldots, x_n ,$$

welche allen m Gleichungen in (5.7) genügen. Eine solche Lösung muss nicht notwendigerweise existieren und ist im Fall ihrer Existenz auch nicht zwingend eindeutig bestimmt. Vertiefen wollen wir diese Analyse in Kapitel 7.

Beispiel 5.7

Von den letzten Abschnitten motiviert, betrachten wir ein Beispiel, welches die Lösung eines linearen Gleichungssystems erforderlich macht: Gegeben seien die Vektoren

$$\vec{v}_1 := \begin{pmatrix} 1 \\ -1 \\ 2 \end{pmatrix}, \quad \vec{v}_2 := \begin{pmatrix} 2 \\ 3 \\ 1 \end{pmatrix}.$$

Wir untersuchen, ob ein gegebener Vektor $\vec{b} = \begin{pmatrix} b_1 \\ b_2 \\ b_3 \end{pmatrix}$ in der von $\vec{v}_1$ und $\vec{v}_2$ aufgespannten Ebene

$$E = \operatorname{span}\{\vec{v}_1, \vec{v}_2\}$$

liegt. Gibt es also eine Linearkombination aus $\vec{v}_1$ und $\vec{v}_2$, welche als Ergebnis den Vektor $\vec{b}$ liefert? Anders ausgedrückt: Gibt es Zahlen $c_1, c_2 \in \mathbb{R}$ mit

$$c_1 \cdot \vec{v}_1 + c_2 \cdot \vec{v}_2 = \vec{b}\,?$$

Schreiben wir dies komponentenweise, so erkennen wir die Äquivalenz dieses Problems mit der Aufgabe, eine Lösung des LGS

$$\begin{aligned} 1c_1 &+ 2c_2 = b_1 \\ -1c_1 &+ 3c_2 = b_2 \\ 2c_1 &+ 1c_2 = b_3 \end{aligned}$$

zu finden. Abhängig vom Vektor $\vec{b}$ besitzt dieses LGS (in den Unbekannten c_1 und c_2) nun genau eine, keine oder unendlich viele Lösungen. Betrachten wir beispielsweise den Vektor

$$\vec{b}_1 = \begin{pmatrix} 4 \\ 2 \\ 1 \end{pmatrix}.$$

Das zugehörige lineare Gleichungssystem

$$\begin{aligned} 1c_1 &+ 2c_2 = 4 \\ -1c_1 &+ 3c_2 = 2 \\ 2c_1 &+ 1c_2 = 1 \end{aligned}$$

ist **nicht** lösbar. Addieren wir nämlich beispielsweise die ersten beiden Gleichungen, so erhalten wir die Gleichung $5c_2 = 6$ bzw. $c_2 = \frac{6}{5}$. Eingesetzt in die erste Gleichung schließen wir $c_1 = 4 - 2c_2 = \frac{8}{5}$. Dies widerspricht jedoch der dritten Gleichung, denn es ist

$$2c_1 + 1c_2 = \frac{16}{5} + \frac{6}{5} = \frac{22}{5} \neq 1\,.$$

Der Leser verifiziere selbst, dass hingegen für $\vec{b}_2 = \begin{pmatrix} 4 \\ 5 \\ 4 \end{pmatrix}$ das entsprechende lineare Gleichungssystem eine (eindeutige) Lösung ($c_1 = 1$, $c_2 = 2$) besitzt. Somit liegt $\vec{b}_2$ in E, $\vec{b}_1$ hingegen nicht.

5.4.4 Lineare Unabhängigkeit

Um den Begriff der linearen Unabhängigkeit zu motivieren, betrachten wir die folgende Situation: Gegeben seien die Unterräume

$$U_1 = \operatorname{span}\left\{ \underbrace{\begin{pmatrix} 1 \\ 3 \\ 2 \end{pmatrix}}_{\vec{v}_1}, \underbrace{\begin{pmatrix} 2 \\ -1 \\ 0 \end{pmatrix}}_{\vec{v}_2} \right\} \quad \text{und} \quad U_2 = \operatorname{span}\left\{ \underbrace{\begin{pmatrix} 1 \\ 3 \\ 2 \end{pmatrix}}_{\vec{v}_1}, \underbrace{\begin{pmatrix} 2 \\ -1 \\ 0 \end{pmatrix}}_{\vec{v}_2}, \underbrace{\begin{pmatrix} 8 \\ 3 \\ 4 \end{pmatrix}}_{\vec{v}_3} \right\}$$

des $\mathbb{R}^3$. Die Vektoren $\vec{v}_1$ und $\vec{v}_2 \in \mathbb{R}^3$, welche den Unterraum U_1 aufspannen, finden sich in U_2 als aufspannende Vektoren wieder. Aufgrund des zusätzlichen Vektors $\vec{v}_3$ ist U_2 somit ein Unterraum, der gegebenenfalls noch weitere Linearkombinationen enthält, die in U_1 nicht zu finden sind, oder mathematisch präziser:

$$U_1 \subseteq U_2\,. \tag{5.8}$$

Ist aber der Raum U_2 wirklich größer? Zunächst beobachten wir, dass wir $\vec{v}_3$ als Linearkombination von $\vec{v}_1$ und $\vec{v}_2$ schreiben können. Wie man schnell nachrechnet, ist nämlich

$$\vec{v}_3 = 2 \cdot \vec{v}_1 + 3 \cdot \vec{v}_2\,. \tag{5.9}$$

Betrachten wir nun einen **beliebigen** Vektor $\vec{v}$ aus U_2, dargestellt als Linearkombination

$$\vec{v} = c_1 \cdot \vec{v}_1 + c_2 \cdot \vec{v}_2 + c_3 \cdot \vec{v}_3,$$

so können wir $\vec{v}_3$ gemäß (5.9) ersetzen und erhalten

$$\vec{v} = c_1 \cdot \vec{v}_1 + c_2 \cdot \vec{v}_2 + 2c_3\vec{v}_1 + 3c_3\vec{v}_2 = (c_1 + 2c_3) \cdot \vec{v}_1 + (c_2 + 3c_3) \cdot \vec{v}_2 .$$

Der Vektor $\vec{v} \in U_2$ ist damit auch eine Linearkombination von $\vec{v}_1$ und $\vec{v}_2$ und als solche ein Element aus U_1! Jeder Vektor aus U_2 ist damit auch in U_1 enthalten, d. h. es ist $U_2 \subseteq U_1$. Zusammen mit (5.8) gilt also insgesamt

$$U_1 = U_2 .$$

Wir interpretieren diesen Umstand folgendermaßen: Beim Aufspannen des Raumes $U_1 = U_2$ stellt sich der Vektor $\vec{v}_3$ als „überflüssig" heraus, da er sich gemäß (5.9) als Linearkombination der Vektoren $\vec{v}_1$ und $\vec{v}_2$ darstellen lässt. Formen wir (5.9) um zu

$$2 \cdot \vec{v}_1 + 3 \cdot \vec{v}_2 - 1 \cdot \vec{v}_3 = \vec{0} ,$$

so ist es in diesem Fall möglich, den Nullvektor als eine so genannte **nichttriviale** Linearkombination von $\vec{v}_1$, $\vec{v}_2$ und $\vec{v}_3$ darzustellen, d. h. durch eine Linearkombination, deren Koeffizienten c_1, c_2, c_3 **nicht** allesamt zu null verschwinden.

Umgekehrt und allgemein für m Vektoren des $\mathbb{R}^n$ können wir also festhalten: Sind die Vektoren

$$\{\vec{v}_1, \vec{v}_2, \ldots, \vec{v}_m\}$$

gegeben, so ist bei der Bildung von

$$\operatorname{span}\{\vec{v}_1, \vec{v}_2, \ldots, \vec{v}_m\}$$

genau dann **keiner** der Vektoren $\vec{v}_1, \ldots, \vec{v}_m$ entbehrlich, wenn die Gleichung

$$c_1 \cdot \vec{v}_1 + \ldots + c_m \cdot \vec{v}_m = \vec{0} \tag{5.10}$$

nur trivial lösbar ist, wenn also

$$c_1 = \ldots = c_m = 0$$

die **einzige** Lösung des LGS (5.10) darstellt.

Dass der Nullvektor eine Lösung darstellt, ist dabei klar. Wichtig ist, dass die Wahl $c_1 = \ldots = c_m = 0$ die einzige Möglichkeit ist, den Nullvektor aus den gegebenen Vektoren $\vec{v}_1, \vec{v}_2, \ldots, \vec{v}_m$ zu kombinieren.

Vektoren, welche dieser Eigenschaft genügen, werden als **linear unabhängig** bezeichnet.

Definition **Lineare (Un-)Abhängigkeit**

Gegeben seien die m Vektoren $\vec{v}_1, \vec{v}_2, \ldots, \vec{v}_m$ des $\mathbb{R}^n$. Die Vektoren heißen **linear unabhängig**, wenn die Gleichung

$$c_1 \cdot \vec{v}_1 + \ldots + c_m \cdot \vec{v}_m = \vec{0}$$

nur die Lösung $c_1 = \ldots = c_m = 0$ besitzt. Andernfalls heißen die Vektoren **linear abhängig**.

Bei der Gleichung $c_1 \cdot \vec{v}_1 + \ldots + c_m \cdot \vec{v}_m = \vec{0}$ handelt es sich um ein lineares Gleichungssystem. Man erkennt dies, wenn man wie in Beispiel 5.7 die Vektorgleichung komponentenweise schreibt.

Bevor wir uns mit den Eigenschaften von Systemen linear unabhängiger Vektoren genauer auseinandersetzen werden, wollen wir zwei Beispiele betrachten.

Beispiel 5.8

Gegeben seien die Vektoren

$$\begin{pmatrix} 1 \\ 3 \\ 2 \\ -3 \end{pmatrix} \quad \text{und} \quad \begin{pmatrix} -2 \\ -6 \\ -4 \\ 6 \end{pmatrix}.$$

Ohne aufwändige Rechnung erkennen wir, dass

$$\begin{pmatrix} -2 \\ -6 \\ -4 \\ 6 \end{pmatrix} = -2 \cdot \begin{pmatrix} 1 \\ 3 \\ 2 \\ -3 \end{pmatrix} \quad \Leftrightarrow \quad 1 \cdot \begin{pmatrix} -2 \\ -6 \\ -4 \\ 6 \end{pmatrix} + 2 \cdot \begin{pmatrix} 1 \\ 3 \\ 2 \\ -3 \end{pmatrix} = \begin{pmatrix} 0 \\ 0 \\ 0 \\ 0 \end{pmatrix}.$$

Die Vektoren sind also linear abhängig, da der Nullvektor durch eine nichttriviale Linearkombination ($c_1 = 1,\ c_2 = 2$) aus ihnen dargestellt werden kann.

Wie das letzte Beispiel 5.8 zeigt, sind **zwei** Vektoren des $\mathbb{R}^n$ genau dann linear abhängig, wenn sie Vielfache voneinander sind. Im Fall zweier Vektoren ist eine Überprüfung auf lineare (Un-)Abhängigkeit somit verhältnismäßig einfach. Für drei oder mehr Vektoren jedoch müssen wir uns auf die Definition von Seite 189 zurückziehen und ein lineares Gleichungssystem lösen.

Beispiel 5.9

Gegeben seien die Vektoren

$$\begin{pmatrix} -2 \\ 0 \\ 3 \end{pmatrix}, \begin{pmatrix} 1 \\ \frac{1}{2} \\ 1 \end{pmatrix} \text{ und } \begin{pmatrix} -1 \\ -1 \\ 4 \end{pmatrix}.$$

Um die drei Vektoren auf lineare Unabhängigkeit zu prüfen, haben wir das homogene lineare Gleichungssystem

$$c_1 \cdot \begin{pmatrix} -2 \\ 0 \\ 3 \end{pmatrix} + c_2 \cdot \begin{pmatrix} 1 \\ \frac{1}{2} \\ 1 \end{pmatrix} + c_3 \cdot \begin{pmatrix} -1 \\ -1 \\ 4 \end{pmatrix} = \begin{pmatrix} 0 \\ 0 \\ 0 \end{pmatrix} \quad \Leftrightarrow \quad \begin{array}{rrrrrrr} -2c_1 & + & 1c_2 & - & 1c_3 & = & 0 \\ & & \frac{1}{2}c_2 & - & 1c_3 & = & 0 \\ 3c_1 & + & 1c_2 & + & 4c_3 & = & 0 \end{array}$$

zu lösen. Die Lösung linearer Gleichungssysteme wird uns ausführlich in Kapitel 7 beschäftigen. Wir gehen daher hier pragmatisch vor: In einem ersten Schritt dividieren wir die erste Zeile dieses LGS durch (-2) und erhalten

$$\begin{array}{rrrrrrr} c_1 & - & \frac{1}{2}c_2 & + & \frac{1}{2}c_3 & = & 0 \\ & & \frac{1}{2}c_2 & - & 1c_3 & = & 0 \\ 3c_1 & + & 1c_2 & + & 4c_3 & = & 0\,. \end{array}$$

Hierin belassen wir die zweite Zeile und ersetzen die dritte dadurch, dass wir von dieser drei Mal die erste Zeile subtrahieren. Wir erhalten

$$\begin{array}{rrrrrrr} c_1 & - & \frac{1}{2}c_2 & + & \frac{1}{2}c_3 & = & 0 \\ & & \frac{1}{2}c_2 & - & 1c_3 & = & 0 \\ & + & \frac{5}{2}c_2 & + & \frac{5}{2}c_3 & = & 0\,. \end{array}$$

In einem letzten Schritt belassen wir die beiden ersten Zeilen und ersetzen die dritte, indem wir das (-5)-fache der zweiten Zeile dazuaddieren. Wir gelangen zu der Dreiecksform

$$\begin{array}{rrrrrrr} c_1 & - & \frac{1}{2}c_2 & + & \frac{1}{2}c_3 & = & 0 \\ & & \frac{1}{2}c_2 & - & 1c_3 & = & 0 \\ & & & & \frac{15}{2}c_3 & = & 0\,. \end{array}$$

Aus der dritten Gleichung erhalten wir $c_3 = 0$. Einsetzen in die zweite Gleichung führt auf $c_2 = 0$, womit wir aus der ersten Gleichung $c_1 = 0$ gewinnen. Da somit $c_1 = c_2 = c_3 = 0$ die einzige (triviale) Lösung dieses Gleichungssystems darstellt, sind die drei Vektoren linear unabhängig.

Wir schließen diesen Abschnitt mit einigen wichtigen Aussagen bezüglich der linearen Unabhängigkeit von Vektoren ab:

- Im $\mathbb{R}^n$ sind $n + 1$ oder mehr Vektoren stets **linear abhängig**. Das zu lösende homogene lineare Gleichungssystem nämlich besitzt weniger Zeilen als unbekannte Variablen. Wir werden in Kapitel 7 sehen, dass ein solches homogenes unterbestimmtes LGS stets nichttriviale Lösungen besitzt.
- Handelt es bei mindestens einem der Vektoren $\vec{v}_1, \ldots, \vec{v}_m \in \mathbb{R}^n$ um den Nullvektor $\vec{0}$, so sind die Vektoren $\vec{v}_1, \ldots, \vec{v}_m$ ebenfalls linear abhängig. Ist etwa $\vec{v}_1 = \vec{0}$, so lässt sich der Nullvektor beispielsweise in nichttrivialer Weise darstellen als

$$\vec{0} = 1 \cdot \vec{v}_1 + 0 \cdot \vec{v}_2 + \ldots + 0 \cdot \vec{v}_m .$$

- Bereits zu Beginn dieses Abschnitts haben wir festgestellt, wie sich im $\mathbb{R}^3$ die lineare Abhängigkeit dreier (vom Nullvektor verschiedener) Vektoren $\vec{v}_1$, $\vec{v}_2$, $\vec{v}_3$ darstellt: Sind zwei der drei Vektoren linear unabhängig, also nicht Vielfache voneinander, so sind alle drei Vektoren linear abhängig, wenn sich der dritte als Linearkombination der ersten beiden darstellen lässt. Geometrisch gesprochen liegt der dritte Vektor dann in der Ebene, welche von den ersten beiden aufgespannt wurde. Lineare Unabhängigkeit liegt hingegen vor, wenn die drei Vektoren nicht in einer Ebene liegen (▶ Abbildung 5.17).

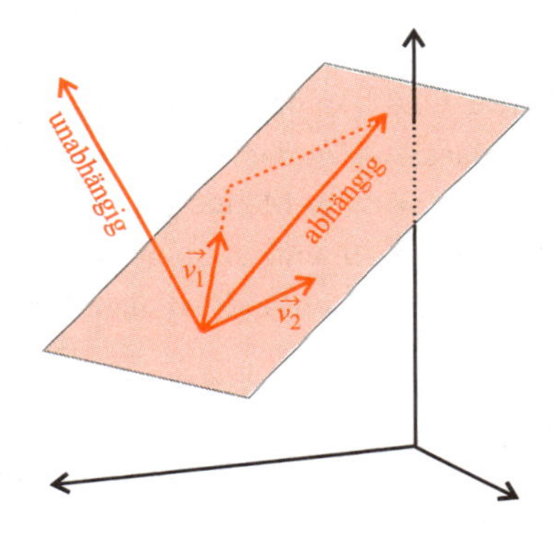

Abbildung 5.17: Lineare Unabhängigkeit im $\mathbb{R}^3$.

- Beliebig viele Vektoren $\vec{v}_1, \vec{v}_2, \ldots, \vec{v}_m$ im $\mathbb{R}^n$ sind bereits dann linear abhängig, wenn eine Teilmenge hiervon linear abhängig ist. Die Umkehrung jedoch gilt nicht: Beispielsweise können drei Vektoren $\vec{v}_1$, $\vec{v}_2$, $\vec{v}_3$ auch dann linear abhängig sein, wenn sie paarweise linear unabhängig, also paarweise keine Vielfachen voneinander sind. Unser einführendes Beispiel zu Beginn dieses Abschnitts zeigt dies.

5.4.5 Basis und Dimension

Betrachten wir nochmals das einführende Beispiel aus Abschnitt 5.4.4. Dort hatten wir festgestellt, dass es sich bei den Unterräumen

$$\operatorname{span}\left\{\underbrace{\begin{pmatrix}1\\3\\2\end{pmatrix}}_{\vec{v}_1}, \underbrace{\begin{pmatrix}2\\-1\\0\end{pmatrix}}_{\vec{v}_2}\right\} \quad \text{und} \quad \operatorname{span}\left\{\underbrace{\begin{pmatrix}1\\3\\2\end{pmatrix}}_{\vec{v}_1}, \underbrace{\begin{pmatrix}2\\-1\\0\end{pmatrix}}_{\vec{v}_2}, \underbrace{\begin{pmatrix}8\\3\\4\end{pmatrix}}_{\vec{v}_3}\right\}$$

des $\mathbb{R}^3$ um ein und denselben Unterraum U handelt. Was zeichnet dabei die linke Darstellung besonders aus? Die beiden Vektoren $\vec{v}_1 = \begin{pmatrix}1\\3\\2\end{pmatrix}$ und $\vec{v}_2 = \begin{pmatrix}2\\-1\\0\end{pmatrix}$ sind linear unabhängig (was in diesem speziellen Fall zweier Vektoren gleichwertig dazu ist, dass keiner der Vektoren ein Vielfaches des anderen darstellt). In diesem Fall nennen wir die Menge $\{\vec{v}_1, \vec{v}_2\}$ eine **Basis** des betrachteten Unterraums U und die Zahl der darin enthaltenen linear unabhängigen Vektoren die **Dimension** von U, kurz $\dim U$. In diesem Fall ist also $\dim U = 2$. Allgemein definieren wir:

Definition **Basis und Dimension**

Gegeben seien die m Vektoren $\vec{v}_1, \ldots, \vec{v}_m$ des $\mathbb{R}^n$ und es sei

$$U := \operatorname{span}\{\vec{v}_1, \ldots, \vec{v}_m\}\,.$$

Dann heißt die Menge $\{\vec{v}_1, \ldots, \vec{v}_m\}$ eine **Basis** von U, wenn die Vektoren $\vec{v}_1, \ldots, \vec{v}_m$ linear unabhängig sind. Die Zahl m bezeichnet man als die **Dimension** von U und notiert diese mit $\dim U$.

Wie wir bereits in Abschnitt 5.4.1 auf Seite 182 festgestellt haben, kann ein Unterraum von den unterschiedlichsten Erzeugendensystemen aufgespannt werden. Folglich besitzt ein gegebener Unterraum auch beliebig viele Basen. Unabhängig von der gewählten Basis jedoch ist die jeweilige Anzahl der in einer Basis enthaltenen Vektoren, sprich: seine Dimension, in jedem Fall dieselbe. Betrachten wir etwa nochmals die Abbildungen 5.13 und 5.14. **Zwei** verschiedene, linear unabhängige Vektorpaare spannen jeweils denselben Unterraum auf.

Dieser Sachverhalt gilt auch allgemein für beliebige Unterräume des $\mathbb{R}^n$. Da der Beweis jedoch nur durch Methoden der höheren Mathematik zu bewerkstelligen ist, verzichten wir auf ihn. Wir halten aber zusammenfassend fest:

Satz **Dimension von Unterräumen**

Gegeben seien m linear unabhängige Vektoren $\vec{v}_1, \ldots, \vec{v}_m \in \mathbb{R}^n$ und der von ihnen erzeugte Unterraum

$$U = \operatorname{span}\{\vec{v}_1, \ldots, \vec{v}_m\}.$$

a) Liegen die m Vektoren $\vec{u}_1, \ldots, \vec{u}_m$ ebenfalls in U und sind linear unabhängig, so spannen sie ebenfalls den Raum U auf.

b) Die Dimension von U ist eindeutig bestimmt. Um ihn aufzuspannen, sind immer genau m linear unabhängige Vektoren aus U nötig.

Die Dimension ist damit unabhängig von der betrachteten Basis. Sie ist vielmehr eine Größe, welche nur von dem Unterraum als solchem abhängt.

Das folgende Beispiel macht deutlich, wie man eine Basis eines Unterraums U bestimmt und seine Dimension ermittelt: In einem Erzeugendensystem streichen wir sukzessive Vektoren, die sich als Linearkombination der anderen darstellen lassen, die für das Aufspannen des Unterraums also entbehrlich sind. Haben wir auf diese Weise hinreichend viele linear abhängige Vektoren entfernt, so gewinnen wir letztlich eine linear unabhängige Menge von Vektoren, die den Unterraum U aufspannen und folglich eine Basis des Unterraums U bilden. Abschließend zählen wir die Vektoren in dieser Basis ab und erhalten die Dimension von U.

Beispiel 5.10

Wir betrachten den Unterraum U des $\mathbb{R}^4$, gegeben durch

$$U = \operatorname{span}\left\{ \underbrace{\begin{pmatrix} 1 \\ 0 \\ 1 \\ 2 \end{pmatrix}}_{\vec{v}_1}, \underbrace{\begin{pmatrix} 2 \\ -1 \\ 0 \\ 1 \end{pmatrix}}_{\vec{v}_2}, \underbrace{\begin{pmatrix} 1 \\ -1 \\ -1 \\ -1 \end{pmatrix}}_{\vec{v}_3}, \underbrace{\begin{pmatrix} 4 \\ -2 \\ 0 \\ 2 \end{pmatrix}}_{\vec{v}_4} \right\}.$$

Ohne viel rechnen zu müssen, erkennen wir, dass $\vec{v}_4 = 2 \cdot \vec{v}_2$. Die Menge $\{\vec{v}_1, \vec{v}_2, \vec{v}_3, \vec{v}_4\}$ ist somit linear abhängig und wir können beispielsweise den Vektor $\vec{v}_4$ streichen, da er sich als Vielfaches von $\vec{v}_2$ darstellen lässt. Somit können wir U auch in reduzierter Form darstellen durch

$$U = \text{span}\left\{ \underbrace{\begin{pmatrix} 1 \\ 0 \\ 1 \\ 2 \end{pmatrix}}_{\vec{v}_1}, \underbrace{\begin{pmatrix} 2 \\ -1 \\ 0 \\ 1 \end{pmatrix}}_{\vec{v}_2}, \underbrace{\begin{pmatrix} 1 \\ -1 \\ -1 \\ -1 \end{pmatrix}}_{\vec{v}_3} \right\}.$$

Um die verbliebenen drei Vektoren auf lineare Unabhängigkeit zu überprüfen, haben wir die Lösungen von

$$c_1 \cdot \vec{v}_1 + c_2 \cdot \vec{v}_2 + c_3 \cdot \vec{v}_3 = \vec{0}$$

zu ermitteln bzw. das LGS

$$\begin{aligned} c_1 + 2c_2 + c_3 &= 0 \\ -c_2 - c_3 &= 0 \\ c_1 \qquad - c_3 &= 0 \\ 2c_1 + c_2 - c_3 &= 0 \end{aligned}$$

zu lösen. Mit den Mitteln aus Kapitel 7 werden wir später in der Lage sein zu erkennen, dass dieses Problem unendlich viele (nichttriviale) Lösungen besitzt. Alternativ dazu genügt zumindest in diesem Fall auch „scharfes Hinsehen“, um die lineare Abhängigkeit der Vektoren $\vec{v}_1, \vec{v}_2, \vec{v}_3$ zu erkennen. Denn wir stellen fest, dass

$$\vec{v}_3 = -1 \cdot \vec{v}_1 + 1 \cdot \vec{v}_2 \qquad \text{bzw.} \qquad -1 \cdot \vec{v}_1 + 1 \cdot \vec{v}_2 - 1 \cdot \vec{v}_3 = \vec{0}.$$

Beim Aufspannen des Unterraums U können wir also auch auf den Vektor $\vec{v}_3$ verzichten; es ist somit

$$U = \text{span}\left\{ \underbrace{\begin{pmatrix} 1 \\ 0 \\ 1 \\ 2 \end{pmatrix}}_{\vec{v}_1}, \underbrace{\begin{pmatrix} 2 \\ -1 \\ 0 \\ 1 \end{pmatrix}}_{\vec{v}_2} \right\}.$$

Die verbleibenden zwei Vektoren sind keine Vielfache voneinander und von daher linear unabhängig. Es ist somit $\left\{ \begin{pmatrix} 1 \\ 0 \\ 1 \\ 2 \end{pmatrix}, \begin{pmatrix} 2 \\ -1 \\ 0 \\ 1 \end{pmatrix} \right\}$ eine Basis von U und folglich

$$\dim U = 2 .$$

Basisdarstellungen 5.5

5.5.1 Die kanonische Einheitsbasis des $\mathbb{R}^n$

Bislang hatten wir uns in diesem Kapitel hauptsächlich mit „echten" Unterräumen des $\mathbb{R}^n$ beschäftigt. Selbstverständlich kann der Raum $\mathbb{R}^n$ auch als Unterraum von sich selbst (mit einer entsprechenden Dimension) aufgefasst werden. Als Standard-Erzeugendensystem des $\mathbb{R}^n$ gebraucht man die Menge der kanonischen Einheitsvektoren

$$\vec{e}_1 = \begin{pmatrix} 1 \\ 0 \\ 0 \\ \vdots \\ 0 \end{pmatrix}, \vec{e}_2 = \begin{pmatrix} 0 \\ 1 \\ 0 \\ \vdots \\ 0 \end{pmatrix}, \ldots, \vec{e}_n = \begin{pmatrix} 0 \\ 0 \\ 0 \\ \vdots \\ 1 \end{pmatrix}.$$

Jeder Vektor des $\mathbb{R}^n$ kann als Linearkombination dieser kanonischen Vektoren geschrieben werden (▶ Abbildung 5.18). Die entsprechenden reellen Koeffizienten $x_1, \ldots, x_n$ der Linearkombination sind dabei gerade die Einträge des Vektors, d. h. es ist

$$\vec{x} = \begin{pmatrix} x_1 \\ x_2 \\ \vdots \\ x_n \end{pmatrix} = x_1 \cdot \vec{e}_1 + \ldots + x_n \cdot \vec{e}_n . \qquad (5.11)$$

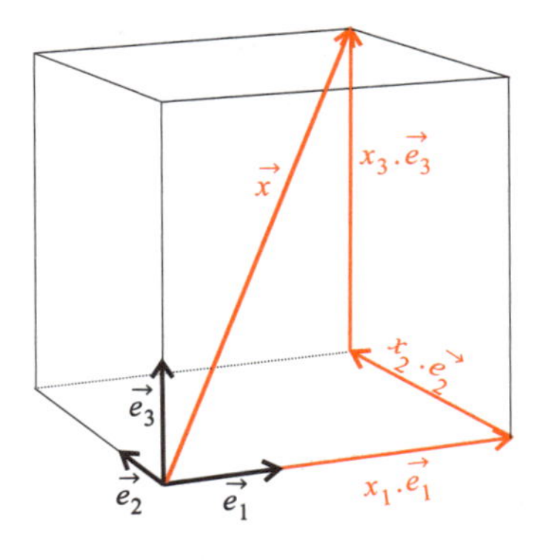

Abbildung 5.18: Darstellung von $\vec{x} \in \mathbb{R}^3$ bezüglich der kanonischen Einheitsvektoren.

Auch die lineare Unabhängigkeit der Vektoren ist leicht einzusehen: Zusammen mit der Darstellung (5.11) ist nämlich

$$c_1 \cdot \vec{e}_1 + \ldots + c_n \cdot \vec{e}_n = \vec{0} \quad \Leftrightarrow \quad \begin{pmatrix} c_1 \\ c_2 \\ \vdots \\ c_n \end{pmatrix} = \vec{0} \quad \Leftrightarrow \quad c_1 = \ldots = c_n = 0\,.$$

Die Vektoren der Menge $\{\vec{e}_1, \ldots \vec{e}_n\}$ sind somit linear unabhängig und spannen den ganzen Raum $\mathbb{R}^n$ auf. Somit bildet $\{\vec{e}_1, \ldots \vec{e}_n\}$ eine Basis des $\mathbb{R}^n$ und es ist

$$\dim \mathbb{R}^n = n\,.$$

Diese Basis besitzt einige charakteristische Eigenschaften: Offensichtlich ist, dass die Vektoren $\vec{e}_i$ allesamt die Länge 1 besitzen. Des Weiteren stehen sie senkrecht aufeinander, denn wir rechnen leicht nach, dass

$$\vec{e}_i \bullet \vec{e}_j = 0 \qquad \text{falls } i \neq j\,.$$

Jede Basis $\{\vec{v}_1, \ldots, \vec{v}_m\}$ des $\mathbb{R}^n$ oder eines Unterraums, deren einzelne Basisvektoren orthogonal zueinander sind, wird als **Orthogonalbasis** bezeichnet. Wir nennen diese verschärfend eine **Orthonormalbasis**, wenn es sich zusätzlich bei den Basisvektoren um Einheitsvektoren handelt. Die Menge der kanonischen Einheitsvektoren

$$\{\vec{e}_1, \ldots, \vec{e}_n\}$$

repräsentiert eine ebensolche Orthonormalbasis des $\mathbb{R}^n$.

5.5.2 Allgemeine Basisdarstellungen

Betrachten wir wieder m linear unabhängige Vektoren $\vec{v}_1, \ldots, \vec{v}_m$ des $\mathbb{R}^n$ und den von ihren Vektoren aufgespannten m-dimensionalen Unterraum

$$U = \operatorname{span}\{\vec{v}_1, \ldots, \vec{v}_m\}\,.$$

Gegeben sei ferner ein Vektor

$$\vec{v} = \begin{pmatrix} v_1 \\ \vdots \\ v_n \end{pmatrix}$$

aus dem Unterraum U. Wie uns Formel (5.11) zeigt, können wir den Vektor $\vec{v}$ einerseits als die Auflistung der Koeffizienten $v_1, \ldots, v_n$ interpretieren, mit denen sich der Vektor als Linearkombination der kanonischen Einheitsvektoren darstellen lässt.

Da $\vec{v}$ in U liegt und $\{\vec{v}_1, \ldots, \vec{v}_m\}$ eine Basis von U ist, lässt sich $\vec{v}$ andererseits auch als Linearkombination von $\vec{v}_1, \ldots, \vec{v}_m$ darstellen. Diese Darstellung ist **eindeutig**.

Satz **Eindeutige Darstellung**

Es seien $\vec{v}_1, \ldots, \vec{v}_m \in \mathbb{R}^n$ linear unabhängig und ferner sei $\vec{v} \in \mathbb{R}^n$ ein Vektor aus $U = \text{span}\{\vec{v}_1, \ldots, \vec{v}_m\}$. Dann besitzt $\vec{v}$ eine **eindeutige** Darstellung bezüglich der Basis $B = \{\vec{v}_1, \ldots, \vec{v}_m\}$, d. h. es ist

$$\vec{v} = c_1 \cdot \vec{v}_1 + \ldots + c_m \cdot \vec{v}_m$$

mit eindeutig bestimmten Koeffizienten $c_1, \ldots, c_m$, die auch als die Koordinaten von $\vec{v}$ bezüglich der Basis $\{\vec{v}_1, \ldots, \vec{v}_m\}$ bezeichnet werden. Der Vektor $\vec{v}$ kann dann auch in der Form

$$\vec{v} = \begin{pmatrix} c_1 \\ \vdots \\ c_m \end{pmatrix}_B$$

notiert werden.

Wir nehmen das Gegenteil an und gehen folglich davon aus, dass es (mindestens) zwei verschiedene Basisdarstellungen von $\vec{v}$ gibt, d. h. es ist

$$\vec{v} = b_1 \cdot \vec{v}_1 + \ldots + b_m \cdot \vec{v}_m \qquad \text{und} \qquad \vec{v} = c_1 \cdot \vec{v}_1 + \ldots + c_m \cdot \vec{v}_m ,$$

wobei mindestens ein b_i ($i \in \{1, \ldots, m\}$) verschieden ist vom entsprechenden c_i. Indem wir die rechte Gleichung von der linken Gleichung subtrahieren, erhalten wir

$$\vec{0} = (b_1 - c_1) \cdot \vec{v}_1 + \ldots + (b_m - c_m) \cdot \vec{v}_m .$$

Mindestens einer der Koeffizienten $b_i - c_i$ ist nach obiger Annahme verschieden von 0. Damit lässt sich der Nullvektor als nichttriviale Linearkombination aus den linear unabhängigen Vektoren $\vec{v}_1, \ldots, \vec{v}_m$ zusammensetzen, was einen Widerspruch darstellt. Unsere Annahme zweier verschiedener Basisdarstellungen war also falsch und das Gegenteil ist richtig, d. h. der Vektor $\vec{v}$ besitzt genau eine Basisdarstellung bezüglich einer gegebenen Basis.

Beispiel 5.11

Wir betrachten die beiden Vektoren

$$\vec{v}_1 := \begin{pmatrix} 1 \\ 1 \end{pmatrix} \quad \text{und} \quad \vec{v}_2 := \begin{pmatrix} -1 \\ 2 \end{pmatrix}$$

des $\mathbb{R}^2$. Sie sind keine Vielfache voneinander und daher linear unabhängig. Wegen $\dim \mathbb{R}^2 = 2$ sind sie eine Basis des $\mathbb{R}^2$. Wir suchen die Koordinaten des Vektors

$$\vec{v} = \begin{pmatrix} -1 \\ 3 \end{pmatrix}$$

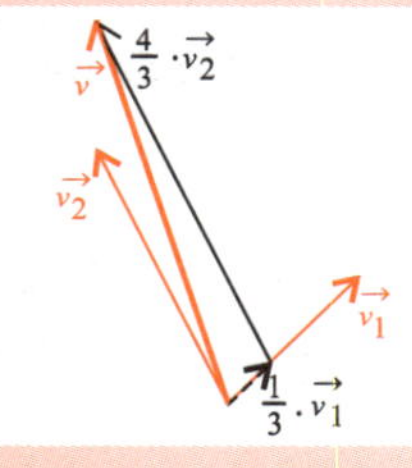

Abbildung 5.19: Andere Basisdarstellung.

bezüglich dieser Basis (▶ Abbildung 5.19). Gesucht sind folglich die (nach dem Satz von Seite 197 eindeutig bestimmten) Koeffizienten $c_1, c_2 \in \mathbb{R}$ mit

$$c_1 \cdot \vec{v}_1 + c_2 \cdot \vec{v}_2 = \vec{v}\,.$$

Zu lösen ist also das LGS

$$\begin{aligned} c_1 \cdot 1 + c_2 \cdot (-1) &= -1 \\ c_1 \cdot 1 + c_2 \cdot 2 &= 3\,. \end{aligned}$$

Indem wir die zweite Zeile von der ersten subtrahieren, erhalten wir die Gleichung $-3c_2 = -4$, also $c_2 = \frac{4}{3}$ und daher (etwa in die zweite Zeile eingesetzt) $c_1 = 3 - \frac{8}{3} = \frac{1}{3}$. Bezüglich der Basis $B = \{\vec{v}_1, \vec{v}_2\}$ besitzt der Vektor $\vec{v}$ somit die Darstellung

$$\vec{v} = \begin{pmatrix} \frac{1}{3} \\ \frac{4}{3} \end{pmatrix}_B .$$

5.6 Das Vektorprodukt (Kreuzprodukt)

In Abschnitt 5.3.3 hatten wir gesehen, wie sich die Orthogonalität von Vektoren mit Hilfe ihres Skalarprodukts definieren und feststellen lässt. Betrachten wir die folgende Situation im $\mathbb{R}^3$ (auf diesen Raum wollen wir uns in diesem Abschnitt beschränken).

Ausgehend von zwei linear unabhängigen Vektoren $\vec{x}$ und $\vec{y}$, die eine Ebene im $\mathbb{R}^3$ aufspannen, wollen wir einen Vektor konstruieren, der auf allen Vektoren dieser Ebene senkrecht steht. (Wir sagen auch: Der Vektor steht senkrecht auf E.) Um dies bewerkstelligen zu können, führen wir den Begriff des **Kreuzprodukts** (oder auch **Vektorprodukts**) ein: Zwei Vektoren

$$\vec{x} = \begin{pmatrix} x_1 \\ x_2 \\ x_3 \end{pmatrix} \quad \text{und} \quad \vec{y} = \begin{pmatrix} y_1 \\ y_2 \\ y_3 \end{pmatrix}$$

des $\mathbb{R}^3$ werde durch

$$\vec{z} = \begin{pmatrix} z_1 \\ z_2 \\ z_3 \end{pmatrix} = \begin{pmatrix} x_1 \\ x_2 \\ x_3 \end{pmatrix} \times \begin{pmatrix} y_1 \\ y_2 \\ y_3 \end{pmatrix} := \begin{pmatrix} x_2y_3 - x_3y_2 \\ x_3y_1 - x_1y_3 \\ x_1y_2 - x_2y_1 \end{pmatrix} \tag{5.12}$$

ein dritter Vektor $\vec{z} \in \mathbb{R}^3$ zugeordnet. Im Gegensatz zum Skalarprodukt ist das Ergebnis des Vektorprodukts (wie auch die Bezeichnung verrät) ein Vektor.

Wie auf Seite 234 erläutert, kann das Vektorprodukt auch alternativ als formale Determinante geschrieben werden. Dies stellt eine Alternative dar zu der obigen, etwas sperrigen Formel (5.12).

Auch auf einen weiteren wichtigen Unterschied zum Skalarprodukt zweier Vektoren sei hingewiesen. Während Letzteres nach Satz e.) von Seite 175 für $\vec{x} \bullet \vec{y}$ einerseits und $\vec{y} \bullet \vec{x}$ andererseits denselben Wert liefert (Symmetrie), verhält es sich beim Vektorprodukt anders. Dieses nämlich ist eine antisymmetrische Operation, d. h. es gilt

$$\vec{x} \times \vec{y} = -\vec{y} \times \vec{x}\,.$$

(Der Leser prüfe dies im Rahmen einer kleinen Übung selbst nach.) Die Reihenfolge in der Vektormultiplikation ist daher wohl zu unterscheiden und im wahrsten Sinne des Wortes „signifikant".

Sind die beiden Vektoren $\vec{x}$ und $\vec{y}$ linear abhängig, ist also ein Vektor als Vielfaches des anderen Vektors darstellbar, so gilt für das Kreuzprodukt

$$\vec{x} \times \vec{y} = \vec{0}\,.$$

Zum Beweis nehmen wir an, dass $\vec{y} = \begin{pmatrix} y_1 \\ y_2 \\ y_3 \end{pmatrix}$ ein Vielfaches von $\vec{x} = \begin{pmatrix} x_1 \\ x_2 \\ x_3 \end{pmatrix}$ ist, also $\vec{y} = c \cdot \vec{x}$ mit $c \in \mathbb{R}$. Dann ist

$$\begin{pmatrix} y_1 \\ y_2 \\ y_3 \end{pmatrix} \times \begin{pmatrix} x_1 \\ x_2 \\ x_3 \end{pmatrix} = \begin{pmatrix} cx_1 \\ cx_2 \\ cx_3 \end{pmatrix} \times \begin{pmatrix} x_1 \\ x_2 \\ x_3 \end{pmatrix} = \begin{pmatrix} cx_2x_3 - cx_3x_2 \\ cx_3x_1 - cx_1x_3 \\ cx_1x_2 - cx_2x_1 \end{pmatrix} = \begin{pmatrix} 0 \\ 0 \\ 0 \end{pmatrix}.$$

Die wohl wichtigste Eigenschaft des Vektorprodukts zweier Vektoren $\vec{x}, \vec{y} \in \mathbb{R}^3$ sei im folgenden Satz vorgestellt.

Satz **Vektorprodukt**

Es seien $\vec{x}, \vec{y} \in \mathbb{R}^3$ gegeben. Der Vektor

$$\vec{x} \times \vec{y}$$

steht **senkrecht** sowohl auf $\vec{x}$ als auch auf $\vec{y}$, d. h. es gilt

$$(\vec{x} \times \vec{y}) \bullet \vec{x} = (\vec{x} \times \vec{y}) \bullet \vec{y} = 0\,.$$

Ist $\vec{x} = \begin{pmatrix} x_1 \\ x_2 \\ x_3 \end{pmatrix}$ sowie $\vec{y} = \begin{pmatrix} y_1 \\ y_2 \\ y_3 \end{pmatrix}$, so ist

$$\begin{aligned} (\vec{x} \times \vec{y}) \bullet \vec{x} &= \begin{pmatrix} x_2y_3 - x_3y_2 \\ x_3y_1 - x_1y_3 \\ x_1y_2 - x_2y_1 \end{pmatrix} \bullet \begin{pmatrix} x_1 \\ x_2 \\ x_3 \end{pmatrix} \\ &= (x_2y_3 - x_3y_2) \cdot x_1 + (x_3y_1 - x_1y_3) \cdot x_2 + (x_1y_2 - x_2y_1) \cdot x_3 \\ &= \underbrace{x_2y_3x_1}_{(1)} - \underbrace{x_3y_2x_1}_{(2)} + \underbrace{x_3y_1x_2}_{(3)} - \underbrace{x_1y_3x_2}_{(1)} + \underbrace{x_1y_2x_3}_{(2)} - \underbrace{x_2y_1x_3}_{(3)} = 0\,, \end{aligned}$$

da die entsprechend nummerierten Terme jeweils zwei Mal mit verschiedenem Vorzeichen auftreten. Analog zeigt man auch, dass $\vec{x} \times \vec{y}$ auf $\vec{y}$ senkrecht steht.

Kehren wir nun zu dem eingangs formulierten Problem zurück: Gegeben seien zwei linear unabhängige Vektoren $\vec{x}$ und $\vec{y}$ des $\mathbb{R}^3$ und die von ihnen aufgespannte Ebene

$$E = \operatorname{span}\{\vec{x}, \vec{y}\} = \{c_1 \cdot \vec{x} + c_2 \cdot \vec{y} \mid c_1, c_2 \in \mathbb{R}\}\,.$$

Wir suchen einen Vektor $\vec{z}$, welcher senkrecht auf E steht. Das Kreuzprodukt

$$\vec{z} := \vec{x} \times \vec{y}$$

leistet dabei das Gewünschte: Denn nach dem letzten Satz ist

$$\vec{z} \bullet \vec{x} = \vec{z} \bullet \vec{y} = 0\,.$$

Da jeder Vektor $\vec{v} \in E$ zudem darstellbar ist als

$$\vec{v} = c_1 \cdot \vec{x} + c_2 \cdot \vec{y}\,,$$

gilt nun mit den Rechenregeln aus dem Satz von Seite 175 auch

$$\vec{z} \bullet (c_1 \cdot \vec{x} + c_2 \cdot \vec{y}) = \vec{z} \bullet (c_1 \cdot \vec{x}) + \vec{z} \bullet (c_2 \cdot \vec{y}) = c_1 \cdot (\vec{z} \bullet \vec{x}) + c_2 \cdot (\vec{z} \bullet \vec{y}) = 0 .$$

Ein Vektor, der auf einer Ebene senkrecht steht, wird auch als **Normalenvektor** oder **Normale** bezüglich dieser Ebene bezeichnet.

Wir schließen diesen Abschnitt und dieses Kapitel mit einem entsprechenden Beispiel ab.

Beispiel 5.12

Gegeben seien die Vektoren

$$\vec{x} = \begin{pmatrix} -1 \\ 1 \\ 2 \end{pmatrix} \quad \text{sowie} \quad \vec{y} = \begin{pmatrix} 0 \\ -2 \\ 1 \end{pmatrix}$$

und

$$E = \text{span}\{\vec{x}, \vec{y}\}$$

als die von ihnen aufgespannte Ebene (▶ Abbildung 5.20). Der Vektor

$$\vec{z} = \vec{x} \times \vec{y} = \begin{pmatrix} -1 \\ 1 \\ 2 \end{pmatrix} \times \begin{pmatrix} 0 \\ -2 \\ 1 \end{pmatrix} = \begin{pmatrix} 1 \cdot 1 - 2 \cdot (-2) \\ 2 \cdot 0 - (-1) \cdot 1 \\ (-1) \cdot (-2) - 1 \cdot 0 \end{pmatrix} = \begin{pmatrix} 5 \\ 1 \\ 2 \end{pmatrix}$$

steht senkrecht auf dieser Ebene.

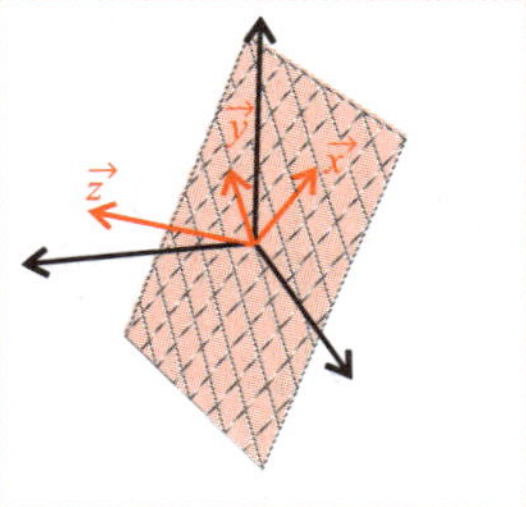

Abbildung 5.20: Zum Kreuzprodukt.

Selbstverständlich hätten wir im letzten Beispiel auch durch das Kreuzprodukt

$$\vec{y} \times \vec{x}$$

einen Normalenvektor berechnen können. In diesem Fall hätten wir ebenfalls einen Vektor erhalten, der senkrecht auf E steht, gegenüber dem oben berechneten Vektor $\vec{z} = \vec{x} \times \vec{y}$ jedoch in die entgegengesetzte Richtung weist.

Aufgaben

1 Bilden Sie zu den Vektoren

a) $\begin{pmatrix} 2 \\ 3 \end{pmatrix}$, b) $\begin{pmatrix} 1 \\ 2 \\ 3 \end{pmatrix}$, c) $\begin{pmatrix} 0 \\ 1 \\ 0 \\ 0 \end{pmatrix}$ und d) $\begin{pmatrix} -1 \\ 1 \\ -1 \\ 1 \end{pmatrix}$

jeweils die auf Länge 1 normierten Vektoren.

2 Bestimmen Sie den Winkel zwischen den Vektoren

a) $\begin{pmatrix} 3 \\ 4 \end{pmatrix}$ und $\begin{pmatrix} 1 \\ 1 \end{pmatrix}$ b) $\begin{pmatrix} 5 \\ 3 \end{pmatrix}$ und $\begin{pmatrix} 25 \\ 15 \end{pmatrix}$

c) $\begin{pmatrix} 1 \\ 2 \\ 3 \end{pmatrix}$ und $\begin{pmatrix} 3 \\ 2 \\ 1 \end{pmatrix}$ d) $\begin{pmatrix} 2 \\ -3 \end{pmatrix}$ und $\begin{pmatrix} 0 \\ 0 \end{pmatrix}$.

3 Bestimmen Sie jeweils die Konstante $k \in \mathbb{R}$, so dass die beiden Vektoren

a) $\vec{a} = \begin{pmatrix} 1 \\ 7 \\ k+2 \\ -2 \end{pmatrix}$; $\vec{b} = \begin{pmatrix} 3 \\ k \\ -3 \\ k \end{pmatrix}$ b) $\vec{g} = \begin{pmatrix} 4 \\ k \\ 2k+1 \end{pmatrix}$; $\vec{h} = \begin{pmatrix} 3k \\ -8 \\ -2 \end{pmatrix}$

c) $\vec{u} = \begin{pmatrix} 2k+1 \\ k \end{pmatrix}$; $\vec{v} = \begin{pmatrix} 4 \\ k-3 \end{pmatrix}$ d) $\vec{x} = \begin{pmatrix} k+1 \\ 1 \\ -k \\ k+1 \end{pmatrix}$; $\vec{y} = \begin{pmatrix} k \\ 1 \\ k \\ -1 \end{pmatrix}$

senkrecht aufeinander stehen.

4 Bestimmen Sie die Gleichung der Geraden durch die beiden Punkte

$$(x_1, y_1) = (2, 3) \quad \text{und} \quad (x_2, y_2) = (5, 9)$$

- zum einen durch den Ansatz $y = ax + b$,
- zum anderen durch den Ansatz

$$\begin{pmatrix} x \\ y \end{pmatrix} = \begin{pmatrix} x_1 \\ y_1 \end{pmatrix} + c \cdot \vec{v}$$

mit dem Differenzvektor $\vec{v}$ von (x_1, y_1) nach (x_2, y_2).

5 Geben Sie im Fall der Vektoren

a) $\begin{pmatrix} 2 \\ 3 \end{pmatrix}, \begin{pmatrix} -1 \\ 1 \end{pmatrix}, \begin{pmatrix} 7 \\ 13 \end{pmatrix}$ b) $\begin{pmatrix} 1 \\ 2 \\ 3 \end{pmatrix}, \begin{pmatrix} 1 \\ 1 \\ 1 \end{pmatrix}, \begin{pmatrix} 3 \\ 2 \\ 1 \end{pmatrix}$

c) $\begin{pmatrix} 1 \\ 2 \\ 3 \end{pmatrix}, \begin{pmatrix} 1 \\ 0 \\ 1 \end{pmatrix}, \begin{pmatrix} 3 \\ 2 \\ 1 \end{pmatrix}$ d) $\begin{pmatrix} 1 \\ 2 \\ 3 \end{pmatrix}, \begin{pmatrix} 2 \\ 4 \\ 6 \end{pmatrix}, \begin{pmatrix} -3 \\ -6 \\ -9 \end{pmatrix}$

jeweils an, wie viele Vektoren maximal linear unbabhängig sind und stellen Sie im Fall der linearen Abhängigkeit einen Vektor als Linearkombination der übrigen Vektoren dar. (Eventuell gibt es mehrere Möglichkeiten.)

6 Gegeben seien die Vektoren

$$\vec{a} = \begin{pmatrix} 1 \\ 1 \\ 0 \end{pmatrix}, \vec{b} = \begin{pmatrix} 0 \\ 2 \\ 3 \end{pmatrix} \quad \text{und} \quad \vec{c} = \begin{pmatrix} 1 \\ 1 \\ 1 \end{pmatrix}.$$

- Berechnen Sie $\vec{d} = (\vec{a} \times \vec{b}) \times \vec{c}$.
- Zeigen Sie, dass $\vec{d}$ in der von $\vec{a}$ und $\vec{b}$ aufgespannten Ebene $\text{span}\{\vec{a}, \vec{b}\}$ liegt. (Berechnen Sie dazu zwei Zahlen c_1 und c_2, so dass sich $\vec{d}$ als Linearkombination $\vec{d} = c_1 \cdot \vec{a} + c_2 \cdot \vec{b}$ darstellen lässt.)
- Zeigen Sie, dass der Vektor $\vec{d} = (\vec{a} \times \vec{b}) \times \vec{c}$ unabhängig vom konkreten Beispiel stets in $\text{span}\{\vec{a}, \vec{b}\}$ liegt.

7 Zeigen Sie, dass die Vektoren

$$\begin{pmatrix} 1 \\ 0 \\ 1 \end{pmatrix}, \begin{pmatrix} 2 \\ 1 \\ 2 \end{pmatrix} \quad \text{und} \quad \begin{pmatrix} 0 \\ 0 \\ 1 \end{pmatrix}$$

eine Basis des $\mathbb{R}^3$ bilden und stellen Sie den Vektor

$$\begin{pmatrix} 0 \\ -1 \\ 3 \end{pmatrix}$$

als Linearkombination dieser Basisvektoren dar.

8 Zeigen Sie, dass es sich bei den Unterräumen

$$U_1 := \text{span}\left\{\begin{pmatrix}1\\2\\1\end{pmatrix}, \begin{pmatrix}0\\1\\0\end{pmatrix}\right\} \quad \text{und} \quad U_2 := \text{span}\left\{\begin{pmatrix}2\\5\\2\end{pmatrix}, \begin{pmatrix}-1\\1\\-1\end{pmatrix}\right\}$$

um den **gleichen** Unterraum handelt.

Ausführliche Lösungen und weitere Aufgaben finden Sie auf der Companion Website des Buches unter
http://www.pearson-studium.de

Matrizen und Determinanten

6

ÜBERBLICK

Dieses Kapitel erklärt:

- Was man unter Matrizen versteht und wie man mit ihnen rechnet.
- Den Begriff der linearen Abbildung sowie eine Darstellung derselben durch Matrizen.
- Was sich hinter dem Begriff der Determinanten verbirgt und welche Regeln zu ihrer Berechnung zur Verfügung stehen.
- Wie man mit Hilfe von Determinanten Eigenschaften von Matrizen und Vektoren feststellt.

Vor dem Hintergrund von Kapitel 7, in welchem wir das Lösen von linearen Gleichungssystemen im Auge haben werden, ist der Begriff der Matrix von großer Wichtigkeit. In diesem Kapitel wollen wir zunächst Rechenoperationen für Matrizen vorstellen. In einem weiteren Abschnitt wollen wir dann auf den mathematischen Nutzen des Matrizenkalküls eingehen. Der Abschnitt über Determinanten wird den Boden bereiten für ein Verfahren zur Lösung von linearen Gleichungssystemen. Ergänzend dazu bietet die Berechnung von Determinanten auch die Möglichkeit, Vektoren auf lineare (Un-)Abhängigkeit zu überprüfen.

6.1 Matrizen

6.1.1 Der Begriff der Matrix

Unter einer (reellen) $\boldsymbol{m\times n}$**-Matrix** A versteht man ein rechteckiges Schema aus reellen Zahlen, die wie folgt angeordnet sind:

$$A = \begin{pmatrix} a_{11} & a_{12} & \dots & a_{1n} \\ a_{21} & a_{22} & \dots & a_{2n} \\ \vdots & \vdots & \vdots & \vdots \\ a_{m1} & a_{m2} & \dots & a_{mn} \end{pmatrix}$$

Sie besteht aus $\boldsymbol{m}$ Zeilen und $\boldsymbol{n}$ Spalten. Der erste Index der **Einträge** a_{ij}, welcher innerhalb einer Zeile konstant bleibt, wird als **Zeilenindex** bezeichnet und nimmt ganzzahlige Werte von 1 bis m an. Dem gegenüber steht der zweite Index, der so genannte **Spaltenindex**, der sich über die natürlichen Zahlen von 1 bis n erstreckt und sich innerhalb einer Spalte nicht ändert. Hinter der Zahl

$$a_{ij}$$

verbirgt sich also der Eintrag der Matrix A in der i-ten Zeile und der j-ten Spalte.

Matrizen selbst werden meist mit lateinischen Großbuchstaben

$$A, B \ldots$$

notiert und ihre Einträge mit den entsprechenden kleinen Buchstaben

$$a_{ij}, \; b_{ij}$$

dargestellt. Will man beides zusammenfassen und auch die Anzahl der Spalten und Zeilen der Matrizen kenntlich machen, so sind darüber hinaus die Schreibweisen

$$(a_{ij})_{i=1,\ldots,m;\, j=1,\ldots,n}, \; (b_{ij})_{i=1,\ldots,m;\, j=1,\ldots,n}$$

als Bezeichner von Matrizen verbreitet.

Beispiel 6.1

Es sei die 3×4-Matrix A gegeben durch

$$A = (a_{ij})_{i=1,\ldots,3;\, j=1,\ldots,4} = \begin{pmatrix} 3 & 5 & -2 & 0 \\ 2 & -\frac{1}{2} & -12 & 1 \\ 1 & 2 & 5 & 3 \end{pmatrix}.$$

Hierbei ist $a_{23} = -12$, $a_{12} = 5$ und $a_{31} = 1$.

Die Anzahl der Zeilen und Spalten einer Matrix wird manchmal auch als deren **Dimensionen** bezeichnet. Mit dem Begriff der Dimension eines Unterraums, wie wir ihn in der Definition auf Seite 192 oben erklärt haben, hat dies nichts zu tun.

Ein Spezialfall liegt vor, wenn die Anzahl der Zeilen und Spalten einer Matrix übereinstimmt. In diesem Fall nennen wir die Matrix **quadratisch**.

Abschließend sei bemerkt, dass ein Vektor des $\mathbb{R}^n$ rein formal auch als $n\times1$-Matrix aufgefasst werden kann. Wie wir noch sehen werden, bringt dies in manchen Fällen formale Vorteile mit sich.

6.1.2 Die transponierte Matrix

Zu einer gegebenen $m \times n$-Matrix

$$A = \begin{pmatrix} a_{11} & a_{12} & \dots & a_{1n} \\ a_{21} & a_{22} & \dots & a_{2n} \\ \vdots & \vdots & \vdots & \vdots \\ a_{m1} & a_{m2} & \dots & a_{mn} \end{pmatrix}$$

wollen wir die **transponierte** Matrix erklären (▸ Abbildung 6.1).

Ausgehend von A definieren wir die $\boldsymbol{n \times m}$-Matrix

$$A^T$$

durch

$$A^T := \begin{pmatrix} a_{11} & a_{21} & \dots & a_{m1} \\ a_{12} & a_{22} & \dots & a_{m2} \\ \vdots & \vdots & \vdots & \vdots \\ a_{1n} & a_{2n} & \dots & a_{mn} \end{pmatrix},$$

d. h. wir setzen, wenn a_{ij}^T die Einträge von A^T bezeichnen:

$$a_{ij}^T := a_{ji} \qquad (i = 1, \dots, n;\ j = 1, \dots, m).$$

Abbildung 6.1: Transponierte einer Matrix A.

Die **erste Zeile** von A^T entspricht somit der **ersten Spalte** von A, die **zweite Zeile** von A^T der **zweiten Spalte** von A usw. Um also ausgehend von A die transponierte Matrix A^T zu erhalten, haben wir nur die Zeilen (oder Spalten) von A nacheinander in die Spalten (Zeilen) von A^T zu übertragen.

Beispiel 6.2

Es sei die 2×3-Matrix A gegeben durch

$$A = \begin{pmatrix} 2 & 3 & -2 \\ 1 & 2 & 9 \end{pmatrix}.$$

Dies führt auf die transponierte 3×2-Matrix A^T mit

$$A^T = \begin{pmatrix} 2 & 1 \\ 3 & 2 \\ -2 & 9 \end{pmatrix}.$$

Hilfreich ist das Konzept des Transponierens auch bei der Notation von Vektoren. Nach der obigen Bemerkung, wonach wir Vektoren als einspaltige Matrizen interpretieren können, ist dann

$$(x_1, x_2, \ldots, x_n)^T = \begin{pmatrix} x_1 \\ x_2 \\ \vdots \\ x_n \end{pmatrix}.$$

Einen Vektor auf eine solch „waagrechte" Weise zu notieren bringt in erster Linie eine Platzersparnis mit sich.

Matrixoperationen 6.2

6.2.1 Matrizenaddition und -vervielfachung

Wie schon für Vektoren lassen sich auch für Matrizen Rechenoperationen definieren. Ihre Bedeutung bzw. ihr mathematischer Nutzen wird dabei in Abschnitt 6.3 deutlich werden.

In Analogie zu Vektoren des $\mathbb{R}^n$ lässt sich für Matrizen gleicher Dimension eine Addition erklären. Darüber hinaus lässt sich ebenfalls analog zur Vektorrechnung eine Vervielfachung von Matrizen definieren (▶ Abbildungen 6.2 und 6.3). Beide Operationen werden dabei **elementweise** vorgenommen: Wir erklären für zwei $m \times n$-Matrizen A, B mit

$$A = \begin{pmatrix} a_{11} & a_{12} & \ldots & a_{1n} \\ a_{21} & a_{22} & \ldots & a_{2n} \\ \vdots & \vdots & \vdots & \vdots \\ a_{m1} & a_{m2} & \ldots & a_{mn} \end{pmatrix} \quad \text{und} \quad B = \begin{pmatrix} b_{11} & b_{12} & \ldots & b_{1n} \\ b_{21} & b_{22} & \ldots & b_{2n} \\ \vdots & \vdots & \vdots & \vdots \\ b_{m1} & b_{m2} & \ldots & b_{mn} \end{pmatrix}$$

die Summe von A und B durch

$$A + B := \begin{pmatrix} a_{11} + b_{11} & a_{12} + b_{12} & \ldots & a_{1n} + b_{1n} \\ a_{21} + b_{21} & a_{22} + b_{22} & \ldots & a_{2n} + b_{2n} \\ \vdots & \vdots & \vdots & \vdots \\ a_{m1} + b_{m1} & a_{m2} + b_{m2} & \ldots & a_{mn} + b_{mn} \end{pmatrix} \tag{6.1}$$

und für eine reelle Zahl $c \in \mathbb{R}$ das c-fache von A durch

$$(c \cdot A) := \begin{pmatrix} c \cdot a_{11} & c \cdot a_{12} & \ldots & c \cdot a_{1n} \\ c \cdot a_{21} & c \cdot a_{22} & \ldots & c \cdot a_{2n} \\ \vdots & \vdots & \vdots & \vdots \\ c \cdot a_{m1} & c \cdot a_{m2} & \ldots & c \cdot a_{mn} \end{pmatrix}. \tag{6.2}$$

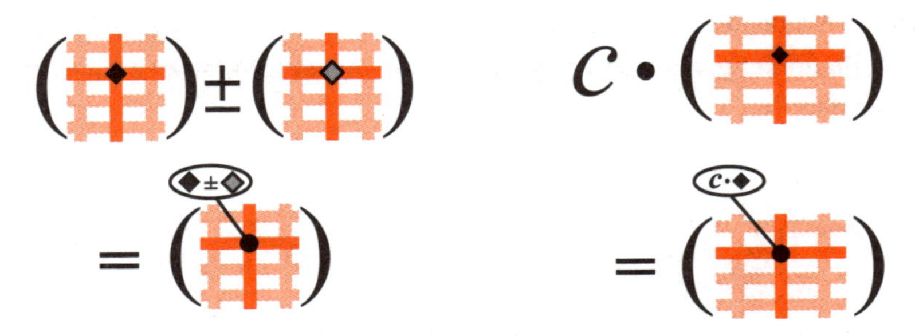

Abbildung 6.2: Zur Matrixaddition.

Abbildung 6.3: Zur Matrixvervielfachung.

Aus der Definition von $A + B$ wird unmittelbar klar, dass die Reihenfolge der Summation von A und B keine Rolle spielt, d. h. es ist

$$A + B = B + A\,.$$

Man sagt, die Matrizenaddition sei **kommutativ** (vertauschbar).

6.2.2 Matrizenmultiplikation

Etwas komplizierter verhält sich die Sache bei der **Multiplikation** von Matrizen: Um zwei Matrizen A und B miteinander multiplizieren zu können, müssen diese eine geeignete Zahl von Spalten und Zeilen aufweisen: Gegeben seien eine

$$\boldsymbol{m}\times\boldsymbol{n}\text{-Matrix} \quad A = \begin{pmatrix} a_{11} & a_{12} & \dots & a_{1n} \\ a_{21} & a_{22} & \dots & a_{2n} \\ \vdots & \vdots & \vdots & \vdots \\ a_{m1} & a_{m2} & \dots & a_{mn} \end{pmatrix}$$

$$\text{und eine} \quad \boldsymbol{n}\times\boldsymbol{p}\text{-Matrix} \quad B = \begin{pmatrix} b_{11} & b_{12} & \dots & b_{1p} \\ b_{21} & b_{22} & \dots & b_{2p} \\ \vdots & \vdots & \vdots & \vdots \\ b_{n1} & b_{n2} & \dots & b_{np} \end{pmatrix},$$

d. h. die Anzahl der Spalten von A stimme mit der Anzahl der Zeilen von B überein.

Das Ergebnis des Matrizenprodukts

$$C := A \cdot B$$

sei nun eine $\boldsymbol{m}\times\boldsymbol{p}$-Matrix.Die Einträge dieser Produktmatrix seien für $1 \le i \le m$ und $1 \le j \le p$ durch

$$c_{ij} := a_{i1} \cdot b_{1j} + a_{i2} \cdot b_{2j} + \ldots + a_{in} \cdot b_{nj} = \sum_{l=1}^{n} a_{il}\, b_{lj}$$

erklärt.

In diesem Sinne sprechen wir davon, die i-te Zeile von A mit der j-ten Spalte der Matrix B zu multiplizieren. Die Einträge der i-ten Zeile werden wechselweise mit den Einträgen der j-ten Spalte multipliziert. Wenn wir uns die i-te Zeile von A als Vektor vorstellen, können wir das Element c_{ij} der Produktmatrix auch als (euklidisches) Skalarprodukt zweier Vektoren, nämlich des i-ten Zeilenvektors von A mit dem j-ten Spaltenvektor von B interpretieren.

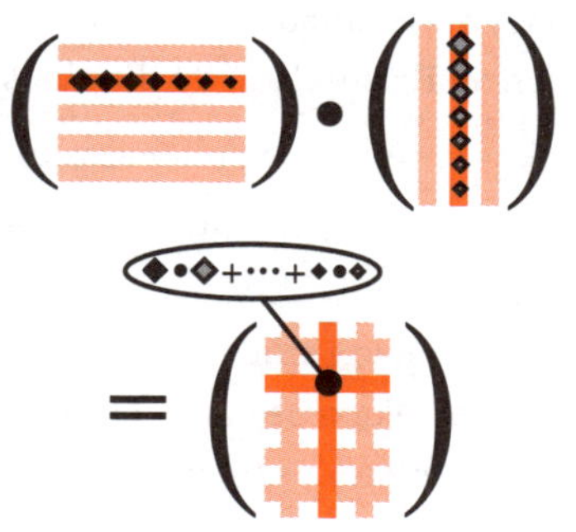

Abbildung 6.4: Zur Matrixmultiplikation.

Um von den Matrizen A und B das Matrixprodukt $A \cdot B$ zu bilden, ist es also strikt notwendig, dass die Matrix A so viele Spalten aufweist, wie B Zeilen besitzt (► Abbildung 6.4). Beispielsweise lässt sich eine 3×2-Matrix A **nicht** mit einer 3×3-Matrix B in der oben beschriebenen Weise multiplizieren.

Wir erläutern die Matrizenmultiplikation an einem Beispiel.

Beispiel 6.3

Gegeben seien die Matrizen

$$A = \begin{pmatrix} 2 & -1 & 2 \\ 1 & 3 & -4 \\ 8 & -1 & -2 \end{pmatrix} \quad \text{und} \quad B = \begin{pmatrix} 3 & 2 \\ -2 & 2 \\ -1 & 4 \end{pmatrix}.$$

Die $3\times\mathbf{3}$-Matrix A hat exakt so viele Spalten, wie die $\mathbf{3}\times2$-Matrix B Zeilen besitzt (nämlich 3), und wir können das Matrizenprodukt $A \cdot B$ bilden. Es handelt sich um eine 3×2-Matrix und berechnet sich zu

$$C = (c_{ij})_{i=1,\dots,3;\,j=1,2} = \begin{pmatrix} 2\cdot3-1\cdot(-2)+2\cdot(-1) & 2\cdot2-1\cdot2+2\cdot4 \\ 1\cdot3+3\cdot(-2)-4\cdot(-1) & 1\cdot2+3\cdot2-4\cdot4 \\ 8\cdot3-1\cdot(-2)-2\cdot(-1) & 8\cdot2-1\cdot2-2\cdot4 \end{pmatrix}$$

$$= \begin{pmatrix} 6 & 10 \\ 1 & -8 \\ 28 & 6 \end{pmatrix}.$$

Unweigerlich stellt sich die Frage, inwieweit sich ausgehend von Matrizen A und B auch ein Matrizenprodukt $B \cdot A$ bilden lässt. Dazu muss wieder gewährleistet sein, dass die Spaltenanzahl von B mit der Zeilenanzahl von A übereinstimmt. In unserem obigen Beispiel 6.3 ist dies beispielsweise nicht der Fall, da

$$\text{Spaltenanzahl von } B = 2 \neq 3 = \text{Zeilenanzahl von } A.$$

Wir stellen abschließend fest, dass sich ausgehend von zwei Matrizen A und B genau dann sowohl das Matrizenprodukt $A \cdot B$ als auch das Produkt $B \cdot A$ bilden lässt, wenn es sich bei A um eine $m \times n$-Matrix und bei B um eine $n \times m$-Matrix handelt. Insbesondere ist diese Voraussetzung gegeben für $m = n$, d. h. für quadratische Matrizen, die ebenso viele Zeilen wie Spalten aufweisen.

Nicht-Kommutativität des Matrizenprodukts

Gehen wir nun in diesem Abschnitt von einer $m \times n$-Matrix A und einer $n \times m$-Matrix B aus, was uns nach dem letzten Abschnitt in die Lage versetzt, die Matrizenprodukte $A \cdot B$ und $B \cdot A$ bilden zu können. Liefern nun die Produkte $A \cdot B$ und $B \cdot A$ das gleiche Ergebnis – ein Sachverhalt, wie wir ihn beispielsweise von reellen Zahlen kennen? Diese Frage ist zu verneinen, wie das folgende Beispiel zeigt.

Beispiel 6.4

Gegeben seien die Matrizen

$$A = \begin{pmatrix} 2 & 1 \\ -1 & 2 \end{pmatrix} \quad \text{und} \quad B = \begin{pmatrix} 0 & 3 \\ 4 & 1 \end{pmatrix}.$$

Da es sich bei beiden Matrizen um 2×2-Matrizen handelt, können wir die Matrizenprodukte $A \cdot B$ und $B \cdot A$ bilden und diese berechnen zu

$$A \cdot B = \begin{pmatrix} 4 & 7 \\ 8 & -1 \end{pmatrix}, \quad \text{aber} \quad B \cdot A = \begin{pmatrix} -3 & 6 \\ 7 & 6 \end{pmatrix}.$$

Wir halten fest, dass selbst im Fall (für das Bilden beider Produkte) geeigneter Matrizen die Matrixmultiplikation **nicht** kommutativ (vertauschbar) ist. Die Reihenfolge der Multiplikation ist also wesentlich; im Allgemeinen stimmen die Produkte $A \cdot B$ und $B \cdot A$ nicht überein.

6.2.3 Matrix-Vektor-Multiplikation

Im Folgenden wollen wir erläutern, wie man eine Matrix mit einem Vektor multiplizieren kann. Für unsere Überlegungen in Abschnitt 6.3 wird dies von zentraler Bedeutung sein.

Gegeben seien eine $\boldsymbol{m}\times\boldsymbol{n}$-Matrix A und ein Vektor $\vec{x} \in \mathbb{R}^n$, d. h. der Vektor $\vec{x}$ besitze ebenso viele Einträge, wie A Spalten aufweist. Wir erklären den Vektor $\vec{y} \in \mathbb{R}^m$ als das Produkt der Matrix A mit dem Vektor $\vec{x}$ durch

$$\vec{y} := A \cdot \vec{x} = \begin{pmatrix} a_{11} & a_{12} & \dots & a_{1n} \\ a_{21} & a_{22} & \dots & a_{2n} \\ \vdots & \vdots & \vdots & \vdots \\ a_{m1} & a_{m2} & \dots & a_{mn} \end{pmatrix} \cdot \begin{pmatrix} x_1 \\ x_2 \\ \vdots \\ x_n \end{pmatrix}$$

$$:= \underbrace{\begin{pmatrix} a_{11} \cdot x_1 + a_{12} \cdot x_2 + \dots + a_{1n} \cdot x_n \\ a_{21} \cdot x_1 + a_{22} \cdot x_2 + \dots + a_{2n} \cdot x_n \\ \vdots \quad\quad \vdots \quad\quad \vdots \\ a_{m1} \cdot x_1 + a_{m2} \cdot x_2 + \dots + a_{mn} \cdot x_n \end{pmatrix}}_{\in \mathbb{R}^m} . \tag{6.3}$$

Scharfes Hinsehen zeigt hier ein bereits bekanntes Rechenschema: Interpretiert man nämlich den Vektor $\vec{x}$ als $n\times 1$-Matrix, so entspricht der Ergebnisvektor $\vec{y} = A\vec{x} \in \mathbb{R}^m$, interpretiert als $m\times 1$-Matrix gerade dem Matrizenprodukt von A mit der einspaltigen Matrix $\vec{x}$. Bei der Matrix-Vektor-Multiplikation handelt es sich in diesem Sinne also nur um einen Spezialfall der Multiplikation zweier Matrizen.

Um die Matrix-Vektor-Multiplikation im Kopf zu behalten, bietet sich auch hier die folgende Merkregel an: Interpretiert man die i-te Zeile der Matrix A als einen Vektor $\vec{v}_i$, so entspricht der Eintrag y_i des Produkt-Vektors $\vec{y}$ dem (euklidischen) Skalarprodukt $\vec{v}_i \bullet \vec{x}$.

Beispiel 6.5

Gegeben seien die 2×3-Matrix A und der Vektor $\vec{x} \in \mathbb{R}^3$ durch

$$A = \begin{pmatrix} 1 & 2 & 4 \\ -3 & 0 & 1 \end{pmatrix} \quad \text{und} \quad \vec{x} = \begin{pmatrix} 5 \\ -1 \\ 2 \end{pmatrix} .$$

Wir berechnen $\vec{y} = A \cdot \vec{x}$ durch

$$\vec{y} = A \cdot \vec{x} = \begin{pmatrix} 1 & 2 & 4 \\ -3 & 0 & 1 \end{pmatrix} \cdot \begin{pmatrix} 5 \\ -1 \\ 2 \end{pmatrix} = \begin{pmatrix} 1 \cdot 5 + 2 \cdot (-1) + 4 \cdot 2 \\ -3 \cdot 5 + 0 \cdot (-1) + 1 \cdot 2 \end{pmatrix} = \begin{pmatrix} 11 \\ -13 \end{pmatrix} .$$

Lineare Abbildungen 6.3

6.3.1 Der Begriff der linearen Abbildung

In diesem Abschnitt wollen wir an die eben behandelte Matrix-Vektor-Multiplikation anknüpfen. In Beispiel 6.5 wurde ein einziger Vektor mit einer Matrix A multipliziert. Ein anderer Vektor $\vec{x}$ hätte zu einem anderen Ergebnis geführt. Kurz: Jedem Input $\vec{x}$ entspricht genau ein von $\vec{x}$ abhängiger Output-Vektor $\vec{y} = A \cdot \vec{x}$. Bei der Abbildung

$$\vec{x} \mapsto \vec{y} := A \cdot \vec{x}$$

handelt es sich um eine Funktion (bzw. eine Abbildung), welche beliebigen Vektoren $\vec{x}$ des $\mathbb{R}^n$ einen entsprechenden Vektor $\vec{y} \in \mathbb{R}^m$ zuordnet. Geben wir dieser Zuordnung den Namen f, so notieren wir diese kurz durch

$$f : \mathbb{R}^n \to \mathbb{R}^m, \quad f(\vec{x}) = A \cdot \vec{x} .$$

Die Matrix A zieht also im Sinne der Matrix-Vektor-Multiplikation eine Abbildung f nach sich. Man sagt auch, die Matrix A **induziere** eine Abbildung f. Oft wird auch (etwas unsauber) die Matrix A selbst als die Abbildung bezeichnet.

Abbildungen von $\mathbb{R}^n$ nach $\mathbb{R}^m$ gibt es viele. Die oben beschriebene Abbildung, die von einer Matrix A induziert wird, besitzt jedoch eine wesentliche Eigenschaft, die sie aus der Masse heraushebt. Sie ist **linear**, was wir im nachfolgenden Satz erklären und beweisen wollen.

Satz **Linearität**

Es sei A eine $m \times n$-Matrix und

$$f : \mathbb{R}^n \to \mathbb{R}^m, \; f(\vec{x}) = A\vec{x}$$

die zugehörige induzierte Abbildung. Dann ist f **linear**, d. h. für alle $\vec{u}, \vec{v} \in \mathbb{R}^n$ und $c \in \mathbb{R}$ gilt:

a) $f(\vec{u} + \vec{v}) = f(\vec{u}) + f(\vec{v})$ bzw. $A(\vec{u} + \vec{v}) = A\vec{u} + A\vec{v}$ und

b) $f(c \cdot \vec{v}) = c \cdot f(\vec{v})$ bzw. $A \cdot (c \cdot \vec{v}) = c \cdot A\vec{v}$.

Die $m \times n$-Matrix A sei gegeben durch

$$A = \begin{pmatrix} a_{11} & a_{12} & \dots & a_{1n} \\ a_{21} & a_{22} & \dots & a_{2n} \\ \vdots & \vdots & \vdots & \vdots \\ a_{m1} & a_{m2} & \dots & a_{mn} \end{pmatrix}.$$

Dann ist

$$f(\vec{u} + \vec{v}) = A \cdot (\vec{u} + \vec{v}) = \begin{pmatrix} a_{11} & a_{12} & \dots & a_{1n} \\ a_{21} & a_{22} & \dots & a_{2n} \\ \vdots & \vdots & \vdots & \vdots \\ a_{m1} & a_{m2} & \dots & a_{mn} \end{pmatrix} \cdot \begin{pmatrix} u_1 + v_1 \\ u_2 + v_2 \\ \vdots \\ u_n + v_n \end{pmatrix}$$

$$= \begin{pmatrix} a_{11} \cdot (u_1 + v_1) + a_{12} \cdot (u_2 + v_2) + \dots + a_{1n} \cdot (u_n + v_n) \\ a_{21} \cdot (u_1 + v_1) + a_{22} \cdot (u_2 + v_2) + \dots + a_{2n} \cdot (u_n + v_n) \\ \vdots \\ a_{m1} \cdot (u_1 + v_1) + a_{m2} \cdot (u_2 + v_2) + \dots + a_{mn} \cdot (u_n + v_n) \end{pmatrix}$$

$$= \begin{pmatrix} a_{11} \cdot u_1 + a_{12} \cdot u_2 + \dots + a_{1n} \cdot u_n \\ a_{21} \cdot u_1 + a_{22} \cdot u_2 + \dots + a_{2n} \cdot u_n \\ \vdots \\ a_{m1} \cdot u_1 + a_{m2} \cdot u_2 + \dots + a_{mn} \cdot u_n \end{pmatrix} + \begin{pmatrix} a_{11} \cdot v_1 + a_{12} \cdot v_2 + \dots + a_{1n} \cdot v_n \\ a_{21} \cdot v_1 + a_{22} \cdot v_2 + \dots + a_{2n} \cdot v_n \\ \vdots \\ a_{m1} \cdot v_1 + a_{m2} \cdot v_2 + \dots + a_{mn} \cdot v_n \end{pmatrix}$$

$$= A\vec{u} + A\vec{v} = f(\vec{u}) + f(\vec{v}).$$

Die Eigenschaft (b) verifiziere der Leser selbstständig im Rahmen einer kleinen Übung.

6.3.2 Verknüpfungen linearer Abbildungen

Addition linearer Abbildungen

Es seien in diesem Abschnitt die $m \times n$-Matrizen A, B gegeben. Wir betrachten die durch sie induzierten (nach dem Satz von Seite 214) linearen Abbildungen

$$f: \mathbb{R}^n \to \mathbb{R}^m, \quad f(\vec{x}) = A\vec{x} \qquad \text{und} \qquad g: \mathbb{R}^n \to \mathbb{R}^m, \quad g(\vec{x}) = B\vec{x}.$$

Beide Abbildungen f und g lassen sich zur Summenabbildung

$$f + g: \mathbb{R}^n \to \mathbb{R}^m, \quad (f + g)(\vec{x}) = f(\vec{x}) + g(\vec{x})$$

addieren. Ist die Summenfunktion $f + g$ dann auch von einer Matrix induziert und welche Matrix steckt in diesem Fall dahinter?

Wir wollen diese Fragen beantworten und setzen dazu

$$A = \begin{pmatrix} a_{11} & a_{12} & \dots & a_{1n} \\ a_{21} & a_{22} & \dots & a_{2n} \\ \vdots & \vdots & \vdots & \vdots \\ a_{m1} & a_{m2} & \dots & a_{mn} \end{pmatrix} \quad \text{sowie} \quad B = \begin{pmatrix} b_{11} & b_{12} & \dots & b_{1n} \\ b_{21} & b_{22} & \dots & b_{2n} \\ \vdots & \vdots & \vdots & \vdots \\ b_{m1} & b_{m2} & \dots & b_{mn} \end{pmatrix}.$$

Wir stellen dann fest, dass

$$(f+g)(\vec{x}) = f(\vec{x}) + g(\vec{x}) = A\vec{x} + B\vec{x} \overset{(6.3)}{=}$$

$$\underbrace{\begin{pmatrix} a_{11}\cdot x_1 + a_{12}\cdot x_2 + \dots + a_{1n}\cdot x_n \\ a_{21}\cdot x_1 + a_{22}\cdot x_2 + \dots + a_{2n}\cdot x_n \\ \vdots \quad \vdots \quad \vdots \\ a_{m1}\cdot x_1 + a_{m2}\cdot x_2 + \dots + a_{mn}\cdot x_n \end{pmatrix}}_{\in\mathbb{R}^m} + \underbrace{\begin{pmatrix} b_{11}\cdot x_1 + b_{12}\cdot x_2 + \dots + b_{1n}\cdot x_n \\ b_{21}\cdot x_1 + b_{22}\cdot x_2 + \dots + b_{2n}\cdot x_n \\ \vdots \quad \vdots \quad \vdots \\ b_{m1}\cdot x_1 + b_{m2}\cdot x_2 + \dots + b_{mn}\cdot x_n \end{pmatrix}}_{\in\mathbb{R}^m}$$

$$= \underbrace{\begin{pmatrix} (a_{11}+b_{11})\cdot x_1 + (a_{12}+b_{12})\cdot x_2 + \dots + (a_{1n}+b_{1n})\cdot x_n \\ (a_{21}+b_{21})\cdot x_1 + (a_{22}+b_{22})\cdot x_2 + \dots + (a_{2n}+b_{2n})\cdot x_n \\ \vdots \quad \vdots \quad \vdots \\ (a_{m1}+b_{m1})\cdot x_1 + (a_{m2}+b_{m2})\cdot x_2 + \dots + (a_{mn}+b_{mn})\cdot x_n \end{pmatrix}}_{\in\mathbb{R}^m}$$

$$\overset{(6.1),(6.3)}{=} (A+B)\vec{x}\,.$$

Somit wird auch die Summenabbildung $f+g$ durch eine Matrix dargestellt, und zwar durch die Summen-Matrix $A+B$, also kurz

$$(f+g)(\vec{x}) = (A+B)\vec{x} \qquad \text{für } \vec{x} \in \mathbb{R}^n\,.$$

Insbesondere ist dann auch die Abbildung $f+g$ linear.

Wie verhält es sich nun bei Hintereinanderausführungen (Kompositionen) linearer Abbildungen? Wir betrachten eine $m\times n$-Matrix A sowie eine $p\times m$-Matrix B. Die davon induzierten Abbildungen f und g sind gegeben durch

$$f: \mathbb{R}^n \to \mathbb{R}^m, \quad f(\vec{x}) = A\vec{x}$$

und

$$g: \mathbb{R}^m \to \mathbb{R}^p, \quad g(\vec{y}) = B\vec{y}\,.$$

Da somit der Bildbereich von f in den Definitionsbereich von g fällt (bei beiden Mengen handelt es sich um den $\mathbb{R}^m$), lässt sich die Komposition

$$g\circ f: \mathbb{R}^n \to \mathbb{R}^p, \quad (g\circ f)(\vec{x}) = g(f(\vec{x}))$$

bilden. Welche Matrix steckt hinter dieser Verknüpfung?

In der Hintereinanderausführung der Abbildungen f und g ist zunächst der Vektor $f(\vec{x}) \in \mathbb{R}^m$ zu bilden. Dieser berechnet sich zu

$$f(\vec{x}) = A\vec{x} = \begin{pmatrix} a_{11} & a_{12} & \dots & a_{1n} \\ a_{21} & a_{22} & \dots & a_{2n} \\ \vdots & \vdots & \vdots & \vdots \\ a_{m1} & a_{m2} & \dots & a_{mn} \end{pmatrix} \begin{pmatrix} x_1 \\ x_2 \\ \vdots \\ x_n \end{pmatrix} = \underbrace{\begin{pmatrix} a_{11} \cdot x_1 + \dots + a_{1n} \cdot x_n \\ a_{21} \cdot x_1 + \dots + a_{2n} \cdot x_n \\ \vdots \\ a_{m1} \cdot x_1 + \dots + a_{mn} \cdot x_n \end{pmatrix}}_{\text{Vektor des } \mathbb{R}^m} .$$

Diesen Vektor des $\mathbb{R}^m$ müssen wir nun durch die Funktion g abbilden, was durch die Multiplikation dieses Vektors an die $p \times m$-Matrix B bewerkstelligt wird. Es ist also

$$g(f(\vec{x})) = Bf(\vec{x}) = \begin{pmatrix} b_{11} & b_{12} & \dots & b_{1m} \\ b_{21} & b_{22} & \dots & b_{2m} \\ \vdots & \vdots & \vdots & \vdots \\ b_{p1} & b_{p2} & \dots & b_{pm} \end{pmatrix} \begin{pmatrix} a_{11} \cdot x_1 + \dots + a_{1n} \cdot x_n \\ a_{21} \cdot x_1 + \dots + a_{2n} \cdot x_n \\ \vdots \\ a_{m1} \cdot x_1 + \dots + a_{mn} \cdot x_n \end{pmatrix}$$

$$= \underbrace{\begin{pmatrix} b_{11}(a_{11}x_1 + \dots + a_{1n}x_n) + \dots + b_{1m}(a_{m1}x_1 + \dots + a_{mn}x_n) \\ b_{21}(a_{11}x_1 + \dots + a_{1n}x_n) + \dots + b_{2m}(a_{m1}x_1 + \dots + a_{mn}x_n) \\ \vdots \\ b_{p1}(a_{11}x_1 + \dots + a_{1n}x_n) + \dots + b_{pm}(a_{m1}x_1 + \dots + a_{mn}x_n) \end{pmatrix}}_{\text{Vektor des } \mathbb{R}^p}$$

$$\overset{\text{sortieren nach } x_1,\dots,x_n}{=} \underbrace{\begin{pmatrix} (b_{11}a_{11} + \dots + b_{1m}a_{m1})x_1 + \dots + (b_{11}a_{1n} + \dots + b_{1m}a_{mn})x_n \\ (b_{21}a_{11} + \dots + b_{2m}a_{m1})x_1 + \dots + (b_{21}a_{1n} + \dots + b_{2m}a_{mn})x_n \\ \vdots \\ (b_{p1}a_{11} + \dots + b_{pm}a_{m1})x_1 + \dots + (b_{p1}a_{1n} + \dots + b_{pm}a_{mn})x_n \end{pmatrix}}_{\text{Vektor des } \mathbb{R}^p} . \quad (6.4)$$

Da die Spaltenzahl von B mit der Zeilenzahl von A (nämlich m) übereinstimmt, lässt sich aus den Matrizen A und B das Matrizenprodukt $B \cdot A$ bilden. Geben wir dieser Produktmatrix den Namen C, so berechnet sich der Eintrag der i-ten Zeile und j-ten Spalte zu

$$c_{ij} = b_{i1}a_{1j} + \dots + b_{im}a_{mj} .$$

Betrachten wir nun den Vektor

$$\vec{y} = (BA)\vec{x} = C\vec{x}$$

des $\mathbb{R}^p$, so ist dessen $i.te$ Komponente y_i gerade gegeben durch

$$\begin{aligned} y_i &= c_{i1}x_1 + \ldots + c_{in}x_n \\ &= (b_{i1}a_{11} + \ldots + b_{im}a_{m1})\,x_1 + \ldots + (b_{i1}a_{1n} + \ldots + b_{im}a_{mn})\,x_n\,. \end{aligned} \tag{6.5}$$

Der gesamte Vektor $\vec{y} = (BA)\,\vec{x} \in \mathbb{R}^p$ besitzt also die Gestalt

$$\begin{pmatrix} (b_{11}a_{11} + \ldots + b_{1m}a_{m1})x_1 + \ldots + (b_{11}a_{1n} + \ldots + b_{1m}a_{mn})x_n \\ (b_{21}a_{11} + \ldots + b_{2m}a_{m1})x_1 + \ldots + (b_{21}a_{1n} + \ldots + b_{2m}a_{mn})x_n \\ \vdots \\ (b_{p1}a_{11} + \ldots + b_{pm}a_{m1})x_1 + \ldots + (b_{p1}a_{1n} + \ldots + b_{pm}a_{mn})x_n \end{pmatrix}.$$

Ein Vergleich mit (6.4) zeigt, dass es sich hierbei um den bereits oben errechneten Vektor handelt.

Wir halten also fest, dass

$$(g \circ f)(\vec{x}) = (BA)\vec{x}\,,$$

d. h. die Komposition $(g \circ f)$ der linearen Abbildungen f und g wird durch die Produktmatrix BA beschrieben und ist demzufolge wieder eine lineare Abbildung.

Es ist noch zu klären, durch welche Matrix das Vielfache $c \cdot f$ einer linearen Abbildung f dargestellt wird, wenn f selbst durch die Matrix A induziert wird. Das Resultat mag uns nicht verwundern: Hinter einer mit dem Faktor c multiplizierten linearen Abbildung $c \cdot f$ verbirgt sich die Matrix $c \cdot A$. Wir überlassen diesen Beweis dem Leser und fassen zusammen:

Satz **Vielfache einer linearen Abbildung**

a) Es seien die linearen Abbildungen f und g gegeben durch

$$\begin{aligned} f\colon \mathbb{R}^n \to \mathbb{R}^m, \quad f(\vec{x}) &= A\vec{x} \qquad \text{(mit einer } m\times n\text{-Matrix } A) \\ g\colon \mathbb{R}^n \to \mathbb{R}^m, \quad f(\vec{x}) &= B\vec{x} \qquad \text{(mit einer } m\times n\text{-Matrix } B)\,. \end{aligned}$$

Dann ist für alle $\vec{x} \in \mathbb{R}^n$

$$(f+g)(\vec{x}) = (A+B)(\vec{x})\,, \qquad (c \cdot f)(\vec{x}) = (c \cdot A)(\vec{x})\,.$$

b) Es seien die linearen Abbildungen f und g gegeben durch

$$f: \mathbb{R}^n \to \mathbb{R}^m, \quad f(\vec{x}) = A\vec{x} \quad \text{(mit einer } m\times n\text{-Matrix } A)$$
$$g: \mathbb{R}^m \to \mathbb{R}^p, \quad g(\vec{y}) = B\vec{y} \quad \text{(mit einer } p\times m\text{-Matrix } B).$$

Dann ist die Komposition $(g \circ f): \mathbb{R}^n \to \mathbb{R}^p$ gegeben durch

$$(g \circ f)(\vec{x}) = g(f(\vec{x})) = (BA)(\vec{x})$$

für alle $\vec{x} \in \mathbb{R}^n$.

Beispiel 6.6

Es seien die 2×2-Matrizen A und B sowie die 3×2-Matrix C gegeben durch

$$A = \begin{pmatrix} 2 & 1 \\ -1 & 0 \end{pmatrix}, \quad B = \begin{pmatrix} 3 & 2 \\ 0 & 4 \end{pmatrix}, \quad C = \begin{pmatrix} 1 & 4 \\ 2 & 3 \\ -2 & 1 \end{pmatrix}.$$

Aus den dazugehörigen linearen Abbildungen

$$f: \mathbb{R}^2 \to \mathbb{R}^2, f(\vec{x}) = A\vec{x}, \qquad g: \mathbb{R}^2 \to \mathbb{R}^2, g(\vec{x}) = B\vec{x} \quad \text{und}$$
$$h: \mathbb{R}^2 \to \mathbb{R}^3, h(\vec{x}) = C\vec{x}$$

berechnen wir die zusammengesetzte Funktion

$$h \circ (f + g): \mathbb{R}^2 \to \mathbb{R}^3.$$

Nach dem Satz von Seite 218 wird diese dargestellt durch die 3×2-Matrix

$$M = C \cdot (A + B) = \begin{pmatrix} 1 & 4 \\ 2 & 3 \\ -2 & 1 \end{pmatrix} \left[\begin{pmatrix} 2 & 1 \\ -1 & 0 \end{pmatrix} + \begin{pmatrix} 3 & 2 \\ 0 & 4 \end{pmatrix} \right]$$
$$= \begin{pmatrix} 1 & 4 \\ 2 & 3 \\ -2 & 1 \end{pmatrix} \begin{pmatrix} 5 & 3 \\ -1 & 4 \end{pmatrix} = \begin{pmatrix} 1 & 19 \\ 7 & 18 \\ -11 & -2 \end{pmatrix}.$$

Spezielle Matrizen und lineare Abbildungen 6.4

In diesem Abschnitt wollen wir einige bedeutsame Matrizen sowie die dazugehörigen linearen Abbildungen vorstellen. Für beliebige $n, m \in \mathbb{N}$ beginnen wir mit der $m \times n$-**Nullmatrix**

$$\begin{pmatrix} 0 & 0 & \dots & 0 \\ 0 & 0 & \dots & 0 \\ \vdots & \vdots & \dots & \vdots \\ 0 & 0 & \dots & 0 \end{pmatrix},$$

deren Einträge ausschließlich aus Nullen bestehen. Sie bildet jeden Vektor des $\mathbb{R}^n$ auf den Nullvektor des $\mathbb{R}^m$ ab.

Betrachten wir im Folgenden speziell quadratische Matrizen ($m = n$). Unter der so genannten **Hauptdiagonale** der $n \times n$-Matrix wollen wir die Matrixelemente

$$a_{11}, a_{22}, \dots, a_{nn}$$

verstehen, die entlang einer diagonalen Linie die Matrix in einen linken unteren Teil und in einen rechten oberen Teil trennen. Beiden Teilen gemeinsam ist dabei gerade die besagte Hauptdiagonale: Handelt es sich bei den Elementen einer quadratischen Matrix oberhalb ihrer Hauptdiagonalen durchweg um *Nullen*, so sprechen wir von einer **linken unteren Dreiecksmatrix** (▸ Abbildung 6.5). Sind hingegen alle Einträge einer quadratischen Matrix unterhalb der Hauptdiagonalen *Null*, so liegt eine **rechte obere Dreiecksmatrix** (▸ Abbildung 6.6) vor. Beispiele für beide Matrizenarten sind gegeben durch die linke untere Dreiecksmatrix A sowie die rechte obere Dreiecksmatrix B, definiert durch

$$A = \begin{pmatrix} 2 & 0 & 0 \\ -1 & \frac{3}{4} & 0 \\ 2 & -1 & 4 \end{pmatrix} \quad \text{und} \quad B = \begin{pmatrix} 3 & 2 \\ 0 & -30 \end{pmatrix}.$$

Abbildung 6.5: Linke untere Dreiecksmatrix.

Abbildung 6.6: Rechte obere Dreiecksmatrix.

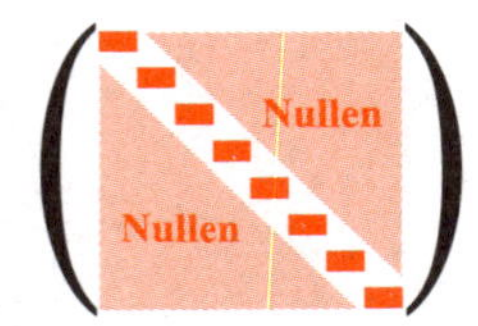

Abbildung 6.7: Diagonalmatrix.

Vor allem rechte obere Dreiecksmatrizen spielen eine wesentliche Rolle bei der Lösung von linearen Gleichungssystemen (siehe Kapitel 7).

Betrachten wir Matrizen, bei welchen es sich gleichermaßen um eine rechte obere wie auch um eine linke untere Dreiecksmatrix handelt. Die Matrizen, welche beiden Kriterien genügen, besitzen lediglich auf der Hauptdiagonalen Einträge, die von null verschieden sind. Sie werden als **Diagonalmatrizen** (▶ Abbildung 6.7) bezeichnet. Eine verbreitete Notation für eine Diagonalmatrix

$$D = \begin{pmatrix} a_{11} & 0 & 0 & \dots & 0 \\ 0 & a_{22} & 0 & \dots & 0 \\ 0 & 0 & a_{33} & \dots & 0 \\ \vdots & \vdots & \vdots & \dots & \vdots \\ 0 & 0 & 0 & \dots & a_{nn} \end{pmatrix}$$

ist auch die Kurzschreibweise

$$D = \operatorname{diag}(a_{11}, a_{22}, \dots, a_{nn}) .$$

Ein spzieller Vertreter einer Diagonalmatrix liegt vor, wenn alle Einträge der Hauptdiagonalen aus der Zahl 1 bestehen. Unter der n-dimensionalen **Einheitsmatrix** E_n verstehen wir die Matrix

$$E_n = \begin{pmatrix} 1 & 0 & 0 & \dots & 0 \\ 0 & 1 & 0 & \dots & 0 \\ 0 & 0 & 1 & \dots & 0 \\ \vdots & \vdots & \vdots & \dots & \vdots \\ 0 & 0 & 0 & \dots & 1 \end{pmatrix} .$$

Multiplizieren wir die n-dimensionale Einheitsmatrix mit einem beliebigen Vektor

$$\vec{x} = \begin{pmatrix} x_1 \\ x_2 \\ x_3 \\ \vdots \\ x_n \end{pmatrix} ,$$

so erhalten wir

$$E_n \vec{x} = \begin{pmatrix} 1 & 0 & 0 & \dots & 0 \\ 0 & 1 & 0 & \dots & 0 \\ 0 & 0 & 1 & \dots & 0 \\ \vdots & \vdots & \vdots & \dots & \vdots \\ 0 & 0 & 0 & \dots & 1 \end{pmatrix} \begin{pmatrix} x_1 \\ x_2 \\ x_3 \\ \vdots \\ x_n \end{pmatrix} = \begin{pmatrix} x_1 \\ x_2 \\ x_3 \\ \vdots \\ x_n \end{pmatrix} = \vec{x} ,$$

d. h. der Vektor $\vec{x}$ wird unverändert reproduziert. Die zugehörige lineare Abbildung

$$f\colon \mathbb{R}^n \to \mathbb{R}^n, \quad f(\vec{x}) = E_n\vec{x}$$

bildet also jeden Vektor des $\mathbb{R}^n$ auf sich selbst ab und wird als die **Identität im** $\mathbb{R}^n$ bezeichnet.

Drehungen

Eine ausgesuchte Klasse linearer Abbildungen, die auch in der Naturwissenschaft eine Rolle spielen, sind die **Drehungen**. Beschränken wir uns dabei auf eine Drehung im $\mathbb{R}^2$ und betrachten den in ► Abbildung 6.8 dargestellten Vektor

$$\vec{x} = \begin{pmatrix} x_1 \\ x_2 \end{pmatrix},$$

der zusammen mit der positiven x_1-Achse den Winkel α einschließt und die Länge $l > 0$ besitze.

Drehen wir diesen Vektor entgegen dem Uhrzeigersinn um den Winkel ϕ um den Ursprung, so schließt der gedrehte Vektor

$$\vec{y} = \begin{pmatrix} y_1 \\ y_2 \end{pmatrix}$$

den Winkel $\beta = \alpha + \phi$ mit der positiven waagrechten Achse ein. Aus trigonometrischen Überlegungen heraus erhalten wir

$$\sin\beta = \frac{y_2}{l}, \quad \sin\alpha = \frac{x_2}{l},$$
$$\cos\beta = \frac{y_1}{l}, \quad \cos\alpha = \frac{x_1}{l}.$$

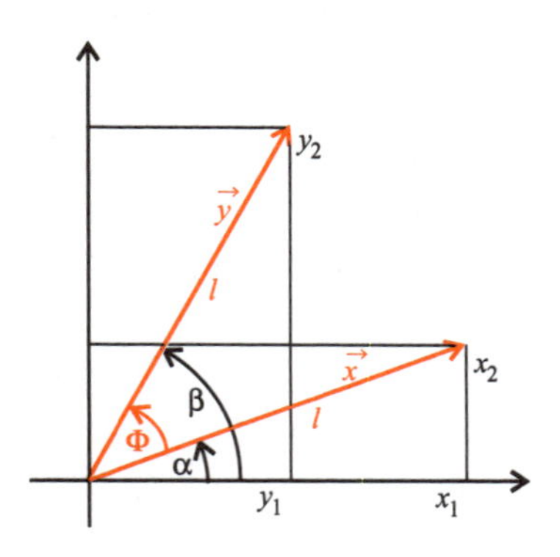

Abbildung 6.8: Drehung um den Winkel ϕ.

Mit Hilfe der Additionstheoreme von Seite 67 können wir die Komponenten y_1 und y_2 des gedrehten Vektors durch die Komponenten x_1, x_2 des Ausgangsvektors $\vec{x}$ ausdrücken. Es ist

$$y_1 = \cos\beta \cdot l = \cos(\alpha+\phi) \cdot l = \cos\alpha \cdot \cos\phi \cdot l - \sin\alpha \cdot \sin\phi \cdot l = x_1 \cos\phi - x_2 \sin\phi$$

sowie

$$y_2 = \sin\beta \cdot l = \sin(\alpha+\phi) \cdot l = \sin\alpha \cdot \cos\phi \cdot l + \cos\alpha \cdot \sin\phi \cdot l = x_2 \cos\phi + x_1 \sin\phi .$$

In Matrix-Vektor-Schreibweise notieren sich diese beiden Gleichungen in der kompakten Form

$$\begin{pmatrix} y_1 \\ y_2 \end{pmatrix} = \begin{pmatrix} \cos\phi & -\sin\phi \\ \sin\phi & \cos\phi \end{pmatrix} \begin{pmatrix} x_1 \\ x_2 \end{pmatrix}.$$

Die Abbildung, die einem Vektor $\vec{x}$ des $\mathbb{R}^2$ den gedrehten Vektor $\vec{y} \in \mathbb{R}^2$ zuordnet, wird also durch die Matrix

$$A = \begin{pmatrix} \cos\phi & -\sin\phi \\ \sin\phi & \cos\phi \end{pmatrix} \tag{6.6}$$

dargestellt und ist daher eine lineare Abbildung. Die Matrix A wird dabei als **Drehmatrix** bezeichnet.

Beispiel 6.7

Die in ▶ Abbildung 6.9 dargestellte Figur kann als Menge von Ortsvektoren (Punkten) interpretiert werden. Wollen wir die Figur um den Winkel $\phi = 45°$ entgegen dem Uhrzeigersinn drehen, mit dem Ursprung als Drehzentrum, so haben wir wegen

$$\cos 45° = \sin 45° = \frac{\sqrt{2}}{2}$$

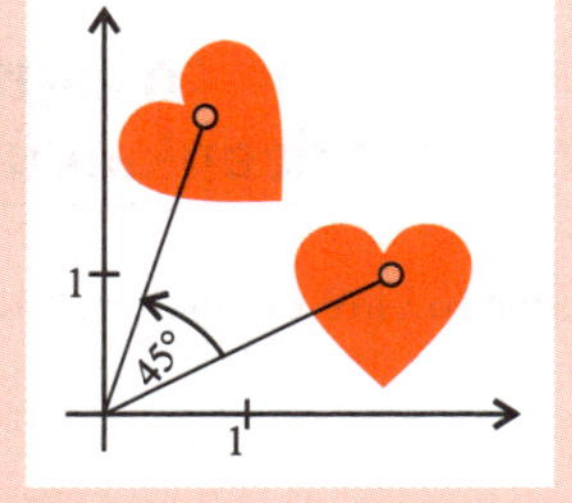

Abbildung 6.9: Drehung um 45°.

diese Punkte des $\mathbb{R}^2$ gemäß (6.6) mit der Matrix

$$A = \begin{pmatrix} \cos\phi & -\sin\phi \\ \sin\phi & \cos\phi \end{pmatrix} = \begin{pmatrix} \frac{\sqrt{2}}{2} & -\frac{\sqrt{2}}{2} \\ \frac{\sqrt{2}}{2} & \frac{\sqrt{2}}{2} \end{pmatrix}$$

abzubilden. In Abbildung 6.9 dargestellt ist beispielsweise der Punkt $\begin{pmatrix} 2 \\ 1 \end{pmatrix}$, der durch die Drehmatrix A auf den Bildpunkt

$$\begin{pmatrix} \frac{\sqrt{2}}{2} & -\frac{\sqrt{2}}{2} \\ \frac{\sqrt{2}}{2} & \frac{\sqrt{2}}{2} \end{pmatrix} \begin{pmatrix} 2 \\ 1 \end{pmatrix} = \begin{pmatrix} \frac{\sqrt{2}}{2} \\ \frac{3\sqrt{2}}{2} \end{pmatrix}$$

abgebildet wird.

Symmetrische Matrizen

Symmetrische Matrizen spielen in der Mathematik eine große Rolle. Unter einer **symmetrischen Matrix** verstehen wir eine quadratische $n \times n$-Matrix, für deren Einträge gilt

$$a_{ij} = a_{ji} \qquad (i, j = 1, \ldots, n) .$$

Äquivalent dazu ist, dass die Matrix und ihre transponierte Matrix übereinstimmen, d. h. es ist

$$A = A^T .$$

Beispielsweise handelt es sich bei

$$\begin{pmatrix} 1 & 3 & 4 \\ 3 & 5 & -2 \\ 4 & -2 & 8 \end{pmatrix}$$

um eine symmetrische 3×3-Matrix.

6.5 Lineare Gleichungssysteme und der Matrizenkalkül

Jedes lineare $m \times n$-Gleichungssystem

$$\begin{array}{ccccccc} a_{11}x_1 & + & a_{12}x_2 & + \ldots + & a_{1n}x_n & = & b_1 \\ a_{21}x_1 & + & a_{22}x_2 & + \ldots + & a_{2n}x_n & = & b_2 \\ \vdots & & & & & \vdots & \\ a_{m1}x_1 & + & a_{m2}x_2 & + \ldots + & a_{mn}x_n & = & b_m \end{array}, \tag{6.7}$$

bestehend aus m Gleichungen und n Unbekannten, lässt sich gleichwertig auch in der Schreibweise

$$A\vec{x} = \vec{b} \tag{6.8}$$

mit der $m \times n$-Koeffizientenmatrix

$$A = \begin{pmatrix} a_{11} & a_{12} & \ldots & a_{1n} \\ a_{21} & a_{22} & \ldots & a_{2n} \\ \vdots & \vdots & \ldots & \vdots \\ a_{m1} & a_{m2} & \ldots & a_{mn} \end{pmatrix}$$

und der rechten Seite

$$\vec{b} = \begin{pmatrix} b_1 \\ b_2 \\ \vdots \\ b_m \end{pmatrix}$$

darstellen. Multiplizieren wir nämlich (6.8) explizit nach den Regeln der Matrix-Vektor-Multiplikation aus, so erhalten wir gerade das lineare Gleichungssystem (6.7). Lösungen desselben entsprechen damit, sichtbar an der Schreibweise (6.8), gerade denjenigen Vektoren $\vec{x}$, die durch die Matrix A auf den Vektor $\vec{b}$ abgebildet werden. Bringen wir die Matrix A wieder mit der von ihr induzierten linearen Abbildung

$$f: \mathbb{R}^n \to \mathbb{R}^m,\ f(\vec{x}) = A\vec{x}$$

in Verbindung, so formuliert sich (6.8) noch kompakter zu

$$f(\vec{x}) = \vec{b}\,. \tag{6.9}$$

Anhand dieser Schreibweise werden mehrere Aspekte deutlich. Mit Blick auf unseren Funktionsbegriff in Abschnitt 1.1.1 können wir feststellen, dass

- ein lineares $m \times n$-Gleichungssystem genau dann lösbar ist, wenn der Vektor $\vec{b}$ im Wertebereich von f liegt. Handelt es sich bei diesem **nicht** um den gesamten $\mathbb{R}^m$, so besitzt das LGS für manche rechte Seiten $\vec{b}$ keine Lösung.
- es im Fall der Lösbarkeit des Gleichungssystems vorkommen kann, dass mehrere Vektoren aus dem Definitionsbereich $\mathbb{R}^n$ auf den gegebenen Bildvektor $\vec{b}$ aus dem Bildbereich $\mathbb{R}^m$ abgebildet werden. Dies entspricht der Nichtumkehrbarkeit von f. Das lineare Gleichungssystem besitzt in diesem Fall mehrere Lösungen. Dass es sich in diesem Fall bereits automatisch um **unendlich viele Lösungen** handelt, verdanken wir dem folgenden Umstand:

Gibt es **mindestens zwei** verschiedene Lösungen $\vec{x}_1$ und $\vec{x}_2$ von

$$f(\vec{x}) = A\vec{x} = \vec{b}\,,$$

gilt also

$$f(\vec{x}_1) = f(\vec{x}_2) = \vec{b}\,,$$

so erhalten wir wegen der Linearität der Abbildung f

$$f(\vec{x}_1 - \vec{x}_2) = f(\vec{x}_1) - f(\vec{x}_2) = \vec{0}\,.$$

Für jede der **unendlich** vielen Zahlen $c \in \mathbb{R}$ erhalten wir dann (wieder aufgrund der Linearität)

$$\begin{aligned} f(\vec{x}_1 + c \cdot (\vec{x}_1 - \vec{x}_2)) &= f(\vec{x}_1) + f(c \cdot (\vec{x}_1 - \vec{x}_2)) \\ &= f(\vec{x}_1) + c \cdot \underbrace{f(\vec{x}_1 - \vec{x}_2)}_{=\vec{0}} = f(\vec{x}_1) = \vec{b}\,. \end{aligned}$$

Also besitzt die Gleichung $f(\vec{x}) = \vec{b}$ die unendlich vielen Lösungen

$$\vec{x}_1 + c \cdot (\vec{x}_1 - \vec{x}_2) \qquad (c \in \mathbb{R})\,.$$

6.6 Determinanten

6.6.1 Definition und Berechnung von Determinanten

Jeder $n \times n$-Matrix A wollen wir in diesem Kapitel eine reelle Zahl zuordnen, welche wir als **Determinante** von A bezeichnen wollen. Ausdrücklich sei betont, dass diese

Größe ausschließlich für quadratische Matrizen definiert ist. Die Determinante einer Matrix spielt vor allem in der mathematischen Theorie eine wichtige Rolle, dient aber auch als nützliches Werkzeug beim Lösen (nicht allzu großer) linearer Gleichungssysteme von n Unbekannten und n Gleichungen (siehe Abschnitt 7.3). Darüber hinaus lässt sich mit ihrer Hilfe feststellen, ob n Vektoren des $\mathbb{R}^n$ linear unabhängig sind und demzufolge eine Basis bilden oder ob das Gegenteil der Fall ist.

Die Determinante einer quadratischen $n \times n$-Matrix

$$A = \begin{pmatrix} a_{11} & a_{12} & \dots & a_{1n} \\ a_{21} & a_{22} & \dots & a_{2n} \\ \vdots & \vdots & \vdots & \vdots \\ a_{n1} & a_{n2} & \dots & a_{nn} \end{pmatrix}$$

wird mit

$$\det A \qquad \text{oder auch} \qquad \begin{vmatrix} a_{11} & a_{12} & \dots & a_{1n} \\ a_{21} & a_{22} & \dots & a_{2n} \\ \vdots & \vdots & \ddots & \vdots \\ a_{n1} & a_{n2} & \dots & a_{nn} \end{vmatrix}$$

notiert.

Wir beginnen bescheiden und erklären in einer ersten Definition, was wir unter der Determinante einer quadratischen $\mathbf{2} \times \mathbf{2}$-Matrix verstehen wollen: Es sei

$$\det \begin{pmatrix} a_{11} & a_{12} \\ a_{21} & a_{22} \end{pmatrix} := a_{11}a_{22} - a_{21}a_{12}\,. \qquad (6.10)$$

Beispiel 6.8

Für

$$A = \begin{pmatrix} 2 & 4 \\ -3 & 5 \end{pmatrix}$$

berechnen wir

$$\det A = 2 \cdot 5 - (-3) \cdot 4 = 22\,.$$

Gehen wir einen Schritt weiter: Für eine **3**×**3**-Matrix

$$A = \begin{pmatrix} a_{11} & a_{12} & a_{13} \\ a_{21} & a_{22} & a_{23} \\ a_{31} & a_{32} & a_{33} \end{pmatrix}$$

erklären wir

$$\begin{aligned} \det A := \quad & a_{11}a_{22}a_{33} + a_{12}a_{23}a_{31} + a_{13}a_{21}a_{32} \\ & - a_{31}a_{22}a_{13} - a_{32}a_{23}a_{11} - a_{33}a_{21}a_{12}. \end{aligned} \tag{6.11}$$

Um sich diese auch unter dem Namen **Regel von Sarrus** bekannte Definition gut einzuprägen und um den Umgang mit ihr zu erleichtern, bietet sich das in Abbildung 6.10 dargestellte Schema an: Neben die dritte Spalte der Matrix setzen wir nochmals die beiden ersten Spalten. Wir addieren jeweils die Produkte der drei in ▸ Abbildung 6.10 dargestellten, von links oben nach rechts unten verlaufenden Diagonalen. Davon abziehen müssen wir hingegen die Produkte der drei von links unten nach rechts oben verlaufenden Diagonalen.

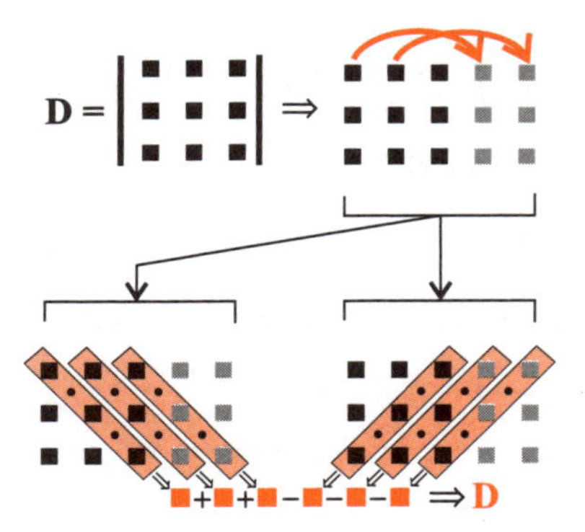

Abbildung 6.10: Zur Regel von Sarrus.

Beispiel 6.9

Wir berechnen die Determinante der Matrix

$$A = \begin{pmatrix} 2 & -2 & 3 \\ 1 & 3 & 2 \\ -4 & 1 & 0 \end{pmatrix}$$

zu

$$\begin{aligned} \det A &= 2 \cdot 3 \cdot 0 + (-2) \cdot 2 \cdot (-4) + 3 \cdot 1 \cdot 1 \\ &\quad - ((-4) \cdot 3 \cdot 3 + 1 \cdot 2 \cdot 2 + 0 \cdot 1 \cdot (-2)) = 16 + 3 + 36 - 4 = 51 . \end{aligned}$$

Wir wollen die Regel (6.11) von Sarrus nun von einer etwas anderen Seite betrachten. In Vorbereitung hierfür definieren wir den Begriff der **Adjunkten** einer Matrix, hier speziell einer 3×3-Matrix. Zu

$$A = \begin{pmatrix} a_{11} & a_{12} & a_{13} \\ a_{21} & a_{22} & a_{23} \\ a_{31} & a_{32} & a_{33} \end{pmatrix}$$

und $1 \leq i, j \leq 3$ sei die **Adjunkte** A_{ij} definiert als die Zahl

$$A_{ij} := (-1)^{i+j} \cdot \det M_{ij} ,$$

wobei M_{ij} diejenige 2×2-Matrix ist, welche aus A durch Streichen der i-ten Zeile und der j-ten Spalte hervorgeht.

Beispiel 6.10

Zu der 3×3-Matrix

$$A = \begin{pmatrix} 2 & -2 & 3 \\ 1 & 3 & 2 \\ -4 & 1 & 0 \end{pmatrix}$$

aus dem letzten Beispiel berechnen wir zwei der insgesamt $3^2 = 9$ Adjunkten der Matrix A zu

$$A_{12} = (-1)^{1+2} \cdot \det \underbrace{\begin{pmatrix} 1 & 2 \\ -4 & 0 \end{pmatrix}}_{M_{12}} = (-1)^{1+2} \cdot \begin{vmatrix} 1 & 2 \\ -4 & 0 \end{vmatrix} = -(1 \cdot 0 - (-4) \cdot 2) = -8$$

und

$$A_{31} = (-1)^{3+1} \cdot \det \underbrace{\begin{pmatrix} -2 & 3 \\ 3 & 2 \end{pmatrix}}_{M_{31}} = (-1)^{3+1} \cdot \begin{vmatrix} -2 & 3 \\ 3 & 2 \end{vmatrix} = (-2) \cdot 2 - 3 \cdot 3 = -13\,.$$

Mit dem Begriff der Adjunkten können wir die **Regel von Sarrus** auf eine andere Weise formulieren: Indem wir in (6.11) beispielsweise nacheinander a_{11}, a_{12} und a_{13} ausklammern, welche die erste Zeile der Matrix A bilden, erhalten wir

$$\begin{aligned} \det A &= a_{11}a_{22}a_{33} + a_{12}a_{23}a_{31} + a_{13}a_{21}a_{32} - a_{31}a_{22}a_{13} - a_{32}a_{23}a_{11} - a_{33}a_{21}a_{12} \\ &= a_{11} \cdot (a_{22}a_{33} - a_{32}a_{23}) + a_{12} \cdot (a_{23}a_{31} - a_{33}a_{21}) + a_{13} \cdot (a_{21}a_{32} - a_{31}a_{22}) \\ &= a_{11} \begin{vmatrix} a_{22} & a_{23} \\ a_{32} & a_{33} \end{vmatrix} + a_{12} \cdot (-1) \cdot \begin{vmatrix} a_{21} & a_{23} \\ a_{31} & a_{33} \end{vmatrix} + a_{13} \begin{vmatrix} a_{21} & a_{22} \\ a_{31} & a_{32} \end{vmatrix} \\ &= a_{11} \cdot (-1)^{1+1} \cdot \begin{vmatrix} a_{22} & a_{23} \\ a_{32} & a_{33} \end{vmatrix} + a_{12} \cdot (-1)^{1+2} \cdot \begin{vmatrix} a_{21} & a_{23} \\ a_{31} & a_{33} \end{vmatrix} \\ &\quad + a_{13} \cdot (-1)^{1+3} \cdot \begin{vmatrix} a_{21} & a_{22} \\ a_{31} & a_{32} \end{vmatrix} \\ &= a_{11}A_{11} + a_{12}A_{12} + a_{13}A_{13}\,. \end{aligned}$$

Dass wir in der Formel von Sarrus ausgerechnet die Elemente a_{11}, a_{12} und a_{13} als Matrixelemente einer Zeile ausgeklammert hatten, war völlig willkürlich. Genauso gut können wir beispielsweise jeweils die Elemente a_{12}, a_{22} und a_{32} ausklammern, die in der Matrix A die 2. Spalte bilden. Wir erhalten dann

$$\begin{aligned} \det A &= a_{11}a_{22}a_{33} + a_{12}a_{23}a_{31} + a_{13}a_{21}a_{32} - a_{31}a_{22}a_{13} - a_{32}a_{23}a_{11} - a_{33}a_{21}a_{12} \\ &= a_{12} \cdot (a_{23}a_{31} - a_{33}a_{21}) + a_{22} \cdot (a_{11}a_{33} - a_{31}a_{13}) + a_{32} \cdot (a_{13}a_{21} - a_{23}a_{11}) \\ &= a_{12} \cdot (-1) \cdot \begin{vmatrix} a_{21} & a_{23} \\ a_{31} & a_{33} \end{vmatrix} + a_{22} \begin{vmatrix} a_{11} & a_{13} \\ a_{31} & a_{33} \end{vmatrix} + a_{32} \cdot (-1) \begin{vmatrix} a_{11} & a_{13} \\ a_{21} & a_{23} \end{vmatrix} \\ &= a_{12} \cdot (-1)^{1+2} \cdot \begin{vmatrix} a_{21} & a_{23} \\ a_{31} & a_{33} \end{vmatrix} + a_{22} \cdot (-1)^{2+2} \cdot \begin{vmatrix} a_{11} & a_{13} \\ a_{31} & a_{33} \end{vmatrix} \\ &\quad + a_{32} \cdot (-1)^{3+2} \cdot \begin{vmatrix} a_{11} & a_{13} \\ a_{21} & a_{23} \end{vmatrix} \\ &= a_{12}A_{12} + a_{22}A_{22} + a_{32}A_{32}\,. \end{aligned}$$

Abhängig davon, welche Elemente a_{ij} wir in der Formel von Sarrus ausklammern, erhalten wir jeweils unterschiedliche Formeln, die jedoch alle auf den Wert der Determinanten von A führen. Wichtig ist lediglich, dass besagte drei Elemente innerhalb einer Zeile oder einer Spalte der Matrix A liegen. Wählen wir beispielsweise die Elemente a_{i1}, a_{i2}, a_{i3} der i-ten Matrix**zeile**, so erhalten wir die Formel

$$\det A = a_{i1}A_{i1} + a_{i2}A_{i2} + a_{i3}A_{i3} .$$

Man spricht hierbei von einer **Entwicklung** der Determinanten von A **nach der *i*-ten Zeile**. Wechselseitig werden die Matrixelemente der i-ten Zeile mit den jeweiligen Adjunkten vom gleichen Doppelindex multipliziert und aufsummiert.

Ebenso erhalten wir, wenn wir die Elemente a_{1j}, a_{2j}, a_{3j} der j-ten Matrix**spalte** wählen, die Formel

$$\det A = a_{1j}A_{1j} + a_{2j}A_{2j} + a_{3j}A_{3j} .$$

Man spricht dann von einer **Entwicklung** der Determinanten von A **nach der *j*-ten Spalte**. Wechselseitig werden die Matrixelemente der j-ten Spalte mit den jeweiligen Adjunkten vom gleichen Doppelindex multipliziert und aufsummiert.

Die somit erhaltene Methode der Berechnung der Determinante einer 3×3-Matrix führt diese damit auf die Berechnung dreier 2×2-Matrizen zurück. Dies ermöglicht uns auch die **Definition der Determinante** einer allgemeinen $n\times n$-Matrix.

Definition **Determinante einer $n\times n$-Matrix**

Es sei A eine $n\times n$-Matrix. Ferner sei M_{ij} die $(n-1)\times(n-1)$-Matrix, die aus A durch Streichen der i-ten Zeile und der j-ten Spalte hervorgeht. Wieder bezeichnen wir

$$A_{ij} := (-1)^{i+j} \det M_{ij}$$

als die **Adjunkte** von A zum Doppelindex (ij). Dann sei die Determinante von A definiert durch

$$\underbrace{\det A = a_{i1}A_{i1} + \ldots + a_{in}A_{in}}_{\text{Entwicklung nach der } i\text{-ten Zeile}} \quad \text{für **jeden Zeilen**index } i \text{ mit } 1 \le i \le n \tag{6.12}$$

oder auch

$$\underbrace{\det A = a_{1j}A_{1j} + \ldots + a_{nj}A_{nj}}_{\text{Entwicklung nach der } j\text{-ten Spalte}} \quad \text{für **jeden Spalten**index } j \text{ mit } 1 \le j \le n . \tag{6.13}$$

Nicht bewiesen haben wir in diesem Zusammenhang, dass (wie oben für $n = 3$ zumindest angedeutet) die Berechnung tatsächlich unabhängig von der gewählten Zeile oder auch Spalte ist, nach welcher die Determinante entwickelt wird. Dies jedoch ist ein nichttrivialer Sachverhalt, den zu beweisen den Rahmen unserer einführenden Abhandlungen sprengen würde.

Die Definition von Seite 230 ist ein Beispiel für eine **rekursive** Definition. Sie führt die Definition einer $n \times n$-Determinanten auf die Berechnung von n Determinanten der Dimension $(n-1)\times(n-1)$ zurück. Das Problem wird damit um eine Dimension nach unten verlagert. Die n einzelnen Determinanten lassen sich dann mit der gleichen Methode jeweils auf die Definition bzw. die Berechnung von $n-1$ Determinanten von $(n-2)\times(n-2)$-Matrizen zurückführen, usw.

Die Situation lässt sich auch wie folgt interpretieren: Determinanten von 2×2-Matrizen sowie von 3×3-Matrizen haben wir explizit definiert. Die Berechnung von 4×4-Matrizen können wir nach Definition auf 3×3-Matrizen zurückführen und haben somit den Begriff der Determinante für $n = 4$ ebenfalls erklärt. Die Erklärung des Begriffs einer 5×5-Determinanten wiederum verlagert das Problem auf die Berechnung von 4×4-Determinanten, die soeben definiert wurden. Somit sind auch 5×5-Determinanten wohldefiniert. Und so weiter ...

Bemerkung

Interpretieren wir eine Zahl $c \in \mathbb{R}$ als eine 1×1-Matrix, so erklären wir die Determinante dieser „Matrix" schlichtweg als die Zahl selbst, also

$$\det(c) := c\,.$$

In unserem Vorhaben, die Determinanten von $n\times n$-Matrizen für alle $n \in \mathbb{N}$ zu erklären, haben wir damit auch die letzte Lücke geschlossen. Zudem erweist sich unter diesen Umständen die Definition für 2×2-Determinanten

$$\begin{vmatrix} a_{11} & a_{12} \\ a_{21} & a_{22} \end{vmatrix} = a_{11}a_{22} - a_{21}a_{12} = a_{11}A_{11} + a_{12}A_{12}$$

damit als konsistente und folgerichtige Anwendung des Entwicklungssatzes von Seite 230.

Am Beispiel der Determinanten einer 4×4-Matrix wollen wir den obigen Entwicklungssatz einüben.

Beispiel 6.11

Zu berechnen sei die Determinante der 4×4-Matrix

$$A = \begin{pmatrix} 1 & -1 & 0 & 3 \\ 0 & -2 & 1 & 1 \\ 0 & 2 & -1 & 2 \\ 3 & 1 & 2 & 1 \end{pmatrix}.$$

Wir entwickeln die Determinante nach der ersten Zeile und erhalten

$$\begin{aligned} \det A &= 1 \cdot A_{11} - 1 \cdot A_{12} + 0 \cdot A_{13} + 3 \cdot A_{14} \\ &= 1 \cdot (-1)^{1+1} \begin{vmatrix} -2 & 1 & 1 \\ 2 & -1 & 2 \\ 1 & 2 & 1 \end{vmatrix} - 1 \cdot (-1)^{1+2} \begin{vmatrix} 0 & 1 & 1 \\ 0 & -1 & 2 \\ 3 & 2 & 1 \end{vmatrix} \\ &\quad + 3 \cdot (-1)^{1+4} \begin{vmatrix} 0 & -2 & 1 \\ 0 & 2 & -1 \\ 3 & 1 & 2 \end{vmatrix}. \end{aligned}$$

Die 3×3-Determinanten können wir nun entweder nach der Formel (6.11) von Sarrus oder alternativ durch jeweils eine weitere Entwicklung in 2×2-Determinanten berechnen. Ersteres führt auf

$$\begin{aligned} \det A = \\ & ((-2)(-1) \cdot 1 + 1 \cdot 2 \cdot 1 + 1 \cdot 2 \cdot 2 - 1 \cdot (-1) \cdot 1 - 2 \cdot 2 \cdot (-2) - 1 \cdot 2 \cdot 1) \\ & - (0 \cdot (-1) \cdot 1 + 1 \cdot 2 \cdot 3 + 1 \cdot 0 \cdot 2 - 3 \cdot (-1) \cdot 1 - 2 \cdot 2 \cdot 0 - 1 \cdot 0 \cdot 1) \\ & - 3 \cdot (0 \cdot 2 \cdot 2 + (-2) \cdot (-1) \cdot 3 + 1 \cdot 0 \cdot 1 - 3 \cdot 2 \cdot 1 - 1 \cdot (-1) \cdot 0 - 2 \cdot 0 \cdot (-2)) \\ & = 15 + 9 - 3 \cdot 0 = 24. \end{aligned}$$

Führen wir zu Übungszwecken eine erneute Berechnung dieser Determinanten durch, indem wir sie auf andere Weise entwickeln, etwa nach der ersten Spalte. Nach der Rechnung

$$\begin{aligned} \det A &= 1 \cdot A_{11} + 0 \cdot A_{21} + 0 \cdot A_{31} + 3 \cdot A_{41} \\ &= 1 \cdot (-1)^{1+1} \begin{vmatrix} -2 & 1 & 1 \\ 2 & -1 & 2 \\ 1 & 2 & 1 \end{vmatrix} + 3 \cdot (-1)^{4+1} \begin{vmatrix} -1 & 0 & 3 \\ -2 & 1 & 1 \\ 2 & -1 & 2 \end{vmatrix} \end{aligned}$$

$$= ((-2)(-1)\cdot 1 + 1\cdot 2\cdot 1 + 1\cdot 2\cdot 2 - 1\cdot(-1)\cdot 1 - 2\cdot 2\cdot(-2) - 1\cdot 2\cdot 1)$$
$$-3\cdot((-1)\cdot 1\cdot 2 + 0\cdot 1\cdot 2 + 3\cdot(-2)(-1) - 2\cdot 1\cdot 3$$
$$-(-1)\cdot 1\cdot(-1) - 2\cdot(-2)\cdot 0))$$

$$= 15 + 9 = 24$$

führt dies auf das gleiche Ergebnis.

Insbesondere treten in Beispiel 6.11 zwei Dinge zu Tage:

- Die zweite Rechnung, in welcher wir nach der ersten Spalte entwickelten, war wesentlich kürzer als die zuvor durchgeführte Entwicklung entlang der ersten Zeile. Zurückzuführen ist dies auf die zwei Einträge $a_{21} = a_{31} = \mathbf{0}$ in der ersten Spalte. Ganz allgemein erspart uns jeder Nulleintrag in einer Spalte oder Zeile die Berechnung einer $(n-1)\times(n-1)$-Determinante. Es ist daher geboten, nach **der** Zeile oder Spalte zu suchen, welche die meisten Nulleinträge beinhaltet, und die Determinante sodann nach dieser Zeile oder Spalte zu entwicklen.
- Das Vorzeichen $(-1)^{i+j}$ der Adjunkten A_{ij} lässt sich auch dem Matrixeintrag a_{ij} zuschlagen. Dies hat den Vorteil, dass wir uns dann auf die Berechnung der Unterdeterminanten $\det M_{ij}$ konzentrieren können und uns um deren Vorzeichen nicht zu kümmern brauchen. Die Elemente a_{ij} selbst werden dann innerhalb einer Zeile oder Spalte abwechselnd mit postivem bzw. negativem Vorzeichen versehen und lassen sich gemäß dem **Schachbrettmuster** (▶ Abbildung 6.11) bestimmen:

$$\begin{vmatrix} + & - & + & - & + & \cdots \\ - & + & - & + & - & \cdots \\ + & - & + & - & + & \cdots \\ - & + & - & + & - & \cdots \\ + & - & + & - & + & \cdots \\ \vdots & \vdots & \vdots & \vdots & \vdots & \end{vmatrix}$$

Abbildung 6.11: Vorfaktor $(-1)^{i+j}$ von a_{ij} nach dem „Schachbrettmuster".

Praxis-Hinweis

Auch der folgende Umstand wird in Beispiel 6.11 deutlich: Die Determinanten-Berechnung von Matrizen der Dimension $n \times n$ ist bereits für $n = 4$ ein Unterfangen mit hohem Rechenaufwand. Spätestens ab $n = 5$ ist eine Berechnung von Hand im Allgemeinen unsinnig, da parallel zum intensiven Rechenaufwand auch die Gefahr von Rechenfehlern wächst. Scheuen Sie sich daher nicht, in einem solchen Fall auf die Hilfe von Computer-Algebra-Systemen zurückzugreifen. Die Berechnung von Determinanten etwa nach dem Entwicklungsschema des Satzes von Seite 230 ist eine Aufgabe, die Sie getrost einem Computer überlassen sollten, der Ihnen diese Aufgabe in einem Bruchteil der Zeit fehlerfrei bewerkstelligt.

Bemerkung

Rein formal kann das auf Seite 198 eingeführte Kreuzprodukt (Vektorprodukt) auch als Determinante dargestellt werden in der Form

$$\vec{x} \times \vec{y} = \begin{vmatrix} \vec{e}_1 & \vec{e}_2 & \vec{e}_3 \\ x_1 & x_2 & x_3 \\ y_1 & y_2 & y_3 \end{vmatrix} .$$

Dabei bezeichnen $\vec{e}_1$, $\vec{e}_2$ und $\vec{e}_3$ die drei kanonischen Einheitsvektoren des $\mathbb{R}^3$. Indem wir beispielsweise nach der ersten Zeile entwickeln, erhalten wir tatsächlich

$$\begin{aligned} \vec{x} \times \vec{y} &= \begin{vmatrix} \vec{e}_1 & \vec{e}_2 & \vec{e}_3 \\ x_1 & x_2 & x_3 \\ y_1 & y_2 & y_3 \end{vmatrix} \\ &= \vec{e}_1 \cdot \begin{vmatrix} x_2 & x_3 \\ y_2 & y_3 \end{vmatrix} - \vec{e}_2 \cdot \begin{vmatrix} x_1 & x_3 \\ y_1 & y_3 \end{vmatrix} + \vec{e}_3 \cdot \begin{vmatrix} x_1 & x_2 \\ y_1 & y_2 \end{vmatrix} \\ &= (x_2 y_3 - x_3 y_2) \cdot \vec{e}_1 - (x_1 y_3 - y_1 x_3) \cdot \vec{e}_2 + (x_1 y_2 - y_1 x_2) \cdot \vec{e}_3 \\ &= \begin{pmatrix} x_2 y_3 - x_3 y_2 \\ x_3 y_1 - x_1 y_3 \\ x_1 y_2 - x_2 y_1 \end{pmatrix} \end{aligned}$$

und damit die in Abschnitt 5.6 eingeführte Darstellung des Kreuzprodukts. Ausdrücklich muss hierbei erwähnt werden, dass diese Formel im wahrsten Sinne des Wortes **formaler** Natur ist, denn Vektoren haben innerhalb einer Determinante, deren Einträge aus Zahlen bestehen, eigentlich nichts zu suchen. Was das Auswendigmerken angeht, ist diese Darstellung trotz ihres formalen Charakters aber durchaus geeignet.

6.6.2 Rechenregeln für Determinanten

Gerade weil die Berechnung von Determinanten bisweilen eine recht mühsame Angelegenheit darstellt, ist die Beherrschung einiger Rechenregeln von Nutzen, welche die Berechnung von Determinanten spezieller Matrizen erheblich erleichtern können.

Wir beginnen mit einem nützlichen Resultat über Determinanten von oberen und unteren Dreiecksmatrizen.

Satz **Determinanten von Dreiecksmatrizen**

Es sei A eine obere oder untere $n \times n$-**Dreiecksmatrix**. Dann ist die Determinante von A gegeben durch

$$\det A = a_{11} \cdot a_{22} \cdot \ldots \cdot a_{nn} ,$$

d. h. die Determinante von A entspricht dem Produkt ihrer Hauptdiagonalelemente.

Wir nehmen an, dass es sich bei A um eine obere Dreiecksmatrix handelt, also

$$A = \begin{pmatrix} a_{11} & a_{12} & \ldots & a_{1n} \\ 0 & a_{22} & \ldots & a_{2n} \\ \vdots & \vdots & \ddots & \vdots \\ 0 & 0 & \ldots & a_{nn} \end{pmatrix}$$

(für eine untere Dreiecksmatrix funktioniert der Beweis genauso). Indem wir nach der letzten Zeile entwickeln, die $n - 1$ Nullen aufweist, erhalten wir

$$\begin{vmatrix} a_{11} & a_{12} & \ldots & a_{1n} \\ 0 & a_{22} & \ldots & a_{2n} \\ \vdots & \vdots & \ddots & \vdots \\ 0 & 0 & \ldots & a_{nn} \end{vmatrix} = \underbrace{(-1)^{n+n}}_{=1} a_{nn} \cdot \begin{vmatrix} a_{11} & a_{12} & \ldots & a_{1,n-1} \\ 0 & a_{22} & \ldots & a_{2,n-1} \\ \vdots & \vdots & \ddots & \vdots \\ 0 & 0 & \ldots & a_{n-1,n-1} \end{vmatrix} .$$

Wir entwickeln die verbleibende $(n-1)\times(n-1)$-Determinante wieder nach der letzten, also der $(n-1)$.ten Zeile und erhalten

$$a_{nn}\cdot\begin{vmatrix} a_{11} & a_{12} & \dots & a_{1,n-1} \\ 0 & a_{22} & \dots & a_{2,n-1} \\ \vdots & \vdots & \ddots & \vdots \\ 0 & 0 & \dots & a_{n-1,n-1}\end{vmatrix} = a_{nn}\cdot\underbrace{(-1)^{n-1+n-1}}_{=1}\,a_{n-1,n-1}\cdot\begin{vmatrix} a_{11} & a_{12} & \dots & a_{1,n-2} \\ 0 & a_{22} & \dots & a_{2,n-2} \\ \vdots & \vdots & \ddots & \vdots \\ 0 & 0 & \dots & a_{n-2,n-2}\end{vmatrix}.$$

Wieder entwickeln wir die daraus entstandene $(n-2)\times(n-2)$-Matrix nach der letzten Zeile und erhalten nach insgesamt $n-1$ Schritten tatsächlich

$$\det A = a_{nn}\cdot a_{n-1,n-1}\cdot\ldots\cdot a_{11}.$$

Im folgenden Satz sind weitere wichtige Rechenregeln für Determinanten beliebiger $n\times n$-Matrizen zusammengestellt: Viele der Aussagen gelten gleichermaßen für Zeilen wie für Spalten. Auf einen Beweis des Satzes haben wir gänzlich verzichtet, da für den allgemeinen Fall der formale Aufwand nicht zu rechtfertigen wäre. Auch eine Beschränkung der Beweisführung auf den Fall $n = 2$ wäre wenig sinnvoll, da die elementaren Beweise hier nur wenig Lehrwert besäßen.

Satz **Rechenregeln für Determinanten**

Es sei A eine $n\times n$-Matrix.

a) Multiplizieren wir **eine** Zeile (oder Spalte) der Matrix A mit dem Faktor $c\in\mathbb{R}$, so ändert sich dabei die Determinante um das c-fache.

Insbesondere gilt: Die Determinante des c-fachen der Matrix A ist das c^n-fache der Determinante von A, oder kurz

$$\det(c\cdot A) = c^n\cdot\det A.$$

b) Vertauscht man zwei Zeilen (Spalten) einer Matrix, so ändert sich das Vorzeichen der Determinante. Bezeichnen s_i bzw. z_i $(1\le i\le n)$ die Spalten bzw. die Zeilen von A, so gilt also

$$\det(s_1,\dots,\boldsymbol{s_i},\dots,\boldsymbol{s_j},\dots,s_n) = -\det(s_1,\dots,\boldsymbol{s_j},\dots,\boldsymbol{s_i},\dots,s_n)$$

und

$$\det\begin{pmatrix} \boldsymbol{z}_1 \\ \vdots \\ \boldsymbol{z}_i \\ \vdots \\ \boldsymbol{z}_j \\ \vdots \\ \boldsymbol{z}_n \end{pmatrix} = -\det\begin{pmatrix} \boldsymbol{z}_1 \\ \vdots \\ \boldsymbol{z}_j \\ \vdots \\ \boldsymbol{z}_i \\ \vdots \\ \boldsymbol{z}_n \end{pmatrix}.$$

c) Der Wert von $\det A$ ändert sich nicht, wenn man eine Zeile (Spalte) ersetzt durch die Zeile (Spalte) plus eine Linearkombination der anderen Zeilen (Spalten) von A. Insbesondere darf man zu Zeilen (Spalten) das Vielfache anderer Zeilen (Spalten) dazuaddieren, ohne den Wert der Determinante zu verändern.

d) Zeilen und Spalten der Matrix A sind genau dann linear abhängig, wenn

$$\det A = 0 .$$

Äquivalent dazu ist: Genau dann ist $\det A \neq 0$, wenn die Zeilen und Spalten von A linear unabhängig sind.

e) Die Determinanten von A und A^T sind gleich, d. h.

$$\det A = \det A^T .$$

f) Für zwei $n \times n$-Matrizen A und B gilt

$$\det(A \cdot B) = \det A \cdot \det B .$$

Beispiel 6.12

Wir wollen die Determinante

$$\begin{vmatrix} 6 & -3 & 4 & 1 \\ 1 & 0 & 3 & 2 \\ 2 & 0 & -2 & 0 \\ 0 & 0 & 1 & 0 \end{vmatrix}$$

allein durch Vertauschen von Spalten und Rückführen auf Dreiecksgestalt lösen. Es ist

$$\begin{vmatrix} 6 & -3 & 4 & 1 \\ 1 & 0 & 3 & 2 \\ 2 & 0 & -2 & 0 \\ 0 & 0 & 1 & 0 \end{vmatrix} \overset{s_1 \leftrightarrow s_2}{=} - \begin{vmatrix} -3 & 6 & 4 & 1 \\ 0 & 1 & 3 & 2 \\ 0 & 2 & -2 & 0 \\ 0 & 0 & 1 & 0 \end{vmatrix}$$

$$\overset{s_2 \leftrightarrow s_4}{=} + \begin{vmatrix} -3 & 1 & 4 & 6 \\ 0 & 2 & 3 & 1 \\ 0 & 0 & -2 & 2 \\ 0 & 0 & 1 & 0 \end{vmatrix} \overset{s_3 \leftrightarrow s_4}{=} - \begin{vmatrix} -3 & 1 & 6 & 4 \\ 0 & 2 & 1 & 3 \\ 0 & 0 & 2 & -2 \\ 0 & 0 & 0 & 1 \end{vmatrix} = -(-3) \cdot 2 \cdot 2 \cdot 1 = 12,$$

denn die Determinante einer oberen Dreiecksmatrix entspricht (nach dem Satz von Seite 235) dem Produkt ihrer Hauptdiagonalelemente.

Beispiel 6.13

Gegeben sei die Determinante

$$\begin{vmatrix} 1 & -1 & 3 \\ 2 & 4 & 2 \\ 0 & -1 & 2 \end{vmatrix}.$$

Wieder versuchen wir, die Determinante durch die im Satz von Seite 236 aufgelisteten Operationen auf eine obere Dreiecksgestalt zu bringen: Ersetzen wir in einem ersten Schritt die zweite Zeile durch die zweite Zeile minus dem Doppelten der ersten Zeile, so ändert sich nach Satz c) von Seite 237 der Wert der Determinanten nicht. Wir erhalten

$$\begin{vmatrix} 1 & -1 & 3 \\ 2 & 4 & 2 \\ 0 & -1 & 2 \end{vmatrix} \overset{(2) \to (2) - 2 \cdot (1)}{=} \begin{vmatrix} 1 & -1 & 3 \\ 0 & 6 & -4 \\ 0 & -1 & 2 \end{vmatrix}.$$

Im nächsten Schritt ersetzen wir die dritte Zeile durch die dritte Zeile plus einem Sechstel der zweiten Zeile und erhalten ohne Veränderung der Determinanten

$$\begin{vmatrix} 1 & -1 & 3 \\ 0 & 6 & -4 \\ 0 & -1 & 2 \end{vmatrix} \overset{(3) \to (3) + \frac{1}{6} \cdot (2)}{=} \begin{vmatrix} 1 & -1 & 3 \\ 0 & 6 & -4 \\ 0 & 0 & \frac{4}{3} \end{vmatrix} = 1 \cdot 6 \cdot \frac{4}{3} = 8.$$

Für ergänzende Kommentare zu diesem Verfahren verweisen wir auf Abschnitt 7.2.2. Dort behandeln wir die systematische Berechnung von Determinanten mit Hilfe des Gauß-Algorithmus.

Eine (zumindest für niedrige Dimensionen) bequeme Art, n Vektoren des $\mathbb{R}^n$ auf lineare Unabhängigkeit zu prüfen, beschreibt Satz d) von Seite 237: Dazu haben wir die gegebenen Vektoren als Spalten (oder Zeilen) einer Matrix zu interpretieren.

Beispiel 6.14

Gegeben sind die drei Vektoren

$$\begin{pmatrix} 3 \\ 2 \\ 1 \end{pmatrix}, \begin{pmatrix} -1 \\ 0 \\ 1 \end{pmatrix} \quad \text{und} \quad \begin{pmatrix} 2 \\ 2 \\ 4 \end{pmatrix}.$$

Diese sind genau dann linear unabhängig, wenn

$$\det \begin{pmatrix} 3 & -1 & 2 \\ 2 & 0 & 2 \\ 1 & 1 & 4 \end{pmatrix} \neq 0.$$

Um dies feststellen zu können, berechnen wir, beispielsweise mit Hilfe einer Entwicklung nach der zweiten Zeile,

$$\begin{vmatrix} 3 & -1 & 2 \\ 2 & 0 & 2 \\ 1 & 1 & 4 \end{vmatrix} = -2 \cdot \begin{vmatrix} -1 & 2 \\ 1 & 4 \end{vmatrix} - 2 \cdot \begin{vmatrix} 3 & -1 \\ 1 & 1 \end{vmatrix} = -2(-4-2) - 2(3+1) = 4 \neq 0.$$

Die Vektoren sind also linear unabhängig.

6.7 Ergänzendes zu quadratischen Matrizen

Zum Abschluss dieses Kapitels wollen wir es nicht versäumen, den folgenden wichtigen Zusammenhang zwischen der eindeutigen Lösbarkeit eines quadratischen LGS $A\vec{x} = \vec{b}$ sowie der Determinante der zugrunde liegenden Matrix A herzustellen:

Satz **Eindeutige Lösbarkeit und Determinante**

Gegeben sei das quadratische lineare Gleichungssystem

$$A\vec{x} = \vec{b}$$

mit einer $n \times n$-Matrix A und einer rechten Seite $\vec{b} \in \mathbb{R}^n$. Dieses LGS ist genau dann für **jede** rechte Seite $\vec{b} \in \mathbb{R}^n$ eindeutig lösbar, wenn für die Determinante gilt

$$\det A \neq 0 .$$

Das LGS $A\vec{x} = \vec{b}$ bzw. ausführlich

$$\begin{pmatrix} a_{11} & a_{12} & \dots & a_{1n} \\ a_{21} & a_{22} & \dots & a_{2n} \\ \vdots & \vdots & \vdots & \vdots \\ a_{n1} & a_{n2} & \dots & a_{nn} \end{pmatrix} \begin{pmatrix} x_1 \\ x_2 \\ \vdots \\ x_n \end{pmatrix} = \begin{pmatrix} b_1 \\ b_2 \\ \vdots \\ b_n \end{pmatrix}$$

lässt sich nach Ausmultiplizieren auch schreiben in der vektoriellen Form

$$x_1 \cdot \underbrace{\begin{pmatrix} a_{11} \\ a_{21} \\ \vdots \\ a_{n1} \end{pmatrix}}_{\vec{s}_1} + x_2 \cdot \underbrace{\begin{pmatrix} a_{12} \\ a_{22} \\ \vdots \\ a_{n2} \end{pmatrix}}_{\vec{s}_2} + \dots + x_n \cdot \underbrace{\begin{pmatrix} a_{1n} \\ a_{2n} \\ \vdots \\ a_{nn} \end{pmatrix}}_{\vec{s}_n} = \begin{pmatrix} b_1 \\ b_2 \\ \vdots \\ b_n \end{pmatrix} .$$

Diese Gleichung besitzt genau dann für jede rechte Seite $\vec{b}$ eine Lösung $(x_1, \dots, x_n)$, wenn jeder Vektor $\vec{b}$ als Linearkombination der Spalten $\vec{s}_1, \dots, \vec{s}_n$ dargestellt werden kann. Dies ist äquivalent dazu, dass

$$\operatorname{span}\{\vec{s}_1, \dots, \vec{s}_n\} = \mathbb{R}^n ,$$

was wiederum genau dann der Fall ist, wenn die Spaltenvektoren $\vec{s}_1, \dots, \vec{s}_n$ linear unabhängig sind. Nach Satz d) von Seite 237 ist dies äquivalent zur Bedingung

$$\det A \neq 0 .$$

Die Inverse quadratischer Matrizen

Liegt ein quadratisches lineares Gleichungssystem

$$A\vec{x} = \vec{b}$$

mit einer quadratischen $n \times n$-Matrix A und $\det A \neq 0$ vor, so ist das LGS nach dem letzten Satz von Seite 240 für jede rechte Seite $\vec{b} \in \mathbb{R}^n$ eindeutig lösbar. Daraus folgt, dass der Wertebereich der linearen Abbildung

$$f : \mathbb{R}^n \to \mathbb{R}^n, \quad f(\vec{x}) = A\vec{x}$$

dem ganzen $\mathbb{R}^n$ entspricht. Wegen der Eindeutigkeit der Lösung $\vec{x}$ ist die Funktion f darüber hinaus sogar umkehrbar. Man kann zeigen, dass die Umkehrabbildung f^{-1} wieder linear ist und durch eine Matrix beschrieben wird. Diese Matrix wird mit

$$A^{-1}$$

notiert und als **inverse Matrix** oder kurz als **Inverse von *A*** bezeichnet, d. h. es ist

$$f^{-1} : \mathbb{R}^n \to \mathbb{R}^n, \quad f^{-1}(\vec{y}) = A^{-1}\vec{y}\,.$$

Welche Eigenschaften muss diese Matrix besitzen, um die Umkehrabbildung f^{-1} darstellen zu können? Für alle $\vec{x} \in \mathbb{R}^n$ gilt (es bezeichne E_n die Einheitsmatrix im $\mathbb{R}^n$)

$$\begin{aligned} f^{-1}(f(\vec{x})) = \vec{x} \quad &\Leftrightarrow \quad A^{-1}f(\vec{x}) = \vec{x} \\ &\Leftrightarrow \quad A^{-1}A\vec{x} = \vec{x} = E_n\vec{x} \quad \Leftrightarrow (A^{-1}A - E_n)\vec{x} = \vec{0}\,, \end{aligned}$$

d. h. bei $A^{-1}A - E_n$ handelt es sich um die Nullmatrix oder

$$A^{-1} \cdot A = E_n\,.$$

Genauso zeigt man die umgekehrte Gleichung

$$A \cdot A^{-1} = E_n\,.$$

Kurz gesagt ist die Inverse A^{-1} also diejenige Matrix, welche – von links oder von rechts an A heranmultipliziert – im Produkt mit A die Einheitsmatrix E_n ergibt.

Die obige Herleitung macht zudem deutlich, dass nur Matrizen mit $\det A \neq 0$ eine Inverse besitzen. Solche Matrizen heißen folglich **invertierbar** oder auch **regulär**.

Zumindest theoretisch lässt sich im Fall der Existenz von A^{-1} auch die eindeutig bestimmte Lösung des LGS

$$A\vec{x} = \vec{b}$$

explizit angeben: Denn es ist nach linksseitiger Multiplikation von A^{-1} auf beiden Seiten der Gleichung

$$A^{-1} \cdot A \cdot \vec{x} = A^{-1} \cdot \vec{b} \quad \Leftrightarrow \quad E_n \cdot \vec{x} = A^{-1} \cdot \vec{b} \quad \Leftrightarrow \quad \vec{x} = A^{-1}\vec{b}\,.$$

Somit ist

$$\vec{x} = A^{-1}\vec{b}$$

eine Lösung und wegen der Eindeutigkeit auch **die** Lösung des LGS.

Praxis-Hinweis

Von dieser in der Theorie elegant anmutenden Methode, die Lösung eines LGS $A\vec{x} = \vec{b}$ zu bestimmen, könnte man sich dazu verleiten lassen, die Inverse A^{-1} explizit bestimmen zu wollen. Tatsächlich existieren verschiedene Rechenverfahren, um zu einer gegebenen invertierbaren Matrix A deren Inverse zu bestimmen. Doch ist der praktische Nutzen äußerst gering, was uns dazu bewogen hat, auf die Vorstellung dieser Verfahren zu verzichten. Denn in nahezu allen in der Praxis auftretenden Fällen ist es nicht die Inverse A^{-1} selbst, die gesucht wird. Vielmehr tritt A^{-1} in diesen Fällen in Verbindung mit einem Vektor $\vec{b}$, d. h. in der Form

$$A^{-1}\vec{b}\,,$$

auf. Dieser Vektor entspricht jedoch der Lösung des LGS

$$A\vec{x} = \vec{b}\,,$$

wie oben gezeigt wurde. Für die Lösung linearer Gleichungssysteme existieren jedoch Berechnungsverfahren, die in Sachen Effizienz, Rechengenauigkeit sowie Geschwindigkeit die Verfahren zur Inversen-Berechnung um Längen schlagen.

Aus Gründen der Übersichtlichkeit präsentieren wir mit dem nachfolgenden Satz eine Zusammenfassung von Begriffen und Folgerungen im Zusammenhang mit quadratischen Matrizen und den dazugehörigen linearen Gleichungssystemen. Gegenstand des Satzes ist die Regularität der Matrix A, welche zahlreiche äquivalente Charakterisierungen nach sich zieht. Entweder haben wir die Äquivalenz der Aussagen im Lauf dieses Kapitels bewiesen oder ohne Beweis zur Kenntnis genommen.

Satz **Quadratische Matrizen**

Es sei A eine quadratische $n \times n$-Matrix. Dann sind die folgenden Aussagen **gleichwertig**:

- Es ist $\det A \neq 0$.
- Die Matrix A ist invertierbar (regulär), d. h. es existiert A^{-1}.
- Sowohl die n Spalten als auch die n Zeilen von A sind linear unabhängig.
- Das lineare Gleichungssystem
$$A\vec{x} = \vec{b}$$
besitzt für jede rechte Seite $\vec{b} \in \mathbb{R}^n$ eine eindeutige Lösung $\vec{x} = A^{-1}\vec{b}$.
- Das homogene lineare Gleichungssystem
$$A\vec{x} = \vec{0}$$
besitzt genau eine Lösung, und zwar die triviale Lösung $\vec{x} = 0$.
- Die lineare Abbildung
$$f : \mathbb{R}^n \to \mathbb{R}^n, \quad f(\vec{x}) = A\vec{x}$$
ist umkehrbar.

Sämtliche Aussagen sind äquivalent, d. h. aus jeder Charakterisierung von A folgt jede andere.

Gilt für die Determinante einer quadratischen $n \times n$-Matrix A

$$\det A = 0 ,$$

so gilt ferner der nachfolgende charakteristische Satz, der ausschließt, dass wir es in diesem Fall bei dem linearen Gleichungssystem

$$A\vec{x} = \vec{b}$$

mit einer eindeutigen Lösung zu tun haben.

Satz **Quadratische Matrizen und LGS**

Gegeben sei die quadratische Matrix A mit **det $A = 0$** sowie das lineare Gleichungssystem

$$A\vec{x} = \vec{b}\,.$$

Dann besitzt dieses Gleichungssystem entweder keine oder unendlich viele Lösungen. Ist insbesondere das Gleichungssystem **homogen**, also $\vec{b} = \vec{0}$, so ist zusätzlich der Fall ausgeschlossen, dass es keine Lösungen gibt (denn $\vec{x} = \vec{0}$ ist eine offensichtliche Lösung), und wir haben es mit unendlich vielen Lösungen zu tun.

Wir werden diesen Satz besser verstehen, wenn wir uns näher mit der Lösungsgesamtheit linearer Gleichungssysteme befasst haben. Diese Untersuchungen wollen wir in Abschnitt 7.4 anstellen.

Aufgaben

1 Gegeben seien die folgenden Matrizen:

$$A = \begin{pmatrix} 1 \\ 2 \\ 3 \end{pmatrix}, \quad B = \begin{pmatrix} 2 & 3 & 4 \end{pmatrix}, \quad C = \begin{pmatrix} -1 & 1 \\ 2 & 2 \\ 1 & -1 \end{pmatrix}, \quad D = \begin{pmatrix} 1 & 1 \\ 0 & 1 \\ 1 & 0 \end{pmatrix},$$

$$E = \begin{pmatrix} 0 & -1 \\ 1 & 2 \end{pmatrix}, \quad F = \begin{pmatrix} 3 & 1 \\ 2 & -2 \end{pmatrix}, \quad G = \begin{pmatrix} 1 & 0 & 1 \\ 2 & 2 & 2 \\ -1 & -1 & 0 \end{pmatrix}.$$

a) Geben Sie die Paare von Matrizen X und Y an, die sich zu $X + Y$ addieren lassen, und berechnen Sie in diesen Fällen das Ergebnis.

b) Geben Sie die Paare von Matrizen X und Y an, für welche sich ein Matrixprodukt $X \cdot Y$ oder $Y \cdot X$ bilden lässt, und berechnen Sie in diesen Fällen das Ergebnis.

c) Geben Sie die Matrizen X an, die sich zu $X^2 := X \cdot X$ quadrieren lassen, und berechnen Sie in diesen Fällen das Ergebnis.

2 Berechnen Sie für die Matrizen $A = \ldots$

a) $\begin{pmatrix} 1 & 1 & 1 \\ 1 & 1 & 1 \\ 1 & 1 & 1 \end{pmatrix}$, b) $\begin{pmatrix} -1 & 0 & 0 \\ 0 & -1 & 0 \\ 0 & 0 & -1 \end{pmatrix}$, c $\begin{pmatrix} 3 & 0 & -1 \\ 3 & -3 & 1 \end{pmatrix}$, d) $\begin{pmatrix} 1 & 3 \\ -3 & 2 \\ 0 & 1 \end{pmatrix}$, e) $\begin{pmatrix} 3 & 2 & 1 \end{pmatrix}$

und den Vektor

$$\vec{x} = \begin{pmatrix} 1 \\ 2 \\ 3 \end{pmatrix}$$

den Bildvektor $\vec{y} = A\vec{x}$, also den Vektor $\vec{y}$, auf welchen der Vektor $\vec{x}$ durch die lineare Abbildung $f(\vec{x}) = A\vec{x}$ abgebildet wird.

3 Gegeben seien die Matrix $A = \begin{pmatrix} 1 & 2 \\ -1 & 3 \end{pmatrix}$ und der Vektor $\vec{x} = \begin{pmatrix} 3 \\ -5 \end{pmatrix}$. Berechnen Sie

a) $B = 4 \cdot A$; $\vec{y} = 4\vec{x}$; $D = \det A$.
b) $\vec{\tilde{y}} = A\vec{y}$; $\vec{\tilde{x}} = B\vec{x}$; $\tilde{D} = 4D$; $\hat{D} = \det B = \det(4 \cdot A)$.

4 Gegeben seien die Matrizen $A = \begin{pmatrix} 1 & 3 \\ 2 & 7 \end{pmatrix}$, $B = \begin{pmatrix} -2 & 1 \\ 1 & -1 \end{pmatrix}$ und der Vektor $\vec{x} = \begin{pmatrix} -2 \\ 5 \end{pmatrix}$.

a) Berechnen Sie $\vec{y} = A\vec{x}$.
b) Berechnen Sie mit dem Ergebnis von a) den Vektor $\vec{z} = B \cdot \vec{y}$.
c) Geben Sie eine Matrix C an mit $\vec{z} = C\vec{x}$.

5 Nach den Überlegungen in Abschnitt 6.4 dreht die Abbildung

$$f(\vec{x}) = A\vec{x} \qquad (\vec{x} \in \mathbb{R}^2)$$

mit

$$A = \begin{pmatrix} \cos\phi & -\sin\phi \\ \sin\phi & \cos\phi \end{pmatrix}$$

den Vektor $\vec{x} = \begin{pmatrix} x_1 \\ x_2 \end{pmatrix}$ um den Winkel ϕ. Der gedrehte Vektor werde mit $\vec{y}$ bezeichnet. Verifizieren Sie, dass die Abbildung

$$g(\vec{y}) = R\vec{y} \qquad (\vec{y} \in \mathbb{R}^2)$$

mit

$$R = \begin{pmatrix} \cos\phi & \sin\phi \\ -\sin\phi & \cos\phi \end{pmatrix}$$

diesen Vorgang rückgängig macht, also den Vektor $\vec{y}$ nach $\vec{x}$ zurückdreht.

6 Berechnen Sie die folgenden Determinanten:

a) $\begin{vmatrix} 1 & 2 \\ 3 & 4 \end{vmatrix}$, b) $\begin{vmatrix} 2 & 0 & 0 \\ 0 & 3 & 0 \\ 0 & 0 & 4 \end{vmatrix}$, c) $\begin{vmatrix} 0 & 0 & 2 \\ 0 & 3 & 0 \\ 4 & 0 & 0 \end{vmatrix}$, d) $\begin{vmatrix} 1 & 2 & 3 \\ 4 & 5 & 6 \\ 7 & 8 & 9 \end{vmatrix}$

e) $\begin{vmatrix} 1 & 2 & 3 \\ 1 & 2 & 1 \\ 3 & 3 & 3 \end{vmatrix}$, f) $\begin{vmatrix} 1 & 1 & 2 & 2 \\ 2 & 2 & 2 & 2 \\ 2 & 0 & 2 & 0 \\ -1 & 1 & -1 & 1 \end{vmatrix}$, g) $\begin{vmatrix} x & e^x \\ e^{-x} & x \end{vmatrix}$ $(x \in \mathbb{R})$

h) $\begin{vmatrix} \sin\alpha & \cos\alpha \\ -\cos\alpha & \sin\alpha \end{vmatrix}$ $(\alpha \in \mathbb{R})$, i) $\begin{vmatrix} (a+b) & (a^2-b^2) \\ 1 & a-b \end{vmatrix}$ $(a, b \in \mathbb{R})$.

7 Nach dem Satz f) von Seite 237 gilt für zwei $n \times n$-Matrizen A und B die Formel

$$\det(A \cdot B) = \det A \cdot \det B .$$

a) Beweisen Sie diese Formel im Fall $n = 2$.

b) Zeigen Sie durch ein Gegenbeispiel, dass eine entsprechende Formel für die Addition im Allgemeinen falsch ist, d. h. in der Regel gilt

$$\det(A + B) \neq \det A + \det B .$$

Ausführliche Lösungen und weitere Aufgaben finden Sie auf der Companion Website des Buches unter
http://www.pearson-studium.de

Lineare Gleichungssysteme

7

ÜBERBLICK

Dieses Kapitel erklärt:

- Das Gauß'sche Eliminationsverfahren.
- Das Cramer'sche Determinantenverfahren für $n \times n$-Gleichungssysteme.
- Die möglichen Fälle, die beim Lösen linearer Gleichungssysteme auftreten können, sowie eine geometrische Interpretation der Lösungsgesamtheit dieser Systeme.

„Lineare Gleichungssysteme sind in sämtlichen Wissenschaften, die sich Hilfsmitteln aus der Mathematik bedienen, allgegenwärtig. Elementare Verfahren zur Lösung linearer Gleichungssysteme im Fall zweier oder dreier Zeilen und Variablen gehören zum Grundwissen eines jeden Schülers. In diesem Kapitel systematisieren wir diese Lösungsansätze und stellen vor, wie sich die Lösungsgesamtheit solcher Systeme strukturell unterscheiden kann."

Grundbegriffe 7.1

In diesem Kapitel lernen wir Methoden kennen, ein lineares Gleichungssystem zu lösen oder ggf. auch seine Unlösbarkeit festzustellen. Parallel zu der ausführlichen Schreibweise

$$\begin{array}{ccccccccc} a_{11}x_1 & + & a_{12}x_2 & + & \dots & + & a_{1n}x_n & = & b_1 \\ a_{21}x_1 & + & a_{22}x_2 & + & \dots & + & a_{2n}x_n & = & b_2 \\ \vdots & & & & & & \vdots & & \\ a_{m1}x_1 & + & a_{m2}x_2 & + & \dots & + & a_{mn}x_n & = & b_m \end{array} \tag{7.1}$$

eines linearen $m \times n$-Gleichungssystems mit der **rechten Seite**

$$\vec{b} = \begin{pmatrix} b_1 \\ \vdots \\ b_m \end{pmatrix}$$

wollen wir uns in diesem Kapitel vermehrt auch der Kurzschreibweise

$$\left(\begin{array}{ccccc|c} a_{11} & a_{12} & a_{13} & \ldots & a_{1n} & b_1 \\ a_{21} & a_{22} & a_{23} & \ldots & a_{2n} & b_2 \\ a_{31} & a_{32} & a_{33} & \ldots & a_{3n} & b_3 \\ \vdots & \vdots & \vdots & \ldots & \vdots & \vdots \\ a_{m1} & a_{m2} & a_{m3} & \ldots & a_{mn} & b_m \end{array}\right) \tag{7.2}$$

bedienen, in welcher die Variablen x_1 bis x_n nicht mehr explizit auftreten. Die Gesamtheit aller Einträge links der vertikalen Trennlinie in (7.2) bzw. links der Gleichheitszeichen in (7.1) wollen wir als die **linke Seite** bezeichnen.

Linear heißt ein solches Gleichungssystem, weil in ihm die unbekannten Variablen nur in erster Potenz $x_1^1, x_2^1, \ldots$ auftreten. Höhere Potenzen wie x_1^4, x_2^3 oder auch Produkte der einzelnen Variablen, etwa $x_1 \cdot x_2^3$, etc. sind ausgeschlossen.

Ein lineares Gleichungssystem nennen wir **homogen**, wenn wir es mit der rechten Seite

$$\vec{b} = \begin{pmatrix} b_1 \\ \vdots \\ b_m \end{pmatrix} = \vec{0}$$

zu tun haben, andernfalls **inhomogen**.

Rufen wir uns kurz eine Eigenart homogener Systeme in Erinnerung: Während bei einem inhomogenen System die Fälle

- genau eine Lösung (eindeutige Lösung)
- keine eindeutige Lösung, d. h.
  keine Lösung **oder**
  unendlich viele Lösungen

auftreten können, ist der Fall „keine Lösung" bei homogenen Systemen ausgeschlossen, denn mit dem Nullvektor $\vec{x} = \vec{0}$ liegt immer eine Lösung vor. Ein homogenes System besitzt also entweder eine eindeutige Lösung oder aber unendlich viele Lösungen.

7.2 Das Gauß'sche Eliminationsverfahren

7.2.1 Umformung auf obere Dreiecksgestalt

Die unter dem Namen **Gauß'sches Eliminationsverfahren** oder auch kurz **Gauß-Verfahren** bekannte Methode zur Lösung linearer Gleichungssysteme bedient sich des folgenden Grundprinzips: Ausgehend von einem gegebenen LGS wird dieses in einer Reihe äquivalenter Umformungen auf eine Gestalt gebracht, die letztendlich **leichter** zu lösen ist. Äquivalent ist eine Umformung (Transformation), wenn sie die Lösungsgesamtheit des Systems nicht verändert. So dürfen wir beispielsweise

1. Zeilen eines linearen Gleichungssystems oder Spalten der linken Seite vertauschen.
2. Zeilen eines linearen Gleichungssystems mit einem Faktor multiplizieren.
3. eine Zeile eines linearen Gleichungssystems ersetzen durch die Zeile selbst plus dem Vielfachen einer anderen Zeile.

Ausschließlich mit diesen Mitteln wollen wir Schema (7.2) in ein Schema von allgemeiner **rechter oberer Dreiecksgestalt** bringen. Unterhalb der Diagonalen

$$d_{11},\ d_{22}, \ldots$$

sollen nur *Nullen* zu finden sein, oberhalb davon beliebige Einträge. Ist etwa $m \geq n$, so streben wir also ein Schema der Form

$$\left(\begin{array}{ccccc|c}
d_{11} & \star & \star & \ldots & \star & c_1 \\
0 & d_{22} & \star & \ldots & \star & c_2 \\
0 & 0 & d_{33} & \ldots & \star & c_3 \\
\vdots & \vdots & \vdots & \ldots & \vdots & \vdots \\
0 & 0 & 0 & \ldots & d_{nn} & c_n \\
0 & 0 & 0 & \ldots & 0 & c_{n+1} \\
\vdots & \vdots & \vdots & \ldots & \vdots & \vdots \\
0 & 0 & 0 & \ldots & 0 & c_m
\end{array}\right) \tag{7.3}$$

an mit *Nullen* unterhalb der Hauptdiagonalen sowie einer transformierten rechten Seite $c_1, \ldots, c_m$.

Der eilige oder praxisorientierte Leser sei in diesem Zusammenhang auf Abschnitt 7.5 auf Seite 277 verwiesen. Dort ist eine rezeptartige Kurzanleitung zusammengestellt, wie lineare Gleichungssysteme mit dem Gauß'schen Eliminationsverfahren gelöst werden. Im Folgenden werden wir Schritt für Schritt die dafür benötigten Kenntisse und Praktiken sowie theoretische Aspekte vorstellen.

Praxis-Hinweis

Während der Durchführung des Gauß-Verfahrens wird es gelegentlich notwendig oder zumindest empfehlenswert sein, zwei Zeilen des LGS oder auch zwei Spalten der linken Seite gegeneinander zu vertauschen. Dies kann dazu beitragen, den Rechenaufwand bzw. die damit verbundene Gefahr von Rechenfehlern zu minimieren.

Das Vertauschen zweier Zeilen ist praktisch problemlos, handelt es sich dabei doch lediglich um das Vertauschen zweier Gleichungen eines Systems, bei dem die Reihenfolge der Gleichungen keine Rolle spielt.

Vertauscht man jedoch zwei Spalten der linken Seite, so ist Vorsicht geboten. In der originären Schreibweise (7.1) eines LGS ist dieses Vertauschen unbedenklich, da hier die Variablenbezeichner mitgeführt werden. Man betrachte etwa das LGS

$$\begin{aligned} 5x_1 + 3x_2 + x_3 &= 2\\ 3x_1 + 3x_2 + 7x_3 &= 3\\ 6x_1 + 2x_2 - x_3 &= 1\,. \end{aligned}$$

Um in der ersten Spalte der ersten Zeile eine 1 zu erhalten (was rechentechnische Vorteile mit sich bringt), sind Zeilenvertauschungen ungeeignet. Hingegen liefert ein Vertauschen der ersten und dritten Spalte:

$$\begin{aligned} x_3 + 3x_2 + 5x_3 &= 2\\ 7x_3 + 3x_2 + 3x_3 &= 3\\ -x_3 + 2x_2 + 6x_3 &= 1\,. \end{aligned}$$

Verwendet man jedoch die vereinfachende Schreibweise

$$\left(\begin{array}{ccc|c} 5 & 3 & 1 & 2\\ 3 & 3 & 7 & 3\\ 6 & 2 & -1 & 1 \end{array}\right),$$

so kann dies nach Vertauschen der ersten und dritten Spalte leicht zu einer Verwechslung von x_1 und x_3 führen. Um dieses Problem zu vermeiden, bietet es sich ggf. an, die zu den Spalten gehörenden Variablen in der Kopfzeile des Schemas mitzunotieren, etwa in der Form

$$\left(\begin{array}{ccc|c} \mathbf{x_1} & \mathbf{x_2} & \mathbf{x_3} & \\ 5 & 3 & 1 & 2\\ 3 & 3 & 7 & 3\\ 6 & 2 & -1 & 1 \end{array}\right) \quad \text{bzw.} \quad \left(\begin{array}{ccc|c} \mathbf{x_3} & \mathbf{x_2} & \mathbf{x_1} & \\ 1 & 3 & 5 & 2\\ 7 & 3 & 3 & 3\\ -1 & 2 & 6 & 1 \end{array}\right).$$

Im nachfolgenden Beispiel wollen wir die Umformung eines linearen Gleichungssystems auf eine rechte obere Dreiecksgestalt demonstrieren. Spaltenweise werden dabei an den Positionen unterhalb der Hauptdiagonalen Nullen „produziert", indem wir die Zeilen nacheinander mit „geeigneten" Vielfachen multiplizieren und auf Vielfache anderer Zeilen addieren. Anzumerken sei im Vorfeld noch, dass im Zuge dessen (wie in der Praxis allgemein üblich) die obigen Umformungen 2 und 3 von Seite 250 gleichzeitig angewendet werden dürfen; wir können also eine Zeile durch ein Vielfaches dieser Zeile plus einem anderen Vielfachen einer (anderen) Zeile ersetzen.

Gegeben sei das lineare 3×2-Gleichungssystem

$$\begin{aligned} 3x_1 + 5x_2 &= -1 \\ 2x_1 - x_2 &= 2 \\ 4x_1 - 2x_2 &= 0\,, \end{aligned} \tag{7.4}$$

dargestellt durch das Schema

$$\left(\begin{array}{cc|c} 3 & 5 & -1 \\ 2 & -1 & 2 \\ 4 & -2 & 0 \end{array}\right).$$

Wenn wir im Folgenden die Zeile i dieses Schemas ersetzen durch das c-fache dieser Zeile plus dem d-fachen einer anderen Zeile j, machen wir dies deutlich, indem wir die neue Zeile schreiben als

$$(i) \to c \cdot (i) + d \cdot (j)\,.$$

Wir lassen die erste Zeile unverändert. Unsere ersten beiden Schritte lauten dann

$$\left(\begin{array}{cc|c} 3 & 5 & -1 \\ 2 & -1 & 2 \\ 4 & -2 & 0 \end{array}\right) \overset{(2)\to 3\cdot(2)-2\cdot(1)}{\hookrightarrow} \left(\begin{array}{cc|c} 3 & 5 & -1 \\ 0 & -13 & 8 \\ 4 & -2 & 0 \end{array}\right)$$

$$\overset{(3)\to 3\cdot(3)-4\cdot(1)}{\hookrightarrow} \left(\begin{array}{cc|c} 3 & 5 & -1 \\ 0 & -13 & 8 \\ 0 & -26 & 4 \end{array}\right)$$

Für unser Vorhaben, die gewünschte Dreiecksgestalt in (7.3) herzustellen, haben wir damit die erste Spalte geeignet bereinigt. Ein Blick auf die zweite Spalte der Matrix zeigt, dass wir uns im Hinblick auf die angestrebte Dreiecksform nun nur noch um den letzten Eintrag der zweiten Spalte zu kümmern haben. Wir ersetzen die dritte Zeile der letzten Matrix durch die Zeile selbst minus dem Doppelten von Zeile 2 und erhalten

$$\left(\begin{array}{cc|c} 3 & 5 & -1 \\ 0 & -13 & 8 \\ 0 & -26 & 4 \end{array}\right) \overset{(3)\to 1\cdot(3)-2\cdot(2)}{\hookrightarrow} \left(\begin{array}{cc|c} 3 & 5 & -1 \\ 0 & -13 & 8 \\ 0 & 0 & -12 \end{array}\right).$$

Damit ist die gewüschte Dreiecksgestalt erreicht. Aus dieser lassen sich im Allgemeinen entweder die Lösung(en) gewinnen oder auch die Nicht-Existenz von Lösungen nachweisen. In unserem speziellen Fall lautet die letzte Zeile ausgeschrieben

$$0 \cdot x + 0 \cdot y = -12 \,,$$

was einen Widerspruch darstellt. Dieses LGS besitzt demnach keine Lösung.

Nachdem wir das Ausgangs-LGS auf eine obere Dreiecksgestalt (7.3) gebracht haben, hängt das weitere Vorgehen wesentlich ab von den Dimensionen des LGS, also der Anzahl seiner Zeilen und Spalten. Wir unterscheiden daher im Folgenden drei Fälle.

Quadratische LGS ($m = n$)

Nachdem wir im Fall gleicher Zeilen- und Spaltenanzahl das LGS auf die obere Dreiecksgestalt gebracht und das Schema

$$\left(\begin{array}{ccccc|c} d_{11} & \star & \star & \dots & \star & c_1 \\ 0 & d_{22} & \star & \dots & \star & c_2 \\ 0 & 0 & d_{33} & \dots & \star & c_3 \\ \vdots & \vdots & \vdots & \dots & \vdots & \vdots \\ 0 & 0 & 0 & \dots & d_{nn} & c_n \end{array}\right) \tag{7.5}$$

erhalten haben, können wir daraufhin das LGS auf Lösbarkeit untersuchen und die Lösungen gegebenenfalls berechnen. Wir unterscheiden:

1. Eine **eindeutige** Lösung liegt genau dann vor, wenn alle Hauptdiagonalelemente $d_{11}, d_{22}, \dots, d_{nn}$ von null verschieden sind. In diesem Fall ermitteln wir die Lösung durch sukzessives Ausrechnen „von unten nach oben" (siehe das nachfolgende Beispiel 7.1)

2. Falls mindestens eines der Hauptdiagonalelemente $d_{11}, \dots, d_{nn}$ den Wert 0 annimmt, so ist das LGS nicht eindeutig lösbar. In diesem Fall müssen wir im konkreten Fall untersuchen, ob das System Widersprüche liefert oder aber Mehrdeutigkeiten zulässt, also **nicht lösbar** ist oder **mehrere Lösungen** besitzt. Ist Letzteres der Fall, so besitzt das LGS gleich unendlich viele Lösungen, wie in Abschnitt 6.5 gezeigt wurde (siehe die Beispiele 7.2 und 7.3).

Beispiel 7.1

Wir betrachten das 3×3-LGS

$$\begin{aligned} 2x_2 + x_3 &= 2 \\ 3x_1 + x_2 + 2x_3 &= 1 \\ -x_1 + 2x_2 + x_3 &= -1\,, \end{aligned}$$

welches wir zunächst auf Dreiecksgestalt bringen müssen. Als ersten Schritt vertauschen wir die erste mit der zweiten Zeile und haben damit ohne Rechnung bereits das erste Element unterhalb der Hauptdiagonalen zur Null bereinigt. Wir rechnen dann weiter

$$\left(\begin{array}{ccc|c} 3 & 1 & 2 & 1 \\ 0 & 2 & 1 & 2 \\ -1 & 2 & 1 & -1 \end{array}\right) \overset{(3)\to 3\cdot(3)+(1)}{\hookrightarrow} \left(\begin{array}{ccc|c} 3 & 1 & 2 & 1 \\ 0 & 2 & 1 & 2 \\ 0 & 7 & 5 & -2 \end{array}\right)$$

$$\overset{(3)\to 2\cdot(3)-7\cdot(2)}{\hookrightarrow} \left(\begin{array}{ccc|c} \mathbf{3} & 1 & 2 & 1 \\ 0 & \mathbf{2} & 1 & 2 \\ 0 & 0 & \mathbf{3} & -18 \end{array}\right).$$

Die Hauptdiagonalelemente 3, 2 und 3 sind alle von null verschieden. Das LGS hat in diesem Fall eine eindeutige Lösung, die sich wie folgt berechnet: Die unterste Zeile lautet $3x_3 = -18$, was unmittelbar auf $x_3 = -6$ führt. Aus der zweiten Zeile errechnen wir mit Hilfe des bereits ermittelten Wertes $x_3 = -6$ die Lösung x_2 mittels

$$2x_2 + x_3 = 2 \quad \Leftrightarrow \quad x_2 = \frac{2 - x_3}{2} = \frac{2-(-6)}{2} = 4\,.$$

Letztlich können wir auch x_1 aus der ersten Zeile berechnen durch

$$3x_1 + x_2 + 2x_3 = 1 \quad \Leftrightarrow \quad x_1 = \frac{1 - x_2 - 2x_3}{3} = \frac{1 - 4 - 2\cdot(-6)}{3} = 3\,.$$

Dieses Beispiel zeigt insbesondere, worin die eindeutige Lösbarkeit wurzelt: Entlang unserer Rechnung von unten nach oben haben wir in jeder Zeile durch das jeweilige Hauptdiagonalelement zu teilen. Ein Vorgang, der gänzlich unproblematisch ist, da diese allesamt von null verschieden sind. Dass die Lösung eindeutig ist, ergibt sich durch sukzessives Auflösen und Einsetzen, wie im Beispiel dargestellt, gleichsam von selbst.

Beispiel 7.2

Betrachten wir das lineare Gleichungssystem

$$\begin{aligned} 2x_1 - x_2 + 4x_3 &= 1 \\ x_1 + 3x_3 &= 0 \\ 5x_1 - 2x_2 + 11x_3 &= 3\,. \end{aligned}$$

Wieder formen wir dieses Gleichungssystem mit dem Gauß-Verfahren auf obere Dreiecksgestalt um und errechnen

$$\left(\begin{array}{ccc|c} 2 & -1 & 4 & 1 \\ 1 & 0 & 3 & 0 \\ 5 & -2 & 11 & 3 \end{array}\right) \overset{(2)\to(1)-2\cdot(2)}{\hookrightarrow} \left(\begin{array}{ccc|c} 2 & -1 & 4 & 1 \\ 0 & -1 & -2 & 1 \\ 5 & -2 & 11 & 3 \end{array}\right)$$

$$\overset{(3)\to 5\cdot(1)-2\cdot(3)}{\hookrightarrow} \left(\begin{array}{ccc|c} 2 & -1 & 4 & 1 \\ 0 & -1 & -2 & 1 \\ 0 & -1 & -2 & -1 \end{array}\right) \overset{(3)\to(2)-(3)}{\hookrightarrow} \left(\begin{array}{ccc|c} 2 & -1 & 4 & 1 \\ 0 & -1 & -2 & 1 \\ 0 & 0 & 0 & 2 \end{array}\right).$$

Zu beachten ist, dass in dieser Form das Hauptdiagonalelement d_{33} den Wert Null annimmt. Eine eindeutige Lösung ist somit nicht zu erwarten. Vielmehr lautet die letzte Zeile ausgeschrieben

$$0 \cdot x_1 + 0 \cdot x_2 + 0 \cdot x_3 = 2 \quad \Leftrightarrow \quad 0 = 2,$$

was einen Widerspruch darstellt. Das LGS besitzt demzufolge **keine** Lösung.

Solche kritischen Situationen müssen nicht zwingend in der letzten Zeile eines auf obere Dreiecksgestalt umgeformten LGS auftreten. Stoßen wir in der i-ten Zeile auf ein Hauptdiagonalelement $d_{ii} = 0$, so ist Vorsicht geboten: Nach Einsetzen der bislang berechneten Werte für $x_n, x_{n-1}, \ldots, x_{i+1}$ besitzt die *i-te* Zeile die Gestalt

$$0 \cdot x_i = c_i\,,$$

und wir haben zu unterscheiden:

- Ist $c_i \neq 0$, so liegt ein Widerspruch vor, selbst wenn sich die „unteren" Werte $x_n, x_{n-1}, \ldots, x_{i+1}$ problemslos hatten berechnen lassen. Ein einziger solcher Widerspruch genügt, um das LGS als unlösbar zu charakterisieren.

- Für den Fall $c_i = 0$ lautet hingegen die i-te Zeile

$$0 \cdot x_i = 0 .$$

Diese Gleichung besitzt – anders als oben – unendlich viele Lösungen: Offensichtlich ist sie für jede reelle Zahl erfüllt. Um dieser Beliebigkeit mathematischen Ausdruck zu verleihen, geben wir dieser Lösung „den Namen" $\boldsymbol{p}$. Der Ausdruck p steht dabei stellvertretend für alle reelle Zahlen und wird als **Parameter** bezeichnet. Indem wir $x_i := p$ setzen, errechnen wir in Abhängigkeit von p durch sukzessives Einsetzen von unten nach oben die weiteren Werte $x_{i-1}, \dots, x_1$. Wir erhalten insgesamt unendlich viele Lösungen des Gleichungssystems. Jeder Wert für p liefert eine andere Lösung. Haben wir es nach Einsetzen der bereits errechneten Werte $x_n, x_{n-1}, \dots, x_{j+1}$ mit mehreren Zeilen der Form

$$0 \cdot x_j = 0$$

zu tun, so müssen wir ggf. weitere Parameter einführen. Die Lösung hängt dann (Lösbarkeit vorausgesetzt) von einer Reihe von Parametern ab.

Beispiel 7.3

Gegeben sei das lineare Gleichungssystem

$$\begin{aligned} 2x_1 - x_2 + 4x_3 &= 1 \\ x_1 + 3x_3 &= 0 \\ 5x_1 - 2x_2 + 11x_3 &= 2 . \end{aligned}$$

Verglichen mit dem LGS aus Beispiel 7.2 haben wir lediglich den dritten Eintrag der rechten Seite abgeändert. Von dieser Warte haben wir bei der Umformung des Systems auf obere Dreiecksgestalt unser Hauptaugenmerk nur noch auf die jeweiligen Umformungen der rechten Seite zu richten. Eine Rechnung ergibt

$$\left(\begin{array}{ccc|c} 2 & -1 & 4 & 1 \\ 1 & 0 & 3 & 0 \\ 5 & -2 & 11 & 2 \end{array}\right) \overset{(2)\to(1)-2\cdot(2)}{\hookrightarrow} \left(\begin{array}{ccc|c} 2 & -1 & 4 & 1 \\ 0 & -1 & -2 & 1 \\ 5 & -2 & 11 & 2 \end{array}\right)$$

$$\overset{(3)\to 5\cdot(1)-2\cdot(3)}{\hookrightarrow} \left(\begin{array}{ccc|c} 2 & -1 & 4 & 1 \\ 0 & -1 & -2 & 1 \\ 0 & -1 & -2 & 1 \end{array}\right) \overset{(3)\to(2)-(3)}{\hookrightarrow} \left(\begin{array}{ccc|c} 2 & -1 & 4 & 1 \\ 0 & -1 & -2 & 1 \\ 0 & 0 & 0 & 0 \end{array}\right) .$$

Die dritte Zeile ist in diesem Fall widerspruchsfrei und besitzt wegen

$$0 \cdot x_3 = 0$$

unendlich viele Lösungen. Wir führen daher den reellen Parameter p ein und setzen

$$x_3 := p\,.$$

Die zweite Zeile lautet $-x_2 - 2x_3 = 1$. Mittels Auflösen nach x_2 und Einsetzen von $x_3 = p$ erhalten wir

$$x_2 = -2x_3 - 1 = -2p - 1\,.$$

Abhängig von x_2 und x_3 und damit letztlich auch vom Parameter p berechnet sich dann x_1 nach der ersten Zeile zu

$$x_1 = \frac{1 + x_2 - 4x_3}{2} = \frac{1 - 2p - 1 - 4p}{2} = -3p\,.$$

Die Lösungsgesamtheit dieses LGS ist somit gegeben durch

$$\begin{pmatrix} x_1 \\ x_2 \\ x_3 \end{pmatrix} = \begin{pmatrix} -3p \\ -2p - 1 \\ p \end{pmatrix}$$

oder in anderer Form

$$\begin{pmatrix} x_1 \\ x_2 \\ x_3 \end{pmatrix} = \begin{pmatrix} 0 \\ -1 \\ 0 \end{pmatrix} + p \cdot \begin{pmatrix} -3 \\ -2 \\ 1 \end{pmatrix} \qquad (p \in \mathbb{R}).$$

Unterbestimmte LGS (*m* < *n*)

Besitzt ein lineares Gleichungssystem weniger Zeilen als Spalten bzw. Unbekannte, so spricht man von einem **unterbestimmten** linearen Gleichungssystem. Es sei m die Anzahl der Zeilen und n die Anzahl der Unbekannten und $m < n$. Indem wir das System künstlich um $n - m$ Zeilen der Form

$$0 \cdot x_1 + \ldots + 0 \cdot x_n = 0$$

erweitern, gewinnen wir ein quadratisches LGS, für welches unsere Betrachtungen aus dem letzten Abschnitt anwendbar sind.

Bemerkung

Ganz allgemein können wir ein gegebenes Gleichungssystem um beliebig viele „richtige“ Gleichungen erweitern, ohne dessen Lösungsgesamtheit zu verändern. Weder gewinnen wir dabei weitere Lösungen des Systems hinzu noch verlieren wir umgekehrt welche. Der wohl einfachste Vertreter in der Klasse „richtiger“ Gleichungen ist die Identität

$$0 \cdot x_1 + \ldots + 0 \cdot x_n = 0,$$

weswegen wir diese auch benutzen wollen, um unser nichtquadratisches System auf ein quadratisches zu erweitern.

Um dieses erweiterte LGS auf obere Dreiecksgestalt zu bringen, müssen wir die hinzugefügten Nullzeilen nicht antasten. Sie erscheinen somit auch nach erfolgter Umformung auf obere Dreiecksgestalt als Nullzeilen des Systems. Insbesondere gibt es nach dieser Umformung $n - m$ Hauptdiagonalelemente mit Wert null. Eine eindeutige Lösung ist somit auszuschließen. Halten wir dies als Merksatz fest:

Satz **Unterbestimmtes lineares Gleichungssystem**

Ein unterbestimmtes lineares Gleichungssystem besitzt entweder **keine** oder **unendlich viele** Lösungen.

Beispiel 7.4

In diesem Beispiel wollen wir das unterbestimmte lineare 2×3-Gleichungssystem

$$\begin{aligned} 2x_1 + x_2 - 3x_3 &= 1 \\ x_1 + 4x_2 + 2x_3 &= 2 \end{aligned}$$

betrachten. Wir ergänzen dieses LGS um eine „Nullzeile“ (da $3 - 2 = 1$), betrachten also das System

$$\left(\begin{array}{ccc|c} 2 & 1 & -3 & 1 \\ 1 & 4 & 2 & 2 \\ 0 & 0 & 0 & 0 \end{array}\right).$$

Eine Umformung auf obere Dreiecksgestalt erhalten wir durch die Rechnung

$$\left(\begin{array}{ccc|c} 2 & 1 & -3 & 1 \\ 1 & 4 & 2 & 2 \\ 0 & 0 & 0 & 0 \end{array}\right) \overset{(2)\to(1)-2\cdot(2)}{\hookrightarrow} \left(\begin{array}{ccc|c} 2 & 1 & -3 & 1 \\ 0 & -7 & -7 & -3 \\ 0 & 0 & 0 & 0 \end{array}\right).$$

In der letzten, widerspruchsfreien Zeile, die wegen

$$0 \cdot x_3 = 0$$

keine eindeutige Lösung für x_3 liefert, setzen wir wieder

$$x_3 = p$$

und berechnen aus der zweiten Zeile

$$x_2 = \frac{-3 + 7x_3}{-7} = \frac{-3 + 7p}{-7} = -p + \frac{3}{7}$$

sowie

$$x_1 = \frac{1 + 3x_3 - x_2}{2} = \frac{1 + 3p + p - \frac{3}{7}}{2} = 2p + \frac{2}{7}.$$

Sämtliche Lösungen dieses LGS sind somit gegeben durch

$$\begin{pmatrix} x_1 \\ x_2 \\ x_3 \end{pmatrix} = \begin{pmatrix} \frac{2}{7} \\ \frac{3}{7} \\ 0 \end{pmatrix} + p \cdot \begin{pmatrix} 2 \\ -1 \\ 1 \end{pmatrix} \qquad (p \in \mathbb{R}).$$

Trotz der Tatsache, dass durch die eingefügten Nullzeilen Parameter ins Spiel kommen, kann das im letzten Beispiel geschilderte Verfahren zur Lösungsgewinnung abbrechen, sollte etwa die i-te Zeile wegen

$$0 \cdot x_i = a \neq 0$$

einen Widerspruch beinhalten. In diesem Fall erhalten wir die Unlösbarkeit des LGS. Das nächste Beispiel soll dies verdeutlichen.

Beispiel 7.5

Gegeben sei das LGS

$$\begin{aligned} -x_1 + 4x_2 - 2x_3 &= 1 \\ x_1 - 4x_2 + 2x_3 &= 2\,. \end{aligned}$$

Bereits durch scharfes Hinsehen erkennen wir nach Addition beider Gleichungen den Widerspruch

$$0 = 3\,,$$

woraus die Nicht-Lösbarkeit dieses LGS resultiert. Bei komplizierteren Systemen mit mehreren Gleichungen und Unbekannten kommen wir nicht umhin, das Gauß-Verfahren anzuwenden. Im konkret vorliegenden Fall würde dies formal die Rechnung

$$\left(\begin{array}{ccc|c} -1 & 4 & -2 & 1 \\ 1 & -4 & 2 & 2 \\ 0 & 0 & 0 & 0 \end{array}\right) \overset{(2)\to(1)+(2)}{\hookrightarrow} \left(\begin{array}{ccc|c} -1 & 4 & -2 & 1 \\ 0 & 0 & 0 & 3 \\ 0 & 0 & 0 & 0 \end{array}\right)$$

beinhalten. Da die letzte Zeile ausschließlich *Nullen* enthält, zieht dies die Einführung eines Parameters nach sich, also setzen wir $x_3 := p$. Unabhängig aber davon stellt die zweite Zeile dieses umgeformten LGS einen Widerspruch der Form

$$0 \cdot x_2 = 3$$

dar. Wir halten also nochmals fest: Die Einführung von Parametern im Fall von Zeilen der Form

$$0 \cdot x_k = 0$$

sagt noch nichts aus über die Widerspruchsfreiheit des Systems im weiteren Verlauf der Rechnung.

Überbestimmte LGS ($m > n$)

Ein $m \times n$-Gleichungssystem heißt **überbestimmt**, wenn die Zahl der Gleichungen die Zahl der unbekannten Variablen übersteigt. Um das Problem wieder auf ein quadratisches LGS zurückzuführen, führen wir $m - n$ **Hilfsvariable** $x_{n+1}, \ldots, x_m$ ein und formulieren das Ausgangs-LGS

$$\begin{array}{lllllll} a_{11}x_1 & + & a_{12}x_2 & + \ldots + & a_{1n}x_n & = & b_1 \\ a_{21}x_1 & + & a_{22}x_2 & + \ldots + & a_{2n}x_n & = & b_2 \\ \vdots & & & & & & \vdots \\ a_{m1}x_1 & + & a_{m2}x_2 & + \ldots + & a_{mn}x_n & = & b_m \end{array} \qquad (7.6)$$

in der künstlich erweiterten, nunmehr quadratischen $m \times m$-Fassung

$$\begin{array}{lllllllll} a_{11}x_1 & + & a_{12}x_2 & + \ldots + & a_{1n}x_n & + 0 \cdot x_{n+1} & + \ldots + & 0 \cdot x_m & = b_1 \\ a_{21}x_1 & + & a_{22}x_2 & + \ldots + & a_{2n}x_n & + 0 \cdot x_{n+1} & + \ldots + & 0 \cdot x_m & = b_2 \\ \vdots & & & & \vdots & & & & \\ a_{m1}x_1 & + & a_{m2}x_2 & + \ldots + & a_{mn}x_n & + 0 \cdot x_{n+1} & + \ldots + & 0 \cdot x_m & = b_m . \end{array} \qquad (7.7)$$

Das Verfahren zur Lösung dieses LGS funktioniert wie folgt: Falls vorhanden, berechnen wir die Lösungen dieses nunmehr quadratischen LGS in der bekannten Art und Weise. Um die Nullspalten des Systems haben wir uns dabei bei keinem der Schritte zur Gewinnung des oberen Dreiecksschemas zu kümmern, denn diese sind schon vollständig von Nicht-Nulleinträgen bereinigt. Nach Umformung auf obere Dreiecksgestalt besitzt das obere Dreiecksschema dann wieder Nullen auf der Hauptdiagonalen. Das quadratische System ist daher entweder nicht lösbar, was in diesem Fall auch für das überbestimmte Ausgangs-LGS gilt. Oder aber es besitzt unendlich viele (von einem oder mehreren Parametern) abhängige Lösungen. Unter diesen Umständen streichen wir gedanklich die künstlich eingeführten Hilfsvariablen $x_{n+1}, \ldots, x_m$ und setzen nur die Variablen x_1 bis x_n als Lösungen des Ausgangssystems fest.

Beispiel 7.6

Betrachten wollen wir in diesem Beispiel das überbestimmte 3×2-LGS

$$\begin{array}{lll} x_1 & + \; x_2 & = 1 \\ 3x_1 & - \; 2x_2 & = 2 \\ x_1 & + \; 6x_2 & = 3 . \end{array}$$

Wir erweitern das System um die Variable x_3 und erhalten das 3×3-System

$$\begin{array}{llll} x_1 & + \; x_2 & + \; 0 \cdot x_3 & = 1 \\ 3x_1 & - \; 2x_2 & + \; 0 \cdot x_3 & = 2 \\ x_1 & + \; 6x_2 & + \; 0 \cdot x_3 & = 3 \end{array}$$

bzw.

$$\left(\begin{array}{ccc|c} 1 & 1 & 0 & 1 \\ 3 & -2 & 0 & 2 \\ 1 & 6 & 0 & 3 \end{array}\right).$$

Um das Schema auf obere Dreiecksgestalt zu bringen, berechnen wir

$$\left(\begin{array}{ccc|c} 1 & 1 & 0 & 1 \\ 3 & -2 & 0 & 2 \\ 1 & 6 & 0 & 3 \end{array}\right) \overset{(2)\to(2)-3\cdot(1)}{\hookrightarrow} \left(\begin{array}{ccc|c} 1 & 1 & 0 & 1 \\ 0 & -5 & 0 & -1 \\ 1 & 6 & 0 & 3 \end{array}\right)$$

$$\overset{(3)\to(3)-(1)}{\hookrightarrow} \left(\begin{array}{ccc|c} 1 & 1 & 0 & 1 \\ 0 & -5 & 0 & -1 \\ 0 & 5 & 0 & 2 \end{array}\right) \overset{(3)\to(3)+(2)}{\hookrightarrow} \left(\begin{array}{ccc|c} 1 & 1 & 0 & 1 \\ 0 & -5 & 0 & -1 \\ 0 & 0 & 0 & 1 \end{array}\right).$$

Da die letzte Zeile wegen

$$0 \cdot x_3 = 1$$

einen Widerspruch liefert, ist das erweiterte und folglich auch das ursprüngliche System nicht lösbar.

Beispiel 7.7

Das überbestimmte 4×3-LGS

$$\begin{array}{rcrcrcl} x_1 & & & + & 2x_3 & = & 1 \\ & & x_2 & + & x_3 & = & 1 \\ 2x_1 & & & + & 4x_3 & = & 2 \\ 2x_1 & - & x_2 & + & 3x_3 & = & 1 \end{array}$$

wollen wir um eine vierte Variable x_4 erweitern und auf obere Dreiecksform bringen:

$$\left(\begin{array}{cccc|c} 1 & 0 & 2 & 0 & 1 \\ 0 & 1 & 1 & 0 & 1 \\ 2 & 0 & 4 & 0 & 2 \\ 2 & -1 & 3 & 0 & 1 \end{array}\right) \overset{(3)\to(3)-2\cdot(1)}{\hookrightarrow} \left(\begin{array}{cccc|c} 1 & 0 & 2 & 0 & 1 \\ 0 & 1 & 1 & 0 & 1 \\ 0 & 0 & 0 & 0 & 0 \\ 2 & -1 & 3 & 0 & 1 \end{array}\right)$$

$$\overset{(4)\to(4)-2\cdot(1)}{\hookrightarrow} \left(\begin{array}{cccc|c} 1 & 0 & 2 & 0 & 1 \\ 0 & 1 & 1 & 0 & 1 \\ 0 & 0 & 0 & 0 & 0 \\ 0 & -1 & -1 & 0 & -1 \end{array}\right) \overset{(4)\to(4)+(2)}{\hookrightarrow} \left(\begin{array}{cccc|c} 1 & 0 & 2 & 0 & 1 \\ 0 & 1 & 1 & 0 & 1 \\ 0 & 0 & 0 & 0 & 0 \\ 0 & 0 & 0 & 0 & 0 \end{array}\right).$$

Da die dritte und vierte Zeile wegen

$$0 \cdot x_4 = 0 \qquad \text{und} \qquad 0 \cdot x_3 = 0$$

unendlich viele Lösungen zulassen, führen wir zwei Parameter ein und setzen

$$x_4 := p \qquad \text{sowie} \qquad x_3 := q\,.$$

In Abhängigkeit von p und q berechnen wir dann die Lösungen x_1 und x_2 aus den ersten beiden Zeilen zu

$$x_2 = 1 - x_3 = 1 - q \qquad \text{und} \qquad x_1 = 1 - 2x_3 = 1 - 2q\,.$$

Da die vierte Variable x_4 nur dazu diente, die Theorie zur Lösung quadratischer LGS zur Anwendung zu bringen, dürfen wir sie ignorieren und erhalten als Lösung des ursprünglichen, überbestimmten LGS die Menge der Vektoren $\vec{x}$ des $\mathbb{R}^3$ mit

$$\begin{pmatrix} x_1 \\ x_2 \\ x_3 \end{pmatrix} = \begin{pmatrix} 1-2q \\ 1-q \\ q \end{pmatrix} = \begin{pmatrix} 1 \\ 1 \\ 0 \end{pmatrix} + q \cdot \begin{pmatrix} -2 \\ -1 \\ 1 \end{pmatrix} \qquad (q \in \mathbb{R})\,.$$

7.2.2 Determinantenberechnung mit dem Gauß-Verfahren

Neben dem Lösen linearer Gleichungssysteme kann das Gauß-Verfahren auch dazu eingesetzt werden, die Determinante einer quadratischen Matrix zu berechnen: Addieren wir zu einer Zeile das Vielfache einer anderen Zeile, so ändert sich die Determinante im Zuge dieser Transformation nicht (siehe Satz c) von Seite 237). Bei den anderen Transformationen des Gauß-Verfahrens ist jedoch Vorsicht geboten:

- Multiplizieren wir eine Zeile der Matrix A mit einem Faktor $c \neq 0$, so ändert sich die Determinante von A gleichsam um den Faktor c. Wir haben also die Determinante nach der Zeilenmultiplikation korrigierend mit dem Faktor $\frac{1}{c}$ zu versehen, wenn wir die Gleichheit der Determinanten erhalten wollen.
- Eine Korrektur der Determinante um den Faktor (-1) ist nötig, wenn wir während des Gauß-Algorithmus zwei Zeilen oder Spalten vertauschen.

Durch die Gauß-Transformationen bringen wir die Matrix auf eine obere Dreiecksgestalt. Die Determinante dieser Matrix ist dann nach dem Satz von Seite 235 als Produkt ihrer Hauptdiagonalelemente leicht zu berechnen. Machen wir uns dies anhand eines Beispiels klar.

Beispiel 7.8

Zu bestimmen sei die Determinante der Matrix

$$A = \begin{pmatrix} 6 & 3 & 1 \\ 2 & -1 & 3 \\ 3 & 2 & 2 \end{pmatrix}$$

mit Hilfe von Gauß-Transformationen. Es ist

$$\begin{vmatrix} 6 & 3 & 1 \\ 2 & -1 & 3 \\ 3 & 2 & 2 \end{vmatrix} \overset{(2)\to 3\cdot(2)-1\cdot(1)}{\hookrightarrow} = \frac{1}{3} \cdot \begin{vmatrix} 6 & 3 & 1 \\ 0 & -6 & 8 \\ 3 & 2 & 2 \end{vmatrix} \overset{(3)\to 2\cdot(3)-1\cdot(1)}{\hookrightarrow} = \frac{1}{3} \cdot \frac{1}{2} \cdot \begin{vmatrix} 6 & 3 & 1 \\ 0 & -6 & 8 \\ 0 & 1 & 3 \end{vmatrix}$$

$$\overset{(3)\to 6\cdot(3)+1\cdot(2)}{\hookrightarrow} = \frac{1}{3} \cdot \frac{1}{2} \cdot \frac{1}{6} \cdot \begin{vmatrix} 6 & 3 & 1 \\ 0 & -6 & 8 \\ 0 & 0 & 26 \end{vmatrix} = \frac{1}{3} \cdot \frac{1}{2} \cdot \frac{1}{6} \cdot (6 \cdot (-6) \cdot 26) = -26 .$$

Das Determinantenverfahren (Cramer'sche Regel) 7.3

In diesem Abschnitt konzentrieren wir uns ausschließlich auf die Lösung **regulärer** quadratischer $n \times n$-Gleichungssysteme

$$\begin{array}{ccccccccc} a_{11}x_1 & + & a_{12}x_2 & + & \ldots & + & a_{1n}x_n & = & b_1 \\ a_{21}x_1 & + & a_{22}x_2 & + & \ldots & + & a_{2n}x_n & = & b_2 \\ \vdots & & & & & & & & \vdots \\ a_{n1}x_1 & + & a_{n2}x_2 & + & \ldots & + & a_{nn}x_n & = & b_n . \end{array} \tag{7.8}$$

Ein solches LGS heißt **regulär**, wenn die zugrunde liegende Matrix

$$A = \begin{pmatrix} a_{11} & a_{12} & \dots & a_{1n} \\ a_{21} & a_{22} & \dots & a_{2n} \\ \vdots & \vdots & \vdots & \vdots \\ a_{n1} & a_{n2} & \dots & a_{nn} \end{pmatrix}$$

regulär ist. Nach dem Satz von Seite 243 ist dies gleichbedeutend mit der eindeutigen Lösbarkeit des LGS bei beliebiger rechter Seite $\vec{b} \in \mathbb{R}^n$ bzw. der Eigenschaft

$$\det A \neq 0 .$$

Nach dem Gauß-Verfahren wollen wir in diesem Abschnitt ein weiteres Verfahren, die so genannte **Cramer'sche Regel**, vorstellen, um die eindeutig bestimmte Lösung eines quadratischen regulären LGS zu bestimmen. Das Verfahren bedient sich dabei der Determinanten verschiedener $n \times n$-Matrizen, was ihm auch die Bezeichnung **Determinantenverfahren** verliehen hat.

Beginnen wir (relativ bescheiden) mit einem regulären 2×2-LGS

$$\begin{array}{rcl} a_{11}x_1 + a_{12}x_2 &=& b_1 \\ a_{21}x_1 + a_{22}x_2 &=& b_2 \end{array}, \tag{7.9}$$

für welches nach den obigen Ausführungen genau eine Lösung (x_1, x_2) existiert. Zudem gilt für die zugehörige Matrix

$$A = \begin{pmatrix} a_{11} & a_{12} \\ a_{21} & a_{22} \end{pmatrix}$$

wegen der Regularität, dass

$$D := \det A = a_{11}a_{22} - a_{21}a_{12} \neq 0 .$$

Wir multiplizieren die erste der beiden Gleichungen in (7.9) mit dem Faktor a_{22} sowie die zweite mit dem Faktor a_{12} und erhalten

$$\begin{array}{rcl} a_{11}a_{22}x_1 + a_{12}a_{22}x_2 &=& b_1a_{22} \\ a_{21}a_{12}x_1 + a_{22}a_{12}x_2 &=& b_2a_{12} . \end{array} \tag{7.10}$$

Eine Subtraktion der zweiten Gleichung von der ersten und Auflösen nach x_1 führt dann auf die Lösung

$$x_1 = \frac{b_1a_{22} - b_2a_{12}}{a_{11}a_{22} - a_{21}a_{12}} = \frac{b_1a_{22} - b_2a_{12}}{D} . \tag{7.11}$$

Genauso gut können wir die erste Gleichung in (7.9) mit a_{21} und die zweite Gleichung mit a_{11} multiplizieren. Nach Subtraktion der zweiten Zeile von der ersten und Auflösen nach x_2 erhalten wir

$$x_2 = \frac{a_{11}b_2 - a_{21}b_1}{a_{11}a_{22} - a_{21}a_{12}} = \frac{a_{11}b_2 - a_{21}b_1}{D}. \tag{7.12}$$

Wir wollen die Darstellungen der Lösungen x_1 und x_2 aus (7.11) bzw. (7.12) noch genauer untersuchen und führen dazu die Matrizen

$$A_1 := \begin{pmatrix} b_1 & a_{12} \\ b_2 & a_{22} \end{pmatrix} \quad \text{und} \quad A_2 := \begin{pmatrix} a_{11} & b_1 \\ a_{21} & b_2 \end{pmatrix}$$

ein. Ausgehend von der Matrix A haben wir A_1 dadurch gebildet, dass wir die **erste** Spalte von A ersetzt haben durch die rechte Seite $\begin{pmatrix} b_1 \\ b_2 \end{pmatrix}$ unseres LGS. Analog dazu geht A_2 aus A dadurch hervor, dass deren **zweite** Spalte ersetzt wurde durch die rechte Seite $\begin{pmatrix} b_1 \\ b_2 \end{pmatrix}$.

Die Determinanten dieser Matrizen berechnen sich zu

$$D_1 := \det A_1 = b_1 a_{22} - b_2 a_{12} \quad \text{sowie} \quad D_2 := \det A_2 = a_{11}b_2 - a_{21}b_1 .$$

Somit können wir die Lösungen x_1 und x_2 in (7.11) bzw. (7.12) auch schreiben in der Form

$$x_1 = \frac{D_1}{D} \quad \text{und} \quad x_2 = \frac{D_2}{D} .$$

Dieses Resultat gilt ganz allgemein für quadratische reguläre $n \times n$-Gleichungssysteme, was wir im folgenden Satz formulieren wollen. Wir verzichten auf einen allgemeinen Beweis und begnügen uns damit, dieses Resultat soeben zumindest für $n = 2$ gezeigt zu haben.

Satz **Lösungen regulärer quadratischer LGS**

Zu lösen sei das reguläre $n \times n$-LGS

$$\begin{array}{ccccccccc} a_{11}x_1 & + & a_{12}x_2 & + & \dots & + & a_{1n}x_n & = & b_1 \\ a_{21}x_1 & + & a_{22}x_2 & + & \dots & + & a_{2n}x_n & = & b_2 \\ \vdots & & & & & & & & \vdots \\ a_{n1}x_1 & + & a_{n2}x_2 & + & \dots & + & a_{nn}x_n & = & b_n \end{array} \tag{7.13}$$

mit zugehöriger $n \times n$-Matrix

$$A = \begin{pmatrix} a_{11} & a_{12} & \dots & a_{1n} \\ a_{21} & a_{22} & \dots & a_{2n} \\ \vdots & \vdots & \vdots & \vdots \\ a_{n1} & a_{n2} & \dots & a_{nn} \end{pmatrix} .$$

Ferner sei A_i ($i = 1, \dots, n$) die $n \times n$-Matrix, die aus der Matrix A dadurch hervorgeht, dass die ***i*-te Spalte** von A durch die rechte Seite

$$\begin{pmatrix} b_1 \\ \vdots \\ b_n \end{pmatrix}$$

ersetzt wird. Mit den Abkürzungen

$$D := \det A \qquad \text{und} \qquad D_i := \det A_i \quad (i = 1, \dots, n)$$

besitzt das LGS dann die eindeutige Lösung

$$x_1 = \frac{D_1}{D}, \quad \dots \quad , x_n = \frac{D_n}{D} .$$

Beispiel 7.9

Gegeben sei das in Matrixform notierte 3×3-LGS

$$\underbrace{\begin{pmatrix} 2 & 3 & 1 \\ 0 & 4 & 2 \\ 1 & 0 & -2 \end{pmatrix}}_{A} \begin{pmatrix} x_1 \\ x_2 \\ x_3 \end{pmatrix} = \underbrace{\begin{pmatrix} 1 \\ 0 \\ 1 \end{pmatrix}}_{\vec{b}} . \tag{7.14}$$

Um die Regularität dieses LGS zu zeigen, berechnen wir die Determinante $D = \det A$ der Matrix A unter Entwicklung nach der dritten Zeile zu

$$D = 1 \cdot \begin{vmatrix} 3 & 1 \\ 4 & 2 \end{vmatrix} - 2 \cdot \begin{vmatrix} 2 & 3 \\ 0 & 4 \end{vmatrix} = 6 - 4 - 2 \cdot 8 = -14 \neq 0 .$$

Wir berechnen ferner (etwa unter Entwicklung nach der jeweils zweiten Zeile)

$$D_1 = \begin{vmatrix} \mathbf{1} & 3 & 1 \\ \mathbf{0} & 4 & 2 \\ \mathbf{1} & 0 & -2 \end{vmatrix} = 4 \cdot \begin{vmatrix} 1 & 1 \\ 1 & -2 \end{vmatrix} - 2 \cdot \begin{vmatrix} 1 & 3 \\ 1 & 0 \end{vmatrix} = 4 \cdot (-2-1) - 2 \cdot (-3) = -6,$$

$$D_2 = \begin{vmatrix} 2 & \mathbf{1} & 1 \\ 0 & \mathbf{0} & 2 \\ 1 & \mathbf{1} & -2 \end{vmatrix} = -2 \cdot \begin{vmatrix} 2 & 1 \\ 1 & 1 \end{vmatrix} = -2 \cdot (2-1) = -2$$

sowie

$$D_3 = \begin{vmatrix} 2 & 3 & \mathbf{1} \\ 0 & 4 & \mathbf{0} \\ 1 & 0 & \mathbf{1} \end{vmatrix} = 4 \cdot \begin{vmatrix} 2 & 1 \\ 1 & 1 \end{vmatrix} = 4 \cdot (2-1) = 4.$$

Nach dem letzten Satz berechnet sich somit die Lösung (x_1, x_2, x_3) des LGS (7.14) zu

$$x_1 = \frac{D_1}{D} = \frac{-6}{-14} = \frac{3}{7}, \quad x_2 = \frac{D_2}{D} = \frac{-2}{-14} = \frac{1}{7}$$

und

$$x_3 = \frac{D_3}{D} = \frac{4}{-14} = -\frac{2}{7}.$$

Bemerkung

Liegt die Aufgabe vor, ein homogenes System

$$A\vec{x} = \vec{0}$$

zu lösen, und ist die Grundvoraussetzung $\det A \neq 0$ erfüllt, so ist nach dem Satz von Seite 243 klar, dass das System nur eine einzige Lösung und zwar die triviale Lösung $\vec{x} = \vec{0}$ besitzt. Eine „Berechnung“ dieser einzigen Lösung durch die Cramer'sche Regel ist dann überflüssig.

Bemerkung

Haben wir es bei einem Gleichungsystem

$$A\vec{x} = \vec{b}$$

mit quadratischer $n \times n$-Matrix A mit dem Fall

$$\det A = 0$$

zu tun, so ist die Cramersche Regel nicht anwendbar. Aufgrund des Satzes von Seite 244 wissen wir, dass wir in diesem Fall mit **keiner eindeutigen Lösung** zu rechnen haben, d. h. das System besitzt entweder unendlich viele oder aber gar keine Lösungen:

- Ist das Gleichungssystem **homogen**, ist also $\vec{b} = \vec{0}$, so ist auch der Fall ausgeschlossen, dass es keine Lösungen gibt, denn der Nullvektor $\vec{x} = \vec{0}$ ist immer eine offensichtliche Lösung eines jeden homogenen Gleichungssystems. Wir haben es dann in jedem Fall mit unendlich vielen Lösungen zu tun.
- Ist das Gleichungssystem **inhomogen**, so lässt sich die folgende Aussage machen: Ist mindestens **eine** der Determinanten $D_1, \ldots, D_n$ ungleich *null*, so besitzt das Gleichungssystem keine Lösung. (Auf einen Beweis sei hier verzichtet.) Hingegen lässt sich im Fall $D_1 = \ldots = D_n = 0$ ohne weitere Untersuchungen **nicht** entscheiden, ob das System keine Lösungen hat oder ob unendlich viele Lösungen vorliegen.

Praxis-Hinweis

Um die Lösung eines quadratischen $n \times n$-LGS zu erhalten, haben wir nach dem Determinantenverfahren $n + 1$ Determinanten der Dimension n zu berechnen. Wie wir bereits auf Seite 234 festgestellt hatten, ist das Berechnen von Determinanten im Fall $n \geq 4$ eine äußerst mühevolle Angelegenheit. Das Determinantenverfahren spielt in der Praxis somit eine eher untergeordnete Rolle. Zur alltäglichen Berechnung der Lösung linearer Gleichungssysteme ist daher für $n \geq 4$ im Allgemeinen das effektivere und schnellere Gauß-Verfahren vorzuziehen.

7.4 Zur Lösungsgesamtheit linearer Gleichungssysteme

In diesem Abschnitt untersuchen wir, welche Struktur die Gesamtheit aller Lösungen eines linearen Gleichungssystems besitzt. Die Lösungsgesamtheit eines LGS wollen wir in diesem Abschnitt auch als dessen **allgemeine Lösung** bezeichnen. Wir werden dabei sehen, wie sich die allgemeine Lösung aus gewissen Einzelbausteinen zusammensetzen lässt. Betrachten wir nochmals Beispiel 7.3, wo wir sämtliche Lösungen des **inhomogenen** LGS

$$\begin{pmatrix} 2 & -1 & 4 \\ 1 & 0 & 3 \\ 5 & -2 & 11 \end{pmatrix} \begin{pmatrix} x_1 \\ x_2 \\ x_3 \end{pmatrix} = \begin{pmatrix} 1 \\ 0 \\ 2 \end{pmatrix} \tag{7.15}$$

zu

$$\vec{x} = \begin{pmatrix} 0 \\ -1 \\ 0 \end{pmatrix} + p \cdot \begin{pmatrix} -3 \\ -2 \\ 1 \end{pmatrix} \qquad (p \in \mathbb{R}) \tag{7.16}$$

berechnet hatten.

Wir lösen nun das zu (7.15) gehörende **homogene** LGS, suchen also die Lösungen des Problems

$$\begin{pmatrix} 2 & -1 & 4 \\ 1 & 0 & 3 \\ 5 & -2 & 11 \end{pmatrix} \begin{pmatrix} x_1 \\ x_2 \\ x_3 \end{pmatrix} = \begin{pmatrix} 0 \\ 0 \\ 0 \end{pmatrix}. \tag{7.17}$$

Wir führen dieselben Zeilentransformationen durch wie in Beispiel 7.3 und erhalten folglich auch die gleiche obere Dreiecksmatrix, wohingegen sich die rechte Seite $(0, 0, 0)^T$ durch die Transformationen nicht verändert. Zu lösen ist nach diesen Schritten folglich das System

$$\left(\begin{array}{ccc|c} 2 & -1 & 4 & 0 \\ 0 & -1 & -2 & 0 \\ 0 & 0 & 0 & 0 \end{array}\right).$$

Wieder führen wir wegen der mehrdeutig lösbaren letzten Zeile einen Parameter $x_3 := p$ ein und berechnen

$$-x_2 - 2x_3 = 0 \quad \Leftrightarrow \quad x_2 = -2x_3 = -2p$$

sowie

$$2x_1 - x_2 + 4x_3 = 0 \quad \Leftrightarrow \quad x_1 = \frac{x_2 - 4x_3}{2} = \frac{-2p - 4p}{2} = -3p.$$

Das homogene Problem (7.17) besitzt also die allgemeine Lösung

$$p \cdot \begin{pmatrix} -3 \\ -2 \\ 1 \end{pmatrix} \qquad (p \in \mathbb{R}).$$

Kehren wir wieder zu dem ursprünglichen inhomogenen Ausgangsproblem (7.15) zurück: Setzen wir in der allgemeinen Lösung (7.16) beispielsweise $p = 0$, so erhalten wir mit

$$\begin{pmatrix} 0 \\ -1 \\ 0 \end{pmatrix}$$

eine spezielle Lösung unter unendlich vielen Lösungen dieses inhomogenen LGS. In der Darstellung (7.16) der allgemeinen Lösung erkennen wir also den folgenden Zusammenhang:

$$\vec{x} = \underbrace{\begin{pmatrix} 0 \\ -1 \\ 0 \end{pmatrix}}_{\substack{\text{spezielle Lösung des} \\ \textbf{inhomogenen}\text{ LGS}}} + \underbrace{p \cdot \begin{pmatrix} -3 \\ -2 \\ 1 \end{pmatrix}}_{\substack{\text{allgemeine Lösung des} \\ \textbf{homogenen}\text{ Systems}}} . \tag{7.18}$$

Die allgemeine Lösung des inhomogenen Systems lässt sich somit darstellen durch eine **spezielle Lösung des inhomogenen Systems** plus der **allgemeinen Lösung des homogenen Systems**.

Uns interessiert im Folgenden auch die Frage, inwieweit wir in (7.18) statt $\begin{pmatrix} 0 \\ -1 \\ 0 \end{pmatrix}$ eine **beliebige** andere Lösung $\vec{y}$ des inhomogenen Ausgangsproblems wählen können, um so alle Lösungen des inhomogenen LGS darstellen zu können. Werden also auch durch

$$\vec{y} + q \cdot \begin{pmatrix} -3 \\ -2 \\ 1 \end{pmatrix} \qquad (q \in \mathbb{R})$$

alle Lösungen des ursprünglichen inhomogenen Systems (7.15) dargestellt? Der nächste Satz bejaht diese Frage sogar im allgemeinen Fall von m Gleichungen und n Unbekannten.

Satz **Lösungsgesamtheit inhomogener LGS**

Gegeben sei ein inhomogenes lineares $m \times n$-Gleichungssystem

$$A\vec{x} = \vec{b}$$

mit einer gegebenen $m \times n$-Matrix A und einer rechten Seite $\vec{b} \in \mathbb{R}^m$. Dann lässt sich die allgemeine Lösung dieses Problems darstellen durch eine **beliebige** spezielle Lösung des LGS

+

die **allgemeine** Lösung des entsprechenden **homogenen** LGS $A\vec{x} = \vec{0}$.

Es sei $\vec{y}$ eine beliebige Lösung des inhomogenen LGS, also

$$A\vec{y} = \vec{b},$$

und $\vec{x}$ eine Lösung des homogenen Problems, d.h

$$A\vec{x} = 0.$$

Einerseits können wir festhalten, dass dann auch $\vec{x} + \vec{y}$ eine Lösung des inhomogenen Problems ist, denn aus der Linearität erhalten wir

$$A(\vec{x} + \vec{y}) = \underbrace{A\vec{x}}_{=\vec{0}} + \underbrace{A\vec{y}}_{=\vec{b}} = \vec{0} + \vec{b} = \vec{b}.$$

Umgekehrt müssen wir noch zeigen, dass jede Lösung $\vec{x}_0$ des inhomogenen Systems $A\vec{x} = \vec{b}$ auch tatsächlich in der Form

$$\vec{x}_0 = \vec{y} + \vec{x}$$

mit einer Lösung $\vec{x}$ des homogenen Problems dargestellt werden kann. Gesucht ist nun ein solcher Vektor $\vec{x}$. Wir wählen $\vec{x} := \vec{x}_0 - \vec{y}$ und weisen nach, dass $\vec{x}$ tatsächlich eine Lösung des homogenen Systems $A\vec{x} = \vec{0}$ ist. Denn aus

$$A\vec{x}_0 = \vec{b} \qquad \text{und} \qquad A\vec{y} = \vec{b}$$

folgt wieder mit der Linearität

$$A\vec{x} = A(\vec{x}_0 - \vec{y}) = A\vec{x}_0 - A\vec{y} = \vec{b} - \vec{b} = \vec{0}.$$

Beispiel 7.10

Wir lösen zunächst das homogene LGS

$$\begin{aligned} 2x_1 \quad + \quad 4x_2 \quad\quad\quad\quad &= 0 \\ -3x_1 - \quad 6x_2 \quad\quad\quad\quad &= 0 \\ x_1 \quad + \quad 2x_2 + 2x_3 &= 0, \end{aligned}$$

welches wir mit Hilfe der nachfolgenden Zeilentransformationen auf obere Dreiecksgestalt bringen:

$$\left(\begin{array}{ccc|c} 2 & 4 & 0 & 0 \\ -3 & -6 & 0 & 0 \\ 1 & 2 & 2 & 0 \end{array}\right) \overset{(2)\to 2\cdot(2)+3\cdot(1)}{\hookrightarrow} \left(\begin{array}{ccc|c} 2 & 4 & 0 & 0 \\ 0 & 0 & 0 & 0 \\ 1 & 2 & 2 & 0 \end{array}\right)$$

$$\overset{(3)\to 2\cdot(3)-(1)}{\hookrightarrow} \left(\begin{array}{ccc|c} 2 & 4 & 0 & 0 \\ 0 & 0 & 0 & 0 \\ 0 & 0 & 4 & 0 \end{array}\right).$$

Aus der letzten Zeile erhalten wir $x_3 = 0$. Die zweite Zeile ist nicht eindeutig lösbar, was die Einführung eines Parameters erzwingt, also $x_2 = p$. Abhängig von p errechnen wir dann x_1 aus der ersten Zeile zu

$$2x_1 + 4x_2 = 0 \quad\Leftrightarrow\quad x_1 = -2x_2 = -2p\,.$$

Die allgemeine Lösung dieses homogenen Problems ist also gegeben in der Form

$$\vec{x} = p \cdot \begin{pmatrix} -2 \\ 1 \\ 0 \end{pmatrix} \qquad (p \in \mathbb{R})\,.$$

Wenn wir nun die Lösung des inhomogenen Problems

$$\begin{aligned} 2x_1 \quad + \quad 4x_2 \quad\quad\quad\quad &= 0 \\ -3x_1 - \quad 6x_2 \quad\quad\quad\quad &= 0 \\ x_1 \quad + \quad 2x_2 + 2x_3 &= 6 \end{aligned} \tag{7.19}$$

berechnen wollen, so wären wir schlecht beraten, sämtliche eben vorgenommen Zeilentransformationen nochmals für die nun veränderte inhomogene rechte Seite durchzuführen. Einfacher gelingt die Rechnung mit Hilfe des vorangegangenen Satzes von Seite 271: Denn mit

$$\vec{y} = \begin{pmatrix} 0 \\ 0 \\ 3 \end{pmatrix}$$

finden wir durch bloßes Raten eine spezielle Lösung des inhomogenen Problems (7.19). Die **allgemeine** Lösung des inhomogenen Problems ist somit gegeben durch alle Vektoren $\vec{x}$ mit

$$\vec{x} = \begin{pmatrix} 0 \\ 0 \\ 3 \end{pmatrix} + p \cdot \begin{pmatrix} -2 \\ 1 \\ 0 \end{pmatrix} \qquad (p \in \mathbb{R}) .$$

Zugegebenermaßen ist es – anders als im letzten Beispiel 7.10 – nicht immer leicht möglich, eine spezielle Lösung eines inhomogenen LGS durch Raten zu ermitteln.

Unabhängig davon liefert der Satz von Seite 271 auch eine anschauliche geometrische Interpretation der allgemeinen Lösung eines linearen Gleichungssystems:

Beim Lösen eines inhomogenen linearen Gleichungssystems

$$A\vec{x} = \vec{b}$$

mit einer $m \times n$-Matrix A und einer rechten Seite $\vec{b} \in \mathbb{R}^m$ stoßen wir im Fall seiner Lösbarkeit auf die allgemeine Lösung

$$\vec{x} = \vec{y} + p_1 \cdot \vec{r}_1 + \ldots + p_j \cdot \vec{r}_j \qquad (p_1, \ldots, p_j \in \mathbb{R})$$

mit einem Vektor $\vec{y}$ und anderen Vektoren $\vec{r}_1, \ldots, \vec{r}_j \in \mathbb{R}^n$. (Bei unseren Betrachtungen war zumeist $j = 1$, d. h. es war die allgemeine Lösung gegeben durch $\vec{x} = \vec{y} + p \cdot \vec{r}$.) Wir interpretieren $\vec{y}$ als Ortsvektor oder auch als Stützvektor und die Vektoren $\vec{r}_1, \ldots, \vec{r}_j$ als Richtungsvektoren. Schreiben wir die allgemeine Lösung sodann in der Form

$$\vec{x} = \vec{y} + \operatorname{span}\{\vec{r}_1, \ldots, \vec{r}_j\} ,$$

so erkennen wir, um was es sich bei der allgemeinen Lösung des inhomogenen LGS handelt, nämlich um einen **affinen Unterraum des $\mathbb{R}^n$**. An den Stützvektor $\vec{y}$ wird der Unterraum $\operatorname{span}\{\vec{r}_1, \ldots, \vec{r}_j\}$ angeheftet.

Für den Fall $n = 3$, d. h. für den Fall eines linearen Gleichungssystems mit m Zeilen und drei Unbekannten, wollen wir eine geometrische Interpretation der allgemeinen Lösung finden. Jede der m Zeilen

$$a_{j1}x_1 + a_{j2}x_2 + a_{j3}x_3 = b_j \qquad (1 \leq j \leq m) \qquad (7.20)$$

des LGS stellt nach der Bemerkung von Seite 183 eine Ebene im $\mathbb{R}^3$ dar, falls die a_{ji} nicht alle zu Null verschwinden. (Den Sonderfall einer Zeile der Gestalt

$$0 \cdot x_1 + 0 \cdot x_2 + 0 \cdot x_3 = 0$$

können wir ohne Einschränkung der Allgemeinheit ausschließen, da wir eine solche Zeile aus dem LGS eliminieren können.)

Die Suche nach der allgemeinen Lösung des LGS entspricht somit der Suche nach denjenigen Punkten $\vec{x} \in \mathbb{R}^n$, die in **allen** m Ebenen (7.20) liegen. Anders ausgedrückt: Die Lösungsgesamtheit des LGS ist gleich dem **Schnitt** der gegebenen m Ebenen aus (7.20) miteinander.

Um etwas Konkretes vor Augen zu haben, beschränken wir uns zusätzlich auf $m = 3$. Beim Lösen solcher 3×3-Gleichungssysteme haben wir folglich drei Ebenen zum Schnitt zu bringen.

Ist das LGS **unlösbar**, so entspricht dies drei Ebenen, die keinen gemeinsamen Punkt besitzen, was beispielsweise anhand des LGS

$$\begin{aligned} x_1 + x_2 - x_3 &= 1 \\ x_1 + x_2 - x_3 &= -1 \\ x_1 + x_2 - x_3 &= -3 \end{aligned}$$

Abbildung 7.1: Unlösbares LGS im Fall paralleler Ebenen.

und ▶ Abbildung 7.1 deutlich wird: Die Ebenen liegen parallel und besitzen demzufolge keinen gemeinsamen Schnittpunkt. Doch auch, wenn die Ebenen nicht parallel liegen, kann der Fall eintreten, dass diese sich in keinem gemeinsamen Punkt schneiden.

So ist das LGS

$$\begin{aligned} x_1 + x_2 - x_3 &= 1 \\ x_1 - x_2 + x_3 &= 1 \\ 3x_1 + x_2 - x_3 &= 6 \end{aligned}$$

Abbildung 7.2: Unlösbares LGS.

nicht lösbar. Die drei Ebenen dieses LGS sind in ▶ Abbildung 7.2 dargestellt und besitzen augenscheinlich keinen gemeinsamen Schnittpunkt.

Ist das LGS hingegen **lösbar**, so entspricht das Schnittgebilde der drei Ebenen einem einzigen Punkt, einer Gerade oder gar einer Ebene, in jedem Fall also einem affinen Unterraum im Einklang mit der obigen theoretischen Feststellung. Im Einzelnen haben wir diese Fälle wie folgt zu unterscheiden und zu interpretieren:

Fall 1: Das LGS besitzt eine eindeutige Lösung $\vec{x}$.

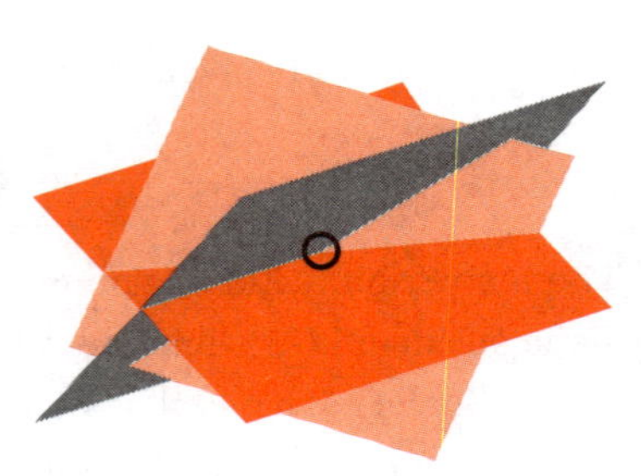

Abbildung 7.3: Eindeutige Lösung – genau ein Schnittpunkt.

Dies entspricht dem Fall, dass sich alle drei Ebenen in genau einem Punkt, dem Punkt $\vec{x}$ schneiden. (Der oben erwähnte affine Unterraum ist somit gegeben in der Form

$$\vec{x} = \vec{x} + \operatorname{span}\{\vec{0}\},$$

besteht also nur aus einem einzigen Punkt.) Ein Beispiel hierfür ist gegeben durch das LGS

$$\begin{array}{rcrcrcl} x_1 & + & x_2 & - & x_3 & = & 1 \\ x_1 & - & x_2 & + & x_3 & = & 1 \\ 2x_1 & - & x_2 & - & x_3 & = & 1\,. \end{array}$$

Eine kurze Rechnung ergibt, dass es die eindeutige Lösung $\vec{x} = (1, \frac{1}{2}, \frac{1}{2})^T$ besitzt. Als Schnittpunkt dreier Ebenen ist dieser Lösungspunkt $\vec{x}$ in ▶ Abbildung 7.3 dargestellt.

Fall 2: Das LGS ist nicht eindeutig lösbar und erfordert die Einführung **genau** eines Parameters p_1.

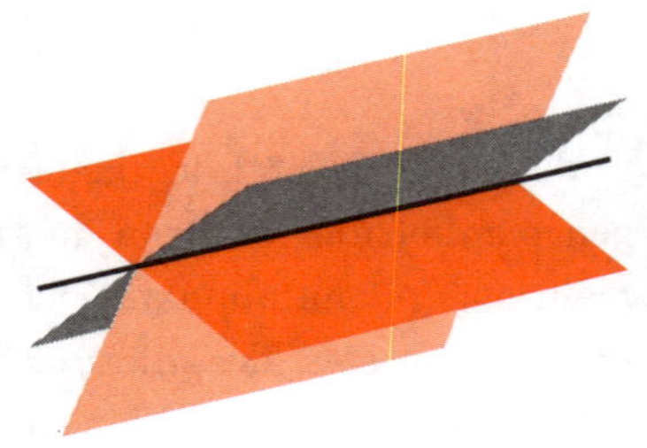

Abbildung 7.4: Schnittgerade.

Die Lösungsgesamtheit ist somit gegeben durch einen affinen Unterraum

$$\vec{y} + \operatorname{span}\{\vec{r}_1\} = \{\vec{y} + p_1 \cdot \vec{r}_1 \mid p_1 \in \mathbb{R}\}$$

mit Vektoren $\vec{y}, \vec{r}_1 \in \mathbb{R}^3$. Dies entspricht einer (um den Vektor $\vec{y}$ aus dem Ursprung herausgeschobenen) Geraden mit dem Richtungsvektor $\vec{r}_1$. ▶ Abbildung 7.4 stellt dies beispielhaft anhand des LGS

$$\begin{array}{rcrcrcl} x_1 & + & x_2 & - & x_3 & = & 1 \\ x_1 & - & x_2 & + & x_3 & = & 1 \\ 3x_1 & + & x_2 & - & x_3 & = & 3 \end{array}$$

dar. Der Leser berechne in diesem Fall selbstständig die Schnittgerade zu

$$\vec{x} = \begin{pmatrix} 1 \\ 0 \\ 0 \end{pmatrix} + p_1 \cdot \begin{pmatrix} 0 \\ 1 \\ 1 \end{pmatrix} \qquad (p_1 \in \mathbb{R}).$$

Fall 3: Das LGS ist nicht eindeutig lösbar und erfordert die Einführung **genau** zweier Parameter p_1 und p_2.

Die allgemeine Lösung des LGS entspricht dann dem affinen Unterraum

$$\begin{aligned} &\vec{y} + \operatorname{span}\{\vec{r}_1, \vec{r}_2\} \\ = &\left\{\vec{y} + p_1 \cdot \vec{r}_1 + p_2 \cdot \vec{r}_2 \,|\, p_1, p_2 \in \mathbb{R}\right\}, \end{aligned}$$

welcher eine Ebene repräsentiert. Der Fall dreier Ebenen, welche sich in einer Ebene schneiden, tritt nur dann ein, wenn alle drei Ebenen dieselbe Fläche beschreiben, also zusammenfallen. Das LGS

Abbildung 7.5: Gemeinsame Schnittebene.

$$\begin{aligned} x_1 + x_2 - x_3 &= 1 \\ 2x_1 + 2x_2 - 2x_3 &= 2 \\ 3x_1 + 3x_2 - 3x_3 &= 3, \end{aligned}$$

in welchem jede Zeile durch Multiplikation mit einem geeigneten Faktor aus den anderen beiden hervorgeht, liefert hierfür ein Beispiel (▶ Abbildung 7.5).

7.5 Ergänzung: Kurzanleitung zum Gauß'schen Eliminationsverfahren

Für ein lineares Gleichungssystem

$$\begin{aligned} a_{11}x_1 + a_{12}x_2 + \ldots + a_{1n}x_n &= b_1 \\ a_{21}x_1 + a_{22}x_2 + \ldots + a_{2n}x_n &= b_2 \\ \vdots \qquad\qquad\qquad & \quad \vdots \\ a_{m1}x_1 + a_{m2}x_2 + \ldots + a_{mn}x_n &= b_m \end{aligned} \tag{7.21}$$

oder kurz

$$\left(\begin{array}{ccccc|c} a_{11} & a_{12} & a_{13} & \ldots & a_{1n} & b_1 \\ a_{21} & a_{22} & a_{23} & \ldots & a_{2n} & b_2 \\ a_{31} & a_{32} & a_{33} & \ldots & a_{3n} & b_3 \\ \vdots & \vdots & \vdots & \ldots & \vdots & \vdots \\ a_{m1} & a_{m2} & a_{m3} & \ldots & a_{mn} & b_m \end{array}\right) \tag{7.22}$$

bezeichne jeweils der Vektor $\begin{pmatrix} b_1 \\ \vdots \\ b_m \end{pmatrix}$ die **rechte Seite**; alle Einträge links der Gleichheitszeichen bzw. der vertikalen Trennlinie bilden hingegen die **linke Seite**.

In der folgenden Beschreibung wollen wir die Gauß'schen Umformungen anhand dreier Beispiele verdeutlichen. Zugegebenermaßen sind diese so leicht lösbar, dass es dazu eigentlich keiner allzu detaillierten Erläuterung bedarf. Hier geschieht dies zu Demonstrationszwecken.

Wir betrachten im Verlauf der folgenden Erläuterungen parallel drei Beispiele

$$\begin{aligned} 3x - y - z &= 3 \\ x + y + z &= 1 \\ x - y - z &= 1 \end{aligned} \qquad \begin{aligned} 3x - y - z &= 6 \\ x + y + z &= 1 \\ x - y - z &= 1 \end{aligned} \qquad \begin{aligned} 2x - y + z &= 3 \\ x + y + z &= 1 \\ x - y - z &= 1 \end{aligned}$$

oder in vereinfachter Schreibweise:

$$\left(\begin{array}{ccc|c} 3 & -1 & -1 & 3 \\ 1 & 1 & 1 & 1 \\ 1 & -1 & -1 & 1 \end{array}\right) \qquad \left(\begin{array}{ccc|c} 3 & -1 & -1 & 6 \\ 1 & 1 & 1 & 1 \\ 1 & -1 & -1 & 1 \end{array}\right) \qquad \left(\begin{array}{ccc|c} 2 & -1 & 1 & 3 \\ 1 & 1 & 1 & 1 \\ 1 & -1 & -1 & 1 \end{array}\right).$$

1. Schritt: Abbruchkriterium

Enthält eine Zeile auf der linken Seite ausschließlich Nullen, auf der rechten Seite jedoch einen Wert ungleich null, so besitzt das Gleichungssystem **keine** Lösung. In diesem Fall müssen wir das Verfahren abbrechen.

2. Schritt: Zeilen- und Spaltenvertauschungen

- Handelt es sich bei dem Eintrag in der ersten Spalte der ersten Zeile (oben links) um den Wert *Null*, so **müssen** wir die erste Zeile (bzw. die erste Spalte der linken Seite) mit einer anderen Zeile (Spalte der linken Seite) vertauschen, um oben links einen Eintrag ungleich *null* zu erhalten.
- Rechnerisch günstig (wenn auch nicht notwendig) ist es, wenn es sich bei dem Element links oben um den Wert 1 oder -1 handelt. Können wir dies durch Vertauschen von Spalten und Zeilen erreichen, so ist es ratsam, den Zeilen- oder Spaltentausch auch durchzuführen.

In allen drei Beispielen vertauschen wir Zeile 1 und 2, um links oben den Eintrag *Eins* zu erhalten:

$$\left(\begin{array}{ccc|c} 1 & 1 & 1 & 1 \\ 3 & -1 & -1 & 3 \\ 1 & -1 & -1 & 1 \end{array}\right) \qquad \left(\begin{array}{ccc|c} 1 & 1 & 1 & 1 \\ 3 & -1 & -1 & 6 \\ 1 & -1 & -1 & 1 \end{array}\right) \qquad \left(\begin{array}{ccc|c} 1 & 1 & 1 & 1 \\ 2 & -1 & 1 & 3 \\ 1 & -1 & -1 & 1 \end{array}\right).$$

3. Schritt: Zeilentransformationen

Die erste Zeile bleibt während dieses Schritts unverändert. Sie dient dazu, durch Multiplikation mit einem geeigneten Vielfachen und Addition auf andere Zeilen deren jeweils ersten Eintrag auf den Wert *Null* zu bringen. Eine Zeile, deren erster Eintrag bereits den Wert *Null* besitzt, lassen wir unverändert. Man versäume auf keinen Fall, die im Zuge dieses Verfahrens anfallenden Operationen wie Addition und Vervielfachung auch auf die rechte Seite anzuwenden. Besteht diese aus dem Nullvektor (liegt also ein homogenes System vor), so ist dies trivialerweise nicht nötig.

$$\begin{array}{c}(2) \to (2)-3\cdot(1) \\ (3) \to (3)-(1)\end{array} \qquad \begin{array}{c}(2) \to (2)-3\cdot(1) \\ (3) \to (3)-(1)\end{array} \qquad \begin{array}{c}(2) \to (2)-2\cdot(1) \\ (3) \to (3)-(1)\end{array}$$

$$\left(\begin{array}{ccc|c} 1 & 1 & 1 & 1 \\ 0 & -4 & -4 & 0 \\ 0 & -2 & -2 & 0 \end{array}\right) \qquad \left(\begin{array}{ccc|c} 1 & 1 & 1 & 1 \\ 0 & -4 & -4 & 3 \\ 0 & -2 & -2 & 0 \end{array}\right) \qquad \left(\begin{array}{ccc|c} 1 & 1 & 1 & 1 \\ 0 & -3 & -1 & 1 \\ 0 & -2 & -2 & 0 \end{array}\right).$$

4. Schritt: Kontrolle

- Eine Zeile, die jetzt nur noch aus Nullen besteht (einschließlich des Eintrags auf der rechten Seite), wird gestrichen und bleibt damit im weiteren Verlauf des Verfahrens unberücksichtigt.
- Liegt eine Zeile vor mit Nullen auf der linken und einem von null verschiedenen Eintrag auf der rechten Seite, dann besitzt das Gleichungssystem keine Lösung und wir brechen das Verfahren ab. Im Fall eines homogenen Gleichungssystems kann dieser Fall nicht auftreten, da im gesamten Verfahren die rechte Seite aus dem Nullvektor besteht.

Im Fall unserer drei Beispiele tauchen (zu diesem Zeitpunkt) keine solchen Nullzeilen auf.

Wiederholung der Schritte 1 bis 4 für Unterschema

Die erste (oberste) Zeile und die erste (linke) Spalte werden jetzt „eingefroren". Bis auf ggf. Vertauschen von Spalten werden wir sie nicht mehr verändern. Wir betrachten nun das „Unterschema", beginnend mit der zweiten Zeile und der zweiten Spalte, als das zu bearbeitende System.

Für dieses Unterschema wiederholen wir die oben beschriebenen Schritte 1 bis 4. (Alle dort beschriebenen Operationen gelten nun sinngemäß für die bisherige zweite Zeile/Spalte, also für die nunmehr erste Zeile/Spalte des Unterschemas.)

Ausgehend von

$$\left(\begin{array}{ccc|c} 1 & 1 & 1 & 1 \\ 0 & \mathbf{-4} & \mathbf{-4} & \mathbf{0} \\ 0 & \mathbf{-2} & \mathbf{-2} & \mathbf{0} \end{array}\right) \qquad \left(\begin{array}{ccc|c} 1 & 1 & 1 & 1 \\ 0 & \mathbf{-4} & \mathbf{-4} & \mathbf{3} \\ 0 & \mathbf{-2} & \mathbf{-2} & \mathbf{0} \end{array}\right) \qquad \left(\begin{array}{ccc|c} 1 & 1 & 1 & 1 \\ 0 & \mathbf{-3} & \mathbf{-1} & \mathbf{1} \\ 0 & \mathbf{-2} & \mathbf{-2} & \mathbf{0} \end{array}\right)$$

vertauschen wir im dritten Beispiel die zweite und dritte Spalte, um an der linken oberen Position des Unterschemas den Eintrag -1 zu erhalten. Dies entspricht der Wiederholung von Schritt 2. Für die Beispiele 1 und 2 ist diese Maßnahme nicht möglich. Nach erfolgtem Spaltentausch im dritten Beispiel sowie unveränderten Schemata im Fall der ersten beiden Beispiele besitzen diese die Gestalt

$$\left(\begin{array}{ccc|c} 1 & 1 & 1 & 1 \\ 0 & \mathbf{-4} & \mathbf{-4} & \mathbf{0} \\ 0 & \mathbf{-2} & \mathbf{-2} & \mathbf{0} \end{array}\right) \qquad \left(\begin{array}{ccc|c} 1 & 1 & 1 & 1 \\ 0 & \mathbf{-4} & \mathbf{-4} & \mathbf{3} \\ 0 & \mathbf{-2} & \mathbf{-2} & \mathbf{0} \end{array}\right) \qquad \left(\begin{array}{ccc|c} x & z & y & \\ 1 & 1 & 1 & 1 \\ 0 & \mathbf{-1} & \mathbf{-3} & \mathbf{1} \\ 0 & \mathbf{-2} & \mathbf{-2} & \mathbf{0} \end{array}\right).$$

Eine Wiederholung von Schritt 3 führt auf

$$\overset{(3)\to(3)-\frac{1}{2}\cdot(2)}{\hookrightarrow} \left(\begin{array}{ccc|c} 1 & 1 & 1 & 1 \\ 0 & -4 & -4 & 0 \\ 0 & 0 & 0 & 0 \end{array}\right) \qquad \overset{(3)\to(3)-\frac{1}{2}\cdot(2)}{\hookrightarrow} \left(\begin{array}{ccc|c} 1 & 1 & 1 & 1 \\ 0 & -4 & -4 & 3 \\ 0 & 0 & 0 & -\frac{3}{2} \end{array}\right) \qquad \overset{(3)\to(3)-2\cdot(2)}{\hookrightarrow} \left(\begin{array}{ccc|c} x & z & y & \\ 1 & 1 & 1 & 1 \\ 0 & -1 & -3 & 1 \\ 0 & 0 & 4 & -2 \end{array}\right).$$

Eine Überprüfung von Zeilen (4. Schritt) ist in den ersten beiden Beispielen vonnöten. Im ersten Beispiel besteht die gesamte letzte Zeile einschließlich der rechten Seite aus *Nullen*, so dass wir diese streichen. Im zweiten Beispiel erkennen wir, dass die linke Seite der letzten Zeile ebenfalls *Nullen* beinhaltet, die rechte Seite jedoch in dieser Zeile den Eintrag $-\frac{3}{2} \neq 0$ besitzt. Damit besitzt dieses Gleichungssystem keine Lösung und wir brechen das Verfahren ab. Wir haben also im Folgenden nur noch die beiden Systeme

$$\left(\begin{array}{ccc|c} 1 & 1 & 1 & 1 \\ 0 & -4 & -4 & 0 \end{array}\right) \qquad \left(\begin{array}{ccc|c} x & z & y & \\ 1 & 1 & 1 & 1 \\ 0 & -1 & -3 & 1 \\ 0 & 0 & 4 & -2 \end{array}\right)$$

zu untersuchen.

Handelt es sich bei den Gleichungssystemen um Systeme mit allgemein m Gleichungen und n Unbekannten, so wiederholen wir die Schritte 1 bis 4 fortlaufend weitere Male, wobei sowohl die Anzahl der Gleichungen als auch die Anzahl der Unbekannten in jedem Schritt um eins nach unten reduziert wird. Nach endlich vielen Schritten kann dann kein neues Unterschema mehr gebildet werden und wir fahren mit der folgenden Schlussanalyse fort.

Letzter Schritt: Analyse

Wir unterscheiden nun:

a) Die linke Seite besitze die gleiche Anzahl n von Zeilen wie Spalten. Dann besitzt das Gleichungssystem eine eindeutige Lösung, die „von unten nach oben" berechnet wird: Aus der letzten Zeile können wir den Wert einer Variablen x_l aus der Formel

$$0 + 0 + \ldots + \alpha_{nl} x_l = \beta_n$$

direkt berechnen zu

$$x_l = \frac{\beta_n}{\alpha_{nl}} .$$

(Nach einem eventuellen Spaltentausch muss es sich bei x_l nicht zwingend um die letzte Variable x_n handeln.) Den Wert x_l setzen wir in die vorletzte Zeile ein, berechnen die nächste Variable usw. (siehe Beispiel 7.1).

Im dritten Beispiel erhalten wir deshalb konkret

$$y = -\frac{2}{4} = -\frac{1}{2} \qquad \text{(man beachte den Spaltentausch!)}$$

und setzen diesen Wert in die vorletzte Zeile ein, woraus wir errechnen:

$$-z - 3 \cdot \left(-\frac{1}{2}\right) = 1 \qquad \Leftrightarrow \qquad z = \frac{1}{2} .$$

Unter Einsetzen von y und z in die erste Zeile erhalten wir:

$$x + \frac{1}{2} - \frac{1}{2} = 1 \qquad \Leftrightarrow \qquad x = 1$$

und damit die Gesamtlösung

$$(x, y, z) = (1, -\frac{1}{2}, \frac{1}{2}) .$$

In einem homogenen quadratischen System, in welchem wir es auf der rechten Seite stets mit dem Nullvektor

$$\vec{\beta} = \begin{pmatrix} \beta_1 \\ \vdots \\ \beta_n \end{pmatrix} = \begin{pmatrix} 0 \\ \vdots \\ 0 \end{pmatrix}$$

zu tun haben, ist wegen $\beta_n = 0$ auch $x_l = 0$. Auch beim weiteren Einsetzen ergeben sich alle Variablen zu *Null*. Wir erhalten unter diesen Umständen die triviale Lösung

$$x_1 = x_2 = \ldots = x_n = 0\,.$$

b) Die linke Seite besitze um d weniger Zeilen als Spalten. Dann können wir die Werte für d Variablen frei wählen (parametrisieren) und die übrigen Variablen in Abhängigkeit dieser Parameter darstellen. Für die Parametrisierung wählen wir üblicherweise die Variablen, die den letzten d Spalten der linken Seite entsprechen (siehe Beispiel 7.3).

In unserem ersten Beispiel liegt auf der linken Seite **eine** Zeile weniger vor, als Spalten vorhanden sind. Daher können wir den Wert für **eine** Variable frei festsetzen. Wir wählen dafür die Variable z und setzen

$$z := p\,.$$

Aus dem System berechnen wir dann weiter durch sukzessives Einsetzen

$$-4y - 4p = 0 \qquad \Leftrightarrow \qquad y = -p$$

sowie

$$x - p + p = 1 \qquad \Leftrightarrow \qquad x = 1$$

und erhalten, wenn p alle reellen Zahlen durchläuft, die unendlich vielen Lösungen

$$(x, y, z) = (1, -p, p) \qquad (p \in \mathbb{R}).$$

c) Der Fall, dass am Ende der vorangegangenen Schritte die linke Seite mehr Zeilen aufweist als Spalten, kann nicht auftreten. Denn entweder ergeben sich durch die obigen Schritte komplette Nullzeilen, die entfernt werden können. Oder aber die linke Seite einer Zeile beinhaltet *Nullen*, wohingegen die rechte Seite in dieser Zeile einen Wert ungleich *null* aufweist. In diesem Fall bricht das Verfahren ab; das LGS besitzt dann keine Lösung.

Aufgaben

1 Bestimmen Sie die Lösung(en) der folgenden linearen Gleichungssysteme mit Hilfe des Gauß'schen Eliminationsverfahrens und/oder des Cramer'schen Determinantenverfahrens:

a)
$$\begin{aligned} 2x + y - 2z &= 10 \\ 3x + 2y + 2z &= 1 \\ 5x + 4y + 3z &= 4 \end{aligned}$$

b)
$$\begin{aligned} x + 2y - 3z &= 6 \\ 2x - y + 4z &= 2 \\ 4x + 3y - 2z &= 14 \end{aligned}$$

c)
$$\begin{aligned} x + 2y - 3z &= -1 \\ 3x - y + 2z &= 7 \\ 10x + 6y - 8z &= 5 \end{aligned}$$

d)
$$\begin{aligned} w + x + 2y - 3z &= 1 \\ w + 2x - y + 5z &= 0 \\ 3w + 5x + 7z &= 1 \\ x - 3y + 8z &= -1 \end{aligned}$$

e)
$$\begin{aligned} x + y + z &= 0 \\ 2x + 3y + 4z &= 0 \\ 3x - y + 2z &= 0 \end{aligned}$$

2 Untersuchen Sie, für welche Werte von $k \in \mathbb{R}$ die folgenden linearen Gleichungssysteme genau eine, keine oder unendlich viele Lösungen besitzen. Geben Sie in den Fällen, für welche Lösungen existieren, diese an.

a)
$$\begin{aligned} x + y - z &= 1 \\ 2x + 3y + k \cdot z &= 3 \\ x + k \cdot y + 3z &= 2 \end{aligned}$$

b)
$$\begin{aligned} x + y + k \cdot z &= 2 \\ 3x + 4y + 2z &= k \\ 2x + 3y - z &= 1 \end{aligned}$$

c)
$$\begin{aligned} x + 2y + k \cdot z &= 1 \\ 2x + k \cdot y + 8z &= 3 \end{aligned}$$

Ausführliche Lösungen und weitere Aufgaben finden Sie auf der Companion Website des Buches unter
http://www.pearson-studium.de

Eigenwertrechnung

8

ÜBERBLICK

Dieses Kapitel erklärt:

- Was man unter Eigenwerten und Eigenvektoren von Matrizen versteht.
- Wie man Eigenwerte und Eigenvektoren berechnet.

„Eigenwerte spielen eine große Rolle bei der Analyse naturwissenschaftlicher Vorgänge wie beispielsweise der Klassifizierung und Lösung von Differentialgleichungen sowie der Beschreibung quantenmechanischer Messungen. Unser Ziel in diesem Kapitel ist es, die dafür notwendigen Begriffe vorzustellen und damit den Boden zu bereiten für ein vertieftes Studium dieser Objekte in einem naturwissenschaftlichen Rahmen.“

8.1 Eigenwerte und Eigenvektoren

Aus Abschnitt 6.3 ist bekannt, wie sich hinter einer **quadratischen** $\boldsymbol{n \times n}$-Matrix A eine lineare Abbildung

$$f : \mathbb{R}^n \to \mathbb{R}^n, \quad f(\vec{x}) = A\vec{x}$$

verbirgt. Vektoren des $\mathbb{R}^n$ werden dabei wieder auf Vektoren des $\mathbb{R}^n$ abgebildet. In diesem Kapitel interessieren wir uns für Vektoren, die auf ein Vielfaches von sich selbst abgebildet werden, für welche also die Gleichung

$$A\vec{x} = \lambda\vec{x} \tag{8.1}$$

mit einem Vielfachen $\lambda \in \mathbb{R}$ und einem Vektor $\vec{x}$ erfüllt ist. Da der Nullvektor $\vec{0}$ dieser Gleichung für jedes $\lambda \in \mathbb{R}$ genügt, wollen wir ihn im Folgenden von unseren Betrachtungen ausschließen. Eine Zahl $\lambda \in \mathbb{R}$, für welche Gleichung (8.1) zusammen mit einem Vektor $\vec{x} \in \mathbb{R}^n$ mit $\vec{x} \neq \vec{0}$ erfüllt ist, heißt

Eigenwert der Matrix A

und der Vektor $\vec{x}$ ein zugehöriger

Eigenvektor von A zum Eigenwert λ.

Berechnung von Eigenwerten und Eigenvektoren 8.2

Wie lassen sich Eigenwerte und Eigenvektoren einer quadratischen Matrix A berechnen? Stellen wir zunächst fest, dass Gleichung (8.1) genau dann für ein $\lambda \in \mathbb{R}$ und einen Vektor $\vec{x} \in \mathbb{R}^n \backslash \{\vec{0}\}$ erfüllt ist, wenn die äquivalente Gleichung

$$A\vec{x} - \lambda\vec{x} \tag{8.2}$$

bzw.

$$(A - \lambda \cdot E_n)\vec{x} = \vec{0} \tag{8.3}$$

(mit der $n \times n$-Einheitsmatrix E_n) erfüllt ist. Dies stellt ein homogenes lineares Gleichungssystem dar, von welchem wir verlangen, dass es eine nichttriviale Lösung $\vec{x} \neq \vec{0}$ besitzt. Im Satz von Seite 243 hatten wir dazu festgestellt, dass ein homogenes quadratisches LGS $M\vec{x} = \vec{0}$ genau dann nur die triviale Lösung besitzt, wenn die Determinante von M ungleich null ist. Fordern wir nun umgekehrt eine nichttriviale Lösung $\vec{x} \neq \vec{0}$, so muss die Determinante folglich verschwinden. In unserem Fall ist Gleichung (8.3) somit äquivalent zur Bedingung

$$\det(A - \lambda \cdot E_n) \overset{!}{=} 0\,, \tag{8.4}$$

oder ausgeschrieben

$$p(\lambda) := \det\left(\begin{pmatrix} a_{11} & a_{12} & \dots & a_{1n} \\ a_{21} & a_{22} & \dots & a_{2n} \\ \vdots & \vdots & \ddots & \vdots \\ a_{n1} & a_{n2} & \dots & a_{nn} \end{pmatrix} - \lambda \cdot \begin{pmatrix} 1 & 0 & \dots & 0 \\ 0 & 1 & \dots & 0 \\ \vdots & \vdots & \ddots & \vdots \\ 0 & 0 & \dots & 1 \end{pmatrix}\right) = 0$$

bzw.

$$p(\lambda) = \det\begin{pmatrix} a_{11} - \lambda & a_{12} & \dots & a_{1n} \\ a_{21} & a_{22} - \lambda & \dots & a_{2n} \\ \vdots & \vdots & \ddots & \vdots \\ a_{n1} & a_{n2} & \dots & a_{nn} - \lambda \end{pmatrix} \overset{!}{=} 0\,. \tag{8.5}$$

Diese Gleichung stellt ein Polynom vom Grad n in der Unbekannten λ dar! (Man mache sich dies in etwa in den einfachen Fällen $n = 2, 3$ durch explizites Ausrechnen dieser Determinante klar.) Hinter der Aufgabe, die Eigenwerte λ einer $n \times n$-Matrix zu bestimmen, verbirgt sich also nichts anderes als die Berechnung der Nullstellen diese Polynoms $p(\lambda)$. Das Polynom $p(\lambda)$ wird als das **charakteristische Polynom von** A bezeichnet und in der Literatur verbreitet auch mit $\chi(\lambda)$ statt $p(\lambda)$ benannt.

Beispiel 8.1

Gegeben sei die 2×2-Matrix

$$A = \begin{pmatrix} 2 & 3 \\ 1 & -1 \end{pmatrix}.$$

Nach unseren obigen Überlegungen ist $\lambda \in \mathbb{R}$ genau dann ein Eigenwert von A, wenn er Gleichung (8.5) erfüllt, welche sich im Fall der Matrix A formuliert zu

$$p(\lambda) = \begin{vmatrix} 2-\lambda & 3 \\ 1 & -1-\lambda \end{vmatrix} = 0 \quad \Leftrightarrow \quad -(2-\lambda)(1+\lambda) - 3 = 0$$
$$\Leftrightarrow \quad \lambda^2 - \lambda - 5 = 0.$$

Diese Gleichung besitzt die Lösungen

$$\lambda_{1,2} = \frac{1 \pm \sqrt{1+20}}{2} = \frac{1}{2} \pm \frac{\sqrt{21}}{2}.$$

Damit haben wir die Eigenwerte der Matrix A zu

$$\lambda_{1,2} = \frac{1}{2} \pm \frac{\sqrt{21}}{2}$$

bestimmt. Es sind dies die einzigen beiden Vielfache λ, für welche die Matrix A gewisse Vektoren auf das λ-fache von sich selbst abbildet.

Spätestens an diesem Beispiel werden zwei Aspekte deutlich:

- Das charakteristische Polynom $p(\lambda)$ ist ein Polynom vom Grade n. Die Nullstellen desselben sind folglich nur für $n = 2$ (und leidlich auch für $n = 3$) in jedem Fall exakt zu bestimmen. In Spezialfällen gelingt dies auch bei höherem n. Im Allgemeinen bleibt jedoch in diesem Fall nur der Ausweg, die Nullstellen numerisch zu berechnen.
- Hinter der Bestimmung des charakteristischen Polynoms steckt nichts anderes als die Berechnung einer (von einem Parameter λ abhängigen) Determinante. Insofern ist es vor allem für Matrizen höherer Dimension geboten, die Determinante möglichst geschickt und unter Benutzung der Rechenregeln des Abschnitts 6.6 zu berechnen.

Reelle Polynome – unabhängig von ihrem Grad – müssen nicht zwangsläufig auch reelle Nullstellen besitzen. Besitzt das charakteristische Polynom komplexe Nullstellen, so müssen wir die Eigenwerttheorie ausdehnen. Statt $\lambda \in \mathbb{R}$ und $\vec{x} \in \mathbb{R}^n$ haben wir in Gleichung (8.1) $\lambda \in \mathbb{C}$ und $\vec{x} \in \mathbb{C}^n$ zuzulassen. Es besteht dabei der Raum $\mathbb{C}^n$ aus der Menge aller Vektoren

$$\vec{z} = \begin{pmatrix} z_1 \\ \vdots \\ z_n \end{pmatrix}$$

mit komplexen Einträgen $z_1, \ldots, z_n \in \mathbb{C}$.

Die reelle Matrix A muss dann mit einer Abbildung vom $\mathbb{C}^n$ in den $\mathbb{C}^n$ in Verbindung gebracht werden. Das nachfolgende Beispiel beinhaltet die Bestimmung solcher komplexer Eigenwerte. Dem in Sachen komplexe Zahlen noch unkundigen Leser sei zu diesem Zweck Anhang C zur Lektüre empfohlen.

Beispiel 8.2

Gegeben sei die Matrix

$$A = \begin{pmatrix} 2 & 0 & 0 & 0 \\ 0 & 2 & 0 & 0 \\ 1 & -2 & 0 & -1 \\ 2 & -4 & 1 & 0 \end{pmatrix}.$$

Das charakteristische Polynom berechnen wir unter Entwicklung nach der ersten Zeile zu

$$p(\lambda) = \begin{vmatrix} 2-\lambda & 0 & 0 & 0 \\ 0 & 2-\lambda & 0 & 0 \\ 1 & -2 & -\lambda & -1 \\ 2 & -4 & 1 & -\lambda \end{vmatrix} = (2-\lambda) \cdot \begin{vmatrix} 2-\lambda & 0 & 0 \\ -2 & -\lambda & -1 \\ -4 & 1 & -\lambda \end{vmatrix}$$

$$= (2-\lambda)(2-\lambda) \begin{vmatrix} -\lambda & -1 \\ 1 & -\lambda \end{vmatrix} = (2-\lambda)^2 \cdot (\lambda^2 + 1).$$

Wegen

$$\lambda^2 + 1 = 0 \quad \Leftrightarrow \quad \lambda^2 = -1 \quad \Leftrightarrow \quad \lambda = \pm i$$

ist

$$\lambda^2 + 1 = (\lambda + i)(\lambda - i)$$

und folglich

$$p(\lambda) = (\lambda - 2)^2(\lambda + i)(\lambda - i).$$

In dieser Faktorisierung des charakteristischen Polynoms $p(\lambda)$ können wir die Eigenwerte leicht ablesen zu

$$\lambda_1 = 2 \quad \lambda_2 = -i, \quad \lambda_3 = i.$$

Der Eigenwert 2 tritt im letzten Beispiel als doppelte Nullstelle von $p(\lambda)$ auf. Man spricht in diesem Zusammenhang auch von einem doppelten Eigenwert. Allgemein wird ein Eigenwert $a \in \mathbb{C}$ ein m-facher Eigenwert (oder ein Eigenwert der Vielfachheit m) genannt, wenn der Faktor

$$(\lambda - a)$$

im charakteristischen Polynom $p(\lambda)$ in der m-ten Potenz auftritt.

Wie ermitteln wir nun jeweils die zum Eigenwert λ gehörenden Eigenvektoren? Erinnern wir uns daran, dass für Eigenvektoren $\vec{x}$ zum Eigenwert λ die Beziehung

$$A\vec{x} = \lambda\vec{x} \qquad \Leftrightarrow \qquad A\vec{x} = \lambda \cdot E_n\vec{x}$$

oder äquivalent

$$(A - \lambda E_n)\vec{x} = \vec{0} \tag{8.6}$$

erfüllt sein muss. Ein Vektor $\vec{x} \neq \vec{0}$ ist folglich genau dann ein Eigenvektor von A zum Eigenwert λ, wenn er eine Lösung des homogenen Gleichungssystems (8.6) ist. Da für dieses nach (8.4) gilt

$$\det(A - \lambda E_n) = 0,$$

existieren hierfür unendlich viele Lösungen. Die Menge der Eigenvektoren bildet zusammen mit dem Nullvektor folglich einen Unterraum des $\mathbb{R}^n$ bzw. $\mathbb{C}^n$, der auch als **Eigenraum** von A zum Eigenwert λ bezeichnet wird.

Beispiel 8.3

In unserem Eingangsbeispiel 8.1 hatten wir die beiden Eigenwerte der Matrix

$$A = \begin{pmatrix} 2 & 3 \\ 1 & -1 \end{pmatrix}$$

zu

$$\lambda_1 = \frac{1}{2} + \frac{\sqrt{21}}{2} \qquad \text{und} \qquad \lambda_2 = \frac{1}{2} - \frac{\sqrt{21}}{2}$$

berechnet. Die Eigenvektoren $\vec{x}$ zum Eigenwert λ_1 sind genau die Lösungen des homogenen LGS

$$\begin{aligned} & \left(A - (\tfrac{1}{2} + \tfrac{\sqrt{21}}{2}) \cdot E_2\right) \vec{x} && = \vec{0} \\ \Leftrightarrow\ & \begin{pmatrix} 2 & 3 \\ 1 & -1 \end{pmatrix} - \begin{pmatrix} \frac{1}{2} + \frac{\sqrt{21}}{2} & 0 \\ 0 & \frac{1}{2} + \frac{\sqrt{21}}{2} \end{pmatrix} && = \begin{pmatrix} 0 \\ 0 \end{pmatrix} \\ \Leftrightarrow\ & \begin{pmatrix} 2 - \frac{1}{2} - \frac{\sqrt{21}}{2} & 3 \\ 1 & -1 - \frac{1}{2} - \frac{\sqrt{21}}{2} \end{pmatrix} \vec{x} && = \begin{pmatrix} 0 \\ 0 \end{pmatrix} \end{aligned}$$

$$\Leftrightarrow \left(\begin{array}{cc|c} \frac{3-\sqrt{21}}{2} & 3 & 0 \\ 1 & \frac{-3-\sqrt{21}}{2} & 0 \end{array}\right) \overset{(2) \to \frac{3-\sqrt{21}}{2} \cdot (2) - (1)}{\hookrightarrow} \left(\begin{array}{cc|c} \frac{3-\sqrt{21}}{2} & 3 & 0 \\ 0 & 0 & 0 \end{array}\right).$$

Wir setzen $x_2 = p$ und berechnen sodann in Abhängigkeit hiervon

$$\frac{3 - \sqrt{21}}{2} \cdot x_1 + 3p = 0 \qquad \Leftrightarrow \qquad x_1 = -\frac{6p}{3 - \sqrt{21}}.$$

Als Eigenraum zum Eigenwert $\lambda_1 = \frac{1}{2} + \frac{\sqrt{21}}{2}$ erhalten wir somit die Menge

$$U_{\lambda_1} = \left\{ \vec{x} \in \mathbb{R}^2 : \vec{x} = p \cdot \begin{pmatrix} -\frac{6}{3-\sqrt{21}} \\ 1 \end{pmatrix} \mid p \in \mathbb{R} \right\} = \text{span}\left\{ \begin{pmatrix} -\frac{6}{3-\sqrt{21}} \\ 1 \end{pmatrix} \right\}.$$

Alle Vektoren aus U_{λ_1} mit Ausnahme des Nullvektors sind Eigenvektoren zum Eigenwert λ_1.

Die Menge aller Eigenvektoren von A zum Eigenwert $\lambda_2 = \frac{1}{2} - \frac{\sqrt{21}}{2}$ bzw. den Eigenraum zum Eigenwert λ_2 berechnet man auf analoge Weise.

Beispiel 8.4

Betrachten wir unser zweites Beispiel 8.2, in welchem wir die Eigenwerte der Matrix

$$A = \begin{pmatrix} 2 & 0 & 0 & 0 \\ 0 & 2 & 0 & 0 \\ 1 & -2 & 0 & -1 \\ 2 & -4 & 1 & 0 \end{pmatrix}$$

berechnet hatten. Exemplarisch wollen wir auch hier den Eigenraum eines der vier Eigenwerte berechnen: Wir suchen die Eigenvektoren zum Eigenwert $\lambda_2 = -i$ und haben das homogene LGS

$$\left(\begin{array}{cccc|c} 2+i & 0 & 0 & 0 & 0 \\ 0 & 2+i & 0 & 0 & 0 \\ 1 & -2 & 0+i & -1 & 0 \\ 2 & -4 & 1 & 0+i & 0 \end{array}\right)$$

zu lösen. Unkonventionellerweise macht es bei diesem LGS durchaus Sinn, es auf eine (linke) untere Dreiecksgestalt zu transformieren und dann „von oben nach unten" zu lösen. Konkret subtrahieren wir hier das i-fache der vierten Zeile von der dritten und setzen das Ergebnis als neue dritte Zeile fest. Wir erhalten das äquivalente LGS

$$\left(\begin{array}{cccc|c} 2+i & 0 & 0 & 0 & 0 \\ 0 & 2+i & 0 & 0 & 0 \\ 1-2i & -2+4i & 0 & 0 & 0 \\ 2 & -4 & 1 & i & 0 \end{array}\right).$$

Aus den ersten beiden Gleichungen lesen wir ab, dass $x_1 = x_2 = 0$. Wir setzen in der dritten Zeile $x_3 = p$ und folgern durch Einsetzen in die vierte Zeile

$$x_3 + ix_4 = 0 \quad \Leftrightarrow \quad x_4 = -\frac{x_3}{i} = -\frac{x_3 \cdot (-i)}{i \cdot (-i)} = ip\,.$$

Folglich haben wir den Eigenraum von A zum Eigenwert $\lambda_2 = -i$ bestimmt zu

$$U_{\lambda_2} = \left\{ \vec{x} \in \mathbb{C}^4 : \vec{x} = p \cdot \begin{pmatrix} 0 \\ 0 \\ 1 \\ i \end{pmatrix} \mid p \in \mathbb{C} \right\} = \operatorname{span}\left\{ \begin{pmatrix} 0 \\ 0 \\ 1 \\ i \end{pmatrix} \right\},$$

d. h. alle komplexen Vielfache des Vektors $\begin{pmatrix} 0 \\ 0 \\ 1 \\ i \end{pmatrix}$ (mit Ausnahme des Nullvektors)

sind Eigenvektoren von A zum Eigenwert $\lambda_2 = -i$.

Man beachte, dass es sich bei U_{λ_2} um einen Unterraum des $\mathbb{C}^4$ handelt. Auch der Parameter p ist komplex.

Die Bestimmung der Eigenräume bzw. der Eigenvektoren zu den restlichen beiden Eigenwerten λ_1 und λ_3 sei als kleine Übung dem Leser überlassen.

Wir schließen dieses Kapitel mit zwei Bemerkungen ab:

- Besonders einfach gestaltet sich die Eigenwertberechnung im Fall von rechten oberen bzw. linken unteren Dreiecksmatrizen. Denn beispielsweise für eine rechte obere Dreiecksmatrix

$$A = \begin{pmatrix} a_{11} & a_{12} & \dots & a_{1n} \\ 0 & a_{22} & \dots & a_{2n} \\ \vdots & \vdots & \ddots & \vdots \\ 0 & 0 & \dots & a_{nn} \end{pmatrix}$$

berechnen wir das charakteristische Polynom von A zu:

$$p(\lambda) = \begin{vmatrix} a_{11} - \lambda & a_{12} & \dots & a_{1n} \\ 0 & a_{22} - \lambda & \dots & a_{2n} \\ \vdots & \vdots & \ddots & \vdots \\ 0 & 0 & \dots & a_{nn} - \lambda \end{vmatrix} = (a_{11} - \lambda) \cdot (a_{22} - \lambda) \cdot \ldots \cdot (a_{nn} - \lambda),$$

denn die Determinante einer rechten oberen bzw. linken unteren Dreiecksmatrix entspricht nach dem Satz von Seite 235 dem Produkt der Hauptdiagonalelemente. Die n Eigenwerte sind somit gegeben durch

$$\lambda_1 = a_{11}, \ \dots \ , \lambda_n = a_{nn} .$$

- Genau dann ist $\lambda = 0$ ein Eigenwert der quadratischen Matrix A, wenn wir im charakteristischen Polynom die Unbekannte λ ausklammern können. Wie ist ein Eigenwert $\lambda = 0$ zu interpretieren? Nach der definierenden Gleichung (8.1) beinhaltet dies die Existenz eines nichttrivialen Vektors $\vec{x} \neq \vec{0}$ mit

$$A\vec{x} = 0 \cdot \vec{x} = \vec{0} .$$

Das homogene LGS $A\vec{x} = \vec{0}$ besitzt also eine nichttriviale Lösung. Nach dem Satz von Seite 243 ist dies äquivalent zur Nichtregularität der Matrix A bzw. zu

$$\det A = 0 .$$

Aufgaben

1 a) Bestimmen Sie die Eigenwerte und Eigenvektoren der Matrix

$$A = \begin{pmatrix} 5 & 3 \\ -1 & 1 \end{pmatrix}.$$

b) Zeigen Sie zur Kontrolle, dass für je einen Eigenvektor $\vec{x}$ und den zugehörigen Eigenwert λ tatsächlich die Gleichung

$$A \cdot \vec{x} = \lambda \cdot \vec{x}$$

erfüllt ist.

2 Bestimmen Sie die Eigenwerte und Eigenvektoren der Matrix

$$B = \begin{pmatrix} 1 & -2 \\ 1 & 1 \end{pmatrix}.$$

Ausführliche Lösungen und weitere Aufgaben finden Sie auf der Companion Website des Buches unter
http://www.pearson-studium.de

TEIL III

Analysis mehrerer Veränderlicher

Funktionen mehrerer Veränderlicher

9

ÜBERBLICK

Dieses Kapitel erklärt:

- Wie Funktionen mehrerer Veränderlicher definiert werden.
- Welche Gestalt der Definitionsbereich von Funktionen mehrerer Veränderlicher besitzen kann.
- Wie Funktionen zweier Variablen graphisch, u.a. auch durch Höhenlinien dargestellt werden können.
- Elementare Eigenschaften von Funktionen mehrerer Veränderlicher wie Beschränktheit, Rotationssymmetrie und Stetigkeit.
- Was man unter „quadratischen Formen“ versteht, welche Eigenschaften sie besitzen können und wie man quadratische Formen auf diese hin analysiert.

Nicht immer hängen naturwissenschaftliche Größen nur von **einer** *reellen Variablen ab. In manchen Fällen sind es mehrere Faktoren, die den Wert einer gegebenen Größe beeinflussen. Um diesem Umstand gerecht zu werden, beschäftigen wir uns in diesem Kapitel mit der grundlegenden Situation, wie die Abhängigkeit einer reellen Größe von* **mehreren** *unabhängigen Variablen dargestellt werden kann und welche Fragen sich in diesem Zusammenhang stellen.*

9.1 Notation von Funktionen mehrerer Veränderlicher

Wir notieren eine von n reellen Variablen $x_1, \ldots, x_n$ abhängige Funktion f in der Form

$$f : D \to \mathbb{R}, \quad f(\vec{x}) = f(x_1, \ldots, x_n) = (\text{Funktionsterm}).$$

Der Definitionsbereich D ist nun eine Teilmenge des $\mathbb{R}^n$, der sich in der Regel aus dem Funktionsterm ergibt. Analog zum Fall von Funktionen $f(x)$ einer Veränderlichen kann dieser wieder an die naturwissenschaftlichen Rahmenbedingungen (Nichtnegativität der beteiligten Größen etc.) angepasst werden.

Der Wertebereich von f besteht wie im eindimensionalen Fall aus allen Werten

$$f(\vec{x}) = f(x_1, \ldots, x_n),$$

wenn der Vektor $\vec{x} = \begin{pmatrix} x_1 \\ \vdots \\ x_n \end{pmatrix}$ sämtliche Punkte von D durchläuft.

Wieder wollen wir die Bezeichnung „$f(\vec{x})$“ alternativ für den Funktionsnamen „f“ verwenden, um klar machen zu können, dass die Funktion von mehreren Variablen abhängt.

Im Fall $n = 2$ oder $n = 3$, falls also der Definitionsbereich D eine Teilmenge des $\mathbb{R}^2$ oder $\mathbb{R}^3$ ist, werden die unabhängigen Variablen statt mit $\mathbf{x_1}, \mathbf{x_2}, (\mathbf{x_3})$ oftmals auch mit $\mathbf{x}, \mathbf{y}, (\mathbf{z})$ bezeichnet.

Beispiel 9.1

Gegeben ist die Funktion

$$f(x, y) = \ln(-x) + x\sqrt{y-2}\,.$$

Wir bestimmen den maximalen Definitionsbereich der Funktion $f(x, y)$. Aufgrund des ersten Summanden kommen nur solche Punkte $(x, y) \in \mathbb{R}^2$ in Frage mit der Einschränkung

$$-x > 0 \quad \Leftrightarrow \quad x < 0\,.$$

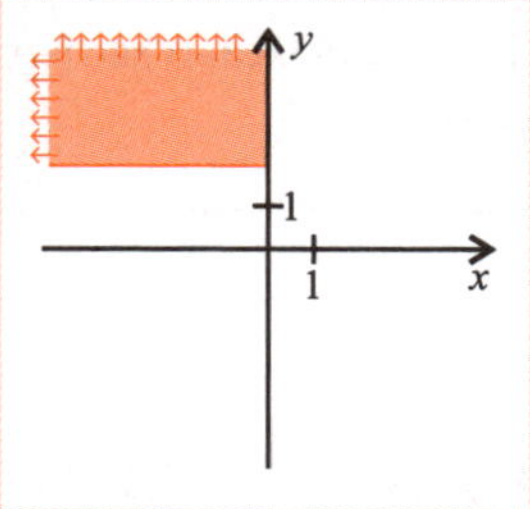

Zusätzlich müssen wir für die y-Komponente fordern:

$$y - 2 \geq 0 \quad \Leftrightarrow \quad y \geq 2\,.$$

Als maximalen Definitionsbereich der Funktion $f(x, y)$ erhalten wir somit die Teilmenge $D \subset \mathbb{R}^2$, gegeben durch

$$D = \{(x, y) \in \mathbb{R}^2 : x < 0,\ y \geq 2\}\,,$$

die in ▶ Abbildung 9.1 dargestellt ist.

Abbildung 9.1: Definitionsbereich einer Funktion zweier Veränderlicher.

Nicht immer ist der Definitionsbereich einer Funktion mehrerer Veränderlicher so einfach strukturiert wie im letzten Beispiel 9.1. Ein weiteres Beispiel soll dies verdeutlichen.

Beispiel 9.2

Die Funktion

$$f(x,y) = \sqrt{\sin x - \cos y}$$

ist für alle Punkte $(x,y) \in \mathbb{R}^2$ definiert, für welche

$$\sin x - \cos y \geq 0 \qquad \text{bzw.} \qquad \sin x \geq \cos y$$

gilt. Der Definitionsbereich ist komplizierter strukturiert als in Beispiel 9.1 und ist analytisch nur mittels mühsamer Fallunterscheidungen herzuleiten. Wir verweisen stattdessen auf den optischen Eindruck in ▶ Abbildung 9.2, in welcher die dargestellten farbigen Karos den Definitionsbereich der Funktion $f(x,y)$ repräsentieren.

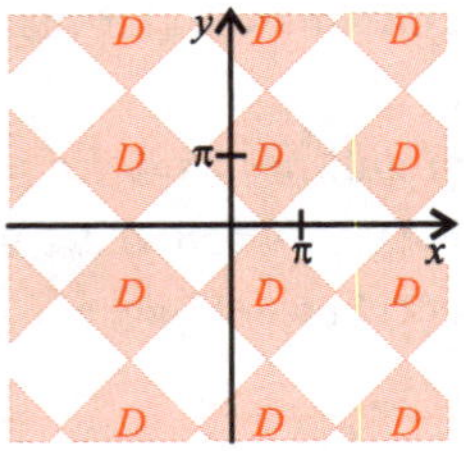

Abbildung 9.2: Komplizierterer Definitionsbereich.

9.2 Visualisierung von Funktionen zweier Veränderlicher

Erinnern wir uns an Kapitel 1, in dem wir Funktionen $f(x)$ **einer** reellen Variablen x graphisch dargestellt hatten. Den Graphen einer Funktion $f: D \to \mathbb{R}$ hatten wir als Menge aller Punkte

$$(x, f(x))$$

erklärt, wobei die Variable x den gesamten Definitionsbereich D durchlief. Als geometrisches Objekt stellte der Graph demzufolge eine Kurve im $\mathbb{R}^2$ dar.

Betrachten wir nun den Fall einer Funktion $f(x,y)$, die von **zwei** reellen Variablen abhängt, d. h. für den Definitionsbereich D der Funktion gelte

$$D \subset \mathbb{R}^2 .$$

Auch hier sei der **Graph** von f gegeben durch die Menge aller Punkte

$$(\vec{x}, f(\vec{x})) = (x, y, f(x,y)) ,$$

wobei $\vec{x} = (x, y)$ den ganzen Definitionsbereich D durchläuft. Die Punkte des Graphen besitzen nun drei Komponenten – die Gesamtheit der Punkte ist somit eine **Fläche** im dreidimensionalen Raum.

Eine nahe liegende Idee, die Funktion f zu visualisieren, besteht schlichtweg darin, diese Fläche des $\mathbb{R}^3$ etwa mit Hilfe eines Rechners graphisch darzustellen: Es sind dazu die Funktionswerte $f(x, y)$ für eine Reihe von Punkten (x, y) zu berechnen. In der Praxis wählt man diese Punkte (x, y) häufig als Punkte eines zweidimensionalen Gitters.

Beispiel 9.3

Gegeben sei für $(x, y) \in \mathbb{R}^2$ die Funktion

$$f(x, y) = x \cdot y + 3\,.$$

Wir wollen die Funktion auf dem quadratischen Ausschnitt

$$\{(x, y) \in \mathbb{R}^2 \mid -2 \leq x \leq 2,\ -2 \leq y \leq 2\}$$

graphisch darstellen und berechnen dazu die Funktionswerte für die in der unten stehenden Tabelle ausgewählten Punktepaare (x, y): Der Eintrag im jeweiligen Feld entspricht dabei dem Funktionswert $f(x, y)$ für den Punkt (x, y) mit dem jeweiligen x- bzw. y-Wert. Der Graph von $f(x, y)$ stellt eine Fläche im $\mathbb{R}^3$ dar, welche die Punkte $(x, y, f(x, y))$ geeignet verbindet (interpoliert) und ist in ▸ Abbildung 9.3 dargestellt.

↓ **x** , **y** →	**−2**	**−1**	**0**	**1**	**2**
−2	7	5	3	1	−1
−1	5	4	3	2	1
0	3	3	3	3	3
1	1	2	3	4	5
2	−1	1	3	5	7

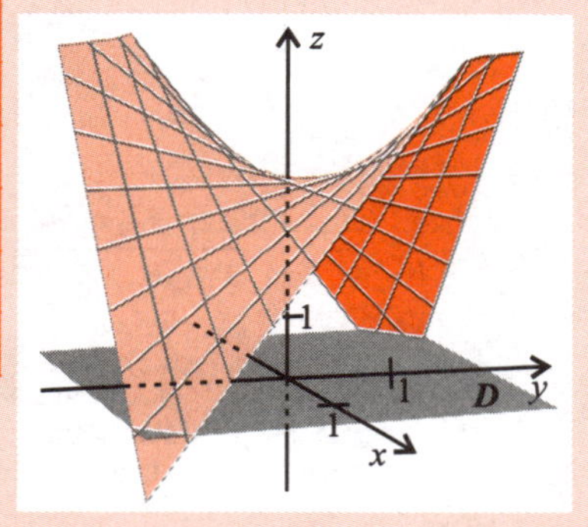

Abbildung 9.3: Graph einer Funktion zweier Veränderlicher.

Wie Abbildung 9.3 beispielhaft zum Ausdruck bringt, erinnert der Graph einer Funktion

$$f(x, y)$$

an ein Gebirgsrelief mit Tälern, Gipfeln etc. In Abschnitt 10.4 werden wir Methoden kennen lernen, diese Talsenken bzw. Gipfelpunkte ausfindig zu machen.

Beispiel 9.4

Wieder betrachten wir die allgemeine Gasgleichung

$$p \cdot V = R \cdot T \cdot \nu$$

mit der allgemeinen Gaskonstanten R, nach welcher sich der Druck p bei konstanter Stoffmenge ν berechnet zu

$$p = C\frac{T}{V}$$

mit $C = R \cdot \nu$. Im Kontext von Funktionen **einer** Variablen mussten wir bisher zwangsläufig eine der beiden Variablen T und V konstant wählen („einfrieren") und den Druck p dann als Funktion der jeweils anderen Variablen festsetzen (siehe auch Beispiel 3.18).

▶ Abbildung 9.4 zeigt hinsichtlich dieser Betrachtungsweise für drei Temperaturen T_1, T_2 und T_3 den jeweiligen Druckverlauf $p_1(V)$, $p_2(V)$ und $p_3(V)$. Hingegen ist in ▶ Abbildung 9.5 der temperaturabhängige Druckverlauf $p(T)$ für konstante Volumina V_1, V_2 und V_3 aufgezeigt.

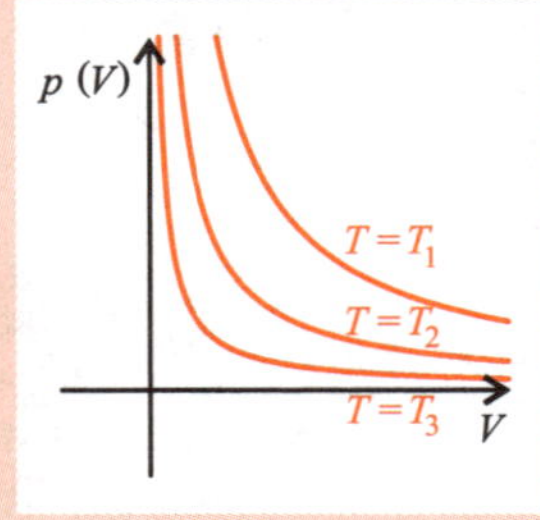

Abbildung 9.4: p als Funktion von V bei jeweils konstanter Temperatur T_1, T_2 und T_3.

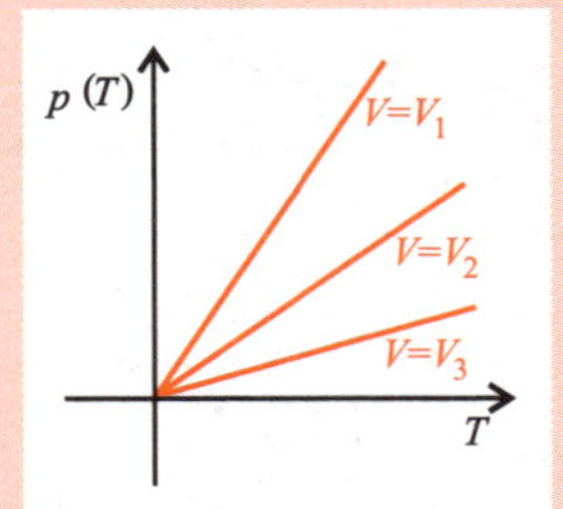

Abbildung 9.5: p als Funktion von T bei jeweils konstantem Volumen V_1, V_2 und V_3.

Demgegenüber wollen wir nun den Druck p als Funktion der **beiden** Variablen T und V auffassen und die Funktion

$$p(T, V) = C\frac{T}{V}$$

auf dem naturwissenschaftlich sinnvollen Bereich

$$D = \{(T, V) \in \mathbb{R}^2 \mid T, V > 0\}$$

festsetzen. In der in ▶ Abbildung 9.6 dargestellten Flächenvisualisierung von

$$p(T, V)$$

finden wir dabei die Kurven der Abbildungen 9.4 und 9.5 wieder.

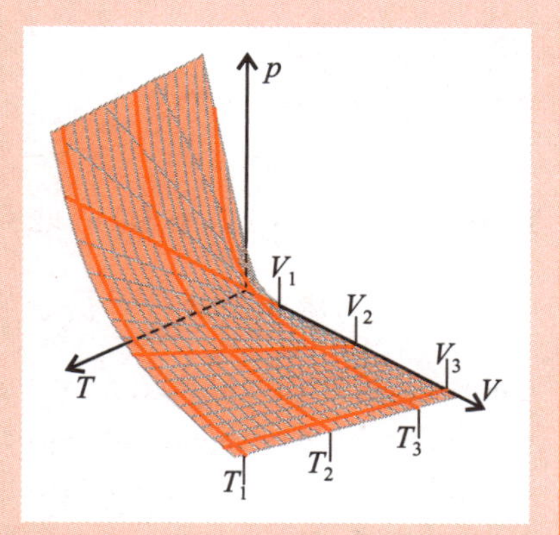

Abbildung 9.6: p als Funktion von T **und** V.

Führen wir uns nochmals die oben erwähnte Vorstellung einer Gebirgsoberfläche für den Graphen einer Funktion zweier Veränderlicher vor Augen. In vielen Fällen erweist sich die graphische Darstellung seiner Oberfläche als für die Praxis unzweckmäßig. So wählt man eben für Wanderkarten nur selten eine dreidimensionale Ansicht des Gebirgsmassivs, um die Höhe einer Stelle über einem Punkt der Ebene darzustellen – oder mathematisch gesprochen, um $f(x, y)$ in Abhängigkeit von $(x, y) \in D$ kenntlich zu machen. Praktikabler ist hier die Darstellung der Gebirgsoberfläche durch **Höhenlinien**.

Unter einer Höhenlinie zur Höhe c versteht man die Menge aller (x, y) des Definitionsbereichs, die auf den **gleichen** Funktionswert c abgebildet werden, kurz gesagt also die Menge

$$\{(x, y) \in D : f(x, y) = c\} .$$

In die Wanderersprache übersetzt stellen die Höhenlinien somit die Bereiche der Karte dar, auf denen sich der Wanderer konstant auf dem Höhenniveau c bewegen kann.

Ein Nachteil dieser Methode liegt darin, dass man sich bei den Höhenlinien auf wenige signifikante Höhen bzw. Funktionswerte c zu beschränken hat, um die Übersichtlichkeit der Karte bzw. der Darstellung zu erhalten.

Beispiel 9.5

Betrachten wir nochmals die Funktion

$$f(x, y) = x \cdot y + 3$$

aus Beispiel 9.3. ▶Abbildung 9.7 zeigt eine graphische Veranschaulichung derselben durch Höhenlinien. Eingezeichnet sind die Höhenlinien für

$$z = 0, \pm 0.5, \pm 1, \pm 1.5, \pm 2, \ldots,$$

wobei jede fünfte Höhenlinie – in diesem Fall für

$$z = 0 \quad \text{und} \quad z = -5$$

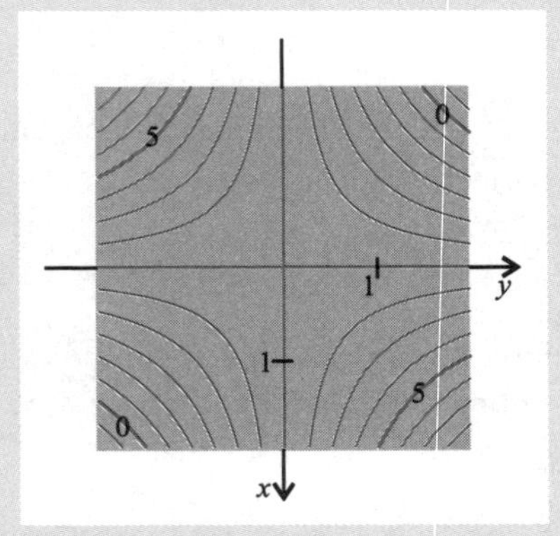

Abbildung 9.7: Höhenlinien einer Funktion zweier Veränderlicher.

(ähnlich der Praxis bei Landkarten) – hervorgehoben ist. Vergleichen wir diese Abbildung mit Abbildung 9.3: Auch in der Darstellung der Funktion durch Höhenlinien wird deutlich, wie an der Höhenlinie $z = 0$ der Graph von $f(x, y)$ die Bodenebene (x-y-Ebene) durchschneidet. Die Verdichtung der Höhenlinien im Bereich der Ecken des dargestellten Definitionsbereichsausschnitts weist auf einen starken Anstieg bzw. Abfall der Funktion in diesen Bereichen hin.

Praxis-Hinweis

Der in der Höhenliniendarstellung visualisierte Funktionswert $f(x, y)$ muss nicht zwingend etwas mit einer realen Höhe zu tun haben. Verwirklicht ist das Prinzip der Höhenlinien u.a. auch in (wissenschaftlichen) Wetterkarten. Über der Position (x, y) auf einer Landkarte herrscht ein Luftdruck $p(x, y)$, angegeben in *bar* oder *hPa*. Die Höhenlinien der Funktion $(x, y) \mapsto p(x, y)$ zeigen somit die Punkte gleichen Lufdrucks an (so genannte **Isobaren**). Dicht gedrängte Isobaren weisen auf einen starken Anstieg oder Abfall des Luftdrucks in diesem Bereich hin, was sich in stärkerer Windgeschwindigkeit äußert.

Eine andere weit verbreitete Methode, eine Funktion $f(x, y)$ zu visualisieren, besteht in dem Einsatz von Farben bzw. Farbschattierungen. Ist der Wertebereich der Funktion $f(x, y)$ beschränkt, so ordnen wir den Funktionswerten $f(x, y)$ Farben bzw. Farbschattierungen zu. Stellen $(x, y) \in D$ mit gleichem Farbwert entsprechen somit den oben erwähnten Höhenlinien. Damit ist eine Möglichkeit gegeben, den Funktionswert $f(x, y)$ für $(x, y) \in D$ optisch ansprechend darzustellen. Je nach Farbauflösung ist dies eine differenziertere Art der Darstellung, als sie durch Höhenlinien möglich ist. Auch hier bilden geographische Landkarten mit der geographischen Höhe $z(x, y)$ als Funktion der kartographierten Position (x, y) ein bekanntes Beispiel: Täler erscheinen häufig in dunkelgrün, wohingegen hohe Punkte wie Berggipfel mit einem dunklen Braun belegt werden.

Beispiel 9.6

Ein weiteres Mal sei die Funktion

$$f(x, y) = xy + 3$$

aus Beispiel 9.3 betrachtet. ▶ Abbildung 9.8 zeigt für Stellen (x, y) die zu $f(x, y)$ gehörende Farbschattierung an und stellt die Skala dar, die den einzelnen Farbschattierungen wieder ihren jeweiligen Funktionswert zuordnet. Ergänzend eingezeichnet sind auch die Höhenlinien aus Beispiel 9.5.

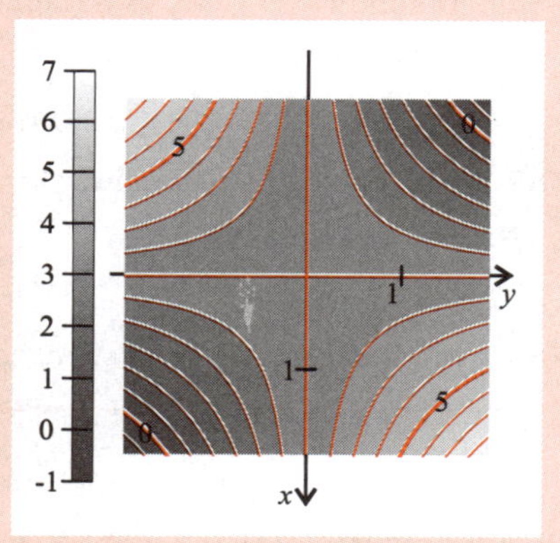

Abbildung 9.8: Farbliche Darstellung einer Funktion zweier Veränderlicher.

Mit dem Fall $n = 2$, d. h. mit Funktionen

$$f: D \subset \mathbb{R}^2 \to \mathbb{R}$$

erschöpft sich bereits die Möglichkeit, Funktionen graphisch darzustellen. Bereits im Fall von Funktionen dreier Variablen besteht der Graph aus einem vierdimensionalen Gebilde, welches sich zwangsläufig einer Visualisierung widersetzt. Allenfalls eine Darstellung der Funktionswerte $f(x, y, z)$ mittels Farbschattierungen wäre mit gerade noch vertretbarem Aufwand zu bewerkstelligen.

Elementare Eigenschaften von Funktionen mehrerer Veränderlicher 9.3

Wie schon Funktionen einer unabhängigen Variablen lassen sich auch Funktionen mehrerer Veränderlicher durch ihre elementaren Eigenschaften grundlegend charakterisieren. Einige dieser Merkmale lassen sich analog zum eindimensionalen Fall formulieren, andere müssen verallgemeinert werden. Wieder andere besitzen kein mehrdimensionales Pendant. Eine Eigenschaft, die zur ersten Gruppe zu zählen ist, ist die Beschränktheit.

9.3.1 Beschränktheit

Definition **Beschränktheit**

Eine Funktion $f\colon D \subset \mathbb{R}^n \to \mathbb{R}$ heißt **nach oben beschränkt**, wenn es ein $M \in \mathbb{R}$ gibt, so dass **für alle** $\vec{x} = (x_1, \dots, x_n) \in D$ gilt

$$f(x_1, \dots, x_n) \leq M\,.$$

Sie heißt **nach unten beschränkt**, wenn es ein $m \in \mathbb{R}$ gibt, so dass **für alle** $\vec{x} = (x_1, \dots, x_n) \in D$ gilt

$$f(x_1, \dots, x_n) \geq m\,.$$

Sie heißt **beschränkt**, wenn sie nach oben und nach unten beschränkt ist.

Auf analoge Weise lassen sich auch die Begriffe „kleinste obere Schranke“ und „größte untere Schranke“ erklären. Wir verzichten auf eine Wiederholung prinzipiell bekannter Definitionen, sondern erläutern die Begriffe vielmehr an einem Beispiel.

Beispiel 9.7

Wir untersuchen die für alle $(x, y, z) \in \mathbb{R}^3$ definierte Funktion

$$f(x, y, z) = \cos(xy + z) - \left|\begin{pmatrix} x \\ y \\ z \end{pmatrix}\right| = \cos(xy + z) - \sqrt{x^2 + y^2 + z^2}$$

auf ihre Beschränktheit. Der Betrag eines jeden Vektors $\begin{pmatrix} x \\ y \\ z \end{pmatrix}$ ist ≥ 0 und die

Cosinusfunktion nach oben beschränkt durch $M = 1$. Wir stellen somit fest, dass

$$f(x, y, z) = \cos(xy + z) - \left\| \begin{pmatrix} x \\ y \\ z \end{pmatrix} \right\| = \underbrace{\cos(xy + z)}_{\leq 1} \underbrace{- \sqrt{x^2 + y^2 + z^2}}_{\leq 0} \leq 1 + 0 = 1 .$$

Folglich ist $M = 1$ eine obere Schranke von f. Sie ist sogar die kleinste obere Schranke von f, da der Wert $M = 1$ für

$$(x, y, z) = (0, 0, 0)$$

auch angenommen wird, denn es ist

$$f(0, 0, 0) = \cos(0 \cdot 0 + 0) - \sqrt{0^2 + 0^2 + 0^2} = \cos(0) = 1 .$$

Hingegen existiert für f keine untere Schranke. Denn für $\begin{pmatrix} x \\ y \\ z \end{pmatrix} \in \mathbb{R}^3$ mit $\left\| \begin{pmatrix} x \\ y \\ z \end{pmatrix} \right\| = R$ ist

$$f(x, y, z) = \underbrace{\cos(xy + z)}_{\leq 1} - R \leq 1 - R .$$

Für große Werte von $R > 0$ kann dieser Ausdruck beliebig klein werden. Die Funktion $f(x, y)$ ist also nicht nach unten beschränkt.

9.3.2 Stetigkeit

Um den Begriff der Stetigkeit präzise erklären zu können, bedarf es wieder des Begriffs einer **Folge**. Hatten wir im Fall von Funktionen einer Veränderlichen noch Folgen von reellen Zahlen $a_k \in \mathbb{R}$ betrachtet, so betrachten wir nun eine Folge von Punkten $\vec{p}_k \in \mathbb{R}^n$.

Da jeder Folgenpunkt $\vec{p}_k$ aus n Komponenten besteht, können wir eine Punktfolge $\vec{p}_k$ auch als eine Gesamtheit von n Einzelfolgen bzw. Komponentenfolgen interpretieren. Man sagt:

Die Folge $\vec{p}_k$ **konvergiert** gegen den Punkt $\vec{g} = \begin{pmatrix} g_1 \\ \vdots \\ g_n \end{pmatrix} \in \mathbb{R}^n$, wenn die insgesamt n Komponentenfolgen von $\vec{p}_k$ jeweils gegen die reellen Zahlen $g_1, \ldots, g_n$ konvergieren. Wir schreiben dann wieder kurz

$$\vec{p}_k \stackrel{k\to\infty}{\longrightarrow} \vec{g} \qquad \text{bzw.} \qquad \lim_{k\to\infty} \vec{p}_k = \vec{g}\,.$$

Beispiel 9.8

Gegeben sei die in ▶ Abbildung 9.9 dargestellte Punktfolge

$$\vec{p}_k := \begin{pmatrix} 1 + \frac{1}{k} \\ \cos(e^{\frac{1}{k^2}}) \end{pmatrix}.$$

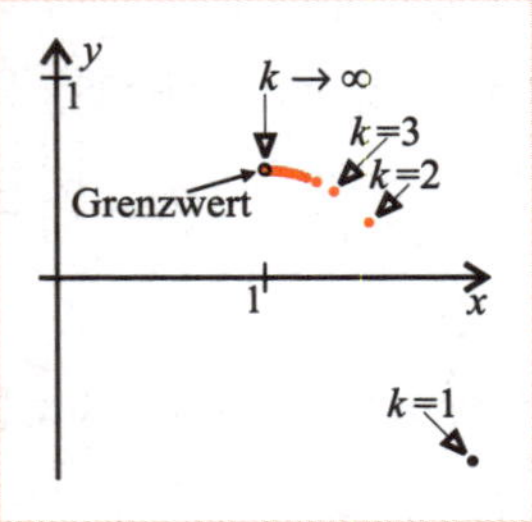

Die Folge der ersten Komponenten

$$x_k = 1 + \frac{1}{k}$$

konvergiert für $k \to \infty$ gegen $g_1 := 1$. Betrachten wir nun die Folge y_k der zweiten Komponenten: Da die Folge $\frac{1}{k^2}$ gegen 0 konvergiert, gilt wegen der Stetigkeit der Funktion

Abbildung 9.9: Folge im $\mathbb{R}^2$.

$$f(x) = \cos(e^x)\,,$$

dass

$$y_k = \cos(e^{\frac{1}{k^2}}) \stackrel{k\to\infty}{\longrightarrow} \cos(1) =: g_2\,.$$

Die Folge der zweiten Komponenten konvergiert folglich gegen cos 1. Wir halten insgesamt fest, dass

$$\vec{p}_k \stackrel{k\to\infty}{\longrightarrow} \vec{g} := \begin{pmatrix} g_1 \\ g_2 \end{pmatrix} = \begin{pmatrix} 1 \\ \cos(1) \end{pmatrix}.$$

Analog zum Fall von Funktionen einer Veränderlichen können wir nun erklären:

Definition Stetigkeit

Eine Funktion $f: D \subset \mathbb{R}^n \to \mathbb{R}$ heißt **stetig** im Punkt $\overline{\vec{x}} = (\overline{x}_1, \ldots, \overline{x}_n) \in D$, wenn für alle in D verlaufenden Folgen $\vec{p}_k$ mit $\vec{p}_k \to \overline{\vec{x}}$ gilt, dass auch

$$f(\vec{p}_k) \to f(\overline{\vec{x}})$$

bzw. in anderer Schreibweise

$$f(\lim_{k\to\infty} \vec{p}_k) = \lim_{k\to\infty} f(\vec{p}_k)\,.$$

Die Funktion f heißt stetig auf (ganz) D, wenn sie in **jedem** Punkt des Definitionsbereichs D stetig ist.

Wieder ist es wichtig zu betonen, dass Stetigkeit in einem Punkt $\overline{\vec{x}}$ nur dann vorliegt, wenn die Funktionswerte entlang **jeder** Folge $\vec{p}_k$ mit $\vec{p}_k \to \overline{\vec{x}}$ (wie auch immer diese verlaufen mag) gegen $f(\overline{\vec{x}})$ konvergieren.

Praxis-Hinweis

Ein Großteil der in den klassischen Naturwissenschaften auftretenden Funktionen ist stetig. Prinzipiell ist damit Stetigkeit eine Eigenschaft, hinter der sich ein wesentliches Merkmal der Natur verbirgt. Doch kann es vor allem in der modernen Naturwissenschaft auch vonnöten sein, sich mit unstetigen Funktionen beschäftigen zu müssen. Als Beispiel sei nur der Quantenkalkül genannt, der Unstetigkeit gewissermaßen sogar zum Dogma erhebt. Nicht selten lassen sich auch stetige, aber komplizierte Prozesse durch unstetige Grenzfunktionen modellieren und approximieren. Ein Beispiel hierfür sind bestimmte elektrische Spannungsverläufe $U(t)$, die sich modellhaft durch unstetige, so genannte Rechteckspannungen annähern lassen.

Zu den auf ihrem Definitionsbereich stetigen Funktionen zählen beispielsweise die auf ganz $\mathbb{R}^n$ definierten **Monome**

$$f(x_1, \ldots, x_n) = x_1^{m_1} \cdot \ldots \cdot x_n^{m_n} \qquad \text{(mit Exponenten } m_1, \ldots, m_n \in \mathbb{N}_0\text{)}$$

sowie sämtliche daraus durch Addition, Multiplikation und Division gewonnenen Funktionen. Ferner ist auch die Hintereinanderausführung dieser Monome mit allen aus Kapitel 2 bekannten stetigen Funktionen ebenfalls stetig auf ihrem Definitionsbereich.

Beispiel 9.9

Die Funktion

$$f(x,y) = \frac{e^{x+y} - \sin(x^2y^5)}{\cos(yx^2)+1}$$

besitzt als Definitionslücken die Punkte $(x,y) \in \mathbb{R}^2$ mit

$$\cos(yx^2)+1=0 \quad \Leftrightarrow \quad \cos(yx^2) = -1 \quad \Leftrightarrow \quad yx^2 = (2k+1)\pi \;\; (k \in \mathbb{Z}),$$

was nach Division durch $x^2 \neq 0$ den Kurven

$$y(x) = (2k+1)\pi \cdot \frac{1}{x^2} \qquad (k \in \mathbb{Z},\ x \neq 0)$$

entspricht. Außerhalb davon ist die Funktion stetig, denn sie besteht aus Summen, Produkten und Quotienten der Monome

$$x, \quad y, \quad x^2y^5 \quad yx^2 \quad \text{sowie} \quad 1 = x^0y^0\,,$$

verknüpft mit den stetigen Funktionen

$$\sin, \quad \exp \quad \text{und} \quad \cos\,.$$

Vorsicht geboten ist hingegen vor allem bei den abschnittsweise definierten Funktionen. Um ggf. die **Unstetigkeit** einer solchen Funktion f in einem Punkt $\overline{\vec{x}}$ ihres Definitionsbereichs zu zeigen, genügt es nach der obigen Definition, eine Folge $\vec{p}_k$ zu finden mit $\vec{p}_k \to \overline{\vec{x}}$, deren zugehörige Funktionswertfolge $f(\vec{p}_k)$ **nicht** gegen $f(\overline{\vec{x}})$ konvergiert.

Beispiel 9.10

Wir untersuchen die auf ganz $\mathbb{R}^2$ erklärte Funktion

$$f(x,y) = \begin{cases} \frac{x^2-y^2}{x^2+y^2} & \text{für } (x,y) \neq (0,0) \\ 1 & \text{für } (x,y) = (0,0) \end{cases}$$

auf Stetigkeit im Ursprung $(0,0)$. Betrachten wir die Folge

$$\vec{p}_k := \left(0, \frac{1}{k}\right),$$

so konvergiert diese für $k \to \infty$ gegen den Ursprung $(0, 0)$. Jedoch gilt für die Folge der zugehörigen Funktionswerte

$$f(\vec{p}_k) = \frac{0^2 - \frac{1}{k^2}}{0^2 + \frac{1}{k^2}} = -1$$

und folglich auch

$$\lim_{k\to\infty} f(\vec{p}_k) = -1 \neq 1 = f(0,0)\,.$$

Die Funktion f ist folglich **unstetig** im Ursprung.

9.3.3 Rotations- und Kugelsymmetrie

Bei der **Rotations-** bzw. **Kugelsymmetrie** handelt es sich um eine Verallgemeinerung der Symmetrie zur y-Achse im Fall von Funktionen einer rellen Veränderlichen:

Eine Funktion $f\colon D \subset \mathbb{R}^n \to \mathbb{R}$, deren Funktionswert $f(\vec{x})$ **nur von** $|\vec{x}|$ **abhängt**, heißt im Fall $n = 2$ **rotationssymmetrisch** bzw. im Fall $n = 3$ **kugelsymmetrisch zum Ursprung**. Äquivalente Formulierungen hierfür sind:

- Auf den konzentrischen Kreisen $x^2+y^2 = c$ (für $n = 2$) bzw. auf den konzentrischen Kugeloberflächen $x^2 + y^2 + z^2 = c$ (für $n = 3$) mit $c \geq 0$ nimmt die Funktion jeweils denselben, nur von c abhängigen Wert an. Ihre Höhenlinien setzen sich also aus konzentrischen Kreisen bzw. konzentrischen Kugeloberflächen zusammen (siehe auch Beispiel 9.11).
- Die Funktion f kann als eine Funktion des (quadrierten) Ursprungsabstandes $x^2 + y^2$ bzw. $x^2 + y^2 + z^2$ geschrieben werden.

Vor allem die letzte Formulierung erweist sich als praktikabel, wenn es darum geht, die Rotations- bzw. Kugelsymmetrie einer Funktion nachzuweisen. Oftmals ist hier ein scharfes Auge erforderlich, um eine Darstellung der Gestalt

$$f(x, y) = g(x^2 + y^2) \qquad \text{bzw.} \qquad f(x, y, z) = g(x^2 + y^2 + z^2)$$

mit einer Funktion $g\colon \tilde{D} \subset \mathbb{R} \to \mathbb{R}$ zu erkennen.

Beispiel 9.11

Das Polynom

$$p(x, y) = x^4 + 4x^2 + 2x^2y^2 + y^4 + 4y^2 + 2$$

ist rotationssymmetrisch zum Ursprung, denn wir können es äquivalent darstellen als

$$p(x, y) = (x^2 + y^2)^2 + 4(x^2 + y^2) + 2$$

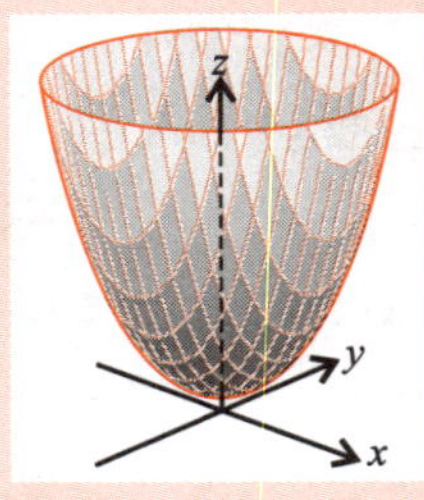

Abbildung 9.10: Flächendarstellung von $p(x, y)$.

und damit als Ausdruck bzw. Funktion von $x^2 + y^2$. (Es ist $p(x, y) = g(x^2 + y^2)$ mit $g(z) = z^2 + 4z + 2$.) ▶ Abbildung 9.10 zeigt seine Flächendarstellung. Die graphische Darstellung von $p(x, y)$ durch Höhenlinien bzw. durch Farbstufen ist in den ▶ Abbildungen 9.11 und 9.12 dargestellt.

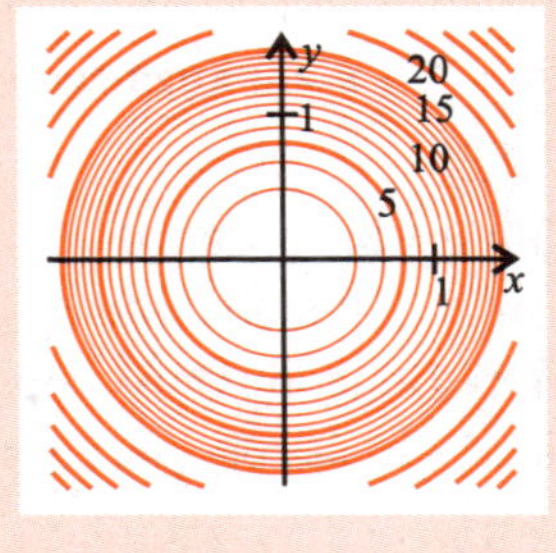

Abbildung 9.11: Höhenlinien des rotationssymmetrischen Polynoms $p(x, y)$.

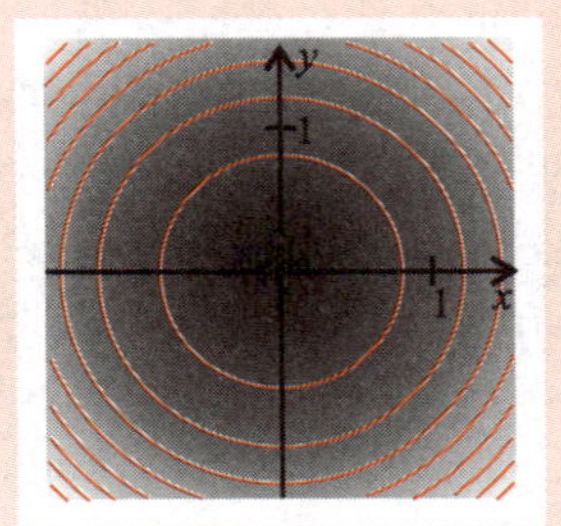

Abbildung 9.12: Farbdarstellung des rotationssymmetrischen Polynoms $p(x, y)$.

Rotations- bzw. kugelsymmetrische Funktionen treten in den Naturwissenschaften immer dann auf, wenn eine physikalische oder chemische Gegebenheit keine bestimmte Richtung bevorzugt oder benachteiligt. Ein Beispiel hierfür ist gegeben in dem elektrischen Potenzial eines Elektrons, welches sich im elektrischen Feld eines Protons befindet. Auch das von der Schwerkraft hervorgerufene Potenzial eines Apfels ist (idealerweise) dasselbe, solange er sich in derselben Höhe über der Erdoberfläche befindet, unabhängig davon, ob der zugehörige Apfelbaum in Berlin steht oder in Moskau.

Quadratische Formen – Definitheit von Matrizen 9.4

Als ein wichtiges Beispiel von Funktionen mehrerer Variablen betrachten wir die so genannten **quadratischen Formen**. Das Wissen um ihre Eigenschaften wird uns vor allem bei der Suche nach lokalen Extrema von Funktionen mehrerer Veränderlicher in Abschnitt 10.4 von Nutzen sein.

Betrachten wir eine symmetrische $n \times n$-Matrix A. Unter der **quadratischen Form** $q_A(\vec{x}) = q_A(x_1, \ldots, x_n)$ verstehen wir die auf ganz $\mathbb{R}^n$ definierte Funktion

$$\begin{aligned} q_A(\vec{x}) &= \vec{x} \bullet (A\vec{x}) = \vec{x}^T A\vec{x} \\ &= (x_1, x_2, \ldots, x_n) \begin{pmatrix} a_{11} & a_{12} & \ldots & a_{1n} \\ a_{21} & a_{22} & \ldots & a_{2n} \\ \vdots & \vdots & \vdots & \vdots \\ a_{n1} & a_{n2} & \ldots & a_{nn} \end{pmatrix} \begin{pmatrix} x_1 \\ x_2 \\ \vdots \\ x_n \end{pmatrix} . \end{aligned} \tag{9.1}$$

Man spricht auch davon, dass die Matrix A die so definierte Funktion $q_A(\vec{x})$ „induziert“. Als Skalarprodukt eines Vektors $\vec{x}$ mit dem Ergebnis des durch die Matrix A abgebildeten Vektors $A\vec{x}$ ist dadurch tatsächlich eine Funktion definiert, welche einem Vektor $\vec{x}$ bzw. seinen Variablen $x_1, \ldots, x_n$ als Ergebnis eine reelle Zahl zuordnet.

Unabhängig von der zugrunde liegenden Matrix A ist

$$q_A(\vec{0}) = \vec{0} \bullet (A \cdot \vec{0}) = 0 .$$

Für alle anderen Vektoren $\vec{x} \in \mathbb{R}^n \backslash \{\vec{0}\}$ stellen wir uns die folgende Frage: Welche Bedingungen müssen die Einträge

$$a_{ij} \quad (i, j = 1, \ldots, n)$$

der Matrix A erfüllen, damit die Funktion $q_A(\vec{x})$ für alle $\vec{x} \in \mathbb{R}^n \backslash \{\vec{0}\}$ **nur positive** oder **nur negative** Werte annimmt? Wir führen hierzu den Begriff der „Definitheit“ ein. Er bezieht sich gleichzeitig auf die Matrix A wie auch auf die von ihr induzierte quadratische Form $q_A(\vec{x})$.

Definition **Definitheit**

- Die quadratische Form (9.1) (bzw. die Matrix A) heißt **positiv definit**, falls

$$q_A(\vec{x}) > 0 \quad \text{für } \textbf{alle } \vec{x} \in \mathbb{R}^n \backslash \{\vec{0}\}\,.$$

- Die quadratische Form (9.1) (bzw. die Matrix A) heißt **negativ definit**, falls

$$q_A(\vec{x}) < 0 \quad \text{für } \textbf{alle } \vec{x} \in \mathbb{R}^n \backslash \{\vec{0}\}\,.$$

- Die quadratische Form (9.1) (bzw. die Matrix A) heißt **positiv semidefinit**, falls

$$q_A(\vec{x}) \geq 0 \quad \text{für } \textbf{alle } \vec{x} \in \mathbb{R}^n\,.$$

- Die quadratische Form (9.1) (bzw. die Matrix A) heißt **negativ semidefinit**, falls

$$q_A(\vec{x}) \leq 0 \quad \text{für } \textbf{alle } \vec{x} \in \mathbb{R}^n\,.$$

- Die quadratische Form (9.1) (bzw. die Matrix A) heißt **indefinit**, falls sie weder positiv semidefinit noch negativ semidefinit ist. Dies ist gleichwertig zur Existenz zweier Vektoren $\vec{x}, \vec{y} \in \mathbb{R}^n$ mit

$$q_A(\vec{x}) = \vec{x}^T A\vec{x} > 0 \qquad \text{und} \qquad q_A(\vec{y}) = \vec{y}^T A\vec{y} < 0\,.$$

Bei einer positiv oder negativ **semidefiniten** Form gibt es unter Umständen Vektoren $\vec{x} \neq \vec{0}$ mit $q_A(\vec{x}) = 0$. Damit handelt es sich bei Semidefinitheit um eine schwächere Eigenschaft als Definitheit. Umgekehrt jedoch ist jede definite Form auch semidefinit.

Positive bzw. negative Definitheit von $q_A(\vec{x})$ (bzw. von A) liegt genau dann vor, wenn $q_A(\vec{x})$ positiv bzw. negativ semidefinit ist und es außer dem Nullvektor $\vec{0}$ **keinen anderen Vektor** des $\mathbb{R}^n$ gibt, für welchen

$$q_A(\vec{x}) = 0$$

gilt.

Wir beschränken uns im Folgenden auf symmetrische 2×2-Matrizen A. Für eine solche Matrix und unter der Umbennung $(x_1, x_2) = (x, y)$ formuliert sich die quadratische Form (9.1) nach Ausmultiplizieren weit weniger furchterregend zu

$$\begin{aligned} q_A(x,y) &= (x,y)\begin{pmatrix} a & b \\ b & c \end{pmatrix}\begin{pmatrix} x \\ y \end{pmatrix} = (x,y)\begin{pmatrix} ax+by \\ bx+cy \end{pmatrix} \\ &= ax^2 + byx + ybx + cy^2 = ax^2 + 2bxy + cy^2\,. \end{aligned} \tag{9.2}$$

Abhängig von den Einträgen von A beinhaltet sie Terme in x^2, y^2 und in den gemischten Gliedern xy.

Kehren wir die Richtung dieser Rechnung um, so erkennen wir, dass hinter der Form

$$q_A(x, y) = ax^2 + 2bxy + cy^2$$

die Matrix

$$A = \begin{pmatrix} a & b \\ b & c \end{pmatrix}$$

steckt. Wie sieht es aber mit einer allgemeinen Form

$$q_A(x, y) = ax^2 + bxy + dyx + cy^2$$

aus? Mittels der Umformung

$$q_A(x, y) = ax^2 + 2\underbrace{\left(\frac{b+d}{2}\right)}_{=:\tilde{b}} xy + cy^2$$

erkennen wir, dass sich auch hinter jeder solchen allgemeinen Form eine symmetrische Matrix, nämlich

$$A = \begin{pmatrix} a & \tilde{b} \\ \tilde{b} & c \end{pmatrix}$$

verbirgt mit $\tilde{b} = \frac{b+d}{2}$. Es reicht daher aus, sich auf symmetrische Matrizen zu beschränken, mit denen jede beliebige quadratische Form dargestellt werden kann.

Wie oben angekündigt wollen wir nun nach Kriterien suchen, denen die Einträge der Matrix A genügen müssen, um die positive oder negative (Semi-)Definitheit der zugehörigen quadratischen Form $q_A(x, y)$ zu gewährleisten. Für den Fall $n = 2$, d. h. für den Ausdruck (9.2), geschieht dies im folgenden Satz:

Satz **Kriterien für Definitheit**

Die quadratische Form

$$q_A(x, y) = (x, y)\begin{pmatrix} a & b \\ b & c \end{pmatrix}\begin{pmatrix} x \\ y \end{pmatrix} = ax^2 + 2bxy + cy^2$$

bzw. die Matrix

$$A = \begin{pmatrix} a & b \\ b & c \end{pmatrix}$$

ist

$$\begin{cases} \text{positiv definit,} & \text{falls } a > 0 \text{ und } ac - b^2 > 0 \\ \text{positiv semidefinit,} & \text{falls } a > 0 \text{ und } ac - b^2 \geq 0 \\ \text{negativ definit,} & \text{falls } a < 0 \text{ und } ac - b^2 > 0 \\ \text{negativ semidefinit,} & \text{falls } a < 0 \text{ und } ac - b^2 \geq 0 \\ \text{indefinit,} & \text{falls } ac - b^2 < 0\,. \end{cases}$$

Beweis: Falls $a \neq 0$, so formen wir die quadratische Form $q_A(x, y)$ mit Hilfe quadratischer Ergänzung um zu

$$\begin{aligned} q_A(x,y) &= ax^2 + 2bxy + cy^2 = a\left(x^2 + \frac{2b}{a}xy + \frac{c}{a}y^2\right) \\ &= a\left(\left(x + \frac{b}{a}y\right)^2 - \frac{b^2}{a^2}y^2 + \frac{c}{a}y^2\right) \\ &= a\left(\underbrace{\left(x + \frac{b}{a}y\right)^2}_{\geq 0} + \underbrace{y^2}_{\geq 0}\left(\frac{ac - b^2}{\underbrace{a^2}_{\geq 0}}\right)\right). \end{aligned} \tag{9.3}$$

Ist $ac - b^2 \geq 0$, so ist dieser Ausdruck immer ≥ 0, falls $a > 0$. Umgekehrt ist $q_A \leq 0$, falls $a < 0$, womit die Aussagen von obigem Satz, die sich auf die Semidefinitheit beziehen, bewiesen sind.

Ist $a > 0$ und sogar $ac - b^2 > 0$, so kann $q_A(x, y)$ nach (9.3) den Wert 0 nur dann annehmen, wenn

$$y^2 = 0 \qquad \text{und} \qquad \left(x + \frac{b}{a}y\right) = 0\,,$$

was nur für $x = y = 0$ möglich ist. Die Form ist in diesem Fall also positiv definit. Mit der gleichen Argumentation zeigt man die negative Definitheit von $q_A(x, y)$, falls $a < 0$ und $ac - b^2 > 0$ erfüllt ist.

Es bleibt noch der Fall $ac - b^2 < 0$ zu untersuchen: Wir unterscheiden hier die Fälle $a \neq 0$ und $a = 0$. Betrachten wir zunächst den ersten Fall. Setzen wir für y einen beliebigen festen Wert $y_0 \in \mathbb{R}$ mit $y_0 \neq 0$ in die Form (9.3) ein, so ist

$$q_A(x, y_0) = a\left(\left(x + \frac{b}{a}y_0\right)^2 + y_0^2\left(\frac{ac - b^2}{a^2}\right)\right)$$

als Funktion in x eine für $a > 0$ nach oben und für $a < 0$ nach unten geöffnete Parabel. Die y-Koordinate ihres Scheitels liegt bei

$$a \cdot y_0^2\left(\frac{ac - b^2}{a^2}\right)$$

und damit im negativen Bereich, falls $a > 0$ und oberhalb der x-Achse für $a < 0$. Aufgrund der eben ermittelten Parabelöffnungen finden wir dann in jedem Fall zwei Zahlen $x_1 \in \mathbb{R}$ und $x_2 \in \mathbb{R}$ mit

$$q_A(x_1, y_0) < 0 \qquad \text{und} \qquad q_A(x_2, y_0) > 0\,.$$

Die Form $q_A(x, y)$ ist unter diesen Umständen also indefinit.

Falls $a = 0$, so impliziert die Bedingung $ac - b^2 < 0$, dass $b \neq 0$. Die quadratische Form

$$q_A(x, y) = \underbrace{a}_{=0} x^2 + 2bxy + cy^2 = 2bxy + cy^2$$

lautet für ein beliebiges, festes $y_0 \in \mathbb{R}$ mit $y_0 \neq 0$

$$q_A(x, y_0) = 2bxy_0 + cy_0^2$$

und stellt als Funktion in x (wegen $b \neq 0$) eine Gerade mit positiver oder negativer Steigung $2by_0$ dar. Auch hier finden wir also $x_1 \in \mathbb{R}$ und $x_2 \in \mathbb{R}$ mit

$$q_A(x_1, y_0) < 0 \qquad \text{und} \qquad q_A(x_2, y_0) > 0\,,$$

was wieder die Indefinitheit der Form $q_A(x, y)$ impliziert.

Beispiel 9.12

Wir analysieren die Definitheitseigenschaften der quadratischen Form

$$q_A(x, y) = \underbrace{-4}_{=a} x^2 + \underbrace{6}_{=2b} xy \underbrace{-4}_{=c} y^2$$

bzw. der zugehörigen Matrix

$$A = \begin{pmatrix} -4 & \frac{6}{2} \\ \frac{6}{2} & -4 \end{pmatrix} = \begin{pmatrix} -4 & 3 \\ 3 & -4 \end{pmatrix}.$$

Es ist

$$a = -4, \quad b = \frac{6}{2} = 3 \quad \text{und} \quad c = -4\,.$$

Wegen

$$a = -4 < 0 \quad \text{und} \quad ac - b^2 = -4 \cdot (-4) - 3^2 = 7 > 0$$

ist die Form negativ definit.

Zu den quadratischen Formen $q_A(x, y)$, die von einer 2×2-Matrix induziert werden, sind zwei Bemerkungen angebracht:

- Falls $a = 0$ und $ac - b^2 \geq 0$, so macht der obige Satz von Seite 315 **keine Aussage** über Definitheitseigenschaften der Form $q_A(x, y)$.
- Die in besagtem Satz auftretende Größe $ac - b^2$ ist nichts anderes als die Determinante der Matrix
$$A = \begin{pmatrix} a & b \\ b & c \end{pmatrix},$$
welche die quadratische Form $q_A(x, y)$ induziert.

Bislang haben wir uns auf zweidimensionale quadratische Formen $q_A(x, y)$ beschränkt. Wie erkennen wir nun die positive oder negative Definitheit einer quadratischen Form
$$q_A(\vec{x}) = q_A(x_1, \ldots, x_n) = \vec{x}^T A\vec{x}$$
bzw. der dazugehörigen $n\times n$-Matrix A für beliebiges $n \in \mathbb{N}$? Die Antwort liegt im Vorzeichen der **Eigenwerte** der Matrix A (siehe Kapitel 8). Ein Beweis des folgenden Satzes sei wieder der weiterführenden Literatur entnommen.

Satz **Kriterien für Definitheit**

Eine quadratische, symmetrische $n\times n$-Matrix A bzw. die von ihr induzierte quadratische Form
$$q_A(\vec{x}) = q_A(x_1, \ldots, x_n) = \vec{x}^T A\vec{x}$$
ist

$$\begin{cases} \text{positiv definit,} & \text{falls alle Eigenwerte von } A \text{ positiv sind.} \\ \text{positiv semidefinit,} & \text{falls alle Eigenwerte von } A \text{ größer oder gleich 0 sind.} \\ \text{negativ definit,} & \text{falls alle Eigenwerte von } A \text{ negativ sind.} \\ \text{negativ semidefinit,} & \text{falls alle Eigenwerte von } A \text{ kleiner oder gleich 0 sind.} \\ \text{indefinit,} & \text{falls } A \text{ positive und negative Eigenwerte besitzt.} \end{cases}$$

Aufgaben

1 Geben Sie zu den folgenden Funktionen den maximal möglichen Definitionsbereich an und skizzieren Sie ihn als Teilmenge eines rechtwinkligen x-y-Koordinatensystems. In welchen Fällen gehört der Rand zum Definitionsbereich? Bestimmen Sie auch den Wertebereich der jeweiligen Funktionen:

$$\text{a)}\ f(x,y) = \sqrt{1-y^2} + e^{-x^2},$$
$$\text{b)}\ f(x,y) = 3 + \sqrt{x^2-y^2},$$
$$\text{c)}\ f(x,y) = (4-x^2-y^2)^{-\frac{1}{2}}.$$

2 Skizzieren Sie für ausgewählte Werte $c \in \mathbb{R}$ die Höhenlinien der Funktion

$$f(x,y) = x + y^2.$$

3 In Beispiel 9.10 zeigten wir die Unstetigkeit der auf ganz $\mathbb{R}^2$ definierten Funktion

$$f(x,y) = \begin{cases} \frac{x^2-y^2}{x^2+y^2} & \text{für } (x,y) \neq (0,0) \\ 1 & \text{für } (x,y) = (0,0) \end{cases}$$

im Ursprung $(0,0)$ durch Angabe einer Punktfolge $\vec{p}_k$ mit $f(\vec{p}_k) \to -1$. Untersuchen Sie, ob sich die für $(x,y) = (0,0)$ undefinierte Funktion $f(x,y) = \frac{x^2-y^2}{x^2+y^2}$ möglicherweise durch die Ergänzung $f(0,0) := -1$ stetig fortsetzen lässt, d. h. untersuchen Sie die Funktion

$$f(x,y) = \begin{cases} \frac{x^2-y^2}{x^2+y^2} & \text{für } (x,y) \neq (0,0) \\ -1 & \text{für } (x,y) = (0,0) \end{cases}$$

auf Stetigkeit im Ursprung $(0,0)$.

4 Geben Sie zu den folgenden quadratischen Formen die Matrizen A an, welche die quadratische Form $q_A(x,y)$ induzieren, und untersuchen Sie diese (bzw. die quadratische Form) auf ihre Definitheitseigenschaften:

a) $q_A(x,y) = x^2 + 6xy + 4y^2$, b) $q_A(x,y) = (x-y)^2 + 3y^2$,

c) $q_A(x,y) = 3xy + 4y^2 + 3x^2$, d) $q_A(x,y) = -5x^2 + 4\sqrt{5}xy - 4y^2$.

5 Beweisen oder widerlegen Sie die folgende Aussage:

„Besitzt eine 2×2-Matrix ausschließlich positive Einträge, so ist sie positiv definit; sind hingegen alle Einträge negativ, so handelt es sich um eine negativ definite Matrix.“

Ausführliche Lösungen und weitere Aufgaben finden Sie auf der Companion Website des Buches unter
http://www.pearson-studium.de

Differentialrechnung in mehreren Veränderlichen

10

ÜBERBLICK

Dieses Kapitel erklärt:

- Wie das Differenzieren von Funktionen mehrerer Variablen zu „partiellen Ableitungen“ führt.
- Den wichtigen Zusammenhang zwischen gemischten partiellen Ableitungen, ausgedrückt durch den Satz von Schwarz.
- Den Zusammenhang zwischen partieller Differenzierbarkeit, (totaler) Differenzierbarkeit und der geometrischen Interpretation mit Hilfe von Tangentialebenen.
- Was man unter dem totalen Differential einer Funktion versteht und wie es gebildet wird.
- Wie man eine Funktion mehrerer Variablen auf lokale Minima und Maxima untersucht.
- Welche Anwendungen die Theorie der Differenzierbarkeit in den Bereichen Regression und Fehlerfortpflanzung besitzt.

„Wie schon im Fall von Funktionen einer reellen Veränderlichen ist die Fülle von Anwendungen, die sich aus der Differentialrechnung ergeben, nahezu unbegrenzt. Auch Funktionen mehrerer Veränderlicher lassen sich damit beispielsweise auf lokale Extrema untersuchen – eine Anwendung, aus welcher unter anderem die in den Naturwissenschaften so bedeutsame Fehlerrechnung oder auch die lineare Regression entspringen. Wir behandeln diese Aspekte, nachdem wir das Konzept der partiellen Ableitungen kennen gelernt und mit dem Begriff der Tangentialebene ein Analogon zur Tangente im Fall einer Variablen gewonnen haben.“

Partielle Differentiation 10.1

10.1.1 Partielle Ableitungen

Im Fall von differenzierbaren Funktionen **einer** Veränderlichen hatten wir die Ableitung von f an einer Stelle $\overline{x}$ des Definitionsbereichs durch den Grenzwert

$$\lim_{h\to 0} \frac{f(\overline{x}+h)-f(\overline{x})}{h}$$

ausgedrückt. Zur Bildung des Differenzenquotienten sind wir dabei, ausgehend von $\overline{x}$, um ein kleines Stückchen h auf dem reellen Zahlenstrahl vorangegangen.

Dieses Konzept stellt uns im Fall mehrerer Variablen vor ein Kernproblem: Anders als im eindimensionalen Fall, in dem es nur **eine** Richtung längs der reellen Achse gibt, ist im $\mathbb{R}^n$ prinzipiell jede Richtung gleichberechtigt bzw. keine Richtung besonders ausgezeichnet. Folglich muss man sich im Fall mehrerer Variablen die Frage gefallen lassen, in welche der unendlich vielen Richtungen man ausgehend von $\vec{\overline{x}}$ um einen kleinen Vektor $\vec{h}$ vorangehen soll, um die Werte

$$f(\vec{\overline{x}} + \vec{h}) \qquad \text{und} \qquad f(\vec{\overline{x}})$$

dann in obigem Sinne vergleichen zu können. Die Antwort mag nicht verwundern: Als so genannte kanonische Richtungen (oder Standardrichtungen) besitzt der $\mathbb{R}^n$ die Einheitsvektoren $\vec{e}_1, \dots, \vec{e}_n$.

Stellen wir dies für den anschaulichen Fall einer Funktion zweier Variablen genauer heraus: Wir betrachten die in ▶ Abbildung 10.1 dargestellte Funktion $f(x, y)$ und einen Punkt $(\overline{x}, \overline{y})$ ihres Definitionsbereichs.

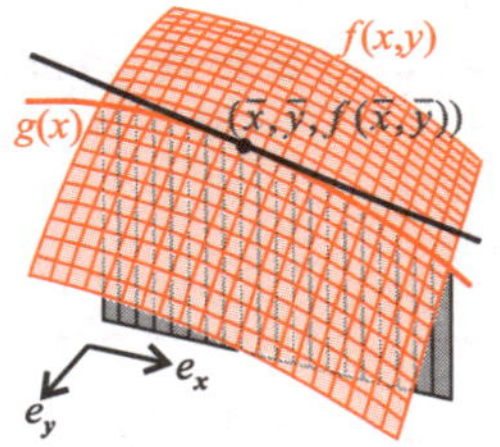

Abbildung 10.1: Partielles Differenzieren nach x.

Fixieren wir die y-Variable auf den Wert $\overline{y}$ und lassen folglich nur noch die x-Komponente variabel, so haben wir es mit der Funktion

$$g(x) := f(x, \overline{y})$$

zu tun; einer Funktion von nunmehr nur **einer** Variablen, welche das Verhalten der Funktion in Richtung des Einheitsvektors

$$\vec{e}_1 = \vec{e}_x$$

beschreibt. Ihr Graph ist in Abbildung 10.1 dargestellt. Als Funktion, die nur noch von x abhängt, können wir g an der Stelle $\overline{x}$ differenzieren und die Tangentensteigung berechnen zu

$$\lim_{h \to 0} \frac{g(\overline{x} + h) - g(\overline{x})}{h} = \lim_{h \to 0} \frac{f(\overline{x} + h, \overline{y}) - f(\overline{x}, \overline{y})}{h} .$$

Dem „Einfrieren“ von y auf $\overline{y}$ und die Differentiation der damit nur noch von x abhängigen Funktion wollen wir auch durch die Bezeichnung Rechnung tragen. Wir sprechen bei dem Ausdruck

$$\lim_{h \to 0} \frac{f(\overline{x} + h, \overline{y}) - f(\overline{x}, \overline{y})}{h}$$

von der **partiellen Ableitung von f nach x an der Stelle $(\overline{x}, \overline{y})$** und notieren diese mit

$$\frac{\partial f}{\partial x}(\overline{x}, \overline{y}) .$$

Analog gehen wir vor, wenn wir die Funktion f partiell nach y differenzieren: Wie in ▶ Abbildung 10.2 skizziert, haben wir die Funktion nun in Richtung des Einheitsvektors $\vec{e}_2 = \vec{e}_y$ zu analysieren:

Wir frieren in diesem Fall die x-Komponente auf $\overline{x}$ ein und differenzieren die Funktion

$$k(y) := f(\overline{x}, y)$$

nach y. Den Grenzwert

$$\lim_{h\to 0} \frac{k(\overline{y}+h) - k(\overline{y})}{h} = \lim_{h\to 0} \frac{f(\overline{x}, \overline{y}+h) - f(\overline{x}, \overline{y})}{h}$$

bezeichnen wir dann als die **partielle Ableitung von f nach y an der Stelle $(\overline{x}, \overline{y})$** oder kurz mit

$$\frac{\partial f}{\partial y}(\overline{x}, \overline{y}) .$$

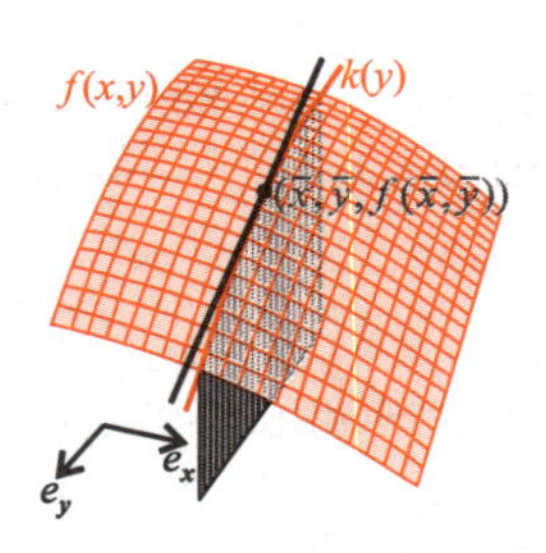

Abbildung 10.2: Partielles Differenzieren nach y.

Bemerkung

Für die partiellen Ableitungen einer Funktion mehrerer Veränderlicher haben sich verschiedene Schreibweisen eingebürgert. Es bezeichnet beispielsweise

$$\frac{\partial f(\overline{x}, \overline{y})}{\partial x}, \quad \frac{\partial f}{\partial x}(\overline{x}, \overline{y}), \quad \frac{\partial}{\partial x} f(\overline{x}, \overline{y}), \quad \partial_x f(\overline{x}, \overline{y}) \quad \text{und} \quad f_x(\overline{x}, \overline{y})$$

jeweils die partielle Ableitung von f nach x an der Stelle $(\overline{x}, \overline{y})$. Wegen ihrer Kürze wollen wir uns im Folgenden bevorzugt der letzten Schreibweise $f_x(\overline{x}, \overline{y})$ bedienen.

Für Funktionen von allgemein n Veränderlichen gehen wir genauso vor. Zur Berechnung der partiellen Ableitung nach der Variablen x_i im Punkt $\overline{\vec{x}}$ halten wir alle übrigen Variablen fest und berechnen

$$f_{x_i}(\overline{\vec{x}}) = \lim_{h\to 0} \frac{f(\overline{\vec{x}} + h \cdot \vec{e}_i) - f(\overline{\vec{x}})}{h} .$$

Existieren für eine Funktion

$$f(x_1, \dots, x_n)$$

im Punkt $\overline{\vec{x}}$ des Definitionsbereichs D alle partiellen Ableitungen, so heißt die Funktion **in $\overline{\vec{x}}$ partiell differenzierbar**. Alle partiellen Ableitungen, in einen Vektor gesammelt, bilden den **Gradienten**

$$\operatorname{grad} f(\vec{\bar{x}}) := \left(\frac{\partial f(\vec{\bar{x}})}{\partial x_1}, \ldots, \frac{\partial f(\vec{\bar{x}})}{\partial x_n} \right) = \left(f_{x_1}(\vec{\bar{x}}), \ldots, f_{x_n}(\vec{\bar{x}}) \right) .$$

Die Funktion heißt **partiell differenzierbar** (auf ganz D), wenn sie in jedem Punkt ihres Definitionsbereichs partiell differenzierbar ist. Da der Wert der partiellen Ableitungen von der betrachteten Stelle $\vec{x} \in D$ abhängt, sind die partiellen Ableitungen selbst wieder Funktionen auf D, insbesondere also Funktionen von n Veränderlichen.

Wie berechnen sich nun die partiellen Ableitungen in der Praxis? Ist für die Funktion $f(x_1, \ldots, x_n)$ etwa die partielle Ableitung f_{x_i} an einer Stelle $(x_1, \ldots, x_n) \in D$ zu berechnen, so müssen wir die übrigen Variablen fixieren. Wir tragen diesem Umstand dadurch Rechnung, dass wir diese Variablen als feste Parameter betrachten und uns beim Ableiten gewissermaßen nur auf die Variable x_i „konzentrieren“.

Beispiel 10.1

a) Gegeben sei das auf ganz $\mathbb{R}^2$ definierte Polynom

$$f(x, y) = yx^2 + 7x^4y^3 + y + 2x .$$

Wir berechnen die partielle Ableitung von f nach x, indem wir y als einen festen Parameter betrachten und nach x differenzieren zu

$$f_x(x, y) = y \cdot 2x + 7 \cdot 4x^3 \cdot y^3 + 0 + 2 = 2xy + 28x^3y^3 + 2 .$$

Auf die gleiche Weise berechnen wir die partielle Ableitung von f nach y zu

$$f_y(x, y) = 1 \cdot x^2 + 7x^4 \cdot 3y^2 + 1 + 0 = x^2 + 21x^4y^2 + 1.$$

Terme in y fallen demnach beim Ableiten nach x komplett weg. Ebenso verschwinden Ausdrücke, die nur die Variable x beinhalten, wenn wir nach y differenzieren. Wir erhalten folglich

$$\operatorname{grad} f(x, y) = (2xy + 28x^3y^3 + 2,\ x^2 + 21x^4y^2 + 1) .$$

b) Wir betrachten die Funktion

$$f(x, y) = \frac{\sin(x^2 + y)}{x^2 + y^2} ,$$

die für alle $(x, y) \in \mathbb{R}^2$ mit Ausnahme des Ursprungs $(0, 0)$ definiert ist. Auf diesem Definitionsbereich ist $f(x, y)$ partiell differenzierbar und wir berechnen die partiellen Ableitungen mit Hilfe der Quotienten- und Kettenregel zu

$$f_x(x, y) = \frac{(x^2 + y^2)\cos(x^2 + y) \cdot 2x - \sin(x^2 + y) \cdot 2x}{(x^2 + y^2)^2}$$

und

$$f_y(x, y) = \frac{(x^2 + y^2)\cos(x^2 + y) \cdot 1 - \sin(x^2 + y) \cdot 2y}{(x^2 + y^2)^2} .$$

Im Fall von Funktionen, die in ihren Definitionslücken um einen Funktionswert ergänzt werden, können wir in diesen Punkten die partiellen Ableitungen nur „von Hand“ , d. h. gemäß der ursprünglichen Definition berechnen.

Beispiel 10.2

Betrachten wir die Funktion

$$f(x,y) = \begin{cases} \frac{xy}{x^2+y^2} & \text{für } (x,y) \neq (0,0) \\ 0 & \text{für } (x,y) = (0,0). \end{cases}$$

Wir berechnen $f_x(0,0)$ nach Definition zu

$$\lim_{h\to 0} \frac{f(h,0) - f(0,0)}{h} = \lim_{h\to 0} \frac{\frac{h\cdot 0}{h^2+0} - 0}{h} = \lim_{h\to 0} \frac{0}{h} = \lim_{h\to 0} 0 = 0$$

und

$$f_y(0,0) = \lim_{h\to 0} \frac{f(0,h) - f(0,0)}{h} = \lim_{h\to 0} \frac{\frac{0\cdot h}{0+h^2} - 0}{h} = \lim_{h\to 0} \frac{0}{h} = \lim_{h\to 0} 0 = 0.$$

Somit existieren die partiellen Ableitungen im Nullpunkt (0, 0) und es ist

$$\operatorname{grad} f(0,0) = (0,0).$$

Untersuchen wir bei dieser Gelegenheit einen weiteren Aspekt: Ist die Funktion $f(x,y)$ an der Stelle (0, 0) auch stetig? Analysieren wir die Funktionswerte dazu entlang der Folge $(x_k, y_k) = (\frac{1}{k}, \frac{1}{k})$, die ersichtlich gegen den Nullpunkt konvergiert. Es ist

$$f(x_k, y_k) = f(\frac{1}{k}, \frac{1}{k}) = \frac{\frac{1}{k}\cdot\frac{1}{k}}{\frac{1}{k^2}+\frac{1}{k^2}} = \frac{1}{2},$$

also auch

$$\lim_{k\to\infty} f(x_k, y_k) = \frac{1}{2} \neq 0 = f(0,0).$$

Die Funktion $f(x,y)$ ist damit im Ursprung nicht stetig.

Das letzte Beispiel zeigt, dass (anders als im Fall von Funktionen einer Veränderlichen!) die Existenz der partiellen Ableitungen in einem Punkt noch nicht einmal etwas über die Stetigkeit der Funktion in diesem Punkt aussagt!

10.1.2 Die Kettenregel

In einigen Fällen sind die n unabhängigen Variablen $x_1, \ldots, x_n$ einer Funktion

$$f(x_1, \ldots, x_n)$$

selbst wieder Funktionen von m anderen Variablen $y_1, \ldots, y_m$. Es ist also

$$\begin{aligned} x_1 &= g_1(y_1, \ldots, y_m) \\ x_2 &= g_2(y_1, \ldots, y_m) \\ &\vdots \\ x_n &= g_n(y_1, \ldots, y_m) \end{aligned}$$

mit Funktionen $g_1, \ldots, g_n$. Man spricht von einer verketteten Funktion bzw. einer Komposition (Hintereinanderausführung). Häufig werden die Funktionen $g_1, \ldots, g_n$ zu einer vektorwertigen Funktion $\vec{g} = \vec{g}(y_1, \ldots, y_m)$ zusammengefasst. Die Werte von $\vec{g}$ müssen dabei in den Definitionsbereich D der Funktion f fallen.

Beispiel 10.3

Wir betrachten ein Bimetall, bestehend aus zwei Blechen der einheitlichen Länge y_1, Breite y_2 und Tiefe y_3, aus jedoch unterschiedlichem Material mit damit verbunden unterschiedlicher Dichte ρ(Eisen) und ρ(Blei). Bezeichnet x_1 das Gewicht des Eisen- und x_2 das Gewicht des Bleiblechs, so berechnet sich das mittlere Gewicht des Bimetalls zu

$$f(x_1, x_2) = \frac{x_1 + x_2}{2}.$$

Dabei ist das Gewicht x_i jedes Blechs selbst eine Funktion von y_1, y_2 und y_3, nämlich

$$\begin{aligned} x_1 &= g_1(y_1, y_2, y_3) := \rho(\text{Eisen}) \cdot y_1 \cdot y_2 \cdot y_3 \\ x_2 &= g_2(y_1, y_2, y_3) := \rho(\text{Blei}) \cdot y_1 \cdot y_2 \cdot y_3 . \end{aligned}$$

Verglichen mit der allgemeinen Darstellung ist hier also $n = 2$ und $m = 3$ (2 „x“-Variablen und 3 „y“-Variablen.)

Da die einzelnen Variablen x_i Funktionen von $y_1, \ldots, y_m$ sind, hängt eine Funktion $f = f(x_1, \ldots, x_n)$ somit de facto von den Variablen $y_1, \ldots, y_m$ ab. Wir definieren deshalb

$$h(y_1, \ldots, y_m) := f\left(g_1(y_1, \ldots, y_m),\ g_2(y_1, \ldots, y_m), \ldots,\ g_n(y_1, \ldots, y_m)\right)$$

als die Funktion, welche die y-Koordinaten $y_1, \ldots, y_m$ nun direkt zum Endergebnis f in Beziehung setzt. Liegen die konkreten Funktionsterme von f und g vor, so lässt sich der Funktionsterm

$$f\left(g_1(y_1, \ldots, y_m),\ g_2(y_1, \ldots, y_m), \ldots, g_n(y_1, \ldots, y_m)\right)$$

direkt als geschlossener Ausdruck von $y_1, \ldots, y_m$ schreiben. Sind jedoch in der Theorie f und g nicht bekannt oder sollen bewusst nicht näher spezifiziert werden (etwa um die Allgemeinheit zu erhalten), so stellt sich die folgende Frage: Wie lässt sich die Funktion

$$h(y_1, \ldots, y_m) = f\left(g_1(y_1, \ldots, y_m),\ g_2(y_1, \ldots, y_m), \ldots, g_n(y_1, \ldots, y_m)\right)$$

nach einer Variablen y_i differenzieren? Die Antwort ist gegeben durch den nachfolgenden Satz, die so genannte **Kettenregel** für Funktionen mehrerer Veränderlicher. Auf einen Beweis sei hier verzichtet.

Satz **Kettenregel**

Es seien die Funktionen

$$f(x_1, \ldots, x_n)$$

und

$$\vec{g}(y_1, \ldots, y_m) := (g_1(y_1, \ldots, y_m), \ldots, g_n(y_1, \ldots, y_m))$$

partiell differenzierbar. Es sei die Hintereinanderausführung (Verkettung)

$$h(y_1, \ldots, y_m) := f\left(g_1(y_1, \ldots, y_m),\ g_2(y_1, \ldots, y_m), \ldots, g_n(y_1, \ldots, y_m)\right)$$

definiert. Dann gilt für die Ableitung der Verkettung $h(y_1, \ldots, y_m)$ nach der i-ten Variable y_i

$$\begin{aligned}
\frac{\partial h}{\partial y_i}(y_1, \ldots, y_m) &= \frac{\partial f}{\partial \mathbf{x_1}}(g_1(y_1, \ldots, y_m), \ldots, g_n(y_1, \ldots, y_m)) \cdot \frac{\partial \mathbf{g_1}}{\partial y_i}(y_1, \ldots, y_m) \\
&+ \frac{\partial f}{\partial \mathbf{x_2}}(g_1(y_1, \ldots, y_m), \ldots, g_n(y_1, \ldots, y_m)) \cdot \frac{\partial \mathbf{g_2}}{\partial y_i}(y_1, \ldots, y_m) \\
&\vdots \\
&+ \frac{\partial f}{\partial \mathbf{x_n}}(g_1(y_1, \ldots, y_m), \ldots, g_n(y_1, \ldots, y_m)) \cdot \frac{\partial \mathbf{g_n}}{\partial y_i}(y_1, \ldots, y_m)
\end{aligned}$$

oder kurz

$$\frac{\partial h}{\partial y_i}(y_1, \ldots, y_m) = \sum_{j=1}^{n} \frac{\partial f}{\partial x_j}(\vec{g}(y_1, \ldots, y_m)) \cdot \frac{\partial g_j}{\partial y_i}(y_1, \ldots, y_m)$$

bzw. in Vektorschreibweise

$$\frac{\partial h}{\partial y_i}(y_1, \ldots, y_m) = \operatorname{grad} f(\vec{g}(y_1, \ldots, y_m)) \bullet \begin{pmatrix} \frac{\partial g_1}{\partial y_i}(y_1, \ldots, y_m) \\ \vdots \\ \frac{\partial g_n}{\partial y_i}(y_1, \ldots, y_m) \end{pmatrix} .$$

Um die verkettete Funktion $h(y_1, \ldots, y_m)$ nach der Variablen y_i zu differenzieren, müssen wir also folgendermaßen vorgehen:

Wir differenzieren die äußere Funktion f partiell nach der **ersten** Variablen x_1 und werten diese Ableitung an der Stelle $(\vec{g}(y_1, \ldots, y_m)) \in \mathbb{R}^n$ aus. Daraufhin müssen wir bezüglich der relevanten Variablen y_i nachdifferenzieren: Wir multiplizieren dazu an den letzten Ausdruck die partielle Ableitung der **ersten** Komponente g_1 nach y_i. Das gleiche Verfahren wiederholen wir für die zweite, dritte, … n-te Variable x_n bzw. Komponente g_n und addieren all diese Produkte auf.

Beispiel 10.4

Gegeben sei ein Potenzial und ein Teilchen in diesem Potenzial. Je nach Position (x, y) des Teilchens ändert sich auch die potenzielle Energie

$$V(x, y)$$

des Teilchens. Andererseits steht die Position (x, y) des Teilchens auch in einem bestimmten, hier nicht näher spezifizierten zeitlichen Zusammenhang. Die Koordinaten sind damit selbst Funktionen der Zeit, d. h. es ist

$$x = x(t) \qquad \text{und} \qquad y = y(t)$$

(siehe dazu auch Abschnitt 11.1.1 über Parameterdarstellungen von Kurven im $\mathbb{R}^n$). Somit beschreibt die Funktion

$$h(t) = V(x(t), y(t))$$

die potenzielle Energie des Teilchens, nun in Abhängigkeit der Zeit. (Im Kontext des letzten Satzes von Seite 328 ist also $n = 2$, $m = 1$ und die einzige Variable y_1 entspricht der Zeit t.) Wir interessieren uns für die momentane Änderung der potenziellen Energie, d. h. für die Größe

$$\frac{\partial}{\partial t} h(t),$$

die wir auch als die aufgenommene oder abgegebene Leistung interpretieren können. Wir notieren die zeitliche Ableitung wieder in der Schreibweise $\frac{d}{dt}$, da in diesem Spezialfall wegen $m = 1$ die Funktion h eine Funktion nur einer Variablen darstellt. Mit der Kettenregel gilt dann zu jedem Zeitpunkt t:

$$\begin{aligned} \frac{d}{dt} h(t) &= \frac{\partial V}{\partial x}(x(t), y(t)) \cdot \frac{d}{dt} x(t) + \frac{\partial V}{\partial y}(x(t), y(t)) \cdot \frac{d}{dt} y(t) \\ &= \operatorname{grad} V(x(t), y(t)) \bullet \begin{pmatrix} \dot{x}(t) \\ \dot{y}(t) \end{pmatrix} . \end{aligned} \tag{10.1}$$

Um etwas Konkretes vor Augen zu haben, betrachten wir ein in der Natur sehr häufig auftretendes Potenzial der Form

$$V(x, y) = \frac{c}{\sqrt{x^2 + y^2}} = c \cdot (x^2 + y^2)^{-1/2}$$

mit einer situationsabhängigen Konstanten $c \in \mathbb{R}$, $c \neq 0$. Beispielsweise besitzt das ebene elektrostatische Potenzial einer Punktladung oder auch das durch die Gravitation hervorgerufene (auf die Ebene eingeschränkte) Potenzial einer Masse eine solche Gestalt. Da das Potenzial nur von $x^2 + y^2$ abhängt, handelt es sich um ein rotationssymmetrisches Potenzial (siehe Abschnitt 9.3.3).

Als Kurve, auf der sich das Teilchen zeitabhängig bewege, wählen wir eine Ellipse

$$x(t) = a \cos t \qquad \text{und} \qquad y(t) = b \sin t$$

mit den Halbachsen a und b, die in der Zeitspanne $t \in [0, 2\pi[$ ein Mal durchlaufen werde (siehe dazu auch Seite 373). Wegen

$$V_x(x, y) = -\frac{c}{2} \cdot (x^2 + y^2)^{-3/2} \cdot 2x = -cx \cdot (x^2 + y^2)^{-3/2}$$

und

$$V_y(x, y) = -\frac{c}{2} \cdot (x^2 + y^2)^{-3/2} \cdot 2y = -cy \cdot (x^2 + y^2)^{-3/2}$$

erhalten wir zum einen

$$\operatorname{grad} V(x(t), y(t)) = (V_x(x(t), y(t)),\ V_y(x(t), y(t)))$$
$$= \left(-\frac{c \cdot a \cos t}{(a^2 \cos^2(t) + b^2 \sin^2(t))^{3/2}},\ -\frac{c \cdot b \sin t}{(a^2 \cos^2(t) + b^2 \sin^2(t))^{3/2}}\right).$$

Zum anderen ist

$$\begin{pmatrix} \dot{x}(t) \\ \dot{y}(t) \end{pmatrix} = \begin{pmatrix} -a \sin(t) \\ b \cos(t) \end{pmatrix},$$

so dass nach (10.1) die aufgenommene Leistung gegeben ist durch

$$\frac{d}{dt} h(t) = -\frac{c}{(a^2 \cos^2(t) + b^2 \sin^2(t))^{3/2}} \left(-a^2 \sin(t) \cos(t) + b^2 \sin(t) \cos(t)\right).$$

Falls $a = b$, was der Bewegung auf einer Kreisbahn entspricht, ist insbesondere die Leistungsaufnahme gleich null. Dies mag nicht verwundern, da sich bei einem rotationssymmetrischen Potenzial das Teilchen dann ständig auf einer Kurve gleichen Potenzials, also gleicher potenzieller Energie bewegt.

10.1.3 Höhere partielle Ableitungen und der Satz von Schwarz

Die partiellen Ableitungen einer Funktion $f(x_1, \ldots, x_n)$ mit Definitionsbereich D sind selbst wieder Funktionen auf D und können gegebenenfalls weiter partiell differenziert werden. Wird die partielle Ableitung $f_{x_i} = \frac{\partial f}{\partial x_i}$ von f ein weiteres Mal partiell differenziert – etwa nach der Variablen x_j –, so notiert man diese zweite partielle Ableitung mit

$$f_{x_i x_j} \qquad \text{bzw.} \qquad \frac{\partial^2 f}{\partial x_i \partial x_j}.$$

Auch diese ist wieder eine Funktion der n Variablen $x_1, \ldots, x_n$.

Differenziert man auch diese partiellen Ableitungen weiter, so stößt man allgemein auf die m-ten partiellen Ableitungen von f und notiert diese in der Form

$$f_{x_{i_1}, x_{i_2}, \ldots, x_{i_m}} \qquad \text{bzw.} \qquad \frac{\partial^m f}{\partial x_{i_1} \partial x_{i_2} \partial x_{i_m}}.$$

Die m-ten partiellen Ableitungen werden auch als Ableitungen der **Ordnung** m bezeichnet.

Beispiel 10.5

Für $(x, y, z) \in \mathbb{R}^3$ sei
$$f(x, y, z) = x^4 + \sin(xy) + xe^{z^2}.$$
Für die ersten partiellen Ableitungen erhalten wir
$$\begin{aligned} f_x(x, y, z) &= 4x^3 + \cos(xy) \cdot y + e^{z^2}, \\ f_y(x, y, z) &= \cos(xy) \cdot x \\ \text{und} \quad f_z(x, y, z) &= x \cdot e^{z^2} \cdot 2z. \end{aligned}$$
Die zweiten partiellen Ableitungen berechnen wir zu
$$\begin{aligned} f_{xx}(x, y, z) &= \frac{\partial^2 f}{\partial x \partial x}(x, y, z) = 12x^2 - \sin(xy) \cdot y^2, \\ f_{yy}(x, y, z) &= \frac{\partial^2 f}{\partial y \partial y}(x, y, z) = -\sin(xy) \cdot x^2, \\ f_{zz}(x, y, z) &= \frac{\partial^2 f}{\partial z \partial z}(x, y, z) = x(e^{z^2} \cdot 2 + 2z \cdot e^{z^2} \cdot 2z) = 2xe^{z^2}(1 + 2z^2), \\ f_{xy}(x, y, z) &= \frac{\partial^2 f}{\partial x \partial y}(x, y, z) = -\sin(xy) \cdot x \cdot y + 1 \cdot \cos(xy), \\ f_{xz}(x, y, z) &= \frac{\partial^2 f}{\partial x \partial z}(x, y, z) = e^{z^2} \cdot 2z, \\ f_{yx}(x, y, z) &= \frac{\partial^2 f}{\partial y \partial x}(x, y, z) = -\sin(xy) \cdot y \cdot x + 1 \cdot \cos(xy), \\ f_{yz}(x, y, z) &= \frac{\partial^2 f}{\partial y \partial z}(x, y, z) = 0, \\ f_{zx}(x, y, z) &= \frac{\partial^2 f}{\partial z \partial x}(x, y, z) = e^{z^2} \cdot 2z, \\ f_{zy}(x, y, z) &= \frac{\partial^2 f}{\partial z \partial y}(x, y, z) = 0. \end{aligned}$$

Ist eine Funktion $f(x_1, \dots, x_n)$ eine zwei Mal partiell differenzierbare Funktion, so existieren $\boldsymbol{n^2}$ zweite partielle Ableitungen $f_{x_i x_j}(x_1, \dots, x_n)$. Diese können in einer Matrix
$$H_f(x_1, \dots, x_n) = \begin{pmatrix} f_{x_1x_1}(x_1, \dots, x_n) & \dots & f_{x_1x_n}(x_1, \dots, x_n) \\ \vdots & & \vdots \\ f_{x_nx_1}(x_1, \dots, x_n) & \dots & f_{x_nx_n}(x_1, \dots, x_n) \end{pmatrix}$$
zusammengefasst werden. Die Matrix $H_f(x_1, \dots, x_n)$ wird dabei als **Hessematrix** von f an der Stelle $(x_1, \dots, x_n)$ bezeichnet. Sie ist als Matrix selbst eine Funktion der Variablen $x_1, \dots, x_n$ auf dem Definitionsbereich von f.

Beispiel 10.6

Für Beispiel 10.5 lautet die Hessematrix von f zur Stelle $(x, y, z) \in \mathbb{R}^3$:

$$H_f(x, y, z) = \begin{pmatrix} f_{xx}(x, y, z) & f_{xy}(x, y, z) & f_{xz}(x, y, z) \\ f_{yx}(x, y, z) & f_{yy}(x, y, z) & f_{yz}(x, y, z) \\ f_{zx}(x, y, z) & f_{zy}(x, y, z) & f_{zz}(x, y, z) \end{pmatrix}$$

$$= \begin{pmatrix} 12x^2 - \sin(xy) \cdot y^2 & -\sin(xy) \cdot xy + \cos(xy) & e^{z^2} \cdot 2z \\ -\sin(xy) \cdot yx + \cos(xy) & -\sin(xy) \cdot x^2 & 0 \\ e^{z^2} \cdot 2z & 0 & 2xe^{z^2}(1 + 2z^2) \end{pmatrix} .$$

Auffallend in Beispiel 10.5 ist, dass sich für die Paare

$$f_{xy} \text{ und } f_{yx} \qquad \text{bzw.} \qquad f_{xz} \text{ und } f_{zx} \qquad \text{bzw.} \qquad f_{yz} \text{ und } f_{zy}$$

jeweils der gleiche Funktionsausdruck ergibt. Offensichtlich kommt es in diesem Beispiel nicht auf die Differentiationsreihenfolge an; so ist es hier beispielsweise unerheblich, ob wir zuerst nach x und dann nach y oder umgekehrt (erst nach y, dann nach x) partiell ableiten. Dies lässt sich im so genannten **Satz von Schwarz** verallgemeinern.

Satz **Satz von Schwarz**

Existieren die partiellen Ableitungen einer Funktion $f(x_1, \ldots, x_n)$ bis zur Ordnung m und sind diese stetig, so spielt bei allen partiellen Ableitungen der Ordnung $\leq m$ die Differentiationsreihenfolge **keine Rolle**.

Unter diesen Umständen kommt es also nicht darauf an, in welcher Reihenfolge nach den betreffenden Variablen differenziert wird, sondern lediglich, wie oft dies jeweils geschieht.

Ist eine Funktion $f(x_1, \ldots, x_n)$ insbesondere zwei Mal partiell differenzierbar mit stetigen partiellen Ableitungen, so ist die Hessematrix $H_f(x_1, \ldots, x_n)$ eine **symmetrische** Matrix, d. h. es ist

$$H_f(x_1, \ldots, x_n) = [H_f(x_1, \ldots, x_n)]^T .$$

Wie so oft sollte der Praktiker auch bei der Anwendung des obigen Satzes von Schwarz die Untersuchung der zur Diskussion stehenden partiellen Ableitungen auf Stetigkeit nicht übertreiben. Denn die geforderte Stetigkeit ist für die meisten in der Praxis relevanten Funktionen gewährleistet.

Beispiel 10.7

Für die auf ganz $\mathbb{R}^2$ definierte Funktion

$$f(x,y) = e^{x^2+y^2}$$

wollen wir sämtliche partiellen Ableitungen bis zur Ordnung 3 berechnen. Beginnen wir mit den ersten Ableitungen. Es ist

$$f_x(x,y) = e^{x^2+y^2} \cdot 2x \qquad \text{und} \qquad f_y(x,y) = e^{x^2+y^2} \cdot 2y\,.$$

Die Berechnung der $2^2 =$ vier zweiten partiellen Ableitungen reduziert sich mit dem Satz von Schwarz ($f_{xy} = f_{yx}$) auf die drei Ausdrücke

$$\begin{aligned} f_{xx}(x,y) &= e^{x^2+y^2} \cdot 2 + e^{x^2+y^2} \cdot 2x \cdot 2x = 2e^{x^2+y^2}(1+2x^2)\,, \\ f_{yy}(x,y) &= e^{x^2+y^2} \cdot 2 + e^{x^2+y^2} \cdot 2y \cdot 2y = 2e^{x^2+y^2}(1+2y^2)\,, \\ \boldsymbol{f_{xy}(x,y) = f_{yx}(x,y)} &= e^{x^2+y^2} \cdot 2y \cdot 2x = 4xy \cdot e^{x^2+y^2}\,. \end{aligned}$$

Noch erheblicher ist die Einsparnis von Rechenarbeit bei der Berechnung der acht (!) dritten partiellen Ableitungen. Wir berechnen

$$\begin{aligned} f_{xxx}(x,y) &= 2e^{x^2+y^2} \cdot 4x + (1+2x^2) \cdot 4x\, e^{x^2+y^2} \\ f_{yyy}(x,y) &= 2e^{x^2+y^2} \cdot 4y + (1+2y^2) \cdot 4y\, e^{x^2+y^2} \end{aligned}$$

sowie unter mehrmaliger Benutzung des Satzes von Schwarz:

$$\begin{aligned} &\boldsymbol{f_{xxy}(x,y) = f_{xyx}(x,y) = f_{yxx}(x,y)} \\ &= 2(1+2x^2)e^{x^2+y^2} \cdot 2y = 4y(1+2x^2)e^{x^2+y^2} \end{aligned}$$

und

$$\begin{aligned} &\boldsymbol{f_{yyx}(x,y) = f_{yxy}(x,y) = f_{xyy}(x,y)} \\ &= 2(1+2y^2)e^{x^2+y^2} \cdot 2x = 4x(1+2y^2)e^{x^2+y^2}\,. \end{aligned}$$

Tangentialebene und Differenzierbarkeit 10.2

10.2.1 Die Tangentialebene

Für eine differenzierbare Funktion **einer** unabhängigen Variablen x ist es die **Tangente** an die Kurve, welche die Funktion $f(x)$ lokal um eine Stelle $\overline{x}$ approximiert. Die Näherung beruht in diesem Fall darauf, dass Funktionswert und (erste) Ableitung an dieser Stelle übereinstimmen.

Für eine Funktion

$$f(x_1, \ldots, x_n)$$

mehrerer Veränderlicher ist ein mehrdimensionales Pendant gegeben durch die so genannte **Tangentialebene** an die Funktion zur Stelle $\vec{\overline{x}}$. Auch sie soll die Eigenschaft besitzen, an der Stelle $\vec{\overline{x}}$ in **Funktionswert** und **Gradient** mit der gegebenen Funktion übereinzustimmen.

Werfen wir einen Blick auf ▶ Abbildung 10.3:

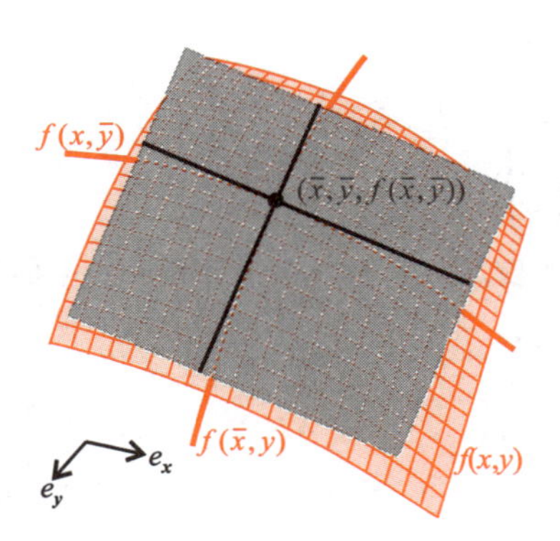

Abbildung 10.3: Funktion $f(x,y)$ mit Tangentialebene in $(\overline{x}, \overline{y})$.

Wir untersuchen das Verhalten der Funktion in der Umgebung des Punktes $(\overline{x}, \overline{y})$: Wieder halten wir zunächst y und anschließend x fest und betrachten jeweils die Funktionen

$$x \mapsto f(x, \overline{y}) \qquad \text{und} \qquad y \mapsto f(\overline{x}, y)\,,$$

deren Graphen in Abbildung 10.3 eingezeichnet sind. Ebenso skizziert finden wir die Tangenten an diese beiden Graphen an der Stelle $(\overline{x}, \overline{y})$. Die beiden Tangenten werden aufgespannt von den Richtungsvektoren

$$\begin{pmatrix} 1 \\ 0 \\ f_x(\overline{x}, \overline{y}) \end{pmatrix} \quad \text{und} \quad \begin{pmatrix} 0 \\ 1 \\ f_y(\overline{x}, \overline{y}) \end{pmatrix}$$

des $\mathbb{R}^3$. Beide Vektoren zusammen spannen eine Ebene auf und zwar genau die oben erwähnte **Tangentialebene** an die Funktion $f(x, y)$ zur Stelle $(\overline{x}, \overline{y})$. Wir wollen die Gleichung dieser Tangentialebene ermitteln. Ein Normalenvektor, der auf dieser Ebene senkrecht steht, ist gegeben durch das Kreuzprodukt dieser beiden Vektoren, also durch

$$\begin{pmatrix} 1 \\ 0 \\ f_x(\overline{x}, \overline{y}) \end{pmatrix} \times \begin{pmatrix} 0 \\ 1 \\ f_y(\overline{x}, \overline{y}) \end{pmatrix} = \begin{pmatrix} -f_x(\overline{x}, \overline{y}) \\ -f_y(\overline{x}, \overline{y}) \\ 1 \end{pmatrix}.$$

Neben diesem Normalenvektor ist mit

$$\begin{pmatrix} \overline{x} \\ \overline{y} \\ f(\overline{x}, \overline{y}) \end{pmatrix}$$

zusätzlich auch ein Punkt der Ebene bekannt. Mit diesen beiden Informationen – Normalenvektor einer Ebene und Punkt der Ebene – können wir die Gleichung der gesuchten Tangentialebene bestimmen: Nach der Bemerkung von Seite 183 ist diese gegeben in der impliziten Form

$$\begin{pmatrix} -f_x(\overline{x}, \overline{y}) \\ -f_y(\overline{x}, \overline{y}) \\ 1 \end{pmatrix} \bullet \left(\begin{pmatrix} x \\ y \\ z \end{pmatrix} - \begin{pmatrix} \overline{x} \\ \overline{y} \\ f(\overline{x}, \overline{y}) \end{pmatrix} \right) = 0$$

$$\Leftrightarrow \quad -f_x(\overline{x}, \overline{y}) \cdot x - f_y(\overline{x}, \overline{y}) \cdot y + z = -f_x(\overline{x}, \overline{y}) \cdot \overline{x} - f_y(\overline{x}, \overline{y}) \cdot \overline{y} + 1 \cdot f(\overline{x}, \overline{y}),$$

oder explizit mit $z = T(x, y)$

$$T(x, y) = f(\overline{x}, \overline{y}) + f_x(\overline{x}, \overline{y}) \cdot (x - \overline{x}) + f_y(\overline{x}, \overline{y}) \cdot (y - \overline{y}). \qquad (10.2)$$

Man beachte hier die formale Ähnlichkeit zur Tangentenformel im Fall von Funktionen einer Variablen (siehe Seite 112): An den Funktionswert $f(\overline{x}, \overline{y})$ addiert werden die Produkte der partiellen Ableitungen an dieser Stelle mit der jeweiligen Komponente des Differenzvektors

$$\begin{pmatrix} x - \overline{x} \\ y - \overline{y} \end{pmatrix}.$$

Es ist $T(\overline{x}, \overline{y}) = f(\overline{x}, \overline{y})$. Bilden wir zudem die partiellen Ableitungen der Tangentialebene $T(x, y)$ in (10.2) nach x bzw. y an der Stelle $(\overline{x}, \overline{y})$, so ergeben sich gerade wieder die Werte

$$f_x(\overline{x}, \overline{y}) \qquad \text{und} \qquad f_y(\overline{x}, \overline{y}).$$

Die Funktion f sowie ihre Tangentialebene stimmen also, wie gefordert, an der Stelle $(\overline{x}, \overline{y})$ in ihrem Funktionswert sowie in ihrem Gradienten überein.

Beispiel 10.8

Gegeben sei das Polynom

$$f(x, y) = xy^2 + x^3y - x^2y^2 .$$

An der Stelle $(\overline{x}, \overline{y}) = (1, 1)$ berechnen wir die Tangentialebene an die Funktion f. Es ist

$$f_x(x, y) = y^2 + 3x^2y - 2xy^2$$

und

$$f_y(x, y) = 2xy + x^3 - 2x^2y .$$

Insbesondere ist also

$$f(1, 1) = 1 + 1 - 1 = 1, \quad f_x(1, 1) = 1 + 3 - 2 = 2 \quad \text{und} \quad f_y(1, 1) = 2 + 1 - 2 = 1 .$$

Gemäß Formel (10.2) erhalten wir daraus die Tangentialebene

$$\begin{aligned} T(x, y) &= f(1, 1) + f_x(1, 1) \cdot (x - 1) + f_y(1, 1) \cdot (y - 1) \\ &= 1 + 2 \cdot (x - 1) + 1 \cdot (y - 1) = 2x + y - 2 . \end{aligned}$$

Das Prinzip der lokalen Approximation einer Funktion durch eine Näherungsfunktion hat auch allgemein für Funktionen von n Veränderlichen Bestand. Wie im obigen Fall zweier Variablen lässt sich auch für n Variablen die Tangentialebene (welche dann Tangentialhyperebene heißt) an die Funktion $f(x_1, \ldots, x_n)$ zu einer Stelle $\overline{\vec{x}}$ erklären.

Definition **Tangential(hyper)ebene**

Ist eine Funktion

$$f(x_1, \ldots, x_n)$$

partiell differenzierbar an einer Stelle $\overline{\vec{x}} = (\overline{x}_1, \ldots, \overline{x}_n)$ ihres Definitionsbereichs, so heißt die Funktion

$$T(\vec{x}) = f(\overline{\vec{x}}) + f_{x_1}(\overline{\vec{x}}) \cdot (\overline{x}_1 - x_1) + \ldots + f_{x_n}(\overline{\vec{x}}) \cdot (\overline{x}_n - x_n) \tag{10.3}$$

oder in kompakterer Schreibweise

$$T(\vec{x}) = f(\overline{\vec{x}}) + \operatorname{grad} f(\overline{\vec{x}}) \bullet \left(\overline{\vec{x}} - \vec{x}\right)$$

die **Tangential(hyper)ebene** an die Funktion $f(x_1, \ldots, x_n)$ zur Stelle $\overline{\vec{x}}$.

10.2.2 Differenzierbarkeit

Für viele Funktionen $f(x_1, \ldots, x_n)$ schmiegt sich die Tangentialebene, wie in Abbildung 10.3 für eine Funktion $f(x, y)$ an der Stelle $(\overline{x}, \overline{y})$ dargestellt, „glatt" an die zugrunde liegende Funktion an. Solche Funktionen werden **(total) differenzierbar** oder auch nur **differenzierbar** in dem betreffenden Punkt genannt. Sind sie differenzierbar in jedem Punkt $\overline{\overline{x}}$ ihres Definitionsbereichs, so werden sie schlicht **differenzierbar** genannt. Aus der Differenzierbarkeit folgt zum einen die Stetigkeit wie auch zum anderen die Existenz der partiellen Ableitungen.

Bereits an dieser Stelle sei erwähnt, dass Differenzierbarkeit eine stärkere Eigenschaft ist als die bloße Existenz der partiellen Ableitungen. Selbst wenn diese existieren, muss die Funktion nicht differenzierbar sein.

Beispiele für differenzierbare Funktionen sind (auf dem jeweiligen Definitionsbereich) Summen, Vielfache und Quotienten der Monome

$$x^k y^l$$

sowie Verknüpfungen dieser Ausdrücke mit sämtlichen elementaren Funktionen sin, cos exp, ... aus Kapitel 2. Diese Ausdrücke decken bereits den Großteil der in der Praxis auftretenden Funktionen ab.

Den differenzierbaren Funktionen gegenüber stehen **nicht differenzierbare** Funktionen, die an mindestens einer Stelle ihres Definitionsbereichs keine Tangentialebene besitzen, welche sich wie in Abbildung 10.3 an die Funktion annähert. Dies kann sich zum einen darin äußern, dass für die Funktion f an der maßgeblichen Stelle die partiellen Ableitungen nicht existieren. Beispiele hierfür sind Funktionen mit „Spitzen" oder „Kanten", wie sie in ► Abbildung 10.14a und 10.14b dargestellt sind: Skizziert ist die Funktion

$$f(x, y) = 1 - \sqrt{x^2 + y^2} \qquad \text{(Kreiskegel)}$$

sowie die Funktion

$$f(x, y) = \sqrt{1 + \cos(x - y)},$$

die an sämtlichen Punkten der skizzierten Kanten nicht differenzierbar ist.

Dies könnte zu der irrigen Annahme führen, dass die Existenz der partiellen Ableitungen umgekehrt bereits die Differenzierbarkeit impliziert. Dass dem jedoch **nicht** so ist, zeigt bereits Beispiel 10.2. Die Funktion f ist im Punkt $(0, 0)$ partiell differenzierbar, aber ungeachtet dessen nicht einmal stetig im Ursprung! Die Funktion ist damit auch nicht total differenzierbar, obwohl sich die Tangentialebene, für welche wir lediglich die partiellen Ableitungen benötigen, ohne Probleme aufstellen lässt.

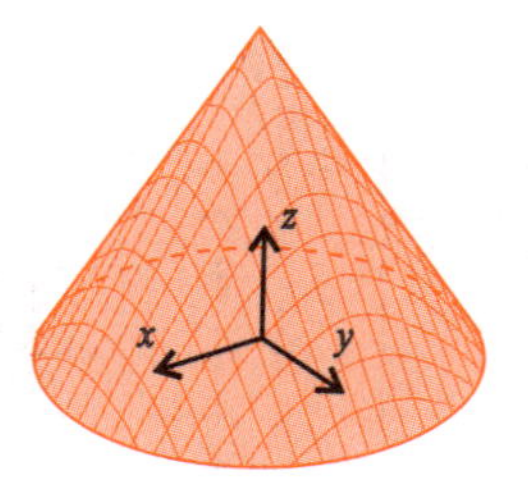

(a) Funktion mit Nicht-differenzierbarkeitspunkt

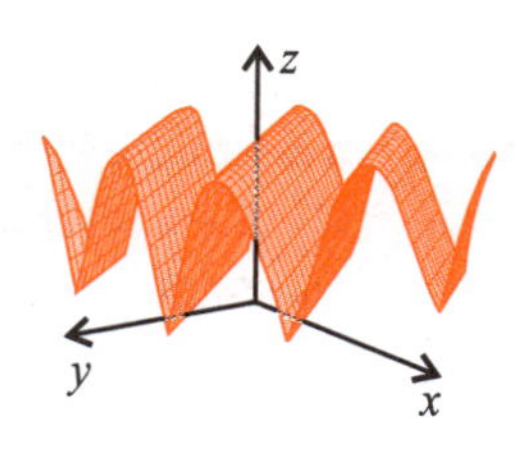

(b) Funktion mit Nicht-differenzierbarkeitskanten

Abbildung 10.4: Graphen nichtdifferenzierbarer Funktionen.

Diesbezüglich ist die Frage erlaubt, wie wir differenzierbare Funktionen erkennen können. Glücklicherweise gibt es hierfür ein einfaches (hinreichendes) Kriterium. Wie oben dargestellt, reicht partielle Differenzierbarkeit alleine nicht aus. Sind die partiellen Ableitungen jedoch zusätzlich stetig, so können wir tatsächlich die totale Differenzierbarkeit folgern.

Satz **Totale Differenzierbarkeit**

Eine Funktion $f(\vec{x}) = f(x_1, \ldots, x_n)$ ist total differenzierbar in einer Stelle $\overline{\vec{x}} \in D$, wenn ihre partiellen Ableitungen in $\overline{\vec{x}}$ **existieren** und diese dort auch **stetig** sind.

Das „glatte Anschmiegen" der Tangentialebene, womit wir den Begriff der Differenzierbarkeit eingeführt hatten, muss von mathematischer Seite aus selbstverständlich präzisiert werden. In diesem Buch können wir darauf jedoch nicht eingehen, sondern verweisen stattdessen beispielsweise auf [Bru], [Pap1] oder [Mey].

10.3 Totales Differential und Fehlerfortpflanzung

10.3.1 Das totale Differential

Zum besseren Verständnis dieses Abschnitts beginnen wir mit der Wiederholung bzw. der Untersuchung eines eindimensionalen Szenarios:

Gegeben seien eine Funktion $y = f(x)$ und eine Stelle $\overline{x}$ innerhalb ihres Definitionsbereichs (▶ Abbildung 10.5). An der Stelle $\overline{x}$ besitzt f den Funktionswert $\overline{y} = f(\overline{x})$. Wie ändert sich dieser Wert $\overline{y}$, wenn wir von der Stelle $\overline{x}$ um ein Stück dx abweichen, d. h. wie sieht die von der Änderung dx hervorgerufene Änderung

$$\Delta y = f(\overline{x} + dx) - f(\overline{x})$$

des Funktionswertes aus?

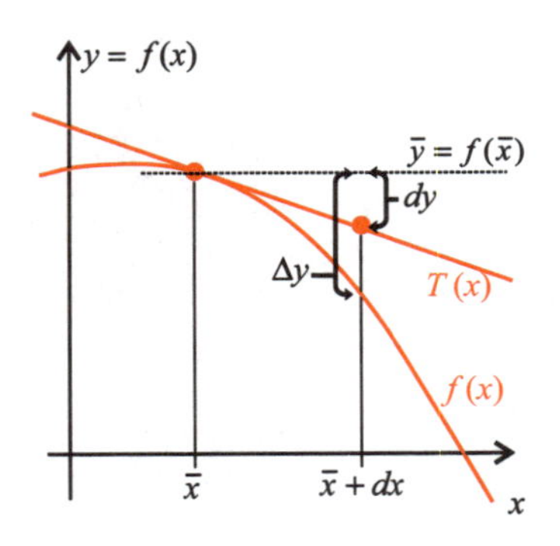

Abbildung 10.5: *dx*, *dy* und Δy.

Es ist nicht unsere Absicht, diese Differenz exakt zu berechnen. Vielmehr wollen wir diese Größe mit Hilfe des Ableitungskalküls abschätzen, sofern dx nicht allzu groß ist. In der Nachbarschaft von $\overline{x}$ nämlich begehen wir keinen großen Fehler, wenn wir statt der Funktion $f(x)$ ihre Tangente betrachten. Für die Tangente lässt sich die Frage nach der Änderung der Größe y nun leicht und zudem exakt beantworten: Bezeichnet $\boldsymbol{dy}$ die Änderung des y-Wertes entlang der Tangenten, so liefert uns der Differentialquotient

$$\frac{dy}{dx}(\overline{x}) = f'(\overline{x})$$

durch Auflösen nach dy die Antwort

$$\boldsymbol{dy}(\overline{x}) = f'(\overline{x}) \cdot dx\,. \tag{10.4}$$

Je kleiner die Abweichung dx ist, umso näher kommt die Ersatzgröße $dy(\overline{x})$ (die Änderung der Tangentenwerte) der ursprünglich gesuchten Größe $\Delta y(\overline{x})$ (der Änderung der Funktionswerte), d. h. für kleine Werte dx ist

$$\Delta y(\overline{x}) \approx dy(\overline{x}) = f(\overline{x}) \cdot dx\,.$$

Genauso lässt sich die Frage auch im Fall von Funktionen mehrerer Variablen beantworten: Hier haben wir es mit n Variablen $x_1, \ldots, x_n$ zu tun, die sich unabhängig voneinander um die kleinen Größen dx_i ändern sollen. Der Übersicht halber begnügen wir uns mit dem Fall $n = 2$. Welche Änderung Δz resultiert dann daraus für $z = f(x, y)$, wenn wir die Größen x und y ausgehend von $\overline{x}$ und $\overline{y}$ um die Größen

$$dx \qquad \text{und} \qquad dy$$

ändern? Wieder verlagern wir dieses Problem; diesmal auf die Tangentialebene

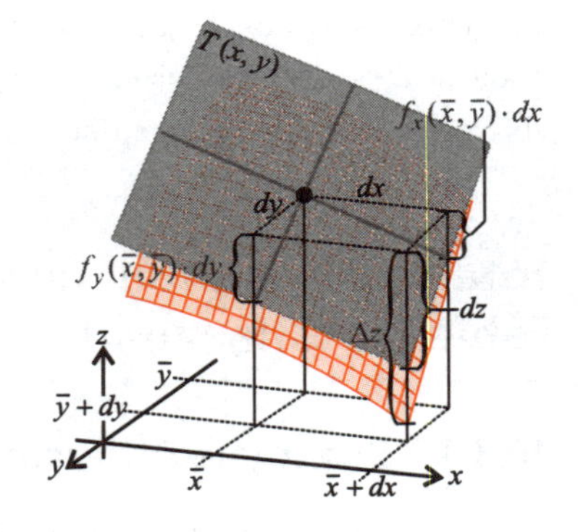

Abbildung 10.6: Totales Differential.

$$T(x,y) = f(\overline{x},\overline{y}) + f_x(\overline{x},\overline{y}) \cdot (x-\overline{x}) + f_y(\overline{x},\overline{y}) \cdot (y-\overline{y}) \qquad (10.5)$$

der Funktion $f(x, y)$ an der Stelle $(\overline{x}, \overline{y})$. Statt der Größe

$$\boldsymbol{\Delta z}(x,y) = f(\overline{x}+dx, \overline{y}+dy) - f(\overline{x},\overline{y})$$

berechnen wir also

$$\mathbf{dz}(\overline{x},\overline{y}) = T(\overline{x}+dx, \overline{y}+dy) - T(\overline{x},\overline{y})\,.$$

Indem wir $\overline{x} + dx$ und $\overline{y} + dy$ in die Formel (10.5) der Tangentialebene einsetzen, können wir dz leicht berechnen zu

$$\begin{aligned}\mathbf{dz}(\overline{x},\overline{y}) &= T(\overline{x}+dx, \overline{y}+dy) - T(\overline{x},\overline{y}) \\ &= f(\overline{x},\overline{y}) + f_x(\overline{x},\overline{y}) \cdot (\overline{x}+dx-\overline{x}) + f_y(\overline{x},\overline{y}) \cdot (\overline{y}+dy-\overline{y}) - \underbrace{T(\overline{x},\overline{y})}_{=f(\overline{x},\overline{y})} \\ &= f_x(\overline{x},\overline{y}) \cdot dx + f_y(\overline{x},\overline{y}) \cdot dy\,.\end{aligned}$$

Die Beziehung

$$dz(\overline{x},\overline{y}) = f_x(\overline{x},\overline{y}) \cdot dx + f_y(\overline{x},\overline{y}) \cdot dy\,, \qquad (10.6)$$

welche Änderungen dx und dy in den unabhängigen Variablen zur Änderung dz in der abhängigen Variablen im Sinne der Tangentialebene in Beziehung setzt, wird als **totales Differential** der Funktion $f(x, y)$ zur Stelle $(\overline{x}, \overline{y})$ bezeichnet.

Allgemein bezeichnet

$$dz(\overline{x}_1,\ldots,\overline{x}_n) = f_{x_1}(\overline{x}_1,\ldots,\overline{x}_n) \cdot dx_1 + \ldots + f_{x_n}(\overline{x}_1,\ldots,\overline{x}_n) \cdot dx_n \qquad (10.7)$$

das totale Differential einer differenzierbaren Funktion $z = f(x_1, \ldots, x_n)$ zur Stelle $(\overline{x}_1, \ldots, \overline{x}_n)$. Es beschreibt eine Näherung für den wahren Wert $\Delta z(x_1, \ldots, x_n)$.

Beispiel 10.9

Wir berechnen das totale Differential der auf ganz $\mathbb{R}^2$ definierten Funktion

$$z = f(x,y) = x^2 - 3\cos y \cdot e^x + y$$

an der Stelle $(\overline{x}, \overline{y}) = (0, \pi)$. Es ist

$$f_x(x, y) = 2x - 3\cos y \cdot e^x \quad \text{und} \quad f_y(x, y) = 3\sin y \cdot e^x + 1$$

und folglich insbesondere

$$f_x(0, \pi) = 0 - 3 \cdot (-1) \cdot 1 = 3 \quad \text{und} \quad f_y(0, \pi) = 3 \cdot 0 \cdot 1 + 1 = 1 .$$

Damit ist das totale Differential nach (10.6) gegeben durch

$$dz(0, \pi) = f_x(0, \pi)\, dx + f_y(0, \pi)\, dy = 3 \cdot dx + 1 \cdot dy .$$

Eine Änderung der Variablen $\overline{x} = 0$ und $\overline{y} = \pi$ um die kleinen Werte $dx = 0.001$ und $dy = 0.002$ zöge also (auf der Tangentialebene) eine Änderung

$$dz(0, \pi) = 3 \cdot 0.001 + 1 \cdot 0.002 = 0.005$$

nach sich.

10.3.2 Fehlerfortpflanzung

Als wichtige Anwendung des totalen Differentials wollen wir im Folgenden die unabhängigen Variablen

$$x_1, \ldots, x_n$$

einer Funktion $f(x_1, \ldots, x_n)$ als Messgrößen eines naturwissenschaftlichen Experiments interpretieren. Abhängig davon soll eine weitere Größe

$$z = f(x_1, \ldots, x_n)$$

errechnet werden.

Ideal wäre es, die obigen Messgrößen exakt zu

$$\vec{x}_{\text{Messung}} = (\overline{x}_1, \ldots, \overline{x}_n)$$

bestimmen zu können. Unter diesen Umständen resultierte daraus die ebenfalls exakt bestimmbare abhängige Größe

$$z_{\text{Messung}} = f(\overline{x}_1, \ldots, \overline{x}_n) .$$

Die Wirklichkeit jedoch sieht anders aus. Bedingt durch Ungenauigkeiten der Messmethoden o.Ä. sind die Messwerte $\overline{x}_1, \ldots, \overline{x}_n$ fehlerbehaftet: Die wirklichen, aber leider unbekannten Messgrößen

$$x_1, \ldots, x_n$$

weichen von den gemessenen Werten

$$\overline{x}_1, \ldots, \overline{x}_n$$

geringfügig ab.

In diesem Abschnitt stellen wir uns daher die folgende Frage: Welche Auswirkung haben kleine Abweichungen der realen Größen von den Messwerten auf das zu berechnende Endergebnis z? Wie wirken sich Fehler in den Messwerten auf die davon abhängige Größe $z = f(x_1, \ldots, x_n)$ aus? Dieser Themenkomplex, dessen Gegenstand die Fortpflanzung von (Mess-)Fehlern ist, wird als **Fehlerrechnung** bezeichnet.

Zu diesem Zweck führen wir die Begriffe des relativen und absoluten Fehlers ein: Gegeben sei eine Messgröße x, für welche ein Messwert $\overline{x}$ existiere. Der wirkliche, unbekannte Wert der Messgröße sei ebenfalls mit x bezeichnet. Dann heißt die Differenz

$$\Delta x := x - \overline{x}$$

der **absolute Fehler** der Größe x. Der Quotient

$$\frac{\Delta x}{\overline{x}} = \frac{x - \overline{x}}{\overline{x}}$$

heißt **relativer Fehler** der Größe x.

In der Praxis jedoch steht man vor dem Problem, dass der wahre Wert der Größe x gerade nicht bekannt ist. Messapparaturen gehen daher vom ungünstigsten Fall aus: Statt Δx geben sie die positive Zahl $\Delta_{\max} x$ an, von der garantiert wird, dass der wahre Wert für x im Intervall

$$[\overline{x} - \Delta_{\max} x,\ \overline{x} + \Delta_{\max} x]$$

liegt. Es bezeichnet folglich $\Delta_{\max} x$ den maximal möglichen absoluten Fehler, den wir bei einer Messung der Größe x in Kauf zu nehmen haben. Passend dazu definiert sich der maximale relative Fehler zu

$$\frac{\Delta_{\max} x}{\overline{x}}.$$

Praxis-Hinweis

Oft wird bei Messapparaturen und -geräten auf den Index $_{\max}$ auch verzichtet. Gemeint ist dann aber trotzdem der maximal mögliche absolute Fehler in obigem Sinne.

Kehren wir zu der Frage zurück, in welchem Umfang sich Messungenauigkeiten $\Delta x_1, \ldots, \Delta x_n$ auf das Ergebnis $z = f(x_1, \ldots, x_n)$ auswirken. Im mathematischen Kontext wollen wir zunächst die Größen

$$\Delta x_1, \ldots, \Delta x_n$$

als Abweichungen

$$dx_1, \ldots, dx_n$$

interpretieren. Dies weist bereits auf das weitere Vorgehen hin: Sind nämlich die Ungenauigkeiten $dx_1, \ldots, dx_n$ hinreichend klein, so dürfen wir

$$\Delta z \approx dz$$

annehmen und als Maß für die Änderung von $z = f(x_1, \ldots, x_n)$ die Formel des totalen Differentials

$$dz(x_1, \ldots, x_n) = f_{x_1}(\overline{x}_1, \ldots, \overline{x}_n) \cdot dx_1 + \ldots + f_{x_n}(\overline{x}_1, \ldots, \overline{x}_n) \cdot dx_n$$

heranziehen. Wegen $dz \approx \Delta z$ für kleine Fehler dx_i ist folglich (wir benennen dx_i wieder in Δx_i um)

$$\Delta z(x_1, \ldots, x_n) \approx f_{x_1}(\overline{x}_1, \ldots, \overline{x}_n) \cdot \Delta x_1 + \ldots + f_{x_n}(\overline{x}_1, \ldots, \overline{x}_n) \cdot \Delta x_n .$$

Nachdem uns die Größen Δx_i als die Abweichung der realen Werte von den Messwerten nicht bekannt sind, müssen wir den ungünstigsten Fall annehmen: Dieser tritt genau dann ein, wenn sämtliche Faktorpaare

$$f_{x_i}(\overline{x}_1, \ldots, \overline{x}_n) \qquad \text{und} \qquad \Delta x_i$$

paarweise das gleiche Vorzeichen besitzen und Δx_i den maximalen Wert $\Delta_{\max} x_i$ annimmt. Für den maximal möglichen absoluten Fehler $\Delta_{\max} z$ gilt dann

$$\Delta_{\max} z \approx \left|f_{x_1}(\overline{x}_1, \ldots, \overline{x}_n)\right| \cdot \Delta_{\max} x_1 + \ldots + \left|f_{x_1}(\overline{x}_1, \ldots, \overline{x}_n)\right| \cdot \Delta_{\max} x_n .$$

Fassen wir dies in einem Satz zusammen.

Satz **Lineare Fehlerfortpflanzung**

Die Größen $x_1, \ldots, x_n$ seien gemessen zu $\overline{x}_1, \ldots, \overline{x}_n$ und fehlerbehaftet mit maximalen Abweichungen

$$\Delta_{\max} x_1, \ldots, \Delta_{\max} x_n .$$

Ist f differenzierbar in $(\overline{x}_1, \ldots, \overline{x}_n)$, so gilt für den maximalen absoluten Fehler der abhängigen Größe $z = f(x_1, \ldots, x_n)$

$$\Delta_{\max} z \approx \left|f_{x_1}(\overline{x}_1, \ldots, \overline{x}_n)\right| \cdot \Delta_{\max} x_1 + \ldots + \left|f_{x_n}(\overline{x}_1, \ldots, \overline{x}_n)\right| \cdot \Delta_{\max} x_n . \tag{10.8}$$

Im Folgenden verzichten wir im Sinne besserer Lesbarkeit auf die Schreibweise „$\approx$“ und ersetzen sie durch ein schlichtes „=“. Man halte sich dennoch immer vor Augen, dass die Gleichheit lediglich im Sinne der Näherung durch die Tangentialebene (man spricht auch von einer Näherung **erster Ordnung**) gegeben ist.

Beispiel 10.10

Die zwei Zellen eines galvanischen Elements seien zusammengesetzt aus jeweils einem Silberblech in Silbernitrat-Lösung. Aus den Konzentrationen c_1 und c_2 der beiden Lösungen lässt sich nach der Nernst'schen Gleichung auf eine Spannung

$$U(c_1, c_2) = \log_{10} \frac{c_1}{c_2} \cdot 0.059V = \ln \frac{c_1}{c_2} \cdot \log_{10} e \cdot 0.059V$$

schließen. (Die Umrechnung von $\log_{10}$ auf den natürlichen Logarithmus ln geschieht dabei nach Formel (2.2). Zwingend notwendig ist das Umrechnen auf den natürlichen Logarithmus nicht, es bietet aber Vorteile beim anschließenden Ableiten.)

Die Konzentrationen der beiden Lösungen seien gemessen zu

$$\overline{c}_1 = 0.8 \frac{\text{mol}}{l} \qquad \text{und} \qquad \overline{c}_2 = 0.004 \frac{\text{mol}}{l} .$$

Als idealen Spannungwert errechnen wir folglich

$$\overline{U} := U(\overline{c}_1) = \ln \frac{0.8}{0.004} \cdot \log_{10} e \cdot 0.059V = \ln 200 \cdot \log_{10} e \cdot 0.059V = 0.1358V .$$

Die Messung von c_1 sei jedoch behaftet mit einem maximalen Fehler von

$$\Delta_{\max} c_1 = 0.05 \frac{\text{mol}}{l},$$

und die Messung von c_2 weiche um maximal

$$\Delta_{\max} c_2 = 0.0001 \frac{\text{mol}}{l}$$

vom wahren Wert ab. Um den sich daraus ergebenden maximalen absoluten Fehler für die Spannung U anzugeben, bedarf es der Berechnung der partiellen Ableitungen U_{c_1} und U_{c_2}. Wir berechnen

$$U_{c_1}(c_1, c_2) = 0.059V \cdot \log_{10} e \cdot \frac{1}{\frac{c_1}{c_2}} \cdot \frac{1}{c_2} = 0.059V \cdot \log_{10} e \cdot \frac{1}{c_1}$$

und

$$U_{c_2}(c_1, c_2) = 0.059V \cdot \log_{10} e \cdot \frac{1}{\frac{c_1}{c_2}} \cdot \left(-\frac{c_1}{c_2^2}\right) = -0.059V \cdot \log_{10} e \cdot \frac{1}{c_2}.$$

Setzen wir hier die konkreten Messwerte $\overline{c}_1$ und $\overline{c}_2$ ein, so erhalten wir

$$U_{c_1}(\overline{c}_1, \overline{c}_2) = U_{c_1}\left(0.8\frac{\text{mol}}{l}, 0.004\frac{\text{mol}}{l}\right) = 0.0320\frac{V \cdot l}{\text{mol}}$$

und

$$U_{c_2}(\overline{c}_1, \overline{c}_2) = U_{c_2}\left(0.8\frac{\text{mol}}{l}, 0.004\frac{\text{mol}}{l}\right) = -256.2\frac{V \cdot l}{\text{mol}}.$$

Nach Formel (10.8) ist dann der maximale absolute Fehler gegeben durch

$$\Delta_{\max} U = 0.0320\frac{V \cdot l}{\text{mol}} \cdot 0.05\frac{\text{mol}}{l} + 256.2\frac{V \cdot l}{\text{mol}} \cdot 0.0001\frac{\text{mol}}{l} = 0.0272\, V.$$

Der maximale relative Fehler für den berechneten Wert von U liegt folglich bei

$$\frac{\Delta_{\max} U}{\overline{U}} = 0.2003 = 20.03\%.$$

Auch auf eine Funktion einer Veränderlichen kann der Satz von Seite 344 angewendet werden. Die partielle wird dann zur gewöhnlichen Ableitung.

Beispiel 10.11

An einen Draht, dessen elektrischen Widerstand $R = 470\Omega$ wir idealerweise als konstant annehmen wollen, werde eine elektrische Spannung U gelegt. Nach dem Ohm'schen Gesetz ist folglich mit einem Strom

$$I(U) = \frac{U}{470\,\Omega}$$

zu rechnen. Würde eine Spannungsquelle exakt die Spannung $\overline{U} = 9V$ liefern, so ergäbe sich folglich ein Stromfluss von

$$I = \frac{9\,\text{V} \cdot \text{A}}{470\,\text{V}} = 19.15\,\text{mA}.$$

Bei einer Spannungsunsicherheit von

$$\Delta_{\max}U = 0.5\,\mathrm{V}$$

berechnen wir die maximale Abweichung der Stromstärke von obigem Wert. Es ist

$$I'(U) = \frac{1}{470\,\Omega}$$

und insbesondere auch

$$I'(\overline{U}) = \frac{1}{470\,\Omega} = \frac{2.1277 \cdot 10^{-3}}{\Omega}.$$

Daraus erhalten wir

$$\Delta_{\max}I = |I'(\overline{U})| \cdot \Delta_{\max}U = \frac{2.1277 \cdot 10^{-3}}{\Omega} \cdot 0.5V = 1.0638\,\mathrm{mA},$$

was einem relativen Fehler von näherungsweise

$$\frac{1.0638\,\mathrm{mA}}{19.15\,\mathrm{mA}} = 5.56\,\%$$

entspricht.

Insbesondere zeigt Beispiel 10.11, wie der Begriff „Fehler“ auch interpretiert werden kann: Nicht zwingend muss es sich hierbei um einen Messfehler handeln, sondern kann je nach Situation auch als Unsicherheit oder Schwankung interpretiert werden.

Praxis-Hinweis

Zu diesem Fehlerrechnungskalkül sei Folgendes angemerkt:

- Sämtliche Betrachtungen sind unbedingt mit dem **absoluten** Fehler durchzuführen. Liegen lediglich relative Unsicherheiten der Eingangsgrößen (meist in Prozent) vor, so sind diese vor Beginn der Rechnung auf absolute Werte umzurechnen.
- Vor und während der Rechnung ist auf die physikalischen Einheiten der gegebenen Größen zu achten. Es empfiehlt sich, gleichgeartete Größen auf eine gemeinsame SI-Einheit (beispielsweise **alle** Längenangaben auf ***m*** oder **alle** auf ***cm***) umzurechnen und während der Rechnung mitzuführen.
- Bei der Berechnung des maximalen absoluten Fehlers der resultierenden Größe $f(x_1, \ldots, x_n)$ sind (wie im Satz von Seite 344 beschrieben) immer die **Absolutbeträge** der Produkte aus partiellen Ableitungen mit den absoluten Fehlern zu addieren.

Im Folgenden wollen wir untersuchen, wie sich die absoluten und relativen Fehler zweier Größen x und y auf deren Summe, Differenz, Produkt und Quotienten auswirken. Da sich viele elementare Formeln der Naturwissenschaften als eine Kombination dieser Operationen präsentieren, kommt dieser Untersuchung große Bedeutung zu.

Fehlerfortpflanzung bei Summation und Differenzbildung

Es seien $\Delta_{\max}x$ und $\Delta_{\max}y$ die maximalen absoluten Fehler der Größen x und y sowie $\overline{x}$ und $\overline{y}$ ihre (gemessenen) Richtwerte. Zur Differenz bzw. der Summe

$$z = f(x, y) = x \pm y$$

berechnen sich die partiellen Ableitungen zu

$$f_x(\overline{x}, \overline{y}) = 1 \qquad \text{und} \qquad f_y(\overline{x}, \overline{y}) = \pm 1 .$$

Wir erhalten die Fehlerformel

$$\Delta_{\max}z = 1 \cdot \Delta_{\max}x + |\pm 1| \cdot \Delta_{\max}y = \Delta_{\max}x + \Delta_{\max}y .$$

Wir halten also fest: Die maximalen **absoluten** Fehler der Differenz bzw. der Summe zweier Größen x und y addieren sich bei der Summen- oder Differenzbildung.

Fehlerfortpflanzung bei Produkt- und Quotientenbildung

Wir betrachten wieder zwei Größen x und y, deren Werte zu $\overline{x} \neq 0$ und $\overline{y} \neq 0$ ermittelt wurden, aber mit $\Delta_{\max}x$ bzw. $\Delta_{\max}y$ fehlerbehaftet sind. Aus der Berechnung des Produkts

$$p(x, y) = xy$$

ergibt sich idealerweise

$$\overline{p} = p(\overline{x}, \overline{y}) = \overline{x} \cdot \overline{y} .$$

Mit $p_x(\overline{x}, \overline{y}) = \overline{y}$ und $p_y(\overline{x}, \overline{y}) = \overline{x}$ gilt für den maximalen absoluten Fehler des Produkts:

$$\Delta_{\max}p = |\overline{y}| \cdot \Delta_{\max}x + |\overline{x}| \cdot \Delta_{\max}y .$$

Eine Division dieser Gleichung durch $|\overline{p}| = |\overline{x}| \cdot |\overline{y}| \neq 0$ ergibt

$$\frac{\Delta_{\max}p}{|\overline{p}|} = \frac{\Delta_{\max}x}{|\overline{x}|} + \frac{\Delta_{\max}y}{|\overline{y}|} ,$$

d. h. bei der Produktbildung addieren sich die maximalen **relativen** Fehler der beiden Faktoren x und y.

Berechnen wir nun ausgehend von x und y den Quotienten

$$q(x, y) = \frac{x}{y} ,$$

woraus wir im Fall von $\overline{y} \neq 0$ den Idealwert

$$\overline{q} = q(\overline{x}, \overline{y}) = \frac{\overline{x}}{\overline{y}}$$

erhalten. Mit

$$q_x(\overline{x}, \overline{y}) = \frac{1}{\overline{y}} \qquad \text{und} \qquad q_y(\overline{x}, \overline{y}) = -\frac{\overline{x}}{\overline{y}^2}$$

erhalten wir die Fehlerbeziehung

$$\Delta_{\max} q = \frac{1}{|\overline{y}|} \cdot \Delta_{\max} x + \frac{|\overline{x}|}{\overline{y}^2} \cdot \Delta_{\max} y \,.$$

Nach Division durch $|\overline{q}| = \frac{|\overline{x}|}{|\overline{y}|}$ erhalten wir

$$\frac{\Delta_{\max} q}{|\overline{q}|} = \frac{\frac{1}{|\overline{y}|} \cdot \Delta_{\max} x}{\frac{|\overline{x}|}{|\overline{y}|}} + \frac{\frac{|\overline{x}|}{\overline{y}^2} \cdot \Delta_{\max} y}{\frac{|\overline{x}|}{|\overline{y}|}} = \frac{\Delta_{\max} x}{|\overline{x}|} + \frac{\Delta_{\max} y}{|\overline{y}|} \,.$$

Auch bei der Quotientenbildung addieren sich folglich die maximalen **relativen** Fehler, hier von Dividend x und Divisor y.

Die Addition der relativen Fehler bei der Bildung von Quotient und Produkt lässt sich für zahlreiche Formeln anwenden, die sich ausschließlich aus Quotienten und Produkten der zugrunde liegenden Eingangsgrößen zusammensetzen. Für die Berechnung der resultierenden maximalen **relativen** Unsicherheit des Endergebnisses haben wir lediglich die maximalen **relativen** Unsicherheiten der einzelnen Faktoren, Dividenden und Divisoren zu addieren.

Beispiel 10.12

Die Bestimmung der mittleren Dichte eines massiven Quaders mit Kantenlängen l_1, l_2 und l_3 und Masse m erfolgt mit Hilfe der Formel

$$\rho(l_1, l_2, l_3, m) = \frac{m}{l_1 l_2 l_3} \,.$$

Ist die Bestimmung der drei Seiten l_1, l_2 und l_3 mit einem relativen Fehler von jeweils maximal 2 Prozent möglich, wohingegen die Masse (in diesem Messbereich) mit einer Genauigkeit von 1 Prozent bestimmbar ist, so addieren sich diese Messungenauigkeiten zu einer maximalen relativen Unsicherheit im Ergebnis der Dichte von

$$2\% + 2\% + 2\% + 1\% = 7\% \,.$$

Messen wir die beteiligten Größen beispielsweise zu

$$\overline{l}_1 = 1.4\,\text{cm}, \quad \overline{l}_2 = 1.8\,\text{cm}, \quad \overline{l}_3 = 3.1\,\text{cm} \quad \text{und} \quad \overline{m} = 234\,\text{g},$$

so ist die daraus errechnete Dichte

$$\overline{\rho} = \frac{234\,\text{g}}{7.812\,\text{cm}^3} = 29.95\,\frac{\text{g}}{\text{cm}^3}$$

mit einem maximalen absoluten Fehler von

$$\Delta_{\max}\rho = 29.95\,\frac{\text{g}}{\text{cm}^3} \cdot 7\% = 2.097\,\frac{\text{g}}{\text{cm}^3}$$

behaftet.

Lokale Extrema 10.4

In diesem Abschnitt bestimmen wir lokale Extremstellen von Funktionen mehrerer Veränderlicher. Kehren wir zunächst in Gedanken nochmals zu der Aufgabe zurück, die lokalen Extrema einer differenzierbaren Funktion **einer** Variablen zu bestimmen. Damals hatten wir festgestellt, dass dazu notwendigerweise die erste Ableitung an den zu untersuchenden Stellen verschwinden muss.

Wie verhält es sich im Fall von differenzierbaren Funktionen mehrerer Veränderlicher? Ein Blick auf ▶ Abbildung 10.7 weist die Stelle $(\overline{x}, \overline{y})$ als einen Punkt aus, an welcher die Funktion lokal maximal wird, für welche also in diesem Fall die Beziehung

$$f(x, y) \leq f(\overline{x}, \overline{y})$$

für alle (x, y) aus der unmittelbaren Umgebung von $(\overline{x}, \overline{y})$ gilt.

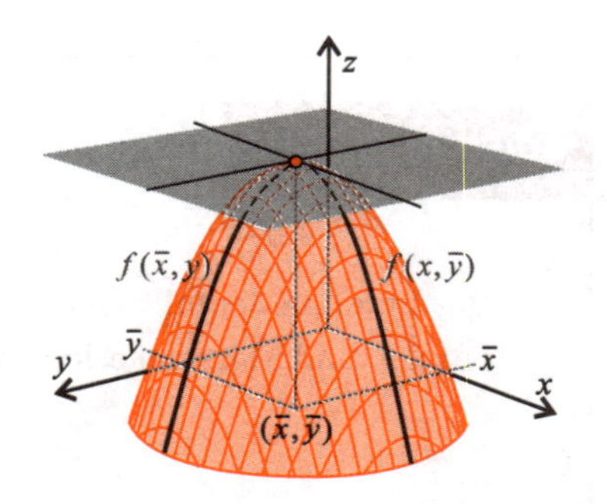

Abbildung 10.7: Lokales Maximum bei $(\overline{x}, \overline{y})$.

Auffallend ist, dass die Tangentialebene an die Fläche zur Stelle $(\overline{x}, \overline{y})$ **parallel** zur x-y-Ebene liegt. Betrachten wir ferner die partiellen Ableitungen der Funktion in $(\overline{x}, \overline{y})$, wieder dargestellt durch die Steigungen der Schnittfunktionen

$$y \mapsto f(\overline{x}, y) \qquad \text{und} \qquad x \mapsto f(x, \overline{y})$$

an der Stelle $(\overline{x}, \overline{y})$: Beide Kurven besitzen an der Stelle $(\overline{x}, \overline{y})$ eine waagrechte Tangente: Die Parallelität der Tangentialebene zur x-y-Ebene ist somit äquivalent zum

Verschwinden sämtlicher partieller Ableitungen in $(\overline{x}, \overline{y})$, bzw. zu

$$\operatorname{grad} f(\overline{x}, \overline{y}) = \begin{pmatrix} f_x(\overline{x}, \overline{y}) \\ f_y(\overline{x}, \overline{y}) \end{pmatrix} = \vec{0}\,.$$

Ein solcher Punkt, in dem der Gradient verschwindet, wird auch als **kritischer Punkt** bezeichnet.

Für das Vorliegen eines Extremums haben wir damit ein **notwendiges** Kriterium gefunden, welches sich auch auf Funktionen von mehr als zwei Variablen verallgemeinern lässt:

Satz **Notwendiges Kriterium für ein Extremum**

Die differenzierbare Funktion

$$f(x_1, \ldots, x_n)$$

besitze im Punkt $\overline{\vec{x}} = (\overline{x}_1, \ldots, \overline{x}_n)$ ein Extremum. Dann ist der Punkt $\overline{\vec{x}}$ ein **kritischer Punkt**, d. h. alle partiellen Ableitungen nehmen in $\overline{\vec{x}}$ den Wert *Null* an, oder kurz

$$\operatorname{grad} f(\overline{\vec{x}}) = \begin{pmatrix} f_{x_1}(\overline{x}_1, \ldots, \overline{x}_n) \\ \vdots \\ f_{x_n}(\overline{x}_1, \ldots, \overline{x}_n) \end{pmatrix} = \begin{pmatrix} 0 \\ \vdots \\ 0 \end{pmatrix}.$$

Bei dem Kriterium aus obigem Satz handelt es sich um ein notwendiges Kriterium. Ist es für eine Stelle $\overline{\vec{x}} = (\overline{x}_1, \ldots, \overline{x}_n)$ nicht erfüllt, so liegt auch kein Extremum vor. Bereits eine einzige nicht verschwindende partielle Ableitung an der Stelle $\overline{\vec{x}} = (\overline{x}_1, \ldots, \overline{x}_n)$ schließt das Vorliegen eines Extremums aus.

Beispiel 10.13

Wir untersuchen das Polynom

$$f(x, y) = 2x + 4xy^2$$

auf mögliche lokale Extrema: Besäße die Funktion $f(x, y)$ ein solches an einer Stelle $(x, y) \in \mathbb{R}^2$, so müsste für diese Stelle gelten:

$$\operatorname{grad} f(x, y) = \begin{pmatrix} f_x(x, y) \\ f_y(x, y) \end{pmatrix} = \begin{pmatrix} 2 + 4y^2 \\ 8xy \end{pmatrix} \stackrel{!}{=} \begin{pmatrix} 0 \\ 0 \end{pmatrix}.$$

Wegen der Nichtnegativität von y^2 ist jedoch die erste partielle Ableitung $f_x(x, y)$ stets größer oder gleich 2, kann also insbesondere nie den Wert *Null* annehmen. Die Funktion besitzt somit nirgendwo ein lokales Extremum.

Rufen wir uns ein weiteres Mal die eindimensionale Situation in Erinnerung: Im Fall einer Funktion **einer** Veränderlichen war die Bedingung

$$f'(\overline{x}) = 0$$

an einer Stelle $\overline{x}$ für sich alleine noch **nicht hinreichend** für die Existenz eines Extremums, wie uns etwa das Beispiel $f(x) = x^3$ für $\overline{x} = 0$ lehrte. Im Fall von Funktionen mehrerer Variablen verhält es sich genauso für das Verschwinden des Gradienten: Betrachten wir etwa Abbildung 10.8, so ist die Tangentialebene im Punkt $(\overline{x}, \overline{y})$ tatsächlich waagerecht zur x-y-Ebene, der Gradient an der Stelle $(\overline{x}, \overline{y})$ also der Nullvektor. Doch in jeder noch so kleinen Nachbarschaft von $(\overline{x}, \overline{y})$ finden sich mindestens zwei Stellen (w_1, w_2), (v_1, v_2), für welche ein Funktionswert oberhalb, der andere hingegen unterhalb von $f(\overline{x}, \overline{y})$ liegt, für welche also

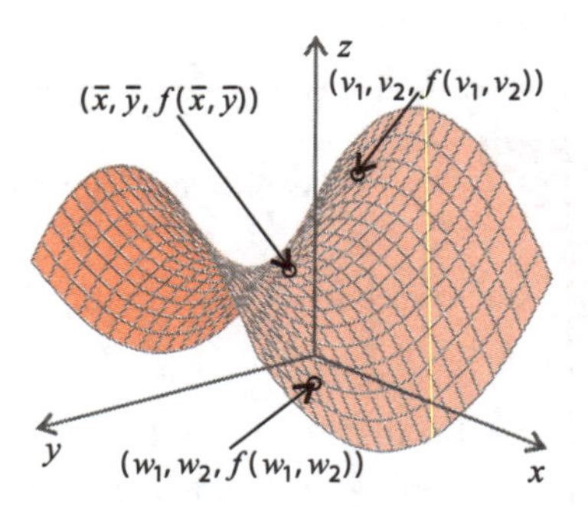

Abbildung 10.8: Verschwindender Gradient bei $(\overline{x}, \overline{y})$ – aber kein Extremum.

$$f(w_1, w_2) \leq f(\overline{x}, \overline{y})$$

und andererseits

$$f(\overline{x}, \overline{y}) \leq f(v_1, v_2)$$

gilt. In $(\overline{x}, \overline{y})$ liegt damit **kein** Extremum vor. Ein solcher Punkt wird wieder als **Sattelpunkt** bezeichnet.

Gesucht ist also wie im eindimensionalen Fall ein weiteres Kriterium, welches zusammen mit der Bedingung $\operatorname{grad} f(x_1, \ldots, x_n) = \vec{0}$ das Vorhandensein eines Extremums nach sich zieht und gleichzeitig Aussagen über den Typ Extremum (Maximum oder Minimum) trifft:

Im Fall von zwei Mal differenzierbaren Funktionen einer Variablen war dies die zweite Ableitung, deren strikt positives (oder strikt negatives) Vorzeichen ein lokales Minimum (oder Maximum) garantierte. In Analogie dazu liefern uns auch hier die zweiten Ableitungen bzw. die Hessematrix (siehe Seite 332) ein solches Kriterium: Ein lokales Minimum bzw. Maximum liegt dann vor, wenn die Hesse-Matrix $H(\overline{\overline{x}})$, also die Matrix der zweiten partiellen Ableitungen an der Stelle $\overline{\overline{x}}$, positiv definit bzw.

negativ definit ist. Wir formulieren dies im folgenden Satz und konkretisieren dies gleichzeitig für den Fall einer Funktion $f(x, y)$ **zweier** Variablen.

Satz **Lokales Minimum bzw. Maximum**

Gegeben sei eine zwei Mal differenzierbare Funktion $f(x_1, \ldots, x_n)$. Es sei ferner $\operatorname{grad} f(\overline{\vec{x}}) = \vec{0}$. Wir unterscheiden:

- Es besitzt f an der Stelle $\overline{\vec{x}}$ ein lokales **Minimum**, wenn die Hessematrix $H_f(\overline{\vec{x}})$ **positiv definit** ist. Für Funktionen $f(x, y)$ **zweier** Variablen ist dies äquivalent zur Bedingung

$$f_{xx}(\overline{x}, \overline{y}) > 0 \quad \text{und} \quad f_{xx}(\overline{x}, \overline{y}) \cdot f_{yy}(\overline{x}, \overline{y}) - [f_{xy}(\overline{x}, \overline{y})]^2 > 0 .$$

- Es besitzt f an der Stelle $\overline{\vec{x}}$ ein lokales **Maximum**, wenn die Hessematrix $H_f(\overline{\vec{x}})$ **negativ definit** ist. Für Funktionen $f(x, y)$ **zweier** Variablen ist dies äquivalent zur Bedingung

$$f_{xx}(\overline{x}, \overline{y}) < 0 \quad \text{und} \quad f_{xx}(\overline{x}, \overline{y}) \cdot f_{yy}(\overline{x}, \overline{y}) - [f_{xy}(\overline{x}, \overline{y})]^2 > 0 .$$

- Es besitzt f an der Stelle $\overline{\vec{x}}$ einen **Sattelpunkt**, wenn die Hessematrix $H_f(\overline{\vec{x}})$ **indefinit** ist. Für Funktionen $f(x, y)$ **zweier** Variablen ist dies äquivalent zur Bedingung

$$f_{xx}(\overline{x}, \overline{y}) \cdot f_{yy}(\overline{x}, \overline{y}) - [f_{xy}(\overline{x}, \overline{y})]^2 < 0 .$$

Hinsichtlich der Begriffe „positiv definit“, „negativ definit“, und „indefinit“ verweisen wir auf Abschnitt 9.4.

Beispiel 10.14

Wir untersuchen das Polynom

$$f(x, y) = x^2 + y^2 - 2xy^2$$

auf lokale Extrema. Der Gradient von $f(x, y)$ an der Stelle $(x, y) \in \mathbb{R}^2$ ist gegeben durch

$$\operatorname{grad} f(x,y) = \begin{pmatrix} f_x(x,y) \\ f_y(x,y) \end{pmatrix} = \begin{pmatrix} 2x - 2y^2 \\ 2y - 4xy \end{pmatrix}.$$

Wir müssen grad $f(x,y) = (0,0)$ setzen und lösen dieses nichtlineare Gleichungssystem

$$2x - 2y^2 \overset{!}{=} 0 \qquad \text{und} \qquad 2y - 4xy \overset{!}{=} 0$$

beispielsweise dadurch, dass wir die zweite Gleichung schreiben in der Form

$$y(2 - 4x) = 0,$$

was die Lösungen

$$y = 0 \qquad \text{und} \qquad x = \frac{1}{2}$$

impliziert. Betrachten wir den ersten Fall $y = 0$. Um auch die erste Gleichung zu erfüllen, gilt, nachdem wir $y = 0$ in diese eingesetzt haben,

$$2x = 0 \qquad \Leftrightarrow \qquad x = 0\,.$$

Damit haben wir mit

$$\vec{p}_1 = (0,0)$$

eine erste Stelle gefunden, an welcher der Gradient verschwindet. Nehmen wir uns nun die zweite Teillösung $x = \frac{1}{2}$ vor. Wieder in die erste Zeile eingesetzt, erhalten wir

$$y^2 = \frac{1}{2}$$

und daraus die beiden Lösungen

$$y_1 = +\sqrt{\frac{1}{2}} \qquad \text{und} \qquad y_1 = -\sqrt{\frac{1}{2}}\,.$$

Somit liegen in

$$\vec{p}_2 = \left(\frac{1}{2}, \sqrt{\frac{1}{2}}\right) \qquad \text{und} \qquad \vec{p}_3 = \left(\frac{1}{2}, -\sqrt{\frac{1}{2}}\right)$$

zwei weitere Stellen mit verschwindendem Gradienten vor. Insgesamt haben wir also drei kritische Stellen der Funktion $f(x,y)$ gefunden.

Mit Hilfe des Satzes von Seite 353 überprüfen wir jetzt, ob an diesen Stellen Extrema vorliegen und um welche Art von Extremum es sich ggf. handelt: Die zweiten Ableitungen sind gegeben durch

$$f_{xx}(x,y) = 2, \quad f_{yy}(x,y) = 2 - 4x \quad \text{und} \quad f_{xy}(x,y) = f_{yx}(x,y) = -4y\,.$$

Untersuchen wir den ersten oben ermittelten kritischen Punkt $\vec{p}_1 = (0, 0)$: Es ist

$$f_{xx}(0,0) = 2 > 0 \quad \text{und} \quad f_{xx}(0,0) \cdot f_{yy}(0,0) - [f_{xy}(0,0)]^2 = 2 \cdot 2 - 0^2 = 4 > 0\,.$$

Nach obigem Satz haben wir damit gezeigt, dass an der Stelle $(0, 0)$ ein lokales Minimum vorliegt.

Wie sieht die Situation im zweiten kritischen Punkt $\vec{p}_2 = \left(\frac{1}{2}, \sqrt{\frac{1}{2}}\right)$ aus? Auch für diesen berechnen wir

$$\begin{aligned} &f_{xx}\left(\frac{1}{2}, \sqrt{\frac{1}{2}}\right) \cdot f_{yy}\left(\frac{1}{2}, \sqrt{\frac{1}{2}}\right) - \left[f_{xy}\left(\frac{1}{2}, \sqrt{\frac{1}{2}}\right)\right]^2 \\ &\quad = 2 \cdot \left(2 - 4 \cdot \frac{1}{2}\right) - \left(-4\sqrt{\frac{1}{2}}\right)^2 = -8\,. \end{aligned}$$

Nach dem Satz von Seite 353 liegt an der Stelle $\vec{p}_2 = \left(\frac{1}{2}, \sqrt{\frac{1}{2}}\right)$ somit ein Sattelpunkt vor.

Es fehlt noch die Analyse des kritischen Punkts $\vec{p}_3 = \left(\frac{1}{2}, -\sqrt{\frac{1}{2}}\right)$. Auch hier gilt

$$f_{xx}\left(\frac{1}{2}, -\sqrt{\frac{1}{2}}\right) = 2$$

und darüber hinaus

$$\begin{aligned} &f_{xx}\left(\frac{1}{2}, -\sqrt{\frac{1}{2}}\right) \cdot f_{yy}\left(\frac{1}{2}, -\sqrt{\frac{1}{2}}\right) - \left[f_{xy}\left(\frac{1}{2}, -\sqrt{\frac{1}{2}}\right)\right]^2 \\ &\quad = 2 \cdot \left(2 - 4 \cdot \frac{1}{2}\right) - \left(4\sqrt{\frac{1}{2}}\right)^2 = -8\,. \end{aligned}$$

Auch bei $\vec{p}_3 = \left(\frac{1}{2}, -\sqrt{\frac{1}{2}}\right)$ handelt es sich damit um eine Stelle mit Sattelpunkt.

Es sei ausdrücklich darauf hingewiesen, dass die Kriterien des Satzes von Seite 353 lediglich **hinreichenden** Charakter besitzen. Ein Extremum kann vorliegen, obwohl die Voraussetzungen des Kriteriums nicht erfüllt sind. In den Fällen, in denen es versagt, lässt sich manchmal „von Hand“ ein lokales Extremum nachweisen.

Beispiel 10.15

Es sei

$$f(x, y) = x^2 - 2xy + y^2 .$$

Wir berechnen

$$f_x(x, y) = 2x - 2y \quad \text{und} \quad f_y(x, y) = -2x + 2y$$

und setzen also

$$2x - 2y \overset{!}{=} 0 \quad \text{und} \quad -2x + 2y \overset{!}{=} 0 .$$

Dieses (in diesem Fall lineare) 2×2-Gleichungssystem besitzt die unendlich vielen Lösungen

$$x = p , \quad y = p \quad (p \in \mathbb{R}),$$

was geometrisch der gesamten ersten Winkelhalbierenden $y = x$ entspricht. Mit den zweiten Ableitungen

$$f_{xx}(x, y) = 2, \quad f_{yy}(x, y) = 2 \quad \text{und} \quad f_{xy}(x, y) = f_{yx}(x, y) = -2$$

berechnen wir dann für diese kritischen Punkte (p, p) (eigentlich sogar für alle Punkte $(x, y) \in \mathbb{R}^2$)

$$f_{xx}(p, p) = 2 \quad \text{und} \quad f_{xx}(p, p) \cdot f_{yy}(p, p) - [f_{xy}(p, p)]^2 = 2 \cdot 2 - (-2)^2 = 0 .$$

Der Satz von Seite 353 liefert also für diese kritischen Punkte **keine** Aussage hinsichtlich ihrer Extremumseigenschaften!

Da wir die Funktion $f(x, y)$ jedoch auch in der Form

$$f(x, y) = (x - y)^2$$

schreiben können, erkennen wir, dass $f(x, y)$ für alle $(x, y) \in \mathbb{R}^2$ ausschließlich nichtnegative Werte annimmt. An den Stellen $x = y = p$ $(p \in \mathbb{R})$ ist

$$f(p, p) = (p - p)^2 = 0 ,$$

so dass hier tatsächlich sogar globale – und damit auch lokale – Minima vorliegen.

Regressionsgerade 10.5

Wir betrachten die folgende Aufgabe: Von einem gegebenen naturwissenschaftlichen Prozess sei bekannt, dass er durch einen eindimensionalen linearen Zusammenhang

$$y = f(x) = mx + c \qquad \text{(Gerade)}$$

modelliert werden kann. Unbekannt jedoch sind die Geradenparameter m (Steigung) und c (y-Achsenabschnitt). Ausgehend von den x-Werten

$$x_1, \ldots, x_r,$$

die allsamt **verschieden** voneinander sein sollen und welche wir als **Messstellen** interpretieren wollen, und den an diesen Stellen vorliegenden y-Werten

$$y_1, \ldots, y_r,$$

interpetierbar als **Messwerte**, wollen wir auf die unbekannten Parameter m und c schließen. Setzen wir die Gültigkeit des naturwissenschaftlichen Modells voraus, würde die Theorie vorschreiben, dass $y_i = f(x_i)$ gilt und die jeweiligen Punkte

$$(x_1, y_1), \ldots, (x_r, y_r)$$

damit auf einer Geraden liegen. In diesem theoretischen Fall würden dann bereits zwei Punktepaare (x_1, y_1) und (x_2, y_2) ausreichen, um die Parameter m und c und damit die gesuchte Gerade eindeutig festzulegen.

Bedingt durch Fehler oder Ungenauigkeiten beim Messvorgang liegen die Punkte

$$(x_1, y_1), \ldots, (x_r, y_r)$$

typischerweise jedoch nicht auf einer Geraden (▶ Abbildung 10.9). Halten wir dennoch an dem linearen Modell fest, so müssen wir Kompromisse eingehen: Zu bestimmen ist dann eine Gerade

$$y = mx + c,$$

welche den Punktepaaren zumindest leidlich nahekommt. Eine solche Gerade ist in Abbildung 10.9 dargestellt. Wie sich diese in gewisser Hinsicht optimale Gerade rechnerisch gewinnen lässt, soll nun dargestellt werden:

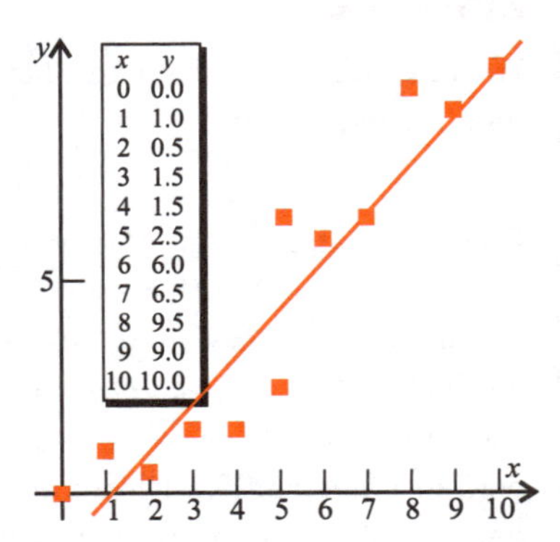

x	y
0	0.0
1	1.0
2	0.5
3	1.5
4	1.5
5	2.5
6	6.0
7	6.5
8	9.5
9	9.0
10	10.0

Abbildung 10.9: Messwerte und Messstellen, Ausgleichsgerade.

Um die Abweichung eines Punktes (x_i, y_i) von der angestrebten Ausgleichsgeraden

$$y = mx + c$$

zu quantifizieren (▶ Abbildung 10.10), wird in der Praxis nicht der senkrechte Abstand von der Geraden gewählt, sondern vielmehr die **quadrierte Differenz** des Messwertes y_i von dem theoretischen Geradenfunktionswert $mx_i + c$, kurz

$$e_i = (y_i - mx_i - c)^2 .$$

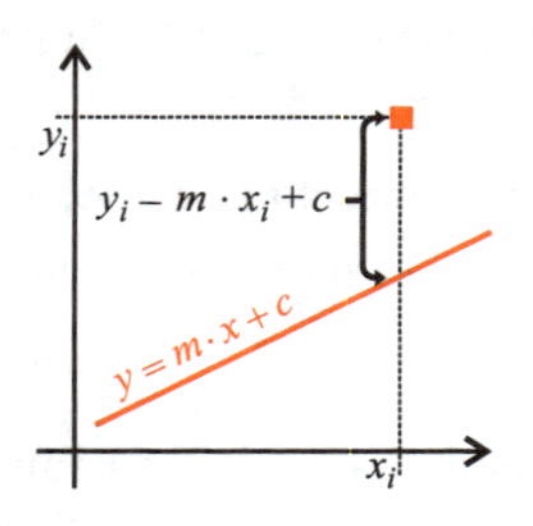

Abbildung 10.10: Abweichung von der zu bestimmenden Geraden.

Der Gesamtfehler, den wir erhalten, wenn wir sämtliche Messwerte y_i mit den Werten der Regressionsgeraden $mx_i + c$ in diesem Sinn vergleichen, setzt sich folglich aus der Summe dieser Einzelfehler e_i zusammen. Abhängig von den festzulegenden Parametern m und c der gesuchten Geraden berechnet sich dieser dann zu

$$e = e(m, c) = \sum_{i=1}^{r} (y_i - mx_i - c)^2 .$$

Bemerkung

Warum sich die Mathematik bei der Definition der einzelnen Fehler e_i auf den quadrierten Abstand

$$e_i = (y_i - mx_i - c)^2$$

festgelegt hat, hat den folgenden Grund: Zum einen ist es generell ratsam, einen jeglichen Fehlerbegriff als eine nichtnegative Größe einzuführen.

Die bloße Differenz $y_i - (mx_i + c) = y_i - mx_i - c$ nämlich wäre vorzeichenbehaftet, so dass eine Addition der Einzelfehler zum Gesamtfehler unter Umständen zu einer Fehlerauslöschung führen könnte. Im Fall der in ▶ Abbildung 10.11 dargestellten Situation hätten wir es beispielsweise mit einem Gesamtfehler $e = 0$ zu tun, was sich mit dem Begriff „Fehler“ nur schwer vereinbaren ließe. Ein Ausweg hieraus könnte darin bestehen, den Absolutbetrag

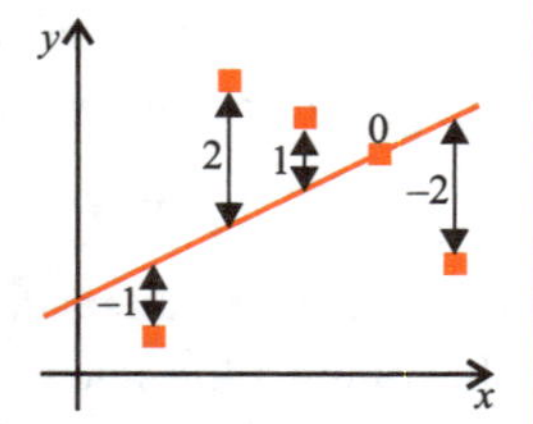

Abbildung 10.11: Unsinniger Fehlerbegriff.

$$|y_i - mx_i - c|$$

als Fehlermaß einzuführen. Das Rechnen mit Absolutbeträgen ist jedoch sehr mühsam und unhandlich, weshalb man sich letztlich auf das Abstandsquadrat geeinigt hat.

Für jede Gerade, repräsentiert durch ihre Parameter m und c, ließe sich der Gesamtfehler

$$e(m, c) = \sum_{i=1}^{r} (y_i - mx_i - c)^2$$

berechnen. Für welche Gerade, d. h. für welche Parameter m und c, wird er aber kleinstmöglich? Dieses Minimierungsproblem gilt es zu lösen. Anders ausgedrückt: Gesucht ist die Stelle $(\overline{m}, \overline{c}) \in \mathbb{R}^2$, so dass die obige Funktion des Gesamtfehlers

$$e(m, c)$$

(mit festgelegten x_i und gemessenen y_i) dort ihr Minimum annimmt. Die Lösungen $\overline{m}$ und $\overline{c}$ sind dann die Parameter der gesuchten Geraden, der so genannten **Regressionsgeraden** oder **Ausgleichsgeraden**.

Wir berechnen die Lösung dieses Extremwertproblems mit den Methoden aus Abschnitt 10.4.

Zunächst ermitteln wir die partiellen Ableitungen der Fehlerfunktion

$$e(m, c) = \sum_{i=1}^{r} (y_i - mx_i - c)^2$$

nach m sowie nach c und setzen diese gleich null, also

$$\begin{aligned} e_m(m, c) &= \sum_{i=1}^{r} 2(y_i - mx_i - c) \cdot (-x_i) = -2 \sum_{i=1}^{r} \left[(y_i - mx_i - c) \cdot x_i\right] \\ &= -2 \sum_{i=1}^{r} y_i x_i + 2m \cdot \sum_{i=1}^{r} x_i^2 + 2c \cdot \sum_{i=1}^{r} x_i \overset{!}{=} 0 \end{aligned} \tag{10.9}$$

sowie

$$\begin{aligned} e_c(m, c) &= \sum_{i=1}^{r} 2(y_i - mx_i - c) \cdot (-1) = -2 \sum_{i=1}^{r} \left[y_i - mx_i - c\right] \\ &= -2 \sum_{i=1}^{r} y_i + 2m \sum_{i=1}^{r} x_i + 2 \cdot r \cdot c \overset{!}{=} 0 . \end{aligned} \tag{10.10}$$

Multiplizieren wir die erste Gleichung (10.9) mit $\left(-\frac{1}{2} \sum_{i=1}^{r} x_i\right)$, die zweite Gleichung (10.10) hingegen mit $\frac{1}{2} \sum_{i=1}^{r} x_i^2$, so erhalten wir

$$\sum_{i=1}^{r} (y_i x_i) \cdot \sum_{i=1}^{r} x_i - m \cdot \sum_{i=1}^{r} x_i^2 \cdot \sum_{i=1}^{r} x_i - c \left(\sum_{i=1}^{r} x_i\right)^2 = 0$$

$$\text{und} \qquad -\sum_{i=1}^{r} y_i \cdot \sum_{i=1}^{r} x_i^2 + m \sum_{i=1}^{r} x_i \cdot \sum_{i=1}^{r} x_i^2 + rc \cdot \sum_{i=1}^{r} x_i^2 = 0 .$$

Eine Addition dieser beiden Gleichungen führt auf die Gleichung

$$\sum_{i=1}^{r}(y_i x_i) \cdot \sum_{i=1}^{r} x_i - \sum_{i=1}^{r} y_i \cdot \sum_{i=1}^{r} x_i^2 + c\left(r \cdot \sum_{i=1}^{r} x_i^2 - \left(\sum_{i=1}^{r} x_i\right)^2\right) = 0 .$$

Ein Auflösen nach c ergibt dann die Lösung

$$\overline{c} = \frac{\sum_{i=1}^{r} y_i \cdot \sum_{i=1}^{r} x_i^2 - \sum_{i=1}^{r}(y_i x_i) \cdot \sum_{i=1}^{r} x_i}{r \cdot \sum_{i=1}^{r} x_i^2 - \left(\sum_{i=1}^{r} x_i\right)^2} .$$

Setzen wir dies beispielsweise in (10.10) ein, so erhalten wir nach einer einfachen, aber etwas länglichen Rechnung

$$\overline{m} = \frac{r \cdot \sum_{i=1}^{r} y_i x_i - \sum_{i=1}^{r} y_i \cdot \sum_{i=1}^{r} x_i}{r \cdot \sum_{i=1}^{r} x_i^2 - \left(\sum_{i=1}^{r} x_i\right)^2} .$$

Damit haben wir alle beiden Parameter unserer Regressionsgeraden bestimmt. An der Stelle $(\overline{m}, \overline{c})$ liegt also ein kritischer Punkt vor. Um zu zeigen, dass es sich hierbei auch um ein Minimum der Fehlerfunktion $e(m, c)$ handelt, müssen wir die zweiten partiellen Ableitungen von $e(m, c)$ berechnen: Es ist

$$e_{mm}(m, c) = 2\sum_{i=1}^{r} x_i^2, \quad e_{cc}(m, c) = 2r \quad \text{und} \quad e_{mc}(m, c) = e_{cm}(m, c) = 2\sum_{i=1}^{r} x_i .$$

Da die Messstellen x_i nach Annahme voneinander verschieden sind, können die Werte x_i^2 nicht alle gleichzeitig null sein, und die Ableitung

$$e_{mm}(m, c)$$

ist für alle (m, c), insbesondere also auch an der Stelle $(\overline{m}, \overline{c})$ positiv.

Wir berechnen ferner für alle $(m, c) \in \mathbb{R}^2$, insbesondere auch für den kritischen Punkt $(\overline{m}, \overline{c})$:

$$e_{mm}(m, c) \cdot e_{cc}(m, c) - [e_{mc}(m, c)]^2 = 4r \cdot \sum_{i=1}^{r} x_i^2 - 4 \cdot \left(\sum_{i=1}^{r} x_i\right)^2 .$$

Man kann zeigen, dass auch dieser Ausdruck unabhängig von den Messstellen x_i stets positiv ist. Nach dem Satz von Seite 353 haben wir es bei der Lösung $(\overline{m}, \overline{c})$ somit tatsächlich mit einem Minimum zu tun.

Fassen wir damit zusammen:

Satz **Regressionsgerade**

Gegeben seien die r verschiedenen Messstellen $x_1, \dots, x_r \in \mathbb{R}$ und die dort gemessenen Messwerte $y_1, \dots, y_r \in \mathbb{R}$. Die Ausgleichs- oder Regressionsgerade bezüglich der Messstellen x_i und Messwerte y_i ist gegeben durch

$$y = mx + c$$

mit

$$m = \frac{r \cdot \sum_{i=1}^{r} y_i x_i - \sum_{i=1}^{r} y_i \cdot \sum_{i=1}^{r} x_i}{r \cdot \sum_{i=1}^{r} x_i^2 - \left(\sum_{i=1}^{r} x_i\right)^2} \quad \text{und} \quad c = \frac{\sum_{i=1}^{r} y_i \cdot \sum_{i=1}^{r} x_i^2 - \sum_{i=1}^{r} (y_i x_i) \cdot \sum_{i=1}^{r} x_i}{r \cdot \sum_{i=1}^{r} x_i^2 - \left(\sum_{i=1}^{r} x_i\right)^2}.$$

Beispiel 10.16

Gegeben seien die $r = 4$ Messstellen

$$x_1 = 1, \quad x_2 = 2, \quad x_3 = 5, \quad x_4 = 7$$

sowie die dazugehörigen Messwerte

$$y_1 = 2.6, \quad y_2 = 2.8, \quad y_3 = 4.3, \quad y_4 = 4.7\,.$$

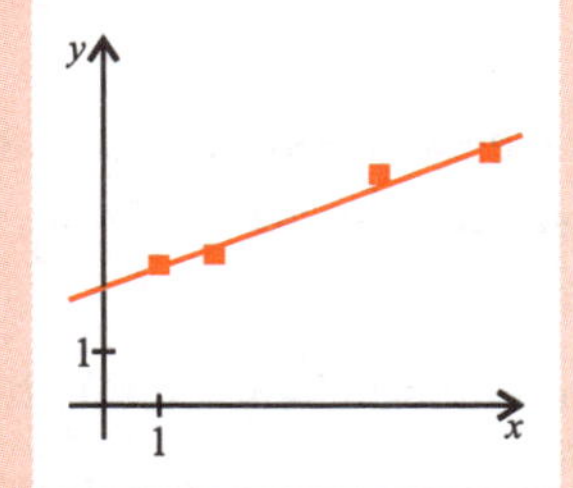

Abbildung 10.12: Punktepaare und Regressionsgerade.

Um die Parameter m und c der Regressionsgeraden bezüglich der Punkte

$$(1, 2.6), \quad (2, 2.8), \quad (5, 4.3) \quad \text{und} \quad (7, 4.7)$$

zu bestimmen, berechnen wir die in obigem Satz auftretenden Summen. Es ist

$$\sum_{i=1}^{4} x_i = 1 + 2 + 5 + 7 = 15,$$

$$\sum_{i=1}^{4} x_i^2 = 1^2 + 2^2 + 5^2 + 7^2 = 1 + 4 + 25 + 49 = 79,$$

$$\sum_{i=1}^{4} y_i = 2.6 + 2.8 + 4.3 + 4.7 = 14.4,$$

$$\sum_{i=1}^{4} x_i y_i = 1 \cdot 2.6 + 2 \cdot 2.8 + 5 \cdot 4.3 + 7 \cdot 4.7 = 62.6 .$$

Somit ist nach dem Satz von Seite 361

$$m = \frac{4 \cdot 62.6 - 14.4 \cdot 15}{4 \cdot 79 - 15^2} = 0.3780$$

und

$$c = \frac{14.4 \cdot 79 - 62.6 \cdot 15}{4 \cdot 79 - 15^2} = 2.1824 .$$

Die Punkte (x_i, y_i) sowie die zugehörige Regressionsgerade

$$y = 0.3780x + 2.1824$$

sind in ▶ Abbildung 10.12 dargestellt.

Das Prinzip der Ermittlung einer linearen Regressionsgerade kann auch auf nichtlineare Naturzusammenhänge angewendet werden. Hängt etwa eine positive Größe $z(x)$ exponentiell von x ab, gilt also eine Wachstumsgleichung der Art

$$z(x) = c_0 \cdot e^{mx} ,$$

mit Parametern $c_0 > 0$ und $m \in \mathbb{R}$, so können wir diese Gleichung logarithmieren: Dazu führen wir die Größe

$$y(x) := \ln z(x)$$

ein und erhalten den nun linearen Zusammenhang

$$y(x) = \ln z(x) = \ln c_0 + \ln(e^{mx}) = \underbrace{m}_{\tilde{m}} \cdot x + \underbrace{\ln c_0}_{\tilde{c}} .$$

Das Vorgehen ist nun das folgende:

- Man rechne die Messwerte $z_1, \ldots, z_r$ um in die logarithmierten Werte $y_1, \ldots, y_r$ gemäß der Transformation $y_i = \ln z_i$.
- Ausgehend von den Messstellen $x_1, \ldots, x_r$ und den eben berechneten Werten $y_1, \ldots, y_r$, die nun idealerweise einem linearen Gesetz gehorchen, berechne man die zugehörige Regressionsgerade. Die Steigung $\tilde{m}$ dieser Geraden entspricht dem gesuchten Parameter m; der errechnete Achsenabschnitt $\tilde{c}$ entspricht dem Wert

$\ln c_0$. Um also c_0 zu erhalten, müssen wir lediglich umkehren:

$$c_0 = e^{\tilde{c}}\,.$$

Beispiel 10.17

Der Bestand $A(t)$ einer Population (▶ Abbildung 10.13) gehorche dem Wachstumsgesetz

$$A(t) = c_0 \cdot e^{mt}$$

mit einem zu bestimmenden Wachstumsparameter m und dem ebenfalls unbekannten Anfangsbestand

$$c_0 = A(0) > 0\,.$$

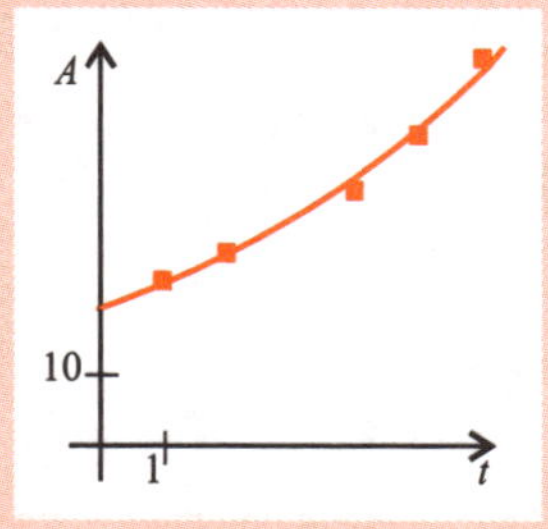

Abbildung 10.13: Regression bei exponentiellem Gesetz.

Zu den $r = 5$ Zeitpunkten

$$t_1 = 1, \quad t_2 = 2, \quad t_3 = 4, \quad t_4 = 5 \quad \text{und} \quad t_5 = 6$$

(man denke sich hier eine geeignete Zeitinterpretation) wird der Bestand gezählt zu

$$A_1 = 24, \quad A_2 = 28, \quad A_3 = 37, \quad A_4 = 45 \quad \text{und} \quad A_5 = 56\,.$$

Gemäß der Formel

$$y_i = \ln A_i \quad (i = 1, \ldots, 5)$$

rechnen wir die A_i-Messwerte um zu

$$y_1 = 3.1781, \quad y_2 = 3.3322, \quad y_3 = 3.6109, \quad y_4 = 3.8067 \quad \text{und} \quad y_5 = 4.0254\,.$$

Somit errechnen wir

$$\sum_{i=1}^{5} t_i = 1+2+4+5+6 = 18\,,$$

$$\sum_{i=1}^{5} t_i^2 = 1+4+16+25+36 = 82\,,$$

$$\sum_{i=1}^{5} y_i = 3.1781+3.3322+3.6109+3.8067+4.0254 = 17.9533\,,$$

$$\sum_{i=1}^{5} t_i y_i = 1 \cdot 3.1781 + 2 \cdot 3.3322 + 4 \cdot 3.6109 + 5 \cdot 3.8067 + 6 \cdot 4.0254 = 67.4720$$

und daraus nach dem Satz von Seite 361 die Regressionsparameter

$$\tilde{m} = \frac{5 \cdot 67.4720 - 17.9533 \cdot 18}{5 \cdot 82 - 18^2} = 0.1651$$

sowie

$$\tilde{c} = \frac{17.9533 \cdot 82 - 67.4720 \cdot 18}{5 \cdot 82 - 18^2} = 2.9962 .$$

Wir erhalten folglich als die Parameter des ursprünglichen, exponentiellen Problems

$$m = \tilde{m} = 0.1651$$

und

$$c_0 = e^{\tilde{c}} = e^{2.9962} = 20.0094 .$$

Aufgaben

1 Bestimmen Sie zu den folgenden Funktionen sämtliche ersten und zweiten partiellen Ableitungen:

a) $f(x,y) = x^2 + \sin y$, b) $f(x,y) = x^2 \cdot \sin y$, c) $f(x,y) = \sin(x^2 \cdot y)$.

2 Bestimmen Sie den maximalen Definitionsbereich der Funktion

$$f(x,y,z) = \frac{x^3 \cdot e^{2y}}{\sqrt{x+z}}$$

und bestimmen Sie alle ersten partiellen Ableitungen.

3 Bei der Parallelschaltung zweier Ohm'scher Widerstände R_1 und R_2 (▶ Abbildung 10.14) ist der Gesamtwiderstand R gegeben durch

$$R(R_1, R_2) = \frac{R_1 \cdot R_2}{R_1 + R_2} .$$

Es werden dabei Widerstände R_1, R_2 mit den folgenden Werten und Fehlertoleranzen verwendet:

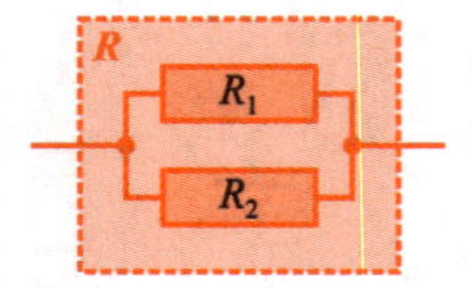

Abbildung 10.14: Gesamtwiderstand bei Parallelschaltung.

$$\overline{R}_1 = 300\Omega \pm 2\%; \quad \overline{R}_2 = 500\Omega \pm 25\Omega .$$

Bestimmen Sie mit Hilfe der partiellen Ableitungen den maximalen absoluten und relativen Fehler des daraus zusammengesetzten Parallelwiderstands.

4 Die Abmessungen eines Kreiskegels (▶ Abbildung 10.15) werden mit Fehlertoleranz gemessen zu:

Radius der Grundfläche: $\overline{r} = 45mm \pm 1\%$;
Höhe des Kegels: $\overline{h} = 10cm \pm 2\%$;
Masse des Kegels: $\overline{m} = 80g \pm 1g$.

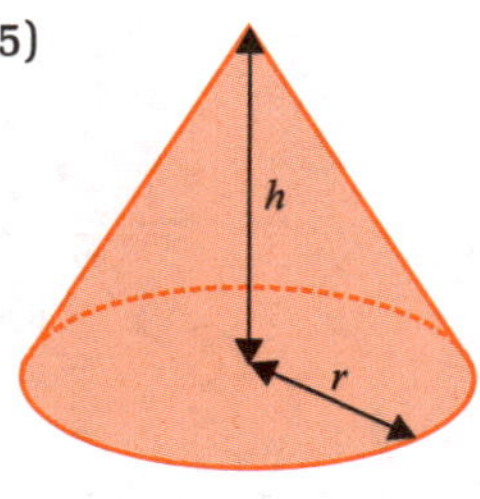

Abbildung 10.15: Kreiskegel.

Das Volumen V dieses Körpers kann idealerweise zu

$$V = \frac{1}{3}\pi r^2 h$$

berechnet werden. Das mittlere spezifische Volumen (Dichtekehrwert) eines Körpers ist gegeben durch

$$v = \frac{V}{m}.$$

Das mittlere spezifische Volumen des gegebenen Kegels lässt sich somit berechnen gemäß der Formel

$$v(r, h, m) = \frac{\pi r^2 h}{3m}.$$

Berechnen Sie den maximalen absoluten und relativen Fehler dieses spezifischen Kegelvolumens unter den gegebenen Messunsicherheiten.

5 Bestimmen Sie für die folgenden Funktionen $f(x, y)$ zweier Variablen alle kritischen Stellen, also Stellen, an denen die Funktionsgraphen eine zur x-y-Ebene parallele Tangentialebene besitzen. An welchen Stellen liegt jeweils ein lokales Maximum, ein lokales Minimum oder ein Sattelpunkt vor?

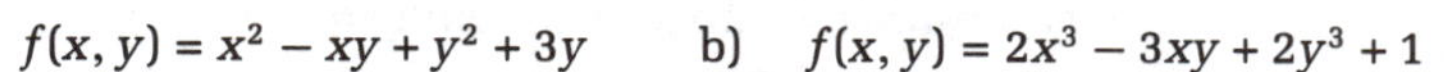

a) $f(x, y) = x^2 - xy + y^2 + 3y$ b) $f(x, y) = 2x^3 - 3xy + 2y^3 + 1$

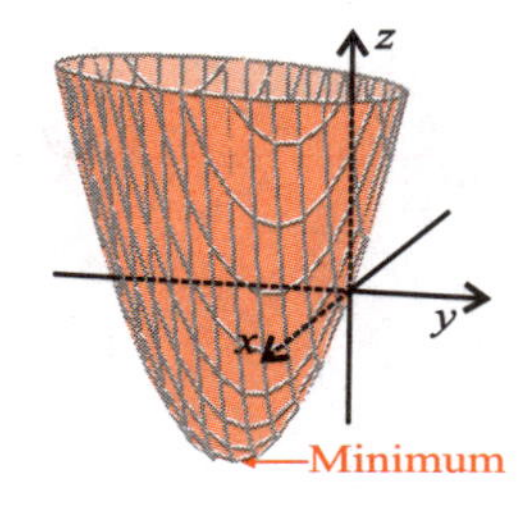

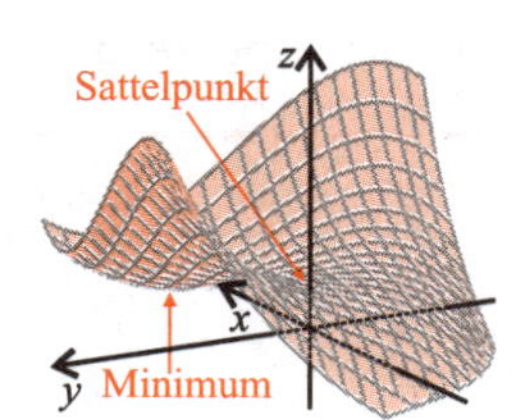

c) $f(x, y) = x^2(2 - y) - y^3 + 3y^2 + 9y$

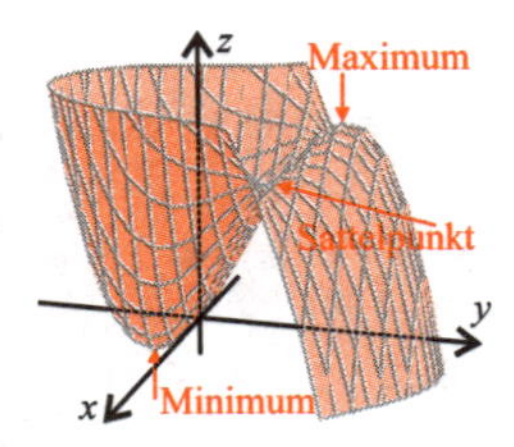

6 Ermitteln Sie die Regressionsgerade

$$y(x) = mx + c$$

bezüglich der Punktepaare (x, y), gemessen zu

$$(0.5, 0.8), \quad (1, 2.2), \quad (2, 4.5), \quad (2.5, 5.3), \quad (5, 9.8)\,.$$

7 Ein Naturvorgang werde idealerweise modelliert durch den logarithmischen Zusammenhang

$$z(x) = \ln(ax + b)$$

mit einer positiven Größe x, einem Funktionswert $z(x)$ sowie positiven reellen Parametern a und b. Gemessen seien Wertepaare (x, z) zu

$$(1, 1), \quad (2, 1.7), \quad (4, 2.3), \quad (5, 2.4), \quad (8, 2.8)\,.$$

Bestimmen Sie die hinsichtlich dieser Messwertpaare optimalen Parameter a und b im Sinne einer Rückführung dieses logarithmischen Problems auf die Bestimmung einer Regressionsgeraden.

Ausführliche Lösungen und weitere Aufgaben finden Sie auf der Companion Website des Buches unter
http://www.pearson-studium.de

Kurven, Polarkoordinaten und implizite Zusammenhänge

11

ÜBERBLICK

Dieses Kapitel erklärt:

- Wie man Kurven, bei denen es sich im Allgemeinen nicht um Graphen einer Funktion handelt, in Parameter-, Polarkoordinaten- oder impliziter Darstellung notiert.
- Ob und wie man funktionale Zusammenhänge zwischen den an solchen Kurven beteiligten Variablen herstellen kann.
- Wie man die Ableitungen dieser funktionalen Zusammenhänge bestimmt, ohne die Funktion selbst explizit zu kennen.
- Wie die kinematischen Begriffe Geschwindigkeit und Beschleunigung mathematisch realisiert sind.

„In vielen Anwendungen der naturwissenschaftlichen Praxis stehen wir vor der Aufgabe, die Bahn eines mikro- oder makroskopischen Teilchens zu beschreiben. Mathematisch spricht man dabei auch von einer Kurve. Dieses Kapitel zeigt verschiedene Möglichkeiten auf, eine solche Kurve mathematisch zu beschreiben. Da sich nicht jede ebene Kurve durch den Graphen einer expliziten Funktion $f(x)$ darstellen lässt (man denke etwa an den Einheitskreis), behandeln wir eine Erweiterung des Funktionsbegriffs auf so genannte implizite Zusammenhänge. Im Gegensatz zum Fall expliziter Funktionen wird hier nicht zwischen abhängigen und unabhängigen Variablen unterschieden. Vielmehr sind im Fall impliziter Darstellungen alle auftretenden Variablen gleichberechtigt und durch eine Gleichung miteinander verknüpft."

Kurven 11.1

11.1.1 Parameterdarstellungen von Kurven

Bereits das Beispiel des in ▶ Abbildung 11.1 dargestellten Kreises bringt uns das Grundproblem nahe: Die Modellierung dieses geometrischen Objekts durch den Graphen einer Funktion einer Veränderlichen (so wie wir es in Kapitel 1 kennen gelernt haben) wird zwangsläufig scheitern. Denn zu jedem Wert $\overline{x}$ im Intervall $]-1, 1[$ finden wir zwei zugehörige Koordinaten $\overline{y}_1$ und $\overline{y}_2$. Eine Modellierung der Kreislinie als Graph einer Funktion kommt somit nicht in Frage. Zur Rettung des Funktionsbegriffes könnten wir allenfalls den Kreis in seine obere und untere Hälfte zerlegen, doch wollen wir hier anders vorgehen:

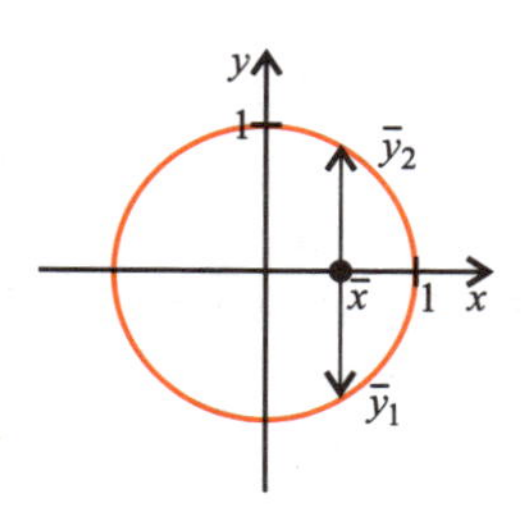

Abbildung 11.1: Einheitskreis – kein Graph einer Funktion.

Wir interpretieren den obigen Kreis oder allgemein die in ▶ Abbildung 11.2 dargestellte Kurve C als die **Bahn** eines sich bewegenden Teilchens. (Wir verwenden die Abkürzung C für Kurven.) Beim Zeitpunkt $t = a$ starte das Teilchen im Punkt $\vec{p}(a)$ und erreiche den Zielpunkt $\vec{p}(b)$ zum Zeitpunkt b. Wollen wir den genauen Bahnverlauf des Teilchens in der Zwischenzeit beschreiben, müssen wir angeben, an welchem Punkt sich das Teilchen zu jedem Zeitpunkt $t \in [a, b]$ befindet. Mit anderen Worten: Anzugeben ist eine Funktion, die jedem Zeitpunkt $t \in [a, b]$ seinen Bahnpunkt

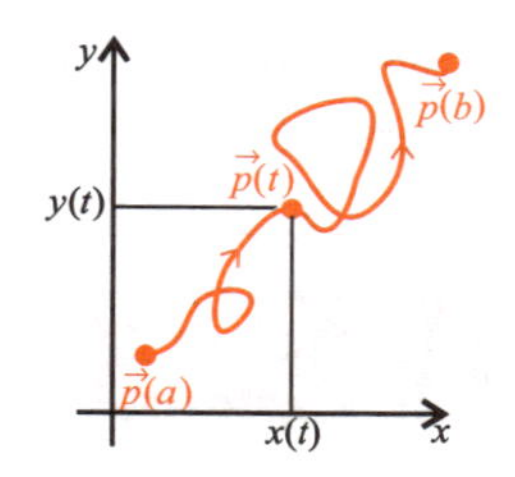

Abbildung 11.2: Zwischen $t = a$ und $t = b$ duchlaufene Kurve.

$$\vec{p}(t) = \begin{pmatrix} x(t) \\ y(t) \end{pmatrix}$$

zuordnet.

Die Funktion $\vec{p}(t)$ ist also eine Funktion, die das Zeitintervall $[a, b]$ auf Bahnpunkte des $\mathbb{R}^2$ abbildet. Sie wird als **Parametrisierung** einer **Kurve *C*** bezeichnet. Unter anderem verleiht sie der Kurve einen Richtungssinn. Oft spricht man bei $\vec{p}(t)$ selbst von „der Kurve", was zwar nicht ganz exakt, aber in der Praxis üblich ist. Der Funktionswert $\vec{p}(t)$ ist ein Vektor des $\mathbb{R}^2$, weswegen man auch von einer vektorwertigen Funktion spricht. Eine ebene Kurve ist somit nichts anderes als die Kombination zweier Komponentenfunktionen

$$t \in [a, b] \mapsto x(t) \qquad \text{und} \qquad t \in [a, b] \mapsto y(t)\,.$$

Sie beschreiben getrennt die zeitabhängige Bewegung der x- bzw. der y-Komponente des Bahnpunktes und werden in einem einzigen Ausdruck, dem Vektor $\vec{p}(t)$, zusammengefasst.

- Der Bezeichner „t“ für die unabhängige Variable, den so genannten **Parameter**, kommt nicht von ungefähr: Er leitet sich vom lateinischen **tempus** = Zeit bzw. vom englischen **time** ab und kann (muss jedoch nicht) als Zeitwert interpretiert werden.
- Der Parameter t selbst ist in den Bahnskizzen **nicht** sichtbar. Zu erkennen sind lediglich die zugeordneten Bahnpunkte $\vec{p}(t)$.
- Im Gegensatz zu den Kapiteln 9 und 10, in denen wir es mit Funktionen mehrerer Veränderlicher zu tun hatten, deren Funktionswert jedoch in $\mathbb{R}$ lag, haben wir es hier in gewisser Weise mit dem umgekehrten Szenario zu tun: Einer Variablen, dem Parameter, werden mehrere Variablen, die Koordinaten des Bahnpunktes, zugeordnet. Der Anfänger möge sich dies stets vor Augen führen. Eine Kurve C ist nichts anderes als die Zusammenfassung mehrerer (bislang lediglich zweier) reellwertiger Funktionen von nur einer Variablen t aus dem gemeinsamen Definitionsbereich $[a, b]$.

Beispiel 11.1

Auf dem Zeitintervall $[a, b] = [-2, 2]$ sei die Kurve

$$\vec{p}(t) = \begin{pmatrix} t^2 \\ \frac{t^3}{4} \end{pmatrix}$$

gegeben. Zu den Zeitpunkten

$$t = -2, -\frac{3}{2}, -1, \ldots, +1, +\frac{3}{2}, +2$$

haben wir die entsprechenden Bahnpunkte zu

t	-2	$-\frac{3}{2}$	-1	$-\frac{1}{2}$	0	$\frac{1}{2}$	1	$\frac{3}{2}$	2
$x(t)$	4	$\frac{9}{4}$	1	$\frac{1}{4}$	0	$\frac{1}{4}$	1	$\frac{9}{4}$	4
$y(t)$	-2	$-\frac{27}{32}$	$-\frac{1}{4}$	$-\frac{1}{32}$	0	$\frac{1}{32}$	$\frac{1}{4}$	$\frac{27}{32}$	2

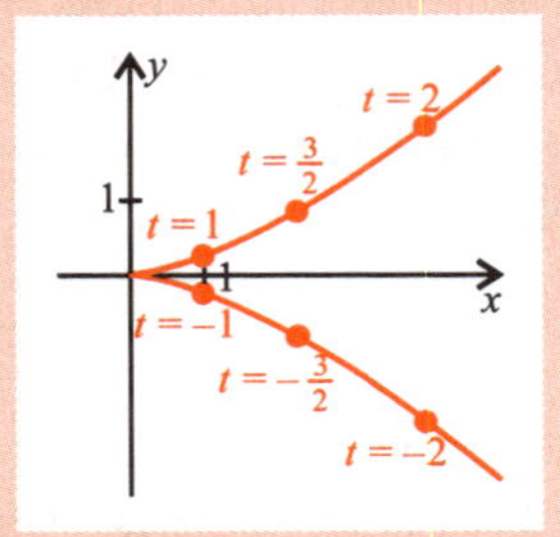

Abbildung 11.3: Bahnkurve $\vec{p}(t) = \begin{pmatrix} t^2 \\ \frac{t^3}{4} \end{pmatrix}$.

berechnet und die gegebene Kurve mitsamt den berechneten Punkten in ▶ Abbildung 11.3 skizziert. Auffallend ist der „Knick“ der Kurve zum Zeitpunkt $t = 0$. Solche Kurven heißen daher auch „nicht glatt“ .

Beispiel 11.2

In der Rückbetrachtung unserer Anfangsüberlegungen sei hier die Parametrisierung des Einheitskreises (des Kreises um den Ursprung mit Radius 1) vorgestellt. Jedem Zeitpunkt $t \in [0, 2\pi]$ sei durch

$$\vec{p}(t) = \begin{pmatrix} x(t) \\ y(t) \end{pmatrix} = \begin{pmatrix} \cos t \\ \sin t \end{pmatrix}$$

ein Punkt des Einheitskreises zugeordnet. Dass jeder Punkt $\vec{p}(t)$ auf dem Einheitskreis liegt, wird deutlich, wenn wir den Betrag $|\vec{p}(t)|$ für jeden Zeitpunkt t berechnen zu

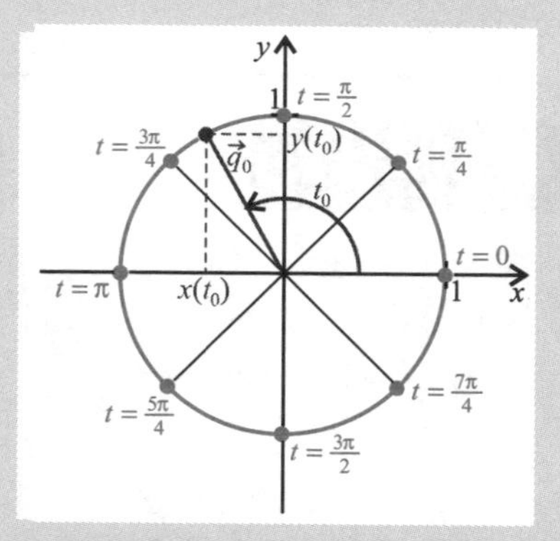

Abbildung 11.4: Einheitskreis.

$$|\vec{p}(t)| = \sqrt{[x(t)]^2 + [y(t)]^2} = \sqrt{\cos^2 t + \sin^2 t} = \sqrt{1} = 1\,.$$

Tatsächlich wird, während der Parameter t den Einheitskreis durchläuft, auch der gesamte Einheitskreis ein Mal durchlaufen. Besser sehen wir dies ein, wenn wir den Parameter t als Winkelwert ansehen. Wie in ► Abbildung 11.4 dargestellt, gibt es zu jedem beliebigen Punkt $\vec{q}_0$ des Einheitskreises einen Winkel $t_0 \in [0, 2\pi]$ mit

$$\vec{q}_0 = \begin{pmatrix} \cos t_0 \\ \sin t_0 \end{pmatrix} = \vec{p}(t_0).$$

Beim Startpunkt der Kurve ($t = 0$) handelt es sich um den Punkt

$$\vec{p}(0) = \begin{pmatrix} \cos 0 \\ \sin 0 \end{pmatrix} = \begin{pmatrix} 1 \\ 0 \end{pmatrix}.$$

Für $[0, 2\pi]$ werden die Werte des Einheitskreises ein Mal in umgekehrtem Uhrzeigersinn durchlaufen. Die Kurve endet zum Zeitpunkt $t = 2\pi$ wieder im Anfangspunkt

$$\vec{p}(2\pi) = \begin{pmatrix} \cos 2\pi \\ \sin 2\pi \end{pmatrix} = \begin{pmatrix} \cos 0 \\ \sin 0 \end{pmatrix} = \begin{pmatrix} 1 \\ 0 \end{pmatrix}.$$

Die folgende Tabelle gibt die Koordinaten $x(t)$ und $y(t)$ der Kreispunkte $\vec{p}(t)$ in Abhängigkeit von einigen ausgewählten Parameterwerten $t \in [0, 2\pi]$ wieder.

t	0	$\frac{\pi}{4}$	$\frac{\pi}{2}$	$\frac{3\pi}{4}$	π	$\frac{5\pi}{4}$	$\frac{3\pi}{2}$	$\frac{7\pi}{4}$	2π
$x(t)$	1	$\frac{\sqrt{2}}{2}$	0	$-\frac{\sqrt{2}}{2}$	-1	$-\frac{\sqrt{2}}{2}$	0	$\frac{\sqrt{2}}{2}$	1
$y(t)$	0	$\frac{\sqrt{2}}{2}$	1	$\frac{\sqrt{2}}{2}$	0	$-\frac{\sqrt{2}}{2}$	-1	$-\frac{\sqrt{2}}{2}$	0

Anhand des letzten Beispiels 11.2 wird insbesondere sichtbar, dass die Interpretation des Parameters t nicht immer eine zeitliche sein muss.

Eine Bahnkurve C besitzt keinesfalls eine eindeutige Parametrisierung. Ein und dieselbe Kurve kann vielmehr durch unterschiedliche Parametrisierungen $\vec{p}(t)$ realisiert werden.

Beispiel 11.3

a) Ein weiteres Mal wollen wir den Einheitskreis betrachten. Wieder verwenden wir die Parametrisierung

$$\vec{p}(t) = \begin{pmatrix} \cos t \\ \sin t \end{pmatrix},$$

diesmal jedoch definiert auf dem Intervall $[a, b] = \mathbf{[0, 4\pi]}$. Für die Zeitwerte $t \in [0, 2\pi[$ haben wir die Bahnpunkte in Beispiel 11.2 bereits als die Punkte des Einheitskreises identifiziert. Was geschieht nun ab dem Zeitpunkt bzw. dem Winkel $t = 2\pi$? Aufgrund der Periodizität des Sinus und Cosinus wiederholen sich für die folgenden Zeitwerte $t \in [2\pi, 4\pi]$ auch die Werte der Komponentenfunktionen $x(t)$ und $y(t)$ und damit auch die Abfolge der Bahnpunkte $\vec{p}(t)$: Der Einheitskreis wird **ein zweites Mal** durchlaufen.

b) Betrachten wir auf dem Intervall $[a, b] = \mathbf{[0, \pi]}$ die Parametrisierung

$$\vec{p}(t) = \begin{pmatrix} \cos(2t) \\ \sin(2t) \end{pmatrix}.$$

Durchläuft der Parameter t den Bereich $t \in [0, \pi]$, so durchläuft der Ausdruck

$$2t$$

das Intervall $[0, 2\pi]$. Der Einheitskreis wird also auch hier vollständig durchlaufen, allerdings „in der halben Zeit“, nämlich bereits in einem Intervall der Länge π. Der Umlauf des Punktes $\vec{p}(t)$ findet damit gewissermaßen mit der doppelten Geschwindigkeit statt. Wir werden in Abschnitt 11.1.4 präzisieren, was wir unter dem Begriff Geschwindigkeit verstehen wollen.

Dies macht deutlich, warum es in manchen Fällen wichtig sein kann, zwischen dem festen geometrischen Objekt, nämlich der Kurve C, und der konkreten Parametrisierung $\vec{p}(t)$ zu unterscheiden.

Neben dem Kreis haben wir es im täglichen Umgang auch mit anderen Kurven zu tun, deren Parametrisierung wir im Folgenden angeben wollen.

Wir beginnen mit einer **Ellipse** (▶ Abbildung 11.5): Gegenüber dem Kreis ist eine Ellipse sowohl in x- als auch in y-Richtung gestaucht oder gestreckt. Zutage treten diese Streckfaktoren $a > 0$ und $b > 0$ in der Parametrisierung

$$\vec{p}(t) = \begin{pmatrix} x(t) \\ y(t) \end{pmatrix} = \begin{pmatrix} a \cdot \cos t \\ b \cdot \sin t \end{pmatrix} \quad (t \in [0, 2\pi]). \quad (11.1)$$

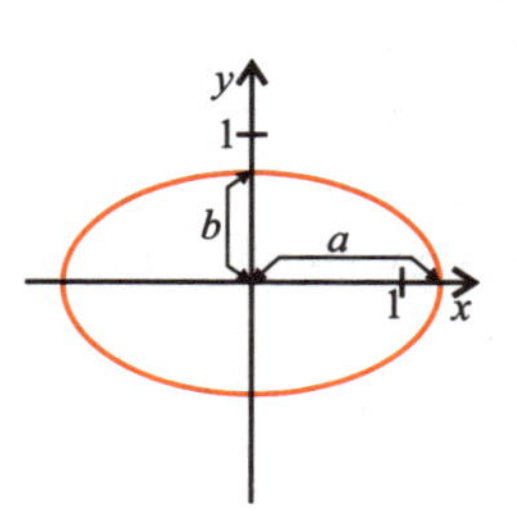

Abbildung 11.5: Ellipse mit Halbachsen a und b.

Wieder entspricht der Parameterbereich $[0, 2\pi]$ hier genau einem Umlauf. Allgemein wird die Ellipse n Mal durchlaufen, wenn wir als Definitionsbereich von $\vec{p}(t)$ den Bereich $[0, 2n\pi]$ wählen.

Die beiden Zahlen a und b mit $a, b > 0$ werden auch als die **Halbachsen** der Ellipse bezeichnet: Die größere Zahl von beiden nennt man die **große Halbachse**, die andere entsprechend die **kleine Halbachse**. In der Parametrisierung von Formel (11.1) beginnt und endet der Umlauf im Punkt $\vec{p}(0) = \vec{p}(2\pi) = \begin{pmatrix} a \\ 0 \end{pmatrix}$.

Bei einer Ellipse handelt es sich um die Verallgemeinerung eines Kreises. Ein Kreis mit Radius r liegt genau dann vor, wenn die Halbachsenparameter a und b zusammenfallen, also $a = b = r > 0$ gilt.

Abschließend wollen wir noch einen Zusammenhang zwischen der x- und y-Koordinate zu jedem Zeitpunkt $t \in \mathbb{R}$ herstellen: Wegen

$$\frac{x(t)}{a} = \cos t \qquad \text{und} \qquad \frac{y(t)}{b} = \sin t$$

ist zusammen mit $\cos^2 t + \sin^2 t = 1$ für alle $t \in \mathbb{R}$:

$$\frac{x^2}{a^2} + \frac{y^2}{b^2} = \cos^2 t + \sin^2 t = 1 .$$

Hier taucht der Parameter t nicht mehr auf. Man spricht auch von einem impliziten Zusammenhang der x- und y-Koordinaten und hier speziell von der so genannten Normalform einer Ellipse in impliziter Darstellung. In Abschnitt 11.3 werden wir genauer auf implizite Zusammenhänge eingehen.

Ein weiteres vergleichsweise einfach zu handhabendes geometrisches Objekt ist die Gerade. Die Parameterdarstellung einer Geraden im $\mathbb{R}^2$ oder im $\mathbb{R}^3$ ist uns bereits in Kapitel 5 begegnet. Wollen wir lediglich einen beschränkten Geradenabschnitt, d. h. eine **Strecke**, mathematisch repräsentieren, so haben wir den Parameterbereich $\mathbb{R}$ der Geraden entsprechend einzuschränken und an Start- und Endpunkt anzupassen:

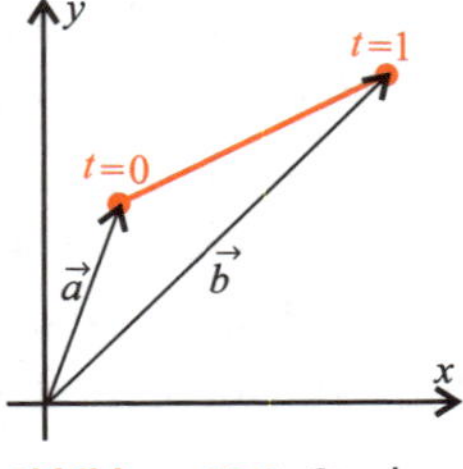

Abbildung 11.6: Strecke zwischen den Punkten $\vec{a}$ und $\vec{b}$.

Als Parameterbereich wird bei einer Strecke oft das Intervall

$$[0, 1]$$

gewählt. Wenn es sich bei $\vec{a}$ und $\vec{b}$ um den Start- bzw. den Endpunkt der Strecke handelt, so gibt die Parametrisierung

$$\vec{p}(t) = \vec{a} + t \cdot (\vec{b} - \vec{a}) \quad (t \in [0, 1]) \tag{11.2}$$

den Streckenverlauf richtig wieder (▶ Abbildung 11.6). An den Startpunkt $\vec{a}$ wird ein begrenztes Vielfaches des Geraden-Richtungsvektors $\vec{b} - \vec{a}$ angeheftet. Ein kurzer Test ergibt

$$\vec{p}(0) = \vec{a} + 0 \cdot (\vec{b} - \vec{a}) = \vec{a} \qquad \text{bzw.} \qquad \vec{p}(1) = \vec{a} + 1 \cdot (\vec{b} - \vec{a}) = \vec{b}\,.$$

11.1.2 Kurvenoperationen

Eine gegebene Kurve C lässt sich auch in entgegengesetzter Richtung durchlaufen: Bezeichnet C die Ausgangskurve, so wollen wir mit

$$-C$$

die in umgekehrter Richtung durchlaufene Kurve bezeichnen, bei welcher (gegenüber der Ausgangskurve C) Anfangs- und Endpunkt vertauscht sind (▶ Abbildung 11.7).

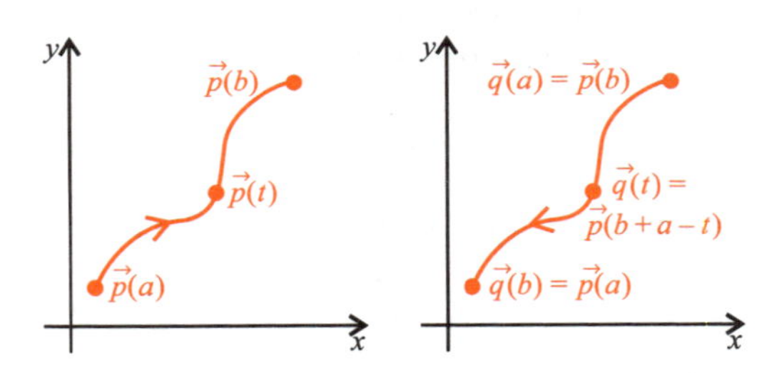

Abbildung 11.7: Kurven C und $-C$.

Wie gewinnen wir eine mathematische Darstellung dieser rückwärts orientierten Kurve $-C$? Besitzt die Ausgangskurve C die Parametrisierung

$$\vec{p}(t) \qquad t \in [a, b]\,,$$

so ist beispielsweise

$$\vec{q}(t) = \vec{p}(b + a - t) \qquad t \in [a, b]$$

eine Parametrisierung der rückwärts durchlaufenen Kurve $-C$. Testen wir dies kurz für $t = a$ und $t = b$: Es ist

$$\vec{q}(a) = \vec{p}(b + a - a) = \vec{p}(b) \qquad \text{(Endpunkt von } C\text{)}$$

und

$$\vec{q}(b) = \vec{p}(b + a - b) = \vec{p}(a) \qquad \text{(Anfangspunkt von } C\text{)}\,.$$

Des Weiteren lassen sich zwei Kurven C_1 und C_2 auch nacheinander durchlaufen, sofern der Endpunkt der ersten Kurve C_1 mit dem Startpunkt der zweiten Kurve C_2 übereinstimmt. Es bezeichnet dann

$$C_2 \circ C_1 \qquad \text{lies: } C_2 \text{ nach } C_1$$

die Gesamtkurve, bei welcher zuerst C_1 und daraufhin C_2 durchlaufen wird (▶ Abbildung 11.8).

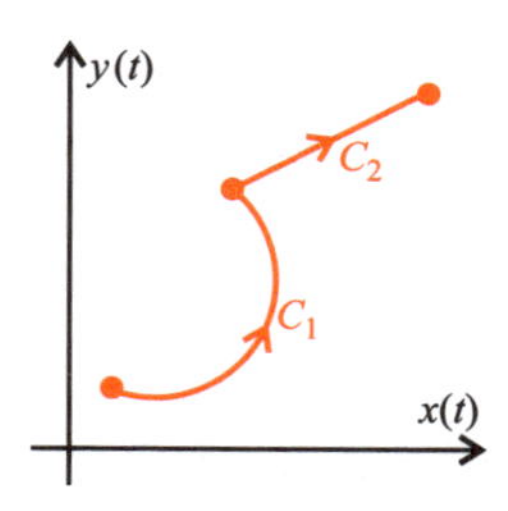

Abbildung 11.8: Verknüpfung von Kurven C_1 und C_2.

11.1.3 Raumkurven

Sämtliche Betrachtungen über ebene Kurven lassen sich eins zu eins auch auf **Raumkurven** übertragen. Den Zeitpunkten t eines Zeitintervalls $[a, b]$ wird dann ein Bahnpunkt

$$\vec{p}(t) = \begin{pmatrix} x(t) \\ y(t) \\ z(t) \end{pmatrix} \in \mathbb{R}^3$$

zugeordnet.

11.1.4 Geschwindigkeits- und Beschleunigungsvektor

Wieder wollen wir eine Raumkurve im $\mathbb{R}^3$ oder eine ebene Kurve des $\mathbb{R}^2$, dargestellt durch die Parametrisierung

$$t \mapsto \vec{p}(t) = \begin{pmatrix} x(t) \\ y(t) \\ z(t) \end{pmatrix} \qquad (t \in [a, b])$$

im räumlichen Fall, bzw.

$$t \mapsto \vec{p}(t) = \begin{pmatrix} x(t) \\ y(t) \end{pmatrix} \qquad (t \in [a, b])$$

im Fall ebener Kurven als die Bahn eines punktförmigen Teilchens interpretieren. In diesem Zusammenhang stellt sich die Frage, welche **Geschwindigkeit** und **Beschleunigung** das Teilchen zum Zeitpunkt $t \in [a, b]$ erfährt. In beiden Fällen handelt es sich, wie bei $\vec{p}(t)$ selbst, um vektorielle Größen. Der **Geschwindigkeitsvektor** zum Zeitpunkt $t \in [a, b]$ sei dabei im Fall $n = 3$ gegeben durch

$$\vec{v}(t) := \dot{\vec{p}}(t) := \frac{d}{dt}\vec{p}(t) = \begin{pmatrix} \frac{dx}{dt}(t) \\ \frac{dy}{dt}(t) \\ \frac{dz}{dt}(t) \end{pmatrix} = \begin{pmatrix} \dot{x}(t) \\ \dot{y}(t) \\ \dot{z}(t) \end{pmatrix}$$

bzw. im ebenen Fall durch

$$\vec{v}(t) := \dot{\vec{p}}(t) := \frac{d}{dt}\vec{p}(t) = \begin{pmatrix} \frac{dx}{dt}(t) \\ \frac{dy}{dt}(t) \end{pmatrix} = \begin{pmatrix} \dot{x}(t) \\ \dot{y}(t) \end{pmatrix}.$$

Um den Geschwindigkeitsvektor des Teilchens zum Zeitpunkt t zu erhalten, sind somit schlichtweg die Ableitungen der Komponentenfunktionen $x(t)$, $y(t)$ und ggf. $z(t)$ nach t zu berechnen.

Als Vektor beinhaltet die Geschwindigkeit $\dot{\vec{p}}(t)$ zwei Informationen: Der Betrag $|\dot{\vec{p}}(t)|$ gibt den Betrag der momentanen Geschwindigkeit an, wie er beispielsweise für Energiebetrachtungen vonnöten ist. Der Vektor $\dot{\vec{p}}(t)$ selbst liegt **tangential** zur Bahnbewegung im Bahnpunkt $\vec{p}(t)$. Er gibt die Richtung an, in welche sich nach dem Trägheitsprinzip das Teilchen weiterbewegen würde, falls die Kraft, welche es auf die gegebene Bahn zwingt, plötzlich wegfiele (▶ Abbildung 11.9).

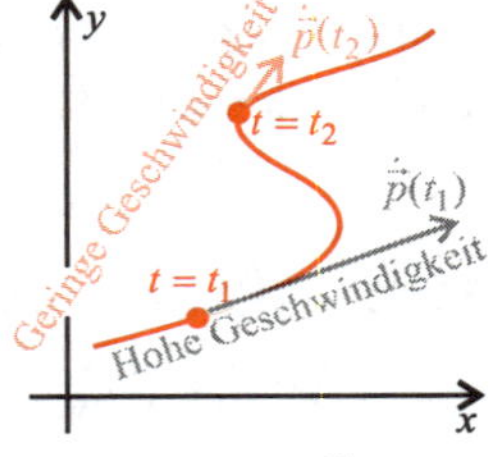

Abbildung 11.9: Ebene Bahn mit Geschwindigkeitsvektoren.

Stellt die erste Ableitung $\dot{\vec{p}}(t)$ einer Parametrisierung $\vec{p}(t)$ die Geschwindigkeit dar, so handelt es sich bei der zweiten Ableitung von $\vec{p}(t)$ um den **Beschleunigungsvektor** $\vec{a}(t)$, also

$$\vec{a}(t) := \dot{\vec{v}}(t) = \ddot{\vec{p}}(t) = \begin{pmatrix} \ddot{x}(t) \\ \ddot{y}(t) \\ \ddot{z}(t) \end{pmatrix} \qquad (n = 3)$$

bzw.

$$\vec{a}(t) := \dot{\vec{v}}(t) = \ddot{\vec{p}}(t) = \begin{pmatrix} \ddot{x}(t) \\ \ddot{y}(t) \end{pmatrix} \qquad (n = 2).$$

Mit dem Beschleunigungsvektor $\vec{a}(t)$ lässt sich bei Kenntnis der (konstanten) Masse m des Punktteilchens auf den Kraftvektor $\vec{F}(t)$ schließen, welcher auf das Teilchen wirkt. Dieser ist gegeben durch

$$\vec{F}(t) = m \cdot \vec{a}(t)$$

und demzufolge ein Vielfaches des Beschleunigungsvektors $\vec{a}(t)$.

Bemerkung

Geschwindigkeit $\vec{v}(t)$ und Beschleunigung $\vec{a}(t)$ sind Größen, die von der konkreten Parametrisierung $\vec{p}(t)$ abhängen. Die bloße Geometrie der Kurve C reicht für deren Bestimmung nicht aus!

Beispiel 11.4

Ein Teilchen bewege sich auf der in ▸ Abbildung 11.10 dargestellten **Schraubenkurve**

$$\vec{p}(t) = \begin{pmatrix} x(t) \\ y(t) \\ z(t) \end{pmatrix} = \begin{pmatrix} 2\cos t \\ 2\sin t \\ t \end{pmatrix} \quad (t \in [0, \infty[) .$$

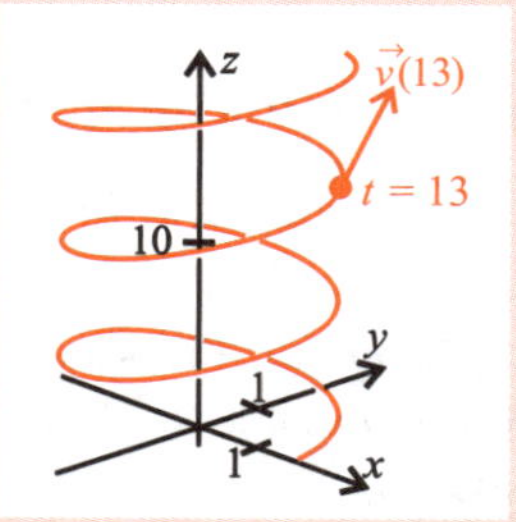

Abbildung 11.10: Schraubenkurve.

Der Aufsicht auf diese Kurve von oben entspricht die Bewegung in der x-y-Ebene, wo sie sich als kreisförmige Bahn mit Radius 2 erweist. Die Bewegung wird dabei jedoch im Lauf der Zeit gleichzeitig mit konstanter Geschwindigkeit in z-Richtung „nach oben gezogen".

Der Geschwindigkeitsvektor des Teilchens zum Zeitpunkt t berechnet sich zu

$$\vec{v}(t) = \dot{\vec{p}}(t) = \begin{pmatrix} -2\sin t \\ 2\cos t \\ 1 \end{pmatrix} .$$

Zum Zeitpunkt $t = 13$ etwa ist der entsprechende Geschwindigkeitsvektor

$$\vec{v}(13) = \begin{pmatrix} -2\sin 13 \\ 2\cos 13 \\ 1 \end{pmatrix} = \begin{pmatrix} -0.8403 \\ 1.8149 \\ 1 \end{pmatrix}$$

in Abbildung 11.10 dargestellt.

Der Betrag der Geschwindigkeit zum Zeitpunkt t berechnet sich zu

$$|\vec{v}(t)| = \sqrt{4\sin^2 t + 4\cos^2 t + 1} = \sqrt{4(\sin^2 t + \cos^2 t) + 1} = \sqrt{4 \cdot 1 + 1} = \sqrt{5}.$$

Er ist somit (in diesem Fall) während des gesamten Durchlaufs konstant!

Die Beschleunigung, welche das Teilchen zum Zeitpunkt t erfährt, berechnen wir zu

$$\vec{a}(t) = \frac{d^2}{dt^2}\vec{p}(t) = \frac{d}{dt}\vec{v}(t) = \begin{pmatrix} -2\cos t \\ -2\sin t \\ 0 \end{pmatrix}.$$

Zum Zeitpunkt $t = 3$ beispielsweise ist der Beschleunigungsvektor $\vec{a}(3)$ gegeben durch

$$\vec{a}(3) = \begin{pmatrix} -2\cos 3 \\ -2\sin 3 \\ 0 \end{pmatrix} = \begin{pmatrix} 1.9800 \\ -0.2822 \\ 0 \end{pmatrix}.$$

11.1.5 Funktionale Darstellung ebener Kurven

Zu Beginn unserer Einführung in die Theorie der ebenen Kurven haben wir (beispielhaft am Einheitskreis) gesehen, dass eine Kurve im Allgemeinen nicht mit dem Graphen einer Funktion $y(x)$ oder auch $x(y)$ in Verbindung gebracht werden kann. Wir untersuchen in diesem Abschnitt die Situation, in der dies doch möglich ist: Wir stellen uns also die Frage, inwieweit wir eine Kurve

$$\vec{p}(t) = \begin{pmatrix} x(t) \\ y(t) \end{pmatrix} \qquad (t \in [a, b])$$

als eine Funktion $y = y(x)$ oder auch $x = x(y)$ darstellen können.

Man beachte, dass in diesem Zusammenhang die Variablen x und y völlig gleichberechtigt sind. Eine Darstellung $x = x(y)$ ist nicht minder erstrebenswert als ein Zusammenhang $y = y(x)$.

In beiden Fällen geschieht die Herstellung eines funktionalen Zusammenhangs durch die Elimination des Parameters t: Um beispielsweise y als Funktion von x schreiben zu können, haben wir (sofern dies möglich ist) den Term $x(t)$ nach t aufzulösen und diesen Ausdruck $t(x)$ dann an Stelle von t in den Ausdruck $y(t)$ einzusetzen. Damit ist ein Zusammenhang $y = y(x)$ geschaffen.

Umgekehrt müssen wir es schaffen, die Gleichung $y(t)$ nach t aufzulösen, um einen funktionalen Zusammenhang $x = x(y)$ herstellen zu können.

Beispiel 11.5

Betrachten wir nochmals die Kurve

$$\vec{p}(t) = \begin{pmatrix} t^2 \\ \frac{t^3}{4} \end{pmatrix} \qquad (t \in]-\infty, \infty[)$$

aus Beispiel 11.1 (▶ Abbildung 11.11). Es handelt sich insofern um einen einfachen Fall, als dass sich diese Kurve auf ihrem gesamten Definitionsbereich als Funktion darstellen lässt und zwar als Funktion

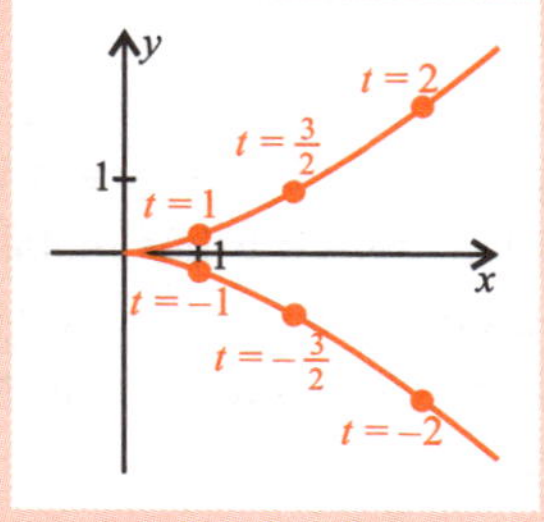

Abbildung 11.11: Bahnkurve $\vec{p}(t) = \begin{pmatrix} t^2 \\ \frac{t^3}{4} \end{pmatrix}$.

$$x = x(y),$$

oder anders ausgedrückt: Die x-Komponente der Bewegung steht hinsichtlich der y-Komponente in einem abhängigen funktionalen Zusammenhang: Um diesen explizit anzugeben, lösen wir den Ausdruck $y(t) = \frac{t^3}{4}$ nach t auf und erhalten eindeutig die Umkehrfunktion

$$t(y) = \sqrt[3]{4y}.$$

Diesen Ausdruck setzen wir für t in den Funktionsterm $x(t)$ ein und erhalten

$$x = t^2 = t(y)^2 = (\sqrt[3]{4y})^2 = \sqrt[3]{16y^2} = 2 \cdot \sqrt[3]{2y^2},$$

wodurch der Zusammenhang $x = x(y)$ hergestellt ist.

Allgemein liegt die wesentliche Schwierigkeit bei diesem Vorgehen im Bilden der Umkehrfunktion $t(y)$. Ist der Ausdruck $y(t)$ nicht eindeutig nach t auflösbar, so ist die Kurve auch nicht komplett als Funktion $x = x(y)$ darstellbar. Nur für einen Zeitbereich, auf welchem die Funktion $y(t)$ eindeutig umkehrbar ist, lässt sich dann x als Funktion von y schreiben.

Praxis-Hinweis

Selbst im Fall der theoretischen Umkehrbarkeit (beispielsweise) von $y(t)$ muss die Umkehrfunktion $t(y)$ nicht unbedingt explizit darstellbar sein. Diesem Phänomen sind wir bereits früher begegnet, wo wir die Funktion

$$y(t) = t + \sin t$$

zwar als umkehrbar erkannt haben, aber nicht in der Lage waren, die Umkehrfunktion $t(y)$ explizit anzugeben. In diesem Sinne besteht also auch im Zusammenhang mit Kurven eine Diskrepanz zwischen der theoretisch möglichen funktionalen Darstellung der Kurve einerseits und der praktischen Realisierung andererseits.

Wollen wir die Kurve aus Beispiel 11.5 auch als Graph einer Funktion $y = y(x)$ darstellen, so wird dies global nicht gelingen. Die zugehörige Abbildung 11.11 macht deutlich, dass zu jedem $x \geq 0$ **zwei** y-Werte der Kurve existieren, was dem Funktionsbegriff widerspricht. Mathematisch resultiert dies aus der Nichtumkehrbarkeit von

$$x(t) = t^2$$

auf ganz $\mathbb{R}$.

Indem wir den Zeitbereich etwa auf den Teilbereich $t \geq 0$ einschränken, haben wir es ausschließlich mit dem Ast der Kurve oberhalb der x-Achse zu tun. Dieser lässt sich nun ohne Weiteres als Funktionsgraph $y = y(x)$ notieren. Die zugrunde liegende Funktion $y(x)$ berechnen wir dann wegen

$$x(t) = t^2 \quad \Rightarrow \quad t(x) = +\sqrt{x} \quad (\text{denn } t \geq 0)$$

zu

$$y(x) = \frac{[t(x)]^3}{4} = \frac{1}{4} \cdot \sqrt{x^3}\,.$$

11.1.6 Differenzieren von Funktionen in Parameterdarstellung

Im letzten Abschnitt hatten wir unser Augenmerk auf den funktionalen Zusammenhang $y = y(x)$ bzw. $x = x(y)$ einer gegebenen ebenen Kurve

$$\vec{p}(t) = \begin{pmatrix} x(t) \\ y(t) \end{pmatrix} \qquad (t \in [a, b])$$

gerichtet. Ist wenigstens auf einem Teilbereich die Kurve als Graph etwa einer Funktion

$$y = y(x)$$

interpretierbar, so stellt sich auch die Frage nach der **Ableitung**

$$y'(x_0)$$

dieser Funktion (Differenzierbarkeit vorausgesetzt) an einer Stelle $x_0 := x(t_0)$ bei vorgegebenem Zeitwert t_0. Können wir die Beziehung $y = y(x)$ im Idealfall explizit angeben, so können wir $y'(x)$ berechnen und letztlich in diesen Ausdruck den Wert x_0 bzw. $x(t_0)$ einsetzen.

Ist jedoch die Funktion $y = y(x)$ auch technischen Gründen nicht explizit darstellbar (weil sich etwa die Umkehrfunktion $t(x)$ nicht explizit angeben lässt oder ihre explizite Darstellung zu mühsam ist), so können wir uns der folgenden praktischen Differentiationsstrategie bedienen:

Wir betrachten einen Zeitwert t_0 und den dazugehörigen Kurvenpunkt

$$\vec{p}(t_0) = \begin{pmatrix} x(t_0) \\ y(t_0) \end{pmatrix}.$$

Zumindest in einer Umgebung des Punktes $\vec{p}(t_0)$ soll es sich bei dem Kurvenabschnitt um eine Funktion $y = y(x)$ handeln.

Wir interessieren uns für die Ableitung $y'(x_0)$. Um diese zu ermitteln, differenzieren wir

$$y(x) = y(t(x))$$

mit der Kettenregel und der Regel über die Ableitung der Umkehrfunktion nach x: Falls $\dot{x}(t_0) \neq 0$, so ist

$$y'(x_0) = \frac{dy}{dt}(t(x_0)) \cdot t'(x_0) = \frac{dy}{dt}(t_0) \cdot \frac{1}{x'(t_0)} = \frac{\dot{y}(t_0)}{\dot{x}(t_0)}.$$

Rein formal steckt dahinter die Kürzungsregel für Brüche

$$\frac{dy}{dx} = \frac{dy}{dt} \cdot \frac{dt}{dx} = \frac{\frac{dy}{dt}}{\frac{dx}{dt}}.$$

Satz

Die y-Koordinate einer differenzierbaren Kurve $\vec{p}(t)$ mit $(t \in [a, b])$ lasse sich (zumindest auf einem kleinen Bereich um $t_0 \in [a, b]$) als Funktion von x schreiben. Es sei $\dot{x}(t_0) \neq 0$. Dann berechnet sich die Ableitung $y'(x_0) = y'(x(t_0))$ zu

$$y'(x_0) = \frac{\dot{y}(t_0)}{\dot{x}(t_0)}. \tag{11.3}$$

Zur Berechnung der Steigung $y'(x_0)$ benötigen wir also lediglich die in der Regel einfach zu berechnenden Ableitungen $\dot{x}(t)$ und $\dot{y}(t)$. Ein expliziter Zusammenhang zwischen y und x, der in vielen Fällen erst mühsam herzustellen wäre, ist folglich gar nicht vonnöten.

Beispiel 11.6

Wir betrachten die Kurve

$$\vec{p}(t) = \begin{pmatrix} x(t) \\ y(t) \end{pmatrix} = \begin{pmatrix} \frac{1}{4} \cdot (-t + e^t) \\ \cos t - \ln t \end{pmatrix}$$

auf dem Zeitbereich [1, 3]. Wie ein Blick auf ▶ Abbildung 11.12 verrät, lässt sie sich auf diesem Bereich als Graph einer Funktion $y = y(x)$ interpretieren. Eine mathematische Voraussetzung hierfür ist die Umkehrbarkeit der Funktion

$$x(t) = \frac{1}{4} \cdot (-t + e^t).$$

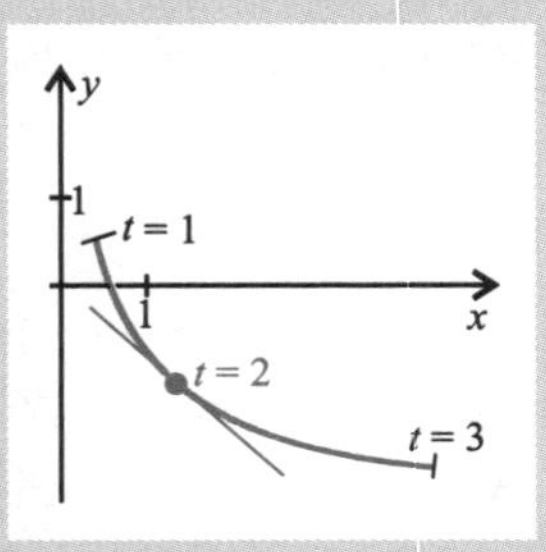

Abbildung 11.12: $\vec{p}(t) = \begin{pmatrix} \frac{1}{4}(-t + e^t) \\ \cos t - \ln t \end{pmatrix}$.

Dies ist tatsächlich der Fall, denn die Funktion $x(t)$ ist wegen

$$\dot{x}(t) = \frac{1}{4} \cdot (-1 + e^t) \overset{(t \geq 1)}{>} \frac{1}{4} \cdot (-1 + e) > 0 \qquad (t \in [1, 3])$$

streng monoton steigend auf [1, 3]. Daraus folgt die Umkehrbarkeit von $x(t)$ und folglich auch die Darstellung der Kurve in der Form $y = y(x)$.

Berechnen wollen wir in diesem Beispiel die Ableitung von $y(x)$ an der Stelle

$$x(2) = \frac{1}{4} \cdot (-2 + e^2) = -\frac{1}{2} + \frac{e^2}{4},$$

d. h. wir suchen den Wert

$$y'\left(-\frac{1}{2} + \frac{e^2}{4}\right).$$

Die Funktion $y(x)$ aufzustellen und daraus $y'(x)$ zu berechnen ist jedoch in exakter Weise nicht möglich, denn die Funktion $x(t) = \frac{1}{4} \cdot (-t + e^t)$ ist trotz ihrer Umkehrbarkeit rein rechnerisch nicht nach t auflösbar. Wir berechnen daher die gesuchte Ableitung $y'\left(-\frac{1}{2} + \frac{e^2}{4}\right)$ mit Hilfe von Formel (11.3): Nachdem wir oben bereits die Ableitung von x nach t ermittelt haben zu

$$\dot{x}(t) = \frac{1}{4} \cdot (-1 + e^t),$$

berechnen wir auch $\dot{y}(t)$ zu

$$\dot{y}(t) = -\sin t - \frac{1}{t}.$$

Diese Ableitungen sind für den Zeitpunkt $t_0 = 2$ auszuwerten. Wir erhalten nach Formel (11.3)

$$y'\left(-\frac{1}{2} + \frac{e^2}{4}\right) = y'(x(2)) = \frac{\dot{y}(2)}{\dot{x}(2)} = \frac{-\sin 2 - \frac{1}{2}}{\frac{1}{4} \cdot (-1 + e^2)} = -0.8824.$$

Bemerkung

Ausgehend von Formel (11.3) erhalten wir

$$y'(x_0) = 0, \quad \text{falls } \dot{y}(t_0) = 0 \text{ und } \dot{x}(t_0) \neq 0 .$$

In diesem Fall liegt also eine waagrechte Tangente vor. Falls

$$\dot{x}(t_0) = 0 \text{ und } \dot{y}(t_0) \neq 0 ,$$

so ist Formel (11.3) streng genommen nicht anwendbar, liefert aber formal

$$y'(x_0) = +\infty \qquad \text{oder} \qquad y'(x_0) = -\infty ,$$

was wir als senkrechte Tangente interpretieren können. Ein unangenehmer Fall tritt hingegen ein, wenn

$$\dot{x}(t_0) = \dot{y}(t_0) = 0 .$$

Hier macht Formel (11.3) keine Aussage. Eine solche zu treffen ist auch nicht möglich, denn der Geschwindigkeitsvektor

$$\begin{pmatrix} \dot{y}(t_0) \\ \dot{x}(t_0) \end{pmatrix} = \begin{pmatrix} 0 \\ 0 \end{pmatrix}$$

entspricht dann dem Nullvektor. Zum Zeitpunkt t_0 kommt unser imaginäres Modellteilchen zur Ruhe, um sich sodann in eine im Allgemeinen beliebige Richtung neu zu orientieren. Die Bahn kann also in diesem Fall einen Knick aufweisen, obwohl die zugrunde liegenden Funktionen $x(t)$ und $y(t)$ differenzierbar sind! (Beispiel 11.1 stellt an der Stelle $t_0 = 0$ eine solche Funktion dar.) Insofern ergibt es in diesem Fall keinen Sinn, von einer Ableitung in einem solchen Bahnpunkt zu sprechen. Manche Bücher schließen solche Punkte sogar im Vorhinein aus, wenn sie von „glatten" Kurven sprechen.

Polarkoordinaten 11.2

Für gewöhnlich beschreiben wir die Lage eines Punktes durch seine Lage in einem kartesischen Koordinatensystem: In der Darstellung

$$(x, y)$$

des Punktes beschreibt der Wert x die Anzahl der Einheiten entlang der waagrechten Koordinatenachse und y die Anzahl der Einheiten, die in senkrechte Koordinatenrichtung zurückzulegen sind, um schließlich beim Punkt (x, y) anzugelangen.

Wie lässt sich ein Punkt $(x, y) \neq (0, 0)$ durch andere Größen äquivalent charakterisieren bzw. eindeutig festlegen? Interpretieren wir den Punkt (x, y) als Ortsvektor

$$\begin{pmatrix} x \\ y \end{pmatrix},$$

so besitzt dieser eine Länge

$$r := \left| \begin{pmatrix} x \\ y \end{pmatrix} \right| > 0,$$

die den **Abstand zum Ursprung** $(0, 0)$ angibt. Damit ist bereits die Lage des Punktes auf einem Kreis um den Ursprung mit Radius r festgelegt. Um den Punkt (x, y) jedoch eindeutig festzulegen, benötigen wir eine weitere Größe: Wir bestimmen deshalb zusätzlich den **Winkel**

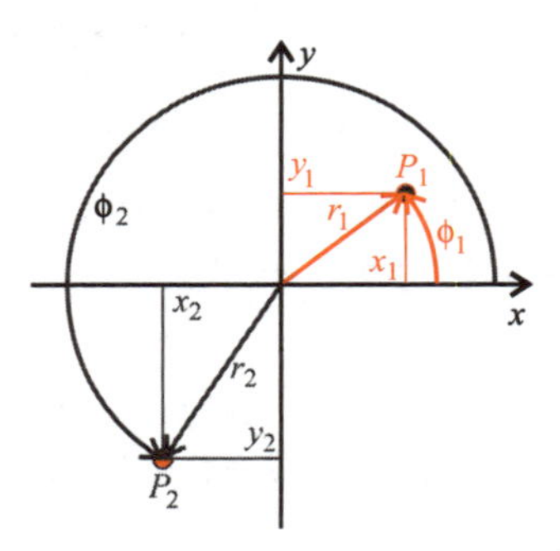

Abbildung 11.13: Polarkoordinaten r und ϕ zweier Punkte.

$$\phi \in [0, 2\pi[,$$

welchen der Ortsvektor $\begin{pmatrix} x \\ y \end{pmatrix}$ zusammen mit der positiven x-Koordinatenachse einschließt (▶ Abbildung 11.13). Die Messung des Winkels erfolgt dabei im Gegenuhrzeigersinn. Einer allgemeinen Konvention folgend wollen wir diesen Winkel als Zahl aus $[0, 2\pi[$ festsetzen. Der Winkel ϕ wird dabei auch als das **Argument** des Punktes (x, y) bezeichnet.

Die Kenngrößen r und ϕ eines Punktes (x, y) des $\mathbb{R}^2$, welche diesen Punkt damit eindeutig festlegen, werden als **Polarkoordinaten** bezeichnet.

Umrechnung von Polarkoordinaten in kartesische Koordinaten

Nehmen wir an, die Polarkoordinaten r und ϕ eines Punktes sind bekannt. Wie erhalten wir daraus die gewohnte kartesische Darstellung, also die ursprünglichen x- und y-

Koordinaten? Ein nochmaliger Blick auf Abbildung 11.13 liefert die Antwort: Die x-Komponente und die y-Komponente eines Punktes bilden die vorzeichenbehafteten Längen der beiden Katheten des zugehörigen rechtwinkligen Dreiecks. Zwischen dem Winkel ϕ, dem Abstand r und der x-Komponente besteht dann der trigonometrische Zusammenhang $\cos\phi = \frac{x}{r}$ bzw.

$$x = r \cdot \cos\phi \, .$$

Analog errechnen wir ausgehend von r und ϕ die y-Komponente des Punktes zu

$$y = r \cdot \sin\phi \, .$$

Umrechnung von kartesischen Koordinaten in Polarkoordinaten

Etwas komplizierter gestaltet sich die umgekehrte Umrechnung von kartesischen Koordinaten x und y in die Polarkoordinaten r und ϕ. Beginnen wir mit der vergleichsweise einfachen Bestimmung von r: Als Abstand des Punktes $(x, y) \neq (0, 0)$ vom Ursprung berechnet sich r zu

$$r = \left\| \begin{pmatrix} x \\ y \end{pmatrix} \right\| = \sqrt{x^2 + y^2} \, .$$

Etwa aus dem obigen Zusammenhang

$$x = r \cdot \cos\phi$$

können wir damit beispielsweise die Beziehung $x = \sqrt{x^2 + y^2} \cos\phi$ bzw.

$$\cos\phi = \frac{x}{\sqrt{x^2 + y^2}} \tag{11.4}$$

folgern. Um diese Formel nach ϕ aufzulösen, haben wir zwei Fälle zu unterscheiden:

- Ist $\boldsymbol{y \geq 0}$, so steckt dahinter ein Winkel $\phi \in [0, \pi]$. Da der Cosinus auf diesem Bereich eindeutig umkehrbar ist mit Umkehrfunktion arccos, folgt aus (11.4) schlicht

$$\phi = \arccos \frac{x}{\sqrt{x^2 + y^2}} \, .$$

- Ist hingegen $\boldsymbol{y \leq 0}$, so haben wir es mit einem Winkel $\phi \in [\pi, 2\pi[$ zu tun. Da der Arcuscosinus jedoch nur Werte in $[0, \pi]$ liefert, haben wir den Cosinus auf dem Intervall $[\pi, 2\pi[$ umzukehren. Wir erhalten in diesem Fall

$$\phi = 2\pi - \arccos \frac{x}{\sqrt{x^2 + y^2}} \, .$$

Beispiel 11.7

a) Wir betrachten (▶ Abbildung 11.4) den Punkt

$$(x, y) = (1, 2) .$$

Es ist

$$r = \sqrt{x^2 + y^2} = \sqrt{1^2 + 2^2} = \sqrt{5}$$

und da $y = 2 \geq 0$, berechnet sich der zugehörige Winkel ϕ, den der Vektor $\begin{pmatrix} x \\ y \end{pmatrix}$ mit der positiven x-Achse einschließt, zu

$$\begin{aligned} \phi &= \arccos \frac{x}{\sqrt{x^2+y^2}} \\ &= \arccos \frac{1}{\sqrt{5}} = 1.107 \quad (\triangleq 63,43°) . \end{aligned}$$

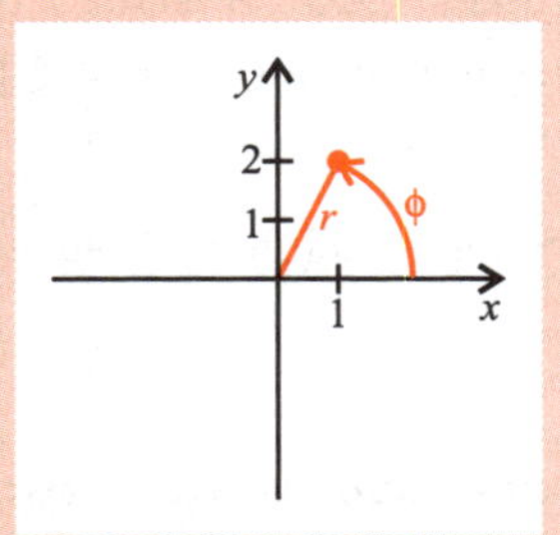

Abbildung 11.14: Zur Umrechnung in Polarkoordinaten.

b) Gegeben (▶ Abbildung 11.5) sei der Punkt

$$(x, y) = (2, -3) .$$

Es ist

$$r = \sqrt{x^2 + y^2} = \sqrt{2^2 + (-3)^2} = \sqrt{13}$$

und wegen $y = -3 < 0$ ist

$$\begin{aligned} \phi &= 2\pi - \arccos \frac{x}{\sqrt{x^2+y^2}} \\ &= 2\pi - \arccos \frac{2}{\sqrt{13}} = 5.300 \quad (\triangleq 303.7°) . \end{aligned}$$

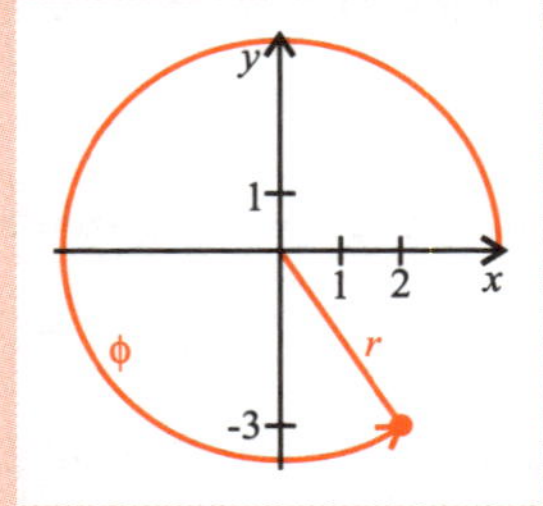

Abbildung 11.15: Zur Umrechnung in Polarkoordinaten.

11.2.1 Polarkoordinatendarstellung ebener Kurven

Als eine Darstellungsmöglichkeit ebener Kurven haben wir in Abschnitt 11.1.1 die Parameterdarstellung kennen gelernt: Der Parameter t war dabei als Zeit interpretierbar. In diesem Abschnitt wollen wir den Winkel ϕ eines Punktes $(x, y) \in \mathbb{R}^2$ als Parameter ebener Kurven benutzen.

Betrachten wir nochmals den obigen Zusammenhang zwischen kartesischen Koordinaten und Polarkoordinaten, gegeben durch

$$x = r \cos \phi \qquad \text{und} \qquad y = r \sin \phi .$$

Die Größen r und ϕ waren fest gegeben. Stellen wir uns nun vor, dass sich der Winkel ϕ etwa im Intervall $[0, 2\pi]$ bewegt. Bleibt r bei diesem Vorgang konstant, so beschreibt der nunmehr als Funktion von ϕ aufzufassende Punkt (x, y) mit

$$x(\phi) = r\cos\phi \qquad \text{und} \qquad y(\phi) = r\sin\phi$$

einen Kreis mit dem Ursprung als Mittelpunkt und mit Radius r.

Spektakulärer wird dieser Vorgang, wenn sich während des Durchlaufs von ϕ der Abstand r vom Ursprung mit ϕ ändert, also

$$r = r(\phi)$$

eine Funktion von ϕ darstellt. In diesem Fall berechnen sich die kartesischen Koordinaten zu

$$x(\phi) = r(\phi)\cos\phi \qquad \text{und} \qquad y(\phi) = r(\phi)\sin\phi\,. \tag{11.5}$$

Die Funktion $r = r(\phi)$ wird dabei als die **Polarkoordinatendarstellung** einer ebenen Kurve bezeichnet. Jedem Wert ϕ wird durch Formel (11.5) ein Punkt $(x(\phi), y(\phi))$ im kartesischen Koordinatensystem zugewiesen; dies ist jedoch nichts anderes als die uns schon bekannte Parameterdarstellung einer ebenen Kurve, diesmal jedoch mit der anschaulichen Winkelgröße ϕ als Parameter.

Beispiel 11.8

Die Polarkoordinatendarstellung $r = r(\phi)$, welche dem Argument ϕ die Abstandskoordinate $r(\phi)$ zuordnet, sei gegeben durch

$$r(\phi) = \sqrt{\phi} \qquad (\phi \in [0, 2\pi])\,.$$

Abhängig vom Parameter $\phi \in [0, 2\pi]$ erhalten wir somit nach Formel (11.5) die nunmehr in kartesischen Koordinaten notierte Kurve

$$\vec{p}(\phi) = \begin{pmatrix} x(\phi) \\ y(\phi) \end{pmatrix} = \begin{pmatrix} r(\phi)\cos\phi \\ r(\phi)\sin\phi \end{pmatrix} = \begin{pmatrix} \sqrt{\phi}\cos\phi \\ \sqrt{\phi}\sin\phi \end{pmatrix}.$$

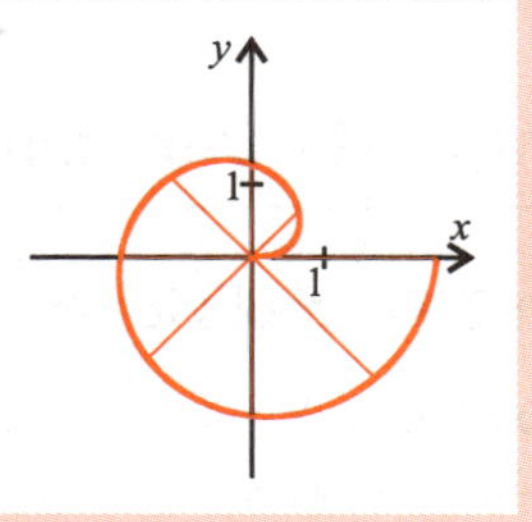

Abbildung 11.16: Kurve zur Polarkoordinatendarstellung $\phi \mapsto r(\phi) = \sqrt{\phi}$.

In der folgenden Tabelle sind für einige Winkelwerte $\phi \in [0, 2\pi]$ die entsprechenden Werte für $r(\phi) = \sqrt{\phi}$ sowie $x(\phi) = r(\phi)\cos\phi$ und $y(\phi) = r(\phi)\sin\phi$ aufgelistet.

ϕ	0	$\frac{\pi}{4}$	$\frac{\pi}{2}$	$\frac{3\pi}{4}$	π	$\frac{5\pi}{4}$	$\frac{3\pi}{2}$	$\frac{7\pi}{4}$	2π
$r(\phi) = \sqrt{\phi}$	0	$\frac{\sqrt{\pi}}{2}$	$\sqrt{\frac{\pi}{2}}$	$\frac{\sqrt{3\pi}}{2}$	$\sqrt{\pi}$	$\frac{\sqrt{5\pi}}{2}$	$\sqrt{\frac{3\pi}{2}}$	$\frac{\sqrt{3\pi}}{2}$	$\sqrt{2\pi}$
$x(\phi)$	0	$\frac{\sqrt{2\pi}}{4}$	0	$-\frac{\sqrt{6\pi}}{4}$	$-\sqrt{\pi}$	$-\frac{\sqrt{10\pi}}{4}$	0	$\frac{\sqrt{6\pi}}{4}$	$\sqrt{2\pi}$
$y(\phi)$	0	$\frac{\sqrt{2\pi}}{4}$	$\sqrt{\frac{\pi}{2}}$	$\frac{\sqrt{6\pi}}{4}$	0	$-\frac{\sqrt{10\pi}}{4}$	$\sqrt{\frac{3\pi}{2}}$	$-\frac{\sqrt{6\pi}}{4}$	0

Verbinden wir die Punkte $(x(\phi), y(\phi))$ mit einem interpolierenden Kurvenzug, so erhalten wir die in ▶ Abbildung 11.16 dargestellte Schneckenkurve.

Im vorliegenden Fall des Definitionsbereichs $[0, 2\pi]$ entspricht die Schneckenkurve aus Abbildung 11.16 genau „einer Umdrehung" des Winkels ϕ. Abhängig vom Definitionsbereich kann ein Punkt, der sich auf dieser Kurve bewegt, auch mehrere Umdrehungen zurücklegen. ▶ Abbildung 11.17 zeigt drei Umdrehungen bei einem Parameterbereich $[0, 6\pi]$ für ϕ.

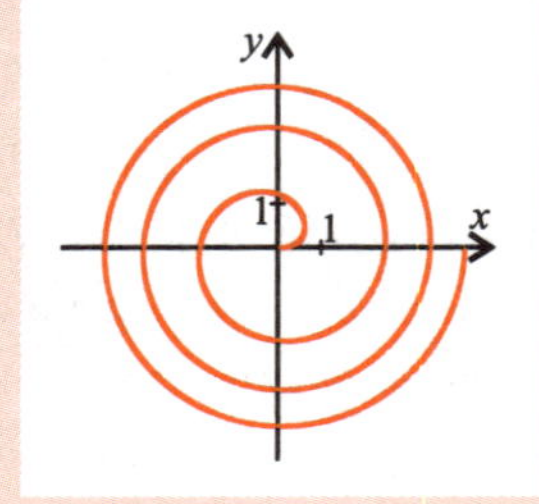

Abbildung 11.17: Größerer Definitionsbereich – höhere Anzahl von Umdrehungen.

Implizite Darstellung ebener Kurven 11.3

11.3.1 Implizite Zusammenhänge

Von einem **impliziten Zusammenhang** zweier Variablen x und y spricht man dann, wenn die Variablen x und y über eine Gleichung in Zusammenhang stehen, ohne dass zwingend eine der beiden Variablen eine Funktion der jeweils anderen Variablen darstellt.

Um diese etwas kryptische Erklärung zu erläutern, betrachten wir als Protoyp eines impliziten Zusammenhangs den Einheitskreis, dessen Punkte (x, y) der Gleichung

$$x^2 + y^2 = 1$$

gehorchen.

Wie wir aus ▶ Abbildung 11.18 erkennen, ist es nicht möglich, den Einheitskreis als den Graph **einer** Funktion zu interpretieren und beispielsweise die y-Variable als Funktion der x-Variable auszudrücken; denn zu jedem $\overline{x} \in]-1,1[$ finden wir zwei entsprechende y-Werte $\overline{y}_1$ und $\overline{y}_2$. Genauso verhält es sich mit einem beliebig herausgegriffenen $\overline{y} \in \ ]-1,1[$ mit ebenfalls zwei korrespondierenden x-Werten.

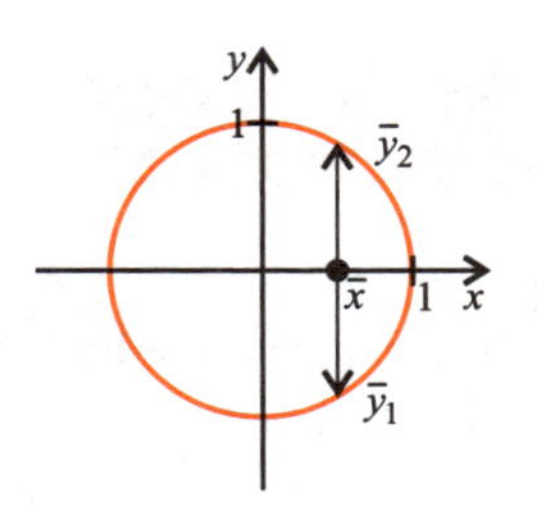

Abbildung 11.18: $x^2 + y^2 = 1$: Prototyp eines impliziten Zusammenhangs.

Rechnerisch wird dieser Sachverhalt daran deutlich, dass sich der Zusammenhang $x^2 + y^2 = 1$ weder nach y noch nach x in eindeutiger Weise auflösen lässt, sondern lediglich jeweils die Mehrdeutigkeiten

$$y = \pm\sqrt{1-x^2} \qquad \text{bzw.} \qquad x = \pm\sqrt{1-y^2}$$

impliziert. Damit liegen jedoch nicht nur eine, sondern vielmehr jeweils zwei Funktionen vor.

Jeder implizite Zusammenhang zweier Variablen lässt sich in der so genannten **Normalform**

$$F(x,y) = 0$$

notieren. In unserem Einheitskreis-Beispiel können wir umformen

$$x^2 + y^2 = 1 \qquad \Leftrightarrow \qquad x^2 + y^2 - 1 = 0\,.$$

Die Normalform ist also in diesem Fall zu notieren als

$$F(x,y) = x^2 + y^2 - 1 = 0.$$

An diesem Beispiel wird deutlich, dass die im Allgemeinen auf den ersten Blick speziell anmutende Darstellung

$$F(x,y) = 0$$

nichts Spezielles besitzt. Durch Subtraktion der rechten Seite von beiden Seiten einer Gleichung in x und y können wir immer eine Darstellung erreichen, in der die rechte Seite verschwindet.

Beispiel 11.9

Gegeben ist (▶ Abbildung 11.19) der implizite Zusammenhang

$$y \cdot \sin x = 1 - x \cos y\,.$$

Diese Beziehung nach x oder nach y aufzulösen und damit eine Variable als Funktion der anderen zu schreiben wird zwangsläufig scheitern. Auf Normalform gebracht lautet dieser implizite Zusammenhang

$$y \cdot \sin x + x \cos y - 1 = 0\,.$$

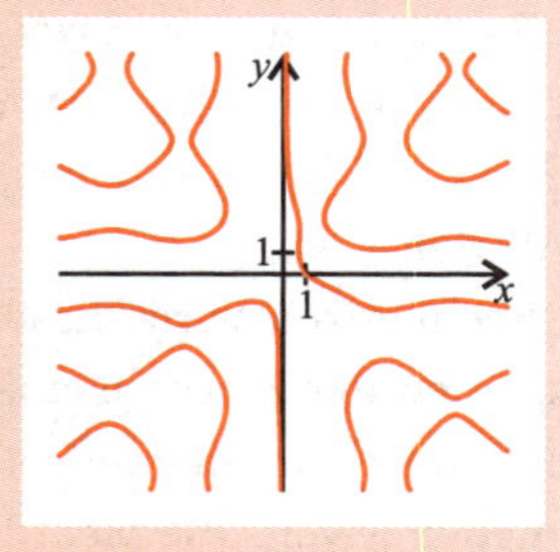

Abbildung 11.19: $y \cdot \sin x + x \cdot \cos y = 1$.

Die Menge aller zulässigen Punktepaare (x, y), d. h. die Menge aller Kombinationen (x, y), welche einer Gleichung

$$F(x, y) = 0$$

genügen, repräsentiert im Allgemeinen eine Kurve des $\mathbb{R}^2$, die man auch in diesem Zusammenhang als den **Graphen** bezeichnet. In dem obigen einführenden Beispiel war die Menge der Paare (x, y) mit

$$F(x, y) = x^2 + y^2 - 1 = 0 \qquad \Leftrightarrow \qquad x^2 + y^2 = 1$$

gerade der erwähnte Einheitskreis. Bezogen auf die Funktion $F(x, y)$ lässt sich die Menge der zulässigen Paare (x, y) als Lösungsmenge der Gleichung $F(x, y) = 0$ auch als Null-Höhenlinie der Funktion $F(x, y)$ interpretieren.

In einigen Fällen kann die Menge der zulässigen Punktepaare (x, y) auch vollkommen degenerieren. Beispielsweise gibt es überhaupt kein Paar $(x, y) \in \mathbb{R}^2$, welches dem impliziten Zusammenhang

$$F(x, y) = x^2 + y^4 + 3 = 0 \qquad \Leftrightarrow \qquad x^2 + y^4 = -3$$

genügt, was auf die Nichtnegativität der quadratischen Ausdrücke x^2 und y^4 zurückzuführen ist.

Bemerkung

Haben wir es mit einem klassischen funktionalen Zusamenhang

$$y = f(x)$$

zu tun, so lässt sich dieser auch implizit formulieren in der Normalform

$$y - f(x) = 0\,.$$

Jede explizit gegebene Funktion ist in diesem Sinn auch ein impliziter Zusammenhang; doch ist dies in der Praxis meist ohne Belang und die Notwendigkeit, die mathematische Situation in dieser Weise zu verkomplizieren, meist auch nicht gegeben.

11.3.2 Gültigkeitsbereiche der Variablen

Da in einem impliziten Zusammenhang im Allgemeinen weder y noch x als Funktion der jeweils anderen Variablen ausgedrückt werden kann, verliert der Begriff des Definitionsbereichs seinen Sinn. An seine Stelle tritt der Begriff des **Gültigkeitsbereichs** der x- bzw. y-Variablen: Unter dem Gültigkeitsbereich

$$G_x$$

der Variablen x verstehen wir die Menge all derjenigen x-Werte, für welche die Gleichung

$$F(x, y) = 0$$

(mindestens) eine Lösung y besitzt.

Etwas unpräzise (aber nichtsdestoweniger dem Verständnis dienlich) lässt sich G_x auch als der Bereich der x-Achse interpretieren, auf welchem der Graph „lebt" (siehe auch die nachfolgenden Beispiele 11.10 und 11.11).

Analog lässt sich der Gültigkeitsbereich G_y für die y-Variable definieren: Es handelt sich bei G_y um die Menge aller $y \in \mathbb{R}$ mit der Eigenschaft, dass der Zusammenhang $F(x, y) = 0$ für solches y von mindestens einem $x \in \mathbb{R}$ erfüllt wird. Falls $y \in G_y$, so beinhaltet der Graph von F also mindestens einen Punkt (x, y) mit $F(x, y) = 0$.

Beispiel 11.10

Gegeben sei nochmals (▶ Abbildung 11.20) der implizite Zusammenhang

$$F(x, y) = x^2 + y^2 - 1 = 0 \quad \text{(Einheitskreis)}.$$

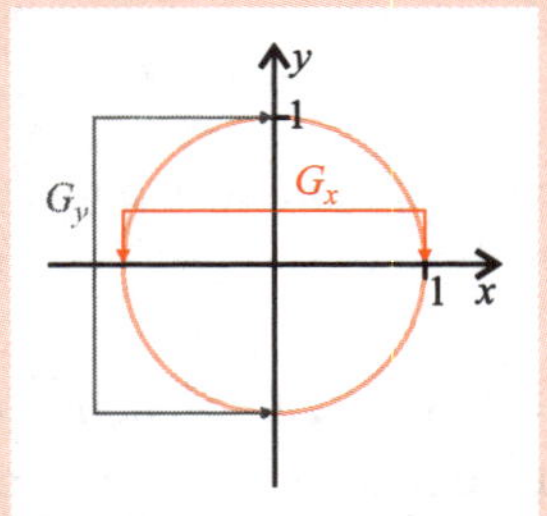

Abbildung 11.20: $x^2 + y^2 = 1$.

Wir entnehmen dem Einheitskreis unmittelbar, dass $G_x = [-1, 1]$ und auch $G_y = [-1, 1]$. Mathematisch wird dies wie folgt klar: Lösen wir den Ausdruck $F(x, y) = 0$ beispielsweise nach y^2 auf, so erhalten wir

$$y^2 = 1 - x^2 .$$

Wegen $y^2 \geq 0$ für jedes feste y sind nur solche x zulässig, für welche die rechte Seite dieser Gleichung ebenfalls nichtnegativ ist, d. h. es muss gelten

$$1 - x^2 \geq 0 \quad \Leftrightarrow \quad x^2 \leq 1 \quad \Leftrightarrow \quad |x| \leq 1 \quad \Leftrightarrow \quad x \in [-1, 1].$$

Analog lässt sich rechnerisch der Gültigkeitsbereich $G_y = [-1, 1]$ ermitteln.

Beispiel 11.11

Wir betrachten den impliziten Zusammenhang

$$x^2 = y^2 \quad \Leftrightarrow \quad F(x, y) := x^2 - y^2 = 0 .$$

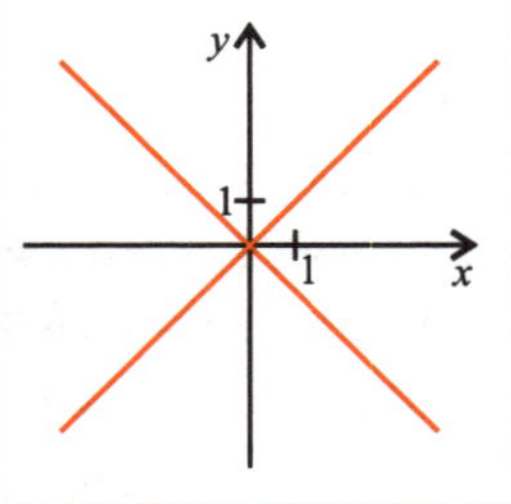

Abbildung 11.21: $x^2 - y^2 = 0$.

Das Quadrat zweier reeller Zahlen x und y ist genau dann gleich, wenn sie sich lediglich in ihrem Vorzeichen unterscheiden, wenn also äquivalent

$$|x| = |y|$$

gilt. Zu jedem vorgegebenen $x \in \mathbb{R}$ existieren zu dieser Gleichung Lösungen $y \in \mathbb{R}$, nämlich $y_{1,2} = \pm x$. Ebenso erhalten wir zu fixiertem $y \in \mathbb{R}$ als Lösungen $x_{1,2} = \pm y$. Daraus folgt

$$G_x = \mathbb{R} \quad \text{und} \quad G_y = \mathbb{R}.$$

Der in ► Abbildung 11.21 dargestellte Graph bestätigt dies. Überdies macht er deutlich, wie der Zusammenhang

$$|x| = |y|$$

sich (ähnlich dem Kreis) in zwei Funktionen aufspaltet, denn es ist $|x| = |y|$ gleichwertig zu

$$y = \pm x,$$

was gerade den in Abbildung 11.21 dargestellten beiden Geraden entspricht.

Man hüte sich vor der Verwechslung der Gültigkeitsbereiche G_x und G_y mit dem Definitionsbereich der Funktion $F(x, y)$, bei welchem es sich um eine Teilmenge des $\mathbb{R}^2$ handelt.

11.3.3 Implizite Funktionen

Im Allgemeinen lässt sich ein impliziter Zusammenhang nicht nach einer der beteiligten Variablen x oder y auflösen. In einigen günstigen Fällen jedoch bestehen zwischen den Variablen x und y tatsächlich explizite, d. h. funktionale Zusammenhänge. Man spricht dann von implizit definierten Funktionen oder kurz **impliziten Funktionen**. Möglich sind dabei folgende Fälle:

- Die Variable y lässt sich als Funktion von x ausdrücken.
- Die Variable x lässt sich als Funktion von y ausdrücken.
- Es stellt sowohl y eine Funktion von x dar wie auch umgekehrt x in funktionalem Zusammenhang zu y steht.

Pragmatisch lässt sich dieses Phänomen wie folgt untersuchen: Gelingt es uns, die Gleichung $F(x, y) = 0$ etwa nach y aufzulösen, so liegt ein funktionaler Zusammenhang $y = y(x)$ vor; stoßen wir während des Auflösens auf Mehrdeutigkeiten, so ist dies gerade nicht der Fall. Gleiches gilt für das Auflösen nach x. (Man beachte stets, dass damit nicht ausgeschlossen ist, dass eine Funktion zwar einen Zusammenhang $y = y(x)$ oder $x = x(y)$ oder beides impliziert, die Funktion jedoch aus technischen Gründen nicht formal nach der jeweiligen Variablen aufzulösen ist.)

Beispiel 11.12

a) Wie bereits mehrfach betont, ist in der impliziten Darstellung

$$x^2 + y^2 = 1$$

keine der Variablen als Funktion der anderen ausdrückbar. Beispielsweise erhielten wir beim Auflösen nach y den Zusammenhang

$$y(x) = \pm\sqrt{1 - x^2},$$

wohinter sich jedoch nicht eine, sondern vielmehr zwei Funktionen verbergen.

b) Den Zusammenhang

$$x^3 - y^2 = 0$$

können wir (vermöge der Umkehrbarkeit der Funktion $f(x) = x^3$) nach x auflösen zu

$$x^3 - y^2 = 0 \quad \Leftrightarrow \quad x^3 = y^2 \quad \Leftrightarrow \quad x = \sqrt[3]{y^2},$$

d. h. x ist eine Funktion von y, kurz $x = x(y)$. Hingegen lässt sich die Gleichung $x^3 - y^2$ nicht eindeutig nach y auflösen, denn es ist

$$x^3 - y^2 = 0 \quad \Leftrightarrow \quad y^2 = x^3 \quad \Leftrightarrow \quad y = \pm x^3,$$

so dass festzustellen bleibt, dass y **keine** Funktion von x darstellt.

c) Der implizite Zusammenhang

$$e^{x+y} = 1$$

lässt sowohl zu, y als Funktion von x wie auch umgekehrt x als Funktion von y zu schreiben. Denn durch Logarithmieren der beiden positiven Seiten der Gleichung erhalten wir

$$x + y = \ln 1 = 0,$$

also

$$x(y) = -y \qquad \text{sowie} \qquad y(x) = -x.$$

Manchmal ist es nicht unbedingt wichtig zu wissen, ob sich eine implizite Funktion **global** (also auf ihrem gesamten Gültigkeitsbereich G_x bzw. G_y) als Funktion $y(x)$ bzw. $x(y)$ schreiben lässt. Vielmehr genügt es in manchen Fällen, dass eine Variable nur **lokal**, d. h. in der Umgebung eines Punktes $(\overline{x}, \overline{y})$ des Graphen, als Funktion der anderen geschrieben werden kann:

Betrachten wir dazu nochmals den in ▶ Abbildung 11.22 dargestellten Einheitskreis: Wie bereits festgestellt, ist es global nicht möglich, den Kreis als Funktion $y = y(x)$ oder $x = x(y)$ darzustellen. Anders sieht es jedoch lokal aus: In der in Abbildung 11.22 skizzierten Umgebung des Punktes

$$(\overline{x}, \overline{y}) = \left(\frac{\sqrt{2}}{2}, \frac{\sqrt{2}}{2}\right),$$

der wegen

$$|(\overline{x}, \overline{y})| = \sqrt{\overline{x}^2 + \overline{y}^2} = \sqrt{\frac{2}{4} + \frac{2}{4}} = 1$$

tatsächlich auf dem Einheitskreis liegt, lässt sich der Graph als eine Funktion $y = y(x)$ oder auch $x = x(y)$ interpretieren.

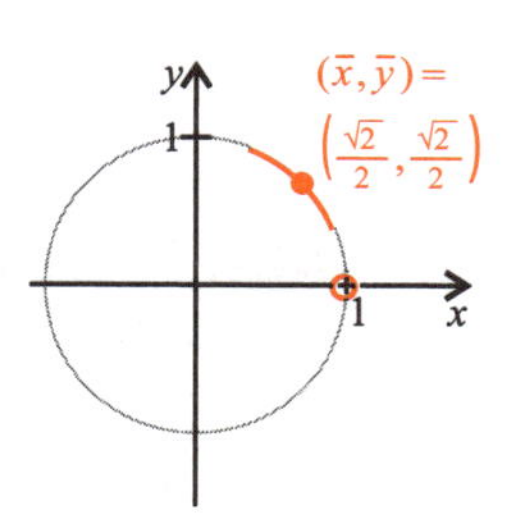

Abbildung 11.22: Kein globaler, aber ein lokaler funktionaler Zusammenhang.

Ähnlich verhält es sich bei zahlreichen anderen Punkten des Einheitskreises, also Punkten $(\overline{x}, \overline{y})$ mit $F(\overline{x}, \overline{y}) = \overline{x}^2 + \overline{y}^2 - 1 = 0$. Doch trifft dies **nicht für alle** Punkte zu. So ist es (siehe nochmals Abbildung 11.22) **nicht** möglich, auch um den Punkt $(1, 0)$ eine kleine Umgebung zu finden, innerhalb derer der Zusammenhang $F(x, y) = 0$ sich als Funktion $y = y(x)$ darstellen lässt. Eine Darstellung $x = x(y)$ hingegen wäre hier denkbar.

Glücklicherweise existiert ein verhältnismäßig einfaches Kriterium, welches uns für einen gegebenen Punkt $(\overline{x}, \overline{y})$ des Graphen die Darstellbarkeit von $F(x, y) = 0$ als Funktion $y = y(x)$ oder $x = x(y)$ zumindest lokal sichert. Ohne Beweis führen wir aus:

Satz **Implizite Funktionen**

Es sei der implizite Zusammenhang $F(x, y) = 0$ gegeben und ein Punkt $(\overline{x}, \overline{y})$ des Graphen, also $F(\overline{x}, \overline{y}) = 0$. Ferner sei $F(x, y)$ partiell differenzierbar mit stetigen partiellen Ableitungen.

- Gilt

$$\frac{\partial F}{\partial y}(\overline{x}, \overline{y}) \neq 0,$$

so gibt es eine kleine Umgebung um $(\overline{x}, \overline{y})$, in welcher y eine Funktion von x darstellt, d. h. es ist in dieser Umgebung $y = y(x)$. Diese Funktion ist dann sogar differenzierbar mit stetiger Ableitung $y'(x)$.

- Gilt
$$\frac{\partial F}{\partial x}(\overline{x},\overline{y}) \neq 0\,,$$
so gibt es eine kleine Umgebung um $(\overline{x},\overline{y})$, in welcher x eine Funktion von y darstellt, d. h. es ist in dieser Umgebung $x = x(y)$. Diese Funktion ist dann sogar differenzierbar mit stetiger Ableitung $x'(y)$.

Beispiel 11.13

a) Beim Einheitskreis
$$F(x,y) = x^2 + y^2 - 1 = 0$$
lässt sich in einer kleinen Umgebung des Punktes
$$(\overline{x},\overline{y}) = (0,1)$$
die y-Variable als Funktion der x-Variablen schreiben, d. h. $y = y(x)$, denn
$$\frac{\partial F}{\partial y}(\overline{x},\overline{y}) = 2\overline{y} = 2 \neq 0\,.$$

b) Im Fall des impliziten Zusammenhangs
$$F(x,y) = e^{-2x+2y} - y^2 - x^3y^4 + 1 = 0$$
gilt für
$$(\overline{x},\overline{y}) = (1,1)\,,$$
dass
$$F(\overline{x},\overline{y}) = F(1,1) = 1 - 1 - 1 + 1 = 0,$$
d. h. $(\overline{x},\overline{y})$ liegt auf dem Graphen von F.
Wir berechnen
$$\frac{\partial F}{\partial x}(x,y) = -2\cdot e^{-2x+2y} - 3x^2y^4 \quad\Rightarrow\quad \frac{\partial F}{\partial x}(1,1) = -2 - 3 = -5 \neq 0\,.$$
Damit ist der implizite Zusammenhang $F(x,y) = 0$ in unmittelbarer Nachbarschaft des Punktes $(\overline{x},\overline{y}) = (1,1)$ als Funktion $x = x(y)$ darstellbar. Das Gleiche gilt darüber hinaus auch für die lokale Darstellbarkeit von y als eine Funktion von x, denn es ist

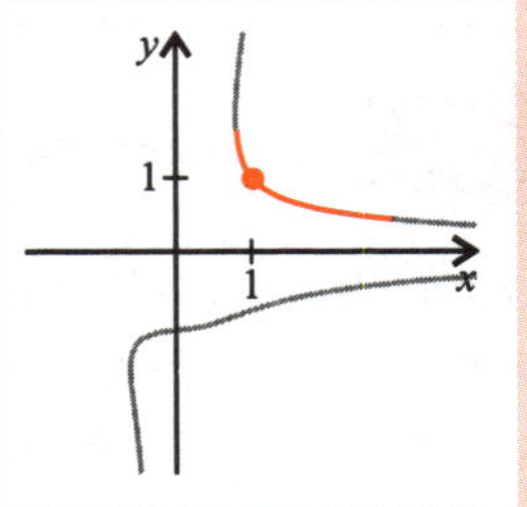

Abbildung 11.23: Lokale funktionaler Zusammenhänge $x(y)$ und $y(x)$ in Umgebung von $(1,1)$.

$$\frac{\partial F}{\partial y}(x, y) = 2 \cdot e^{-2x+2y} - 2y - 4x^3y^3 \quad \Rightarrow \quad \frac{\partial F}{\partial y}(1, 1) = 2 - 2 - 4 = -4 \neq 0\,.$$

In ▶ Abbildung 11.23 skizziert ist der besagte Punkt $(\overline{x}, \overline{y}) = (1, 1)$ sowie (hervorgehoben) ein Teil des Graphen, der sich sowohl als Funktion $y = y(x)$ als auch als $x = x(y)$ darstellen lässt.

Das letzte Beispiel zeigt unter anderem, dass auch bei einem existierenden (lokalen) funktionalen Zusammenhang $y = y(x)$ bzw. $x = x(y)$ noch lange nicht sichergestellt ist, dass wir diesen auch explizit angeben können. Es handelt sich insofern um eine eher theoretische Aussage der Mathematik. Eine Funktion $y = y(x)$ bzw. $x = x(y)$ mag zwar lokal nach dem Satz über implizite Funktionen (Seite 395) existieren – ihre formelmäßige Darstellung jedoch bleibt uns in vielen Fällen verborgen.

11.3.4 Implizites Differenzieren

Das Wissen um die Möglichkeit, einen impliziten Zusammenhang

$$F(x, y) = 0$$

lokal als funktionalen Zusammenhang $y = y(x)$ bzw. $x = x(y)$ zu schreiben, bietet die Möglichkeit, auch die Ableitung $y'(x_0)$ bzw. $x'(y_0)$ zu berechnen. Weil dies geschehen kann, ohne im Besitz eines expliziten Funktionsterms $y = y(x)$ oder $x = x(y)$ zu sein, wird das in diesem Abschnitt beschriebene Vorgehen als **implizites Differenzieren** bezeichnet.

Betrachten wir ▶ Abbildung 11.24, die uns zum wiederholten Male den Einheitskreis

$$F(x, y) = x^2 + y^2 - 1 = 0$$

vor Augen führt. In einer kleinen Umgebung um den Punkt

$$(\overline{x}, \overline{y}) = \left(\frac{\sqrt{2}}{2}, \frac{\sqrt{2}}{2}\right)$$

lässt sich die Variable y als eine Funktion $y(x)$ schreiben, denn es ist

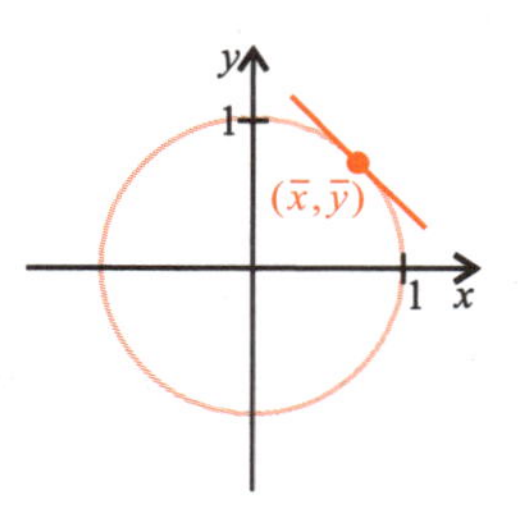

Abbildung 11.24: Implizites Ableiten.

$$\frac{\partial F}{\partial y}(\overline{x}, \overline{y}) = 2\overline{y} = \sqrt{2} \neq 0\,.$$

Neben diesem Sachverhalt interessiert uns nun auch die Steigung der Tangenten an den Kreis im Punkt $(\overline{x}, \overline{y})$, kurz: Wir suchen nach einer Berechnungsmethode für $y'(\overline{x})$.

Verlassen wir das spezielle Beispiel und gehen das Problem in der allgemeinen Form an. Ist bekannt, dass in einem Punkt $(\overline{x}, \overline{y})$ des Graphen von F, also einem Punkt mit $F(\overline{x}, \overline{y}) = 0$ gilt

$$F_y(\overline{x}, \overline{y}) \neq 0,$$

so existiert nach dem Satz über implizite Funktionen (Seite 395) in einer Umgebung von $(\overline{x}, \overline{y})$ ein Zusammenhang $y = y(x)$. Folglich haben wir es in dieser Umgebung mit einer Darstellung

$$F(x, y(x)) = 0$$

zu tun. Links liegt nun eine Funktion in x vor; rechts das Gleiche in sehr trivialer Weise: Wir interpretieren die rechte Seite als Nullfunktion. Auf beiden Seiten dürfen wir nach x differenzieren. Rechts gelingt dies sehr einfach, denn die Nullfunktion besitzt sich selbst als Ableitung. Um die linke Seite $F(x, y(x))$ nach x zu differenzieren, bedienen wir uns der Kettenregel (Abschnitt 10.1.2). Es ist

$$\frac{d}{dx}F(x, y(x)) = F_x(x, y(x)) \cdot 1 + F_y(x, y(x)) \cdot y'(x).$$

Dieser Ausdruck entspricht nach dem eben Gesagten der Nullfunktion, d. h.

$$F_x(x, y(x)) \cdot 1 + F_y(x, y(x)) \cdot y'(x) = 0.$$

Konkret an der Stelle $x = \overline{x}$ lautet dieser Zusammenhang dann mit $y(\overline{x}) = \overline{y}$

$$F_x(\overline{x}, \overline{y}) + F_y(\overline{x}, \overline{y}) \cdot y'(\overline{x}) = 0.$$

Da wir uns für $y'(\overline{x})$ interessieren, lösen wir danach auf und erhalten

$$y'(\overline{x}) = -\frac{F_x(\overline{x}, \overline{y})}{F_y(\overline{x}, \overline{y})}.$$

Wegen der vorausgesetzten Eigenschaft $F_y(\overline{x}, \overline{y}) \neq 0$ ist die Division durch $F_y(\overline{x}, \overline{y})$ dabei unbedenklich. Wir halten dieses Resultat in einem Satz fest:

Satz **Implizites Ableiten**

Gegeben sei der implizite Zusammenhang

$$F(x, y) = 0$$

mit einer differenzierbaren Funktion F zweier Veränderlicher sowie ein Punkt $(\overline{x}, \overline{y})$ auf dem Graphen von F, also $F(\overline{x}, \overline{y}) = 0$. Gilt

$$F_y(\overline{x}, \overline{y}) \neq 0,$$

so berechnet sich die Steigung der Tangente der lokal existierenden Funktion $y(x)$ in $\overline{x}$ zu

$$y'(\overline{x}) = -\frac{F_x(\overline{x}, \overline{y})}{F_y(\overline{x}, \overline{y})}.$$

Beispiel 11.14

Im Fall des Einheitskreises

$$F(x, y) = x^2 + y^2 - 1 = 0$$

und dem Punkt $(\overline{x}, \overline{y}) = \left(\frac{\sqrt{2}}{2}, \frac{\sqrt{2}}{2}\right)$ mit $F(\overline{x}, \overline{y}) = 0$ (siehe Abbildung 11.24) berechnen wir:

$$F_x(x, y) = 2x \quad \Rightarrow \quad F_x(\overline{x}, \overline{y}) = 2\overline{x} = \sqrt{2}$$

sowie

$$F_y(x, y) = 2y \quad \Rightarrow \quad F_y(\overline{x}, \overline{y}) = 2\overline{y} = \sqrt{2}.$$

Nach obigem Satz berechnet sich damit die Steigung der Tangente an den Kreis im Punkt $(\overline{x}, \overline{y}) = \left(\frac{\sqrt{2}}{2}, \frac{\sqrt{2}}{2}\right)$ zu

$$y'(\overline{x}) = -\frac{F_x(\overline{x}, \overline{y})}{F_y(\overline{x}, \overline{y})} = -\frac{\sqrt{2}}{\sqrt{2}} = -1.$$

Beispiel 11.15

Betrachten wir den impliziten Zusammenhang

$$F(x,y) = e^{2x+y} - \ln(x^2+y^2) + \ln 2 - e = 0 .$$

Der Punkt $(\overline{x}, \overline{y}) = (1, -1)$ liegt auf dem Graphen von F, denn es ist

$$F(\overline{x}, \overline{y}) = F(1,-1) = e^1 - \ln 2 + \ln 2 - e = 0 .$$

Um die Steigung der Tangenten an die Kurve $F(x, y) = 0$ im Punkt $(1, -1)$ zu bestimmen, berechnen wir

$$\begin{aligned} F_x(x,y) &= 2 \cdot e^{2x+y} - \tfrac{1}{x^2+y^2} \cdot 2x \\ \Rightarrow F_x(\overline{x}, \overline{y}) &= F_x(1,-1) = 2e - 1 \end{aligned}$$

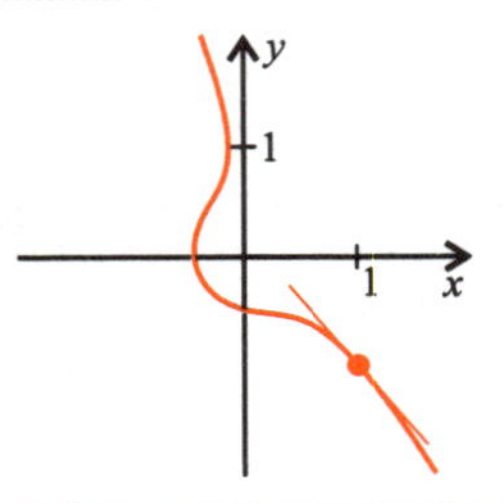

Abbildung 11.25: Zum impliziten Ableiten.

und

$$\begin{aligned} F_y(x,y) &= e^{2x+y} - \tfrac{1}{x^2+y^2} \cdot 2y \\ \Rightarrow \quad F_y(\overline{x}, \overline{y}) &= F_y(1,-1) = e + 1 . \end{aligned}$$

Somit erhalten wir nach dem Satz von Seite 399 für die gesuchte Ableitung

$$y'(1) = y'(\overline{x}) = -\frac{F_x(\overline{x}, \overline{y})}{F_y(\overline{x}, \overline{y})} = -\frac{2e-1}{e+1} \approx -1.19 .$$

Wie die Beispiele zeigen, fällt bei der Berechnung von $y'(\overline{x})$ gemäß der Formel

$$y'(\overline{x}) = -\frac{F_x(\overline{x}, \overline{y})}{F_y(\overline{x}, \overline{y})}$$

aus dem Satz von Seite 399 auch die Berechnung von $F_y(\overline{x}, \overline{y})$ an. Insofern erfolgt die in besagtem Satz geforderte Überprüfung $F_y(\overline{x}, \overline{y}) \neq 0$ quasi automatisch.

Für den Fall, dass uns diese Formel – aus welchen Gründen auch immer – entfallen ist, können wir das auf Seite 398 vorgestellte Verfahren zur Bestimmung von $y'(\overline{x})$ auch in jedem konkreten Beispiel „von Hand“ wiederholen.

Beispiel 11.16

Gegeben sei der implizite Zusammenhang

$$F(x,y) = \frac{1}{2}x^4y^2 - x + y^5 - 7 = 0\,.$$

Der Punkt $(\overline{x}, \overline{y}) = (2, 1)$ liegt auf dem Graphen von F, denn

$$F(2,1) = \frac{1}{2} \cdot 16 - 2 + 1^5 - 7 = 0\,.$$

Wir setzen $y = y(x)$ und leiten die beiden Seiten der Gleichung

$$F(x, y(x)) = 0 \quad \Leftrightarrow \quad \frac{1}{2}x^4 \cdot [y(x)]^2 - x + [y(x)]^5 - 7 = 0$$

nach x ab. Mit der Ketten- und Produktregel gilt dann

$$\frac{1}{2}x^4 \cdot 2y(x) \cdot y'(x) + [y(x)]^2 \cdot 2x^3 - 1 + 5[y(x)]^4 \cdot y'(x) = 0$$

bzw. nach Ausklammern von $y'(x)$:

$$y'(x)\left(x^4y(x) + 5[y(x)]^4\right) = -[y(x)]^2 \cdot 2x^3 + 1\,.$$

Einsetzen von $x = \overline{x}$ sowie $y(\overline{x}) = \overline{y}$ liefert

$$y'(\overline{x})\left(\overline{x}^4\overline{y} + 5\overline{y}^4\right) = -\overline{y}^2 \cdot 2\overline{x}^3 + 1\,.$$

Nach $y'(\overline{x})$ aufgelöst erhalten wir

$$y'(\overline{x}) = \frac{-2\overline{y}^2\overline{x}^3 + 1}{\overline{x}^4\overline{y} + 5\overline{y}^4} = \frac{-2 \cdot 1 \cdot 8 + 1}{2^4 \cdot 1 + 5 \cdot 1^4} = \frac{-15}{21} = -\frac{5}{7}.$$

Kritisch anzumerken ist jedoch, dass bei dieser elementaren Berechnungsmethode der Rechenaufwand enorm ist. Von daher lohnt es sich, die Formel aus dem Satz von Seite 399 im Kopf zu behalten.

Aufgaben

1 Bestimmen Sie für die folgenden Kurvengleichungen den Gültigkeitsbereich der beteiligten Variablen. Welche der Kurven stellen global Funktionen der jeweils anderen Variablen dar? Ist global weder ein Zusammenhang $y(x)$ noch $x(y)$ gegeben, geben Sie einen eingeschränkten Bereich an, auf dem die Kurve als Funktion sowohl von x als auch von y geschrieben werden kann:

a) $x^3 + y^2 = 1$ b) $\frac{x^2}{8} + \frac{y^2}{2} = 2$ c) $x^2 - \frac{y^2}{4} = 1$
d) $x^2 + y^2 = 1$ e) $x^2 - y^2 = 1$ f) $x^2 + y^2 = 0$ g) $x^2 - y^2 = 0$
h) $e^x + e^y = 1$ i) $e^x - e^y = 1$ j) $e^x + e^y = 0$ k) $e^x - e^y = 0$.

2 Bestimmen Sie den maximalen Parameterbereich für die Parameterdarstellungen folgender Kurven. Stellen Sie die Kurve nach Möglichkeit als einen (parameterfreien) impliziten Zusammenhang von x und y dar. Lässt sich die Kurve sogar als globaler funktionaler Zusammenhang $y(x)$ oder $x(y)$ schreiben?

a) $\begin{pmatrix} x(t) \\ y(t) \end{pmatrix} = \begin{pmatrix} t^3 \\ t^2 - 1 \end{pmatrix}$, b) $\begin{pmatrix} x(t) \\ y(t) \end{pmatrix} = \begin{pmatrix} \sin t \\ |t| \end{pmatrix}$,

c) $\begin{pmatrix} x(t) \\ y(t) \end{pmatrix} = \begin{pmatrix} \sin t \\ \cos t \end{pmatrix}$, d) $\begin{pmatrix} x(t) \\ y(t) \end{pmatrix} = \begin{pmatrix} \frac{1}{t-1} \\ \sqrt{t} \end{pmatrix}$.

3 Berechnen Sie zu den folgenden Kurven in Polarkoordinatendarstellung eine Wertetabelle, welche r, x und y in Abhängigkeit von $\phi \geq 0$ (bzw. $\phi > 0$ in c)) darstellt. Beschränken Sie sich dabei zunächst auf die Werte

$$\phi = (0), \frac{\pi}{6}, \frac{2\pi}{6}, \ldots, \pi .$$

Skizzieren Sie den Verlauf der Kurve. Geben Sie die Wertebereiche für $x(\phi)$ und $y(\phi)$ an. Geben Sie, falls möglich, einen beschränkten Bereich für ϕ an, auf welchem die gesamte Kurve **genau ein Mal** durchlaufen wird:

a) $r(\phi) = 2$. (Geben Sie auch einen impliziten Zusammenhang in x und y an.)
b) $r(\phi) = \frac{\phi}{10}$,
c) $r(\phi) = \frac{1}{\phi}$,
d) $r(\phi) = \frac{\pi}{2} - \phi$,
e) $r(\phi) = \sin \phi$. (Geben Sie auch einen impliziten Zusammenhang in x und y an. Zeigen Sie, dass es sich bei dieser Kurve um einen Kreis handelt.)

4 Gegeben sei die Kurve

$$F(x, y) = 3x^3 - 12x + y^3 + 3y = 0\,.$$

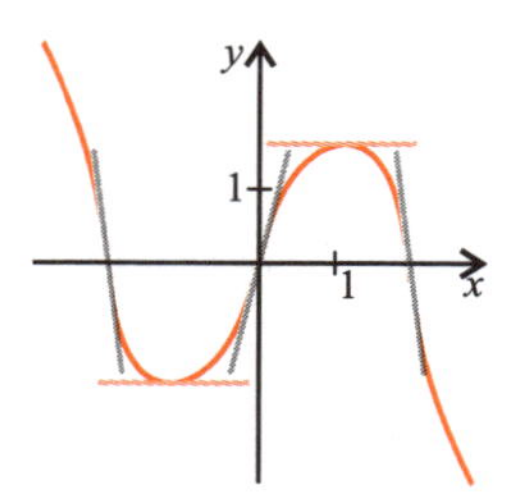

Abbildung 11.26: Zu Aufgabe 4.

a) Welche Winkel bildet die Kurve in den Schnittpunkten mit der x-Achse (es existieren mehrere Punkte (x, y) mit $y = 0$)?

b) Zeigen Sie, dass sich die Kurve lokal um **jeden** Kurvenpunkt (x, y) als Funktion $y = y(x)$ schreiben lässt.

c) An welchen Stellen x des Gültigkeitsbereichs der Kurve besitzt diese Funktion $y(x)$ lokale Extrema und um welche Art von Extremum handelt es sich jeweils?

5 Bestimmen Sie zu der Kurve in Parameterdarstellung (▶ Abbildung 11.27)

$$\vec{p}(t) = \begin{pmatrix} x(t) \\ y(t) \end{pmatrix} = \begin{pmatrix} 1 - e^t \\ t^2 - 1 \end{pmatrix} \qquad (t \in \mathbb{R})$$

die Schnittpunkte der Kurve mit den beiden Koordinatenachsen sowie die Winkel, welche die Tangente an die Kurve in diesen Punkten mit der positiven x-Achse bilden.

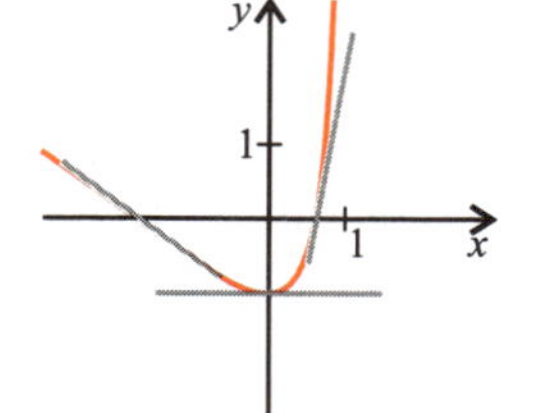

Abbildung 11.27: Zu Aufgabe 5.

6 Ein Teilchen bewege sich entlang einer Kurve gemäß der Parametrisierung

$$\vec{p}(t) := \begin{pmatrix} t^2 - 2t + 1 \\ \frac{1}{2}\sin 2t \\ \sin^2 t \end{pmatrix} \qquad t \in [-2, 2]\,.$$

Zu welchem Zeitpunkt $t_0 \in [-2, 2]$ nimmt der Betrag seiner Geschwindigkeit den kleinsten Wert an? Wie groß ist dieser?

Ausführliche Lösungen und weitere Aufgaben finden Sie auf der Companion Website des Buches unter
http://www.pearson-studium.de

Integration

12

ÜBERBLICK

Dieses Kapitel erklärt:

- Was es mit Vektorfeldern (insbesondere Gradientenfeldern bzw. konservativen Feldern) auf sich hat.
- Was man unter einer Stammfunktion eines Vektorfeldes versteht, wann eine solche Stammfunktion existiert und wie man sie bestimmt.
- Was sich hinter dem Begriff des Kurvenintegrals verbirgt, wie es berechnet wird und welche naturwissenschaftlichen Anwendungen es hierfür gibt.
- Unter welchen Umständen Kurvenintegrale wegunabhängig sind.

Ähnlich wie im Fall von Funktionen einer Veränderlichen besitzt auch für Funktionen, die von mehr als einer Variablen abhängen, der Begriff „Integration" eine doppelte Bedeutung. In der unbestimmten Variante bezeichnet er die Auffindung einer Stammfunktion in Umkehrung der Differentiation; daneben führen wir in diesem Kapitel den Begriff des Kurvenintegrals ein. Es ermöglicht, die Gesamtänderung einer Größe zu berechnen, wenn sich die unabhängigen Variablen, die diese Änderung bedingen, entlang einer Kurve ändern.

Vektorfelder 12.1

Der Begriff des „Feldes" ist in der naturwissenschaftlichen Literatur allgegenwärtig. Abhängig von der genauen Position auf einer Ebene oder innerhalb eines Raumes begegnen uns elektrische, magnetische oder Gravitationskräfte, also Größen, die wir im Allgemeinen als Vektor repräsentieren. Ein **Feld** oder auch **Vektorfeld** in mathematischer Abstraktion ist in Anlehnung daran nichts anderes als eine Abbildung f von einem Teilgebiet des $\mathbb{R}^n$ in den $\mathbb{R}^n$, wobei in der Praxis meist den Fällen $n = 2, 3$ vorrangige Bedeutung zukommt. Punkten bzw. Ortsvektoren der Ebene (bzw. des Raumes) werden dabei wiederum Vektoren der Ebene (bzw. des Raumes) zugeordnet.

Bemerkung

Solchen Abbildungen vom $\mathbb{R}^n$ in den $\mathbb{R}^n$ sind wir bereits in Kapitel 6 begegnet. Speziell handelte es sich dort um lineare Abbildungen, also Abbildungen der Form $f(\vec{x}) = A\vec{x}$ mit einer $n \times n$-Matrix A. Hier nun wollen wir allgemeine Abbildungen $f: \mathbb{R}^n \to \mathbb{R}^n$ untersuchen, die nicht notwendigerweise linear sein müssen.

Graphisch geschieht dies, indem ausgewählten Punkten des Definitionsbereichs die entsprechenden Bildvektoren als Pfeile angeheftet werden. Nicht selten werden die Bildvektoren in der graphischen Veranschaulichung skaliert, d. h. in ihrer Größe mit einem Faktor versehen, um eine vernünftige Visualisierung zu gewährleisten. Betrachten wir dazu ein konkretes Beispiel eines Vektorfeldes:

Beispiel 12.1

Gegeben sei das Vektorfeld $\vec{f}: \mathbb{R}^2 \to \mathbb{R}^2$, definiert durch

$$\vec{f}(x, y) = \begin{pmatrix} f_1(x, y) \\ f_2(x, y) \end{pmatrix} = \begin{pmatrix} 2x + y \\ 3x^2 - xy + 2 \end{pmatrix}.$$

Einem Punkt (x, y) der Ebene wird der Bildvektor $\vec{f}(x, y)$ der Ebene zugeordnet. ► Abbildung 12.1 zeigt eine graphische Verdeutlichung dieses Feldes, in welcher die Bildvektoren aus Gründen der besseren Darstellung um den Faktor $\frac{1}{10}$ skaliert wurden. Beispielhaft hervorgehoben sind die Punkte

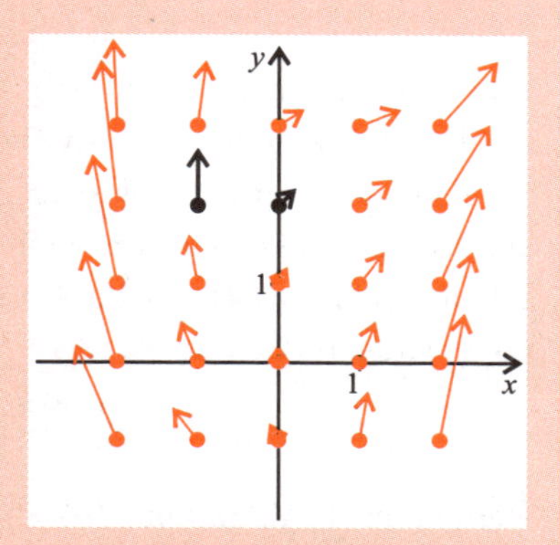

Abbildung 12.1: Vektorfeld $\vec{f}(x, y)$.

$$(-1, 2) \quad \text{und} \quad (0, 2)$$

des Definitionsbereichs, an welche die (skalierten) Bildvektoren

$$\vec{f}(-1, 2) = \begin{pmatrix} 2 \cdot (-1) + 2 \\ 3 \cdot (-1)^2 - (-1) \cdot 2 + 2 \end{pmatrix} = \begin{pmatrix} 0 \\ 7 \end{pmatrix}$$

und

$$\vec{f}(0,2) = \begin{pmatrix} 2 \cdot 0 + 2 \\ 3 \cdot 0^2 - 0 \cdot 2 + 2 \end{pmatrix} = \begin{pmatrix} 2 \\ 2 \end{pmatrix}$$

angeheftet wurden.

Ein Vektorfeld $\vec{f}: D \subset \mathbb{R}^n \to \mathbb{R}^n$ können wir auch als eine Ansammlung von $\boldsymbol{n}$ einzelnen Funktionen

$$f_1, \ldots, f_n : D \subset \mathbb{R}^n \to \mathbb{R},$$

zusammengepackt in einen Vektor $\vec{f}$, interpretieren. Damit bleibt der gesamte Begriffsapparat der Kapitel 9 und 10 erhalten: Ein Vektorfeld heißt stetig, (partiell) differenzierbar etc., wenn die Komponentenfunktionen $f_1, \ldots, f_n$ diese jeweiligen Eigenschaften besitzen.

Als Nächstes sei ein bekanntes Beispiel aus der Elektrostatik zitiert.

Beispiel 12.2

Eine Punktladung q_1 im Ursprung eines zwei- oder dreidimensionalen Koordinatensystems induziert ein elektrisches Feld: Es sei $\vec{x}$ der Ortsvektor eines zweiten Teilchens mit der Ladung q_2. Die dadurch auf das Teilchen wirkende Coulombkraft

$$\vec{f}_{\text{Coulomb}}(\vec{x}) = \frac{\epsilon \cdot q_1 q_2 \vec{x}}{|\vec{x}|^2}$$

stellt dann ein Vektorfeld

$$\vec{f}_{\text{Coulomb}} : \mathbb{R}^2 \backslash \{\vec{0}\} \to \mathbb{R}^2$$

dar: Jeder Position $\vec{x}$ des zweiten Teilchens mit Ausnahme des Ursprungs $(0,0)$ wird dadurch ein Kraftvektor $\vec{f}_{\text{Coulomb}}(\vec{x})$ zugeordnet. (Es ist ϵ die elektrische Feldkonstante.) ▶ Abbildung 12.2 zeigt qualitativ das Vektorfeld $\vec{f}_{\text{Coulomb}}(\vec{x})$, wenn die Teilchen gleich geladen sind, wenn also q_1 und q_2 dasselbe Vorzeichen besitzen.

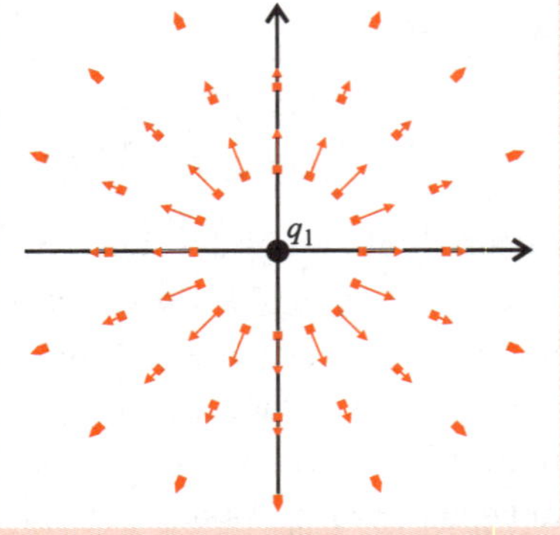

Abbildung 12.2: Elektrostatisches Feld einer Punktladung.

Das vorliegende Vektorfeld zeigt insofern einen Spezialfall, als Vektoren $\vec{x}$ stets auf ein (nichtkonstantes) Vielfaches ihrer selbst abgebildet werden.

Manche graphische Darstellungen von Vektorfeldern geben zwar die **Richtung** der Bildvektoren korrekt wieder, normieren aber die Vektorenlänge auf einen einheitlichen Wert und bringen den Betrag der Bildvektoren auf andere Weise zum Ausdruck. Am Beispiel eines Windfeldes (► Abbildung 12.3) wird dies sichtbar. Hohe Windgeschwindigkeiten entsprechen einer hohen Anzahl von Fähnchen, die an den Vektor angehängt werden.

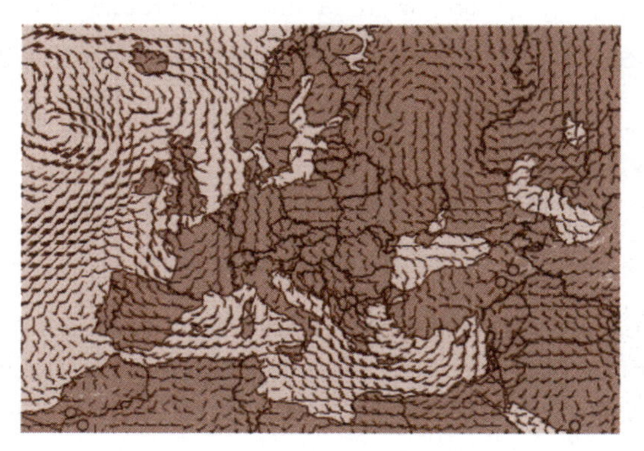

Abbildung 12.3: Windfeld.

Die aus mathematischer Sicht wohl wichtigste Klasse von Vektorfeldern sei abschließend genannt: Für eine differenzierbare, auf einer Teilmenge D des $\mathbb{R}^n$ definierte Funktion $f(x_1, \ldots, x_n)$ mehrerer Veränderlicher ist der Gradient

$$\operatorname{grad} f(\vec{x}) = \begin{pmatrix} f_{x_1}(x_1, \ldots, x_n) \\ \vdots \\ f_{x_n}(x_1, \ldots, x_n) \end{pmatrix}$$

ein Vektorfeld auf D. Im folgenden Abschnitt wollen wir die Fragestellung umkehren: Wann handelt es sich bei einem **gegebenen** Vektorfeld um den Gradienten einer differenzierbaren Funktion?

12.2 Gradientenfelder, Stammfunktionen, Potenzial

12.2.1 Begriffe und Notationen

Wie angekündigt wollen wir uns zu Beginn dieses Abschnitts mit der folgenden Frage beschäftigen: Unter welchen Bedingungen ist ein gegebenes, auf einer Teilmenge

$D \subset \mathbb{R}^n$ definiertes Vektorfeld

$$\vec{f}(\vec{x}) = \begin{pmatrix} f_1(x_1, \ldots, x_n) \\ \vdots \\ f_n(x_1, \ldots, x_n) \end{pmatrix}$$

von n Funktionen $f_1, \ldots, f_n$ der Gradient einer differenzierbaren, auf D definierten Funktion $V(x_1, \ldots, x_n)$? Wann gibt es also eine differenzierbare Funktion $V(x_1, \ldots, x_n)$ mit

$$\operatorname{grad} V(x_1, \ldots, x_n) = \begin{pmatrix} f_1(x_1, \ldots, x_n) \\ \vdots \\ f_n(x_1, \ldots, x_n) \end{pmatrix} = \vec{f}(\vec{x})\ ?$$

Dieses Problem ist damit nichts anderes als die bereits aus Kapitel 4 bekannte Suche nach einer Stammfunktion, nunmehr verallgemeinert auf beliebige Raumdimensionen.

Man kann dieses Problem in äquivalenter Weise auch so ausdrücken: Unter welchen Umständen handelt es sich bei dem Ausdruck

$$f_1(x_1, \ldots, x_n)\, dx_1 + \ldots + f_n(x_1, \ldots, x_n)\, dx_n$$

um das totale Differential einer Funktion $V(x_1, \ldots, x_n)$; bzw. wann gilt

$$dV(x_1, \ldots, x_n) = f_1(x_1, \ldots, x_n)\, dx_1 + \ldots + f_n(x_1, \ldots, x_n)\, dx_n$$

für eine Funktion $V(x_1, \ldots, x_n)$?

Man spricht im Fall der Existenz einer solchen Funktion $V(x_1, \ldots, x_n)$ auch von einer **Stammfunktion** bzw. einem **Integral** des Vektorfeldes $\vec{f}(x_1, \ldots, x_n)$. Das Feld $\vec{f}(x_1, \ldots, x_n)$ selbst wird unter diesen Umständen als **Gradientenfeld** oder als **konservatives Feld** bezeichnet.

Man kann zeigen, dass die Stammfunktion $V(x_1, \ldots, x_n)$, falls sie existiert, bis auf eine Konstante auch eindeutig bestimmt ist.

Besonders in physikalischem Zusammenhang spricht man bei der Funktion

$$U(x_1, \ldots, x_n) := -V(x_1, \ldots, x_n)$$

auch von einem **Potenzial** des Vektorfeldes $\vec{f}(x_1, \ldots, x_n)$. Das Minuszeichen bietet dabei hauptsächlich formale Vorteile, hat aber keine tiefer liegende mathematische Bedeutung.

Beispiel 12.3

Wir betrachten das auf $\mathbb{R}^2$ definierte Vektorfeld

$$\vec{f}(x,y) = \begin{pmatrix} f_1(x,y) \\ f_2(x,y) \end{pmatrix} = \begin{pmatrix} 2y + 10xy^3 \\ 2x + 15x^2y^2 \end{pmatrix}$$

und stellen uns die Frage, ob es sich dabei um ein Gradientenfeld handelt. Tatsächlich ist dies der Fall, denn für alle Funktionen

$$V(x,y) = 2xy + 5x^2y^3 + c \qquad (c \in \mathbb{R})$$

gilt

$$\operatorname{grad} V(x,y) = \begin{pmatrix} 2y + 5 \cdot 2 \cdot xy^3 \\ 2x + 5x^2 \cdot 3y^2 \end{pmatrix} = \vec{f}(x,y)$$

bzw.

$$dV(x,y) = (2y + 10xy^3)\,dx + (2x + 15x^2y^2)\,dy\,.$$

Jede Funktion

$$U(x,y) = -V(x,y) = -2xy - 5x^2y^3 + c \qquad (c \in \mathbb{R})$$

ist dann ein Potenzial des Vektorfeldes $\vec{f}(x,y)$.

Beispiel 12.4

Das Vektorfeld

$$\vec{f}(\vec{x}) = c \cdot \frac{\vec{x}}{|\vec{x}|^3}$$

mit einer beliebigen Konstante $c \in \mathbb{R}$ ist für alle $\vec{x} \in \mathbb{R}^n$ bis auf $\vec{x} = \vec{0}$ definiert. Beispiele für ein solches Vektorfeld sind uns bereits im ektrostatischen Feld zweier Ladungen bzw. im Gravitationsfeld zweier Körper begegnet. Auch dieses Kraftfeld ist konservativ bzw. ein Gradientenfeld. Eine Stammfunktion nämlich ist gegeben durch die auf $\mathbb{R}^n \backslash \{\vec{0}\}$ erklärte Funktion

$$V(\vec{x}) = -c \cdot \frac{1}{|\vec{x}|}\,.$$

Wir prüfen dies nach, indem wir partiell differenzieren: Leiten wir nach einer beliebigen Variable x_i ab, so erhalten wir

$$\frac{\partial}{\partial x_i} V(\vec{x}) = \frac{\partial}{\partial x_i}\left[-c\frac{1}{|\vec{x}|}\right] = -c \cdot \frac{\partial}{\partial x_i}\left[\frac{1}{\sqrt{x_1^2 + \ldots + x_n^2}}\right]$$

$$= -c \cdot \frac{\sqrt{x_1^2 + \ldots + x_n^2} \cdot 0 - 1 \cdot \frac{1 \cdot 2x_i}{2\sqrt{x_1^2 + \ldots + x_n^2}}}{x_1^2 + \ldots + x_n^2} = c\frac{x_i}{|\vec{x}|^3},$$

also alle Ableitungen zusammengenommen

$$\operatorname{grad} V(\vec{x}) = \begin{pmatrix} c\frac{x_1}{|\vec{x}|^3} \\ \vdots \\ c\frac{x_n}{|\vec{x}|^3} \end{pmatrix} = c\frac{1}{|\vec{x}|^3}\begin{pmatrix} x_1 \\ \vdots \\ x_n \end{pmatrix} = c\frac{\vec{x}}{|\vec{x}|^3} = \vec{f}(\vec{x}).$$

12.2.2 Das Integrabilitätskriterium

In den letzten beiden Beispielen hatten wir lediglich durch Ableiten bestätigt, dass es sich bei einer gegebenen Funktion $V(x_1, \ldots, x_n)$ um die Stammfunktion eines Vektorfeldes $\vec{f}(x_1, \ldots, x_n)$ handelte. Im Folgenden wollen wir ein **Kriterium** finden, welches uns in die Lage versetzt zu entscheiden, ob ein gegebenes, differenzierbares Vektorfeld $\vec{f}(x_1, \ldots, x_n)$ eine Stammfunktion besitzt. Zudem wollen wir im Fall der Existenz diese auch berechnen können.

Beginnen wir mit einer kurzen heuristischen Überlegung für den Fall $n = 2$, d. h. mit einem zweikomponentigen Vektorfeld zweier Variablen x, y, also

$$\vec{f}(x, y) = \begin{pmatrix} f_1(x, y) \\ f_2(x, y) \end{pmatrix}.$$

Von einer potenziellen zwei Mal differenzierbaren Stammfunktion $V(x, y)$ mit

$$\frac{\partial}{\partial x} V(x, y) = f_1(x, y) \qquad \text{und} \qquad \frac{\partial}{\partial y} V(x, y) = f_2(x, y) \tag{12.1}$$

sollten wir erwarten können, dass der Satz von Schwarz gilt, also

$$\frac{\partial}{\partial y}\left(\frac{\partial}{\partial x} V(x, y)\right) = \frac{\partial}{\partial x}\left(\frac{\partial}{\partial y} V(x, y)\right).$$

Setzen wir für die Ausdrücke in Klammern gemäß Formel (12.1) die Ausdrücke $f_1(x, y)$ und $f_2(x, y)$ ein, so ist die letzte Gleichung gleichbedeutend mit

$$\frac{\partial}{\partial y} f_1(x, y) = \frac{\partial}{\partial x} f_2(x, y). \tag{12.2}$$

Die Ableitung der ersten Funktion $f_1(x, y)$ des Vektorfeldes nach der zweiten Variablen (y) muss also umgekehrt der Ableitung der zweiten Funktion $f_2(x, y)$ nach der ersten Variablen (x) entsprechen.

Vektorfelder $\vec{f}(x, y)$, welche diese Eigenschaft nicht aufweisen, besitzen auch keine Stammfunktion. Dies ist insofern eine erstaunliche Tatsache, als dass ein aufs Geratewohl konstruiertes zweikomponentiges Vektorfeld $\vec{f}(x, y)$ damit „aller Wahrscheinlichkeit nach“ keine Stammfunktion besitzt. Dies steht im krassen Gegensatz zum Fall von Funktionen $f(x)$ einer Veränderlichen, wo selbst zu jeder nur stetigen Funktion $f(x)$ eine Stammfunktion existiert.

Mit der so genannten **Integrabilitätsbedingung** (12.2) haben wir also ein notwendiges Kriterium zur Existenz von Stammfunktionen gefunden. Damit ist jedoch noch nichts darüber ausgesagt, ob umgekehrt das Erfülltsein von (12.2) auch die Existenz einer Stammfunktion nach sich zieht. Mit anderen Worten: Ist die Integrabilitätsbedingung (12.2) auch hinreichend dafür, dass $\vec{f}(x, y)$ eine Stammfunktion besitzt? Glücklicherweise kann diese Frage bejaht werden, sofern die Komponentenfunktionen $f_1(x, y)$ und $f_2(x, y)$ nur auf einer hinreichend „schönen“ Teilmenge des $\mathbb{R}^2$ definiert sind.

Wir betrachten hier nur einen für die Praxis bedeutsamen Spezialfall und wollen im Folgenden voraussetzen, dass es sich bei besagtem Definitonsbereich um ein **Rechteck** handelt, d. h. der Definitionsbereich D besitze die Form

$$D = \{(x, y) \in \mathbb{R}^2 : c_1 < x < c_2,\ b_1 < y < b_2\},$$

wobei (c_1, b_1) und (c_2, b_2) den linken unteren bzw. den rechten oberen Randpunkt des Rechtecks bezeichnen (▶ Abbildung 12.4). Die extremen Werte $\pm\infty$ sind hier durchaus zugelassen.

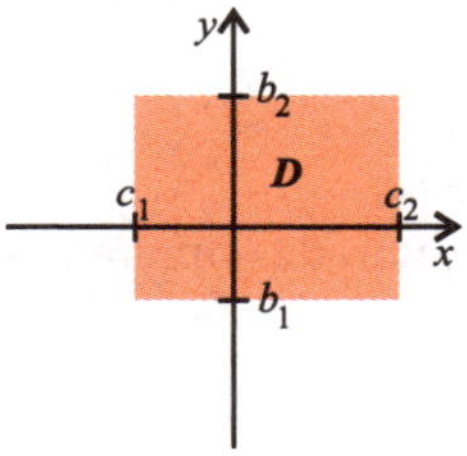

Abbildung 12.4: Rechteckiger Definitionsbereich.

Satz **Integrabilitätskriterium**

Gegeben sei ein auf einem rechteckigen Gebiet des $\mathbb{R}^2$ definiertes Vektorfeld

$$\vec{f}(x, y) = \begin{pmatrix} f_1(x, y) \\ f_2(x, y) \end{pmatrix}.$$

Die Funktionen $f_1(x,y)$ und $f_2(x,y)$ seien partiell differenzierbar mit stetigen Ableitungen. Dann besitzt das Vektorfeld $\vec{f}(x,y)$ genau dann eine Stammfunktion $V(x,y)$ (bzw. es ist genau dann

$$f_1(x,y)\,dx + f_2(x,y)\,dy$$

das totale Differential einer Funktion $V(x,y)$), wenn für alle Punkte (x,y) des Rechteckgebiets gilt

$$\frac{\partial}{\partial y} f_1(x,y) = \frac{\partial}{\partial x} f_2(x,y)\,. \tag{12.3}$$

Beispiel 12.5

Wir betrachten das auf dem ganzen $\mathbb{R}^2$ definierte Vektorfeld

$$\vec{f}(x,y) = \begin{pmatrix} f_1(x,y) \\ f_2(x,y) \end{pmatrix} = \begin{pmatrix} ye^{xy} + 6xy \\ xe^{xy} + 3x^2 \end{pmatrix}$$

(bzw. das Differential

$$\underbrace{(ye^{xy} + 6xy)}_{f_1(x,y)}\,dx + \underbrace{(xe^{xy} + 3x^2)}_{f_2(x,y)}\,dy\,)\,.$$

Um zu überprüfen, ob dieses Vektorfeld $\vec{f}(x,y)$ eine Stammfunktion $V(x,y)$ besitzt bzw. ob der Ausdruck $f_1(x,y)\,dx + f_2(x,y)\,dy$ das totale Differential einer Funktion $V(x,y)$ darstellt, müssen wir die Erfüllung des Integrabilitätskriteriums (12.3) überprüfen: Wegen

$$\frac{\partial}{\partial y} f_1(x,y) = y \cdot xe^{xy} + 1 \cdot e^{xy} + 6x$$

und

$$\frac{\partial}{\partial x} f_2(x,y) = x \cdot ye^{xy} + 1 \cdot e^{xy} + 6x$$

ist dies erfüllt. Das Vektorfeld $\vec{f}(x,y)$ besitzt demnach eine Stammfunktion $V(x,y)$ bzw. es ist $f_1(x,y)\,dx + f_2(x,y)\,dy$ das totale Differential einer Funktion $V(x,y)$, kurz

$$dV(x,y) = f_1(x,y)\,dx + f_2(x,y)\,dy\,.$$

Auch für n-komponentige Vektorfelder von jeweils n Variablen gilt ein zu (12.3) analoges Kriterium: Ein Vektorfeld

$$\vec{f}(x_1, \ldots, x_n) = \begin{pmatrix} f_1(x_1, \ldots, x_n) \\ \vdots \\ f_n(x_1, \ldots, x_n) \end{pmatrix}$$

mit partiell differenzierbaren Funktionen $f_1(x_1, \ldots, x_n), \ldots, f_n(x_1, \ldots, x_n)$ und stetigen partiellen Ableitungen besitzt genau dann eine Stammfunktion $V(x_1, \ldots, x_n)$ mit

$$\operatorname{grad} V(x_1, \ldots, x_n) = \vec{f}(x_1, \ldots, x_n),$$

wenn

$$\frac{\partial f_i}{\partial x_j}(x_1, \ldots, x_n) = \frac{\partial f_j}{\partial x_i}(x_1, \ldots, x_n) \tag{12.4}$$

für alle Indizes i, j mit $1 \leq i, j \leq n$ gilt.

In Differentialschreibweise ausgedrückt: Es ist

$$f_1(x_1, \ldots, x_n)\, dx_1 + \ldots + f_n(x_1, \ldots, x_n)\, dx_n$$

genau dann das totale Differential einer Funktion $V(x_1, \ldots, x_n)$, wenn (12.4) gilt.

Als einfaches Rezept halten wir also fest: Man differenziere eine jede Funktion f_i nach einer Variablen x_j und dann umgekehrt die Funktion f_j nach x_i. Stimmen diese beiden Ausdrücke in jedem Fall überein, liegt ein Gradientenfeld bzw. ein totales Differential vor.

Speziell für $n = 3$ handelt es sich bei $\vec{f}(x_1, \ldots, x_n)$ genau dann um ein Gradientenfeld, wenn die drei Gleichungen

$$\frac{\partial f_2}{\partial x_1}(x_1, x_2, x_3) = \frac{\partial f_1}{\partial x_2}(x_1, x_2, x_3), \qquad \frac{\partial f_3}{\partial x_2}(x_1, x_2, x_3) = \frac{\partial f_2}{\partial x_3}(x_1, x_2, x_3)$$

und

$$\frac{\partial f_1}{\partial x_3}(x_1, x_2, x_3) = \frac{\partial f_3}{\partial x_1}(x_1, x_2, x_3)$$

bestehen. In einen Vektor zusammengefasst ist dies gleichbedeutend mit

$$\underbrace{\begin{pmatrix} \frac{\partial f_2}{\partial x_1}(x_1, x_2, x_3) - \frac{\partial f_1}{\partial x_2}(x_1, x_2, x_3) \\ \frac{\partial f_3}{\partial x_2}(x_1, x_2, x_3) - \frac{\partial f_2}{\partial x_3}(x_1, x_2, x_3) \\ \frac{\partial f_1}{\partial x_3}(x_1, x_2, x_3) - \frac{\partial f_3}{\partial x_1}(x_1, x_2, x_3) \end{pmatrix}}_{=\operatorname{rot} \vec{f}(x_1, x_2, x_3)} = \begin{pmatrix} 0 \\ 0 \\ 0 \end{pmatrix}.$$

Der Vektor auf der linken Seite dieser Gleichung (der selbst wieder ein Vektorfeld darstellt) wird als die **Rotation** des Vektorfeldes $\vec{f}(x_1, \ldots, x_n)$ bezeichnet und mit

$$\operatorname{rot} \vec{f}(x_1, x_2, x_3)$$

abgekürzt. Verschwindet also die Rotation zu null, so liegt ein Gradientenfeld bzw. ein totales Differential vor. Gradientenfelder für $n = 3$ werden daher auch **rotationsfrei** genannt.

12.2.3 Berechnung von Stammfunktionen

Die Existenz einer Stammfunktion bzw. das Vorliegen eines totalen Differentials nachzuweisen war *eine* Sache. In diesem Abschnitt lernen wir eine Methode kennen, um für $n = 2$ diese auch zu berechnen. Der nächste Satz liefert, wieder einen rechteckigen Definitionsbereich vorausgesetzt, hierfür eine Formel:

Satz **Berechnung einer Stammfunktion**

Das auf einem Rechteck definierte Vektorfeld

$$\vec{f}(x,y) = \begin{pmatrix} f_1(x,y) \\ f_2(x,y) \end{pmatrix}$$

sei partiell differenzierbar mit stetigen Ableitungen und besitze eine Stammfunktion (genüge also der Integrabilitätsbedingung (12.3) aus dem Satz von Seite 413). Dann ist eine (bis auf eine Konstante eindeutig bestimmte) Stammfunktion $V(x,y)$ gegeben durch

$$V(x,y) = \int_{a_1}^{x} f_1(t,a_2)\,dt + \int_{a_2}^{y} f_2(x,t)\,dt, \tag{12.5}$$

wobei die Zahlen a_1 und a_2 beliebig wählbar sind, sofern der Punkt (a_1, a_2) im Definitionsrechteck liegt.

Bevor wir diese Formel anhand eines Beispiels einüben wollen, seien die auf den ersten Blick furchteinflößenden Integrale

$$\int_{a_1}^{x} f_1(t,a_2)\,dt \qquad \text{und} \qquad \int_{a_2}^{y} f_2(x,t)\,dt$$

näher erläutert. Hinter deren Berechnung nämlich stecken ausschließlich bekannte Techniken: Der Integrand $f_1(t, a_2)$ wird als Funktion in der ersten Variablen t aufgefasst, d. h. das zweite Argument wird (ähnlich der partiellen Differentiation) auf den Wert $y = a_2$ fixiert. Analog haben wir zur Berechnung des zweiten Integrals im Integranden $f_2(x, t)$ das erste Argument auf x zu fixieren und die Integration bezüglich der verbleibenden Variablen t in gewohnter Manier durchzuführen.

Beispiel 12.6

Wir betrachten das auf $D = \mathbb{R}^2$ (unendlich breites und langes Rechteck) definierte Vektorfeld

$$\vec{f}(x, y) = \begin{pmatrix} f_1(x, y) \\ f_2(x, y) \end{pmatrix} = \begin{pmatrix} 2xy^2 + 2 \\ 2x^2y - 12y^2 \end{pmatrix}.$$

Zunächst überprüfen wir mit Hilfe des Integrabilitätskriteriums (12.3), ob für $\vec{f}(x, y)$ eine Stammfunktion existiert. Es ist

$$\frac{\partial}{\partial y} f_1(x, y) = 2x \cdot 2y = 4xy \qquad \text{und auch} \qquad \frac{\partial}{\partial x} f_2(x, y) = 4xy\,,$$

womit die Existenz einer Stammfunktion gesichert ist. Mit Formel (12.5) und der (willkürlichen) Wahl $(a_1, a_2) = (0, 0)$ berechnet sich eine solche zu

$$\begin{aligned} V(x, y) &= \int_0^x f_1(t, 0)\, dt + \int_0^y f_2(x, t)\, dt \\ &= \int_0^x (2 \cdot t \cdot 0^2 + 2)\, dt + \int_0^y (2x^2t - 12t^2)\, dt \\ &= \int_0^x 2\, dt + \int_0^y (2x^2t - 12t^2)\, dt\,. \end{aligned}$$

Das erste Integral berechnen wir zu

$$2t|_0^x = 2x\,.$$

Für den Integranden des zweiten Integrals ist (bei Integration bezüglich t und festgehaltenem x!) die Funktion

$$t \mapsto x^2t^2 - 4t^3$$

eine Stammfunktion, also ist

$$\int_0^y (2x^2t - 12t^2)\, dt = x^2t^2 - 4t^3|_0^y = x^2y^2 - 4y^3 - (0 - 0) = x^2y^2 - 4y^3\,.$$

Zusammen erhalten wir also als eine Stammfunktion

$$V(x, y) = 2x + x^2y^2 - 4y^3\,.$$

Statt $(a_1, a_2) = (0, 0)$ hätten wir im letzten Beispiel zur Anwendung von Formel (12.5) auch jeden anderen Punkt des $\mathbb{R}^2$ wählen können. Die Stammfunktion, die wir daraus erhalten hätten, hätte sich dann lediglich um eine Konstante von der im Beispiel errechneten unterschieden.

Kurvenintegrale 12.3

12.3.1 Das Kurvenintegral für beliebige Differentiale

In Abschnitt 10.3.1 haben wir untersucht, wie sich eine gegebene Größe

$$f(x_1, \ldots, x_n)$$

ändert, wenn wir ausgehend von einem Punkt $(x_1, \ldots, x_n)$ die Variablen $x_1, \ldots, x_n$ um kleine Größen dx_i ändern. Die Antwort hierauf gab das totale Differential: Ändern wir die Variable x_i ausgehend von x_i um den Wert dx_i, so ändert sich f zu

$$df(x_1, \ldots, x_n) = f_{x_1}(x_1, \ldots, x_n)\, dx_1 + \ldots + f_{x_n}(x_1, \ldots, x_n)\, dx_n \,.$$

Betrachten wir nun die Umkehrung: Von einer Größe V wissen wir lediglich, wie sie sich in der Nähe einer Stelle $(x_1, \ldots, x_n)$ ändert, wenn wir die Variablen um die kleinen Größen $dx_1, \ldots, dx_n$ verändern. Für eine Stelle $(x_1, \ldots, x_n)$ ist somit lediglich das Differential

$$\partial V(x_1, \ldots, x_n) = f_1(x_1, \ldots, x_n)\, dx_1 + \ldots + f_n(x_1, \ldots, x_n)\, dx_n$$

bekannt. **Es muss nicht einmal zwingend eine solche Funktion $V(x_1, \ldots, x_n)$ existieren. Dies ist nur der Fall, wenn es sich bei dem Differential um ein totales Differential handelt!** Wir haben es dabei bewusst vermieden, die Änderung der Variablen V mit dV zu bezeichnen, da dieser Formalismus einem totalen Differential vorbehalten ist. Im allgemeinen Fall können wir davon jedoch nicht ausgehen und schreiben ∂V.

Beispiel 12.7

Auf ein Teilchen wirke an einer Stelle $(x, y) \in \mathbb{R}^2$ eine Kraft

$$\vec{f}(x, y) = \begin{pmatrix} f_1(x, y) \\ f_2(x, y) \end{pmatrix}.$$

Denken wir uns die Kraft $\vec{f}(x, y)$ in ihre beiden Einzelkomponenten zerlegt, so haben wir bei einer Verschiebung des Teilchens aus der Position (x, y) um die Strecken dx und dy die Arbeit ∂W zu leisten, die durch den Wert

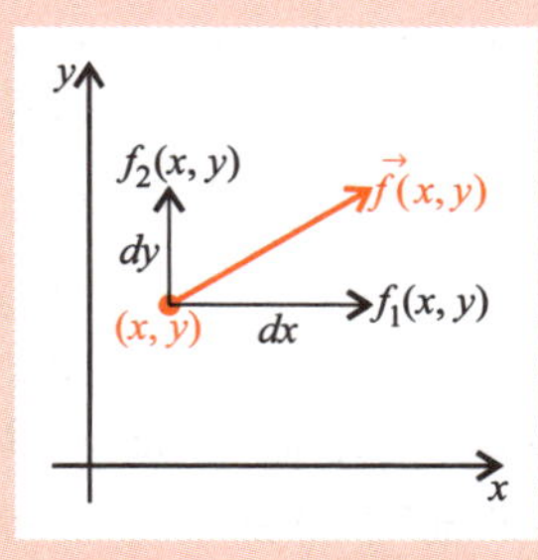

Abbildung 12.5: Zur differentiellen Arbeit.

$$\partial W(x, y) = f_1(x, y)\, dx + f_2(x, y)\, dy$$

angenähert werden kann (▶ Abbildung 12.5), sofern dx und dy hinreichend klein sind.

Wie stellt sich die Situation im letzten Beispiel aber dar, wenn wir das Teilchen nicht nur um winzige Stückchen dx und dy in x- und y-Richtung verschieben, sondern entlang einer Kurve? Wir stellen uns damit die Frage nach der Gesamtarbeit, die im Zuge der Verschiebung entlang dieser Kurve insgesamt aufzuwenden ist.

In den mathematischen Kontext zurückübersetzt stellen wir uns somit die folgende Frage: Wie ändert sich eine Größe V, deren differentielle Änderung durch

$$\partial V(x_1, \ldots, x_n) = f_1(x_1, \ldots, x_n)\, dx_1 + \ldots + f_n(x_1, \ldots, x_n)\, dx_n \qquad (12.6)$$

gegeben ist, wenn sich die Variablen $x_1, \ldots, x_n$ entlang einer gegebenen Kurve C ändern? (Die Kurve C muss dabei im Definitionsbereich der Funktionen $f_1, \ldots, f_n$ liegen.) Der Übersicht halber beschränken wir uns hier wieder auf den ebenen Fall, d. h. $n = 2$.

Eine (theoretische) Strategie könnte darin bestehen, die gegebene Kurve C durch eine Folge von Verschiebungen dx und dy anzunähern (▶ Abbildung 12.6) und dann sämtliche durch Formel (12.6) gegebene Änderungen ∂V aufzusummieren. Verfeinert man die dx und dy immer weiter, so erhalten wir im Grenzwert die gesuchte Gesamtänderung der Größe V, die wir mit

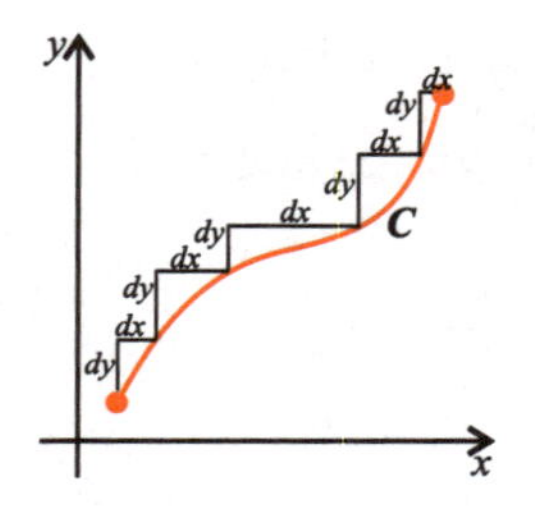

Abbildung 12.6: Approximationsstrategie.

$$\int_C \partial V(x, y)$$

notieren. Summation wird dabei zur Integration. Die Gesamtänderung können wir dann unter Einsetzen der bekannten differentiellen Änderung $\partial V(x, y)$ auch schreiben als

$$\int_C \partial V(x, y) = \int_C f_1(x, y)\, dx + f_2(x, y)\, dy\,.$$

Wir nennen es das **Kurvenintegral** (Wegintegral) von $\vec{f}(x, y) = \begin{pmatrix} f_1(x, y) \\ f_2(x, y) \end{pmatrix}$ entlang der Kurve C.

Wir wollen nun darangehen, dieses Kurvenintegral

$$\int_C f_1(x, y)\, dx + f_2(x, y)\, dy \qquad (12.7)$$

genauer zu definieren. Gleichzeitig wird uns dies eine Anleitung an die Hand geben, das Kurvenintegral praktisch zu berechnen: Als Erstes benötigen wir eine beliebige (!) Parametrisierung $\vec{p}(t)$ der Kurve C: Für

$$\vec{p}(t) = \begin{pmatrix} x(t) \\ y(t) \end{pmatrix} \qquad (t \in [a, b])$$

lassen sich die formalen Identitäten

$$\frac{dx}{dt}(t) = \dot{x}(t) \quad \text{und} \quad \frac{dy}{dt}(t) = \dot{y}(t)$$

umformen zu

$$dx = \dot{x}(t)\, dt \quad \text{und} \quad dy = \dot{y}(t)\, dt\,. \qquad (12.8)$$

Das Kurvenintegral (12.7) kann dann folgendermaßen auf ein gewöhnliches Integral bezüglich des Kurvenparameters t zurückgeführt werden: Zum einen setzen wir in den Ausdruck (12.7) für die Größen dx und dy die Beziehungen (12.8) ein; zum anderen setzen wir $x = x(t)$ und $y = y(t)$ und integrieren schließlich den vollständig in t notierten Integranden bezüglich t vom Startzeitpunkt a bis zum Endzeitpunkt b.

Insgesamt erhalten wir damit

$$\begin{aligned}&\int_C f_1(x,y)\,dx + f_2(x,y)\,dy\\ &= \int_a^b f_1(x(t),y(t))\cdot\dot{x}(t)\,dt + f_2(x(t),y(t))\cdot\dot{y}(t)\,dt\\ &= \int_a^b \big(f_1(x(t),y(t))\cdot\dot{x}(t) + f_2(x(t),y(t))\cdot\dot{y}(t)\big)\,dt\,.\end{aligned}$$

Fassen wir zusammen:

Definition **Kurvenintegral**

Gegeben sei eine differenzierbare Kurve C mit Parametrisierung

$$\vec{p}(t) = \begin{pmatrix} x(t)\\ y(t)\end{pmatrix} \qquad (t \in [a,b])$$

(die im Definitionsbereich von f_1 und f_2 verlaufe). Dann ist das Kurvenintegral von $\vec{f}(x,y) = \begin{pmatrix} f_1(x,y)\\ f_2(x,y)\end{pmatrix}$ entlang der Kurve C gegeben durch

$$\int_C f_1(x,y)\,dx + f_2(x,y)\,dy = \int_a^b \big(f_1(x(t),y(t))\cdot\dot{x}(t) + f_2(x(t),y(t))\cdot\dot{y}(t)\big)\,dt\,. \tag{12.9}$$

Beispiel 12.8

Wir berechnen das Kurvenintegral

$$\int_K \underbrace{(x+y)}_{f_1(x,y)}\,dx + \underbrace{(y-x)}_{f_2(x,y)}\,dy$$

entlang des in ▶ Abbildung 12.7 abgebildeten Viertelkreises K mit der Parametrisierung

$$\vec{p}(t) = \begin{pmatrix} x(t)\\ y(t)\end{pmatrix} = \begin{pmatrix} \cos t\\ \sin t\end{pmatrix} \qquad \left(t \in \left[0, \frac{\pi}{2}\right]\right).$$

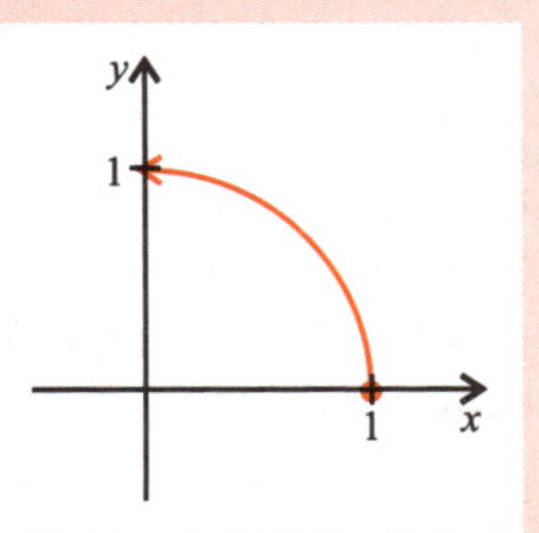

Abbildung 12.7: Viertelkreis K als Integrationsweg.

Es ist

$$\frac{dx}{dt} = \dot{x}(t) = -\sin t \qquad \text{und} \qquad \frac{dy}{dt} = \dot{y}(t) = \cos t\,.$$

Nach Formel (12.9) berechnet sich das gesuchte Kurvenintegral dann zu

$$\begin{aligned}
&\int_K f_1(x,y)\,dx + f_2(x,y)\,dy \\
&= \int_0^{\frac{\pi}{2}} \left(f_1(x(t),y(t))\cdot\dot{x}(t) + f_2(x(t),y(t))\cdot\dot{y}(t)\right)\,dt \\
&= \int_0^{\frac{\pi}{2}} [(\cos t + \sin t)\cdot(-\sin t) + (\sin t - \cos t)\cdot\cos t]\,dt \\
&= -\int_0^{\frac{\pi}{2}} \underbrace{(\sin^2 t + \cos^2 t)}_{=1}\,dt = -\int_0^{\frac{\pi}{2}} 1\,dt = -\frac{\pi}{2}\,.
\end{aligned}$$

In einem zweiten Beispiel betrachten wir das **gleiche** Differential

$$(x+y)\,dx + (y-x)\,dy\,,$$

integrieren dieses aber entlang eines anderen Weges. Wir wollen jetzt das Kurvenintegral

$$\int_C (x+y)\,dx + (y-x)\,dy$$

entlang einer Strecke $C = S$ betrachten.

Beispiel 12.9

Wir betrachten nun das Kurvenintegral

$$\int_S (x+y)\,dx + (y-x)\,dy$$

entlang der **Strecke** S (▶ Abbildung 12.8), welche vom Punkt $(1,0)$ ausgehe und im Punkt $(0,1)$ ende. (Man beachte, dass der Start- und Endpunkt der Strecke mit dem Start- und Endpunkt des Viertelkreises aus Beispiel 12.8 übereinstimmen.) Nach (11.2) ist eine Parametrisierung der Strecke beispielsweise gegeben durch

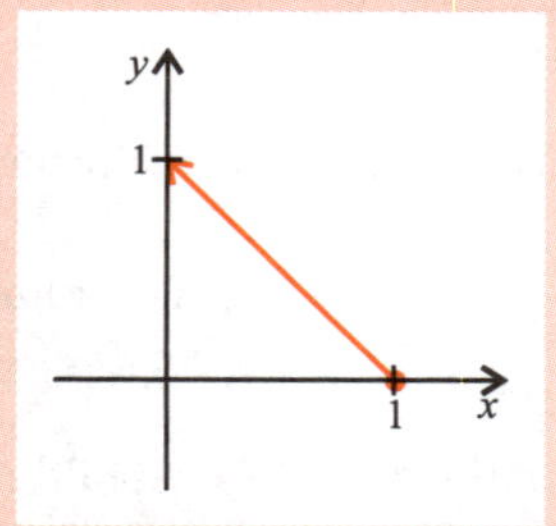

Abbildung 12.8: Strecke S als Integrationsweg.

$$\vec{q}(t) = \begin{pmatrix} x(t) \\ y(t) \end{pmatrix} = \begin{pmatrix} 1 \\ 0 \end{pmatrix} + t \cdot \left[\begin{pmatrix} 0 \\ 1 \end{pmatrix} - \begin{pmatrix} 1 \\ 0 \end{pmatrix} \right]$$
$$= \begin{pmatrix} 1 - t \\ t \end{pmatrix} \qquad (t \in [0, 1]) .$$

Es ist also

$$\dot{x}(t) = -1 \qquad \text{und} \qquad \dot{y}(t) = 1 .$$

Nach Formel (12.9) berechnet sich für diesen Fall das gesuchte Kurvenintegral zu

$$\int_S (x + y)\, dx + (y - x)\, dy$$
$$= \int_0^1 \left[(x(t) + y(t)) \cdot \dot{x}(t) + (y(t) - x(t)) \cdot \dot{y}(t) \right] dt$$
$$= \int_0^1 \left[(1 - t + t) \cdot (-1) + (t - (1 - t)) \cdot 1 \right] dt$$
$$= \int_0^1 (2t - 2)\, dt = t^2 - 2t\Big|_0^1 = 1 - 2 - (0 - 0) = -1 .$$

Die beiden Beispiele 12.8 und 12.9 sind es wert, näher interpretiert zu werden: Obwohl die beiden Wege K und S, Viertelkreis und Strecke, jeweils den gleichen Start- und Endpunkt besaßen, ergaben sich für die beiden Kurvenintegrale

$$\int_K (x + y)\, dx + (y - x)\, dy \qquad \text{und} \qquad \int_S (x + y)\, dx + (y - x)\, dy$$

verschiedene Werte. Das Kurvenintegral ist daher im Allgemeinen **wegabhängig**, d. h. es spielt eine signifikante Rolle, auf welchem Weg man sich von einem Start- zu einem Zielpunkt bewegt. Anders verhält es sich, wenn es sich beim Integranden

$$f_1(x, y)\, dx + f_2(x, y)\, dy$$

um ein totales Differential handelt. Auf diesen günstigen Fall wollen wir in Abschnitt 12.3.2 näher eingehen.

Folgendes ist beim Rechnen mit Kurvenintegralen zu beachten:

- Man kann zeigen, dass die konkrete Parametrisierung $\vec{p}(t)$ der zugrunde liegenden Kurve C keine Rolle spielt. Bei der Berechnung kann man sich getrost für eine beliebige der vielen möglichen Parametrisierungen entscheiden; das Ergebnis für das Kurvenintegral ist immer das gleiche, unabhängig davon, welche Parametrisierung $\vec{p}(t)$ man für die Kurve C wählt.

- Das Kurvenintegral ist **orientiert**, was folgendermaßen zu verstehen ist: Durchlaufen wir die Kurve C in entgegengesetzter Richtung, berechnen wir statt

$$\int_C f_1(x, y)\, dx + f_2(x, y)\, dy$$

also das Kurvenintegral

$$\int_{-C} f_1(x, y)\, dx + f_2(x, y)\, dy$$

mit der entgegengesetzt orientierten Kurve $-C$ (dabei ist die Parametrisierung entsprechend zu ändern), so erhalten wir das Negative des ursprünglichen Kurvenintegrals, d. h. es ist

$$\int_{-C} f_1(x, y)\, dx + f_2(x, y)\, dy = -\int_C f_1(x, y)\, dx + f_2(x, y)\, dy\,.$$

Vom Standpunkt unserer physikalischen Interpretation in Beispiel 12.7 erscheint dies plausibel. Die Arbeit, die entlang einer Kurve C aufzuwenden ist, wird umgekehrt frei, wenn sich das Teilchen auf dem gleichen Weg in entgegengesetzter Richtung, also auf $-C$, zurückbewegt.

12.3.2 Das Kurvenintegral für totale Differentiale

Liegt mit

$$f_1(x, y)\, dx + f_2(x, y)\, dy$$

ein totales Differential vor, handelt es sich also bei

$$\vec{f}(x, y) = \begin{pmatrix} f_1(x, y) \\ f_2(x, y) \end{pmatrix}$$

um ein Gradientenfeld (konservatives Feld) mit Stammfunktion $V(x, y)$, so ist das Kurvenintegral **wegunabhängig**. Relevant sind dann einzig und allein Anfangs- und Endpunkt der Kurve C! Es spielt dabei keine Rolle, **wie** die Kurve C zwischen ihrem Anfang und ihrem Ende verläuft.

Um dies zu zeigen, differenzieren wir die Funktion

$$g(t) := V(x(t), y(t))$$

mit Hilfe der Kettenregel aus dem Satz von Seite 328 nach t: Es ist

$$\dot{g}(t) = \frac{d}{dt} g(t) = V_x(x(t), y(t)) \cdot \dot{x}(t) + V_y(x(t), y(t)) \cdot \dot{y}(t)$$

bzw. wegen $V_x = f_1$ und $V_y = f_2$

$$\dot{g}(t) = f_1(x(t), y(t)) \cdot \dot{x}(t) + f_2(x(t), y(t)) \cdot \dot{y}(t)\,. \qquad (12.10)$$

Der letzte Ausdruck auf der rechten Seite ist gerade der Integrand aus Formel (12.9), über welchen wir das Kurvenintegral definiert hatten. Es ist damit

$$\begin{aligned}\int_C f_1(x,y)\,dx + f_2(x,y)\,dy &\overset{\text{Def.}}{=} \int_a^b (f_1(x(t),y(t))\cdot\dot{x}(t) + f_2(x(t),y(t))\cdot\dot{y}(t))\,dt \\ &\overset{(12.10)}{=} \int_a^b \dot{g}(t)\,dt \overset{\text{Hauptsatz der Diff.- und Int.-Rechnung}}{=} g(b)-g(a) \\ &= V(x(b),y(b)) - V(x(a),y(a)).\end{aligned}$$

Hinter den Punkten

$$\vec{a} := (x(a), y(a)) \qquad \text{und} \qquad \vec{b} := (x(b), y(b))$$

verbergen sich gerade Start- und Endpunkt der zugrunde liegenden Kurve C.

Halten wir also fest:

Satz **Kurvenintegral für totale Differentiale**

Liegt mit

$$f_1(x,y)\,dx + f_2(x,y)\,dy$$

ein **totales Differential** vor (bzw. handelt es sich bei

$$\vec{f}(x,y) = \begin{pmatrix} f_1(x,y) \\ f_2(x,y) \end{pmatrix}$$

um ein Gradientenfeld), so hängt der Wert des Kurvenintegrals

$$\int_C f_1(x,y)\,dx + f_2(x,y)\,dy$$

nur vom Anfangspunkt $\vec{a}$ und Endpunkt $\vec{b}$ der Kurve C ab. Es berechnet sich in diesem Fall zu

$$\int_C f_1(x,y)\,dx + f_2(x,y)\,dy = V(\vec{b}) - V(\vec{a}), \tag{12.11}$$

wobei $V(x,y)$ eine (beliebige) Stammfunktion von $\vec{f}$ ist.

Haben wir es mit einem totalen Differential zu tun, wird Formel (12.9) damit prinzipiell überflüssig! Die unter Umständen mühsame Integration über eine konkrete Kurve lässt sich ersetzen durch das Auffinden einer Stammfunktion, wie wir es in

Abschnitt 12.2.3 kennen gelernt haben. Formel (12.11) zeigt zudem deutlich die Wegunabhängigkeit des Kurvenintegrals im Fall eines totalen Differentials. Sein Wert hängt lediglich vom Startpunkt $\vec{a}$ und Endpunkt $\vec{b}$ der Kurve ab. Wie die Kurve zwischen diesen beiden Punkten verläuft, spielt keine Rolle!

Beispiel 12.10

Wir berechnen das Kurvenintegral

$$\int_S y\,dx + x\,dy$$

entlang der Strecke S, welche im Punkt $(-1,-1)$ beginne und im Punkt $(2,2)$ ende (▶ Abbildung 12.9). Wir prüfen zunächst nach, ob es sich bei dem vorliegenden Integranden

$$\underbrace{y}_{f_1(x,y)}\,dx + \underbrace{x}_{f_2(x,y)}\,dy$$

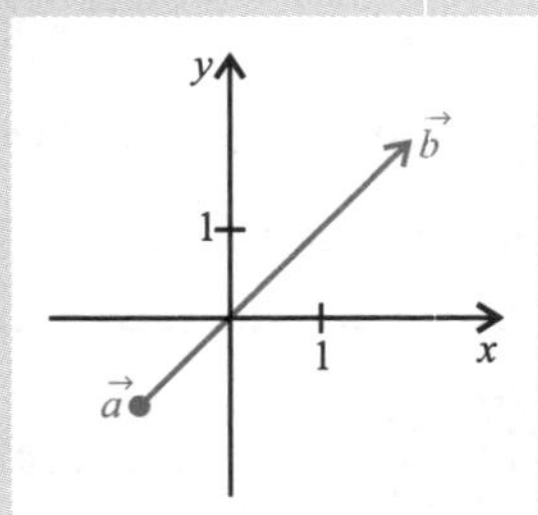

Abbildung 12.9: Integrationsstrecke S.

um ein totales Differential handelt. Es ist

$$\frac{\partial}{\partial y} f_1(x,y) = \frac{\partial}{\partial y} y = 1$$

und auch

$$\frac{\partial}{\partial x} f_2(x,y) = \frac{\partial}{\partial x} x = 1,$$

womit ein totales Differential nachgewiesen ist. Es genügt somit, eine Stammfunktion $V(x,y)$ von $\vec{f}(x,y) = \begin{pmatrix} y \\ x \end{pmatrix}$ zu bestimmen, um das Kurvenintegral nach der Formel

$$\int_S y\,dx + x\,dy = V(2,2) - V(-1,-1)$$

aus dem Satz von Seite 425 zu berechnen. Die Berechnung einer Stammfunktion könnten wir dabei wieder formal nach dem Satz von Seite 416 bewerkstelligen. In diesem einfachen Fall genügt jedoch bereits scharfes Hinsehen: Bei der Funktion

$$V(x,y) = xy$$

handelt es sich um eine Stammfunktion zu $\vec{f}(x,y) = \begin{pmatrix} y \\ x \end{pmatrix}$, denn es ist

$$V_x(x,y) = y = f_1(x,y) \qquad \text{und} \qquad V_y(x,y) = x = f_2(x,y)\,.$$

Damit ist

$$\int_S y\,dx + x\,dy = V(2,2) - V(-1,-1) = 2\cdot 2 - (-1)\cdot(-1) = 3\,.$$

Abschließend sei noch ein wichtiger Zusammenhang zum Integral über geschlossene Kurven aufgezeigt: Wir nennen eine Kurve C mit der Parametrisierung $\vec{p}(t)$ ($t \in [a, b]$) **geschlossen**, wenn ihr Start- und Endpunkt zusammenfallen, wenn also

$$\vec{p}(a) = \vec{p}(b)$$

gilt. Die Aussage

Das Kurvenintegral ist wegunabhängig.

ist dann gleichwertig zur Aussage

Das Kurvenintegral über jede geschlossene Kurve C hat den Wert 0.

Man betrachte als Beweis ▶ Abbildung 12.10: Haben wir es mit zwei Kurven C_1 und C_2 zu tun, so ist die Kurve $-C_2 \circ C_1$ geschlossen. Ist das Wegintegral über jede geschlossene Kurve gleich null, so auch über diese Kurve $-C_2 \circ C_1$, also

$$0 = \int_{-C_2 \circ C_1} = \int_{C_1} + \int_{-C_2} = \int_{C_1} - \int_{C_2},$$

woraus sich

$$\int_{C_1} = \int_{C_2},$$

also die Wegunabhängigkeit ergibt. Ist umgekehrt das Wegintegral wegunabhängig, so gilt für eine geschlossene Kurve C, die sich in C_1 und C_2 aufspalten und als $C = -C_2 \circ C_1$ schreiben lässt,

$$\int_C = \int_{-C_2 \circ C_1} = \int_{-C_2} + \int_{C_1} = \int_{C_1} - \int_{C_2} \overset{\text{Wegunabh.}}{=} 0\,.$$

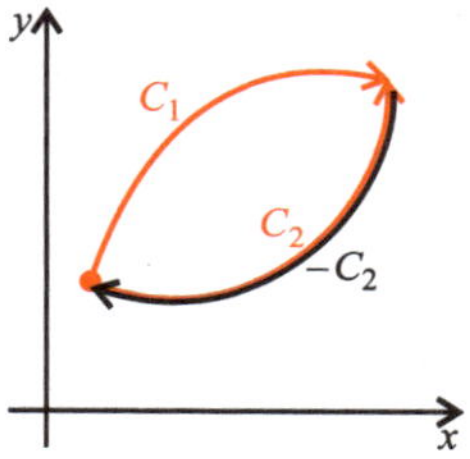

Abbildung 12.10: Zur Äquivalenz der Aussagen.

Beispiele 12.4

12.4.1 Wärmemenge

Gegeben sei eine Gasportion vom Volumen V mit gegebener Temperatur T. Erhöht man die Temperatur der Gasportion um einen Betrag dT und lässt das **Volumen konstant**, so ändert sich die Wärmemenge des Gases um einen Betrag

$$\partial Q(T, V) = C_\nu \cdot dT$$

mit einer Konstanten C_ν, die lediglich von der Stoffmenge ν der Gasportion abhängt.

Andererseits beobachtet der Naturwissenschaftler ausgehend von T und V einen Anstieg der Wärmemenge um

$$\partial Q(T, V) = \frac{RT}{V}\, dV\,,$$

wenn er das Volumen des Gases **isotherm**, d. h. bei **konstanter Temperatur** T, um dV erhöht. (R ist die allgemeine Gaskonstante.)

Zusammengenommen haben also gleichzeitige Änderungen dV und dT in Volumen und Temperatur eine Änderung der Wärmemenge um

$$\partial Q(T, V) = \underbrace{C_v}_{=:f(T,V)} \cdot dT + \underbrace{\frac{RT}{V}}_{=:g(T,V)} \cdot dV \tag{12.12}$$

zur Folge.

Gibt es eine differenzierbare Funktion $Q(T, V)$ (der Naturwissenschaftler spricht auch von einer Zustandsfunktion), die einer Gasportion vom Volumen V und Temperatur T ihre Wärmemenge Q zuordnet? Wäre dies so, so müsste es sich bei dem Differential (12.12) um ein totales Differential handeln bzw. für die mutmaßliche Wärmefunktion $Q(T, V)$ müsste gelten

$$\operatorname{grad} Q(T, V) = \begin{pmatrix} f(T, V) \\ g(T, V) \end{pmatrix} = \begin{pmatrix} C_v \\ \frac{RT}{V} \end{pmatrix}.$$

Jedoch stellen wir fest, dass wegen

$$f_V(T, V) = 0 \qquad \text{und} \qquad g_T(T, V) = \frac{R}{V} \neq 0$$

kein totales Differential vorliegt und es demzufolge auch keine solche Wärmefunktion $Q(T, V)$ geben kann.

Die Tatsache, dass es sich bei (12.12) um kein totales Differential handelt, hat auch Konsequenzen für die Berechnung des Kurvenintegrals

$$\int_C \partial Q = \int_C C_v\, dT + \frac{RT}{V}\, dV\,,$$

welches die Gesamt-Wärmeänderung angibt, wenn wir Volumen V und Temperatur T des Gases entlang einer Kurve C ändern. Das Kurvenintegral ist in diesem Fall wegabhängig. Dies bedeutet insbesondere, dass sich die Wärmemenge des Gases auf unterschiedliche Weise ändert, wenn wir V und T auf unterschiedlichen Wegen vom Temperatur/Volumen-Wert

$$(T_1, V_1)$$

auf den Temperatur/Volumen-Wert

$$(T_2, V_2)$$

bringen.

Im Allgemeinen macht es dabei also wohl einen Unterschied, ob wir ausgehend von T_1 und V_1 das Gas zuerst isotherm auf V_2 ausdehnen und dann bei konstantem Volumen V_2 auf T_2 erwärmen, oder ob wir umgekehrt das Gas bei konstantem Volumen V_1 auf T_2 erwärmen und dann das Volumen auf V_2 vergrößern (▶ Abbildung 12.11). Die Wärmeänderung $\int_C \partial Q$ auf diesen beiden Wegen ist in aller Regel verschieden.

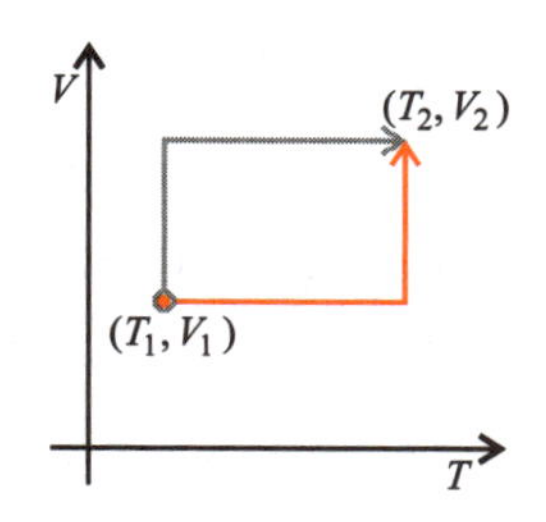

Abbildung 12.11: Temperatur/Volumen-Änderung mit unterschiedlicher Wärmeänderung $\int_C \partial Q$.

12.4.2 Entropie

Die Entropie S eines idealen Gases vom Volumen V bei einer Temperatur T ändert sich bei konstantem Volumen um

$$\partial S(T,V) = \frac{C_v}{T} \cdot dT,$$

wenn wir die Temperatur des Gases um eine kleinen Betrag dT ändern. Lassen wir hingegen die Temperatur konstant und vergrößern das Volumen des Gases um dV, so zieht dies eine Entropieänderung um

$$\partial S(T,V) = \frac{R}{V} \cdot dV$$

nach sich. (C_v und R sind wieder Konstanten.) Insgesamt haben wir es also mit dem Differential

$$\partial S(T,V) = \frac{C_v}{T} \cdot dT + \frac{R}{V} \cdot dV \tag{12.13}$$

zu tun.

Gibt es eine von T und V abhängige Entropiefunktion $S(T, V)$, so dass es sich bei (12.13) um deren totales Differential in (T, V) handelt, also

$$dS(T,V) = \underbrace{\frac{C_v}{T}}_{=:f_1(T,V)} \cdot dT + \underbrace{\frac{R}{V}}_{=:f_2(T,V)} \cdot dV \quad \Leftrightarrow \quad \operatorname{grad} S(T,V) = \begin{pmatrix} \frac{C_v}{T} \\ \frac{R}{V} \end{pmatrix} ?$$

Die Existenz einer solchen Funktion $S(T, V)$ ist im Gegensatz zur nichtexistenten Wärmefunktion gesichert: Denn wegen

$$\frac{\partial}{\partial V} \frac{C_v}{T} = 0 = \frac{\partial}{\partial T} \frac{R}{V}$$

liegt hier tatsächlich ein totales Differential vor. Um eine Stammfunktion $S(T, V)$ zu berechnen, bedienen wir uns der Formel (12.5). Die Ausdrücke

$$f_1(T,V) := \frac{C_v}{T} \qquad \text{und} \qquad f_2(T,V) := \frac{R}{V}$$

können dabei als Funktionen auf dem Rechteck

$$R = \{(T, V) \in \mathbb{R}^2 : 0 < T < \infty,\ 0 < V < \infty\}$$

aufgefasst werden. Es ist dann nach Formel (12.5) mit (beispielsweise) $a_1 = a_2 = 1$ durch

$$\begin{aligned} S(T, V) &= \int_1^T f_1(t, 1)\,dt + \int_1^V f_2(T, t)\,dt \\ &= \int_1^T \frac{C_v}{t}\,dt + \int_1^V \frac{R}{t}\,dt \\ &= C_v \ln t\Big|_1^T + R \ln t\Big|_1^V \\ &= C_v(\ln T - \ln 1) + R(\ln V - \ln 1) = C_v \cdot \ln T + R \cdot \ln V \end{aligned}$$

eine Stammfunktion $S(T, V)$ gegeben, welche die Entropie einer Gasportion vom Volumen V mit der Temperatur T angibt. Mit Hilfe dieser Stammfunktion können wir dann die Entropieänderung berechnen, wenn wir die Temperatur T und das Volumen V des Gases auf **beliebige** Weise, d. h. entlang einer beliebigen Kurve C von

$$(T_1, V_1) \qquad \text{auf} \qquad (T_2, V_2)$$

ändern. Es ist nämlich nach Formel (12.11)

$$\begin{aligned} \int_C \frac{C_v}{T}\,dT + \frac{R}{V}\,dV &= S(T_2, V_2) - S(T_1, V_1) \\ &= C_v \cdot \ln T_2 + R \cdot \ln V_2 - C_v \cdot \ln T_1 - R \cdot \ln V_1 \\ &= C_v \cdot \ln \frac{T_2}{T_1} + R \cdot \ln \frac{V_2}{V_1}\,. \end{aligned}$$

Aufgaben

1 Untersuchen Sie, ob es sich bei

$$\begin{pmatrix} f_1(x, y) \\ f_2(x, y) \end{pmatrix}$$

um ein Gradientenfeld handelt (bzw. ob in

$$f_1(x, y)\,dx + f_2(x, y)\,dy$$

das totale Differential einer Funktion $V(x, y)$ vorliegt) und bestimmen Sie gegebenenfalls eine solche Stammfunktion.

a) $f_1(x,y) = y \cdot \cos x + e^y$, $f_2(x,y) = \sin x + xe^y$,
b) $f_1(x,y) = \sin x + xe^y$, $f_2(x,y) = y \cdot \cos x + e^y$,
c) $f_1(x,y) = x \cdot \sin y$, $f_2(x,y) = y \cdot \sin x$,
d) $f_1(x,y) = y \cdot \sin x$, $f_2(x,y) = x \cdot \sin y$,
e) $f_1(x,y) = 2xy^3$, $f_2(x,y) = kx^2y^2$ (für welche $k \in R$?).

2 Es sei C der Graph der Funktion

$$y(x) = \sqrt{x} \qquad (x \in [0,1]).$$

Berechnen Sie das Kurvenintegral

$$\int_C x^2\,dx + y^3\,dy$$

a) unter expliziter Berechnung mittels Formel (12.9),
b) unter Bestimmung und Verwendung einer Stammfunktion $V(x,y)$ dieses totalen Differentials.

3 Gegeben sei die in ▶ Abbildung 12.12 dargestellte Kurve C. Berechnen Sie

$$\int_C (-\sin x \cdot \sin y)\,dx + (\cos x \cdot \cos y)\,dy\,.$$

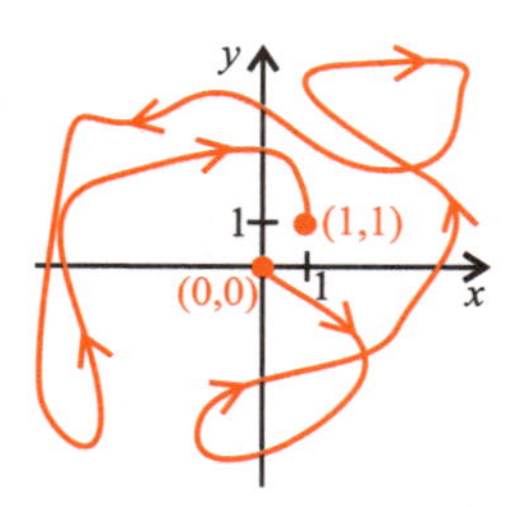

Abbildung 12.12: Kurve C.

Ausführliche Lösungen und weitere Aufgaben finden Sie auf der Companion Website des Buches unter
http://www.pearson-studium.de

TEIL IV

Gewöhnliche Differentialgleichungen

Grundlagen der Theorie gewöhnlicher Differentialgleichungen

13

ÜBERBLICK

Dieses Kapitel erklärt:

- Welche Kategorien von Differentialgleichungen man unterscheidet.
- Wie man aus beobachteten naturwissenschaftlichen Vorgängen Differentialgleichungen gewinnt.
- Wie man Funktionenscharen als Teil der allgemeinen Lösung von Differentialgleichungen erkennt.
- Wie man sich im Voraus, ohne die Differentialgleichung zu lösen, graphisch ein Bild vom Verlauf der Lösungen machen kann.
- Inwieweit die „allgemeine“ Lösung einer gewöhnlichen Differentialgleichung aus unendlich vielen Lösungen besteht und wie man zu der im konkreten Problem interessanten einzelnen („partikulären“) Lösung gelangt.

Viele Vorgänge innerhalb der Naturwissenschaften werden durch Differentialgleichungen beschrieben. Diese stellen einen Zusammenhang her zwischen einer Größe und der Änderung derselben. In diesem Kapitel stellen wir die grundlegenden Begriffe vor und bereiten den theoretischen Boden für die praktische Lösung von Differentialgleichungen, welche wir in Kapitel 14 angehen wollen.

13.1 Klassifizierung von (skalaren) Differentialgleichungen

Treten in einer Gleichung außer den unabhängigen Variablen

$$x_1, \dots, x_n$$

einer reellwertigen Funktion und dem Funktionswert

$$y(x_1, \dots, x_n)$$

auch eine oder mehrere Ableitungen der Funktion nach einer oder mehreren Variablen auf, so sprechen wir von einer (skalaren) **Differentialgleichung**. (Differentialgleichungen in vektorwertigen Funktionen $\vec{y}(x)$ und ihren Ableitungen

$$\vec{y}\,'(x), \vec{y}\,''(x), \dots ,$$

d. h. **Systeme** von Differentialgleichungen, deren Funktionen Werte im $\mathbb{R}^n$ annehmen, wollen wir erst in Kapitel 15 behandeln). Unsere Aufgabe soll es sein, die (im Allgemeinen unendlich vielen) Lösungen einer Differentialgleichung zu finden, also all die Funktionen

$$y = y(x)$$

zu bestimmen, welche eine Differentialgleichung erfüllen. In Abschnitt 13.2 wollen wir den Begriff einer „Lösung" genauer präzisieren.

Nach der Anzahl der auftretenden Variablen, der Ordnung der auftretenden Ableitungen und der Form der Gleichung unterscheiden wir:

- Gewöhnliche oder partielle Differentialgleichungen: Eine **gewöhnliche** Differentialgleichung enthält Terme in einer einzigen reellen Variablen x, einer Funktion $y(x)$ dieser Variablen sowie deren (gewöhnlichen) Ableitung(en)

  $$y'(x), y''(x) \dots$$

  Eine **partielle** Differentialgleichung hingegen beinhaltet mehrere Variablen $x_1, \dots, x_n$, eine Funktion $y(x_1, \dots, x_n)$ dieser Variablen sowie deren partielle Ableitungen. In diesem Buch beschäftigen wir uns ausschließlich mit gewöhnlichen Differentialgleichungen.
- Differentialgleichungen in expliziter oder in impliziter Darstellung: Diese Begriffe sind uns schon im Zusammenhang mit Funktionen begegnet. Die **implizite** Darstellung einer gewöhnlichen Differentialgleichung besitzt die Gestalt

  $$f(x, y(x), \dots, y^{(n)}(x)) = 0.$$

  Die implizite Gestalt ist die allgemeinste und oft die am einfachsten herzustellende Form einer Differentialgleichung. Im Gegensatz dazu ist im Fall einer gewöhnlichen Differentialgleichung in **expliziter** Darstellung

  $$y^{(n)}(x) = f(x, y(x), \dots, y^{(n-1)}(x))$$

  die Differentialgleichung nach der **höchsten** auftretenden Ableitung aufgelöst; eine solche Darstellung ist – wie wir dies schon von impliziten Funktionen kennen – nicht immer möglich.
- Differentialgleichungen verschiedener Ordnung: Die höchste auftretende Ableitung bestimmt die **Ordnung** der Differentialgleichung.

Die n-te Ableitung an der Stelle x wird in einer gewöhnlichen expliziten Differentialgleichung n-ter Ordnung also durch einen Ausdruck (eine Funktion) von x, dem

Funktionswert $y(x)$ sowie den Ableitungen $y'(x), \ldots, y^{(n-1)}(x)$ beschrieben. Der Ausdruck

$$f(x, y', \ldots, y^{(n-1)})$$

wird auch als die **rechte Seite** der Differentialgleichung bezeichnet.

▶ Abbildung 13.1 zeigt zusammengefasst die eben beschriebene Klassifizierung von Differentialgleichungen und die Typen von Differentialgleichungen, die wir genauer kennen lernen wollen. Es sind dies hauptsächlich die gewöhnlichen Differentialgleichungen in expliziter Darstellung von erster und zweiter Ordnung.

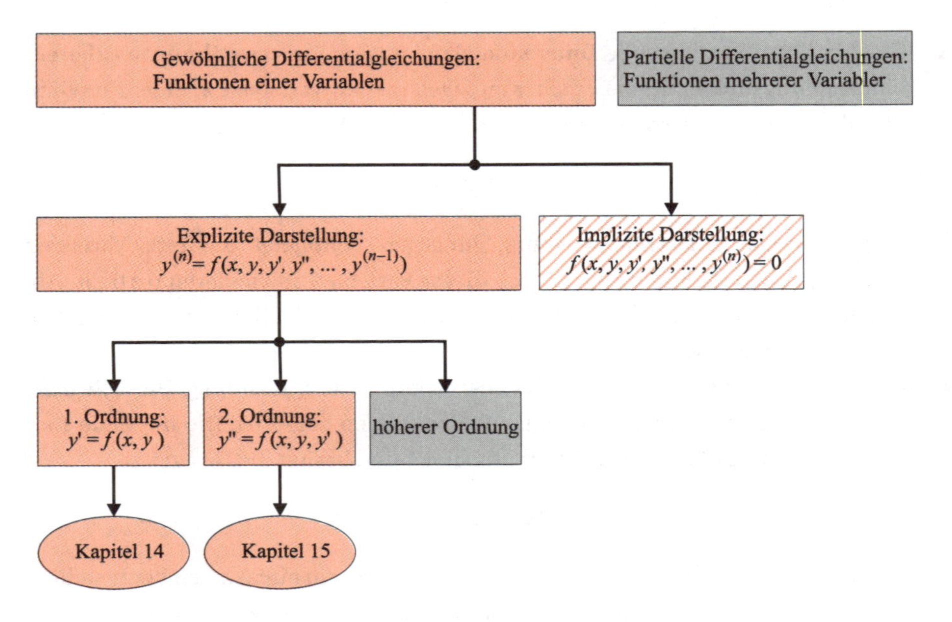

Abbildung 13.1: Klassifizierungsschema für Differentialgleichungen.

Beispiel 13.1

■ Bei der Differentialgleichung

$$y'(x) = 3x \cdot y(x) + 4 \cdot [y(x)]^2$$

handelt es sich um eine gewöhnliche Differentialgleichung in expliziter Form von erster Ordnung.

- Bei der Differentialgleichung

$$x^2 + [y''(x)]^2 - e^{y(x)} \cdot y'(x) = 0$$

liegt eine gewöhnliche Differentialgleichung in impliziter Form von zweiter Ordnung vor.

- Im Fall der Differentialgleichung

$$u_{xx}(x, y) + u_{yy}(x, y) = k(x, y)$$

mit einer Funktion $k(x, y)$ zweier Variablen x und y haben wir es mit einer partiellen Differentialgleichung zweiter Ordnung zu tun.

Praxis-Hinweis

Im Fall einer gewöhnlichen Differentialgleichung der Ordnung $n \geq 2$ wird man unter Umständen auch nach einer Ableitung der Ordnung kleiner als n auflösen können. Beachten Sie, dass es sich dabei jedoch nicht um die von uns definierte explizite Darstellung handelt und dies für diverse Lösungsverfahren auch keinen brauchbaren Ansatz darstellt. Versuchen Sie also stets, nach der **höchsten** auftretenden Ableitung aufzulösen oder belassen Sie es notfalls bei der impliziten Darstellung.

Der Lösungsbegriff 13.2

Um eventuellen Missverständnissen vorzubeugen, ist es erforderlich, den Begriff der Lösung einer Differentialgleichung genauer zu präzisieren. Wir beschränken uns hier auf explizite gewöhnliche Differentialgleichungen, da wir uns hauptsächlich mit diesem Typ von Differentialgleichungen beschäftigen wollen (siehe aber auch die Bemerkung auf Seite 443).

Wir beginnen mit dem Begriff des **Definitionsbereichs** einer Differentialgleichung. Man versteht darunter den Definitionsbereich der rechten Seite $f(x, y, y', \ldots, y^{(n-1)})$ der Differentialgleichung, also eine Teilmenge des $\mathbb{R}^{n+1}$. In ihm finden sich alle Punkte des $\mathbb{R}^{n+1}$, für welche die rechte Seite f definiert ist. Ein Beispiel soll dies verdeutlichen.

Beispiel 13.2

Bei der Differentialgleichung

$$y' = \frac{y}{x}$$

handelt es sich um eine gewöhnliche explizite Differentialgleichung erster Ordnung ($n = 1$). Ihr Definitionsbereich besteht aus allen Punkten (x, y) des $\mathbb{R}^{1+1} = \mathbb{R}^2$, für welche die rechte Seite

$$f(x, y) = \frac{y}{x}$$

definiert ist. Hier handelt es sich um die Menge

$$D_f = \left\{(x, y) \in \mathbb{R}^2 : x \neq 0\right\} ,$$

also die gesamte Ebene mit Ausnahme der y-Achse.

Praxis-Hinweis

Ähnlich wie im Fall von Funktionen kann es manchmal sinnvoll sein, den Definitionsbereich einer Differentialgleichung auf einen kleineren Teilbereich des mathematisch Möglichen einzuschränken. Die Gründe hierfür können zum einen innermathematische sein. Nur durch Zusatzbedingungen etwa kann bisweilen die Korrektheit eines Verfahrens garantiert werden. Zum anderen stecken hinter einer Einschränkung des Definitionsbereichs nicht selten die naturwissenschaftlichen Rahmenbedingungen eines Experiments. Positive Messgrößen bzw. eine zeitliche Interpretation von x können eine Einschränkung des Definitionsbereichs sinnvoll erscheinen lassen.

Wir wollen nun erklären, was wir unter der **Lösung** einer gewöhnlichen expliziten Differentialgleichung

$$y^{(n)}(x) = f(x, y(x), y'(x), \ldots, y^{n-1}(x))$$

oder kurz

$$y^{(n)} = f(x, y, y', \ldots, y^{(n-1)})$$

der Ordnung n verstehen wollen. Wir bezeichnen eine Funktion $g(x)$ als **Lösung** oder **Lösungsfunktion**, wenn Folgendes gilt:

- Die Funktion $g(x)$ ist auf einem (lückenlosen) **Intervall** $I \subset \mathbb{R}$, genannt **Lösungsintervall**, definiert und dort (mindestens) n Mal differenzierbar.
- Die Funktion $g(x)$ **erfüllt** die Differentialgleichung auf **ganz I**, d. h. es gilt

$$g^n(x) = f(x, g(x), g'(x), \ldots, g^{n-1}(x))$$

  für **alle** x aus dem Lösungsintervall I der Funktion $g(x)$.

Insbesondere muss für eine Lösung $g(x)$ der Ausdruck $(x, g(x), g'(x), \ldots, g^{(n-1)}(x))$ für alle $x \in I$ im Definitionsbereich der Differentialgleichung liegen.

Beispiel 13.3

Gegeben sei die explizite Differentialgleichung erster Ordnung

$$y'(x) = 2 \cdot y(x) \qquad \text{oder kurz} \qquad y' = 2 \cdot y\,.$$

Für den Definitionsbereich D_f dieser Differentialgleichung gilt $D_f = \mathbb{R}^2$, denn die rechte Seite $f(x, y) = 2y$ ist für alle Punkte (x, y) der Ebene definiert. Jede Funktion

$$g(x) = ce^{2x} \qquad (c \in \mathbb{R})$$

ist eine Lösung dieser Differentialgleichung, denn

- jede Funktion der Schar $g(x) = ce^{2x}$ ist auf dem Lösungsintervall $I = \mathbb{R}$ definiert und dort differenzierbar.
- durch Ableiten bestätigen wir

$$g'(x) = 2ce^{2x}$$

  und andererseits auch

$$2 \cdot g(x) = 2ce^{2x}\,,$$

  also in der Tat

$$g'(x) = 2 \cdot g(x)$$

  für alle $x \in I = \mathbb{R}$.

Beispiel 13.4

Wir betrachten nochmals die explizite Differentialgleichung

$$y' = \frac{y}{x}.$$

Wie wir oben festgestellt haben, ist ihr Definitionsbereich D_f gegeben durch

$$D_f = \{(x, y) \in \mathbb{R}^2 : x \neq 0\}.$$

Jede Funktion der Form

$$g(x) = cx \qquad (c \in \mathbb{R},\ x < 0)$$

bzw.

$$h(x) = cx \qquad (c \in \mathbb{R},\ x > 0)$$

erfüllt diese Differentialgleichung, wie man durch Ableiten bestätigt. Bemerkenswert sind hier die Lösungsintervalle I: Da Lösungsfunktionen gemäß der obigen Definiton auf lückenlosen **Intervallen** definiert sein müssen, brechen die Lösungsfunktionen $g(x)$ und $h(x)$ im Ursprung ab und sind nur **entweder** für $x < 0$ **oder** für $x > 0$ definiert. Eine Lösungsfunktion, deren Lösungsintervall den Ursprung $x = 0$ beinhaltet, gibt es nicht, denn für $x = 0$ ist die Differentialgleichung nicht definiert; es ist folglich nicht möglich, dass eine Funktion die Differentialgleichung an dieser Stelle „erfüllt“.

Damit wird auch der kleine, aber wesentliche Unterschied der Begriffe „Definitionsbereich“ und „Lösungsintervall“ einer Funktion $y(x)$ sichtbar. Wenngleich per se auf ganz $\mathbb{R}$ definierbar, stellen die Funktionen $g(x)$ und $h(x)$ nur auf den Bereichen $\mathbb{R}^-$ oder $\mathbb{R}^+$ **Lösungen** der Differentialgleichung im vorgeschriebenen Sinne dar.

Bemerkung

- Man hüte sich vor Verwechslungen des Lösungsintervalls I einer Lösungsfunktion mit dem Definitionsbereich D_f einer expliziten Differentialgleichung. Beispielsweise für eine explizite Differentialgleichung

$$y' = f(x, y)$$

erster Ordnung ist der Definitionsbereich der Differentialgleichung eine Teilmenge der Ebene, welcher allein durch die Differentialgleichung bzw. die rechte Seite f bestimmt wird. Hingegen handelt es sich bei I um ein reelles Intervall, welches zudem von der Lösungsfunktion $g(x)$ abhängt. Bereits in Beispiel 13.4 haben wir gesehen, dass verschiedene Lösungsfunktionen auch unterschiedliche Lösungsintervalle besitzen können.

- Zukünftig wollen wir eine Lösungsfunktion auch mit $y(x)$ statt mit $g(x)$ bezeichnen. Aus dem Zusammenhang sollte klar werden, wann es sich bei $y(x)$ nur um einen Platzhalter für einen unbekannten Ausdruck (wie in einer Differentialgleichung der Fall) handelt und wann sich hinter $y(x)$ eine konkrete Funktion oder eine Kurvenschar verbirgt.

Zum Schluss dieses Abschnitts sei darauf hingewiesen, dass implizite Differentialgleichungen in mancherlei Hinsicht ein anderes Verhalten an den Tag legen als explizite: Betrachten wir nochmals die Differentialgleichung

$$y' = \frac{y}{x}$$

in der nunmehr impliziten Form

$$y' \cdot x = y,$$

die wir mühelos durch Multiplikation mit x aus der expliziten Gleichung herstellen können. Während wir im Fall der expliziten Gleichung – wie oben erwähnt – etwa die Lösung $y = x$ auf beiden Teilintervallen $\mathbb{R}^+$ bzw. $\mathbb{R}^-$ getrennt definieren mussten, um der Definitionslücke bei $x = 0$ gerecht zu werden, liegt der Fall in der impliziten Darstellung anders: Hier dürften wir die Funktion $y(x) = x$ problemlos auf ganz $\mathbb{R}$ als Lösung ansehen, da diese tatsächlich in jedem Punkt $x \in \mathbb{R}$ die implizite Gleichung erfüllt. Das Problem der Undefiniertheitsstelle bei $x = 0$ hat sich gewissermaßen „wegmultiplizieren" lassen.

Dies könnte zu der irrigen Vermutung führen, dass implizite Gleichungen erstrebenswert seien und eine einfachere Lösungsbehandlung möglich machten. Im Allgemeinen jedoch ist das Gegenteil der Fall. Implizite Darstellungen gelten als sperrig und einer theoretischen Behandlung nur sehr schwer zugänglich. Im Rahmen einer einführenden Behandlung von Differentialgleichungen wollen wir es daher bei expliziten Problemen belassen. Lediglich in geometrischen Zusammenhängen wollen wir uns im Rahmen unserer Möglichkeiten einzelnen impliziten Betrachtungen nicht verwehren.

Gewinnung von Differentialgleichungen – Beispiele 13.3

Oftmals kann der Zusammenhang zweier Naturgrößen x und y nicht direkt beobachtet werden. Vielmehr lässt sich stattdessen lediglich ein Zusammenhang herstellen zwischen dem Änderungsverhalten $y'(x)$ der Größe einerseits und der Größe $y(x)$ sowie der Variablen x andererseits.

Bemerkung

Ein in der Natur häufig anzutreffender Fall besteht in der zeitlichen Interpretation von x. Die unabhängige Variable x wird dann in diesem Fall meist in t umbenannt und die Differentialgleichung

$$y^{(n)}(t) = f(t, y'(t), \ldots, y^{(n-1)}(t))$$

beschreibt die zeitliche Änderung der Größe $y = y(t)$ zu einem Zeitpunkt t. In einem solchen zeitlichen Zusammenhang verbergen sich hinter den Ableitungen $y'(t)$ und $y''(t)$ kinematische Größen: Die erste Ableitung

$$y'(t) = \frac{dy}{dt},$$

die auch mit $\dot{y}(t)$ notiert werden kann, repräsentiert die Geschwindigkeit bzw. die zeitliche Änderung von $y(t)$; die zweite Ableitung

$$y''(t) = \frac{d^2y}{dt^2}(t) = \ddot{y}(t)$$

kann als Beschleunigung interpretiert werden.

Beispiel 13.5

Ein Fahrzeug bewege sich entlang einer geraden Linie mit **konstanter** Geschwindigkeit v = konst. Es beschreibe $s(t)$ die Position des Fahrzeugs zum Zeitpunkt t. In diesem Fall stimmen zu jedem Zeitpunkt t die Durchschnittsgeschwindigkeiten

$$\frac{\Delta s}{\Delta t}(t) = \frac{s(t+h) - s(t)}{h} \qquad (h \in \mathbb{R})$$

mit der Momentangeschwindigkeit

$$\dot{s}(t) = \frac{ds}{dt}(t) = \lim_{h \to 0} \frac{\Delta s}{\Delta t}(t)$$

überein und es ist

$$\dot{s}(t) = v = \text{konst}. \tag{13.1}$$

Die Lösungen dieser „Differentialgleichung" sind uns bereits aus Kapitel 4 bekannt. Es handelt sich um die Schar der Stammfunktionen

$$s(t) = \int v \, dt = vt + c \qquad (c \in \mathbb{R}). \tag{13.2}$$

Bereits an diesem simplen Beispiel wird der wesentliche Charakter der Lösungsgesamtheit von Differentialgleichungen deutlich: Die Integrationskonstante c, die hier alle reellen Werte annehmen kann, hat zur Folge, dass die Differentialgleichung (13.1) unendlich viele Lösungen besitzt.

Im Vorgriff auf Abschnitt 13.5 wollen wir untersuchen, welcher Zusatzinformation es bedarf, um eine eindeutige Lösung von (13.1) zu erhalten: Ist die Startposition $s(t_0) = s_0$ zu einem Startzeitpunkt t_0 bekannt, so können wir die passende Integrationskonstante c explizit bestimmen: Ist beispielsweise $t_0 = 0$, so können wir ausgehend von (13.2) vergleichend feststellen

$$s(0) = v \cdot 0 + c \overset{!}{=} s_0 ,$$

woraus wir $c = s_0$ erhalten. Die Lösung von (13.1) unter der Zusatzinformation $s(0) = s_0$ lautet also

$$s(t) = vt + s_0 .$$

Beispiel 13.6

Die Population n einer Art ist im Allgemeinen eine Funktion der Zeit, d. h. $n = n(t)$. Plausibel ist dabei, dass sich in gewissen Grenzen die Population umso stärker vermehrt, je größer der gegenwärtige Bestand $n(t)$ ist (sieht man von hemmenden Effekten wie Resourcenmangel, Stress etc. ab). Der momentane Zuwachs zum Zeitpunkt t ist also proportional zum Bestand $n(t)$, kurz

$$\dot{n}(t) = k \cdot n(t) \tag{13.3}$$

mit einer für die Art charakteristischen Konstanten $k > 0$. Im Gegensatz zur Differentialgleichung aus Beispiel 13.5 ist es hier nicht mit dem Auffinden einer Stammfunktion getan. Eine einfache Integration ist nicht möglich, da auf der rechten Seite der Differentialgleichung (13.3) statt einem Ausdruck in t nun auch die gesuchte Größe $n(t)$ selbst auftaucht. Wir haben es in diesem Fall also mit einer „echten" Differentialgleichung erster Ordnung zu tun. Ihre Lösung beschreiben wir in Abschnitt 14.2.2.

Beispiel 13.7

Eine Masse m hängt am unteren Ende einer Spiralfeder. Lenkt man die Feder mitsamt Gewicht aus der Ruhelage aus und überlässt die Feder dann vom Startzeitpunkt $t_0 = 0$ an sich selbst, vollführt diese eine Schwingung entlang einer vertikalen Strecke. Die Abweichung s vom Ruhepunkt ist dann wieder eine Funktion der Zeit t, d. h. $s = s(t)$ (▶ Abbildung 13.2.) Sehen wir von Beinflussungen wie Dämpfung etc. ab, so wirkt auf die Masse m zu jedem Zeitpunkt $t > 0$ die Rückstellkraft $F(t)$ der Feder, die proportional der Auslenkung $s(t)$ und dieser entgegengesetzt ist, d. h.

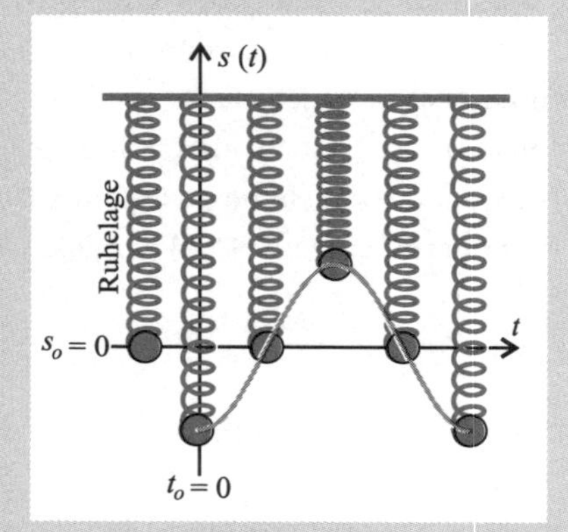

Abbildung 13.2: Harmonische Schwingung.

$$F(t) = -k \cdot s(t)$$

mit einer charakteristischen Federkonstanten $k > 0$. (Dieses so genannte Hooke'-sche Gesetz ist für kleine Auslenkungen $s(t)$ hinreichend gut erfüllt. Eine solche Kraft proportional und entgegengesetzt zur Auslenkung wird als **harmonische** Kraft bezeichnet, die daraus resultierende Schwingung als **harmonische Schwingung**.) Die Kraft $F(t)$ bewirkt eine Beschleunigung gemäß des Newton'schen Zusammenhangs (Kraft = Masse mal Beschleunigung)

$$F(t) = m\ddot{s}(t),$$

woraus sich durch Gleichsetzen die Differentialgleichung

$$m\ddot{s}(t) = -k \cdot s(t) \qquad \Leftrightarrow \qquad \ddot{s}(t) = -\frac{k}{m}\, s(t) \tag{13.4}$$

ergibt. Es handelt sich um eine Differentialgleichung zweiter Ordnung, welche den Bewegungsvorgang der Masse beschreibt. Man spricht daher in der Mechanik auch von der (Newton'schen) **Bewegungsgleichung**. In Abschnitt 15.5.1 werden wir sehen, dass die Gesamtheit aller Lösungen von (13.4) gegeben ist durch die Funktionenschar

$$s(t) = c_1 \cdot \cos(\omega t) + c_2 \cdot \sin(\omega t) \qquad (c_1, c_2 \in \mathbb{R})$$

mit $\omega := \sqrt{\frac{k}{m}}$.

Diese Beispiele machen eines deutlich: Eine bloße Differentialgleichung ohne Angabe weiterer Zusatzinformationen bzw. -forderungen besitzt in der Regel keine eindeutige Lösung. Vielmehr besteht die Lösungsgesamtheit aus **unendlich vielen** Funktionen. Im nächsten Abschnitt wollen wir ein Mittel vorstellen, um für explizite Differentialgleichungen erster Ordnung diese Schar von Lösungsfunktionen graphisch darstellen zu können.

13.4 Richtungsfelder

Funktionen einer Variablen haben wir zum Zweck der Anschauung durch ihren Graphen in einem zweidimensionalen Koordinatensystem dargestellt. In diesem Abschnitt wollen wir eine Möglichkeit vorstellen, die unendlich vielen Lösungen einer gewöhnlichen expliziten Differentialgleichung

$$y'(x) = f(x, y(x)) \tag{13.5}$$

erster Ordnung graphisch zu veranschaulichen:

Wir überziehen das übliche x-y-Koordinatensystem mit einem Punkteraster und betrachten einen beliebigen Punkt (x_0, y_0) des Rasters, für welchen der Ausdruck $f(x_0, y_0)$ definiert sei. Nehmen wir an, es gibt eine Lösungskurve $y(x)$ der Differentialgleichung (13.5), die durch den Punkt (x_0, y_0) verläuft (d. h. es gelte $y(x_0) = y_0$), so liefert uns die Differentialgleichung (13.5) auch die Steigung, welche die Lösungskurve in diesem Punkt besitzt, nämlich

$$y'(x_0) = f(x_0, y(x_0)) = f(x_0, y_0) .$$

Haften wir also dem Punkt (x_0, y_0) ein kleines Geradenstück mit der berechneten Steigung $f(x_0, y_0)$ an, so gibt dies näherungsweise den Verlauf der Lösungskurve in einer Umgebung von (x_0, y_0) wieder. Der Punkt (x_0, y_0) mit angehaftetem Geradenstück wird auch als **Linienelement** bezeichnet. Berechnen und skizzieren wir das Linienelement für mehrere Punkte des Rasters, so ergibt sich ein Feld von kleinen Tangentenstückchen bzw. Linienelementen, das so genannte **Richtungsfeld** der Differentialgleichung.

Bei hinreichend feinem Raster lässt sich hieraus bereits gut der qualitative Verlauf der (i.A.) unendlich vielen Lösungskurven der Differentialgleichung (13.5) erkennen.

Beispiel 13.8

Gegeben sei die Differentialgleichung

$$y'(x) = -\frac{x}{y} .$$

Die rechte Seite $f(x, y) = -\frac{x}{y}$ der Differentialgleichung ist dabei für alle $(x, y) \in \mathbb{R}^2$ mit $y \neq 0$ definiert. Wir berechnen die Linienelemente in den drei Punkten

$$(1, 1), \qquad (-1, 1) \qquad \text{und} \qquad (1, -2) .$$

Aus der Differentialgleichung erhalten wir im Einzelnen

$$\begin{aligned}
\text{Steigung im Punkt } (1, 1)\text{:} \quad & \frac{dy}{dx} = f(1, 1) = -\frac{1}{1} = -1 , \\
\text{Steigung im Punkt } (-1, 1)\text{:} \quad & \frac{dy}{dx} = f(-1, 1) = -\frac{-1}{1} = 1 \quad \text{und} \\
\text{Steigung im Punkt } (1, -2)\text{:} \quad & \frac{dy}{dx} = f(1, -2) = -\frac{1}{-2} = \frac{1}{2} .
\end{aligned}$$

Für eine erheblich größere Anzahl von Punkten, nämlich die Punkte eines Gitters mit Maschenweite $\frac{1}{2}$, sind in ▸ Abbildung 13.3 die zugehörigen Linienelemente dargestellt. Die Gestalt dieses Richtungsfelds lässt zudem die Lösungskurvenschar der Differentialgleichung erahnen. Wie wir in Beispiel 14.3 zeigen werden, handelt es sich um die Schar

$$y(x) = \pm\sqrt{c^2 - x^2} \qquad (|x| < c;\ c > 0)$$

aller konzentrischen Halbkreise um den Ursprung mit Radius c.

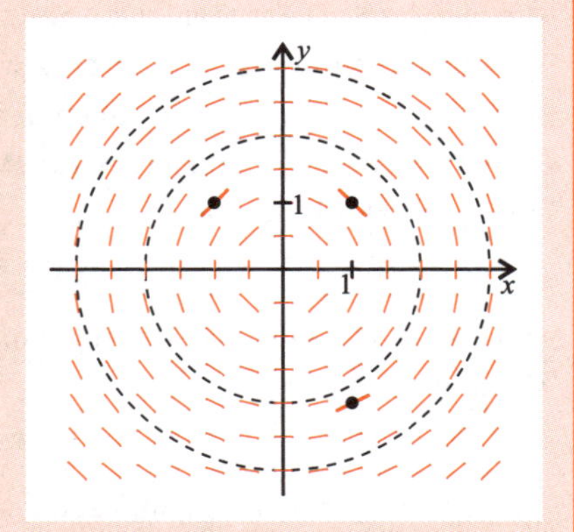

Abbildung 13.3: Richtungsfeld von $y' = -\frac{x}{y}$.

Allgemeine und partikuläre Lösungen 13.5

Die allgemeine Lösung

Wie wir in den letzten Abschnitten gesehen haben, besitzt eine gegebene explizite Differentialgleichung in aller Regel unendlich viele Lösungen, die sich zu einer Lösungsschar zusammenfassen lassen. Bei der Gesamtheit **aller** Lösungsfunktionen einer Differentialgleichung mit gegebenem Definitionsbereich spricht man von der **allgemeinen Lösung**. Zurückzuführen ist diese Lösungsvielfalt auf Konstanten (Integrationskonstanten), die im Verlauf der Lösungsverfahren anfallen. Besagte Verfahren wollen wir in den Kapiteln 14 und 15 vorstellen.

Bemerkung

Man beachte, dass ein und dieselbe Funktionenschar (unabhängig davon, ob es sich um die allgemeine Lösung einer Differentialgleichung handelt) auf mannigfache Weise durch Konstanten parametrisiert werden kann. Beispielsweise repräsentieren die Ausdrücke

$$f(x) = \frac{1}{2}\sin^2 x + c_1 \qquad (c_1 \in \mathbb{R})$$

und

$$g(x) = -\frac{1}{4}\cos(2x) + c_2 \qquad (c_2 \in \mathbb{R})$$

die **gleiche** Kurvenschar (siehe Aufgabe 4 in Kapitel 4), d. h. die Gesamtheit aller Lösungen ist dieselbe, wenn c_1 bzw. c_2 jeweils ganz $\mathbb{R}$ durchläuft. Man beachte aber, dass eine feste Lösung in beiden Darstellungen durch unterschiedliche Konstanten c_1 und c_2 realisiert wird! Wie in der erwähnten Aufgabe zu zeigen ist, entspricht der Funktion

$$f(x) = \frac{1}{2}\sin^2 x + \boldsymbol{c_1}$$

mit festem c_1 in der Darstellung von g mitnichten die Konstante $c_2 = c_1$, sondern vielmehr der Wert

$$\boldsymbol{c_2} = c_1 + \frac{1}{4}\,.$$

Unter Umständen lassen sich auch mehrere Konstanten einer Funktionenschar zu einer geringeren Anzahl von Konstanten zusammenfassen. Besitzt beispielsweise eine Schar die Gestalt

$$y(x) = g(x) + c_1 + c_2 \qquad (c_1, c_2 \in \mathbb{R})\,,$$

so schreiben wir besser

$$y(x) = g(x) + c \qquad (c \in \mathbb{R})\,,$$

denn mit c_1 und c_2 durchläuft auch $c_1 + c_2$ ganz $\mathbb{R}$. Doch nicht immer gelingt eine solche Reduktion der Konstantenzahl. Im Fall der Lösungsschar

$$y(t) = c_1 \cdot \cos(\omega t) + c_2 \cdot \sin(\omega t) \qquad (c_1, c_2 \in \mathbb{R})$$

der Schwingungsdifferentialgleichung aus Beispiel 13.7 ist es nicht möglich, die Zahl der Konstanten auf weniger als zwei zu beschränken. Der Grund hierfür liegt darin, dass wir es in diesem Beispiel mit einer Differentialgleichung zweiter Ordnung zu tun haben.

Dies legt insbesondere den Verdacht nahe, dass hinter der allgemeinen Lösung einer expliziten Differentialgleichung der Ordnung n eine Funktionenschar mit genau n Parametern steckt. Auch wenn unsere bisherigen Beispiele dies suggerieren und dieser Sachverhalt auch für viele Differentialgleichungen der Fall ist, ist dies entgegen manch landläufiger Meinung im Allgemeinen nicht richtig. „Oft" liegt zumindest der Fall vor, dass sich die allgemeine Lösung zusammensetzt aus einer n-parametrigen Lösungsschar und ggf. „wenigen" weiteren Funktionen, die bisweilen auch als „singuläre Funktionen" bezeichnet werden.

Das Anfangswertproblem für Gleichungen erster Ordnung

Um eine **eindeutige** Lösung einer Differentialgleichung zu erhalten, bedarf es im Allgemeinen weiterer Rahmenbedingungen bzw. Zusatzinformationen. Für eine gewöhnliche Differentialgleichung erster Ordnung in expliziter Form ist dies die Vorgabe eines so genannten **Anfangswertes** bzw. einer **Anfangsbedingung**. Unter allen Lösungen der Differentialgleichung

$$y' = f(x, y) \tag{13.6}$$

sei speziell diejenige Lösung $y(x)$ gesucht, die zusätzlich durch den Punkt (x_0, y_0) gehe, d. h. zusätzlich zu (13.6) gelte

$$y(x_0) \overset{!}{=} y_0 \,. \tag{13.7}$$

Zu beachten ist hierbei, dass das Anfangswertepaar (x_0, y_0) im Definitionsbereich der Differentialgleichung zu liegen hat; die rechte Seite $f(x_0, y_0)$ sei also definiert.

Die Suche nach einer Lösung der Differentialgleichung (13.6), welche zusätzlich die Anfangsbedingung (13.7) erfüllt, wird auch als **Anfangswertproblem** bezeichnet. Eine Lösung, die das Anfangswertproblem löst, wird als **partikuläre Lösung** bezeichnet. Die Gesamtheit aller partikulären Lösungen aller zulässigen Anfangswertprobleme stellt dann umgekehrt wieder die allgemeine Lösung dar. Anders ausgedrückt: Die allgemeine Lösung besteht aus allen Lösungen durch sämtliche Punkte (x_0, y_0) aus dem Definitionsbereich D_f der Differentialgleichung.

Nicht jedes Anfangswertproblem besitzt auch eine Lösung. Falls dies doch der Fall ist, so muss diese Lösung nicht zwingend eindeutig bestimmt sein. In Kapitel 14 werden wir ein Kriterium kennen lernen, welches uns für ein Anfangswertproblem tatsächlich eine Lösung garantiert, die zudem eindeutig ist.

Das Anfangswertproblem für Gleichungen beliebiger Ordnung

Im Fall von expliziten Differentialgleichungen von allgemein n-ter Ordnung besteht das Anfangswertproblem darin, eine Lösung $y(x)$ der Differentialgleichung

$$y^{(n)}(x) = f(x, y(x), y'(x), \ldots, y^{(n-1)}(x))$$

zu bestimmen, welche die $\boldsymbol{n}$ Bedingungen

$$y(x_0) \overset{!}{=} y_0, \quad y'(x_0) \overset{!}{=} y_1, \quad \ldots \quad , y^{(n-1)}(x_0) \overset{!}{=} y_{n-1}$$

mit vorgegebenen Werten $y_0, y_1, \ldots, y_{n-1} \in \mathbb{R}$ erfüllt.

Die Lösung eines Anfangswertproblems der Ordnung n kann in der Praxis folgendermaßen geschehen:

- Man bestimme zunächst (falls möglich) die allgemeine Lösung der Differentialgleichung, welche eine Anzahl von Parametern enthält. Die Verfahren hierzu lernen wir in Kapitel 14 und 15 kennen.
- Durch Einsetzen der Anfangsbedingung(en) erhalten wir für $n = 1$ eine Gleichung bzw. für $n \geq 2$ ein (nicht notwendigerweise lineares) System von Gleichungen, woraus die konkreten Parameter der gesuchten partikulären Lösung bestimmt werden können.

Randwertprobleme

Für explizite Differentialgleichungen

$$y^{(n)}(x) = f(x, y(x), \ldots, y^{(n-1)}(x))$$

der Ordnung n mit $n \geq 2$ gibt es weitere Möglichkeiten, durch die Vorgabe von Rahmenbedingungen die Lösungsvielfalt einzugrenzen. Da wir dies nicht tiefer gehend thematisieren werden, wollen wir es bei einer kurzen Abhandlung für den Spezialfall $n = 2$ belassen: Statt der Vorgabe von $y(x_0)$ und $y'(x_0)$ (Anfangswertproblem) suchen wir eine Lösung, deren Graph durch die Punkte (x_0, y_0) und (x_1, y_1) geht (wobei (x_0, y_0) und (x_1, y_1) im Definitionsbereich von f liegen müssen). Gesucht ist also eine Lösung des Problems

$$y''(x) = f(x, y(x), y'(x)) \qquad \text{und} \qquad y(x_0) \stackrel{!}{=} y_0;\; y(x_1) \stackrel{!}{=} y_1 .$$

Man spricht in diesem Zusammenhang von einem **Randwertproblem**.

Auch eine eventuelle Lösung eines Randwertproblems wird als partikuläre Lösung bezeichnet.

13.6 Gewinnung von Differentialgleichungen aus Kurvenscharen

In den vorigen Abschnitten haben wir dargelegt, wie die allgemeine Lösung einer Differentialgleichung durch eine Funktionenschar repräsentiert wird. In diesem Abschnitt wollen wir uns der Umkehrung zuwenden: Wir zeigen, wie aus einer gegebenen Funktionenschar umgekehrt eine (im Allgemeinen implizite) Differentialgleichung konstruiert werden kann, deren allgemeine Lösung gerade die gegebene Kurvenschar darstellt oder zumindest beinhaltet.

Wir betrachten zunächst den Fall einer Funktionenschar mit nur **einer** Scharkonstanten c und versuchen, diese Kurvenschar als Teil der allgemeinen Lösung einer Differentialgleichung **erster** Ordnung zu schreiben. Betrachten wir die Funktion

$$y(x) = g_c(x) \tag{13.8}$$

für einen beliebigen Parameterwert c. Wir differenzieren diese Gleichung und erhalten eine zweite Gleichung

$$y'(x) = g_c'(x). \tag{13.9}$$

Aus diesen beiden Gleichungen (13.8) und (13.9) können wir durch geschicktes Kombinieren, Auflösen etc. (unter Umständen) den Parameter c eliminieren. Wir erhalten dann eine Gleichung, in welcher der Parameter c verschwunden ist und welche stattdessen einen Ausdruck in $y'(x)$ enthält. Damit haben wir eine (i.A. implizite) Differentialgleichung erster Ordnung gewonnen, deren allgemeine Lösung die gegebene Kurvenschar beinhaltet.

Beispiel 13.9

Gegeben sei die einparametrige Funktionenschar

$$y(x) = Cx^2 \qquad (C \in \mathbb{R})$$

von Normalparabeln, die in ▶ Abbildung 13.4 dargestellt ist. Wir differenzieren diese Schar nach x und erhalten

$$y'(x) = 2Cx.$$

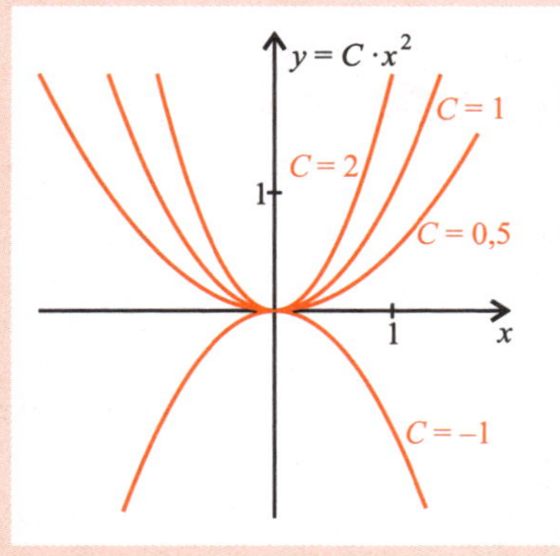

Abbildung 13.4: Parabelschar $y(x) = Cx^2$.

Multiplizieren wir die differenzierte Gleichung mit dem Faktor $\frac{1}{2}x$, so erhalten wir die Gleichung

$$\frac{1}{2}x\,y'(x) = Cx^2$$

und damit durch einen Vergleich mit $y(x)$ die implizite Differentialgleichung

$$y(x) = \frac{1}{2}xy'(x) \qquad \Leftrightarrow \qquad \frac{1}{2}xy'(x) - y(x) = 0.$$

Jede Parabel der Ausgangskurvenschar erfüllt nach Konstruktion die Differentialgleichung. Formal könnten wir diese implizite Differentialgleichung auch in die explizite Differentialgleichung

$$y'(x) = 2 \cdot \frac{y(x)}{x}$$

umwandeln bzw. diese Gestalt unmittelbar – durch Auflösen einer der beiden obigen Gleichungen für $y(x)$ oder $y'(x)$ nach C und Einsetzen in die jeweils andere – gewinnen. Dabei müssten wir jedoch in Kauf nehmen, dass die Parabeln der Ausgangskurvenschar diese explizite Differentialgleichung an der Stelle $x = 0$ nicht lösen, da diese Gleichung (bzw. deren rechte Seite) an der Stelle $x = 0$ nicht definiert ist, die implizite Differentialgleichung dagegen wohl.

Auch für eine Kurvenschar, die von **zwei** Parametern abhängt, können wir unter Umständen eine Differentialgleichung **zweiter** Ordnung finden, deren allgemeine Lösung die gegebene Kurvenschar beinhaltet. In diesem Fall werden die beiden Parameter in der Regel dadurch eliminiert, dass wir die Kurvenschar **zwei Mal** differenzieren.

Beispiel 13.10

Gegeben sei die Kurvenschar

$$s(t) = c_1 \cos(\omega t) + c_2 \sin(\omega t)$$

mit den Parametern $c_1, c_2 \in \mathbb{R}$ und $\omega = \sqrt{\frac{k}{m}}$ aus Beispiel 13.7. Wir differenzieren zwei Mal nach t und erhalten

$$\begin{aligned} \dot{s}(t) &= -c_1 \cdot \omega \cdot \sin(\omega t) + c_2 \cdot \omega \cdot \cos(\omega t) \qquad \text{sowie} \\ \ddot{s}(t) &= -c_1 \cdot \omega^2 \cos(\omega t) - c_2 \cdot \omega^2 \sin(\omega t) = -\omega^2 \underbrace{(c_1 \cos(\omega t) + c_2 \sin(\omega t))}_{=s(t)}, \end{aligned}$$

also

$$\ddot{s}(t) = -\omega^2 s(t) = -\frac{k}{m}\, s(t),$$

was genau wieder der Schwingungsdifferentialgleichung aus Beispiel 13.7 entspricht.

In den letzten beiden Beispielen 13.9 und 13.10 haben wir lediglich gezeigt, dass alle Funktionen einer gegebenen Funktionenschar Lösungen einer Differentialgleichung sind, sich also in die allgemeine Lösung einer Differentialgleichung einfügen. Umgekehrt kann unsere Rechnung damit jedoch nicht ausschließen, dass die ermittelte Differentialgleichung noch weitere Lösungen als die Funktionen der gegebenen Kurvenschar besitzt. Man betrachte etwa ausgehend von Beispiel 13.9 die modifizierte Kurvenschar

$$y(x) = C^2x^2 \qquad (C \in \mathbb{R}),$$

welche auf die gleiche Differentialgleichung wie in Beispiel 13.9 führt, selbst aber ausschließlich nach oben geöffnete Parabeln enthält.

Generell ist es geboten, eine $\boldsymbol{n}$-parametrige Kurvenschar als Teil der allgemeinen Lösung einer Differentialgleichung der Ordnung $\boldsymbol{n}$ darzustellen, wie dies auch in den letzten beiden Beispielen gezeigt wurde. In manchen Fällen ist man versucht, die Kurvenschar öfter abzuleiten, um so eine einfachere Darstellung durch eine Differentialgleichung zu erreichen. Das folgende Beispiel zeigt, wie dies im Allgemeinen zu Differentialgleichungen führen kann, deren allgemeine Lösung umfangreicher als nötig ist, in dem Sinne, dass sie weitaus mehr Kurven beinhaltet als die Ausgangskurvenschar.

Beispiel 13.11

Gegeben sei die Kurvenschar

$$y(x) = x^3 + cx \qquad (c \in \mathbb{R}).$$

Einmaliges Differenzieren führt auf

$$y'(x) = 3x^2 + c \qquad (c \in \mathbb{R}).$$

Verführerisch (aber unklug) wäre es, hier zwei Mal zu differenzieren und das Ergebnis

$$y''(x) = 6x$$

als die gesuchte Differentialgleichung zu betrachten. Ersichtlich ist diese jedoch weitaus zu umfangreich, denn deren allgemeine Lösung beinhaltet all die Funktionen

$$z(x) = x^3 + cx + d \qquad (c, d \in \mathbb{R}),$$

was man durch Ableiten bestätigt. Diese Kurvenschar ist aber um einen Parameter reicher als die Ausgangskurvenschar $y(x) = x^3 + cx$. Keine der darin enthaltenen Funktionen für $d \neq 0$ ist in der Ausgangskurvenschar enthalten.

Richtig (und konsequent) ist es, auch hier eine Differentialgleichung erster Ordnung anzustreben und den Parameter c aus der Gleichung für y' zu eliminieren:

Es ist $c = y'(x) - 3x^2$, was wir in die Schargleichung einsetzen und dadurch die Gleichung

$$y(x) = x^3 + y'(x) \cdot x - 3x^3$$

erhalten. Dies führt auf die implizite Differentialgleichung

$$y' \cdot x - y - 2x^3 = 0\,.$$

Aufgaben

1 Gegeben sei die Differentialgleichung

$$y' = \frac{y}{x}\,.$$

Zeichnen Sie in dem Raster aller Punkte (x, y) mit $x = -2, -1, 0, 1, 2$ und $y = -2, -1, 0, 1, 2$ das Richtungsfeld dieser Differentialgleichung. Versuchen Sie, ausgehend davon die allgemeine Lösung dieser Differentialgleichung zu erraten. Welche Funktion der Lösungsschar geht durch den Punkt $(1, 2)$?

2 Verifizieren Sie, dass jede Funktion der Schar

$$y(x) = \ln(x - c) \quad (x > c,\ c \in \mathbb{R})$$

die Differentialgleichung

$$y' = e^{-y}$$

löst.

3 Geben Sie für die folgenden Funktionenscharen parameterfreie Differentialgleichungen an, deren allgemeine Lösung die jeweilige Funktionenschar enthält:

a) $y(x) = e^{ax} \quad (a \in \mathbb{R}, x \neq 0)$,

b) $y(x) = a^x \quad (a > 0, x > 0)$,

c) $y(x) = e^x(ax + b) \quad (a, b \in \mathbb{R})$,

d) $y(x) = a \cdot \sin(bx + c) \quad (a, b, c \in \mathbb{R})$,

e) $y(x) = ax^2 + bx + c \quad (a, b, c \in \mathbb{R})$ (quadratische Parabeln),

f) $y(x) = -\frac{b}{a}x + b$ (Geradenschar mit $a \neq 0$; b sei so gewählt, dass die Summe der beiden Achsenabschnitte a und b gleich 1 ist).

4 Formulieren Sie für jeden der folgenden zeitabhängigen Abläufe eine Differentialgleichung, welche den Vorgang beschreibt:

a) **Radioaktiver Zerfall:** Die Geschwindigkeit, mit der die Anzahl $n(t)$ gewisser Teilchen abnimmt, ist proportional zur Anzahl $n(t)$.

b) **Chemische Reaktion erster Ordnung:** Von einem Ausgangsstoff ist anfangs ($t = 0$) die Konzentration A vorhanden. Im Lauf der Zeit wird der Stoff umgesetzt, wobei $x(t)$ die Konzentration des bereits umgesetzten Stoffes zum Zeitpunkt t bezeichne, also $x(0) = 0$. Die Geschwindigkeit, mit der die Konzentration des bereits umgesetzten Stoffes $x(t)$ wächst, ist proportional zur noch vorhandenen Konzentration des Ausgangsstoffes.

c) **Wachstum mit Überbevölkerungshemmung:** Die Anzahl $n(t)$ einer Individuenart wächst einerseits mit einer Geschwindigkeit proportional zur Anzahl $n(t)$ mit einem Wachstums-Proportionalitätsfaktor $\alpha > 0$, nimmt jedoch gleichzeitig proportional zum Quadrat der Anzahl $n(t)$ mit einem Hemmungs-Proportionalitätsfaktor $\beta > 0$ ab.

d) **Virusausbreitung:** Von insgesamt N Individuen einer Art ist zum Zeitpunkt t eine Anzahl $n(t)$ mit einem Virus infiziert. Es werde vereinfachend angenommen, dass kein Individuum neu geboren wird oder stirbt. Die Geschwindigkeit, mit der die Anzahl infizierter Individuen zunimmt, ist proportional zur Anzahl Infizierter zum Zeitpunkt t und auch proportional zur Anzahl Nichtinfizierter zum Zeitpunkt t.

Ausführliche Lösungen und weitere Aufgaben finden Sie auf der Companion Website des Buches unter
http://www.pearson-studium.de

Gewöhnliche Differentialgleichungen erster Ordnung

14

ÜBERBLICK

Dieses Kapitel erklärt:

- Kriterien, um die eindeutige Existenz der Lösung eines Anfangswertproblems feststellen zu können.
- Verschiedene Verfahren zur Lösung von gewöhnlichen Differentialgleichungen erster Ordnung, abhängig vom vorliegenden Typ.
- Wie man zu einer gegebenen Kurvenschar Isoklinen und Orthogonaltrajektorien bestimmt.

„Dieses Kapitel soll uns die konkreten Werkzeuge an die Hand geben, um gewöhnliche Differentialgleichungen erster Ordnung bzw. spezielle Anfangswertprobleme lösen zu können. Zunächst beantworten wir die Frage, wann ein gegebenes Anfangswertproblem eine Lösung besitzt und unter welchen Umständen die Lösung zudem eindeutig bestimmt ist. Ist diese Frage geklärt, so können wir uns daran machen, diese eindeutige Lösung auch explizit zu bestimmen. Abhängig vom jeweils vorliegenden Typ der Differentialgleichung ist ein spezifisches Verfahren durchzuführen. Daran wird deutlich, dass es keine allgemeingültige Strategie zur Lösung von Differentialgleichungen gibt. Verschärfend kommt hinzu, dass für manche Typen von Differentialgleichungen nicht einmal Lösungsverfahren bekannt sind und man sich in diesem Fall mit numerischen Methoden behelfen muss."

14.1 Existenz und Eindeutigkeit von Lösungen

Wann besitzt ein Anfangswertproblem

$$y' = f(x, y), \qquad y(x_0) \stackrel{!}{=} y_0 \tag{14.1}$$

für ein vorgegebenes Anfangswertepaar $(x_0, y_0) \in D_f$ eine Lösung? Eine hinreichende Antwort hierauf ist bekannt als Existenzsatz von Peano:

Satz **Existenzsatz von Peano**

Ist die rechte Seite, also die Funktion $f(x, y)$, **stetig** auf ihrem Definitionsbereich D_f, so besitzt das Anfangswertproblem für ein vorgegebenes Anfangswertepaar $(x_0, y_0) \in D_f$ (mindestens) eine Lösung.

Da Stetigkeit eine Eigenschaft ist, die vielen naturwissenschaftlichen Gegebenheiten in natürlicher Weise innewohnt, ist die Lösung eines Anfangswertproblems in der Praxis damit quasi immer gesichert. Jedoch reicht die Stetigkeit von f allein nicht aus, um auch die Eindeutigkeit der Lösung zu sichern, wie das nachfolgende Beispiel zeigt.

Beispiel 14.1

Gegeben sei das Anfangswertproblem

$$y' = \sqrt[3]{y^2}, \qquad y(0) \stackrel{!}{=} 0$$

mit einer auf ganz $\mathbb{R}^2$ stetigen rechten Seite $f(x, y) = \sqrt[3]{y^2}$. Zum einen ist

$$y_1(x) \equiv 0$$

eine Lösung, was man durch Einsetzen bestätigt. Zusätzlich dazu ist aber auch (▶ Abbildung 14.1) die Funktion

$$y_2(x) := \frac{x^3}{27}$$

eine Lösung des obigen Anfangswertproblems auf ganz $\mathbb{R}$, denn es ist einerseits

$$y_2'(x) = \frac{x^2}{9}$$

und andererseits

$$\sqrt[3]{y_2^2(x)} = \sqrt[3]{\frac{x^6}{3^6}} = \frac{x^2}{3^2} = \frac{x^2}{9}.$$

Abbildung 14.1: Anfangswertproblem mit mehreren Lösungen.

Der nachfolgende Satz gibt ein hinreichendes und praxisgerechtes Kriterium dafür an, wann ein Anfangswertproblem sogar eine **eindeutige** Lösung besitzt. Ist die rechte Seite $f(x, y)$ demnach „nicht allzu unangenehm“, so ist eine eindeutige Lösung gesichert:

Satz **Existenz- und Eindeutigkeitssatz von Picard-Lindelöf**

Das Anfangswertproblem

$$y' = f(x, y), \qquad y(x_0) \stackrel{!}{=} y_0$$

besitzt für jeden inneren Punkt (x_0, y_0) aus dem Definitionsbereich D_f eine eindeutige Lösung, wenn die Funktion $f(x, y)$ auf D_f **stetig** ist und wenn sie in ihrem Inneren **bezüglich *y* partiell differenzierbar** ist mit stetiger Ableitung

$$\frac{\partial f}{\partial y}(x, y)\,.$$

Unter dem Inneren des Definitonsbereichs wollen wir dabei alle Punkte aus D_f verstehen, die keine Randpunkte sind.

Oft ist in der theoretischen Literatur statt der partiellen Differenzierbarkeit mit stetiger Ableitung auch nur verlangt, dass die Funktion $f(x, y)$ eine so genannte lokale **Lipschitz-Bedingung bezüglich *y*** erfüllt. Darunter versteht man die Eigenschaft, dass es um das Anfangswertepaar (x_0, y_0) aus dem Inneren von D_f eine zumindest kleine Umgebung U geben muss, auf welcher gelte

$$|f(x, y_1) - f(x, y_2)| \leq L \cdot |y_1 - y_2|$$

für alle Punkte (x, y_1), (x, y_2) aus U mit einer so genannten Lipschitz-Konstanten $L > 0$. Beispielsweise ist diese Bedingung eben dann erfüllt, wenn die Funktion $f(x, y)$ partiell nach y differenzierbar ist mit stetiger partieller Ableitung $\frac{\partial f}{\partial y}(x, y)$, wie im letzten Satz angenommen.

Man beachte, dass die genannte Differenzierbarkeitsforderung an die Funktion $f(x, y)$ (bzw. die Existenz einer Lipschitz-Bedingung) lediglich **hinreichend**, aber **nicht notwendig** ist für das Vorliegen einer eindeutig bestimmten Lösung. Es ist also nicht ausgeschlossen, dass es Funktionen $f(x, y)$ gibt, welche diese Kriterien nicht erfüllen, für welche aber das Anfangswertproblem dennoch eine eindeutige Lösung besitzt. In diesen Fällen muss die eindeutige Existenz der Lösung im konkreten Einzelfall nachgewiesen werden.

Liegt jedoch keine eindeutige Lösbarkeit eines Anfangswertproblems vor, so ist mit Sicherheit die Bedingung der partiellen Differenzierbarkeit inklusive stetiger Ableitung verletzt. Beispielsweise ist im Fall des Anfangswertproblems

$$y' = \sqrt[3]{y^2}, \qquad y(0) \stackrel{!}{=} 0$$

aus Beispiel 14.1 die rechte Seite $f(x, y) = \sqrt[3]{y^2}$ auf ganz $\mathbb{R}^2$ definiert, aber die partielle Ableitung

$$\frac{\partial f(x, y)}{\partial y} = \frac{2}{3} \cdot \frac{1}{\sqrt[3]{y}}$$

ist im Punkt $(x_0, y_0) = (0, 0)$ nicht definiert.

14.2 Elementare Lösungsverfahren

Wir untersuchen in diesem Abschnitt Verfahren zur Lösung von Differentialgleichungen unterschiedlichen Typs. Um den praktischen Charakter dieses Abschnitts hervorzuheben, verzichten wir auf allgemeine Überlegungen hinsichtlich der eindeutigen Existenz konkreter Anfangswertprobleme. Aus praktischer Sicht ist es sinnvoller, dies im konkreten Fall mit den Mitteln aus Abschnitt 14.1 nachzuprüfen. Ferner sei angemerkt, dass sich die nachfolgenden Verfahren größtenteils formaler Argumente bedienen, die sich im Hinblick auf eine praktische Anwendung gut einprägen lassen.

14.2.1 Form $y' = f(x)$

Es sei f eine auf einem Intervall stetige Funktion. Charakteristisch für diese Differentialgleichung ist, dass die rechte Seite $f(x, y)$ die Variable y nicht enthält. Möglicherweise mag es daher vermessen sein, eine Differentialgleichung dieser Form überhaupt als solche zu bezeichnen. Praktischerweise sollte man daher in diesem Fall von der Theorie der Differentialgleichungen Abstand nehmen. Denn die Lösung des Problems $y' = f(x)$ ist gegeben durch die Schar aller Stammfunktionen bzw. durch das unbestimmte Integral von f, d. h. es ist

$$y(x) = \int f(x)\,dx \quad \Leftrightarrow \quad y(x) = F(x) + c \qquad (c \in \mathbb{R}),$$

wenn $F(x)$ eine beliebige Stammfunktion von $f(x)$ bezeichnet.

14.2.2 Form $y' = f(y)$ (Autonome Differentialgleichung)

Die rechte Seite $f(x, y)$ sei hier von x unabhängig und lediglich eine Funktion von y; man spricht auch von einer **autonomen** Differentialgleichung. Es sei dabei $f(y)$ eine auf einem Intervall stetige Funktion. Um die allgemeine Lösung zu bestimmen, ermitteln wir in einem ersten Schritt ausschließlich

Lösungen durch Punkte $(x, y) \in D_f$ mit $f(y) \neq 0$
Für diese formuliert sich die Differentialgleichung

$$y' = \frac{dy}{dx} = f(y)$$

durch Bruchumkehrung äquivalent zu

$$\frac{dx}{dy} = \frac{1}{f(y)} \qquad \Leftrightarrow \qquad x'(y) = \frac{1}{f(y)}\,.$$

Unter Vertauschung der Rollen von x und y als abhängige und unabhängige Variablen entspricht dieses Problem dem Typ 14.2.1 und wir erhalten in diesem Fall wieder durch Integration die Lösungsschar

$$x(y) = \int \frac{1}{f(y)}\,dy \qquad \Leftrightarrow \qquad x(y) = G(y) + c \qquad (c \in \mathbb{R}), \tag{14.2}$$

wenn $G(y)$ eine beliebige Stammfunktion von $\frac{1}{f(y)}$ bezeichnet. Falls es praktisch möglich ist, so ist ein Auflösen nach y zu einer Schar von Funktionen $y = y(x)$ geboten.

Lösungen durch Punkte $(x, y) \in D_f$ mit $f(y) = 0$

Ist y_0 eine Nullstelle von f, so erfüllt die Funktion

$$y(x) \equiv y_0$$

ebenfalls die Differentialgleichung, was man durch Einsetzen in die Ausgangsgleichung bestätigt. Die Funktion $y(x) \equiv y_0$ ist dann zusätzlich in die Lösungsschar (14.2) aufzunehmen.

Beispiel 14.2

Wir betrachten die Differentialgleichung

$$y' = \frac{dy}{dx} = y\,.$$

In allen Punkten $(x, y) \in \mathbb{R}^2$ mit $y \neq 0$ formuliert sich diese Gleichung in der äquivalenten Form

$$\frac{dx}{dy} = \frac{1}{y},$$

so dass sich für $y \neq 0$ eine Schar von Stammfunktionen $x(y)$ ergibt zu

$$x(y) = \int \frac{1}{y}\,dy = \ln|y| + c_1 \qquad (c_1 \in \mathbb{R})\,.$$

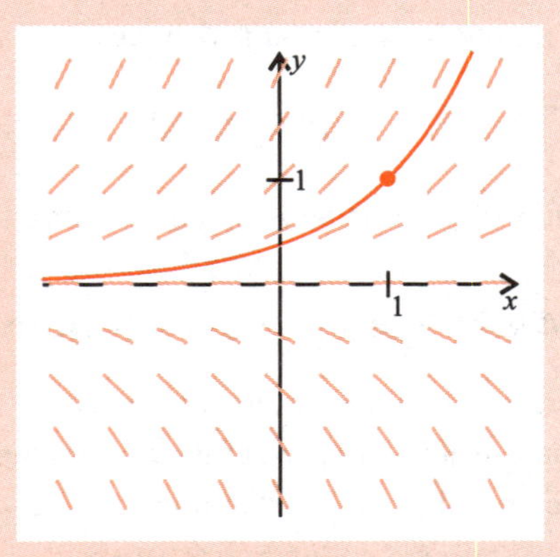

Abbildung 14.2: Richtungsfeld und partikuläre Lösung von $y' = y$.

(Man beachte hier den Absolutbetrag!) Durch Umkehrung wollen wir diese Schar als Schar von Funktionen $y = y(x)$ formulieren: Es ist

$$e^x = e^{\ln|y|+c_1} = e^{\ln|y|} \cdot e^{c_1} = |y| \cdot e^{c_1} \qquad \text{bzw.} \qquad |y| = e^x \cdot c_2$$

mit $c_2 = e^{-c_1}$. Durchläuft c_1 alle reellen Zahlen, so kann $c_2 = e^{-c_1}$ lediglich positive Werte annehmen, d. h. es ist $c_2 > 0$. Ein Auflösen des Absolutbetrags ergibt nun

$$y(x) = \begin{cases} c_2\, e^x & \text{für } y > 0 \\ -c_2\, e^x & \text{für } y < 0 \end{cases} \qquad \text{oder einfacher} \qquad y(x) = \pm c_2\, e^x \quad (c_2 > 0)\,.$$

Nimmt c_2 positive Werte an, so durchläuft $\pm c_2$ ganz $\mathbb{R}$ mit Ausnahme von Null. Wir können daher unsere Lösungsschar schreiben als

$$y(x) = c_3 \cdot e^x \qquad (c_3 \in \mathbb{R}\backslash\{0\})\,.$$

Bleibt die Frage nach den Lösungen durch Punkte (x, y) mit $f(y) = y = 0$. Es ist $y_0 = 0$ die einzige Nullstelle der Funktion $f(y)$. Wie oben allgemein erläutert ist dann die (einzige) Sonderlösung

$$y(x) \equiv 0 \qquad (x\text{-Achse})$$

gesondert in die Lösungsschar aufzunehmen, so dass sich die allgemeine Lösung insgesamt formuliert zu

$$\left\{ \begin{array}{l} y(x) = c_3 \cdot e^x \quad (c_3 \in \mathbb{R}\backslash\{0\}) \\ y(x) \equiv 0 \end{array} \right\}$$

oder in endgültig zusammengefasster Form

$$y(x) = c \cdot e^x \qquad (c \in \mathbb{R})\,.$$

Durch das Anfangswertepaar $(x_0, y_0) = (1, 1)$ bestimmen wir die partikuläre Lösung: Indem wir die Forderung $y(1) = 1$ in die allgemeine Lösung einsetzen, errechnen wir

$$1 \stackrel{!}{=} y(1) = c\, e^1 \qquad \Leftrightarrow \qquad c = e^{-1}\,.$$

Damit lautet die gesuchte, in ▶ Abbildung 14.2 dargestellte partikuläre Lösung

$$y(x) = e^{-1} e^x = e^{x-1}\,.$$

Im obigen Beispiel 14.2 wurde die Sonderlösung dadurch formal in die Scharlösung aufgenommen, dass diese um einen vorher ausgeschlossenen Parameterwert bereichert wurde. Dies ist manchmal, aber leider nicht in jeder Situation möglich.

14.2.3 Form $y' = h(x) \cdot g(y)$ (Getrennte Veränderliche)

Eine solche Differentialgleichung, bei der die rechte Seite aus dem Produkt zweier Funktionen $h(x)$ und $g(y)$ besteht (Getrennte Veränderliche), wird mit dem Verfahren der **Trennung der Variablen** gelöst. Die Funktionen $h(x)$ und $g(y)$ seien auf zwei Intervallen definierte stetige Funktionen.

Es sei bemerkt, dass auch der Fall eines Quotienten

$$y' = \frac{h(x)}{z(y)} = h(x) \cdot \underbrace{\frac{1}{z(y)}}_{=:g(y)}$$

unter den Typ getrennter Veränderlicher fällt.

Wir formulieren die zu lösende Differentialgleichung in der Form

$$\frac{dy}{dx} = h(x) \cdot g(y) \tag{14.3}$$

und ermitteln zunächst die Schar der:

Lösungen durch Punkte $(x, y) \in D_f$ mit $g(y) \neq 0$

Zum Zweck der Variablentrennung bringen wir den Ausdruck $h(x)$ inklusive Differential dx auf die eine, die Funktion $g(y)$ und das Differential dy hingegen auf die andere Seite und erhalten

$$\frac{1}{g(y)}\,dy = h(x)\,dx\,. \tag{14.4}$$

Man beachte in diesem Zusammenhang, dass eine formal mögliche Trennung der Differentiale in der Form $\frac{1}{dx}$ bzw. $\frac{1}{dy}$ für das im Folgenden vorgestellte Verfahren der Trennung der Variablen nicht brauchbar ist.

Wir integrieren Gleichung (14.4) auf beiden Seiten – links bezüglich y, rechts bezüglich x – und erhalten

$$\int \frac{1}{g(y)}\,dy = \int h(x)\,dx \qquad \text{bzw.} \qquad K(y) = H(x) + c \quad (c \in \mathbb{R}) \tag{14.5}$$

mit beliebigen Stammfunktionen $K(y)$ von $\frac{1}{g(y)}$ und $H(x)$ von $h(x)$. Nach erfolgter Integration sollten wir, sofern dies praktisch möglich ist, die letzte Gleichung nach y auflösen, um damit einen expliziten Scharzusammenhang $y = y_c(x)$ herzustellen.

Lösungen durch Punkte $(x, y) \in D_f$ mit $g(y) = 0$

Um Lösungen durch Punkte (x, y) mit $g(y) = 0$ zu finden, ist obiges Verfahren nicht geeignet, denn die linke Seite in (14.4) ist für solche Fälle undefiniert. Doch lassen sich Lösungen durch diese Punkte leicht explizit angeben: Für jede Nullstelle y_0 von $g(y)$ ist nämlich

$$y(x) \equiv y_0$$

eine Lösung der Differentialgleichung, was man wieder durch Einsetzen verifiziert. Diese Lösungsfunktionen sind der obigen Lösungsschar hinzuzufügen.

Beispiel 14.3

Wir betrachten die Differentialgleichung

$$y' = \frac{dy}{dx} = -\frac{x}{y} = \underbrace{-x}_{h(x)} \cdot \underbrace{\frac{1}{y}}_{=g(y)}$$

(siehe Beispiel 13.8). Der Definitionsbereich dieser Differentialgleichung ist gegeben durch

$$D_f = \{(x, y) \in \mathbb{R}^2 : y \neq 0\},$$

was der gesamten Ebene mit Ausnahme der x-Achse entspricht.

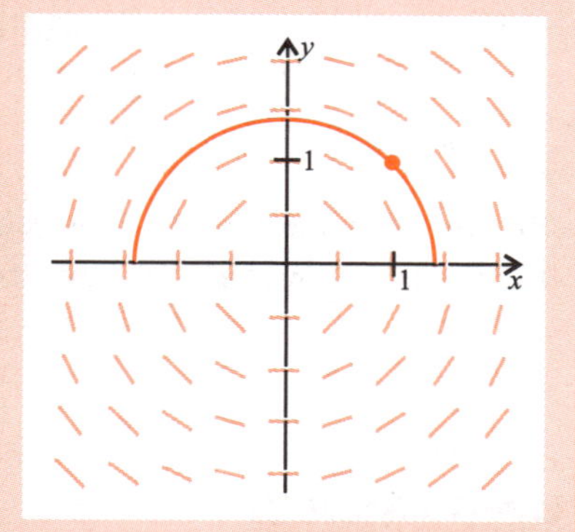

Abbildung 14.3: Richtungsfeld und partikuläre Lösung von $y' = -\frac{x}{y}$.

Auf der Suche nach der allgemeinen Lösung trennen wir die Ausdrücke in x von denen in y, d. h.

$$y\,dy = -x\,dx\,.$$

Eine Integration auf beiden Seiten führt auf

$$\int y\,dy = \int -x\,dx \quad \Leftrightarrow \quad \frac{y^2}{2} = -\frac{x^2}{2} + c_1 \quad \Leftrightarrow \quad x^2 + y^2 = 2c_1$$

mit einer zunächst nicht näher bestimmten Integrationskonstanten $c_1 \in \mathbb{R}$. Lösen wir dies zunächst rein formal nach y auf, so erhalten wir die Beziehungen

$$y(x) = \pm\sqrt{2c_1 - x^2}\,.$$

Dabei handelt es sich genau dann um Funktionen $y = y(x)$, wenn $2c_1 > 0$ bzw. $c_1 > 0$. Andernfalls ist $y(x)$ gar nicht oder nur in einem Punkt definiert. Aus diesem Grund können wir die Scharkonstante $2c_1$ durch den stets positiven Ausdruck c^2

$(c \neq 0)$ ersetzen. Die Lösungsschar lässt sich dann schreiben in der Form

$$y(x) = \pm\sqrt{c^2 - x^2} \qquad (c \neq 0,\ |x| < c), \tag{14.6}$$

was einer Schar konzentrischer Halbkreise um den Ursprung mit Radius c entspricht.

Man beachte die Lösungsintervalle dieser Lösungen: Für gegebenes $c > 0$ ist die zugehörige Lösung definiert für $|x| < c$, obwohl die Funktionen $y(x) = \sqrt{c^2 - x^2}$ für $x = \pm c$ definiert wären. Da diese jedoch dort aufgrund ihrer senkrechten Tangente nicht differenzierbar sind, setzt man das Lösungsintervall nur jeweils auf $]-c, c[$ statt auf $[-c, c]$ fest.

Damit sind bereits alle Lösungen gefunden, denn wegen der Nullstellenfreiheit von $g(y)$ sind keine weiteren Sonderlösungen in die Lösungsschar mit aufzunehmen.

Durch den Punkt $(x_0, y_0) = (1, 1)$ suchen wir eine partikuläre Lösung: Ein Einsetzen in die Schargleichung (14.6) liefert

$$1 \stackrel{!}{=} y(1) = \pm\sqrt{c^2 - 1^2} \quad \Leftrightarrow \quad c^2 - 1 = 1 \quad \Leftrightarrow \quad c^2 = 2 \quad \stackrel{(c>0)}{\Leftrightarrow} \quad c = \sqrt{2}\,.$$

Bei der gesuchten partikulären Lösung handelt es sich folglich um den oberen Halbkreis um den Ursprung mit Radius $\sqrt{2}$ (▶ Abbildung 14.3).

Beispiel 14.4

Gesucht ist die allgemeine Lösung der Differentialgleichung

$$y' = \frac{dy}{dx} = \frac{y}{x} = \underbrace{y}_{=g(y)} \cdot \underbrace{\frac{1}{x}}_{=h(x)}\,.$$

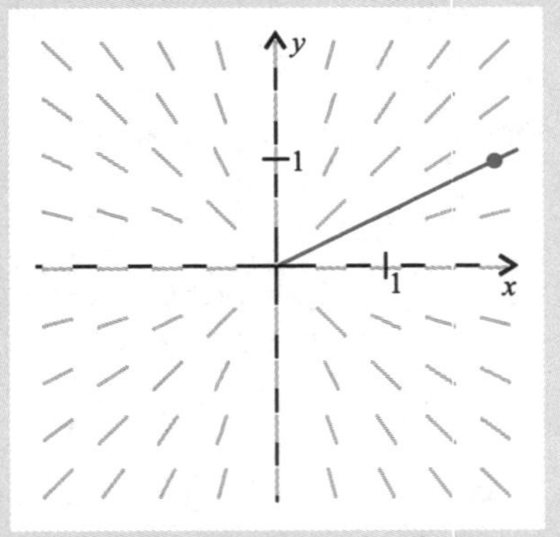

Abbildung 14.4: Richtungsfeld und partikuläre Lösung von $y' = \frac{y}{x}$.

Der Definitionsbereich D_f dieser Differentialgleichung besteht aus der Menge

$$D_f = \{(x, y) \in \mathbb{R} : x \neq 0\},$$

also dem gesamten $\mathbb{R}^2$ ohne die y-Achse. Lösungen durch Punkte $(x, y) \in D_f$ mit $y = 0$ sollen von der Untersuchung zunächst ausgenommen werden, denn es ist $y_0 = 0$ eine

Nullstelle der Funktion $g(y) = y$. Für alle Punkte $(x, y) \in D_f$ mit $y \neq 0$ gilt nach Trennung der Variablen

$$\frac{1}{y}\,dy = \frac{1}{x}\,dx\,.$$

Durch Integration erhalten wir

$$\int \frac{1}{y}\,dy = \int \frac{1}{x}\,dx \qquad \Leftrightarrow \qquad \ln|y| = \ln|x| + c_1 \qquad (c_1 \in \mathbb{R})$$

bzw.

$$|y| = |x| \cdot \underbrace{e^{c_1}}_{=:c>0} \quad (x \neq 0) \qquad \Leftrightarrow \qquad y = \pm c \cdot x \quad (c > 0, x \neq 0)\,,$$

also insgesamt

$$y(x) = c \cdot x \qquad (c \neq 0,\ x \neq 0)\,,$$

was einer Schar von Ursprungsgeraden entspricht. Man beachte, dass die Lösungskurven nur für $x < 0$ oder $x > 0$ definiert sind, auch wenn sich jede Funktion $y(x) = cx$ in den Ursprung hinein problemlos fortsetzen ließe. Damit tragen wir der Forderung Rechnung, wonach eine Lösung definitionsgemäß auf einem lückenlosen Intervall definiert sein muss und dort in jedem Punkt die Differentialgleichung zu lösen hat (siehe Abschnitt 13.2). Da die Differentialgleichung im Nullpunkt undefiniert ist, kann von Lösbarkeit in diesem Punkt keine Rede sein. Sämtliche Lösungen sind im Sinne dieser Definition also entweder auf den Intervallen $]-\infty, 0[$ oder auf $]0, \infty[$ definiert.

Betrachten wir nun Lösungen durch Punkte (x, y) mit $g(y) = y = 0$. Wir bestimmen die einzige Nullstelle von $g(y)$ zu $y_0 = 0$. Nach unseren obigen Ausführungen ist dann die Funktion

$$y(x) \equiv 0 \qquad (x \neq 0)$$

in die allgemeine Lösungsschar mit aufzunehmen. Wieder lässt sich dies bewerkstelligen, indem man den Parameterbereich schließt und die Lösung $y(x) \equiv 0$ für $c = 0$ in die obige Schar mit einbezieht, d. h. die allgemeine Lösung ist gegeben durch

$$y(x) = c \cdot x \qquad (c \neq 0,\ x \neq 0)\,.$$

Eine partikuläre Lösung durch den Punkt $(x_0, y_0) = (2, 1)$ gewinnen wir wieder durch Einsetzen dieses Anfangswertepaares in die Scharlösung (▶ Abbildung 14.4): Aus

$$1 \stackrel{!}{=} y(2) = c \cdot 2 \qquad \Leftrightarrow \qquad c = \frac{1}{2}$$

ergibt sich die partikuläre Lösung

$$y(x) = \frac{x}{2}\,.$$

Festzulegen ist noch das korrekte Lösungsintervall. Wegen $x_0 = 2 > 0$ handelt es sich bei dem korrekten (größtmöglichen) Lösungsintervall dieser Funktion um das Intervall $]0, \infty[$.

14.2.4 Form $y' = f(ax + by + c)$

Handelt es sich bei der rechten Seite $f(x, y)$ einer Differentialgleichung erster Ordnung um eine stetige Funktion der Linearkombination $ax + by + c$ mit reellen Koeffizienten a, b und c, so können wir die allgemeine Lösung berechnen, indem wir substituieren

$$u(x) := ax + by(x) + c,$$

was auf die Gleichung

$$y'(x) = f(u(x))$$

führt. Eine Differentiation von $u(x)$ nach x ergibt

$$u'(x) = a + by'(x)$$

und unter Benutzung der obigen Identität $y'(x) = f(u(x))$ letztlich

$$u'(x) = a + b \cdot f(u(x)) \qquad \text{oder kurz} \qquad \frac{du}{dx} = a + b \cdot f(u).$$

Damit liegt (nunmehr in den Variablen x und u) der Fall einer autonomen Differentialgleichung (Abschnitt 14.2.2) vor. Wir stellen um:

$$\frac{dx}{du} = \frac{1}{a + b \cdot f(u)}$$

und erhalten durch Integration die Lösungsschar

$$x(u) = \int \frac{1}{a + b \cdot f(u)}\, du \tag{14.7}$$

sowie ggf. Sonderlösungen

$$u(x) \equiv u_0$$

für Nullstellen u_0 der Funktion $a + b \cdot f(u)$. Nach Berechnung des Integrals (14.7) ersetzen wir u in dieser Schar wie auch in den Sonderlösungen wieder durch den Ausdruck $ax+by+c$ (Resubstitution) und erhalten eine implizite Form der allgemeinen Lösung. Abhängig vom konkreten Beispiel kann möglicherweise durch Auflösen nach y die explizite Form $y(x)$ hergestellt werden.

Beispiel 14.5

Gegeben ist die gewöhnliche Differentialgleichung erster Ordnung

$$y' = (x + y - 1)^2 .$$

Damit liegt die oben genannte Form vor mit $a = b = 1$ sowie $c = -1$. Wir substituieren

$$u(x) = x + y - 1$$

und erhalten zum einen nach Substitution in der Differentialgleichung die Beziehung

$$y' = u^2(x)$$

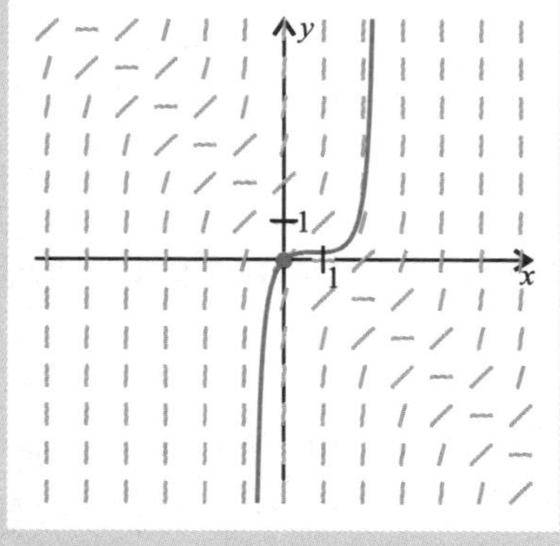

Abbildung 14.5: Richtungsfeld und partikuläre Lösung von $y' = (x + y - 1)^2$.

und zum anderen durch Ableiten von $u(x)$ und Einsetzen von $y' = u^2$ die Differentialgleichung

$$\frac{du}{dx} = 1 + y'(x) = 1 + u^2(x) .$$

Da die rechte Seite dieser autonomen Differentialgleichung (in x und u) nullstellenfrei ist, brauchen wir keine Sonderlösungen zu berechnen. Durch Kehrwertbildung erhalten wir

$$\frac{dx}{du} = \frac{1}{1 + u^2} .$$

Eine Integration liefert

$$x(u) = \int \frac{1}{1 + u^2} \, du = \arctan u + C$$

bzw.

$$\arctan u = x - C \quad \Leftrightarrow \quad u = \tan(x - C) \quad \left(|x - C| < \frac{\pi}{2}\right) .$$

Durch die Resubstitution $u = x + y - 1$ erhalten wir dann die implizite Lösung

$$x + y - 1 = \tan(x - C) \quad \left(|x - C| < \frac{\pi}{2}\right) ,$$

was aufgelöst nach y auf die allgemeine Lösung

$$y(x) = \tan(x - C) - x + 1 \quad \left(C \in \mathbb{R}, |x - C| < \frac{\pi}{2}\right) \tag{14.8}$$

führt.

Eine partikuläre Lösung, beispielsweise durch $(x_0, y_0) = (0, 0)$, berechnen wir wieder durch Einsetzen der Werte $x_0 = y_0 = 0$ in diese allgemeine Lösung. Es ist

$$0 \stackrel{!}{=} \tan(0 - C) - 0 + 1 \quad \left(|0 - C| < \frac{\pi}{2}\right) \qquad \Leftrightarrow \qquad \tan(-C) = -1 \quad \left(|C| < \frac{\pi}{2}\right).$$

Da es sich bei der Tangensfunktion um eine ungerade Funktion handelt, ist die letzte Bedingung äquivalent zu

$$-\tan(C) = -1 \qquad \Leftrightarrow \qquad \tan(C) = 1 \quad \left(|C| < \frac{\pi}{2}\right).$$

Wir erhalten damit für C die einzige Lösung

$$C = \frac{\pi}{4}.$$

Indem wir diesen Wert für C in die allgemeine Lösung (14.8) einsetzen, erhalten wir die partikuläre Lösung zu

$$y(x) = \tan\left(x - \frac{\pi}{4}\right) - x + 1 \quad \left(\left|x - \frac{\pi}{4}\right| < \frac{\pi}{2}\right).$$

Der Definitionsbereich dieser Funktion ist ganz $\mathbb{R}$ mit Ausnahme der Stellen $\frac{3\pi}{4} + k \cdot \frac{\pi}{2}$ $(k \in \mathbb{Z})$. Als **Lösung** bezeichnet man diese Funktion jedoch definitionsgemäß nur auf einem solchen Intervall um die Anfangswertstelle $x_0 = 0$, auf welchem sie differenzierbar ist und in jedem Punkt die Differentialgleichung löst. Dies ist maximal auf dem Intervall

$$\left]-\frac{\pi}{4}, \frac{3\pi}{4}\right[$$

der Fall (▸ Abbildung 14.5).

14.2.5 Form $y' = f\left(\frac{y}{x}\right)$ (Ähnlichkeits-Differentialgleichung, homogene Differentialgleichung)

In diesem Fall beinhaltet die rechte Seite der Differentialgleichung Ausdrücke der Form $\frac{y}{x}$. Ein formaler Ausdruck $f(x, y)$, welcher für zwei Werte x und y das gleiche Resultat liefert wie für die mit einem gemeinsamen Faktor c gestreckten Werte cx und cy, heißt **homogen** oder auch **ähnlich**. Die rechte Seite $f(\frac{y}{x})$ erfüllt diese Eigenschaft, was der vorliegenden Differentialgleichung ihren Namen verleiht. Man hüte sich vor Verwechslungen mit dem gleichlautenden Begriff „homogen" im Zusammenhang mit linearen Differentialgleichungen (Abschnitt 14.2.7).

Der Einfachheit halber wollen wir annehmen, dass f auf ganz $\mathbb{R}$ definiert ist, so dass wir nur die Punkte $(x, y) \in \mathbb{R}^2$ mit $x = 0$ auszunehmen haben.

Ähnlich wie in Abschnitt 14.2.4 substituieren wir, um die allgemeine Lösung zu erhalten. Wir setzen

$$u(x) := \frac{y(x)}{x},$$

womit wir die Beziehung $y' = f(u)$ erhalten. Im Folgenden beachte man, dass die Variablen $u = u(x)$ sowie $y = y(x)$ Funktionen von x darstellen: Direkt aus der Substitutionsvorschrift stammt die Beziehung

$$y(x) = u(x) \cdot x\,.$$

Durch Differentiation nach x erhalten wir daraus mit Hilfe der Produktregel

$$y'(x) = u'(x) \cdot x + u(x) \cdot 1\,,$$

was zusammen mit $y' = f(u)$ auf die Gleichung

$$f(u) = u' \cdot x + u$$

führt, die wir wegen $x \neq 0$ in der expliziten Gestalt

$$\frac{du}{dx} = u' = \frac{f(u) - u}{x} \tag{14.9}$$

schreiben können. Diese Differentialgleichung in x und u lösen wir wieder durch Trennung der Variablen (Abschitt 14.2.3): Dadurch gelangen wir zu der Gleichung

$$\frac{du}{f(u) - u} = \frac{dx}{x},$$

wo wir beidseitig integrieren, d. h.

$$\int \frac{1}{f(u) - u}\, du = \int \frac{1}{x}\, dx = \ln|x| + C_1 \qquad (C_1 \in \mathbb{R})\,. \tag{14.10}$$

Bisweilen kann es günstig sein, den Ausdruck auf der rechten Seite durch $C_2 := e^{C_1} > 0$ bzw. $C_1 = \ln C_2$ umzuformen auf die Gestalt

$$\ln|x| + C_1 = \ln|x| + \ln C_2 = \ln(C_2 \cdot |x|) \overset{C_2>0}{=} \ln(|C_2 \cdot x|)\,.$$

Zusätzlich sind ggf. gemäß Abschnitt 14.2.3 die Lösungen

$$u(x) \equiv u_0$$

in die Lösungsschar aufzunehmen, falls u_0 eine Nullstelle der rechten Seite von (14.9) ist, falls also gilt

$$f(u_0) - u_0 = 0\,.$$

Nach der Berechnung des Integrals auf der linken Seite von (14.10) resubstituieren wir wieder gemäß

$$u = \frac{y(x)}{x}$$

und erhalten eine implizite Form der allgemeinen Lösung der Differentialgleichung. Möglicherweise kann daraus wieder eine explizite Darstellung $y(x)$ gewonnen werden.

Beispiel 14.6

Gegeben sei die Differential gleichung

$$y' = \frac{x+y}{x} = 1 + \frac{y}{x},$$

worin wir eine Ähnlichkeits-Differentialgleichung erkennen (mit $f(z) = 1 + z$). Der Definitionsbereich dieser Differentialgleichung ist gegeben durch

$$D_f = \mathbb{R}^2 \setminus \{(x,y) \in \mathbb{R}^2 : x = 0\}.$$

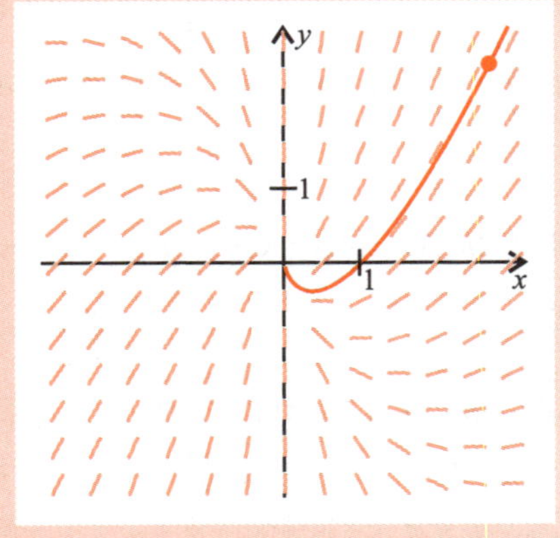

Abbildung 14.6: Richtungsfeld und partikuläre Lösung von $y' = 1 + \frac{y}{x}$.

Unter der Voraussetzung $x \neq 0$ dürfen wir substituieren

$$u = \frac{y}{x} \qquad \Rightarrow \qquad y'(x) = 1 + u(x).$$

Eine Umstellung der Substitutionsvorschrift ergibt unmittelbar $y(x) = u(x) \cdot x$, was wir mit Hilfe der Produktregel differenzieren zu

$$y'(x) = u'(x) \cdot x + u(x) \cdot 1 \quad \overset{y'=1+u}{\Longrightarrow} \quad 1 + u(x) = u'(x) \cdot x + u(x) \quad \Leftrightarrow \quad u' \cdot x = 1.$$

Wir erhalten in diesem Fall unter Berücksichtigung von $x \neq 0$

$$u'(x) = \frac{1}{x}$$

und gewinnen die Lösung dieser Differentialgleichung durch Bildung des unbestimmten Integrals (de facto ist hier also keine Trennung der Variablen nötig) zu

$$u(x) = \int \frac{1}{x} = \ln|x| + C \qquad (C \in \mathbb{R}).$$

Die Resubstitution $u = \frac{y}{x}$ liefert dann

$$\frac{y}{x} = \ln|x| + C \qquad (C \in \mathbb{R}),$$

woraus die allgemeine Lösung

$$y(x) = x \cdot (\ln|x| + C) \qquad (C \in \mathbb{R},\ x \neq 0)$$

folgt.

Wieder wollen wir eine partikuläre Lösung bestimmen, beispielsweise durch den Punkt $(x_0, y_0) = (e, e)$. Durch Einsetzen in die allgemeine Lösung folgt

$$e \overset{!}{=} e \cdot (\ln|e| + C) = e(1 + C) \qquad \Leftrightarrow \qquad C = 0\,,$$

womit wir als partikuläre Lösung (▶ Abbildung 14.6) erhalten

$$y(x) = x \cdot \ln|x| \qquad (x > 0)\,.$$

14.2.6 Form $y' = -\frac{g(x,y)}{h(x,y)}$ mit $g_y = h_x$ (Exakte Differentialgleichung)

Wir wollen hier annehmen, dass die Funktionen $g(x, y)$ und $h(x, y)$ auf einem ebenen Rechteckgebiet R definiert und dort differenzierbar sind mit stetigen partiellen Ableitungen $g_y(x, y)$ und $h_x(x, y)$.

Die entscheidende Rolle spielt bei einer Differentialgleichung dieser Form die Schwarz'sche Bedingung $g_y = h_x$ oder ausführlich

$$\frac{\partial}{\partial y} g(x, y) = \frac{\partial}{\partial x} h(x, y) \qquad \text{für alle } (x, y) \in R.$$

Denn ohne diese Einschränkung nähme wegen

$$y' = f(x, y) = -\frac{f(x, y)}{-1}$$

jede beliebige Differentialgleichung diese Form trivialerweise an.

Wieder suchen wir alle Lösungen durch Punkte des Definitionsbereichs von $f(x, y)$; in diesem Fall also durch alle Punkte $(x, y) \in \mathbb{R}^2$, die nicht Nullstellen der Nennerfunktion $h(x, y)$ sind. Aus der Form

$$\frac{dy}{dx} = -\frac{g(x, y)}{h(x, y)}$$

erhalten wir die unter diesen Umständen äquivalente Differentialform

$$g(x, y)\,dx + h(x, y)\,dy = 0\,. \tag{14.11}$$

Aufgrund der Annahme $g_y = h_x$ handelt es sich bei der linken Seite dieser Gleichung nach dem Satz von Seite 413 um das totale Differential einer Funktion $V(x, y)$, also

$$dV(x, y) = g(x, y)\,dx + h(x, y)\,dy = 0\,. \tag{14.12}$$

Wie im Satz von Seite 416 beschrieben, können wir für ein totales Differential durch Integration eine solche Stammfunktionenschar gewinnen durch die Formel

$$V(x, y) = \int_a^x g(\xi, b)\,d\xi + \int_b^y h(x, \eta)\,d\eta$$

mit einem beliebig gewählten Punkt (a, b) aus dem Rechteckgebiet R. Nach (14.12) ist andererseits $dV(x, y) = 0$ für alle Punkte $(x, y) \in R$, also $V(x, y) = \text{const.} = C$. Durch Gleichsetzen erhalten wir

$$\int_a^x g(\xi, b)\,d\xi + \int_b^y h(x, \eta)\,d\eta = C.$$

Diese Gleichung definiert eine Schar impliziter Kurven, welche der Differentialform (14.11) und damit auch der Ausgangsdifferentialgleichung genügen.

Beispiel 14.7

Wir betrachten die Differentialgleichung

$$y' = \frac{dy}{dx} = \frac{x-y}{x+y}\,.$$

Für Punkte $(x, y) \in \mathbb{R}^2$ und $x + y \neq 0 \Leftrightarrow y \neq -x$ ist dies äquivalent zur Differentialform

$$(x-y)\,dx - (x+y)\,dy = 0\,.$$

Es ist hier

$$g(x, y) := x - y \quad \text{und} \quad h(x, y) := -(x + y)\,.$$

(Man beachte das Minuszeichen bei $h(x, y)$!)

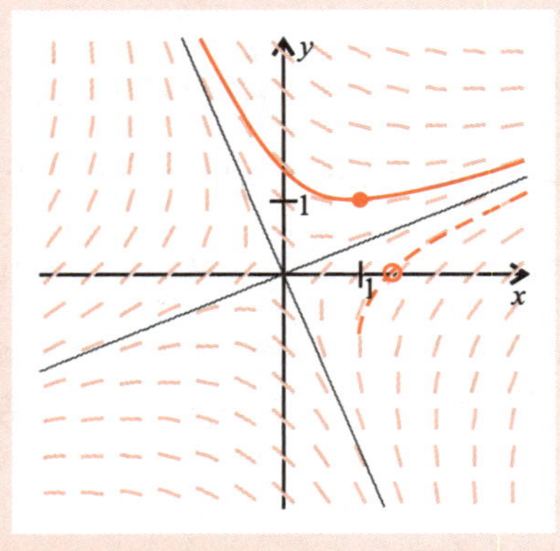

Abbildung 14.7: Richtungsfeld und zwei partikuläre Lösungen zu $y' = \frac{x-y}{x+y}$.

Damit ist

$$g_y(x, y) = -1 \qquad \text{sowie} \qquad h_x(x, y) = -1\,.$$

Die vorliegende Differentialgleichung ist wegen $g_y = h_x$ also eine exakte Differentialgleichung. Dies sichert die Existenz einer Funktion $V(x, y)$ mit dem totalen Differential

$$dV(x,y) = (x - y)\,dx - (x + y)\,dy = 0.$$

Durch Integration mit etwa der Wahl $(a, b) = (0, 0)$ erhalten wir dann als eine solche Stammfunktion

$$V(x,y) = \int_0^x (\xi - 0)\,d\xi - \int_0^y (x + \eta)\,d\eta$$

und andererseits wegen $dV(x, y) = 0$

$$V(x,y) = C \qquad (C \in \mathbb{R}).$$

Durch Gleichsetzen erhalten wir dann die implizite Lösungsschar

$$\int_0^x (\xi - 0)\,d\xi - \int_0^y (x + \eta)\,d\eta = C$$

$$\Leftrightarrow \left[\frac{\xi^2}{2}\right]_0^x - \left[x\eta + \frac{\eta^2}{2}\right]_0^y = C \qquad \Leftrightarrow \qquad \frac{x^2}{2} - yx - \frac{y^2}{2} = C \quad (C \in \mathbb{R}).$$

Wir bestimmen eine partikuläre Lösung durch den Punkt $(x_0, y_0) = (1, 1)$: Einsetzen in die implizite Form der allgemeinen Lösung

$$\frac{x^2}{2} - yx - \frac{y^2}{2} = C \qquad (C \in \mathbb{R})$$

liefert dann

$$\frac{1^2}{2} - 1 \cdot 1 - \frac{1^2}{2} = C,$$

also $C = -1$, womit wir die gesuchte partikuläre Lösungskurve zu

$$\frac{x^2}{2} - yx - \frac{y^2}{2} = -1 \qquad \Leftrightarrow \qquad \frac{1}{2}y^2 + yx - \frac{1}{2}x^2 - 1 = 0$$

bestimmt haben. Aufgelöst nach y ergibt dies

$$y_{1,2}(x) = -x \pm \sqrt{x^2 - 4 \cdot \frac{1}{2} \cdot (-\frac{x^2}{2} - 1)} = -x \pm \sqrt{x^2 + x^2 + 2} = -x \pm \sqrt{2} \cdot \sqrt{x^2 + 1}\,.$$

Der „richtige“ Ast, auf welchem der Punkt $(x_0, y_0) = (1, 1)$ liegt, ist dabei durch die Lösung $y_1(x)$ mit dem **positiven** Vorzeichen gegeben, denn wir prüfen

$$y_1(1) = -1 + \sqrt{2} \cdot \sqrt{2} = 1,$$

wie verlangt. Bei der gesuchten partikulären Lösung handelt es sich also um die auf ganz $\mathbb{R}$ definierte Funktion

$$y(x) = -x + \sqrt{2} \cdot \sqrt{x^2 + 1}\,.$$

Ihr Graph ist zusammen mit ihren Asymptoten in ▶ Abbildung 14.7 skizziert.

Ebenfalls in Abbildung 14.7 eingezeichnet ist die partikuläre Lösung zum Anfangswertpaar $(x_0, y_0) = (\sqrt{2}, 0)$. Besonders deutlich ist zu sehen, wie das Lösungsintervall I von der konkreten partikulären Lösung abhängt. Während die partikuläre Lösung durch $(1, 1)$ auf ganz $\mathbb{R}$ definiert ist, endet das Lösungsintervall der Lösungsfunktion durch $(\sqrt{2}, 0)$ an der Stelle $x = 1$, da dort die Ableitung der Funktion eine senkrechte Tangente aufweist. Würde man den Graphen dieser Funktion – dem Richtungsfeld entsprechend – weiter verfolgen, so würde die Kurve zudem „wieder nach rechts abdrehen" und aufhören, eine Funktion darzustellen.

Integrierender Faktor

Kehren wir nochmals zum allgemeinen Fall zurück: In vielen Fällen ist in der Gleichung

$$y' = \frac{-g(x, y)}{h(x, y)}$$

bzw. in der Differentialform

$$g(x, y)\,dx + h(x, y)\,dy = 0$$

die Schwarz'sche Bedingung $g_y = f_x$ **nicht** erfüllt, d. h. auf der linken Seite dieser Differentialform liegt kein totales Differential vor – eine Stammfunktion $V(x, y)$ existiert somit nicht.

Im konkreten Einzelfall gibt es jedoch unter Umständen eine Möglichkeit, die gegebene Differentialgleichung in äquivalenter Weise so zu modifizieren, dass eine exakte Differentialgleichung entsteht. Dies geschieht durch Multiplikation der obigen Differentialform mit einer geeigneten Funktion $w(x, y)$, die **„integrierender Faktor"** genannt wird. Unser Ziel soll es im Folgenden sein, einen integrierenden Faktor $w(x, y)$ zu finden mit

$$w(x, y) \neq 0 \qquad \text{auf dem gesamten Rechtecksgebiet } R$$

und der Eigenschaft, dass die mit $w(x, y)$ multiplizierte Differentialform

$$w(x, y) \cdot g(x, y)\,dx + w(x, y) \cdot h(x, y)\,dy = 0$$

der Schwarz'schen Bedingung

$$\frac{\partial}{\partial y}[w(x, y) \cdot g(x, y)] = \frac{\partial}{\partial x}[w(x, y) \cdot h(x, y)]$$

genügt. Wegen der Annahme $w(x, y) \neq 0$ für $(x, y) \in R$ handelt es sich dabei um eine Äquivalenzumformung: Gelingt es, eine solche Funktion ausfindig zu machen, so ist jede Lösung der modifizierten Differentialgleichung auch eine Lösung der ursprünglichen und umgekehrt.

Bei der Suche nach einem integrierenden Faktor erweist es sich als naheliegend, aber unpraktikabel, eine solche Funktion $w(x, y)$ durch die Forderung

$$\frac{\partial}{\partial y}[w(x,y) \cdot g(x,y)] = \frac{\partial}{\partial x}[w(x,y) \cdot h(x,y)] \tag{14.13}$$

direkt zu bestimmen. Die sich daraus ergebenden Bestimmungsgleichungen für $w(x, y)$ würden das Lösen partieller Differentialgleichungen implizieren, was die Situation noch zusätzlich verkomplizieren würde. Sinnvoller ist es, sich auf integrierende Faktoren der speziellen Gestalt

$$\begin{array}{rcll} w(x,y) & = & w(x) & \text{(nur von } x \text{ abhängige Funktion)} \\ w(x,y) & = & w(y) & \text{(nur von } y \text{ abhängige Funktion)} \\ w(x,y) & = & w(xy) & \text{(vom Produkt } xy \text{ abhängige Funktion)} \\ w(x,y) & = & w(x^2+y^2) & \text{(rotationssymmetrische Funktion)} \end{array}$$

zu beschränken. Welcher Ansatz im konkreten Fall der geeignetste ist, kann im Allgemeinen nicht vorausgesagt werden. Uns bleibt somit nichts anderes übrig, als aufs Geratewohl das Funktionieren des ein oder anderen Ansatzes zu testen. Oft erweisen sich dabei die ersten beiden Möglichkeiten als vielversprechend.

An Stelle von weiteren allgemeinen Abhandlungen wollen wir die Bestimmung eines integrierenden Faktors an einem Beispiel verdeutlichen.

Beispiel 14.8

Wir betrachten die Differentialgleichung

$$y' = \frac{dy}{dx} = \frac{xy-1}{xy-x^2}$$

bzw. die für

$$xy - x^2 \neq 0 \quad \Leftrightarrow \quad x(y-x) \neq 0 \quad \Leftrightarrow \quad x \neq y \quad \text{und} \quad x \neq 0$$

äquivalente Differentialform

$$(1-xy)\,dx + (xy-x^2)\,dy = 0\,. \tag{14.14}$$

Wir überprüfen, ob die Schwarz'sche Bedingung erfüllt ist. Es ist

$$\frac{\partial(1-xy)}{\partial y} = -x, \qquad \text{aber} \qquad \frac{\partial(xy-x^2)}{\partial x} = y-2x\,.$$

Die Ungleichheit dieser beiden partiellen Ableitungen lässt uns feststellen, dass kein totales Differential und damit auch keine exakte Differentialgleichung vorliegt.

Wir versuchen, durch Multiplikation der obigen Differentialform mit einem integrierenden Faktor der Form

$$w(x,y) = w(x)$$

eine exakte Differentialgleichung herzustellen. Ein solcher Ansatz basiert im Prinzip auf nichts anderem als auf Raten. Versagt dieser Ansatz, so können wir aus der obigen Liste einen anderen Ansatz wählen. Nach Multiplikation erhalten wir die Differentialform

$$w(x)\cdot(1-xy)\,dx + w(x)\cdot(xy-x^2)\,dy = 0\,,$$

von welcher wir fordern, dass sie der Schwarz'schen Bedingung genügt, d. h.

$$\frac{\partial}{\partial y}[w(x)\cdot(1-xy)] \stackrel{!}{=} \frac{\partial}{\partial x}[w(x)\cdot(xy-x^2)]\,.$$

Mit Hilfe der Produktregel lässt sich diese Bedingung präzisieren zu

$$w(x)\cdot(-x) = w'(x)\cdot(xy-x^2) + w(x)(y-2x)$$

oder umgeformt zu

$$\begin{aligned} & w'(x)\cdot(xy-x^2) + w(x)\cdot(y-2x) + w(x)\cdot x = 0 \\ \Leftrightarrow\quad & w'(x)\cdot(y-x)\cdot x + w(x)\cdot(y-x) = 0 \\ \Leftrightarrow\quad & (w'(x)\cdot x + w(x))\cdot(y-x) = 0\,. \end{aligned}$$

Wegen der Forderung $x \neq y$ ist diese Bedingung genau dann erfüllt, wenn der erste Faktor verschwindet, wenn wir also eine Funktion $w(x)$ finden, welche der Differentialgleichung

$$w'(x)\cdot x + w(x) = 0$$

genügt. Wir erkennen darin bereits den typischen Charakter der Methode, eine gegebene Differentialgleichung durch Bestimmung eines integrierenden Faktors zu lösen: Um diesen zu finden, ist in jedem Fall eine **zusätzliche** Differentialgleichung zu lösen. Zur Lösung der obigen Differentialgleichung $w'\cdot x + w = 0$ trennen wir die Variablen w sowie x und erhalten (man beachte $x \neq 0$)

$$\frac{dw}{dx} \cdot x + w(x) = 0 \quad \Leftrightarrow \quad \frac{dw}{w} = -\frac{dx}{x}.$$

Eine Integration führt auf die Beziehung

$$\begin{aligned} &\int \frac{1}{w}\, dw = -\int \frac{1}{x}\, dx \\ \Leftrightarrow\ & \ln|w| = -\ln|x| + C_1 \quad (C_1 \in \mathbb{R}) \\ \Leftrightarrow\ & |w| = e^{-\ln|x| + C_1} = e^{C_1} \cdot \frac{1}{|x|} = C_2 \cdot \frac{1}{|x|} \qquad (C_2 \in \mathbb{R}^+) \\ \Leftrightarrow\ & w(x) = \pm C_2 \cdot \frac{1}{x} \quad \Leftrightarrow \quad w(x) = C\frac{1}{x} \qquad (C \in \mathbb{R}\setminus\{0\}). \end{aligned}$$

Jede Funktion dieser Schar eignet sich aufgrund ihrer Nullstellenfreiheit als integrierender Faktor. Wir benötigen jedoch nur eine einzige Funktion und wählen der Einfachheit halber $C = 1$, also die Funktion

$$w(x) = \frac{1}{x}.$$

Wir multiplizieren die ursprüngliche Differentialform (14.14) mit dem so ermittelten integrierenden Faktor $w(x) = \frac{1}{x}$ und erhalten die dazu äquivalente Differentialform

$$\frac{1}{x}(1 - xy)\, dx + \frac{1}{x} \cdot (xy - x^2)\, dy = 0$$

oder vereinfacht

$$\left(\frac{1}{x} - y\right) dx + (y - x)\, dy = 0. \tag{14.15}$$

Als Kontrolle können wir die Exaktheit dieser Differentialform feststellen. Tatsächlich ist jetzt

$$\frac{\partial\left(\frac{1}{x} - y\right)}{\partial y} = -1 \quad \text{und auch} \quad \frac{\partial(y - x)}{\partial x} = -1,$$

womit die Schwarz'sche Bedingung erfüllt ist.

Die Lösung dieses nunmehr zu einer exakten Differentialgleichung (14.15) modifizierten Ausgangsproblems sei als Übungsaufgabe dem Leser überlassen (siehe Aufgabe 3 am Ende des Kapitels). Verifizieren Sie dabei auch, dass jede Lösung der Differentialgleichung (14.15) auch eine Lösung der ursprünglichen ist und umgekehrt.

14.2.7 Form $y' = g(x) \cdot y + r(x)$ (Lineare Differentialgleichung)

In einer Differentialgleichung der Form

$$y' = g(x) \cdot y + r(x) \tag{14.16}$$

treten y und y' in erster Potenz auf. Die **Koeffizientenfunktion** $g(x)$ sowie die Funktion $r(x)$ seien stetig und auf einem gemeinsamen Intervall I definiert.

Bemerkung

Bei der Wahl des „richtigen" Definitionsintervalls I für $g(x)$ gibt es u. U. mehrere Möglichkeiten. Betrachten wir etwa die lineare Differentialgleichung

$$y' = \frac{1}{x} \cdot y + x^2 .$$

Mathematisch gesehen müssen wir uns beim Definitionsintervall I für

$$g(x) = \frac{1}{x}$$

entweder auf $\mathbb{R}^-$ oder auf $\mathbb{R}^+$ festlegen. Eine Definition auf ganz $\mathbb{R}^+\backslash\{0\}$ ist **nicht möglich**, da dies der Forderung widerspricht, wonach g auf einem Intervall zu definieren ist.

Prinzipiell ist hier die Wahl $I = \mathbb{R}^+$ oder $I = \mathbb{R}^-$ äquivalent. In der Praxis können wir uns bei der Entscheidung von äußeren Rahmenbedingungen leiten lassen. Repräsentiert I etwa ein Zeitintervall, so ist die Wahl $I = \mathbb{R}^+$ oft die bessere Wahl. Ähnlich verhält es sich, wenn die unabhängige Größe x eine nichtnegative physikalische Größe repräsentiert. Ist ein konkretes Anfangswertproblem zu lösen mit Vorgabe $y(x_0) = y_0$, so bestimmt bereits das Vorzeichen von x_0, welches Teilintervall das richtige ist.

Bei der Form

$$y' = g(x) \cdot y + r(x)$$

handelt es sich um die so genannte **Normalform** einer linearen Differentialgleichung. Haben wir es mit der allgemeinen (impliziten) Form

$$a_1(x) \cdot y' + a_0(x) \cdot y = b(x)$$

zu tun mit $a_1 \not\equiv 0$, so können wir formal mittels Division durch $a_1(x)$ und Auflösen nach y' die obige (explizite) Normalform herstellen.

Formalmathematisch sind dies jedoch unterschiedliche Probleme. Einer impliziten Differentialgleichung steht eine explizite gegenüber. Da wir im Fall von impliziten Gleichungen stets mit formalen Schwierigkeiten zu kämpfen haben, beschränken wir uns gemäß der in Kapitel 13 geäußerten Grundabsicht stets auf das explizite Problem, also in diesem Fall auf die Normalform

$$y' = g(x) \cdot y + r(x) .$$

Wir unterscheiden:

- Eine **homogene** lineare Differentialgleichung liegt vor, wenn $r(x) \equiv 0$. Die Differentialgleichung lautet also in diesem speziellen Fall

  $$y' = g(x) \cdot y .$$

- Eine **inhomogene** lineare Differentialgleichung liegt vor, falls $r(x) \not\equiv 0$. Wir haben es dann mit dem allgemeinen Fall

  $$y' = g(x) \cdot y + r(x)$$

  zu tun.

Bei der Funktion $r(x)$ spricht man auch von der **rechten Seite**, der **Inhomogenität** oder der **Störung** einer linearen Differentialgleichung.

Die homogene lineare Differentialgleichung

Die allgemeine Lösung einer homogenen linearen Differentialgleichung

$$y' = g(x) \cdot y$$

ermitteln wir durch Trennung der Variablen (tatsächlich liegt im homogenen Fall lediglich ein Spezialfall des Typs „Getrennte Veränderliche" aus Abschnitt 14.2.3 vor): Aus

$$y' = g(x) \cdot y \qquad \Leftrightarrow \qquad \frac{dy}{dx} = g(x) \cdot y$$

erhalten wir nach Trennen von x und y

$$\frac{dy}{y} = g(x)\,dx \qquad \Leftrightarrow \qquad \int \frac{1}{y}\,dy = \int g(x)\,dx$$

und daraus

$$\ln|y| = \int g(x)\,dx = G(x) + C_1 \qquad (C_1 \in \mathbb{R})$$

mit einer beliebigen Stammfunktion $G(x)$ von $g(x)$. Durch beidseitige Anwendung der e-Funktion erhalten wir dann

$$|y| = e^{G(x)} \cdot C_2 \qquad (C_2 = e^{C_1} > 0)$$

und durch Auflösen des Absolutbetrags

$$y(x) = \pm C_2 \cdot e^{G(x)} = C_3 \cdot e^{G(x)} \qquad (C_3 = \pm C_2 \in \mathbb{R}\backslash\{0\}).$$

Durch Einsetzen erkennen wir zudem, dass auch die Nullfunktion $y \equiv 0$ jede homogene Differentialgleichung löst. Indem wir in der eben ermittelten Lösungsschar den Wert $C_3 = 0$ zulassen, lässt sich diese triviale Lösung in die Lösungsschar aufnehmen. Wir erhalten dann als allgemeine Lösung der homogenen Differentialgleichung

$$y(x) = C \cdot e^{G(x)} \qquad (C \in \mathbb{R}) \tag{14.17}$$

mit einer beliebigen Stammfunktion $G(x)$ von $g(x)$.

Beispiel 14.9

Wir untersuchen die Differentialgleichung

$$y' = 3x^2 \cdot y\,.$$

Es ist $g(x) = 3x^2$ und damit

$$\int g(x)\,dx = \int 3x^2\,dx = x^3 + c,$$

so dass es sich speziell bei $G(x) = x^3$ um eine Stammfunktion von $g(x)$ handelt. Unter Benutzung der Lösungsformel (14.17) erhalten wir dann als allgemeine Lösung dieser linearen homogenen Differentialgleichung

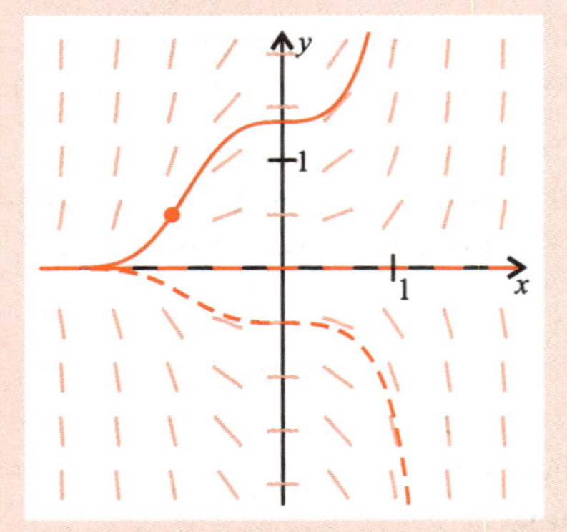

Abbildung 14.8: Richtungsfeld und drei partikuläre Lösungen von $y' = 3x^2 \cdot y$.

$$y(x) = C \cdot e^{G(x)} = C \cdot e^{x^3} \qquad (C \in \mathbb{R})\,.$$

Wir berechnen die partikuläre Lösung durch den Punkt $(x_0, y_0) = (-1, \frac{1}{2})$. Eingesetzt in die allgemeine Lösung führt dies auf die Gleichung

$$\frac{1}{2} \overset{!}{=} Ce^{(-1)^3} \quad \Leftrightarrow \quad C = \frac{e}{2}\,,$$

womit wir die gesuchte partikuläre Lösung zu

$$y(x) = \frac{e}{2} \cdot e^{x^3} = \frac{1}{2} e^{x^3+1}$$

bestimmt haben. Zusätzlich zu dieser Lösung ist in ► Abbildung 14.8 auch die partikuläre Lösung für $C = -\frac{1}{2}$ skizziert, die ein anderes Wachstumsverhalten zeigt, aber ebenfalls eine Lösung der Differentialgleichung darstellt. Auch die triviale Lösung $y(x) \equiv 0$ (schraffiert skizziert) ist Bestandteil der allgemeinen Lösung.

Die inhomogene lineare Differentialgleichung

Das Verfahren zur Lösung einer inhomogenen linearen Differentialgleichung

$$y' = g(x) \cdot y + r(x) \tag{14.18}$$

in Normalform (ggf. bringe man die Differentialgleichung auf diese Form) gliedert sich in mehrere Schritte:

1. Indem wir $r(x) \equiv 0$ setzen, lösen wir zunächst die sich daraus ergebende **homogene** Differentialgleichung

   $$y' = g(x) \cdot y$$

   und berechnen deren allgemeine Lösung gemäß den obigen Ausführungen zu

   $$y_{\text{hom}}(x) = C \cdot e^{G(x)} .$$

   (Wieder bezeichne $G(x)$ eine beliebige Stammfunktion von g.) Zu Abkürzungszwecken bezeichnen wir für $C = 1$ mit

   $$y_g(x) := 1 \cdot e^{G(x)} \tag{14.19}$$

   die so genannte **Grundfunktion** der homogenen Differentialgleichung, die eine spezielle Lösung der homogenen Differentialgleichung darstellt. Sie ist positiv und von der Wahl der Stammfunktion $G(x)$ abhängig. Damit lässt sich die allgemeine Lösung der homogenen Differentialgleichung darstellen zu

   $$y_{\text{hom}}(x) = C \cdot y_g(x) \qquad (C \in \mathbb{R}) .$$

2. Im zweiten Schritt machen wir einen Ansatz zur Lösung der inhomogenen Differentialgleichung. Das hierfür verwendete Verfahren trägt den Namen **„Variation der Konstanten“**. Seinen Namen verdankt das Verfahren dem folgenden Umstand: Während die allgemeine Lösung der homogenen Differentialgleichung gegeben ist

durch

$$y_{\text{hom}}(x) = C \cdot y_g(x) \quad \text{mit } C \in \mathbb{R},$$

wollen wir zur Ermittlung der allgemeinen Lösung der inhomogenen Gleichung zulassen, dass die Konstante C in x variiert, also eine Funktion $C = C(x)$ darstellt. Als einen Kandidaten zur Lösung von (14.18) setzen wir daher die Funktion

$$y(x) = C(x)y_g(x)$$

an. Wir versuchen, solche Funktionen $C(x)$ zu bestimmen, für welche dieser Ausdruck $y(x)$ die gegebene inhomogene Differentialgleichung löst.

3 Mit Hilfe der Produktregel berechnen wir die Ableitung dieses Lösungskandidaten $y(x)$: Es ist

$$y'(x) = C(x)y_g'(x) + C'(x)y_g(x).$$

Als Lösung der inhomogenen Differentialgleichung muss

$$y(x) = C(x)y_g(x)$$

der Gleichung (14.18) genügen. Sowohl $y(x)$ als auch $y'(x)$ setzen wir daher in (14.18) ein. Wir erhalten dann als Bedingung an $C(x)$:

$$C(x)y_g'(x) + C'(x)y_g(x) = g(x) \cdot (C(x) \cdot y_g(x)) + r(x).$$

Unter Ausklammern von $C(x)$ formuliert sich dies zu

$$C'(x)y_g(x) + C(x) \cdot [y_g'(x) - g(x) \cdot y_g(x)] = r(x).$$

Da die Grundlösung $y_g(x)$ die homogene Gleichung löst, d. h. $y_g'(x) = g(x) \cdot y_g(x)$, verschwindet der Klammerausdruck und die Bedingung an $C(x)$ reduziert sich auf

$$C'(x)y_g(x) = r(x)$$

bzw. nach Division durch die stets positive Funktion $y_g(x)$:

$$C'(x) = \frac{r(x)}{y_g(x)}.$$

4 Durch Integration dieser Gleichung lässt sich eine ganze Schar von Funktionen $C(x)$ bestimmen. Es ist

$$C(x) = \int \frac{r(x)}{y_g(x)}\,dx = H(x) + C_1 \qquad (C_1 \in \mathbb{R})$$

mit einer beliebigen Stammfunktion $H(x)$ von $\frac{r(x)}{y_g(x)}$.

5 Im letzten Schritt setzen wir die ermittelte Funktionenschar $C(x)$ in den ursprünglichen Ansatz $y(x) = C(x) \cdot y_g(x)$ ein und erhalten als allgemeine Lösung der inhomogenen Differentialgleichung

$$y(x) = \left(\int \frac{r(x)}{y_g(x)}\, dx \right) \cdot y_g(x) \quad \text{bzw.} \quad y(x) = (H(x) + C_1) \cdot y_g(x) \qquad (C_1 \in \mathbb{R}) \quad (14.20)$$

mit einer beliebigen Stammfunktion $H(x)$ von $\frac{r(x)}{y_g(x)}$ oder in ausmultiplizierter Form

$$y(x) = H(x) \cdot y_g(x) + C_1 \cdot y_g(x) \qquad (C_1 \in \mathbb{R}). \qquad (14.21)$$

Für jedes $C_1 \in \mathbb{R}$ erhalten wir aus (14.21) eine partikuläre Lösung der inhomogenen Differentialgleichung, speziell auch für $C_1 = 0$, d. h.

$$y(x) = H(x) \cdot y_g(x)$$

ist eine spezielle Lösung der inhomogenen Gleichung. Da der zweite Summand

$$C_1 \cdot y_g(x)$$

in (14.21) gerade die allgemeine Lösung der homogenen Differentialgleichung repräsentiert, legt dies die folgende Vermutung nahe:

Die allgemeine Lösung der inhomogenen Gleichung setzt sich zusammen aus der **allgemeinen Lösung der homogenen Gleichung** *plus* einer **beliebigen partikulären Lösung der inhomogenen Gleichung**: Ein Umstand, wie wir ihn auch von der Lösung inhomogenener linearer Gleichungssysteme kennen (siehe Satz von Seite 271).

Dass damit tatsächlich **alle** Lösungen des inhomogenen Problems gefunden sind und dass die partikuläre Lösung der inhomogenen Gleichung tatsächlich beliebig gewählt werden kann, ist die Aussage des nachfolgenden Satzes. Auf einen Beweis sei dabei verzichtet.

Satz **Allgemeine Lösung einer inhomogenen Gleichung**

Die allgemeine Lösung $y(x)$ der inhomogenen linearen Differentialgleichung

$$y' = g(x) \cdot y + r(x)$$

in Normalform setzt sich zusammen aus der **allgemeinen** Lösung der zugehörigen **homogenen** Gleichung (mit $r(x) \equiv 0$) *plus* **einer** (beliebig gewählten) partikulären Lösung der inhomogenen Differentialgleichung.

Wenn $y_p(x)$ eine solche partikuläre Lösung bezeichnet, lässt sich also in kurzer Form notieren:

$$y(x) = y_{\text{hom}}(x) + y_p(x) \qquad \text{bzw.} \qquad y(x) = C \cdot y_g(x) + y_p(x) \quad (C \in \mathbb{R}).$$

Als eine partikuläre Lösung $y_p(x)$ lässt sich jede Funktion der Schar

$$\int \frac{r(x)}{y_g(x)}\, dx \cdot y_g(x) \tag{14.22}$$

wählen.

Praxis-Hinweis

Die partikuläre Lösung $y_p(x)$, mit deren Hilfe sich nach obigem Satz die allgemeine Lösung der inhomogenen Differentialgleichung aufbauen lässt, kann **frei** gewählt werden. Theoretisch kann dazu, wie im Satz erwähnt, jede Funktion der Schar

$$\int \frac{r(x)}{y_g(x)}\, dx \cdot y_g(x)$$

(mit der Grundlösung $y_g(x)$) verwendet werden. In vielen Fällen jedoch führt auch Raten oder ein geeigneter Ansatz zum Ziel. Häufig beinhaltet die allgemeine Lösung der inhomogenen Gleichung Spezialfälle, hinter denen sich naturwissenschaftliche Spezial- oder auch Trivialfälle verbergen, welche aber nichtsdestotrotz als partikuläre Lösung $y_p(x)$ verwendet werden können. Da der Zweck hier tatsächlich die Mittel heiligt, ist jede gefundene Lösung zulässig; man verifiziere dazu lediglich, dass die gefundene Funktion $y_p(x)$ tatsächlich die inhomogene Differentialgleichung löst. Daneben ist „nur noch" eine ebenfalls beliebige, nichttriviale Lösung (d. h. $y \not\equiv 0$) der zugehörigen homogenen Gleichung zu bestimmen, die sich von der Grundlösung nur um ein Vielfaches unterscheidet. Eine solche bestimmt man entweder „von Hand"(durch Trennung der Variablen) oder mit Hilfe der Lösungsformel (14.17).

Beispiel 14.10

Zu lösen ist die inhomogene lineare Differentialgleichung

$$y' = -\frac{1}{x} \cdot y + 3x\,,$$

deren Koeffizientenfunktion $g(x) = -\frac{1}{x}$ wir für

$$x > 0$$

betrachten, d. h. es sei $I = \mathbb{R}^+$. Alternativ hätten wir uns auch für $x < 0$ entscheiden können, nicht jedoch für ganz $\mathbb{R}\setminus\{0\}$, denn $g(x)$ muss der Forderung auf Seite 482 entsprechend auf einem (lückenlosen) Intervall definiert sein.

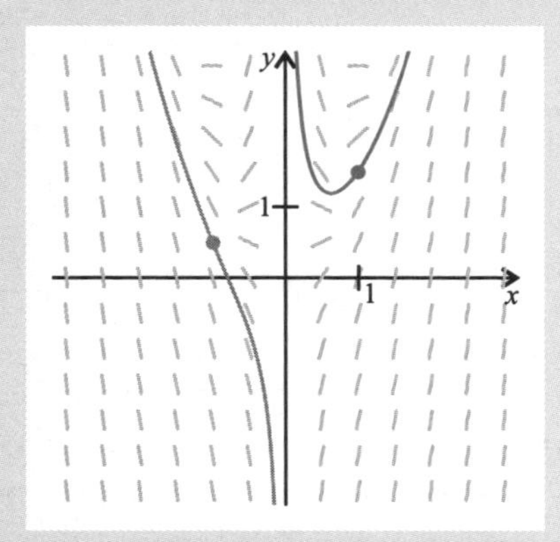

Abbildung 14.9: Richtungsfeld und zwei partikuläre Lösungen von $y' + \frac{1}{x}y = 3x$.

a) Wir lösen zunächst die zugehörige homogene Gleichung

$$y' = -\frac{1}{x} \cdot y\,.$$

Die allgemeine Lösung dieser homogenen Gleichung berechnet sich beispielsweise nach Formel (14.17) mit $g(x) = -\frac{1}{x}$ und einer Stammfunktion $G(x) = -\ln|x| = -\ln x$ (man beachte $x > 0$) zu

$$y_{\text{hom}}(x) = C \cdot e^{G(x)} = C \cdot e^{-\ln x} = C \cdot \frac{1}{x} \qquad (C \in \mathbb{R})\,.$$

Insbesondere ist die Grundlösung $y_g(x)$ damit gegeben durch

$$y_g(x) = 1 \cdot \frac{1}{x} = \frac{1}{x}\,.$$

Im Folgenden wollen wir das eben allgemein demonstrierte Verfahren der Variation der Konstanten anhand dieses konkreten Beispiels ein weiteres Mal durchführen. Im Anschluss an dieses Beispiel geben wir zwei alternative Lösungsmethoden an.

b) Für Lösungen der inhomogenen Gleichung setzen wir an:

$$y(x) = C(x) \cdot y_g(x) = C(x) \cdot \frac{1}{x}$$

mit einer „variierten" Konstante $C(x)$.

c) Wir ermitteln die Ableitung von $y(x)$ zu

$$y'(x) = C'(x) \cdot \frac{1}{x} + C(x) \cdot \left(-\frac{1}{x^2}\right).$$

Von $y(x)$ fordern wir die Erfüllung der inhomogenen Gleichung, d. h.

$$y'(x) = -\frac{1}{x} \cdot y(x) + 3x \quad \Leftrightarrow \quad C'(x) \cdot \frac{1}{x} + C(x) \cdot \left(-\frac{1}{x^2}\right) = -\frac{1}{x} \cdot \left[C(x) \cdot \frac{1}{x}\right] + 3x$$

oder umgeformt

$$C'(x) \cdot \frac{1}{x} - C(x) \cdot \frac{1}{x^2} + C(x) \cdot \frac{1}{x^2} = 3x \quad \Leftrightarrow \quad C'(x) \cdot \frac{1}{x} = 3x.$$

Dass sich die beiden Ausdrücke in $C(x)$ gegenseitig aufheben ist kein Zufall. Wie zuvor anhand der allgemeinen Situation dargelegt ist dies **immer** der Fall: Sollten in Ihrer Rechnung Terme in $C(x)$ übrig bleiben, so ist Ihre Rechnung mit Sicherheit fehlerhaft.

d) Es ist

$$C'(x)\frac{1}{x} = 3x \quad \Leftrightarrow \quad C'(x) = 3x^2.$$

Wir bestimmen $C(x)$ durch Integration: Es ist

$$C(x) = \int 3x^2\,dx = x^3 + C \qquad (C \in \mathbb{R}).$$

e) Setzen wir die ermittelte Funktionenschar $C(x)$ in den Lösungsansatz ein, so erhalten wir die allgemeine Lösung der gegebenen inhomogenen Differentialgleichung zu

$$y(x) = (x^3 + C) \cdot \frac{1}{x} = x^2 + C \cdot \frac{1}{x} \qquad (C \in \mathbb{R},\ x > 0).$$

Wir bestimmen eine partikuläre Lösung (▶ Abbildung 14.9) durch das Anfangswertepaar $(x_0, y_0) = (1, \frac{3}{2})$. Ein Einsetzen in die allgemeine Lösung führt auf

$$\frac{3}{2} \stackrel{!}{=} 1^2 + C \cdot \frac{1}{1} \quad \Leftrightarrow \quad C = \frac{1}{2}$$

und damit auf die partikuläre Lösung

$$y(x) = x^2 + \frac{1}{2x} \qquad (x > 0).$$

Bemerkung

Nach dem Satz von Seite 487 besteht eine alternative Methode zur Lösung linearer Differentialgleichungen darin, zur allgemeinen Lösung $y_{\text{hom}}(x)$ der homogenen Gleichung eine beliebige partikuläre Lösung $y_p(x)$ der inhomogenen Differentialgleichung hinzuzuaddieren. Dann ist

$$y(x) = y_{\text{hom}}(x) + y_p(x) = C \cdot \frac{1}{x} + y_p(x)$$

die allgemeine Lösung der inhomogenen Differentialgleichung aus Beispiel 14.10. Wie lässt sich nun eine solche Funktion $y_p(x)$ im Fall von Beispiel 14.10 ermitteln, außer durch konkrete Anwendung des Prinzips der Variation der Konstanten, wie im Beispiel geschehen?

- Eine Möglichkeit zur Bestimmung einer Lösung $y_p(x)$ besteht in der schlichten Anwendung von Formel (14.22) (die freilich selbst durch Variation der Konstanten hergeleitet wurde): Jede Funktion der Schar

  $$\int \frac{r(x)}{y_g(x)}\,dx \cdot y_g(x) = \int \frac{3x}{\frac{1}{x}}\,dx \cdot \frac{1}{x} = \int 3x^2\,dx \cdot \frac{1}{x} = (x^3 + C) \cdot \frac{1}{x} \quad (x > 0)$$

  ist eine partikuläre Lösung. Beispielsweise können wir $C = 0$ setzen und als partikuläre Lösung

  $$y_p(x) = x^2$$

  wählen.
- Auch das Erraten einer partikulären Lösung ist erlaubt. Handelt es sich bei den Funktionen $g(x)$ und $r(x)$ einer inhomogenen linearen Differentialgleichung um Funktionen der Form x^k mit $k \in \mathbb{Z}$, so ist es ein guter Ansatz, ebenfalls nach Lösungen dieser Form zu fahnden. In der Tat erhalten wir so durch Ausprobieren mit $y(x) = x^2$ eine partikuläre Lösung, die wegen $y'(x) = 2x$ und

  $$2x = -\frac{1}{x} \cdot x^2 + 3x$$

  tatsächlich die inhomogene Differentialgleichung erfüllt.

Bemerkung

In Abbildung 14.9 skizziert ist zusätzlich zur partikulären Lösung $y(x) = x^2 + \frac{1}{2x}$ $(x > 0)$ aus Beispiel 14.10 die partikuläre Lösung durch den Punkt $(-1, \frac{1}{2})$. Hierfür hätte man sich in der obigen Rechnung auf den Bereich $x < 0$ zurückziehen müssen.

Geometrische Anwendungen 14.3

Um die formale Strenge nicht überstrapazieren zu müssen, wollen wir in diesem geometrisch geprägten Abschnitt den Begriff der Lösung einer Differentialgleichung auf geometrisch sinnvolle Weise ausdehnen. Insbesondere sei eine implizit gegebene Kurve auch als „Lösung" bezeichnet, wenn sich dies aus der konkreten Rechnung heraus ergeben sollte. Senkrechte Tangenten sollen im Gegensatz zu den streng analytischen Betrachtungen der letzten Abschnitte nicht ausgeschlossen werden, sofern sie im vorliegenden geometrischen Problem inhaltlich sinnvoll erscheinen.

14.3.1 Isoklinen

In diesem Abschnitt gehen wir aus von einer Schar ebener Kurven, dargestellt in der expliziten Form

$$y(x) = F_c(x)$$

oder (allgemeiner) in der impliziten Gestalt

$$G_c(x, y) = 0$$

mit einem Scharparameter $c > 0$.

Unter einer **Isokline** verstehen wir eine ebene Kurve, die all diejenigen Punkte der Kurvenschar miteinander verbindet, in denen die zugehörige Tangente denselben Steigungswert C besitzt.

Zur Herleitung eines mathematischen Ausdrucks für eine Isokline gehen wir folgendermaßen vor:

- Wir formulieren die gegebene Kurvenschar als Teil der allgemeinen Lösung einer Differentialgleichung erster Ordnung. Dabei gehen wir vor wie in Abschnitt 13.6 beschrieben: Durch geschickte Kombination der Kurvenschar mit ihrer Ableitung eliminieren wir den Scharparameter c und erhalten dadurch die Differentialgleichung der Kurvenschar. Dabei kann es sich um eine explizite Differentialgleichung

  $$y' = f(x, y)$$

  oder auch um einen impliziten Ausdruck

  $$g(x, y, y') = 0$$

  erster Ordnung handeln.
- Um die Gesamtheit aller Kurvenpunkte zu bestimmen, in denen die Kurvensteigung den vorgegebenen Wert C annimmt, setzen wir in der expliziten oder impliziten Differentialgleichung schlicht

  $$y' := C$$

und erhalten die Beziehungen

$$C = f(x, y) \qquad \text{bzw.} \qquad g(x, y, C) = 0\,,$$

was gerade die Isokline zur Steigung C beschreibt. Gegebenenfalls lassen sich diese Darstellungen nach y auflösen.

Die Gesamtheit aller Isoklinen, repräsentiert durch alle zulässigen Konstanten C, bildet dann eine weitere Kurvenschar, die Isoklinenschar. Die Frage, welche Steigungswerte C angenommen werden, muss im Einzelfall geklärt werden.

Beispiel 14.11

In Beispiel 13.9 haben wir ausgehend von der Parabelschar

$$y(x) = C \cdot x^2$$

die implizite Differentialgleichung

$$\frac{1}{2}xy' - y = 0$$

hergeleitet. Indem wir $y' := C$ setzen, erhalten wir die Relation

$$\frac{1}{2}x \cdot C - y = 0 \quad \Leftrightarrow \quad y = \frac{C}{2} \cdot x\,.$$

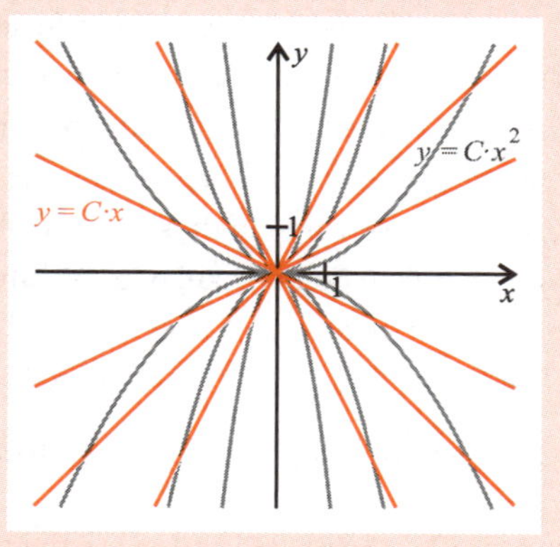

Abbildung 14.10: Ursprungsgeraden als Isoklinenschar zu $y(x) = Cx^2$.

Die Gerade $y(x) = \frac{C}{2} \cdot x$ verbindet damit alle Punkte mit Steigung C. Bei der Isoklinenschar (▶ Abbildung 14.10) handelt es sich folglich um die Gesamtheit der Ursprungsgeraden

$$y(x) = \frac{C}{2}x \qquad (C \in \mathbb{R})$$

bzw. mit $C_1 = \frac{C}{2}$

$$y(x) = C_1 \cdot x \qquad (C_1 \in \mathbb{R})\,.$$

14.3.2 Orthogonaltrajektorien

Eine weitere geometrische Anwendung der Theorie gewöhnlicher Differentialgleichungen ist die Gewinnung von **Orthogonaltrajektorien** zu einer gegebenen Kurvenschar. Unter einer Orthogonaltrajektorie versteht man eine Kurve, welche die Kurven der Kurvenschar in einem Kurvenpunkt (x, y) jeweils orthogonal, also in rechtem Winkel schneidet. Voraussetzung dafür ist, dass durch jeden Kurvenpunkt (x, y) **genau eine** Kurve der Schar führt.

Bemerkung

Um das Verfahren zur Gewinnung von Orthogonaltrajektorien plausibel zu machen, betrachten wir die folgende Situation:

Gegeben sei eine Kurvenschar

$$y(x) = F_c(x)$$

in (der Einfachheit halber) expliziter Darstellung. Betrachten wir einen festen Punkt (x_0, y_0), durch welchen genau eine Kurve $y = F_c(x)$ dieser Schar führt mit einem zugehörigen festen Scharparameter c. Die Tangente an die Kurve in diesem Punkt bilde mit der x-Achse den Winkel α (▶ Abbildung 14.11). Die Steigung der Kurve in diesem Punkt ist also

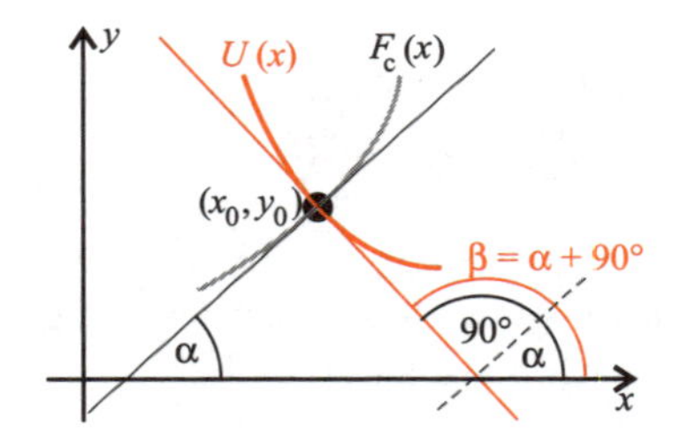

Abbildung 14.11: Schnitt zweier Kurven unter 90°.

$$F_c'(x_0) = \frac{dF_c}{dx}(x_0) = \tan\alpha\,.$$

Eine Kurve $U(x)$, welche ebenfalls durch den Punkt (x_0, y_0) verläuft, d. h.

$$U(x_0) = y_0 = F_c(x_0)\,, \tag{14.23}$$

schneidet die gegebene Kurve $F_c(x)$ senkrecht, wenn ihre Tangente in diesem Punkt senkrecht auf der Kurve $F_c(x)$ steht. Mit Hilfe von Abbildung 14.11 erkennen wir, dass der Winkel β, den die Kurve $U(x)$ mit der x-Achse einschließt, gegeben ist durch

$$\beta = \alpha + 90°\,.$$

Die Steigung $U'(x_0)$ im Punkt (x_0, y_0) ist dann (unter Verwendung der trigonometrischen Identität $\tan(\alpha + 90°) = -\cot\alpha$) gegeben durch

$$U'(x_0) = \tan(\beta) = \tan(\alpha + 90°) = -\cot\alpha = -\frac{1}{\tan\alpha} = -\frac{1}{F_c'(x_0)}$$

bzw. umgekehrt

$$F_c'(x_0) = -\frac{1}{U'(x_0)}\,. \tag{14.24}$$

Um eine Orthogonaltrajektorie zur Kurvenschar $y(x) = F_c(x)$ zu bestimmen, leiten wir zunächst (wie in Abschnitt 13.6 beschrieben) eine explizite oder implizite Differentialgleichung

$$y'(x) = f(x, y(x)) \qquad \text{bzw.} \qquad g(x, y(x), y'(x)) = 0$$

dieser Kurvenschar her. Insbesondere erfüllt jede Kurve $y(x) = F_c(x)$ in allen Kurvenpunkten (x, y) diese Gleichung, d. h. es gilt

$$F_c'(x) = f(x, F_c(x)) \qquad \text{bzw.} \qquad g(x, F_c(x), F_c'(x)) = 0\,.$$

Zusammen mit den Beziehungen (14.23) und (14.24) für jede Stelle x lässt sich dies als Differentialgleichung für die Orthogonaltrajektorien $U(x)$ formulieren zu

$$-\frac{1}{U'(x)} = f(x, U(x)) \qquad \text{bzw.} \qquad g(x, U(x), -\frac{1}{U'(x)}) = 0\,.$$

Die allgemeine Lösung dieser Differentialgleichung ist dann die gesuchte Orthogonaltrajektorienschar. Fassen wir dieses Vorgehen kurz zusammen:

- Zu einer gegebenen Kurvenschar bestimmen wir gemäß Abschnitt 13.6 eine zugehörige Differentialgleichung in expliziter oder impliziter Form, welche die gegebene Kurvenschar enthält.
- In dieser Differentialgleichung ersetzen wir jeweils

  $$y \quad \text{durch den Ausdruck} \quad U$$

  sowie

  $$y' \quad \text{durch den Ausdruck} \quad -\frac{1}{U'}$$

  und ermitteln die allgemeine Lösung dieser neuen Differentialgleichung.

Aus diesem Prinzip heraus wird auch klar, dass die Gesamtheit der Orthogonaltrajektorien zu den Orthogonaltrajektorien einer Kurvenschar wieder die ursprüngliche Kurvenschar selbst darstellt.

Bemerkung

Scheuen wir die Bezeichungen U und U', so können wir in der (expliziten oder impliziten) Darstellung der Differentialgleichung alle Terme mit y bzw. y' statt durch U und $-\frac{1}{U'}$ auch rein formal durch

$$y \qquad \text{und} \qquad -\frac{1}{y'}$$

ersetzen. Für gewöhnlich sollte diese formale Beibehaltung der Bezeichnung „y“ nicht zu Verwechslungen mit der Ausgangskurvenschar $y(x) = F_c(x)$ führen. Man halte sich jedoch stets vor Augen, dass sich die Bedeutung der Bezeichnung y dabei de facto ändert – von der Ausgangskurvenschar hin zur Schar der entsprechenden Orthogonaltrajektorien.

Beispiel 14.12

Betrachten wir nochmals die Parabelschar

$$y(x) = C \cdot x^2 \qquad (C \in \mathbb{R}).$$

Durch jeden Punkt $(x, y) \in \mathbb{R}^2$ mit Ausnahme des Ursprungs $(0, 0)$ verläuft – wie verlangt – genau eine Kurve. Wie in Beispiel 13.9 demonstriert, lautet die Differentialgleichung dieser Schar (beispielsweise in expliziter Gestalt)

$$y' = 2 \cdot \frac{y}{x}.$$

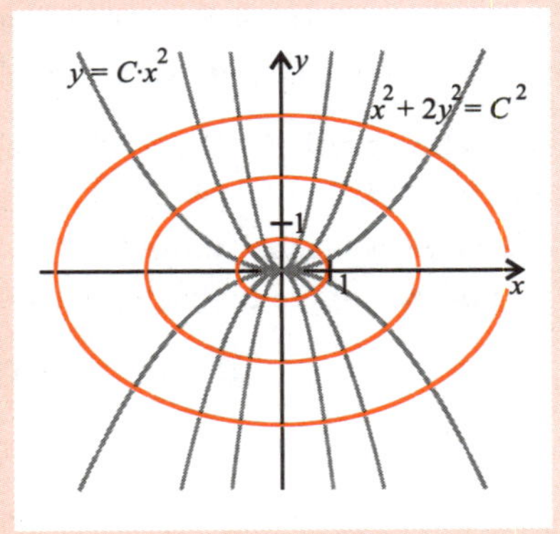

Abbildung 14.12: Ellipsenschar als Orthogonaltrajektorien zu $y(x) = Cx^2$.

Entsprechend der obigen Herleitung haben wir in dieser Differentialgleichung die Ausdrücke y und y' durch die Terme U und $-\frac{1}{U'}$ zu ersetzen. Gemäß der vorstehenden Bemerkung ersetzen wir einfacher y' durch den Ausdruck $-\frac{1}{y'}$ und erhalten

$$-\frac{1}{y'} = \frac{2y}{x} \qquad \Leftrightarrow \qquad \frac{dy}{dx} = y' = -\frac{x}{2y}.$$

Dies ist die Differentialgleichung der Orthogonaltrajektorien zur gegebenen Parabelschar. Mit Ausnahme des Punktes $(x, y) = (0, 0)$, den wir eingangs von den Betrachtungen ausgenommen haben, können wir diesen Zusammenhang durch Trennung der Variablen auch äquivalent darstellen durch

$$y\,dy = -\frac{1}{2}x\,dx.$$

Durch Integration erhalten wir dann die Identität

$$\int y\,dy = \int -\frac{1}{2}x\,dx \quad \Leftrightarrow \quad \frac{y^2}{2} = -\frac{1}{2}\cdot\frac{x^2}{2} + C_1 \qquad (C_1 > 0)\,.$$

(Die Integrationskonstante C_1 ist dabei positiv zu wählen, denn für $C_1 < 0$ wäre die rechte Seite der letzten Gleichung gewiss negativ, der Ausdruck auf der linken Seite jedoch stets ≥ 0. Demnach ergäbe sich kein Zusammenhang zwischen x und y). Wir vereinfachen die letzte Gleichung weiter zu

$$x^2 + 2y^2 = 4C_1 \quad \overset{4C_1=:C^2}{\Leftrightarrow} \quad x^2 + 2y^2 = C^2 \qquad (C \neq 0)\,.$$

Bei den gesuchten Orthogonaltrajektorien handelt es sich folglich um eine Schar konzentrischer Ellipsen (▶ Abbildung 14.12). Durch eine Umformung der Schar in die Ellipsen-Normalform

$$\frac{x^2}{C^2} + \frac{y^2}{\frac{1}{2}\cdot C^2} = 1$$

berechnen wir die beiden Halbachsen als die Quadratwurzeln der jeweiligen Nenner zu

$$a = C \qquad \text{und} \qquad b = C\cdot\sqrt{\frac{1}{2}}\,.$$

Die Halbachsen jeder Ellipse dieser Schar unterscheiden sich demnach jeweils um den festen Faktor $\sqrt{2}$.

Aufgaben

1 Bestimmen Sie die allgemeine Lösung der Differentialgleichungen aus Aufgabe 3 in Kapitel 13. Diskutieren Sie die Lösungen im Hinblick darauf, inwieweit sie im konkreten Modell sinnvoll sind.

a) (Radioaktiver Zerfall): $\dot{n}(t) = -\alpha\cdot n(t)$,

b) (Reaktion erster Ordnung): $\dot{x}(t) = \alpha\cdot[A - x(t)]$,

c) (Wachstum mit Hemmung): $\dot{n}(t) = \alpha\cdot n(t) - \beta\cdot[n(t)]^2$,

d) (Virusausbreitung): $\dot{n}(t) = \lambda\cdot n(t)\cdot[N - n(t)]$.

2 Bestimmen Sie die allgemeine Lösung der Differentialgleichungen

a) $y' = e^{-y}$,

b) $\dot{y} = y^2$,

c) $\dot{y} = 1 + y^2$.

3 Lösen Sie die in Beispiel 14.8 durch einen integrierenden Faktor hergestellte exakte Differentialgleichung

$$\left(\frac{1}{x} - y\right) \cdot dx + (y - x) \cdot dy = 0 \qquad (x \neq 0)$$

und zeigen Sie, dass jede Funktion der allgemeinen Lösung auch die ursprüngliche (nicht exakte) Differentialgleichung

$$y' = \frac{xy - 1}{xy - x^2} \qquad (x \neq 0)$$

erfüllt.

4 Formen Sie die implizite Differentialgleichung

$$x \cdot y' + \sqrt{x^2 + y^2} = y \qquad (x > 0)$$

zu einer expliziten Differentialgleichung um und zeigen Sie, dass es sich um eine Ähnlichkeitsdifferentialgleichung handelt. Bestimmen Sie deren allgemeine Lösung sowie die partikuläre Lösung durch $(x_0, y_0) = (1, \frac{3}{4})$.

5 Bestimmen Sie die allgemeine Lösung der Differentialgleichung

$$y' + 2y \cdot \sin x \cdot \cos x = e^{\cos^2 x}$$

sowie die partikuläre Lösung durch $(x_0, y_0) = (0, 5)$.

6 Bestimmen Sie die Isoklinen- sowie die Orthogonaltrajektorienschar der Funktionenschar

$$y(x) = p \cdot e^{\frac{1}{x}} \quad (x \neq 0, p \in \mathbb{R}).$$

Ausführliche Lösungen und weitere Aufgaben finden Sie auf der Companion Website des Buches unter **http://www.pearson-studium.de**

Gewöhnliche lineare Differentialgleichungen zweiter Ordnung

15

ÜBERBLICK

Dieses Kapitel erklärt:

- Lösungsansätze für Systeme von gewöhnlichen linearen Differentialgleichungen.
- Wie man eine gewöhnliche lineare Differentialgleichung höherer Ordnung in ein System erster Ordnung umwandelt und umgekehrt.
- Lösungsansätze für gewöhnliche lineare Differentialgleichungen zweiter Ordnung.
- Lösungsverfahren für gewöhnliche lineare Differentialgleichungen zweiter Ordnung mit konstanten Koeffizienten mitsamt den dabei zu unterscheidenden Fällen.
- Die praktische Anwendung dieser Verfahren am Beispiel ungedämpfter, gedämpfter und erzwungener Schwingungen.

Wirkt auf einen Körper der Masse m eine Kraft F, so bewegt er sich, dem Newton'schen Gesetz entsprechend, gemäß der Bewegungsgleichung

$$m\ddot{x}(t) = F,$$

wenn $x(t)$ seine Position zum Zeitpunkt t angibt. Ist die Kraft F abhängig von Ort x und Geschwindigkeit $\dot{x}$, so verbirgt sich hinter der Ermittlung der Bewegungsfunktion $x(t)$ das Lösen einer Differentialgleichung zweiter Ordnung. Um dieser in der Praxis häufig anzutreffenden Aufgabenstellung Herr zu werden, beschäftigen wir uns in diesem Kapitel mit der Theorie und den Lösungsverfahren zur Lösung von Differentialgleichungen zweiter Ordnung.

15.1 Einführung

Gewöhnliche Differentialgleichungen zweiter Ordnung besitzen die Form

$$y'' = f(x, y, y') \text{ (explizit)} \qquad \text{oder} \qquad g(x, y, y', y'') = 0 \text{ (implizit)}.$$

Wir beschränken uns in diesem Kapitel auf **lineare** Differentialgleichungen zweiter Ordnung, in denen die Größen y, y' und y'' nur linear, d. h. in erster Potenz auftreten. Solche Differentialgleichungen besitzen die Gestalt

$$\alpha_2(x) \cdot y'' + \alpha_1(x) \cdot y' + \alpha_0(x) \cdot y = \beta(x) \tag{15.1}$$

mit stetigen, auf einem reellen Intervall definierten Funktionen $\alpha_2(x)$, $\alpha_1(x)$, $\alpha_0(x)$ sowie der **rechten Seite** $\beta(x)$. Ist $\alpha_2(x)$ nicht die Nullfunktion, so können wir (15.1) mittels Division durch $\alpha_2(x)$ auch in der Normalform

$$y'' + a_1(x) \cdot y' + a_0(x) \cdot y = b(x) \tag{15.2}$$

darstellen mit (ggf. auf einem kleineren Intervall definierten) stetigen Funktionen

$$a_1(x) = \frac{\alpha_1(x)}{\alpha_2(x)}, \quad a_0(x) = \frac{\alpha_0(x)}{\alpha_2(x)} \quad \text{und} \quad b(x) = \frac{\beta(x)}{\alpha_2(x)}.$$

Bevor wir uns diesen linearen Differentialgleichungen zweiter Ordnung zuwenden, beschäftigen wir uns als Vorbereitung hierfür mit **Systemen** gewöhnlicher linearer Differentialgleichungen erster Ordnung.

15.2 Systeme gewöhnlicher linearer Differentialgleichungen erster Ordnung

Der Einfachheit halber behandeln wir in diesem Abschnitt vornehmlich **zweikomponentige** lineare Systeme. Jedoch gelten sämtliche Überlegungen analog auch für Systeme von höherer Komponentenzahl.

In einem linearen **System** gewöhnlicher Differentialgleichungen erster Ordnung sind mehrere (hier zwei) Funktionen

$$y_1(x) \qquad \text{und} \qquad y_2(x)$$

über ihre jeweils ersten Ableitungen $y_1'(x)$ und $y_2'(x)$ in der folgenden Weise miteinander verknüpft:

$$\begin{aligned} y_1' &= a_1(x) \cdot y_1 + b_1(x) \cdot y_2 + r_1(x) \\ y_2' &= a_2(x) \cdot y_1 + b_2(x) \cdot y_2 + r_2(x). \end{aligned} \tag{15.3}$$

Die Funktionen $a_1(x)$, $a_2(x)$, $b_1(x)$, $b_2(x)$ seien dabei auf einem gemeinsamen Intervall I definiert und dort stetig.

Alternativ können wir für (15.3) auch eine vektorielle Schreibweise verwenden, die besonders bei mehr als zwei Komponentenfunktionen die übersichtlichere ist. Wir definieren

$$\vec{y}(x) := \begin{pmatrix} y_1(x) \\ y_2(x) \end{pmatrix} \quad \Rightarrow \quad \vec{y}\,'(x) = \begin{pmatrix} y_1'(x) \\ y_2'(x) \end{pmatrix} \quad \text{und} \quad \vec{r}(x) := \begin{pmatrix} r_1(x) \\ r_2(x) \end{pmatrix}$$

sowie die Matrix

$$A(x) = \begin{pmatrix} a_1(x) & b_1(x) \\ a_2(x) & b_2(x) \end{pmatrix}.$$

Mit diesen Bezeichnungen lässt sich (15.3) auch kompakt formulieren zu

$$\vec{y}\,' = A(x) \cdot \vec{y} + \vec{r}(x). \tag{15.4}$$

Wieder sprechen wir von einem **homogenen** System, falls $\vec{r}(x) \equiv \vec{0}$, andernfalls von einem **inhomogenen** System.

15.2.1 Homogene Systeme

Zunächst wollen wir uns auf homogene Systeme

$$\vec{y}\,' = A(x) \cdot \vec{y} \tag{15.5}$$

beschränken. Alle differenzierbaren Funktionen $\vec{f}(x) = \begin{pmatrix} f_1(x) \\ f_2(x) \end{pmatrix}$ mit

$$\vec{f}\,'(x) = A(x) \cdot \vec{f}(x) \quad \Leftrightarrow \quad \begin{pmatrix} f_1'(x) \\ f_2'(x) \end{pmatrix} = \begin{pmatrix} a_1(x) & b_1(x) \\ a_2(x) & b_2(x) \end{pmatrix} \cdot \begin{pmatrix} f_1(x) \\ f_2(x) \end{pmatrix}$$

sind Lösungen dieses Systems.

Beispiel 15.1

Für $x > 0$ betrachten wir das homogene System zweier Differentialgleichungen erster Ordnung

$$\begin{aligned} y_1' &= y_2 \\ y_2' &= \frac{2}{x^2} \cdot y_1, \end{aligned}$$

oder in vektorieller Schreibweise

$$\begin{pmatrix} y_1' \\ y_2' \end{pmatrix} = \begin{pmatrix} 0 & 1 \\ \frac{2}{x^2} & 0 \end{pmatrix} \cdot \begin{pmatrix} y_1 \\ y_2 \end{pmatrix}.$$

Die vektorwertige Funktion

$$\vec{f}(x) = \begin{pmatrix} f_1(x) \\ f_2(x) \end{pmatrix} = \begin{pmatrix} x^2 \\ 2x \end{pmatrix}$$

ist eine Lösung dieses Systems. Wir wollen dies an dieser Stelle nicht herleiten, sondern nur verifizieren. Durch Ableiten erkennen wir tatsächlich

$$f_1'(x) = 2x = f_2(x)$$

und

$$f_2'(x) = 2 = \frac{2}{x^2} \cdot x^2 = \frac{2}{x^2} f_1(x).$$

Lineare Unabhängigkeit von Lösungen

Ähnlich wie eine einzelne skalare Differentialgleichung besitzt auch ein lineares System von Differentialgleichungen erster Ordnung unendlich viele Lösungen. In diesem Zusammenhang wird die Eigenschaft der **linearen Unabhängigkeit** von Lösungen eine zentrale Rolle spielen. Wir beschränken uns der Einfachheit halber auch hier zunächst auf den Fall zweier Gleichungen.

Definition **Lineare Unabhängigkeit**

Die beiden vektorwertigen Funktionen

$$\vec{f}(x) = \begin{pmatrix} f_1(x) \\ f_2(x) \end{pmatrix} \quad \text{und} \quad \vec{g}(x) = \begin{pmatrix} g_1(x) \\ g_2(x) \end{pmatrix}$$

heißen **linear unabhängig auf dem Intervall** I, wenn die Gleichung

$$c_1 \cdot \vec{f}(x) + c_2 \cdot \vec{g}(x) = \vec{0}$$

oder komponentenweise

$$\begin{aligned} c_1 \cdot f_1(x) + c_2 \cdot g_1(x) &= 0 \\ c_1 \cdot f_2(x) + c_2 \cdot g_2(x) &= 0 \end{aligned} \tag{15.6}$$

für alle $x \in I$ nur trivial, also durch die alleinige Wahl

$$c_1 = c_2 = 0$$

erfüllt werden kann. Lässt sich diese Gleichung für alle $x \in I$ durch mindestens eine Konstante c_1 oder c_2 ungleich null erfüllen, so heißen die Lösungen hingegen **linear abhängig.**

Bemerkung

Diese Definition gilt sinngemäß auch allgemein für m Funktionen

$$\vec{f}_1(x) = \begin{pmatrix} f_1^{(1)}(x) \\ \vdots \\ f_1^{(m)}(x) \end{pmatrix}, \quad \ldots \quad, \vec{f}_m(x) = \begin{pmatrix} f_m^{(1)}(x) \\ \vdots \\ f_m^{(m)}(x) \end{pmatrix}$$

mit jeweils m Komponentenfunktionen. Streng genommen ist sie sogar erst für $m > 2$ richtig von Belang. Denn für $m = 2$ besagt obige Definiton nichts anderes, als dass sich im Fall linearer Abhängigkeit eine der beiden Funktionen $\vec{f}(x)$ und $\vec{g}(x)$ als ein **Vielfaches** der anderen Funktion ausdrücken lässt. Insbesondere sind zwei Funktionen $\vec{f}(x)$ und $\vec{g}(x)$ linear abhängig, wenn es sich bei einer der beiden Funktionen um die zweikomponentige Nullfunktion handelt.

Aus der Definition der linearen Unabhängigkeit erkennen wir, dass zwei Funktionen

$$\vec{f}(x) = \begin{pmatrix} f_1(x) \\ f_2(x) \end{pmatrix} \quad \text{und} \quad \vec{g}(x) = \begin{pmatrix} g_1(x) \\ g_2(x) \end{pmatrix}$$

linear unabhängig sind, wenn wir eine beliebige Stelle $x_0 \in I$ finden, so dass es sich bei den entsprechenden Vektoren

$$\vec{f}(x_0) = \begin{pmatrix} f_1(x_0) \\ f_2(x_0) \end{pmatrix} \quad \text{und} \quad \vec{g}(x_0) = \begin{pmatrix} g_1(x_0) \\ g_2(x_0) \end{pmatrix}$$

um keine gegenseitigen Vielfache handelt. Mit anderen Worten: Ist die so genannte **Wronski-Determinante**

$$W(x) = \begin{vmatrix} f_1(x) & g_1(x) \\ f_2(x) & g_2(x) \end{vmatrix}$$

für mindestens ein $x_0 \in I$ ungleich null, so sind die Lösungen linear unabhängig.

Sind darüber hinaus die Funktionen

$$\vec{f}(x) = \begin{pmatrix} f_1(x) \\ f_2(x) \end{pmatrix} \quad \text{und} \quad \vec{g}(x) = \begin{pmatrix} g_1(x) \\ g_2(x) \end{pmatrix}$$

Lösungen eines homogenen linearen Systems

$$\vec{y}' = A(x) \cdot \vec{y}$$

(und nur dieses Szenario wird für uns im Zusammenhang mit der linearen Unabhängigkeit von Funktionen interessant sein), so lässt sich sogar Folgendes zeigen:

- Ist $W(x_0) \neq 0$ an einer **beliebigen** Stelle x_0, so sind die Funktionen $\vec{f}(x)$ und $\vec{g}(x)$ linear unabhängig. Man kann nachweisen, dass dann sogar $W(x) \neq 0$ an **allen** Stellen $x \in I$ gilt.
- Ist $W(x_0) = 0$ an einer **beliebigen** Stelle x_0, so gilt sogar $W(x) = 0$ für **alle** $x \in I$ und die Lösungen sind linear abhängig.

Jeweils zwei linear unabhängige Lösungen des homogenen linearen Systems (15.5) werden auch als ein **Fundamentalsystem** bezeichnet. Ein solches ist im Allgemeinen nicht eindeutig bestimmt.

Beispiel 15.2

Das homogene System linearer Differentialgleichungen erster Ordnung

$$\begin{aligned} y_1' &= y_2 \\ y_2' &= \frac{2}{x^2} \cdot y_1 \end{aligned}$$

aus Beispiel 15.1 wird auch durch die Funktion

$$\vec{g}(x) = \begin{pmatrix} g_1(x) \\ g_2(x) \end{pmatrix} = \begin{pmatrix} \frac{1}{x} \\ -\frac{1}{x^2} \end{pmatrix}$$

gelöst, denn durch Ableiten verifizieren wir

$$g_1'(x) = -\frac{1}{x^2} = g_2(x)$$

sowie

$$g_2'(x) = 2 \cdot \frac{1}{x^3} = \frac{2}{x^2} \cdot \frac{1}{x} = \frac{2}{x^2} \cdot g_1(x).$$

Zu den beiden vektorwertigen Lösungsfunktionen

$$\vec{f}(x) = \begin{pmatrix} x^2 \\ 2x \end{pmatrix} \quad \text{und} \quad \vec{g}(x) = \begin{pmatrix} \frac{1}{x} \\ -\frac{1}{x^2} \end{pmatrix}$$

berechnen wir (für $x > 0$) die Wronski-Determinante zu

$$W(x) = \begin{vmatrix} f_1(x) & g_1(x) \\ f_2(x) & g_2(x) \end{vmatrix} = \begin{vmatrix} x^2 & \frac{1}{x} \\ 2x & -\frac{1}{x^2} \end{vmatrix}.$$

Werten wir diese beispielsweise an der Stelle $x_0 = 1$ aus, so erhalten wir

$$W(1) = \begin{vmatrix} 1 & 1 \\ 2 & -1 \end{vmatrix} = -3 \neq 0 .$$

Folglich sind die beiden Lösungen $\vec{f}(x)$ und $\vec{g}(x)$ des obigen Systems linear unabhängig, bilden also ein Fundamentalsystem des angegebenen linearen homogenen Systems.

Sämtliche in den vergangenen Zeilen getroffenen Aussagen bezüglich der Wronski-Determinante lassen sich auf Systeme

$$\vec{y}\,' = A(x) \cdot \vec{y}$$

mit höherer Komponentenzahl m (d. h. $A(x)$ ist eine $m \times m$-Matrix mit $m \geq 2$) verallgemeinern. Haben wir es in diesem Fall mit Lösungen

$$\vec{f}_1(x) = \begin{pmatrix} f_1^{(1)}(x) \\ \vdots \\ f_1^{(m)}(x) \end{pmatrix}, \quad \ldots \quad , \vec{f}_m(x) = \begin{pmatrix} f_m^{(1)}(x) \\ \vdots \\ f_m^{(m)}(x) \end{pmatrix}$$

zu tun, so haben wir für die Wronski-Determinante

$$W(x) = \begin{vmatrix} f_1^{(1)}(x) & \ldots & f_m^{(1)}(x) \\ f_1^{(2)}(x) & \ldots & f_m^{(2)}(x) \\ \vdots & \ddots & \vdots \\ f_1^{(m)}(x) & \ldots & f_m^{(m)}(x) \end{vmatrix}$$

nur für ein beliebiges $x_0 \in I$ zu überprüfen, ob $W(x_0) \neq 0$ oder $W(x_0) = 0$ gilt. Im ersten Fall ist damit bereits die lineare Unabhängigkeit, im zweiten Fall die lineare Abhängigkeit der Lösungen gezeigt.

Es soll unser Ziel sein, zu einem gegebenen homogenen linearen System von m Differentialgleichungen erster Ordnung **genau *m*** linear unabhängige Lösungen zu ermitteln. Man kann zeigen, dass für ein solches System immer m linear unabhängige Lösungen existieren, die dann als **Fundamentalsystem** bezeichnet werden. Mehr als m linear unabhängige Lösungen zu finden ist hingegen nicht möglich. Darüber hinaus lassen sich ausgehend von diesen m linear unabhängigen Lösungen **alle** Lösungen des homogenen linearen Systems durch Linearkombination aufbauen. Fassen wir dies in einem Satz zusammen:

Satz **Lösungen eines homogenen linearen Systems**

Die $m \times m$-Matrix $A(x)$ beinhalte stetige, auf einem gemeinsamen Intervall I definierte Einträge. Zu einem homogenen linearen System

$$\vec{y}\,' = A(x) \cdot \vec{y}$$

von m Differentialgleichungen in den Funktionen $y_1, \ldots, y_m$ lassen sich stets m linear unabhängige Lösungen

$$\vec{f}_1(x), \ldots, \vec{f}_m(x)$$

bestimmen. Es ist andererseits m auch die maximale Anzahl linear unabhängiger Lösungen des Systems. Ausgehend von den Funktionen $\vec{f}_1(x), \ldots, \vec{f}_m(x)$ lässt sich die allgemeine Lösung $\vec{y}(x)$ des Systems durch Linearkombinationen aus diesen Lösungen bilden, d. h. es ist

$$\vec{y}(x) = c_1 \cdot \vec{f}_1(x) + \ldots + c_m \cdot \vec{f}_m(x)$$

mit $c_1, \ldots, c_m \in \mathbb{R}$.

Anzumerken ist, dass die Lösungen $\vec{f}_1(x), \ldots, \vec{f}_m(x)$ nicht eindeutig bestimmt sind. Auch aus davon verschiedenen Lösungen $\vec{g}_1(x), \ldots, \vec{g}_m(x)$ lässt sich die allgemeine Lösung in der Form

$$\vec{y}(x) = c_1 \cdot \vec{g}_1(x) + \ldots + c_m \cdot \vec{g}_m(x)$$

aufbauen, sofern die Lösungen $\vec{g}_1(x), \ldots, \vec{g}_m(x)$ linear unabhängig sind.

Man beachte in diesem Zusammenhang die Parallele zu linearen Unterräumen: Wie in Abschnitt 5.4.1 beschrieben, kann ein m-dimensionaler Unterraum des $\mathbb{R}^n$ von unterschiedlichen Basen, d. h. von unterschiedlichen Systemen jeweils m linear unabhängiger Vektoren aufgespannt werden. Mehr als m linear unabhängige Vektoren zu finden ist nicht möglich.

Im Fall eines homogenen linearen Systems zweier Differentialgleichungen ($m = 2$) besitzt die allgemeine Lösung $\vec{y}(x) = \begin{pmatrix} y_1(x) \\ y_2(x) \end{pmatrix}$ von

$$\begin{pmatrix} y_1' \\ y_2' \end{pmatrix} = \begin{pmatrix} a_1(x) & b_1(x) \\ a_2(x) & b_2(x) \end{pmatrix} \cdot \begin{pmatrix} y_1 \\ y_2 \end{pmatrix}$$

die Gestalt

$$\vec{y}(x) = c_1 \cdot \vec{f}(x) + c_2 \cdot \vec{g}(x)$$

oder komponentenweise

$$\begin{aligned} y_1(x) &= c_1 \cdot f_1(x) + c_2 \cdot g_1(x) \\ y_2(x) &= c_1 \cdot f_2(x) + c_2 \cdot g_2(x) \end{aligned}$$

mit Koeffizienten $c_1, c_2 \in \mathbb{R}$ und zwei linear unabhängigen Lösungen

$$\vec{f}(x) = \begin{pmatrix} f_1(x) \\ f_2(x) \end{pmatrix} \quad \text{und} \quad \vec{g}(x) = \begin{pmatrix} g_1(x) \\ g_2(x) \end{pmatrix}$$

dieses homogenen Systems.

Beispiel 15.3

Das System

$$\begin{pmatrix} y_1' \\ y_2' \end{pmatrix} = \begin{pmatrix} 0 & 1 \\ \frac{2}{x^2} & 0 \end{pmatrix} \cdot \begin{pmatrix} y_1 \\ y_2 \end{pmatrix}$$

besitzt, wie in Beispiel 15.2 festgestellt, die linar unabhängigen Lösungen

$$\vec{f}(x) = \begin{pmatrix} x^2 \\ 2x \end{pmatrix} \quad \text{und} \quad \vec{g}(x) = \begin{pmatrix} \frac{1}{x} \\ -\frac{1}{x^2} \end{pmatrix}.$$

Somit ist die allgemeine Lösung des Systems gegeben durch

$$\vec{y}(x) = c_1 \cdot \begin{pmatrix} x^2 \\ 2x \end{pmatrix} + c_2 \cdot \begin{pmatrix} \frac{1}{x} \\ -\frac{1}{x^2} \end{pmatrix}.$$

15.2.2 Homogene Systeme mit konstanten Koeffizienten

Haben wir es wie bisher mit einem homogenen System

$$\vec{y}' = A(x)\,\vec{y}$$

von linearen Differentialgleichungen zu tun, bei dem die Systemmatrix A von x abhängt, so liegt ein verhältnismäßig schwieriger Fall vor. Für solche Differentialgleichungssysteme existieren nur in speziellen Fällen systematische Lösungsverfahren.

Anders sieht die Situation aus, falls es sich bei $A(x)$ um eine konstante Matrix handelt, also $A(x) \equiv A$. Im Fall $m \equiv 2$ besitzt ein solches System die Gestalt

$$\begin{aligned} y_1' &= a_1 \cdot y_1 + b_1 \cdot y_2 \\ y_2' &= a_2 \cdot y_1 + b_2 \cdot y_2 \end{aligned} \qquad \text{bzw.} \qquad \vec{y}\,' = \begin{pmatrix} a_1 & b_1 \\ a_2 & b_2 \end{pmatrix} \vec{y}\,. \tag{15.7}$$

Bei den Koeffizienten a_1, a_2, b_1, b_2 handelt es sich also in diesem Fall um von x unabhängige, feste reelle Zahlen.

Rückführung auf skalare Differentialgleichungen

Im Folgenden sei demonstriert, wie ein solches System (15.7) zweier Differentialgleichungen mit konstanten Koeffizienten auf zwei einzelne, skalare Differentialgleichungen zurückgeführt werden kann. Diese können dann etwa mit den Hilfsmitteln aus Abschnitt 15.4 gelöst werden.

- Ist $b_1 = 0$ in der Darstellung (15.7), so haben wir es mit einem leicht zu handhabenden System zu tun. Wir lösen dann die erste Zeile

  $$y_1' = a_1 \cdot y_1,$$

  was eine einfache skalare Differentialgleichung erster Ordnung darstellt, durch Trennung der Variablen und erhalten als allgemeine Lösung

  $$y_1(x) = c \cdot e^{a_1 x} \quad (c \in \mathbb{R})\,.$$

  Diese Lösungsgesamtheit für y_1 setzen wir in die zweite Zeile von (15.7) ein und erhalten die Differentialgleichung

  $$y_2' = b_2 \cdot y_2 + a_2 \cdot c \cdot e^{a_1 x}\,.$$

  Dies ist eine skalare, nun inhomogene lineare Differentialgleichung erster Ordnung für die Funktion y_2, die wir durch Variation der Konstanten lösen können.
- Ist $b_1 \neq 0$, so führen wir das vorliegende homogene lineare System mit konstanten Koeffizienten folgendermaßen auf eine skalare Differentialgleichung zweiter Ordnung zurück: Wir differenzieren die erste Gleichung in (15.7) und erhalten

  $$y_1'' = a_1 \cdot y_1' + b_1 \cdot y_2'\,.$$

  In diese Gleichung setzen wir für den Ausdruck y_2' die zweite Zeile aus (15.7) ein und wir erhalten

  $$y_1'' = a_1 \cdot y_1' + b_1 \cdot [a_2 \cdot y_1 + b_2 \cdot y_2] \quad \Leftrightarrow \quad y_1'' = a_1 \cdot y_1' + a_2 b_1 \cdot y_1 + b_2 b_1 \cdot y_2\,.$$

  Wir entnehmen der ersten Zeile von Gleichung (15.7) den Ausdruck

  $$b_1 \cdot y_2 = y_1' - a_1 \cdot y_1$$

und setzen ihn in die letzte Gleichung ein. Wir gewinnen damit die Gleichung

$$\begin{aligned} y_1'' &= a_1 \cdot y_1' + a_2 b_1 \cdot y_1 + b_2 \cdot (y_1' - a_1 y_1) \\ &= a_1 \cdot y_1' + a_2 b_1 \cdot y_1 + b_2 \cdot y_1' - b_2 a_1 \cdot y_1 \\ &= \underbrace{(a_1 + b_2)}_{=:K_1} \cdot y_1' + \underbrace{(a_2 b_1 - b_2 a_1)}_{=:K_0} \cdot y_1 \,. \end{aligned}$$

Dabei handelt es sich um eine homogene lineare Differentialgleichung zweiter Ordnung mit konstanten Koeffizienten K_0 und K_1 für die Funktion $y_1(x)$. Diese lösen wir mit den Mitteln, die wir in Abschnitt 15.4 kennen lernen werden.

Die Lösungen für $y_2(x)$ ergeben sich dann aus der ersten Zeile von (15.7): Wir lösen nach $y_2(x)$ auf (was wegen $b_1 \neq 0$ auch möglich ist) und erhalten dann mit der eben ermittelten allgemeinen Lösung für y_1:

$$y_2 = \frac{y_1' - a_1 \cdot y_1}{b_1} \,.$$

Beispiel 15.4

Wir betrachten das zweikomponentige System

$$\begin{aligned} y_1' &= 4y_2 \\ y_2' &= -9y_1 \end{aligned}$$

erster Ordnung mit konstanten Koeffizienten. Die erste Gleichung differenzieren wir zu

$$y_1'' = 4y_2' \,,$$

worin wir den Ausdruck y_2' entsprechend der zweiten Zeile ersetzen. Wir erhalten dann die homogene lineare Differentialgleichung zweiter Ordnung

$$y_1'' = 4y_2' = 4 \cdot (-9y_1) = -36 \cdot y_1,$$

deren allgemeine Lösung $y_1(x)$ wir mit den Mitteln aus Abschnitt 15.4 bestimmen können. Aus der ersten Zeile erhalten wir dann

$$y_2 = \frac{1}{4} y_1' \,,$$

worin wir den Ausdruck y_1' aus der zuvor ermittelten allgemeinen Lösung $y_1(x)$ berechnen und einsetzen.

15.2.3 Inhomogene Systeme

Ist im linearen System der Form

$$\vec{y}\,' = A(x)\vec{y} + \vec{r}(x)$$

die Funktion $\vec{r}(x)$ nicht konstant *Null*, handelt es sich also bei mindestens einer der Komponentenfunktionen $r_1(x)$ oder $r_2(x)$ nicht um die Nullfunktion, so liegt ein inhomogenes System vor. Ohne Beweis sei abschließend kurz das theoretische Vorgehen zur Lösung solcher Systeme skizziert (das dahinter stehende Prinzip hat dabei auch für Systeme mit mehr als zwei Gleichungen Bestand und erinnert an das Lösen inhomogener linearer Gleichungssysteme (siehe etwa den Satz von Seite 271).

- Zu ermitteln sind zunächst **zwei** linear unabhängige Lösungen $\vec{f}(x)$ und $\vec{g}(x)$ des **homogenen** Systems. Wir ersetzen also die gegebenen Funktionen $r_1(x)$ und $r_2(x)$ zunächst durch $r_1(x) = r_2(x) \equiv 0$ und ermitteln daraus zwei Lösungen

  $$\vec{f}(x) = \begin{pmatrix} f_1(x) \\ f_2(x) \end{pmatrix} \qquad \text{und} \qquad \vec{g}(x) = \begin{pmatrix} g_1(x) \\ g_2(x) \end{pmatrix}$$

  von $\vec{y}' = A(x) \cdot \vec{y}$, für welche die Wronski-Determinante

  $$W(x) = \begin{vmatrix} f_1(x) & g_1(x) \\ f_2(x) & g_2(x) \end{vmatrix}$$

  an einer beliebig gewählten Stelle $x_0 \in I$ einen von *Null* verschiedenen Wert annimmt.
- Danach ist „nur noch“ eine beliebige Lösung $\vec{y}_{\text{inhom}}(x)$ der ursprünglich gegebenen inhomogenen Differentialgleichung zu bestimmen. In Einzelfällen gelingt dies durch Raten; im Allgemeinen muss diese jedoch durch Verfahren bestimmt werden, die aus einer Art Variation der Konstanten bestehen. Für deren Beschreibung für den Fall linearer Systeme sei beispielsweise auf [Bru], [Pap1] oder [Step] verwiesen.
- Die allgemeine Lösung der inhomogenen Gleichung setzt sich dann zusammen aus der allgemeinen Lösung der homogenen Differentialgleichung *plus* einer (auf welche Weise auch immer) bestimmten Lösung der inhomogen Differentialgleichung, kurz

  $$\vec{y}(x) = c_1 \cdot \vec{f}(x) + c_2 \cdot \vec{g}(x) + \vec{y}_{\text{inhom}}(x) \qquad (c_1, c_2 \in \mathbb{R}) .$$

Lineare skalare Differentialgleichungen zweiter Ordnung 15.3

Wir beginnen unsere Untersuchungen wieder mit dem homogenen Fall, d. h. der Gleichung

$$y'' + a_1(x) \cdot y' + a_0(x) \cdot y = 0 \tag{15.8}$$

mit auf einem Intervall I definierten stetigen Funktionen $a_0(x)$ und $a_1(x)$. (Gegebenenfalls müssen wir diese Normalform erst aus einer impliziten Form

$$\alpha_2(x) \cdot y'' + \alpha_1(x) \cdot y' + \alpha_0(x) \cdot y = 0$$

mittels Division durch $\alpha_2(x) \not\equiv 0$ herleiten. Man beachte aber unter diesen Umständen wieder die eingeschränkten Definitionsintervalle von $a_1(x)$ bzw. $a_0(x)$ gegenüber $\alpha_1(x)$ und $\alpha_0(x)$, falls $\alpha_2(x)$ Nullstellen besitzt.)

Um die Resultate aus Abschnitt 15.2 anwenden zu können, wollen wir hier eine skalare lineare Differentialgleichung zweiter Ordnung in ein zweikomponentiges lineares System erster Ordnung transformieren. Dies bietet vor allem theoretische Vorteile; insbesondere gewinnen wir daraus Informationen über die Lösungsgesamtheit von (15.8).

Wir definieren zwei Funktionen $y_1(x)$ und $y_2(x)$ durch

$$y_1(x) := y(x) \tag{15.9}$$

$$y_2(x) := y'(x) \quad \Rightarrow \quad y_2(x) = y_1'(x)\,. \tag{15.10}$$

Durch Ableiten der zweiten Gleichung erhalten wir die Beziehung $y_2'(x) = y''(x)$. Zusammen mit der Ausgangsgleichung (15.8) erhalten wir insgesamt das System

$$\begin{aligned} y_1'(x) &= y_2(x) \\ y_2'(x) &= -a_0(x) \cdot y_1(x) - a_1(x) \cdot y_2(x)\,. \end{aligned} \tag{15.11}$$

Beispiel 15.5

Wir betrachten die skalare Differentialgleichung zweiter Ordnung

$$y'' + 4x^2 \cdot y = 0\,.$$

Wir setzen

$$y_1 := y \qquad \text{und} \qquad y_2 := y' = y_1' \Rightarrow y'' = y_2'\,.$$

Indem wir dies in die Ausgangsdifferentialgleichung einsetzen, erhalten wir die Beziehung

$$y_2'(x) + 4x^2 \cdot y_1(x) = 0 \qquad \Leftrightarrow \qquad y_2'(x) = -4x^2 \cdot y_1(x).$$

Zusammengenommen führt dies auf das System

$$\begin{aligned} y_1'(x) &= y_2(x) \\ y_2'(x) &= -4x^2 \cdot y_1(x). \end{aligned}$$

Das System (15.11) ist im folgenden Sinne äquivalent zur Ausgangsdifferentialgleichung (15.8): Für jede Lösung $y(x)$ der Gleichung (15.8) ist das oben definierte Paar

$$\begin{pmatrix} y_1(x) \\ y_2(x) \end{pmatrix} = \begin{pmatrix} y(x) \\ y'(x) \end{pmatrix}$$

gemäß unserer Herleitung eine Lösung des Systems (15.11). Löst umgekehrt ein Paar

$$\begin{pmatrix} y_1(x) \\ y_2(x) \end{pmatrix}$$

das System (15.11), so ist

$$y_1(x)$$

eine Lösung der skalaren Differentialgleichung (15.8), denn aus den beiden Zeilen von (15.11) folgern wir umgekehrt

$$y_1''(x) + a_1(x)y_1'(x) + a_0(x)y_1(x) = y_2'(x) + a_1(x)y_2(x) + a_0(x)y_1(x) \overset{\text{2. Zeile von (15.11)}}{=} 0\,.$$

Als Fazit halten wir fest: Um die skalare Differentialgleichung (15.8) zu lösen, können wir stattdessen äquivalent das System (15.11) lösen und die **erste** Komponente

$$y_1(x)$$

jeder Lösung hiervon als Lösung unseres Ausgangsproblems (15.8) festsetzen. Von jeder Lösung des Systems (15.11) ist also jeweils die **erste** Komponente eine Lösung unseres Ausgangsproblems. Nur diese Komponente ist relevant.

Damit haben wir die Lösung von (15.8) auf die Lösung des zugehörigen Systems (15.11) zurückgeführt. Wollen wir Letzteres vollständig lösen, so benötigen wir nach

Abschnitt 15.2.1 zwei linear unabhängige Lösungen

$$\begin{pmatrix} f_1(x) \\ f_2(x) \end{pmatrix} \quad \text{und} \quad \begin{pmatrix} g_1(x) \\ g_2(x) \end{pmatrix}$$

des Systems, die nach dem Satz von Seite 507 auch existieren. Die lineare Unabhängigkeit ist dabei gleichwertig zum Nichtverschwinden der Wronski-Determinante

$$W(x) = \begin{vmatrix} f_1(x) & g_1(x) \\ f_2(x) & g_2(x) \end{vmatrix} \neq 0$$

an einer Stelle $x_0 \in I$ und damit für alle $x \in I$.

Ist die Wronski-Determinante ungleich null für ein $x_0 \in I$, so ist die allgemeine Lösung von (15.11) gegeben durch

$$\begin{pmatrix} y_1(x) \\ y_2(x) \end{pmatrix} = c \cdot \begin{pmatrix} f_1(x) \\ f_2(x) \end{pmatrix} + d \cdot \begin{pmatrix} g_1(x) \\ g_2(x) \end{pmatrix} \qquad (c, d \in \mathbb{R}).$$

Indem wir, wie oben dargelegt, die erste Komponente einer jeden solchen Lösung extrahieren, folgern wir, dass die allgemeine Lösung von (15.8) gegeben ist durch

$$y(x) = c \cdot f_1(x) + d \cdot g_1(x) \qquad (c, d \in \mathbb{R}).$$

Bei den Lösungen $f_1(x)$ und $g_1(x)$ sprechen wir wie im Fall von Differentialgleichungssystemen von einem **Fundamentalsystem** bzw. von **linear unabhängigen Lösungen**: Jede Lösung $y(x)$ von (15.8) lässt sich aus diesen beiden Funktionen durch Linearkombination konstruieren.

Welche Eigenschaft müssen Funktionen $f(x)$ und $g(x)$ besitzen, um ein Fundamentalsystem von (15.8) bilden zu können? Nach den obigen Überlegungen ist dies genau dann der Fall, wenn

$$\begin{pmatrix} f(x) \\ f'(x) \end{pmatrix} \quad \text{und} \quad \begin{pmatrix} g(x) \\ g'(x) \end{pmatrix}$$

ein Fundamentalsystem von (15.11) darstellen, wenn also insbesondere

$$W(x) = \begin{vmatrix} f(x) & g(x) \\ f'(x) & g'(x) \end{vmatrix} \neq 0$$

für ein $x_0 \in I$ (und damit für alle $x \in I$) gilt. Wir fassen zusammen:

Satz **Lösungsgesamtheit**

Zu einer linearen homogenen (skalaren) Differentialgleichung

$$y'' + a_1(x) \cdot y' + a_0(x) \cdot y = 0 \qquad (15.12)$$

zweiter Ordnung mit stetigen, auf einem gemeinsamen Intervall I definierten Funktionen $a_1(x)$ und $a_0(x)$ lässt sich stets ein **Fundamentalsystem** aus genau zwei Lösungen,

$$f(x) \qquad \text{und} \qquad g(x),$$

finden. Darunter verstehen wir zwei Lösungen $f(x)$ und $g(x)$ der Differentialgleichung (15.12) mit Wronski-Determinante

$$W(x) = \begin{vmatrix} f(x) & g(x) \\ f'(x) & g'(x) \end{vmatrix} \neq 0$$

für ein beliebiges $x_0 \in I$ (und damit für alle $x \in I$). Die allgemeine Lösung $y(x)$ von (15.12) lässt sich dann als Linearkombination der beiden Lösungen $f(x)$ und $g(x)$ schreiben, d. h. es ist

$$y(x) = c_1 \cdot f(x) + c_2 \cdot g(x) \qquad (c_1, c_2 \in \mathbb{R}).$$

Mit obigem Satz ist die Frage nach der Existenz der allgemeinen Lösung durch Rückführung auf ein System linearer Differentialgleichungen erster Ordnung befriedigend beantwortet. Um die partikuläre Lösung eines Anfangswertproblems

$$y'' + a_1(x) \cdot y' + a_0(x) \cdot y = 0, \qquad y(x_0) \stackrel{!}{=} y_0;\ y'(x_0) \stackrel{!}{=} y_1 \qquad (15.13)$$

für gegebene Werte x_0, y_0, y_1 zu erhalten, gehen wir folgendermaßen vor: Haben wir ein Fundamentalsystem $\{f(x), g(x)\}$ ermittelt und die allgemeine Lösung zu

$$y(x) = c_1 \cdot f(x) + c_2 \cdot g(x) \qquad (c_1, c_2 \in \mathbb{R})$$

aufgestellt, müssen die Konstanten c_1 und c_2 so bestimmt werden, dass sie das lineare 2×2-Gleichungssystem

$$\begin{aligned} y(x_0) &= \mathbf{c_1} \cdot f(x_0) + \mathbf{c_2} \cdot g(x_0) = y_0 \\ y'(x_0) &= \mathbf{c_1} \cdot f'(x_0) + \mathbf{c_2} \cdot g'(x_0) = y_1 \end{aligned} \quad \Leftrightarrow \quad \left(\begin{array}{cc|c} f(x_0) & g(x_0) & y_0 \\ f'(x_0) & g'(x_0) & y_1 \end{array} \right)$$

lösen. Wegen

$$\begin{vmatrix} f(x) & g(x) \\ f'(x) & g'(x) \end{vmatrix} \neq 0$$

für alle $x \in I$, insbesondere auch für x_0, ist dieses LGS eindeutig lösbar. Das Anfangswertproblem (15.13) besitzt demzufolge eine **eindeutige** Lösung.

Ergänzend sei angemerkt, dass sich der Fall von skalaren linearen homogenen Differentialgleichungen höherer Ordnung

$$y^{(n)} + a_{n-1}(x) \cdot y^{(n-1)} + \ldots + a_1(x) \cdot y' + a_0(x) \cdot y = 0 \tag{15.14}$$

analog behandeln lässt. Ein Fundamentalsystem von (15.14) besteht dann aus m Funktionen $f_1(x), f_2(x), \ldots, f_m(x)$ mit Wronski-Determinante

$$W(x) = \begin{vmatrix} f_1(x) & f_2(x) & \ldots & f_m(x) \\ f_1'(x) & f_2'(x) & \ldots & f_m'(x) \\ f_1''(x) & f_2''(x) & \ldots & f_m''(x) \\ \vdots & \vdots & \ddots & \vdots \\ f_1^{(m-1)}(x) & f_2^{(m-1)}(x) & \ldots & f_m^{(m-1)}(x) \end{vmatrix} \neq 0$$

für ein $x_0 \in I$ und damit für alle $x \in I$. Die allgemeine Lösung von (15.14) erhalten wir als die Menge aller Linearkombinationen der Funktionen $f_1(x), \ldots, f_m(x)$ zu

$$y(x) = c_1 \cdot f_1(x) + c_2 \cdot f_2(x) + \ldots + c_m \cdot f_m(x) .$$

Eine eindeutig bestimmte Lösung des Anfangswertproblems

$$\begin{aligned} y^{(n)} + a_{n-1}(x) \cdot y^{(n-1)} + \ldots + a_1(x) \cdot y' + a_0(x) \cdot y &= 0, \\ y(x_0) \stackrel{!}{=} y_0; \quad y'(x_0) \stackrel{!}{=} y_1; \quad \ldots \quad y^{m-1}(x_0) &\stackrel{!}{=} y_{m-1} \end{aligned}$$

mit vorgegebenen Werten $y_0, \ldots, y_{m-1}$ erhalten wir durch Lösen des $m \times m$-LGS

$$\left(\begin{array}{cccc|c} f_1(x_0) & f_2(x_0) & \ldots & f_m(x_0) & y_0 \\ f_1'(x_0) & f_2'(x_0) & \ldots & f_m'(x_0) & y_1 \\ f_1''(x_0) & f_2''(x_0) & \ldots & f_m''(x_0) & y_2 \\ \vdots & \vdots & \ddots & \vdots & \\ f_1^{(m-1)}(x_0) & f_2^{(m-1)}(x_0) & \ldots & f_m^{(m-1)}(x_0) & y_{m-1} \end{array}\right) .$$

Inhomogene lineare Differentialgleichung

Haben wir es mit einer Differentialgleichung

$$y^{(n)} + a_{n-1}(x) \cdot y^{(n-1)} + \ldots + a_1(x) \cdot y' + a_0(x) \cdot y = b(x) \tag{15.15}$$

zu tun mit $b(x) \not\equiv 0$, so liegt eine **inhomogene** lineare Differentialgleichung der Ordnung n vor. Um diese zu lösen, haben wir erst die allgemeine Lösung der homogenen Variante (man setze $b(x) \equiv 0$) zu bestimmen. Errät man dann eine **beliebige** Lösung $y_{\text{inhom}}(x)$ der inhomogenen Differentialgleichung oder bestimmt diese durch Verfahren wie etwa der Variation der Konstanten (siehe etwa [Bru], [Pap1] oder [Step]), so lässt sich die allgemeine Lösung $y(x)$ der inhomogenen Differentialgleichung (15.15) darstellen durch

$$y(x) = \text{allg. Lösung der homogenen Gleichung} + y_{\text{inhom}}(x)\,.$$

15.4 Gewöhnliche lineare Differentialgleichungen zweiter Ordnung mit konstanten Koeffizienten

Wir betrachten und analysieren im Folgenden einen wichtigen Spezialfall linearer Differentialgleichungen zweiter Ordnung

$$a_2(x) \cdot y'' + a_1(x) \cdot y' + a_0(x) \cdot y = b(x)\,.$$

In diesem Abschnitt wollen wir annehmen, dass die Koeffizienten $a_2(x)$, $a_1(x)$ und $a_0(x)$ nicht mehr von x abhängen, sondern **konstant** sind. Wir haben es somit mit einer Differentialgleichung der Form

$$a_2 \cdot y'' + a_1 \cdot y' + a_0 \cdot y = b(x)$$

zu tun. Insbesondere handelt es sich bei dem in den letzten Abschnitten erwähnten gemeinsamen Definitonsbereich I der Koeffizientenfunktionen um ganz $\mathbb{R}$. Wieder dürfen wir in diesem Abschnitt von $a_2 \neq 0$ ausgehen, denn andernfalls läge keine Gleichung zweiter, sondern nur erster Orndung vor.

Nachfolgend entwickeln wir eine Strategie zur Lösung der homogenen Gleichung

$$a_2 \cdot y'' + a_1 \cdot y' + a_0 \cdot y = 0\,. \tag{15.16}$$

(Was die Lösung der inhomogenen Gleichung angeht, so verweisen wir auf die Bemerkungen in Abschnitt 15.3 sowie exemplarische Betrachtungen in Abschnitt 15.6 im Rahmen mechanischer Schwingungen.)

Beispiel 15.6

Eine solche Differentialgleichung (15.16) mit konstanten Koeffizienten hatten wir bereits in Kapitel 13 kennen gelernt: In Beispiel 13.7 hatten wir dort den Schwingungsvorgang einer Masse m beschrieben durch

$$m \cdot \ddot{s} + k \cdot s = 0\,.$$

Im Kontext der Bezeichnungen dieses Kapitels entspricht dies der Benennung

$$y = s, \quad x = t, \quad a_2 = m, \quad a_1 = 0 \quad \text{und} \quad a_0 = k.$$

Wir werden auf diese Schwingungsdifferentialgleichung noch ausführlich in Abschnitt 15.5 zurückkommen.

Gemäß dem Satz von Seite 515 versuchen wir, ein Fundamentalsystem

$$\{y_1(x), y_2(x)\}$$

dieser linearen Differentialgleichung zweiter Ordnung mit konstanten Koeffizienten herzuleiten. Die Erfahrungen mit der linearen Differentialgleichung erster Ordnung lassen uns dabei als Lösungskandidat eine Funktion der Gestalt

$$y(x) \;=\; e^{\lambda x} \tag{15.17}$$

mit einem „geeigneten“ λ vermuten. Es gilt nun, besagtes λ so zu bestimmen, dass die so angesetzte Funktion $y(x)$ tatsächlich die Differentialgleichung (15.16) löst. Wir leiten dazu zwei Mal ab:

$$y'(x) = \lambda \cdot e^{\lambda x} \quad \text{sowie} \quad y''(x) = \lambda^2 \cdot e^{\lambda x}$$

und setzen dies in die zu lösende Differentialgleichung (15.16) ein, was auf die Bedingung

$$a_2 \cdot \lambda^2 \cdot e^{\lambda x} + a_1 \cdot \lambda \cdot e^{\lambda x} + a_0 \cdot e^{\lambda x} \;=\; 0$$

führt. Da in jedem Fall $e^{\lambda x} \neq 0$ gilt, können wir diese Gleichung durch $e^{\lambda x}$ dividieren und erhalten somit eine Bedingung an λ: Genau dann erfüllt der Lösungskandidat (15.17) die Differentialgleichung (15.16), wenn für λ die Gleichung

$$a_2 \cdot \lambda^2 + a_1 \cdot \lambda + a_0 \;=\; 0 \tag{15.18}$$

erfüllt ist. Diese quadratische Gleichung wird auch als **charakteristische Gleichung** der Differentialgleichung (15.16) bezeichnet. Ein Vergleich mit (15.16) zeigt, dass wir diese formal gewinnen, indem wir Ableitungsordnungen von y durch Potenzen von λ ersetzen, d. h. wir ersetzen in (15.16)

$$y'' \text{ durch } \lambda^2, \quad y' \text{ durch } \lambda^1 = \lambda \quad \text{und} \quad y \text{ durch } \lambda^0 = 1\,.$$

Als quadratische Gleichung besitzt (15.18) zwei Lösungen

$$\lambda_{1,2} = \frac{-a_1 \pm \sqrt{a_1^2 - 4a_2a_0}}{2a_2} \in \mathbb{C}.$$

Abhängig vom Vorzeichen der Diskriminante

$$d = a_1^2 - 4a_2a_0$$

sind diese Lösungen reell ($d > 0$) oder echt komplex ($d < 0$) oder fallen gar zu einer einzigen Lösung zusammen ($d = 0$). Wir unterscheiden diese drei Fälle und schildern jeweils das Verfahren zur Gewinnung eines Fundamentalsystems von (15.16), also zweier Funktionen $y_1(x)$, $y_2(x)$, welche die Differentialgleichung lösen mit

$$W(x) := \begin{vmatrix} y_1(x) & y_2(x) \\ y_1'(x) & y_2'(x) \end{vmatrix} \neq 0$$

für ein $x_0 \in \mathbb{R}$ und damit für alle $x \in \mathbb{R}$. Gemäß Abschnitt 15.3 lässt sich daraus bereits die allgemeine Lösung von (15.16) darstellen.

15.4.1 Fall: $d = a_1^2 - 4a_2a_0 > 0$

In diesem Fall erhalten wir für λ zwei **verschiedene reelle** Lösungen

$$\lambda_1 = \frac{-a_1 + \sqrt{a_1^2 - 4a_2a_0}}{2a_2}, \quad \lambda_2 = \frac{-a_1 - \sqrt{a_1^2 - 4a_2a_0}}{2a_2}.$$

Damit erfüllen die beiden Funktionen

$$y_1(x) = e^{\lambda_1 x} \qquad \text{und} \qquad y_2(x) = e^{\lambda_2 x}$$

die zu lösende Differentialgleichung (15.16).

Wir erinnern uns, dass wir aus diesen beiden Lösungen **alle** Lösungen der linearen Differentialgleichung (15.16) zweiter Ordnung durch Linearkombination bilden können, sofern die Lösungen $y_1(x)$ und $y_2(x)$ ein Fundamentalsystem bilden. Wir prüfen dies, indem wir die Wronski-Determinante berechnen: Es ist

$$y_1'(x) = \lambda_1 \cdot e^{\lambda_1 x} \quad \text{und} \quad y_2'(x) = \lambda_2 \cdot e^{\lambda_2 x}$$

und damit

$$W(x) = \begin{vmatrix} y_1(x) & y_2(x) \\ y_1'(x) & y_2'(x) \end{vmatrix} = \begin{vmatrix} e^{\lambda_1 x} & e^{\lambda_2 x} \\ \lambda_1 \cdot e^{\lambda_1 x} & \lambda_2 \cdot e^{\lambda_2 x} \end{vmatrix}.$$

Speziell (beispielsweise) für $x_0 = 0$ also

$$W(0) = \begin{vmatrix} 1 & 1 \\ \lambda_1 & \lambda_2 \end{vmatrix} = \lambda_2 - \lambda_1 \neq 0$$

wegen der Verschiedenheit von λ_1 und λ_2.

Die beiden Funktionen $y_1(x)$ und $y_2(x)$ bilden folglich ein Fundamentalsystem der Differentialgleichung (15.16). Deren allgemeine Lösung lässt sich somit darstellen als die Schar

$$y(x) = c_1 \cdot e^{\lambda_1 x} + c_2 \cdot e^{\lambda_2 x} \qquad (c_1, c_2 \in \mathbb{R}). \tag{15.19}$$

Beispiel 15.7

Gegeben sei die Differentialgleichung

$$2 \cdot y'' - 4y' - 6y = 0\,.$$

Die charakteristische Gleichung dieser linearen Differentialgleichung zweiter Ordnung gewinnen wir, indem wir in dieser Differentialgleichung jeweils formal die k-te Ableitung $y^{(k)}$ $(k = 0, 1, 2)$ durch die Potenz λ^k ersetzen. Für λ erhalten wir damit die Bedingung

$$2\lambda^2 - 4\lambda^1 - 6\lambda^0 = 0 \qquad \Leftrightarrow \qquad 2\lambda^2 - 4\lambda - 6 = 0\,.$$

Die beiden reellen Lösungen dieser charakteristischen Gleichung sind

$$\lambda_{1,2} = \frac{4 \pm \sqrt{16 - 4 \cdot 2 \cdot (-6)}}{4} = \frac{4 \pm 8}{4} \qquad \Leftrightarrow \qquad \lambda_1 = 3; \;\; \lambda_2 = -1\,.$$

Nach (15.19) lässt sich damit die allgemeine Lösung $y(x)$ der Differentialgleichung angeben zu

$$y(x) = c_1 \cdot e^{3x} + c_2 \cdot e^{-x} \quad (c_1, c_2 \in \mathbb{R}).$$

15.4.2 Fall: $d = a_1^2 - 4a_2a_0 = 0$

In diesem Fall ergibt die charakteristische Gleichung (15.18) nur **eine** Lösung

$$\lambda = \frac{-a_1 \pm 0}{2a_2} = -\frac{a_1}{2a_2}\,.$$

Damit haben wir immerhin eine Lösung der Differentialgleichung (15.16) gefunden zu

$$y_1(x) = e^{\lambda x} = e^{-\frac{a_1}{2a_2}x}\,,$$

doch handelt es sich eben nur um **eine** Lösung. Für ein Fundamentalsystem unserer Differentialgleichung zweiter Ordnung benötigen wir noch eine zweite Lösung $y_2(x)$ von (15.16) mit

$$W(x) = \begin{vmatrix} y_1(x) & y_2(x) \\ y_1'(x) & y_2'(x) \end{vmatrix} \neq 0$$

für ein x_0 (und damit für alle $x \in \mathbb{R}$). Im Hinblick darauf behaupten wir, dass es sich bei der Funktion

$$y_2(x) = x \cdot e^{\lambda x}$$

tatsächlich um eine solche Lösung handelt: Zweimaliges Differenzieren nämlich ergibt jeweils nach der Produktregel

$$y_2'(x) = 1 \cdot e^{\lambda x} + x \cdot \lambda \cdot e^{\lambda x} = (1 + \lambda x)\, e^{\lambda x}$$

sowie

$$y_2''(x) = \lambda \cdot e^{\lambda x} + (1 + \lambda x) \cdot \lambda e^{\lambda x} = (\lambda^2 x + 2\lambda) e^{\lambda x}\,.$$

Setzen wir dies in die Differentialgleichung (15.16) ein, so erhalten wir

$$\begin{aligned} & a_2 \cdot y_2''(x) + a_1 \cdot y_2'(x) + a_0 \cdot y_2(x) \\ &= a_2 \cdot (\lambda^2 x + 2\lambda) e^{\lambda x} + a_1 \cdot (1 + \lambda x)\, e^{\lambda x} + a_0 \cdot x e^{\lambda x} \\ &= e^{\lambda x} \left[a_2 \cdot (\lambda^2 x + 2\lambda) + a_1 \cdot (1 + \lambda x) + a_0 x \right] \\ &= e^{\lambda x} \left[x \underbrace{(\lambda^2 a_2 + \lambda a_1 + a_0)}_{=0} + \underbrace{2\lambda a_2 + a_1}_{=0} \right] = 0\,. \end{aligned}$$

Da λ eine Nullstelle der charakteristischen Gleichung ist, verschwindet der linke unterschweifte Term. Auch der rechte Term verschwindet zu null, denn es ist mit dem oben errechneten λ

$$2\lambda a_2 + a_1 = 2 \cdot \left(-\frac{a_1}{2a_2} \right) a_2 + a_1 = -a_1 + a_1 = 0\,.$$

Damit haben wir bewiesen, dass die Funktion $y_2(x)$ die Differentialgleichung (15.16) löst. Um zu zeigen, dass diese zusammen mit $y_1(x)$ ein Fundamentalsystem der Differentialgleichung bildet, berechnen wir die zugehörige Wronski-Determinante, beispielsweise an der Stelle $x_0 = 0$. Es ist

$$y_1(x) = e^{\lambda x}, \quad y_1'(x) = \lambda \cdot e^{\lambda x}, \quad y_2(x) = x \cdot e^{\lambda x}$$

und wie oben berechnet

$$y_2'(x) = (1 + \lambda x)\, e^{\lambda x}\,.$$

Folglich errechnen wir die Wronski-Determinante, etwa an der Stelle $x_0 = 0$ zu

$$\begin{vmatrix} y_1(0) & y_2(0) \\ y_1'(0) & y_2'(0) \end{vmatrix} = \begin{vmatrix} 1 & 0 \\ \lambda & 1 \end{vmatrix} = 1 \neq 0\,.$$

Damit bilden $y_1(x)$ und $y_2(x)$ ein Fundamentalsystem von (15.16). Mit

$$\lambda = -\frac{a_1}{2a_2}$$

besteht die allgemeine Lösung in diesem Fall aus der Schar

$$y(x) = c_1 \cdot e^{\lambda x} + c_2 \cdot x \cdot e^{\lambda x} = (c_1 + c_2 \cdot x)e^{\lambda x} \qquad (c_1, c_2 \in \mathbb{R}). \tag{15.20}$$

Beispiel 15.8

Wir untersuchen in diesem Beispiel die Differentialgleichung

$$y'' - 6y' + 9y = 0\,.$$

Die charakteristische Gleichung dieser Differentialgleichung erhalten wir, indem wir wieder y'' durch λ^2, y' durch λ und y durch 1 ersetzen, zu

$$\lambda^2 - 6\lambda + 9 = 0\,.$$

Die Diskriminante d nimmt hier wegen

$$d = a_1^2 - 4a_2a_0 = 6^2 - 4 \cdot 9 \cdot 1 = 0$$

den Wert *Null* an und wir erhalten daraus die einzige Lösung

$$\lambda = -\frac{a_1}{2a_2} = -\frac{-6}{2 \cdot 1} = 3$$

des charakteristischen Polynoms. Gemäß Formel (15.20) erhalten wir dann als allgemeine Lösung der Differentialgleichung die Schar

$$y(x) = (c_1 + c_2 \cdot x) \cdot e^{3x} \qquad (c_1, c_2 \in \mathbb{R}).$$

15.4.3 Fall: $d = a_1^2 - 4a_2a_0 < 0$

(Vor der Lektüre des folgenden Abschnitts wird das Lesen des Anhangs C empfohlen.) In diesem Fall liefert die charakteristische Gleichung (15.18) keine reellen Lösungen. Vielmehr erhalten wir die beiden **komplexen** Lösungen

$$\begin{aligned}\lambda_{1,2} &= \frac{-a_1 \pm \sqrt{a_1^2 - 4a_2a_0}}{2a_2} = \frac{1}{2a_2}\left(-a_1 \pm (\sqrt{(-1) \cdot (-a_1^2 + 4a_2a_0)}\right) \\ &= \frac{1}{2a_2}\left(-a_1 \pm i \cdot \sqrt{\underbrace{-a_1^2 + 4a_2a_0}_{>0}}\right).\end{aligned}$$

Es handelt sich hierbei um **konjugiert komplexe** Nullstellen der charakteristischen Gleichung. Führen wir die Abkürzungen

$$\alpha := -\frac{a_1}{2a_2} \qquad \text{und} \qquad \beta := \frac{\sqrt{-a_1^2 + 4a_2a_0}}{2a_2} = \frac{\sqrt{-d}}{2a_2} \tag{15.21}$$

ein, so formulieren sich diese zu

$$\lambda_{1,2} = \alpha \pm i \cdot \beta .$$

Wir erhalten die beiden komplexwertigen Lösungsfunktionen

$$z_1(x) = e^{\lambda_1 x} = e^{(\alpha+i\beta)x} \quad \text{und} \quad z_2(x) = e^{\lambda_2 x} = e^{(\alpha-i\beta)x} .$$

Diese Funktionen sind Lösungen der Differentialgleichung (15.16); wie oben lässt sich durch Aufstellen der Wronski-Determinanten zeigen, dass diese ein (komplexes) Fundamentalsystem der Differentialgleichung bilden. Demnach lässt sich die allgemeine **komplexe** Lösung von (15.16) darstellen durch

$$y(x) = c_1 \cdot z_1(x) + c_2 \cdot z_2(x) = c_1 \cdot e^{(\alpha+i\beta)x} + c_2 \cdot e^{(\alpha-i\beta)x} \qquad (c_1, c_2 \in \mathbb{C}) .$$

Für einige Zwecke bietet es Vorteile, den Begriff der Lösung ins Komplexe auszudehnen, doch wollen wir uns im Folgenden bemühen, ein **reelles** Fundamentalsystem $\{y_1(x), y_2(x)\}$ von (15.16) zu ermitteln.

Betrachten wir dazu die obige Lösung $z_1(x)$ etwas genauer: Zusammen mit der Euler'schen Relation

$$e^{i\phi} = \cos\phi + i \sin\phi$$

für reelles ϕ formuliert sich diese zu

$$z_1(x) = e^{(\alpha+i\beta)x} = e^{\alpha x} \cdot e^{i\beta x} = e^{\alpha x}\cos(\beta x) + i \cdot [e^{\alpha x}\sin(\beta x)] .$$

Da $z_1(x)$ die Differentialgleichung (15.16) löst, trifft dies ebenso sowohl auf den Realteil als auch auf den Imaginärteil von $z_1(x)$ zu, also auf

$$y_1(x) := \operatorname{Re} z_1(x) = e^{\alpha x}\cos(\beta x) \qquad \text{und} \qquad y_2(x) := \operatorname{Im} z_1(x) = e^{\alpha x}\sin(\beta x) .$$

Wir weisen nach, dass es sich bei diesen beiden Funktionen $y_1(x)$ und $y_2(x)$ um ein (nun reelles) Fundamentalsystem handelt und analysieren dazu die Wronski-Determinante: Es ist

$$y_1'(x) = -e^{\alpha x} \cdot \sin(\beta x) \cdot \beta + \cos(\beta x) \cdot e^{\alpha x} \cdot \alpha$$

und

$$y_2'(x) = e^{\alpha x} \cdot \cos(\beta x) \cdot \beta + \sin(\beta x) \cdot e^{\alpha x} \cdot \alpha .$$

Wir werten die Wronski-Determinante wieder an der Stelle $x_0 = 0$ aus. Es ist

$$y_1(0) = 1, \quad y_2(0) = 0, \quad y_1'(0) = \alpha, \quad y_2'(0) = \beta$$

und folglich

$$\begin{vmatrix} y_1(0) & y_2(0) \\ y_1'(0) & y_2'(0) \end{vmatrix} = \begin{vmatrix} 1 & 0 \\ \alpha & \beta \end{vmatrix} = \beta .$$

Dabei ist $\beta \neq 0$, denn nach Annahme ist $d = a_1^2 - 4a_2a_0 < 0$ und damit in der Tat

$$\beta = \frac{\sqrt{-d}}{2a_2} \neq 0 .$$

Damit ist $\{y_1(x), y_2(x)\}$ ein Fundamentalsystem von (15.16) und die allgemeine Lösung lässt sich darstellen als die Schar

$$y(x) = c_1 \cdot y_1(x) + c_2 \cdot y_2(x) = c_1 \cdot e^{\alpha x} \cos(\beta x) + c_2 \cdot e^{\alpha x} \sin(\beta x) \tag{15.22}$$

mit nun reellen Scharkonstanten $c_1, c_2 \in \mathbb{R}$.

Beispiel 15.9

Wir betrachten die Differentialgleichung

$$y'' + 36y = 0 .$$

Wieder bilden wir die charakteristische Gleichung, indem wir y'' durch λ^2 und y durch $\lambda^0 = 1$ ersetzen. Wir erhalten

$$\lambda^2 + 36 = 0$$

und daraus durch Umformen

$$\lambda^2 = -36 \quad \Leftrightarrow \quad \lambda_{1,2} = \pm 6 \cdot i .$$

Nach (15.21) berechnen sich dann α und β zu

$$\alpha = -\frac{a_1}{2a_2} = -\frac{0}{2} = 0 \quad \text{und} \quad \beta = \frac{\sqrt{-a_1^2 + 4a_2a_0}}{2a_2} = \frac{\sqrt{-0^2 + 4 \cdot 1 \cdot 36}}{2} = \frac{12}{2} = 6 .$$

Die allgemeine Lösung lässt sich damit nach (15.22) angeben zu

$$y(x) = c_1 \cdot e^{0 \cdot x} \cos(6x) + c_2 \cdot e^{0 \cdot x} \sin(6x) = c_1 \cdot \cos(6x) + c_2 \cdot \sin(6x) \quad (c_1, c_2 \in \mathbb{R}).$$

Es handelt sich dabei um die Gleichung einer ungedämpften, periodischen Schwingung. In Abschnitt 15.5.1 werden wir nochmals darauf zurückkommen.

15.4.4 Zusammenfassung

Für den täglichen Gebrauch sei an dieser Stelle nochmals das Lösen einer homogenen linearen Differentialgleichung

$$a_2 \cdot y'' + a_1 \cdot y' + a_0 \cdot y = 0$$

zweiter Ordnung mit konstanten Koeffizienten zusammenfassend dargestellt:

- 1. Schritt: Wir formulieren die charakteristische Gleichung, indem wir in der Differentialgleichung y'' durch λ^2, y' durch λ und y durch $\lambda^0 = 1$ ersetzen. Wir erhalten die Beziehung
$$a_2 \cdot \lambda^2 + a_1 \cdot \lambda + a_0 = 0\,.$$
- 2. Schritt: Wir bestimmen die Diskriminante
$$d = a_1^2 - 4a_2a_0$$
dieser quadratischen Gleichung. Abhängig von ihrem Vorzeichen wird dann die allgemeine Lösung mit Scharparametern c_1 und c_2 gemäß ► Tabelle 15.1 bestimmt.
- 3. Schritt: Ist speziell ein Anfangswertproblem
$$a_2 \cdot y'' + a_1 \cdot y' + a_0 \cdot y = 0, \qquad y(x_0) = y_0;\ y'(x_0) = y_1$$
zu lösen, so errechnen wir die konkreten Konstanten c_1 und c_2 dieser eindeutig bestimmten partikulären Lösung aus den beiden Anfangsbedingungen durch Lösen eines linearen 2×2-Gleichungssystems. Für den häufig auftretenden Fall $x_0 = 0$ (der Nullpunkt lässt sich im zeitlichen Kontext oftmals als Startpunkt eines Experiments interpretieren) nimmt uns Tabelle 15.1 diese Arbeit ab.

Tabelle 15.1

Mögliche Fälle beim Lösen einer homogenen linearen Differentialgleichung zweiter Ordnung mit konstanten Koeffizienten ($d = a_1^2 - 4a_2a_0$)

Diskriminante	Allgemeine Lösung	Partikuläre Lösung mit $y(0) = y_0$ und $y'(0) = y_1$
$d > 0$	$y(x) = c_1 \cdot e^{\lambda_1 x} + c_2 \cdot e^{\lambda_2 x}$ mit $\lambda_{1,2} = \frac{-a_1 \pm \sqrt{a_1^2 - 4a_2a_0}}{2a_2}$	$c_1 = \frac{\lambda_2 y_0 - y_1}{\lambda_2 - \lambda_1}$, $c_2 = \frac{y_1 - y_0\lambda_1}{\lambda_2 - \lambda_1}$
$d = 0$	$y(x) = (c_1 + c_2x) \cdot e^{\lambda x}$ mit $\lambda = -\frac{a_1}{2a_2}$	$c_1 = y_0$, $c_2 = y_1 - y_0\lambda$
$d < 0$	$y(x) = e^{\alpha x}\left(c_1 \cdot \cos(\beta x) + c_2 \cdot \sin(\beta x)\right)$ mit $\alpha = -\frac{a_1}{2a_2}$, $\beta = \frac{\sqrt{-d}}{2a_2}$	$c_1 = y_0$, $c_2 = \frac{y_1 - \alpha y_0}{\beta}$

Schwingungen 15.5

Bereits in Beispiel 13.7 hatten wir die Schwingungsgleichung

$$m\ddot{s} + ks = 0$$

kennen gelernt. Diese beschreibt die Schwingung einer Masse m an einer Spiralfeder der Federkonstanten k. Auffallend ist hierbei, dass in dieser Beziehung im Gegensatz zur allgemeinen Differentialgleichung (15.16) kein Ausdruck in der ersten Ableitung $\dot{s}$ auftritt. Physikalisch entspricht dies dem Fall einer **ungedämpften Schwingung**.

Eine solche ungedämpfte Schwingung stellt gewissermaßen einen mathematischen Grenzfall dar. In Wirklichkeit wird jede Schwingung durch äußere Umstände wie Luftwiderstand, Reibung etc. gedämpft. Nimmt man etwa an, dass eine Kraft

$$F_{\text{Dämpfung}}(t) = -\rho \cdot \dot{s}(t)$$

existiert, die der Geschwindigkeit proportional entgegengerichtet ist mit Proportionalitätskonstante $\rho > 0$, so wirkt auf die Feder nun zu jedem Zeitpunkt t insgesamt die Kraft

$$F_{\text{ges}}(t) = -\rho \cdot \dot{s}(t) - k \cdot s(t).$$

Wie im ungedämpften Fall entspricht der Anteil $-k \cdot s(t)$ der Rückstellkraft der Feder. Nach dem Newton'schen Bewegungsgesetz gilt dann

$$m \cdot \ddot{s}(t) = F_{\text{ges}}(t) = -\rho \cdot \dot{s}(t) - k \cdot s(t)$$

oder kurz

$$m\ddot{s} + \rho\dot{s} + ks = 0\,. \qquad (15.23)$$

Auch andere Naturvorgänge werden durch eine solche allgemeine Schwingungsgleichung beschrieben. So wird in einem **elektrischen Schwingkreis** mit einer Kapazität C, einer Induktivität L sowie einem Widerstand R (▶ Abbildung 15.1) die (an der Kapazität gemessene) zeitabhängige Spannung $U(t)$ beschrieben durch die Differentialgleichung

$$L\ddot{U} + R \cdot \dot{U} + \frac{U}{C} = 0\,. \qquad (15.24)$$

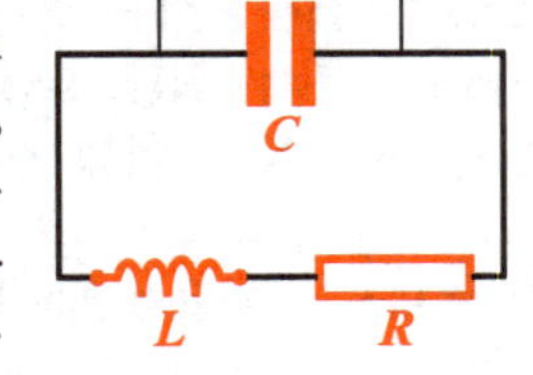

Abbildung 15.1: Elektrischer Schwingkreis.

Obwohl ein solcher Schwingkreis einen physikalisch gänzlich anderen Sachverhalt repräsentiert, ist die mathematische Gestalt dieser Differentialgleichung qualitativ identisch zu (15.23).

In Abschnitt 15.4 haben wir die Lösung solcher linearer Differentialgleichungen zweiter Ordnung mit konstanten Koeffizienten vorgestellt. Wir wollen im Folgenden sehen, wie sich die dabei auftretenden unterschiedlichen Fälle physikalisch interpretieren lassen bzw. wie sich die Parameter m, ρ und k auf den realen Schwingungsvorgang auswirken. In Abschnitt 15.5.3 übertragen wir diese Resultate auf den genannten elektrischen Schwingkreis.

15.5.1 Ungedämpfte Schwingung

Wir beginnen mit der Differentialgleichung

$$m \cdot \ddot{s} + k \cdot s = 0 \tag{15.25}$$

der ungedämpften Schwingung. Gegenüber der allgemeinen Gleichung (15.16) verschwindet der Koeffizient a_1 vor der ersten Ableitung $\dot{s}$, d. h. es ist $a_1 = 0$. Die Koeffizienten a_2 und a_0 nehmen hier konkret die (realistischerweise positiven) Werte

$$a_2 = m, \quad a_0 = k$$

an. Die charakteristische Gleichung lautet

$$m\lambda^2 + k = 0\,,$$

so dass sich die Diskriminante dieser quadratischen Gleichung berechnet zu

$$d = a_1^2 - 4a_2a_0 = 0 - 4mk < 0\,.$$

Gemäß Abschnitt 15.4.3 oder Tabelle 15.1 haben wir damit die Werte α und β zu berechnen. Es ist (für diesen ganzen Abschnitt)

$$\alpha = -\frac{a_1}{2a_2} = 0, \quad \beta = \frac{\sqrt{-d}}{2a_2} = \frac{\sqrt{4mk}}{2m} = \sqrt{\frac{k}{m}} =: \omega_0\,.$$

Damit lässt sich die allgemeine Lösung angeben zu

$$s(t) = c_1 \cdot \cos(\omega_0 t) + c_2 \cdot \sin(\omega_0 t) \qquad (c_1, c_2 \in \mathbb{R}). \tag{15.26}$$

Eine Linearkombination zweier solcher harmonischer Schwingungen $\cos(\omega_0 t)$ und $\sin(\omega_0 t)$ mit gleichem Parameter ω_0 lässt sich dabei gemäß Aufgabe 5 am Ende des Kapitels immer auch als reine Sinus- bzw. reine Cosinusschwingung

$$s(t) = A_1 \cdot \sin(\omega_0 t + \phi_1) \qquad \text{bzw.} \qquad \tilde{s}(t) = A_2 \cdot \cos(\omega_0 t + \phi_2)$$

mit geeigneten **Phasenverschiebungen** ϕ_1 und ϕ_2 und **Amplituden** A_1 und A_2 schreiben.

Zwischen der Größe ω_0, die auch als **Winkelgeschwindigkeit** oder **Kreisfrequenz** bezeichnet wird, und der **Periodendauer** T der Schwingung (in der jeweiligen Zeiteinheit) besteht dabei der Zusammenhang

$$T = \frac{2\pi}{\omega_0}.$$

Umgekehrt gibt ω_0 die Anzahl der Perioden innerhalb eines Zeitintervalls der Länge 2π an. Der Kehrwert der Periodendauer

$$f = \frac{1}{T} = \frac{\omega_0}{2\pi}$$

wird im Zusammenhang mit Schwingungen auch als die **Eigenfrequenz** der Schwingung bezeichnet.

Um die Lösung für ein konkretes Experiment zu bestimmen – mathematisch eine partikuläre Lösung –, müssen wir im Besitz von Informationen über Anfangsauslenkung $s(0)$ und Anfangsgeschwindigkeit $v_0 := \dot{s}(0)$ sein.

Beispiel 15.10

a) In einem ersten Experiment sei die Masse um die Strecke $s(0) = s_0$ aus der Ruhelage ausgelenkt. Ohne zusätzlichen Anfangsimpuls überlassen wir die Masse dann ihrer Schwingung, d. h. es sei $\dot{s}(0) = v_0 = 0$ (► Abbildung 15.2). Nach Tabelle 15.1 berechnen sich damit die Konstanten c_1 und c_2 der zugehörigen partikulären Lösung zu

$$c_1 = s_0 \qquad \text{und} \qquad c_2 = \frac{v_0 - \alpha s_0}{\beta} = \frac{v_0 - 0 \cdot s_0}{\omega_0} = 0\,.$$

Somit formuliert sich die partikuläre Lösung für diese Anfangswerte zu

$$s(t) = s_0 \cdot \cos(\omega_0 t) = s_0 \cdot \cos\left(\sqrt{\frac{k}{m}} \cdot t\right).$$

b) In einem zweiten Versuch sei die Masse zum Startzeitpunkt $t = 0$ wieder um s_0 aus der Ruhelage ausgelenkt, doch geben wir ihr an der ausgelenkten Position zusätzlich einen Anfangsimpuls und damit die Anfangsgeschwindigkeit $\dot{s}(0) = v_0$ nach oben ($v_0 > 0$) oder nach unten ($v_0 < 0$) (► Abbildung 15.2). Wieder bestimmen wir die Koeffizienten c_1 und c_2 der zugehörigen partikulären Lösung. Es sind nach Tabelle 15.1:

$$c_1 = s_0 \quad \text{und} \qquad c_2 = \frac{v_0 - \alpha s_0}{\beta} = \frac{v_0 - \alpha s_0}{\omega_0} = \frac{v_0}{\omega_0},$$

(denn es ist $\alpha = 0$ und $\beta = \omega_0$). Bei der gesuchten partikulären Lösung handelt es sich somit um die Funktion

$$s(t) = s_0 \cdot \cos(\omega_0 t) + \frac{v_0}{\omega_0} \cdot \sin(\omega_0 t) = s_0 \cdot \cos\left(\sqrt{\frac{k}{m}} \cdot t\right) + \frac{v_0}{\omega_0} \cdot \sin\left(\sqrt{\frac{k}{m}} \cdot t\right).$$

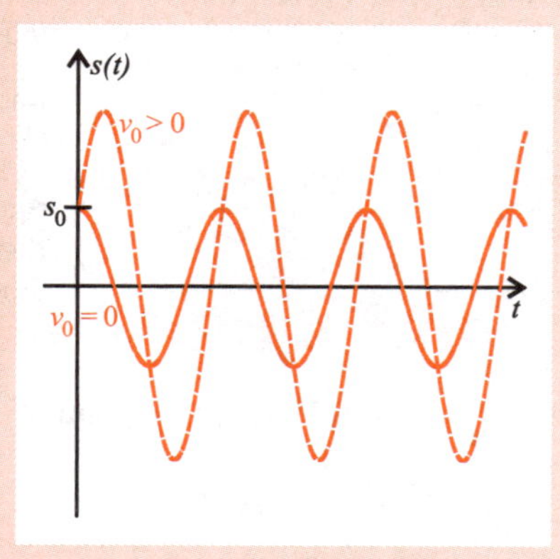

Abbildung 15.2: Experiment a) ($v_0 = 0$) und b) ($v_0 > 0$).

Auch in diesem Fall ist es möglich, die Schwingung $s(t)$ als (phasenverschobene) reine Sinus- oder Cosinusschwingung zu schreiben.

15.5.2 Gedämpfte Schwingung

In diesem Abschnitt wollen wir von einer gedämpften mechanischen Schwingung ausgehen. Gleichung (15.25) erhält damit zusätzlich einen Dämpfungsterm proportional zur Geschwindigkeit und formuliert sich dann zu

$$m\ddot{s} + \rho\dot{s} + ks = 0. \tag{15.27}$$

Im Vergleich mit der allgemeinen Form (15.16) ist somit

$$a_2 = m, \quad a_1 = \rho \quad \text{und} \quad a_0 = k.$$

Da die drei Variablen die Größen Masse, Dämpfung und Federhärte repräsentieren, handelt es sich um positive Größen. In der Praxis werden neben der bereits oben eingeführten Kreisfrequenz $\omega_0 = \sqrt{\frac{k}{m}}$ der ungedämpften Schwingung bisweilen auch die ebenfalls von ρ, m und k abgeleiteten Größen

$\delta = \frac{\rho}{2m}$, die **Abklingkonstante,** und
$D = \frac{\delta}{\omega_0}$, der **Dämpfungsgrad,**

verwendet.

Tabelle 15.2

Kategorisierung des Dämpfungsverhaltens

Diskriminante d	Verhältnis von δ zu ω_0	Dämpfungsgrad D	Art der Dämpfung
$d = \rho^2 - 4mk < 0$	$\delta < \omega_0$	$0 < D < 1$	schwache Dämpfung (Abschnitt 15.4.3)
$d = \rho^2 - 4mk > 0$	$\delta > \omega_0$	$D > 1$	starke Dämpfung (Abschnitt 15.4.1)
$d = \rho^2 - 4mk = 0$	$\delta = \omega_0$	$D = 1$	Grenzfall zwischen schwacher und starker Dämpfung (Abschnitt 15.4.2)

Die zu (15.27) gehörende charakteristische Gleichung lautet

$$m\lambda^2 + \rho\lambda + k = 0\,,$$

so dass sich ihre Diskriminante folglich berechnet zu

$$d = \rho^2 - 4mk\,.$$

Da dieser Ausdruck, abhängig von ρ, m und k, alle reellen Werte annehmen kann, sind alle in Abschnitt 15.4 behandelten Fälle möglich. Das Vorzeichen der Diskriminante d spiegelt sich auch wider im Wert, den der Dämpfungsgrad D annimmt, denn zwischen D und der Diskriminanten d besteht der Zusammenhang

$$D = \frac{\delta}{\omega_0} = \frac{\frac{\rho}{2m}}{\sqrt{\frac{k}{m}}} = \frac{\rho}{\sqrt{4mk}} \overset{(D\geq 0)}{\Leftrightarrow} D^2 = \frac{\rho^2}{4mk}\,.$$

Beispielsweise ist damit gleichwertig

$$d < 0 \quad\Leftrightarrow\quad \rho^2 < 4mk \quad\Leftrightarrow\quad \delta < \omega_0 \quad\Leftrightarrow\quad 0 < D < 1\,.$$

▶ Tabelle 15.2 stellt analog hierzu äquivalente Kriterien für das Vorliegen der drei zu unterscheidenden Dämpfungsfälle zusammen und gibt deren physikalische Bezeichnung an. Im Folgenden wollen wir diese Fälle getrennt untersuchen.

Schwach gedämpfte Schwingung

Es sei hier $d < 0$ bzw. $\delta < \omega_0$ bzw. $0 < D < 1$. Wieder verwenden wir die Konstanten α und β aus Gleichung (15.21), die sich im konkreten Fall der gedämpften Schwingung

$$m\ddot{s} + \rho\dot{s} + ks = 0$$

berechnen zu

$$\alpha = -\frac{a_1}{2a_2} = -\frac{\rho}{2m} = -\delta$$

(mit der oben eingeführten Abklingkonstanten δ) und

$$\beta = \frac{\sqrt{-a_1^2 + 4a_2a_0}}{2a_2} = \frac{\sqrt{-\rho^2 + 4mk}}{2m} = \sqrt{-\left(\frac{\rho}{2m}\right)^2 + \frac{k}{m}} = \sqrt{\omega_0^2 - \delta^2}$$

mit der Kreisfrequenz $\omega_0 = \sqrt{\frac{k}{m}}$ der ungedämpften Schwingung. Bei der letzten Größe

$$\omega_d := \sqrt{\omega_0^2 - \delta^2}$$

handelt es sich um die **Kreisfrequenz der gedämpften Schwingung**. Wegen $\delta > 0$ ist diese Kreisfrequenz **kleiner** als die Kreisfrequenz

$$\omega_0 = \sqrt{\omega_0^2 - 0^2}$$

der ungedämpften Schwingung. (Zur besseren Unterscheidung der beiden Größen ω_d und ω_0 wird in diesem Zusammenhang ω_d bisweilen auch als die **Kennfrequenz** der gedämpften Schwingung bezeichnet.) Die Schwingungsdauer T_d der gedämpften Schwingung vergrößert sich im Gegenzug auf

$$T_d = \frac{2\pi}{\omega_d} = \frac{2\pi}{\sqrt{\omega_0^2 - \delta^2}},$$

die Eigenfrequenz verringert sich hingegen auf

$$f_d = \frac{1}{T_d} = \frac{\omega_d}{2\pi} = \frac{\sqrt{\omega_0^2 - \delta^2}}{2\pi}.$$

Die allgemeine Lösung der schwach gedämpften Schwingung lässt sich mit den oben berechneten Werten für α und β sowie Tabelle 15.1 angeben zu

$$s(t) = e^{-\delta t} \cdot (c_1 \cdot \cos(\omega_d t) + c_2 \cdot \sin(\omega_d t)) \qquad (c_1, c_2 \in \mathbb{R})$$

oder unter Verwendung der ursprünglichen Konstanten m, ρ und k zu

$$s(t) = e^{-\frac{\rho}{2m}t} \cdot \left(c_1 \cdot \cos\left(\sqrt{-\left(\frac{\rho}{2m}\right)^2 + \frac{k}{m}} \cdot t\right) + c_2 \cdot \sin\left(\sqrt{-\left(\frac{\rho}{2m}\right)^2 + \frac{k}{m}} \cdot t\right)\right).$$

Somit besteht die allgemeine Lösung aus zwei Faktoren. Zum einen ist dies eine Linearkombination aus Sinus- und Cosinusfunktionen, die für sich alleine genommen ein Bild wie im Fall der ungedämpften Schwingung abgeben würden; zum anderen handelt es sich um den Dämpfungsfaktor $e^{-\delta t}$ mit positiver Abklingkonstante δ. Diese Funktion tendiert monoton fallend gegen null und sorgt dafür, dass die Schwingung tatsächlich gedämpft wird, die Auslenkung $s(t)$ aus der Ruhelage also gegen null geht. ▶ Abbildung 15.3 zeigt zwei partikuläre Lösungen der schwach gedämpften Schwingung. In beiden Fällen ist $s(0) = s_0 > 0$; im Gegensatz zur unteren Kurve starte die obere Schwingung mit einer zusätzlichen Anfangsgeschwindigkeit $\dot{s}(0) = v_0 \neq 0$ (speziell $v_0 > 0$).

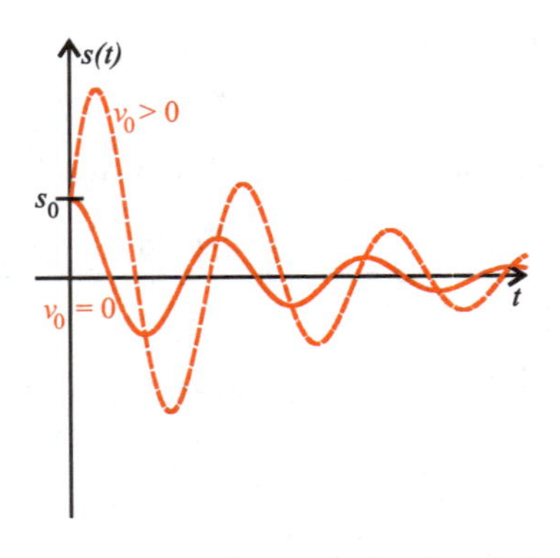

Abbildung 15.3: Schwach gedämpfte Schwingung.

Stark gedämpfte Schwingung

Es sei nun $d > 0$ bzw. nach Tabelle 15.2 gleichwertig $\delta > \omega_0$ oder auch $D > 1$. Da die Diskriminante d positiv ist, erhalten wir gemäß Abschnitt 15.4.1 zwei reelle Lösungen der charakteristischen Gleichung: Mit $a_2 = m$, $a_1 = \rho$ und $a_0 = k$ berechnen wir diese zu

$$\lambda_{1,2} = \frac{-a_1 \pm \sqrt{a_1^2 - 4a_2a_0}}{2a_2} = \frac{-\rho \pm \sqrt{\rho^2 - 4mk}}{2m} = -\frac{\rho}{2m} \pm \sqrt{\left(\frac{\rho}{2m}\right)^2 - \frac{k}{m}}.$$

Unter Verwendung der im letzten Abschnitt eingeführten Größen

$$\delta = \frac{\rho}{2m}, \quad \text{die Abklingkonstante, } \textit{und}$$

$$\omega_0 = \sqrt{\frac{k}{m}}, \quad \text{die Kreisfrequenz der ungedämpften Schwingung,}$$

lassen sich diese beiden Lösungen auch angeben in der Form

$$\lambda_{1,2} = -\delta \pm \sqrt{\delta^2 - \omega_0^2}.$$

Nach Abschnitt 15.4.1 bzw. Tabelle 15.1 lässt sich damit die allgemeine Lösung $s(t)$ der stark gedämpften Schwingung angeben zu

$$s(t) = c_1 \cdot e^{\lambda_1 t} + c_2 \cdot e^{\lambda_2 t} \qquad (c_1, c_2 \in \mathbb{R}).$$

Da sich diese aus zwei Exponentialfunktionen zusammensetzt, zeigt das System kein Schwingungsverhalten.

Wegen $\omega_0 > 0$ ist $\delta > \sqrt{\delta^2 - \omega_0^2}$ und folglich

$$\lambda_1 = -\delta + \sqrt{\delta - \omega_0^2} < 0\,.$$

Trivialerweise ist auch

$$\lambda_2 = -\delta - \sqrt{\delta - \omega_0^2} < 0\,.$$

Alle partikulären Lösungen bestehen damit aus einer Linearkombination zweier Funktionen, die wegen $\lambda_1, \lambda_2 < 0$ für $t \to \infty$ gegen null streben. Als Summe tendieren sie folglich für großes t ebenfalls gegen null. ► Abbildung 15.4 zeigt zwei partikuläre Lösungen mit $s_0 > 0$ in beiden Fällen und unterschiedlichen Anfangsgeschwindigkeiten $v_0 = 0$ und $v_0 > 0$.

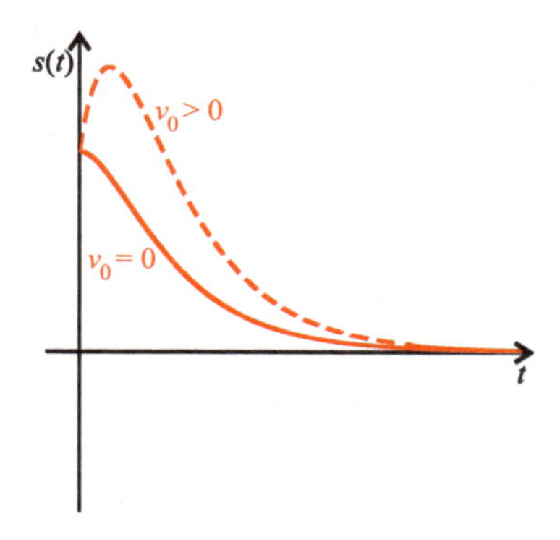

Abbildung 15.4: Stark gedämpfte Schwingung.

Grenzfall zwischen starker und schwacher Dämpfung

Es sei nun $d = 0$ bzw. nach Tabelle 15.2 gleichwertig $\delta = \omega_0$ oder auch $D = 1$. Gemäß Abschnitt 15.4.2 bzw. Tabelle 15.1 erhalten wir dann als die einzige Lösung der charakteristischen Gleichung (wieder mit $a_2 = m$, $a_1 = \rho$ und $a_0 = k$)

$$\lambda = -\frac{a_1}{2a_2} = -\frac{\rho}{2m} \qquad \text{bzw.} \qquad \lambda = -\delta$$

unter Verwendung der Abklingkonstante δ von Seite 529.

Als die allgemeine Lösung dieses Grenzfalls erhalten wir im Einklang mit Abschnitt 15.4.2 bzw. Tabelle 15.1 die Schar

$$s(t) = (c_1 + c_2 t) \cdot e^{\lambda t} = (c_1 + c_2 t) \cdot e^{-\frac{\rho}{2m}t} = (c_1 + c_2 t) \cdot e^{-\delta t} \qquad (c_1, c_2 \in \mathbb{R}).$$

Sämtliche Lösungsfunktionen bestehen aus einem Produkt eines linearen Faktors und einer wegen $\delta > 0$ abklingenden Exponentialfunktion. Auch hier liegt also keine Schwingung vor. **Verringert** sich jedoch die Dämpfung ρ auch nur geringfügig, so nimmt die Diskriminante d statt dem Wert *Null* nunmehr **negative** Werte an und es liegt der Fall der schwachen Dämpfung mit dem daraus resultierenden Schwingungsverhalten vor.

► Abbildung 15.5 zeigt vier partikuläre Lösungen mit jeweils $s_0 > 0$ und unterschiedlichen Anfangsgeschwindigkeiten v_0. Interessant ist das Verhalten partikulärer Lösungen, falls das Vorzeichen von v_0 dem von s_0 entgegengesetzt ist. Für etwa $s_0 > 0$ und einem mäßigen Impuls nach unten ($v_0 < 0$) nähert sich die Masse ausgehend von $s_0 > 0$ monoton der Ruhelage. Für einen sehr starken nach unten gerichteten Impuls hingegen ($v_0 << 0$) wird die Ruhelage erst ein Mal durchlaufen, bevor sich die Bewegung der Masse umkehrt und diese sich für $t \to \infty$ von unten monoton steigend der Ruhelage nähert.

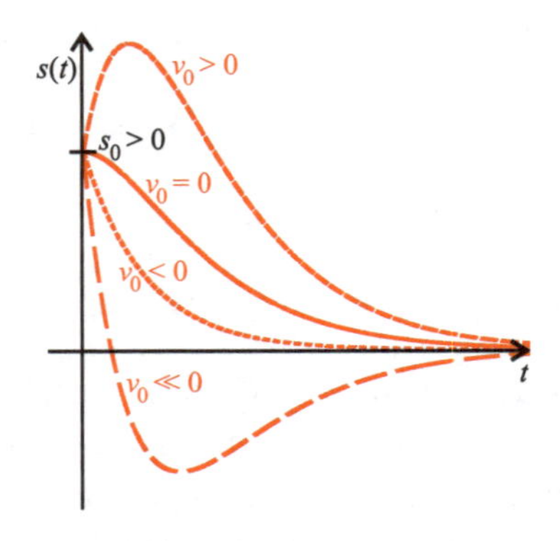

Abbildung 15.5: Grenzfall zwischen starker und schwacher Dämpfung; vier partikuläre Lösungen.

15.5.3 Elektrische Schwingungen

Für die Differentialgleichung des elektrischen Schwingkreises

$$L\ddot{U} + R\dot{U} + \frac{1}{C}U = 0 \tag{15.28}$$

mit der Induktivität $L > 0$, der Kapazität $C > 0$ und dem Widerstand $R > 0$ lassen sich alle Betrachtungen über (un-)gedämpfte mechanische Schwingungen aus den vorhergehenden Abschnitten eins zu eins übertragen: Wir identifizieren dazu einfach

$$L \text{ mit } m, \qquad R \text{ mit } \rho \qquad \text{und} \qquad \frac{1}{C} \text{ mit } k\,.$$

Anders ausgedrückt: Im Vergleich mit der allgemeinen Form (15.16) ist hier:

$$a_2 = L, \quad a_1 = R \quad \text{und} \quad a_0 = \frac{1}{C}\,.$$

Auch in diesem Zusammenhang lassen sich analog zum mechanischen Masse-Feder-Modell die Konstanten

$$\delta = \frac{R}{2L} \qquad \text{und} \qquad \omega_0 = \sqrt{\frac{1}{LC}}$$

einführen. Wieder unterscheiden wir die Fälle

$$\begin{aligned} R = 0 \quad &\Leftrightarrow \quad \delta = 0 \quad : \quad \text{ungedämpfte Schwingung} \\ R > 0 \quad &\Leftrightarrow \quad \delta > 0 \quad : \quad \text{gedämpfte Schwingung,} \end{aligned}$$

wobei sich der zweite Fall aufgliedern lässt in die Fälle

$0 < \delta < \omega_0$	:	schwache Dämpfung
$\delta > \omega_0$	:	starke Dämpfung
$\delta = \omega_0$	:	Grenzfall zwischen starker und schwacher Dämpfung.

Für den einfachsten Fall der ungedämpften Schwingung ($R = 0$) geben wir in Analogie zu 15.5.1 und mit Hilfe der Korrespondenz $m \leftrightarrow L$ bzw. $k \leftrightarrow \frac{1}{C}$ die allgemeine Lösung von (15.28) an. Es ist

$$U(t) = c_1 \cdot \cos(\omega_0 t) + c_2 \cdot \sin(\omega_0 t) = c_1 \cdot \cos(\sqrt{\frac{1}{LC}} \cdot t) + c_2 \cdot \sin(\sqrt{\frac{1}{LC}} \cdot t)$$

mit $c_1, c_2 \in \mathbb{R}$.

15.6 Erzwungene Schwingungen: Beispiel für eine inhomogene Differentialgleichung

Als Beispiel für eine inhomogene lineare Differentialgleichung zweiter Ordnung mit konstanten Koeffizienten wollen wir die bis dato behandelte homogene Schwingungsgleichung

$$m\ddot{s} + \rho\dot{s} + ks = 0$$

zu einer inhomogenen Differentialgleichung modifizieren.

Betrachten wir hierzu wieder eine Feder, deren Aufhängepunkt zunächst wie bisher fest montiert ist. Wie in früheren Abschnitten dargelegt wirken auf die Masse lediglich die Kräfte $-\rho\dot{s}$ (Dämpfung) und $-ks$ (Federrückstellkraft). Bewegen wir nun zusätzlich den Aufhängepunkt zum Zeitpunkt t um $a_z(t)$ aus der ursprünglichen Lage heraus, so ruft dies eine zusätzliche Kraft hervor, welche die Feder je nach Vorzeichen von $a_z(t)$ dehnt oder staucht. Es handelt sich um eine Kraft, die proportional zu $a_z(t)$ ist und sich formulieren lässt zu

$$F_z(t) = k \cdot a_z(t)$$

mit der Federkonstanten k.

Im Folgenden wollen wir speziell davon ausgehen, dass sich der Aufhängepunkt periodisch gemäß

$$a_z(t) = s_z \cdot \cos(\omega_z t)$$

mit eigener (fester) Winkelgeschwindigkeit ω_z und Amplitude s_z bewegt.

Damit wirkt auf die Masse die Gesamtkraft

$$-\rho\dot{s} - ks + k \cdot s_z \cdot \cos(\omega_z t),$$

womit sich m nach dem Newton'schen Bewegungsgesetz gemäß

$$m\ddot{s} = -\rho\dot{s} - ks + k \cdot s_z \cdot \cos(\omega_z t)$$

bewegt, oder äquivalent

$$m\ddot{s} + \rho\dot{s} + ks = k \cdot s_z \cdot \cos(\omega_z t) . \tag{15.29}$$

Dabei handelt es sich nun um eine **inhomogene** lineare Differentialgleichung zweiter Ordnung mit konstanten Koeffizienten.

Da wir im Rahmen dieses Buches nur eine kurze Einführung in die Theorie der inhomogenen Gleichungen geben wollen, beschränken wir uns hier auf den ungedämpften Fall, d. h. es sei $\rho = 0$. In diesem Fall haben wir es mit der Differentialgleichung

$$m\ddot{s} + ks = ks_z \cdot \cos(\omega_z t)$$

zu tun. Wir dividieren diese Gleichung durch m und können dann unter Verwendung der Kreisfrequenz $\omega_0 = \sqrt{\frac{k}{m}}$ der ungedämpften Schwingung diese Differentialgleichung auch formulieren zu

$$\ddot{s} + \omega_0^2 \cdot s = \omega_0^2 \cdot s_z \cdot \cos(\omega_z t) . \tag{15.30}$$

Diese Differentialgleichung beinhaltet zwei verschiedene Kreisfrequenzen: Zum einen ist dies die Kreisfrequenz ω_0 der ungedämpft und ohne Anregung von außen schwingenden Masse; zum anderen haben wir es mit der Kreisfrequenz ω_z der äußeren Anregung zu tun.

Fall 1: $\omega_0 \neq \omega_z$

Wir setzen zunächst voraus, dass diese beiden Frequenzen verschieden sind, d. h. es gelte

$$\omega_0 \neq \omega_z .$$

Wir erinnern an das allgemeine Prinzip bezüglich der Lösung inhomogener linearer Differentialgleichungen: Übertragen auf unsere Situation beinhaltet dies, dass sich die allgemeine Lösung der inhomogenen Differentialgleichung (15.30) zusammensetzt aus der allgemeinen Lösung der zugehörigen homogenen Gleichung

$$\ddot{s} + \omega_0^2 \cdot s = 0 \tag{15.31}$$

sowie einer beliebigen partikulären Lösung der inhomogenen Gleichung (15.30). Die allgemeine Lösung der homogenen Gleichung (15.31) haben wir ausführlich in Abschnitt 15.5.1 hergeleitet. Sie ist gegeben durch

$$s(t) = c_1 \cdot \cos(\omega_0 t) + c_2 \cdot \sin(\omega_0 t) = c_1 \cdot \cos\left(\sqrt{\frac{k}{m}} \cdot t\right) + c_2 \cdot \sin\left(\sqrt{\frac{k}{m}} \cdot t\right).$$

Wir haben demnach „nur noch“ eine beliebige partikuläre Lösung der inhomogenen Gleichung (15.30) zu bestimmen. Als Lösungskandidat setzen wir die Funktion

$$p(t) = s_p \cdot \cos(\omega_z t)$$

an mit der Winkelgeschwindigkeit ω_z der äußeren Anregung und einer zu bestimmenden Amplitude s_p.

Praxis-Hinweis

Auch wenn dieser Lösungsansatz auf den ersten Blick einem Raten gleichkommt, steckt hinter diesem Versuch doch ein allgemeingültiges Prinzip, welches unter dem Namen „Ansatz nach der rechten Seite“ bekannt ist. Darunter versteht man die Strategie, wonach man als Lösungskandidat $p(t)$ für die Lösung einer inhomogenen linearen Differentialgleichung mit konstanten Koeffizienten eine Funktion mit gleicher Struktur wie die Inhomogenität (die rechte Seite) ansetzt. In unserem obigen Fall setzen wir dementsprechend den Lösungskandidat $p(t)$ als Cosinusschwingung fest.

Wir bestimmen im Folgenden den Parameter s_p, für welchen der Lösungskandidat $p(t)$ die inhomogene Gleichung (15.30) löst. Zweimaliges Differenzieren liefert

$$\ddot{p}(t) = -s_p \cdot \omega_z^2 \cdot \cos(\omega_z t).$$

Wir setzen dies in die inhomogene Differentialgleichung (15.30) ein, was auf die Bedingung

$$\begin{aligned}
& \ddot{p} + \omega_0^2 \cdot p = \omega_0^2 \cdot s_z \cdot \cos(\omega_z t) \\
\Leftrightarrow\quad & -s_p \cdot \omega_z^2 \cdot \cos(\omega_z t) + \omega_0^2 \cdot s_p \cdot \cos(\omega_z t) = \omega_0^2 \cdot s_z \cdot \cos(\omega_z t) \\
\Leftrightarrow\quad & s_p \cdot (\omega_0^2 - \omega_z^2) \cdot \cos(\omega_z t) = \omega_0^2 \cdot s_z \cdot \cos(\omega_z t) \\
\Leftrightarrow\quad & s_p \cdot \cos(\omega_z t) = \frac{\omega_0^2}{\omega_0^2 - \omega_z^2} \cdot s_z \cdot \cos(\omega_z t)
\end{aligned}$$

führt. Durch einen Vergleich der beiden Seiten dieser Gleichung gewinnen wir die Bedingung

$$s_p = \frac{\omega_0^2}{\omega_0^2 - \omega_z^2} \cdot s_z .$$

Damit erhalten wir als eine partikuläre Lösung $p(t)$ der inhomogenen Gleichung die Funktion

$$p(t) = \frac{\omega_0^2}{\omega_0^2 - \omega_z^2} \cdot s_z \cdot \cos(\omega_z t),$$

woraus wir folglich die allgemeine Lösung der inhomogenen Gleichung (15.30) durch Addition der allgemeinen Lösung des homogenen Problems erhalten zu

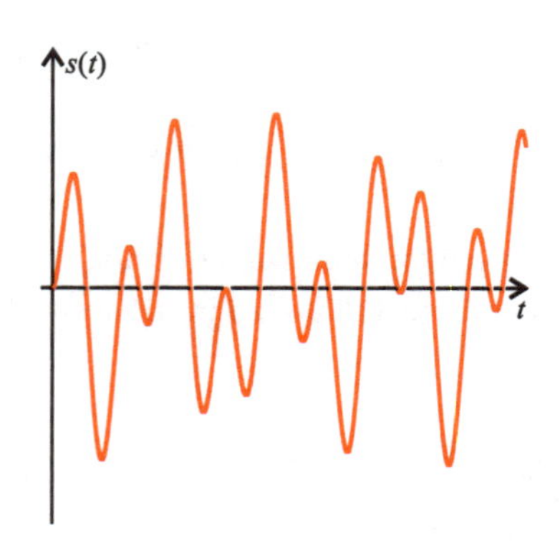

Abbildung 15.6: Erzwungene Schwingung unter cosinusförmiger Kraft.

$$\begin{aligned} s(t) &= c_1 \cdot \cos(\omega_0 t) + c_2 \cdot \sin(\omega_0 t) \\ &+ \frac{\omega_0^2}{\omega_0^2 - \omega_z^2} \cdot s_z \cos(\omega_z t) . \end{aligned}$$

Da sich jede Lösung dieser Schar aus Schwingungen unterschiedlicher Frequenzen ω_0 und ω_z zusammensetzt, sind die Lösungen nicht notwendigerweise reine Sinus- oder Cosinusschwingungen. Vielmehr hat eine partikuläre Lösung im Allgemeinen die in ▶ Abbildung 15.6 aufgezeigte Gestalt.

Fall 2: $\omega_0 = \omega_z$

Betrachten wir nun den Fall, dass die Kreisfrequenz der äußeren Anregung mit der Kreisfrequenz der ungedämpften und unbeeinflussten Schwingung übereinstimmt, dass also

$$\omega_0 = \omega_z$$

gilt.

Als einen Lösungskandidaten für die inhomogene Differentialgleichung wählen wir nun die Funktion

$$p(t) = c \cdot t \cdot \cos(\omega_0 t + \phi) . \tag{15.32}$$

Wieder versuchen wir, den Amplitudenparameter c sowie zusätzlich den Winkelparameter ϕ so zu bestimmen, dass $p(t)$ die inhomogene Gleichung löst. Zweimaliges Differenzieren führt auf

$$\dot{p}(t) = c \cdot \cos(\omega_0 t + \phi) - c \cdot t \cdot \omega_0 \cdot \sin(\omega_0 t + \phi)$$

und

$$\begin{aligned} \ddot{p}(t) &= -c \cdot \omega_0 \cdot \sin(\omega_0 t + \phi) - c \cdot \omega_0 \cdot \sin(\omega_0 t + \phi) - c \cdot t \cdot \omega_0^2 \cos(\omega_0 t + \phi) \\ &= -2c \cdot \omega_0 \cdot \sin(\omega_0 t + \phi) - c \cdot t \cdot \omega_0^2 \cdot \cos(\omega_0 t + \phi) . \end{aligned}$$

Setzen wir dies in die inhomogene Differentialgleichung (15.30) ein, so erhalten wir als Bedingung für die unbekannten Parameter c und ϕ unseres Lösungskandidaten

(man beachte, dass $\omega_z = \omega_0$)

$$\begin{aligned} & \ddot{p} + \omega_0^2 \cdot p = \omega_0^2\, s_z \cos(\omega_0 t) \\ \Leftrightarrow \quad & -2c\omega_0 \sin(\omega_0 t + \phi) - ct\omega_0^2 \cos(\omega_0 t + \phi) + \omega_0^2 ct \cos(\omega_0 t + \phi) \\ & \qquad = \omega_0^2 s_z \cos(\omega_0 t) \\ \Leftrightarrow \quad & -2c\omega_0 \sin(\omega_0 t + \phi) = \omega_0^2\, s_z \cos(\omega_0 t)\,. \end{aligned}$$

Daraus können wir die gesuchten Parameter ϕ und c bestimmen: Für $\phi = \frac{\pi}{2}$ lautet die letzte Gleichung wegen der allgemeinen Beziehung $\sin(\alpha + \frac{\pi}{2}) = \cos(\alpha)$

$$-2c\omega_0 \cos(\omega_0 t) = \omega_0^2\, s_z \cos(\omega_0 t)\,.$$

Daraus gewinnen wir durch Vergleich

$$-2c\omega_0 = \omega_0^2 s_z \qquad \Leftrightarrow \qquad c = \frac{\omega_0^2 s_z}{-2\omega_0} = -\frac{\omega_0 s_z}{2}\,.$$

Setzen wir die berechneten Parameter in die Ansatzfunktion $p(t)$ in (15.32) ein, so erhalten wir als eine Lösung der inhomogenen Gleichung:

$$p(t) = -\frac{\omega_0 s_z}{2}\, t \cos(\omega_0 t + \frac{\pi}{2})$$

bzw. wegen $\cos(\alpha + \frac{\pi}{2}) = -\sin(\alpha)$:

$$p(t) = \frac{\omega_0 s_z}{2}\, t \sin(\omega_0 t)\,.$$

Addieren wir diese zu der bereits bekannten allgemeinen Lösung der homogenen Gleichung (15.31), so erhalten wir die allgemeine Lösung der inhomogenen Gleichung (15.30) zu

$$\begin{aligned} s(t) &= c_1 \cdot \cos(\omega_0 t) + c_2 \cdot \sin(\omega_0 t) + t \cdot \frac{\omega_0 s_z}{2} \cdot \sin(\omega_0 t) \qquad (15.33) \\ &= c_1 \cdot \cos(\omega_0 t) + \left(c_2 + \frac{\omega_0 s_z}{2} \cdot t\right) \sin(\omega_0 t)\,. \end{aligned}$$

Neben trigonometrischen Ausdrücken enthält die Darstellung der Lösung in (15.33) auch einen Anteil

$$t \cdot \frac{\omega_0 s_z}{2} \sin(\omega_0 t)\,,$$

also eine Schwingung, deren Amplitude **linear** mit der Zeit t ansteigt und bewirkt, dass sich auch die Funktion $s(t)$ so verhält. Die Masse m schwingt also für große t immer stärker aus, mit ansteigender, nach oben hin unbeschränkter Amplitude (▶ Abbildung 15.7). Dieser Effekt ist auch unter der Bezeichnung **Resonanz** bekannt. Resonanz tritt dann auf, wenn das schwingende System mit seiner eigenen Frequenz ω_0 von außen angeregt wird, d. h. $\omega_z = \omega_0$. Das (zumindest theoretische) Anwachsen von $|s(t)|$, gleichbedeutend mit dem Ausschlagen der Masse, wird als „Resonanzkatastrophe" bezeichnet. In der Praxis ist dieser Effekt jedoch durch äußere Umstände gehemmt, wie z. B. durch die Belastbarkeit der Feder oder durch Reibungseinflüsse. Im letzteren Fall haben wir es mit einer Dämpfung $\rho \neq 0$ zu tun und folglich mit der von uns hier nicht weiter behandelten Differentialgleichung

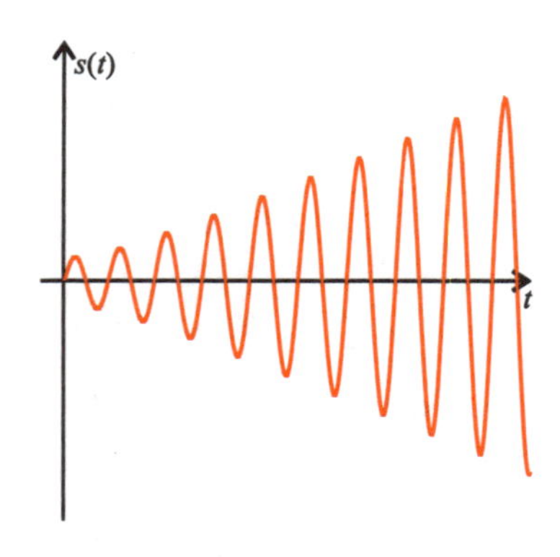

Abbildung 15.7: Resonanzfall für $\omega_0 = \omega_z$.

$$m\ddot{s} + \rho\dot{s} + ks = k \cdot s_z \cdot \cos(\omega_z t)\,.$$

Aufgaben

1 Zeigen Sie, dass das lineare System

$$\begin{aligned} y_1' &= -y_1 \\ y_2' &= y_1 - y_2 \\ y_3' &= y_2 \end{aligned}$$

oder kurz

$$\vec{y}\,' = \begin{pmatrix} -1 & 0 & 0 \\ 1 & -1 & 0 \\ 0 & 1 & 0 \end{pmatrix} \cdot \vec{y}$$

die Lösungen

$$\vec{f}(x) = \begin{pmatrix} e^{-x} \\ xe^{-x} \\ 1-(x+1)e^{-x} \end{pmatrix}, \quad \vec{g}(x) = \begin{pmatrix} 0 \\ e^{-x} \\ 1-e^{-x} \end{pmatrix} \quad \text{und} \quad \vec{h}(x) = \begin{pmatrix} 0 \\ 0 \\ 1 \end{pmatrix}$$

besitzt, und zeigen Sie die lineare Unabhängigkeit dieser Lösungen.

2 Gegeben sei die Differentialgleichung

$$y'' + \frac{1}{x} \cdot y' - \frac{1}{x^2} \cdot y = 0 \qquad (x \in \mathbb{R}^+).$$

Für welche ganzen Zahlen z ist die Funktion x^z eine Lösung? Geben Sie die allgemeine Lösung dieser Differentialgleichung an und bestimmen Sie diejenige Lösung $y(x)$ mit

$$y(1) = 2 \quad \text{und} \quad y'(1) = 1.$$

3 Bestimmen Sie die Lösung des Anfangswertproblems

$$3 \cdot y'' - 4y' + 2y = 4, \qquad y(0) = 0,\ y'(0) = 1.$$

Hinweis: Eine partikuläre Lösung dieser inhomogenen linearen Gleichung lässt sich leicht durch Raten ermitteln.

4 Bestimmen Sie die allgemeine Lösung der Differentialgleichung

$$y'' + y' + \alpha y = 0$$

in Abhängigkeit des Parameters $\alpha \in \mathbb{R}$.

5 Gegeben sei die Funktion

$$y(x) = c_1 \cdot \sin(\omega x) + c_2 \cdot \cos(\omega x)$$

mit Parametern $c_1, c_2, \omega \in \mathbb{R}$. Schreiben Sie $y(x)$ als reine, phasenverschobene Sinus- bzw. Cosinusschwingung, d. h. bestimmen Sie Amplituden A_1, A_2 sowie Phasenwinkel ϕ_1, ϕ_2 mit

$$y(x) = A_1 \cdot \sin(\omega x + \phi_1)$$

bzw.

$$y(x) = A_2 \cdot \cos(\omega x + \phi_2).$$

Hinweis: Additionstheoreme.

Ausführliche Lösungen und weitere Aufgaben finden Sie auf der Companion Website des Buches unter
http://www.pearson-studium.de

Anhang

ÜBERBLICK

Anhang A: Zahlenmengen

Grundlegend für einen systematischen Aufbau des Zahlensystems sind die **natürlichen Zahlen**

$$\mathbb{N} = \{1, 2, 3, \ldots\}$$

oder auch die natürlichen Zahlen mit Null

$$\mathbb{N}_0 = \{0, 1, 2, 3, \ldots\}.$$

Diese reichen zur Lösung von Gleichungen wie etwa $x + 1 = 0$ nicht aus. Dies führt zur Einführung der **ganzen Zahlen**

$$\mathbb{Z} = \{0, \pm 1, \pm 2, \ldots\}.$$

Zur Lösung von Gleichungen der Form $2 \cdot x = 1$ ist auch diese Menge von Zahlen nicht ausreichend. Als Lösung der Gleichung $a \cdot x = b$ für gegebene ganze Zahlen $a, b \in \mathbb{Z}$ definieren wir daher die rationale Zahl

$$\frac{b}{a}$$

und bezeichnen die Menge all dieser Brüche mit $a, b \in \mathbb{Z}$ und $a \neq 0$ als die **rationalen Zahlen**

$$\mathbb{Q}.$$

Für die Lösung von Gleichungen der Form $x^2 = 2$ ist auch dieser Zahlenkörper zu klein. Zur Lösung solcher Gleichungen bedarf es der Erweiterung von $\mathbb{Q}$ zu den **reellen Zahlen**

$$\mathbb{R},$$

wozu all solche Zahlen zählen, die sich nicht als Bruch $\frac{b}{a} \in \mathbb{Q}$ mit $a, b \in \mathbb{Z}$ darstellen lassen. Leider reichen auch diese Zahlen nicht aus, um alle Gleichungen der Form $x^2 = c$ für vorgegebenes reelles c zu lösen. Zur Lösung etwa der Gleichung $x^2 = -1 \quad \Leftrightarrow \quad x^2 + 1 = 0$ sind daher die **komplexen Zahlen**

$$\mathbb{C}$$

ersonnen worden (siehe Anhang C). Sie bilden einen Zahlenkörper, in dem nun jedes Polynom vom Grad n genau n Nullstellen besitzt.

Anhang B: Summen und Reihen

B.1 Summen

Zur Darstellung von Summen mit vielen Summanden, die einem systematischen Bildungsgesetz gehorchen, lässt sich eine abkürzende Schreibweise verwenden. Man identifiziert dazu jeden Summanden als Funktion $a(i)$ (oder kurz a_i) einer ganzen Zahl i, des so genannten Zähl**index**. Dazu gibt man an, welche Werte dieser Index annehmen soll, beginnend vom Startindex k in Einerschritten bis zum Endindex l. Wird der Zählindex beispielsweise mit i bezeichnet, schreiben wir kurz

$$a_k + a_{k+1} + \ldots + a_l = \sum_{i=k}^{l} a_i \, .$$

Beispiel A.1

So lässt sich beispielsweise die Summe

$$2 + 4 + 6 + 8 + 10$$

als die Summe aller geraden Zahlen $a_i = 2i$ schreiben, wobei i alle natürlichen Zahlen von $k = 1$ bis $l = 5$ durchläuft, also kurz

$$2 + 4 + 6 + 8 + 10 = \sum_{i=1}^{5} 2i = 30 \, .$$

Auch allgemeinere Formulierungen lassen sich auf diese kompakte Weise darstellen. Beispielsweise lässt sich ein Polynom

$$p(x) = a_4 \cdot x^4 + a_3 \cdot x^3 + a_2 \cdot x^2 + a_1 \cdot x + a_0$$

mit nicht näher bestimmten Koeffizienten $a_0, a_1, \ldots, a_4 \in \mathbb{R}$ auch in der knappen Form

$$p(x) = \sum_{i=0}^{4} a_i \cdot x^i$$

notieren. Man beachte dabei, dass $x^0 = 1$.

Da die Bezeichnung des Zählindex mit „i" nicht zwingend ist, repräsentieren die drei Schreibweisen

$$\sum_{i=k}^{l} a_i, \qquad \sum_{j=k}^{l} a_j \qquad \text{und} \qquad \sum_{p=k}^{l} a_p$$

jedes Mal die gleiche Summe $a_k + a_{k+1} + \ldots + a_l$.

Indem man sich umgekehrt eine Summendarstellung als ausgeschriebene Summe vorstellt, werden die folgenden Rechengesetze plausibel: Mit einer Zahl $c \in \mathbb{R}$ lassen sich Summen multiplizieren nach dem Gesetz

$$c \cdot \sum_{i=k}^{l} a_i = \sum_{i=k}^{l} (c \cdot a_i).$$

Ferner lässt sich eine Summe in zwei Teilsummen aufspalten, d. h. es ist

$$\sum_{i=k}^{l} a_i = \sum_{i=k}^{m} a_i + \sum_{i=m+1}^{l} a_i,$$

wenn m eine zwischen $k < l$ und l liegende natürliche Zahl ist.

Mehrere Summen können umgekehrt zu einer einzigen Summe zusammengefasst werden, wenn ihr Index den gleichen Bereich durchläuft (wieder spielt die Bezeichnung der Indexvariablen keine Rolle). Es ist z.B.

$$\sum_{i=k}^{l} a_i + \sum_{j=k}^{l} j^2 + \sum_{m=k}^{l} b_m = \sum_{n=k}^{l} (a_n + n^2 + b_n).$$

Bei der Summe über eine vom Zählindex unabhängige Konstante ist diese entsprechend oft aufzuaddieren, beispielsweise ist

$$\sum_{i=1}^{n} c = \underbrace{c + c + \ldots + c}_{n \text{ Mal}} = n \cdot c.$$

B.2 Reihen

Rein formal lassen sich **Reihen** als Summen mit unendlich vielen Gliedern auffassen. Wir schreiben eine solche Reihe als

$$\sum_{i=k}^{\infty} a_i = a_k + a_{k+1} + a_{k+2} + \ldots$$

Wichtig ist dabei, dass eine solche Reihe als Grenzwert von Summen interpretiert werden muss, deren obere Grenze l wir dann gegen unendlich gehen lassen, d. h. es ist

$$\sum_{i=k}^{\infty} a_i := \lim_{l\to\infty} \sum_{i=k}^{l} a_i \,.$$

Diese mathematische Spitzfindigkeit bewahrt uns vor einem allzu sorglosen und möglicherweise folgenschweren Umgang mit dem Unendlichen. Stets bilden wir also endliche Summen bis zum oberen Index l und lassen dann in dem von l abhängigen Ausdruck l gegen unendlich gehen. Existiert ein solcher Grenzwert, so sagen wir die Reihe „konvergiert gegen einen Reihenwert“ , andernfalls „divergiert“ sie.

Für beliebige Werte a_i ist die Reihe $\sum_{i=k}^{\infty} a_i$ in aller Regel nicht konvergent. So besitzt beispielsweise die Reihe

$$\sum_{i=0}^{\infty}(-1)^i = (-1)^0 + (-1)^1 + (-1)^2 + \ldots = 1 - 1 + 1 - 1 + 1 - 1 \pm \ldots$$

keinen Reihenwert, denn die endlichen Summen $\sum_{i=0}^{l}(-1)^i$ schwanken, je nachdem ob l gerade oder ungerade ist, zwischen 1 und 0.

Intuitiv ist dabei einzusehen, dass eine solche unendliche Reihe höchstens dann einen endlichen Reihenwert besitzen kann, wenn die Ausdrücke a_i gegen null gehend immer kleiner werden. Doch ist dieses Kriterium überraschenderweise alleine nicht hinreichend dafür, dass eine Reihe einen Wert besitzt. So wird beispielsweise die Reihe

$$\sum_{i=1}^{\infty} \frac{1}{i} = 1 + \frac{1}{2} + \frac{1}{3} + \frac{1}{4} + \ldots$$

jede vorgegebene obere Grenze ab einem gewissen Index überschreiten, auch wenn dieser Sachverhalt scheinbar der Intuition widerspricht. Die Reihe divergiert!

Hinsichtlich geeigneter Kriterien, wann eine Reihe $\sum_{i=k}^{\infty} a_i$ tatsächlich konvergiert und einen endlichen Reihenwert besitzt, sei der Leser beispielsweise auf [Hel], [Mey] oder [Zac] verwiesen.

In Abschnitt 3.6.2 behandeln wir auch so genannte Taylorreihen der Gestalt

$$\sum_{k=0}^{\infty} a_k \cdot x^k$$

mit gegebenen Koeffizienten $a_k \in \mathbb{R}$, die gewissermaßen als unendliche Polynome interpretiert werden können. Für jeden reellen Wert für x erhalten wir eine andere Reihe. Für welche x diese in konkreten Einzelfällen konvergiert, ist ebenfalls Gegenstand von Abschnitt 3.6.2.

Aufgaben

1 Berechnen Sie

$$\text{a)} \sum_{i=1}^{4} \frac{1}{i}, \qquad \text{b)} \sum_{m=-3}^{3} 2^m, \qquad \text{c)} \sum_{j=0}^{5} (-1)^j (j-1)^2 .$$

2 Fassen Sie zu **einer** Summe zusammen:

$$\text{a)} \sum_{i=0}^{4} (a_i - b_i) + \sum_{m=6}^{11} a_m - \sum_{k=5}^{10} b_k - a_{11} + a_5 ,$$

$$\text{b)} \sum_{i=1}^{n} (1 + x_i)^2 - 2 \cdot \sum_{i=1}^{n} x_i + \sum_{i=1}^{n} \left[(1 + x_i)(1 - x_i)\right] .$$

3 Schreiben Sie mit Hilfe des Summenzeichens die Summe

a) aller geraden Zahlen von 2 bis 20,

b) aller ungeraden Zahlen von 1 bis 99.

Ausführliche Lösungen und weitere Aufgaben finden Sie auf der Companion Website des Buches unter
http://www.pearson-studium.de

Anhang C: Komplexe Zahlen

C.1 Die kartesische Darstellung komplexer Zahlen

Die Grundlage der komplexen Zahlen bildet die abstrakt definierte Größe i, die durch die Eigenschaft

$$i^2 := -1$$

festgelegt wird. Die Zahl i wird als **imaginäre Zahl** oder auch **imaginäre Einheit** bezeichnet. Ausgehend von ihr definieren wir die komplexen Zahlen als Menge aller Objekte der Form

$$z = a + i \cdot b$$

mit $a, b \in \mathbb{R}$. Die reelle Zahl a wird in dieser Darstellung als der **Realteil**, die reelle Zahl b als Vorfaktor von i als der **Imaginärteil** der komplexen Zahl z bezeichnet.

Graphisch interpretieren lässt sich eine komplexe Zahl z folgendermaßen: Während reelle Zahlen sich auf einem eindimensionalen Zahlenstrahl anordnen lassen, sind für die Angabe einer komplexen Zahl $z = a + ib$ zwei Informationen – nämlich der Realteil a und der Imaginärteil b – darzustellen, was zwei Achsen erforderlich macht. Wir verwenden das bereits bekannte rechtwinklige Koordinatensystem des $\mathbb{R}^2$, wobei wir den Realteil a auf der waagrechten, den Imaginärteil b auf der senkrechten Koordinatenachse auftragen (▶ Abbildung A.1). Man spricht in diesem Zusammenhang auch von der „reellen" und der „imaginären" Achse. Die von diesen beiden Achsen aufgespannte Ebene wird als die **komplexe** oder **Gauß'sche Zahlenebene** bezeichnet.

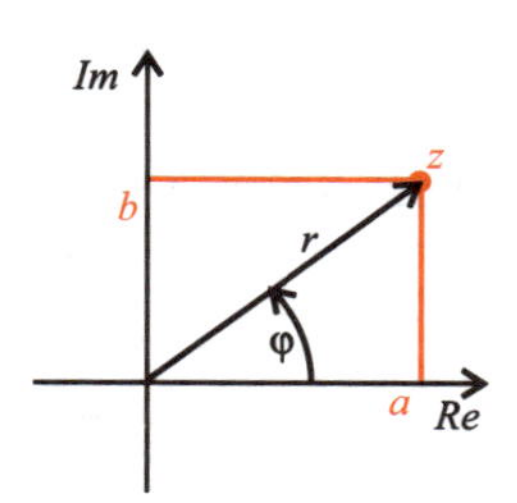

Abbildung A.1: Komplexe Zahl $z = a + ib$ in kartesischer Darstellung.

Die konjugiert komplexe Zahl

Zu einer gegebenen komplexen Zahl

$$z = a + ib$$

definieren wir die Zahl

$$\overline{z} = a - ib$$

als die so genannte **zu z komplex konjugierte** Zahl. Geometrisch entspricht dies der Spiegelung von z an der reellen Achse (▶ Abbildung A.2).

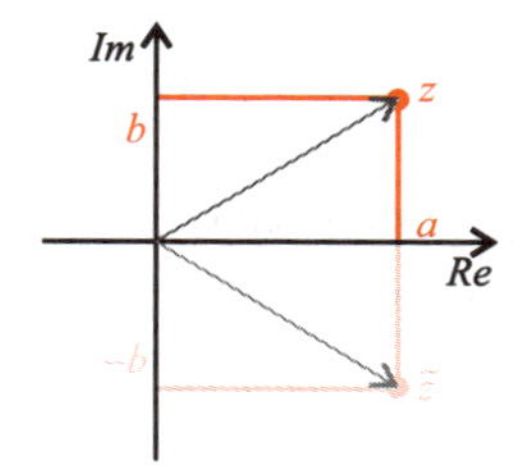

Abbildung A.2: $z = a + ib$ und konjugiert komplexe Zahl $\overline{z} = a - ib$.

Der Betrag einer komplexen Zahl

Da wir eine komplexe Zahl $z = a + ib$ gemäß Abbildung A.1 mit dem Punkt (a, b) bzw. dem Ortsvektor $\begin{pmatrix} a \\ b \end{pmatrix} \in \mathbb{R}^2$ in Verbindung bringen können, liegt es nahe, der Zahl z ähnlich einem Vektor eine Länge bzw. einen Betrag zuzuordnen. Nach dem Satz von Pythagoras ist dieser gegeben durch

$$|z| = \sqrt{a^2 + b^2}\,.$$

Relationen

Zwei komplexe Zahlen $z_1 = a_1 + ib_1$ und $z_2 = a_2 + ib_2$ sind genau dann gleich, wenn sowohl ihre Realteile a_1, a_2 als auch ihre Imaginärteile b_1, b_2 übereinstimmen, also kurz

$$z_1 = z_2 \quad \Leftrightarrow \quad a_1 = a_2 \quad \text{und} \quad b_1 = b_2\,.$$

Anders als im Reellen existiert für komplexe Zahlen keine sinnvolle Ordnungsrelation, d. h. keine brauchbare Möglichkeit, komplexe Zahlen mit > oder < zueinander in Beziehung zu setzen. Allenfalls lassen sich komplexe Zahlen über ihre Beträge miteinander vergleichen.

C.2 Das Rechnen mit komplexen Zahlen

Unter Verwendung der zentralen Beziehung $i^2 = -1$ lässt sich mit der kartesischen Darstellung gemäß der üblichen Kommutativ- und Distributivgesetze so rechnen, wie wir dies von reellen Zahlen gewohnt sind. Im Einzelnen bedeutet dies:

Addition und Subtraktion komplexer Zahlen

Es seien $z_1 = a_1 + ib_1$ und $z_2 = a_2 + ib_2$. Dann ist

$$z_1 \pm z_2 = (a_1 + ib_1) \pm (a_2 + ib_2) = (a_1 + a_2) \pm i \cdot (b_1 + b_2)\,.$$

Zwei komplexe Zahlen werden also dadurch addiert (subtrahiert), dass sowohl ihre Real- als auch ihre Imaginärteile addiert (subtrahiert) werden.

Multiplikation

Es seien $z_1 = a_1 + ib_1$ und $z_2 = a_2 + ib_2$. Dann ist

$$\begin{aligned} z_1 \cdot z_2 &= (a_1 + ib_1) \cdot (a_2 + ib_2) = a_1a_2 + a_1 \cdot i \cdot b_2 + i \cdot b_1 \cdot a_2 + ib_1 \cdot ib_2 \\ &= a_1a_2 + i(a_1b_2 + a_2b_1) + i \cdot i \cdot b_1 \cdot b_2 \overset{(i \cdot i = -1)}{=} (a_1a_2 - b_1b_2) + i(a_1b_2 + a_2b_1)\,. \end{aligned}$$

Ein spezieller Fall liegt vor, wenn wir eine komplexe Zahl $z = a + ib$ mit ihrer konjugiert komplexen Zahl $\overline{z} = a - ib$ multiplizieren. Es ist in diesem Fall

$$z \cdot \overline{z} = (a + ib) \cdot (a - ib) = a^2 - aib + iba + ib \cdot (-ib) = a^2 - i^2b^2 = a^2 + b^2 = |z|^2\,.$$

Division

Etwas komplizierter gestaltet sich die Division zweier komplexer Zahlen: Es seien $z_1 = a_1 + ib_1$ und $z_2 = a_2 + ib_2$ mit $z_2 \neq 0$. Dann ist

$$\begin{aligned} \frac{z_1}{z_2} = \frac{a_1 + ib_1}{a_2 + ib_2} = \frac{(a_1 + ib_1) \cdot (a_2 - ib_2)}{(a_2 + ib_2) \cdot (a_2 - ib_2)} = \frac{a_1a_2 + i(a_2b_1 - a_1b_2) + b_1b_2}{a_2^2 + b_2^2} = \\ \frac{a_1a_2 + b_1b_2}{a_2^2 + b_2^2} + i \cdot \frac{a_2b_1 - a_1b_2}{a_2^2 + b_2^2}\,. \end{aligned}$$

Man merke sich die hier demonstrierte Rechentechnik, den Bruch mit dem konjugiert Komplexen des Nenners zu erweitern, um einen rein reellen Nennerausdruck zu erhalten. Dies ist nötig, um daraufhin Realteil und Imaginärteil des Quotienten trennen zu können.

C.3 Alternative Darstellungen komplexer Zahlen

Trigonometrische Darstellung

Da wir eine komplexe Zahl $z = a + ib$ gemäß Abbildung A.1 mit einem Punkt (bzw. einem Ortsvektor) des $\mathbb{R}^2$ in Verbindung bringen, können wir auch den in Abbildung A.1 dargestellten zugehörigen Polarwinkel ϕ sowie den Betrag

$$r = |z| = \sqrt{a^2 + b^2}$$

zur Charakterisierung von z heranziehen. (siehe auch Abschnitt 11.2). Aufgrund der trigonometrischen Beziehungen

$$a = r \cdot \cos\phi \qquad \text{und} \qquad b = r \cdot \sin\phi$$

erhalten wir durch Einsetzen von a und b in die kartesische Darstellung $z = a + ib$:

$$z = a + ib = r \cdot \cos\phi + i \cdot r\sin\phi = r \cdot (\cos\phi + i \cdot \sin\phi) .$$

Man spricht hierbei von der so genannten **trigonometrischen Darstellung** einer komplexen Zahl z.

Exponentialdarstellung

Die reellen Funktionen

$$\exp(x) = e^x, \quad \sin x \qquad \text{und} \qquad \cos x$$

lassen sich auch für komplexe Zahlen definieren. Formal geschieht dies, indem man in den zugehörigen Taylorreihen statt x nun auch komplexe Zahlen z zulässt. Wie in Aufgabe 5 auf Seite 556 thematisiert, gilt dann speziell für $z = i\phi$ die Beziehung

$$e^{i\phi} = \cos\phi + i\sin\phi , \tag{A.1}$$

die auch als **Euler'sche Relation** bezeichnet wird und Exponential-, Sinus- und Cosinusfunktion gegenseitig in Beziehung setzt. Aus der obigen trigonometrischen Darstellung erhalten wir dann direkt die **Exponentialdarstellung**

$$z = r \cdot (\cos\phi + i \cdot \sin\phi) = r \cdot e^{i\phi}$$

einer komplexen Zahl z. Der Wechsel von der trigonometrischen in die Exponentialdarstellung einer komplexen Zahl ist dabei lediglich eine Angelegenheit formalen Umschreibens. Rechenarbeit ist lediglich bei der Umrechnung von der kartesischen Darstellung in die Exponentialdarstellung (bzw. die trigonometrische Darstellung) zu leisten.

Rechenoperationen in trigonometrischer- und Exponentialdarstellung

Rechnerische Operationen mit komplexen Zahlen gestalten sich in den unterschiedlichen Darstellungen unterschiedlich schwierig. Während Addition und Subtraktion in der kartesischen Darstellung am einfachsten sind, ist im Falle der Multiplikation, Division oder auch Potenzbildung der Exponentialdarstellung (bzw. der trigonometrischen Darstellung) der Vorzug zu geben.

Betrachten wir zwei komplexe Zahlen

$$z_1 = r_1 \cdot e^{i\phi_1} \qquad \text{und} \qquad z_2 = r_2 \cdot e^{i\phi_2}$$

in Exponentialdarstellung: Es ist mit Hilfe der Potenzgesetze

$$z_1 \cdot z_2 \;=\; r_1 \cdot e^{i\phi_1} \cdot r_2 \cdot e^{i\phi_2} \;=\; r_1 \cdot r_2 \cdot e^{i\phi_1} e^{i\phi_2} \;=\; r_1 r_2 \cdot e^{i(\phi_1+\phi_2)}$$

bzw.

$$z_1 \cdot z_2 \;=\; r_1 r_2 \cdot e^{i(\phi_1+\phi_2)} \;=\; r_1 r_2 \cdot (\cos(\phi_1 + \phi_2) + i \sin(\phi_1 + \phi_2))\,.$$

Bei der Multiplikation zweier komplexer Zahlen in Exponentialdarstellung sind also die entsprechenden Beträge („r“-Werte) zu multiplizieren und die Winkel („ϕ“-Werte) zu addieren.

Entsprechend einfach ist auch die Division. Falls $z_2 \neq 0$, so ist

$$\frac{z_1}{z_2} \;=\; \frac{r_1 \cdot e^{i\phi_1}}{r_2 \cdot e^{i\phi_2}} \;=\; \frac{r_1}{r_2} \cdot e^{i(\phi_1-\phi_2)}\,.$$

Auch das Erheben einer komplexen Zahl in die n-te Potenz ist in der Exponential- bzw. in der trigonometrischen Darstellung verhältnismäßig leicht zu bewerkstelligen. Für $z = r \cdot e^{i\phi}$ ist

$$z^n \;=\; (r \cdot e^{i\phi})^n \;=\; r^n \cdot e^{in\phi} \;=\; r^n \cdot (\cos(n\phi) + i \cdot \sin(n\phi))\,.$$

Diese Beispiele zeigen: Je nach Rechenoperation lohnt es sich, für die beteiligten Größen eine adäquate Darstellung zu wählen und komplexe Zahlen gegebenenfalls in diese umzurechnen.

C.4 Lösung von Gleichungen

Die *n*-ten Wurzeln

Beispiel A.2

Unter ausschließlicher Benutzung reeller Rechentechniken ist die Gleichung

$$x^2 = a$$

nur für nichtnegative Werte $a \in \mathbb{R}_0^+$ lösbar. In diesem Fall besitzt sie die beiden Lösungen

$$x_1 = \sqrt{a} \quad \text{und} \quad x_2 = -\sqrt{a}\,.$$

Im Komplexen ist nun beispielsweise auch die Gleichung

$$x^2 = -4$$

lösbar mit den beiden Lösungen

$$x = \pm\sqrt{-4} = \pm\sqrt{-1} \cdot \sqrt{4} = \pm 2i\,.$$

Diese Lösungen liegen nicht auf der reellen Achse der komplexen Zahlenebene und sind daher im Reellen nicht sichtbar.

Aus unseren bisherigen reellen Rechnungen ist bekannt, dass die Gleichung

$$w^3 = 8$$

genau die **eine** Lösung $w = 2$ besitzt. Im Komplexen existieren jedoch sogar drei Lösungen. Es sind dies:

$$w_1 = 2, \quad w_2 = 2 \cdot e^{i\frac{2\pi}{3}} \quad \text{und} \quad w_3 = 2 \cdot e^{i\frac{4\pi}{3}}\,.$$

Die erste Lösung ist die bereits bekannte reelle; die beiden anderen sind echt komplex und im Reellen „nicht sichtbar“. Man kann die Lösungen dadurch verifizieren, dass man w_1, w_2 und w_3 jeweils in die dritte Potenz erhebt und in jedem Fall tatsächlich das Ergebnis 8 erhält.

Allgemein lässt sich feststellen, dass jede Gleichung

$$w^n = z$$

mit einer komplexen Zahl $z = r \cdot e^{i\phi}$ **genau n** komplexe Lösungen besitzt. Diese Lösungen werden auch als die **n-ten Wurzeln** von z bezeichnet. Sie sind gegeben durch

$$w_k = \sqrt[n]{r} \cdot e^{i\frac{\phi+2k\pi}{n}} = \sqrt[n]{r} \cdot \left[\cos\frac{\phi+2k\pi}{n} + i \cdot \sin\frac{\phi+2k\pi}{n}\right], \quad k = 0, 1, 2, \ldots, n-1 . \tag{A.2}$$

Man prüfe dies wieder nach durch Erheben in die n-te Potenz.

Würden wir in (A.2) den Parameter k weiterlaufen lassen, also $k = n, n+1, \ldots$, so erhielten wir aufgrund der Periodizität von Cosinus und Sinus dieselben Werte wie schon für $k = 0, 1, 2, \ldots, n-1$. Es gibt also nur diese n Lösungen.

Alle Lösungen w_k besitzen denselben Betrag $|w_k| = \sqrt[n]{r}$. Der Winkel ϕ_k, welcher die Lage der Lösung w_k damit vollständig charakterisiert, unterscheidet sich um $\frac{2\pi}{n}$ von seinem Vorgänger und von seinem Nachfolger. Alle Lösungen w_k liegen somit auf einem Kreis um den Ursprung mit Radius $\sqrt[n]{r}$ und teilen diesen in n gleich große Sektoren auf.

Beispiel A.3

Zu lösen ist die Gleichung

$$w^3 = z \qquad \text{mit} \qquad z = 8 \cdot e^{i\frac{\pi}{4}} .$$

Es ist also $n = 3$, $\phi = \frac{\pi}{4}$ und $r = 8$. Die Gleichung besitzt $n = 3$ komplexe Lösungen, die nach (A.2) gegeben sind durch

$$w_1 = \sqrt[3]{8} \cdot e^{i\frac{\frac{\pi}{4}+2\cdot 0\cdot\pi}{3}} = 2 \cdot e^{i\frac{\pi}{12}} = 2 \cdot \left[\cos\frac{\pi}{12} + i \cdot \sin\frac{\pi}{12}\right],$$
$$w_2 = \sqrt[3]{8} \cdot e^{i\frac{\frac{\pi}{4}+2\cdot 1\cdot\pi}{3}} = 2 \cdot e^{i\frac{3\pi}{4}} = 2 \cdot \left[\cos\frac{3\pi}{4} + i \cdot \sin\frac{3\pi}{4}\right] \quad \text{und}$$
$$w_3 = \sqrt[3]{8} \cdot e^{i\frac{\frac{\pi}{4}+2\cdot 2\cdot\pi}{3}} = 2 \cdot e^{i\frac{17\pi}{12}} = 2 \cdot \left[\cos\frac{17\pi}{12} + i \cdot \sin\frac{17\pi}{12}\right].$$

Die Winkelwerte $\frac{\pi}{12}$, $\frac{3\pi}{4}$ und $\frac{17\pi}{12}$ entsprechen im Gradmaß den Winkeln 15°, 135° und 255°. Wie aus ▶ Abbildung A.3 ersichtlich teilen die drei dritten Wurzeln von $z = 8 \cdot e^{i\frac{\pi}{4}}$ den Kreis vom Radius 2 in drei gleiche Teile. Der Winkelabstand der drei Lösungen w_1, w_2 und w_3 auf ihren jeweiligen Vorgänger bzw. Nachfolger entlang des Kreises beträgt jeweils $\frac{2\pi}{3}$ bzw. 120°.

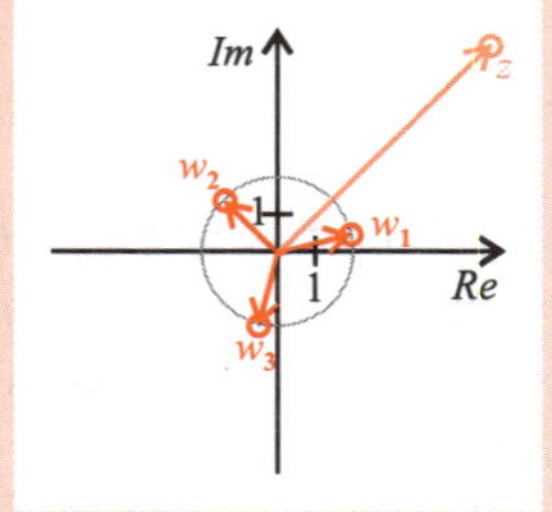

Abbildung A.3: Dritte Wurzeln von $z = 8 \cdot e^{i\frac{\pi}{4}}$.

Nullstellen von Polynomen

Auch die Lösung reeller (oder auch komplexer) quadratischer Gleichungen ist mit Hilfe komplexer Rechenweisen zu bewerkstelligen:

Beispiel A.4

Die Gleichung

$$x^2 - 4x + 13 = 0$$

besitzt die Diskriminante $d = (-4)^2 - 4 \cdot 13 < 0$. Folglich besitzt sie keine reellen Lösungen. Anders sieht die Situation im Komplexen aus. Wir berechnen nach der „Mitternachtsformel“:

$$x_{1,2} = \frac{4 \pm \sqrt{(-4)^2 - 4 \cdot 13}}{2} = \frac{4 \pm \sqrt{-36}}{2} = \frac{1}{2} \cdot (4 \pm i\sqrt{36}) = 2 \pm i \cdot 3 .$$

Das letzte Beispiel wie auch die obigen Ausführungen zu den n-ten Wurzeln komplexer Zahlen bestätigen beispielhaft den folgenden allgemeinen Sachverhalt: Jedes Polynom

$$a_n \cdot x^n + a_{n-1} \cdot x^{n-1} + \ldots + a_1 x + a_0$$

mit reellen oder allgemein komplexen Koeffizienten $a_0, \ldots, a_n \in \mathbb{C}$ besitzt **genau n** (im Allgemeinen) komplexe Nullstellen. Dieser Sachverhalt ist auch bekannt unter dem Namen **Fundamentalsatz der Algebra**.

Aufgaben

1 Stellen Sie die folgenden komplexen Zahlen in trigonometrischer und Exponentialform dar:

a) $2 \cdot i$, b) $-1 - i$, c) $3 - i\sqrt{3}$.

2 Stellen Sie die folgenden komplexen Zahlen in der kartesischen Form $z = a + ib$ dar:

a) $e^{3\pi i}$, b) $2 \cdot e^{-i\frac{\pi}{3}}$, c) $-e^{i\frac{11\pi}{6}}$, d) $\frac{1}{2} \cdot e^{i\left(\frac{3}{2}\pi + 2n\pi\right)}$ $(n \in \mathbb{Z})$.

3 Berechnen Sie die folgenden Ausdrücke und stellen Sie diese in der kartesischen Form dar:

a) $(2-3i)(-1+5i)$, b) $\dfrac{-2+7i}{15i}$, c) $\dfrac{5+12i}{3+2i}$, d) $(1+i)^8$.

4 Berechnen Sie alle (reellen und komplexen) Lösungen der folgenden Gleichungen und stellen Sie diese in kartesischer Form dar:

a) $w^4 = 81$, b) $w^3 = 3 - i\sqrt{3}$, c) $w^2 - 2iw + 3 = 0$.

5 Verifizieren Sie ausgehend von den Taylorentwicklungen der Funktionen

$$e^x, \quad \sin x \quad \text{und} \quad \cos x$$

die Euler'sche Relation

$$e^{iz} = \cos z + i \cdot \sin z$$

für alle komplexen Zahlen $z \in \mathbb{C}$. Setzen Sie dazu den Ausdruck $x = iz$ in die Taylor-Entwicklung der Exponentialfunktion $x \mapsto e^x$ ein und sortieren Sie auf geeignete Weise die Summanden dieser Reihe.

Ausführliche Lösungen und weitere Aufgaben finden Sie auf der Companion Website des Buches unter
http://www.pearson-studium.de

Anhang D: Logische Zusammenhänge

D.1 Aussagen

Grundlegend für mathematische Beziehungen sind **Aussagen**. Während Aussagen des nichtmathematischen Alltags oft mit Begriffen wie „meistens", „oft" usw. operieren, bezieht diesbezüglich die Mathematik in eindeutiger Weise Stellung: Eine mathematische Aussage ist entweder **richtig** oder **falsch**.

Bezieht sich eine Aussage α auf mehrere Objekte x einer Grundgesamtheit M, so ist die Aussage nur dann richtig, wenn sie für **alle** $x \in M$ richtig ist; ist sie hingegen auch nur für **ein einziges** $x \in M$ falsch, so ist die Aussage insgesamt als falsch zu bewerten.

Beispiel A.5

a) Wir betrachten die Aussage

α : „Alle durch vier teilbaren natürlichen Zahlen sind gerade.“

Die Aussage ist **richtig**, denn **jede** durch 4 teilbare Zahl ist auch durch 2 teilbar.

b) Die Aussage

β : „Alle durch drei teilbaren natürlichen Zahlen sind gerade.“

ist **falsch**, da sie beispielsweise für $n = 3$ falsch ist. Daran ändert auch die Tatsache nichts, dass es durchaus durch 3 teilbare Zahlen $n \in \mathbb{N}$ gibt, für welche die Aussage stimmt.

Um eine Aussage als **falsch** zu erkennen, genügt also die Angabe eines einzigen Gegenbeispiels. Um aber die Richtigkeit einer Aussage nachzuweisen, muss diese allgemein, d. h. für alle Elemente der zugrunde liegenden Menge gezeigt werden.

Folgt aus einer gegebenen Aussage α (Voraussetzung) eine weitere Aussage β (Folgerung), kurz

$$\alpha \quad \Rightarrow \quad \beta,$$

so sagen wir: α ist **hinreichend** für β. Gilt umgekehrt

$$\alpha \quad \Leftarrow \quad \beta,$$

zieht also die Aussage β zwingend die Tatsache α nach sich, so sprechen wir davon, dass α **notwendig** ist für die Richtigkeit von β.

Falls sowohl aus α die Aussage β folgt **und** umgekehrt auch β die Behauptung α nach sich zieht, so heißen α und β **äquivalent** oder **gleichwertig**. Wir notieren diesen Sachverhalt durch

$$\alpha \quad \Leftrightarrow \quad \beta\,.$$

Damit ist die Aussage α notwendig und hinreichend für das Eintreten von β wie auch umgekehrt β notwendig und hinreichend für das Eintreten von α ist.

Beispiel A.6

a) Wir betrachten die Aussagen

α: Die Zahl n ist durch vier teilbar und β: Die Zahl n ist gerade.

Es gilt dann ersichtlich

$$\alpha \Rightarrow \beta,$$

d. h. α ist hinreichend dafür, dass auch β richtig ist. Jedoch ist α nicht notwendig für das Eintreten von β, d. h.

$$\alpha \not\Leftarrow \beta,$$

denn eine Zahl kann durchaus gerade sein, ohne durch 4 teilbar sein zu müssen.

b) Gegeben seien die Aussagen

$$\alpha: x^2 = 4 \quad \text{und} \quad \beta: x = 2.$$

Es ist

$$\alpha \Leftarrow \beta,$$

d. h. α ist ein notwendiges Kriterium für β. Jedoch ist

$$\alpha \not\Rightarrow \beta,$$

denn aus $x^2 = 4$ folgt nicht zwingend $x = 2$, denn auch $x = -2$ löst die Gleichung $x^2 = 4$. Es ist also α nicht hinreichend für die Aussage β.

c) Betrachten wir statt β die Aussage

$$\gamma : |x| = 2,$$

so sind α und γ gleichwertig bzw. äquivalent, d. h. es gilt

$$\alpha \Leftrightarrow \gamma.$$

Aus α folgt dann γ, wie auch umgekehrt α aus γ folgt.

D.2 Der Widerspruchsbeweis

Wie oben erwähnt ist eine mathematische Aussage entweder richtig oder falsch. Um nun ausgehend von einer Voraussetzung α die Richtigkeit von β nachzuweisen, also die Folgerung

$$\alpha \quad \Rightarrow \quad \beta$$

zu verifizieren, kann man sich bisweilen des folgenden mathmatischen Tricks bedienen: Man nimmt zunächst umgekehrt an, dass die zu beweisende Aussage β **falsch** ist. Erhält man dann durch richtige sukzessive mathematische Folgerungen an einer Stelle eine unsinnige Aussage, so ist die Annahme, β wäre falsch, widerlegt und β also vielmehr richtig.

Eine solche unsinnige Aussage liegt beispielsweise dann vor, wenn sie der (nach Annahme unstrittig richtigen) Ausgangsannahme α widerspricht. Diese Methode, die Richtigkeit von β dadurch zu zeigen, dass man die gegenteilige Annahme, β wäre falsch, ad absurdum führt, wird als **Widerspruchsbeweis** bezeichnet.

Beispiel A.7

Mit Hilfe eines solchen Widerspruchsbeweises lässt sich zeigen, dass es sich bei der Zahl $\sqrt{2}$ nicht um eine rationale Zahl handelt, dass also $\sqrt{2}$ **nicht** in der Form

$$\sqrt{2} = \frac{p}{q}$$

mit ganzen Zahlen p und q dargestellt werden kann. Wir gehen vom **Gegenteil** aus und nehmen umgekehrt an, dass sich $\sqrt{2}$ **tatsächlich** in der Form

$$\sqrt{2} = \frac{p}{q}$$

darstellen lässt. Indem wir den Bruch $\frac{p}{q}$ vollständig kürzen, erhalten wir davon ausgehend eine Darstellung

$$\sqrt{2} = \frac{r}{s}$$

mit ebenfalls ganzen und nunmehr zusätzlich **teilerfremden** Zahlen r und s. Durch Quadrieren erhalten wir die Beziehung

$$2 = \frac{r^2}{s^2} \quad \Leftrightarrow \quad r^2 = 2\,s^2 .$$

Damit erkennen wir r^2 als eine gerade Zahl, was nur der Fall sein kann, wenn r selbst gerade ist, also eine Darstellung $r = 2\tilde{r}$ mit einer ganzen Zahl $\tilde{r}$ besitzt. Indem wir $r = 2\tilde{r}$ in obige Beziehung $r^2 = 2s^2$ einsetzen, erhalten wir

$$(2\tilde{r})^2 = 2\,s^2 \qquad \Leftrightarrow \qquad 4\tilde{r}^2 = 2\,s^2 \qquad \Leftrightarrow \qquad s^2 = 2\tilde{r}^2\,.$$

Damit erkennen wir, dass auch s^2 gerade ist, was folglich auch für s gelten muss. Sowohl r und s haben wir also als gerade Zahlen erkannt. Sowohl r als auch s besitzen damit den gemeinsamen Teiler 2. Dies ist jedoch ein Widerspruch dazu, dass r und s teilerfremd sind. Die Unsinnigkeit dieser Aussage lässt sich nur so erklären, dass die Widerspruchsannahme, $\sqrt{2}$ besitze eine Darstellung $\sqrt{2} = \frac{p}{q}$ mit $p, q \in \mathbb{Z}$, falsch war. Das Gegenteil ist also richtig, womit sich $\sqrt{2}$ tatsächlich als nicht-rational (oder irrational) erweist.

Anhang E: Literatur

[Bro] BRONSTEIN: *Taschenbuch der Mathematik.* Verlag Harri Deutsch.

[Bru] BRUNNER: *Mathematik für Chemiker I und II.* Spektrum-Verlag.

[Hel] HELLWIG: *Höhere Mathematik I.* BI Wissenschaftsverlag.

[Hoh] HOHLOCH, KÜMMERER U.A.: *Brücken zur Mathematik, Band 1-6.* Cornelsen-Verlag.

[Jef] JEFFREY: *Mathematik für Naturwissenschaftler und Ingenieure, Band 1.* Verlag Chemie.

[Kle] KLEPPNER, RAMSEY: *Lehrprogramm Differential- und Integralrechnung.* VCH Physik-Verlag.

[Kre] KREUL: *Funktionen und Kurven, Mathematik in Beispielen, Band 2.* Verlag Harri Deutsch.

[Kun] KUNICK: *Gewöhnliche Differentialgleichungen.* BI Wissenschaftsverlag.

[Lip] LIPSCHUTZ: *Lineare Algebra.* McGraw-Hill Book Company.

[Mey] MEYBERG, VACHENAUER: *Höhere Mathematik, Band 1.* Springer-Verlag.

[Net] NETZ: *Formeln der Mathematik.* Hanser-Verlag.

[Pap1] PAPULA: *Mathematik für Chemiker.* Enke-Verlag.

[Pap2] PAPULA: *Mathematik für Ingenieure und Naturwissenschaftler, Band 1 und 2.*

[Pre1] PREUß, KOSSOW: *Gewöhnliche Differentialgleichungen, Mathematik in Beispielen, Band 7.* Verlag Harri Deutsch.

[Pre2] PREUß, WENISCH: *Lehr- und Übungsbuch Mathematik, Band 2 (Analysis).* Fachbuchverlag Leipzig (Carl Hanser-Verlag).

[Step] STEPANOW: *Lehrbuch der Differentialgleichungen.* Deutscher Verlag der Wissenschaften.

[Vog] VOGT: *Grundkurs Mathematik für Biologen.* Teubner Studienbücher.

[Win] WINTER: *Mathematisches Grundwissen für Biologen.* BI Wissenschaftsverlag.

[Zac] ZACHMANN: *Mathematik für Chemiker.* VCH Verlagsgesellschaft.

Anhang F: Index

A

B

C

D

E

F

G

H

I

K

L

M

N

O

P

W

Z